U0908615

"十二五"国家重点图书出版规划项目
长江黄金水道建设关键技术丛书

河口海岸水沙模拟技术及应用

夏云峰 闻云呈 吴道文 杜德军
徐 华 章卫胜 张世钊 著

人民交通出版社股份有限公司
China Communications Press Co.,Ltd.

内 容 提 要

本书针对物理模型模拟技术问题，从模型试验相似理论出发，系统回顾和探讨了潮流泥沙物理模型、波流共同作用下泥沙物理模型和整治建筑物水工模型设计中相似条件问题，阐述了模型设计与制作中关键问题的控制处理方法以及试验水沙条件的选取等关键技术。同时从河口海岸水沙数学模型、波流共同作用下水沙数学模型和风暴潮数学模型等方面论述了河口海岸水沙数值模拟技术问题，探讨了数学模型关键参数确定、水沙条件的选取等关键技术问题。在此基础上选取典型河口海岸工程研究实例，详细阐述物理模型和数值模拟技术在工程研究中的应用。

本书主要对河口海岸物理模型和数学模型模拟技术问题做了较为全面的总结与探讨，可供河口海岸工程相关研究人员参考使用。

Abstract

Aiming at problems of physical model simulation, based on model test similar theory, this book systematically reviews and discusses physical model of tidal and sediment, physical model of sediment with wave-current interaction and similar conditions in hydraulic model design of regulating structures. It also describes control and treatment methods for key issues in model design and construction, as well as key techniques for experimental water and sediment conditions selection. Meanwhile, according to mathematical models of estuarine and coastal water and sediment, water and sediment with wave-current interaction, storm tide and so on, it discusses numerical simulation techniques of estuarine and coastal water and sediment movement and explores determination and selection of mathematical model parameters and water and sediment conditions. After that, this book selects some typical estuarine and coastal engineering projects as example to make detailed descriptions about applications of physical models and numerical simulations in practical engineering.

This book comprehensively discusses and summarizes issues about estuarine and coastal physical model and mathematical model in certain level, which can be served as reference for researchers related to estuarine and coastal engineering.

图书在版编目 (CIP) 数据

河口海岸水沙模拟技术及应用 / 夏云峰等著 . — 北京 : 人民交通出版社股份有限公司 , 2015.12
(长江黄金水道建设关键技术丛书)
ISBN 978-7-114-12675-8

Ⅰ. ①河… Ⅱ. ①夏… Ⅲ. ①河口泥沙—模拟—技术 ②海岸—泥沙—模拟—技术 Ⅳ.TV148

中国版本图书馆 CIP 数据核字 (2015) 第 300305 号

长江黄金水道建设关键技术丛书
书　　名： 河口海岸水沙模拟技术及应用
著 作 者： 夏云峰　闻云呈　吴道文　等
责任编辑： 刘　君　丁润铎
出版发行： 人民交通出版社股份有限公司
地　　址： (100011) 北京市朝阳区安定门外外馆斜街 3 号
网　　址： http://www.ccpress.com.cn
销售电话： (010) 59757973
总 经 销： 人民交通出版社股份有限公司发行部
经　　销： 各地新华书店
印　　刷： 北京盛通印刷股份有限公司
开　　本： 787 × 1092　1/16
印　　张： 26.75
字　　数： 631 千
版　　次： 2015 年 12 月　第 1 版
印　　次： 2015 年 12 月　第 1 次印刷
书　　号： ISBN 978-7-114-12675-8
定　　价： 80.00 元

《长江黄金水道建设关键技术丛书》审定委员会

《长江黄金水道建设关键技术丛书》主要编写单位

交通运输部长江航务管理局

交通运输部水运科学研究院

南京水利科学研究院

交通运输部长江口航道管理局

交通运输部天津水运工程科学研究院

中交第二航务工程勘察设计院有限公司

武汉理工大学

重庆交通大学

长江航道局

长江三峡通航管理局

长江航运信息中心

上海河口海岸科学研究中心

《长江黄金水道建设关键技术丛书》编写协调组

组　长　杨大鸣（交通运输部长江航务管理局）

成　员　高惠君（交通运输部水运科学研究院）

裴建军（交通运输部长江航务管理局）

丁润铎（人民交通出版社股份有限公司）

序

（为《长江黄金水道建设关键技术丛书》而作）

河流，是人类文明之源；交通，推动了人类不同文明的碰撞与交融，是经济社会发展的重要基础。交通与河流密切联系、相伴而生。在古老广袤的中华大地上，长江作为我国第一大河流，与黄河共同孕育了灿烂的华夏文明。自古以来，长江就是我国主要的运输大动脉，素有“黄金水道”之称。水路运输在五大运输方式中，因成本低、能耗少、污染小而具有明显的优势。发展长江航运及内河运输符合我国建设资源节约型、环境友好型社会以及可持续发展战略的要求。目前，长江干线货运量约 20 亿 t，位居世界内河第一，分别为美国密西西比河和欧洲莱茵河的 4 倍和 10 倍。在全面深化改革的关键期，作为国家重大战略，我国提出“依托长江黄金水道，建设长江经济带”，长江黄金水道又将被赋予新的更高使命。长江经济带覆盖 11 个省（市），面积 205.1 万 km^2，约占国土面积的 21.4%。相信长江经济带的建设将为“黄金水道”带来新的发展机遇，进一步推动我国水运事业的快速发展，也将为中国经济的可持续发展提供重要的支撑。

经过 60 余年的努力奋斗，我国的内河航运不断发展，内河航道通航总里程达到 12.63 万 km，航道治理和基础设施建设不断加强，航道等级不断提高，在我国的经济社会发展中发挥了不可估量的作用。长江口深水航道工程的建成和应用，标志着我国水运科学技术水平跻身国际先进行列。目前正在开展的长江南京以下 12.5m 深水航道工程的建设，积累了更多的先进技术和经验。因此，建设长江黄金水道具有先进的技术积累和充足的实践经验。

《长江黄金水道建设关键技术丛书》围绕“增强长江运能”这一主题，从前期规划、通航标准、基础研究、航道治理、枢纽通航，到码头建设、船型标准、安全保障与应急监管、信息服务、生态航道等方面，对各项技术进行了系统的总结与著述，既有扎实的理论基础，又有具体工程应用案例，内容十分丰富。这套丛书是行业内集体智慧之力作，直接参与编写的研究人员近 200 位，所依托课题中的科研人员超过 1 000 位，参与人员之多，创我国水运行业图书之最。长江黄金水道的建设是世界级工程，丛书涉及的多项技术属世界首创，技术成果总体处于国际先进水平，其中部分成果处于国际领先水平。原创性、知识性和可读性强为本套丛书的突出特点。

该套丛书系统总结了长江黄金水道建设的关键技术和重要经验，相信该丛书的出版，必将促进水运科学领域的学术交流和技术传播，保障我国水路运输事业的快速发展，也可为世界水运工程提供可资借鉴的重要经验。因此，《长江黄金水道建设关键技术丛书》所总结的是我国现代水运工程关键技术中的重大成就，所体现的是世界当代水运工程建设的先进文明。

是为序。

南京水利科学研究院院长
中国工程院院士
英国皇家工程院外籍院士
张建云

2015年11月15日

前　言

我国海岸线长，入海河流众多，水动力和泥沙条件均十分复杂，工程泥沙问题突出。随着我国经济的进一步发展，对水利开发、港口航道建设等诸多方面提出了更高的要求，有不少工程技术问题需要去认识、研究和解决，这些问题的解决大都需要河口海岸物理模型、数学模型等手段来进行研究。目前，关于水工与河工模型等方面的介绍不少，河口海岸模型在模型设计与制作等方面与之有相似的地方，但由于受到潮汐、波浪的影响，河口地区还受径流、潮流共同作用，在模型自动控制、数据测量、糙率和模型沙等诸多方面还存在不一致的地方。本书从模拟技术发展状况、物理模型和数学模型模拟技术及其在工程实际中的应用等方面对河口海岸模拟进行了详细介绍。

本书共分为5章，第1章主要介绍了河口海岸水沙模拟技术发展状况、模拟技术类型、研究意义及内容，由夏云峰、徐华、闻云呈负责编写。第2章从物理模型试验理论基础、潮流泥沙物理模型试验、波流共同作用下泥沙物理模型试验、整治建筑物水工模型试验、物理模型设计、制作、仪器设备、模型验证与水沙条件选取等方面介绍了河口海岸水动力泥沙输移物理模型模拟技术，由吴道文、夏云峰、杜德军、张世钊、徐华等负责编写。第3章从一维水流泥沙数值模型、平面二维水流泥沙数值模型、三维水流泥沙数值模型、波浪数值模型、砂质海岸泥沙运动的数值模拟、波流共同作用二维水流泥沙数值模型、风暴潮数值模型、数学模型率定、验证及其计算边界的选取等方面介绍了海岸水动力泥沙输移数值模拟技术，由夏云峰、闻云呈、章卫胜负责编写。第4章主要针对物理模型模拟技术在实际工程中的应用进行了详细的论述，由杜德军、吴道文、徐华、张世钊等负责编写。第5章主要针对河口海岸数学模型在实际工程中的应用进行了详细的论述，由闻云呈、章卫胜、王晓俊负责编写。

本书的出版得到了国家出版基金项目的资助，在此表示衷心感谢！限于作者的学识及写作水平，书中难免存在不足之处，敬请读者批评指正。

作　者

2015年10月

目　录

1 绪 论

1.1 河口海岸水沙模拟技术发展状况

我国是一个大陆国家，幅员辽阔、江河密布，又是一个海洋大国，有着1.8万km的海岸线。河口和海岸地带历来是人类生存和发展最为重要的区域，世界上60%的人口居住在距离海岸附近100km的河口海岸地区。河口与沿海地带受波浪、潮流、风力等多种动力交汇作用，形成一个复杂的动力系统，其中波浪和潮流是该系统中最为常见和主要的两种动力。我国大型河口主要有长江口、黄海口、珠江口、钱塘江口等。长江口为我国第一大河口，属于三角洲河口类型，主要受上游大径流和下游中等强度潮汐共同作用，上游来沙量大，近年来受上游梯级水库开发利用等影响，来沙量减小明显。黄河口属于弱潮多沙而摆动频繁的堆积性三角洲河口，河口区河床演变非常剧烈，摆动频繁、多次改道入海，泥沙淤积严重。珠江口水网发达，水丰沙少，多级分汊，最终通过八大口门入海，属于弱潮河口三角洲类型。钱塘江口属于三角港河口，上游来水较少，下游潮汐动力强劲，常形成涌潮壮观景象。按照海岸海床物质组成和泥沙运动特性，可把海岸划分为淤泥质海岸、粉沙质海岸和沙质海岸三种基本类型。目前，海岸工程界通常习惯定义淤泥质海岸海床泥沙中值粒径小于0.03mm，沙质海岸海床泥沙中值粒径大于0.125mm，而粉沙质海岸海床泥沙中值粒径介于两者之间。在我国1.8万km绵长的大陆海岸线中，粉沙质海岸分布较为广泛，主要分布在我国辽宁东部、河北东部、山东沿海、江苏北部、浙江东部等区域；淤泥质海岸约占全国海岸线长度的1/4，主要分布在河北、天津、山东、江苏、上海、浙江、福建、广东等省市；沙质海岸相对较少，主要分布在辽宁、山东、海南以及一些岛屿区域。

如今海洋经济作为经济发展新的增长点，已上升为我国国家经济发展战略层次。而港口建设、航道整治、大型桥梁建设、滩涂开发利用等涉水工程的实施是海洋经济发展的必要条件和基础，水动力泥沙问题作为这些涉水工程建设成败的关键技术问题之一，关系到港口航道开发利用效果、港工建筑物结构稳定和围填造陆工程后期开发利用等，已经成为海洋经济发展的一个重要前提。目前，物理模型、数学模型和原型观测是研究河口海岸工程问题的三个主要技术手段。物理模型就是运用河流、河口和海岸动力学知识，根据水流和泥沙运动的力学相似原理，模制与原型相似的边界条件和动力学条件，研究河流、河口和海岸在天然情况下或在有水工建筑物的情况下的水流结构、河床演变过程以及工程方案治理效果的一种试验方法。目前，物理模型试验是我国研究重大复杂工程问题的重要可靠技术手段，例如长江三峡工程、葛洲坝水利枢纽工程、西煤东运重要港口黄骅港泥沙淤积问题、长江口深水航道整治工程和长江黄金水道建设等。数学模型是将已知的水沙动力学的基本定律用数学物理方程进行描述，在一定的初始条件和边界条件下求解数学方程，从而达到模拟某个水沙动力学的理论和工程实际问题。数学模型可以自由改变流体运动的性质和运动参数、可以进行全尺度试验、可以对整个河段大范围区域进行试验研究，具有模型运转费用低、耗时短等优点，随着水沙理论研究的不断发展，数学模型应用研究领域不断拓展。原型观测就是在河口海岸现场借助先进测量设备，获取典型水文泥沙条件下研究区域水沙实测资料，并进行相关分析研究。由于原型观测只能获得特定水沙和边界条件下现场水沙运动资料，不能完全满足工程应用研究需要，原型观测成果主要为物理模型和数学模型建立提供验证资料。为更好地了解当前国内外河口海岸模拟技术发展状况，下面主要针对物理模型和数学模型技术发展状况以及模拟技术类型问题展开分析。

1.1.1 物理模型技术发展历程

相似理论是物理模型试验研究的重要理论基础。1686 年，牛顿发现了流体内摩擦的基本规律，同时提出了动力相似的普遍定律，由此奠定了物理模型试验的理论基础。1870 年，弗劳德（W. Froude）进行了船舶模型试验并提出了著名的佛汝德相似定律，这标志着人类已开始科学地进行模型试验。1885 年雷诺（O. Reynold）第一个应用佛汝德数进行摩塞河（Mersey）河工模型试验，研究潮汐河口的水流现象。1898 年恩格斯在德国的德累斯顿科技大学（Dresden）创建了世界上第一个河流动力学试验室，从事天然河流的模型试验研究。不久，费礼门创建美国标准局水工试验室，从事水工建筑物的模型试验。模型相似重要的理论基础和方法手段之一就是因次分析方法。1914 年，布金汉（J. Backingham）提出了相似理论量纲分析中应用最普遍的 π 定理，在流体力学和模型试验中得到广泛应用，通过 π 定理决定相似准数。模型试验的依据便是在两种水流现象中保持相似准数相同值。模型试验中要求所有作用力同时保持相似的比例关系是很困难的，只能抓住对水流运动起主要作用的力的相似。例如，原型和模型中对水流运动起主要作用的力为重力，则必须按重力相似准则设计模型。但当水流主要受阻力作用，则必须按阻力相似准则设计模型。当研究潮波传播和水流运动等问题时，需要同时考虑重力和阻力的作用，所以在模型试验时，原型和模型必须同时满足重力和阻力这两种作用力的相似。

（1）模型相似理论

近几十年来，国内外科研人员针对泥沙输移、河道治理、航道整治等问题开展了大量研究工作，取得了许多重要的成果。作为泥沙研究的重要手段之一，实体模型模拟技术得到了迅速发展，建立了一整套河工模型的相似理论、设计方法和试验技术。泥沙实体模型试验的理论基础是相似理论。从 20 世纪 50 年代开始，由于理论研究和工程建设的需要，开展了大量的泥沙实体模型试验，模型相似理论也有很大的发展。到 20 世纪 70 年代末，国内关于相似理论的主要成果有爱因斯坦 – 钱宁（Einstein, H.A.）的动床泥沙模型律、李昌华动床泥沙模型律、窦国仁的全沙模型律、屈孟浩的动床泥沙模型律和武汉水利电力学院的动床泥沙模型律等。

1957 年，钱宁提出了爱因斯坦—钱宁河工模型相似律，在水流运动方面必须满足重力相似及阻力相似，在推移质运动相似方面必须满足输沙量及河床冲刷性相似的条件。对于细沙在满足上述条件的同时还必须满足沙粒雷诺数相等条件。该模型律对模型沙的选择提出了很严格的限制，而根据后来的研究显示，这个条件是允许放宽的。

1964～1977 年李昌华在总结国内外经验的基础上提出了动床泥沙模型律。李昌华认为在动床河工模型试验中，要达到河床变形相似应满足水流运动、泥沙运动和输沙沿程变化相似。其中，水流运动相似需满足重力相似和阻力相似；泥沙运动相似则需满足泥沙起动和输沙能力相似，对于输沙能力计算尚不成熟，需针对各个研究河段选用合适的输沙能力计算公式进行估算，最终通过冲淤验证试验进行确定；输沙沿程变化相似要求满足输沙连续相似和沿程运动变化相似两个相似条件，输沙连续相似要求模型按照河床冲淤变形时间比尺确定模型放水持续时间，而输沙沿程运动变化相似对于不同性质的动床模型要求则不同，对于底沙运动模型一般满足泥沙起动相似条件，就可保证输沙沿程运动变化相似，对于悬沙运动模型则还要求满足泥沙沉降、悬浮等相似条件。

为了同时模拟天然河道中悬沙、底沙、异重流形成的各种泥沙输移，窦国仁提出了全沙模型相似律，除了满足重力和阻力相似外，还要满足泥沙起动、输沙能力、悬浮、沉降和异重流发生条件等相似，最终达到底沙、悬沙和异重流的冲淤时间比尺统一。另外，窦国仁研究了波浪和潮流共同作用下的泥沙运动理论和模型相似理论，提出了河口海岸全沙模型相似理论。刘家驹总结提出了以悬沙落淤为主的港口、航道回淤计算方法，该方法经过 20 多年的应用获得了比较满意的结果，已列入交通运输行业规范。近年来该方法进一步发展，在考虑破波区含沙量的基础上，经考虑综合泥沙特性，将计算方法推广到粉沙质及沙质海岸航道回淤预报中。黄建维等开展了汕头港波流泥沙动床模型试验，采用单导堤成功解决了拦门沙和外航道泥沙回淤问题，为汕头港建成大型港区提供了保障。这是我国最早解决河口海岸地区沙质海岸拦门沙航道整治工程实例之一，其突出的整治功效和系统研究手段已被众多类似港口借鉴。

针对黄河泥沙输移运动规律，结合模型实践经验，1978 年屈孟浩根据黄河模型试验的经验提出了一套动床泥沙模型律，主要满足底沙运动、悬沙运动、挟沙能力、河床冲淤等相似条件，但底沙运动满足起动切应力相似，悬沙运动满足悬浮相似。武汉水利电力学院认为，对于平原河流而言，天然河流悬移质输沙占输沙总量的绝大部分，沙质推移质经常与悬沙中床沙质发生交换，该部分推移质可近似地概括在悬移质之内，悬移质动床模型相似律主要包括悬移、起动、挟沙、河床变形等相似，推移质动床模型相似律主要包括起动、挟沙、河床变形等相似。

（2）模型试验研究

世界各国对水利港航工程试验研究都十分重视，已建立了许多规模宏大、设备先进的试验室，如荷兰的代尔夫特（Delft）水利试验室、丹麦的水利研究所、美国陆军工程兵团水道试验站和海岸研究中心、日本的港湾技术研究所、英国的铁林福特水利研究公司、加拿大的国家研究委员会水利试验室等。我国第一个水工试验室建于 1933 年。随后，1935

年在南京筹建了中央水工试验所，即现在南京水利科学研究院的前身。新中国成立后，为适应大规模水利和港航工程建设需要，我国水利和港航工程试验研究机构不断发展壮大，试验设施和测量技术越来越先进，试验研究队伍也越来越壮大。目前国内专门从事水利和港航工程试验研究的中央机构和科研院校有二十余个，先后建造了先进的水利工程、港航工程、海岸动力和海岸工程等试验室。这些试验研究基地为解决水利和港航工程中遇到的技术问题提供了许多极有价值的试验成果，为发展我国水利和港航工程的基础理论和设计方法做出了巨大贡献，促进了水利和港航工程的科技进步。

国外18世纪已开始进行定动床河工模型试验研究，兴盛于20世纪50～80年代，主要有德国、苏联、加拿大等国，而有关潮汐河口模型试验研究在19世纪末也已开始进行，到20世纪初进行了很多有关河口整治、航道整治的模型试验，如1885年进行默尔西河（Mersey）模型，1886年进行塞纳河（Seine）模型的研究；1932年进行仰光（Rangoon）模型，1934年进行哥伦比亚（Columbia）河口模型，20世纪初叶英国泰晤士河口不能继续靠疏浚获得更大水深时，开始通过模型试验来研究河口的航道整治。荷兰代尔夫特水利实验室在20世纪60～70年代进行物理模型研究，在动床模型中，主要采用单级流量模拟河床冲淤问题。20世纪40～70年代，美国陆军工程兵团水道实验站（WES）进行物理模型试验。自1956年南京水利科学研究院首次进行推移质动床泥沙模型以来，我国泥沙物理模型研究发展迅速，建立了全国第一个潮汐河口模型，提出了第一个潮汐水流阻力及不平衡输沙的计算公式，在国内首创了全沙模型及波浪和潮流共同作用下的浑水动床泥沙模型相似律，在泥沙运动规律、物理模型相似理论和试验技术等方面取得了丰富的研究成果。

（3）模型量测手段

随着科学技术的不断进步，水利和港航工程试验研究中的量测技术也飞速发展，随着电子技术、激光技术、超声技术、自动控制和计算机应用技术的引入，量测设备越来越电子化、自动化，量测精度也越来越高。激光测速仪、超声测速仪、粒子图像测速仪和质点迹线测速仪等设备的应用使得水利和港航工程试验研究工作者可以清晰地获得空间流场图像及其内部结构，从而使得流场量测显示技术出现质的飞跃。大存储量、高速运算的计算机的出现以及计算方法的创新，一方面使许多问题可以通过数学方法来解决，另一方面又使物理模型试验得以深化。新的测试技术及电子计算机在计算、自动控制、数据采集和处理方面的应用发展很快，也进一步丰富了物理模型试验研究的内容。南京水利科学研究院主要研制水工、河工、港工模型试验中的量测仪器设备（主要包括水位仪、流速仪、含沙量量测仪、波高仪、六分量仪、模型地形仪、表面流场测量系统等）、自动控制和数据采集与处理系统、现场水文测验仪器等设备，不断提高模型试验研究水平，促进学科理论发展，为我国水利、水电、水运工程的重大基础研究、高技术发展和社会公益研究提供可靠的科研保障。2011年以来，南京水利科学研究院以国家重大仪器专项“我国大型河工模型试验智能测控系统开发”为契机，着重研究新一代的河工模型试验量测仪器和智能测控系统。量测仪器以标准化、智能化、无线化、小型化和方便更换即插即用为开发目标，研制了一批新型量测仪器。河工模型试验测控系统以标准化、规范化、智能化、网络化以及远程操作和无人值守为研究目标，研制了基于河工模型试验全过程管理和集成地理信息系统的下一代控制系统。

1.1.2 水沙数学模型技术发展历程

数学模型自出现以来，发展很快，流场计算从一维、二维到三维，从单纯的流场计算到浓度计算，从恒定流到紊流，乃至波流相互作用等，均取得了巨大进展，出现了许多算法，其中不乏成功算例。其发展过程大致可分三个阶段：20 世纪 50～60 年代，该时期是水流数学模型发展的起点，曾进行了大量基础性和探索性的研究工作，建立了许多一维数学模型，也出现了一些简单的二维模型，主要研究水流运动规律。与此同时，数值方法，主要是有限差分法得到迅速发展，较为著名的有：特征线法、ADI 法、Lax-Wendroff 格式等。20 世纪 70 年代，二维模型得到深入研究和广泛应用，对三维问题的研究也已起步。在这期间，Leendertse 发展了半隐格式，巴特勒（Butle）提出了一种全隐格式，许多学者在他们的研究和应用中提出了各自有效的数值方法。同时，二维的应用性研究也得到发展，解决了许多实际问题。由纯粹水流运动的研究到盐水入侵、泥沙运移和污染物扩散的探讨，大大丰富了数值试验的研究内容，提高了研究水平。20 世纪 80 年代以后，随着计算机的发展和二维数学模型的研究和应用日臻完善，三维数学模型由简单到复杂，由理论研究到实际应用均得到了迅速发展。

（1）水沙数学模型（一、二、三维）

一维水流数学模型模拟的是变量沿河流纵向的平均值，它也是至今使用最为广泛的一种模型。马斯克尔（Maskell）于 1989 年采用一维数学模型对英国柏瑞河（Parrett）河口的水流及泥沙运动进行了模拟计算，发现由于涨落潮的不对称性引起河口内悬沙含量比口门外高出 10 倍，同时也发现悬沙在垂向上浓度梯度可以降低水流对底床的切应力，减弱悬沙的再悬浮作用。Unnikrishnan 等人于 1997 年对曼多菲 - 祖阿里（Mandovi-Zuari）河口的潮流传播过程及特性进行了观测，并建立了一维数学模型对潮波特性进行研究。Castro 等人于 2001 年建立了适用于一维浅水方程的守恒型自适应网格算法，该算法适应于非恒定水流运动。采用守恒形式的插值方法以保证变量的守恒，结果表明，采用该方法可使模拟误差降低。雷尼尔（Regnier）等于 1998 年提出包括潮波波动的一维数学模型，用于 Ythan 模拟强潮河口的正压动力及溶解物的传播。结果表明，在强潮河口，一般有相当长时间的余流流动，余流流动与径流有明显的区别，在河口边界上由波动引起的溶解物的动力主要受水流流动历时影响，线性盐度特征图可由瞬时的系统特征获得。吉利布兰德（Gillibrand）等人于 1998 年建立了一维盐水入侵模型，用于河口的水文调查研究工作。该模型模拟水位、盐度及总氧化氮的纵向分布，模型的上边界为径流量，下边界为潮位，发现由于河口地形概化及其他原因的影响，中潮的盐度最大值小于观测值。

二维数学模型是从研究河口、海岸水流泥沙运动开始的，汉森（Hanson）最早进行了这一研究。二维水流数学模型，分深度平均的平面二维和侧向平均的垂向二维水流模型两种。Sinha 等人于 1999 年采用垂向二维数学模型对胡格利（Hooghly）河口进行了计算。Kurup 等人于 1998 年利用垂向二维数学模型对强潮性的斯旺（Swan）河口水流季节性变化对盐水楔位置的影响进行了计算。Kurup 等人于 2000 年也对用于 Swan 河口的两个垂向二维数学模型进行了比较。结果表明，TISAT 模型的时间步长受柯郎 – 弗里德里希斯—列维（Courant-Friedrichs-Lewy）（CFL）准则的限制，而二维纵向横向平均水动力学和水质（CE-QUAL-W2）模型通过半隐半显差分格式避免了这个限制。为了解切萨皮克（Chesapeake）海湾的水质，Park 等人于 1996 年采用垂向二维数学模型进行了模拟计算。Inoue 等人于 2000 年采用平面二维数学模型对 Louisiana 湾的宽浅型河口进行了研究，其流速计算值与实测值的相关程度为 0.89～0.95。Heniche 等人于 2000 年采用二维有限元模型模拟计算河流及河口的具有自由表面的水体的流动。模型考虑了自然边界的特性，用每个单元的水位的正、负来区别该单元是水还是干地，采用六节点单元和隐式欧拉方法对数学模型进行时间及空间的离散。Tattersall 等人于 2003 年利用平面二维潮流及悬沙浓度数学模型对 Tamer 河口的实测悬沙浓度进行了分析研究。Gleizon 等人于 2003 年采用二维数学模型研究里本河（Ribble）河口的环流及泥沙输移。计算了潮位、流速、密度及泥沙含量的分布，并对一维、二维及三维数学模型进行了比较。Mead 于 1999 年分别利用平面二维和垂向二维数学模型对河口内挖槽区的淤积问题进行了计算，发现平面二维数学模型可以反映底质供给程度对结果的影响，而垂向二维数学模型可以反映垂向流场的辐聚和辐散对挟沙力的影响。

国内自 20 世纪 70 年代初开始用数值模拟的方法对河口水流泥沙运动进行研究，并于 70 年代末期取得了大量成果。林秉南等人于 1980 年根据二维潮汐水动力方程，按特征理论推导出特征差分格式，对杭州湾潮流进行了数值计算。张廷芳等人于 1992 年提出一种数值求解二维潮流的任意多边形单元显式模式，便于计算具有复杂地形和边界条件的潮流场问题，并成功地用于长江口的潮流数值计算。根据潮流河段的特点，基于 SIMPLE 算法，董耀华等人于 1995 年建立了一套河口潮流段平面二维非恒定流数学模型，并用于长江口南通河段狼山～四号坝河段全日潮过程的计算。采用正交曲线坐标系，张华庆等人于 2002 年建立了珠江口平面二维潮流模型，并就伶仃洋治导线规划方案的实施对海区流场及冲淤变化的影响进行了分析。为研究东中国海潮流动力机制，诸裕良、宋志尧等人于 1998 年分别利用平面、二维和三维数学模型进行了东中国海的潮流数值模拟。结果表明，在潮流流速的分布方面，涨潮流以南偏东为主，落潮流大多为西北向，往复流特征明显在潮波向岸传播的过程中，受到地形摩擦及反射的影响，潮波产生变形余流主要受到径流、沿岸流、密度流、风场和水下地形因素的影响。

国外自 20 世纪 70 年代中期开始了三维水动力数值模拟的研究工作。以 A.F.Blumberg 及 G.L.Mellor 教授为首的普林斯顿（Princeton）大学海洋动力环境数值模拟小组从 20 世纪 70 年代开始就一直致力于这方面的研究，其代表性的河口海岸与海洋模型为 ECOM（Estuary，Coast and Ocean Model）。该模型在垂直方向采用 σ 坐标系，水平方向采用正交曲线网格及 Arakawa 格式。ECOM 模型包含了一个先进的紊流模块并由此模块提供垂直方向的混合系数。该系数直接相关于当地的流速梯度及其密度梯度，能较为客观地反映河口流动的实际情况。在世界上许多国家得到了广泛的应用并获得良好的声誉。菲顿纳多（Fortunato）等人于 1997 年利用三维斜压潮流模型研究了塔霍河（Tagus）河口的复杂环流。

Brooks 等人于 1999 年利用三维模型研究了强潮河口由于半日潮与径流相互作用产生的环流。海湾主汊的有效水平混合系数达 300～400m^2/s，导致颗粒物质及污染物沿河道向上游传播，到达河口内浅水区域进而堆积。Martins 等人于 2001 年利用三维数学模型研究了萨多（Sado）河口流速、盐度等的变化过程。Falconer 等人于 1997 年采用三维数学模型计算了亨伯（Humber）河口的水质变化，模拟计算了水位、分层流速、守恒与非守恒的水质元素的分布、泥沙输移通量。动量方程中含有地球自转、精细的河床以及表面切应力的影响，并采用零或二紊流模型方程。Balas 等（2001）采用三维斜压数学模型对海岸环流进行了计算。模型包括水动力、物质输移和紊流模型，计算内容包括风生流、潮流。结果表明，M_2 分[1]潮是当地的优势潮。Brenon 等人于 1999 年利用二维、三维潮流及泥沙输移联合模型对影响塞纳河（Seine）河口最大浑浊带的几个因素进行了分析。

就国内而言，韩国其等人于 1989 年以静水压强假定下的不可压缩三维非恒定雷诺方程和 k-ε 双方程紊流模式为基本方程，模拟计算充分混合型河口三维流速分布和水位随时间的变化过程。模型引入无尺度的垂向坐标，使计算网格能较好地拟合自由表面与底面，对微分方程采用破开算子法求解。曹德明等人于 1992 年应用 σ 坐标变换对杭州湾进行了潮波运动的数值计算。李身铎等采用 σ 坐标下三维数值模式来模拟杭州湾三维潮波运动。卢启苗等采用有限元法建立了适应于海岸河口浅水地区的三维潮流数学模型。垂向采用绝对分层坐标，将整个水体分成若干层，在每层内通过垂向积分平均，将三维问题简化为多个平面二维问题。在求解有限元方程中，引入集中质量矩阵技术，在时间上采用 Lax-Wendroff 格式，使有限元方程直接以显式解出。杨陇慧等人于 2001 年把长江口、杭州湾及邻近海区作为一个整体，应用三维非正交曲线网格河口海洋模式，模拟了四个主要分潮 M_2、S_2、K_1、O_1。结果表明，即使在斜压效应不太明显的口门内，流速在垂直方向也存在着明显的差异，上层流速明显大于下层流速，潮流具有不对称性；由于径流的作用，落潮历时明显大于涨潮历时，落潮流大于涨潮流；但在北支涨潮槽中，涨潮流反而大于落潮流。后来人们利用二、三维混合模型，采用有限单元法（FEM）和有限体积法（FVA）方法对杭州湾潮流进行了计算分析。结果表明，采用这两种方法的数学模型均可以为实际工程提供准确的流态，并节省计算时间。

（2）波浪模型

波浪是河口海岸及近海地区主要的水动力因素之一。数值模拟是描述波浪传播变形、确定波浪传播过程中的波浪参数的一种快捷、高效方法。波浪的数值模型和方法众多，20 世纪早期，Arhur、Munk 于 20 世纪 40～50 年代根据费马（Fermat）原理建立了特征线理论，又称射线理论，在 20 世纪 70 年代发展成为数值模型，可以对近海浅水波浪要素进行预报。该方法简单快捷，但没有考虑波浪绕射，在地形复杂或起伏较大海区容易失效。1972 年，Berkhoff 采用势波理论的摄动法将三维拉普拉斯（Laplace）方程进行二维简化，提出了经典缓坡方程，后来一直被不断的改进和完善，包括通过在动量方程中增加作用项来考虑底部摩阻、波浪破碎、波流相互作用、波浪非线性、不规则波等因素，并对缓坡假设限制条

[1] M_2 分潮：太阳主要半日分潮。

件加以改善以考虑复杂底部条件。缓坡方程也由早期的适合小范围波浪推算的椭圆形方程发展成为适合较大范围的双曲型和抛物线缓坡方程，使得缓坡方程在大范围实际工程中得到应用。另一种广泛应用的波浪模型是由 Peregrine（1976）根据布辛尼斯克（Boussineq）原理建立的布辛尼斯克方程模型。虽然早期经典方程存在众多不足，后来研究者对其进行了大量的改进，如提高方程色散性、变浅性能和非线性，以及考虑底摩擦、波浪破碎、环境水流和适应复杂地形等，使得布辛尼斯克方程阶数越来越高，方程形式也越来越复杂。布辛尼斯克方程模型在近岸工程港口航道波浪传播、波浪爬高、波浪破碎、波浪增水及近岸波生流系统等领域得到很好的应用。基于能量平衡原理的动谱能量平衡方程模型是适用于大范围风浪推算的波浪模型。自从 1957 年第一代模型开始以来，随着物理过程的深入认识和参数化合理性的提高，目前已经发展到第三代模型，其代表模型为 WAVEWATCH、WAM（由 Tolman 于 1989 年建立）和 SWAN（由 Booij 于 1996 年建立）模型。除此以外，还有一些模型方法如直接求解拉普拉斯方程、N-S 方程，以及 Ariy 波理论方程、角谱模型等，也在不断发展和完善过程中。

（3）风暴潮模型

风暴潮是一种全球性的海洋灾害，如欧洲海岸的温带气旋风暴潮、北美洲和墨西哥湾的飓风风暴潮以及亚洲沿海的台风和寒潮大风风暴潮等。在 20 世纪早期，研究者们只能通过当时的研究技术，Conner 等于 1957 年以及 Harris 于 1959 年基于已有观察资料的经验方法对风暴潮进行研究，此外普劳德曼（Proudman）于 1954 年，多德森（Doodson）于 1956 年，Heaps 于 1965 年对简化区域风暴潮进行理论分析求解随着各国对风暴潮产生巨大灾害的重视和计算机技术的不断进步，风暴潮模拟技术得到迅速发展，并在全球范围内广泛应用。如英国开发了 STWS（Storm Tide Warning System）系统并在 Heaps 于 1969 年设定的二维线性模型的基础上发展了海模式（Sea Model），于 1978 开始被用于温带风暴潮预报业务。美国 Jelesnianski 等在 20 世纪 60 年代开始建立了 SPLASH 模式，成为当时美国风暴潮的业务预报模型，并逐渐发展成为 SLOSH 模式（Jelesnianski，1992）。我国 20 世纪 80 年代国家海洋预报中心利用美国 SPLASH 和诺模图方法，建立了适用于中国海区的计算登陆台风最大增水的诺模图和表（王喜年，1983），20 世纪 90 年代建立了中国沿海五区块（FBM）模式（王喜年等，1991）。国家海洋环境预报中心建立了中国海高分辨率风暴潮数值预报模式，并从 2003 年开始对中国海风暴潮进行高分辨率业务化预报。近年来，随着非结构网格、三维数值模拟方法以及并行计算技术的发展，涌现出了大量三维水流数值模型，如 POM、ECOMsi、ELCIRC、ADCIRC、FVCOM、EFDC、UnTRIM、HAMSON、COGEREBS、ROMS 等，风暴潮模拟也逐渐向复杂的精细化高分辨率三维数值模拟方向发展，并逐渐引入波流耦合效应、海气耦合效应等，使得风暴潮物理过程模拟更加精确、预报精度进一步提高。

（4）波流共同作用下水沙数学模型

实际海洋中的波浪和潮流是一个同时存在、并完全耦合的整体，其中波浪的存在影响了潮流的运动规律，而潮流的存在又会反馈于波浪的生成和传播。从概念意义上讲，无论是近岸的风浪、涌浪乃至潮流均服从纳维 - 斯托克斯（Navier-Stokes）方程的运动规律，理论上可以完全同时耦合。但是，受限于目前的计算条件，直接求解原始方程仍存在困难，此外在近岸地区，波浪的运动时间周期为秒的量级，并且波长仅为几十米。而潮流运动的时间周期为数小时，波长可达数百千米。这种时空尺度的不匹配使得在大尺度海域同时求解波流问题变得极为困难。现阶段，多数模型中主要是关注了波浪对潮流的影响。

①波生时均剩余动量。

Longuet-Higgins 指出，波浪周期平均动水压与静水压的差值将带来时均动量的梯度，从而引起剩余动量的净传输，并定义这种波生动量为波浪辐射应力推导了水深平均意义下的辐射应力表达式，在理论上解释了近岸增减水、沿岸流和裂流等平面波生流现象。从本质上来讲，辐射应力的物理含义是波生时均剩余动量，但应指出，经典的辐射应力是沿水深积分后得到的，因此只能够应用于二维模式中。在三维模式中，在对这一理论认识不深刻时期，只能简单假设波生时均剩余动量在垂向分布均匀，然而，由于波浪质点运动轨迹在垂向并不相等，一般来说表面质点振幅较大而底部较小，因此时均剩余动量在垂向上应有其特殊的分布规律，并且这种垂向不均匀分布对近岸波生流，尤其是底部离岸流的形成也有较大影响。

采用不同推导方式并站在不同的认识角度，近年来国内外很多学者分别提出理论计算时均剩余动量的垂向分布。归纳起来，主要包括 Groeneweg 和 Klopman 与 Ardhuin 等人的广义拉格朗日算子（Lagrangin）平均（GLM）法，梅勤（Mellor）的垂向映射法，McWilliams 等人的涡衔作用力法，Xia 等人与 Newberger 和 Allen 的 Eulerian 平均法，张东的垂向动量方程简化法，等。此外，针对近岸浅水波浪条件，郑金海在二阶 Stokes 波理论下进一步推导了波生剩余动量分布及其随时空的发展过程，史蒂文森（Svendsen）等人利用椭圆余弦波理论结合追踪波面法，Wang 等人应用高阶波理论亦分别推导了相应的表达式。

②破波引起的表面水滚。

根据 Longuet-Higgins 的时均剩余动量理论，破波点附近应是增减水和波生流分布曲线的转点位置。然而，大量观测数据显示，这一转折点，包括最大减水点和沿岸流的峰值位置并非出现在破波点，而是出现在破波带以内一定距离。这就使得经典的时均剩余动量概念在描述这一现象时存在限制。为了解决这一问题，史蒂文森（Svendsen）指出，在破波点以内，波浪形态产生变化，特别是波面弯曲出现崩破波和卷破波等现象，这种表面的弯曲使得动量在表面产生传递，从而是一个必要的动力现象。

因此，史蒂文森由此提出表面水滚的概念，并认为破波带内出现的水滚会对表层水体产生作用，从而使得增水点和沿岸流峰值位置均向岸线方向推移。为了描述这一现象，邓肯（Duncan）等人和英格兰德（Englund）分别采用经验关系对表面水滚进行评价：达利（Dally）和布朗（Brown）首次利用能量守恒关系建立了一个描述水滚发展的传输方程：田岛（Tajima）和马德森（Madsen）与戈达（Goda）分别修正了 Dally-Brown 方程，修正了耗散项，并考虑了不均匀底坡对能量损耗的贡献。

③波浪附加紊动。

波浪质点运动同时具有水平振幅和垂向振幅，并以往复振荡的形式出现，将会形成与紊流类似的特征，使得流场各垂向分层间掺混增强，形成动量的层间传递。这种附加掺混或黏性将会改变流速结构的分布，特别是在波高较大的区域，强烈的水体振荡使得流速有向均匀化发展的趋势。许多学者曾尝试用不同理论和假设对波浪造成的垂向掺混问题进行研究。Putrevu 和 Svendsen 提出了一个波浪紊动动量传递模型，然而其模型公式十分复杂。与潮流模拟类似，目前在这一现象的模拟中多数采用紊动黏性或掺混系数进行参数化，并认为波生流紊动与波高、周期和水深等因素有关。

针对水平紊动系数的取值，应用较广泛的有 Longuet-Higgins 公式，Battjes 公式和 Larson-Kraus 公式等；针对垂向紊动系数的研究相对较少，Tsuchiya 等人在模拟中对全水深取常数值，此外，苏联学者根据紊流理论结合线性波理论对波浪紊动现象进行推导，认为紊动系数在垂向应有一定的分布，并由王尚毅在对泥沙现象的模拟中导入。

1.2 河口海岸水沙模拟技术类型

1.2.1 物理模型模拟技术类型

由于试验研究任务的不同，采用不同类型的模型，以满足不同的研究要求。为此，物理模型通常可从几何相似程度、模型床面活动性、模拟原型的完整性、研究对象功能要求等方面划分为以下几种技术类型：

（1）物理模型按其几何相似程度可以分为正态模型和变态模型

对天然河流进行模拟时，若几何边界条件和初始条件等均能与原型相似而做成正态模型是最理想的。但一般河口海岸模型由于河流尺寸大、范围大，而试验场地面积有限，建造可以满足要求的正态模型是不现实且不经济的，因此，不得不进行变态模型试验，将垂直方向的比尺放大，以增加模型的水深和流速。

（2）物理模型按床面活动性可以分为定床模型和动床模型

定床模型是指模型床面在水流等动力条件作用下不发生变形的模型，其表面通常采用水泥抹面制作而成，研究工程实施前后水动力学问题。动床模型是指模型在水流等动力条件作用下会发生变形的模型，模型表面铺有适当厚度的模型沙，其地形在波浪、潮流、水流等动力条件作用下发生冲淤变化的模型。如研究河床变形、建筑物局部冲刷等，需按照相似条件将模型床面做成活动河床进行研究。动床模型根据动床的范围又可分为全动床模型和局部动床模型。

（3）物理模型按照模拟原型的完整性可以划分为整体模型、局部模型、概化模型和断面模型等

整体模型是指为模拟研究对象整体而建立的模型，模型范围一般包括研究对象及其上下游和左右边界的一定范围。局部模型是指为模拟研究对象的某个局部而建立的模型。

概化模型是主要要求研究某些水工及河工的水流泥沙运动特性时，可将研究对象进行概化，然后进行研究。当研究的问题可以简化为二维时，可以建立以原型断面为研

究对象的断面模型，例如波浪作用下断面稳定性试验模型。通常断面模型在水槽中进行试验。

（4）物理模型按照动力泥沙特征或主要研究对象功能要求划分

潮流清水定床模型、潮流浑水定床淤积模型、潮流泥沙动床模型、波浪断面模型、沿岸输沙波浪泥沙模型、波流浑水定床淤积模型、波流泥沙动床模型等。潮流清水定床模型主要研究河口海岸水域水动力学问题。潮流浑水定床淤积模型主要研究河口海岸地带港池、航道、口门等区域泥沙淤积问题。潮流泥沙动床模型主要研究河口海岸区域自然条件下或工程实施前后河床泥沙冲淤预报问题。波浪断面模型主要研究波浪作用下建筑物结构稳定性问题。沿岸输沙波浪泥沙模型主要研究波浪动力作用下沙质海岸岸滩演变问题。波流浑水定床淤积模型主要研究波流共同作用下海岸地带港池、航道回淤问题。波流泥沙动床模型主要研究波流共同作用下海岸区域海床冲淤变化等问题研究。

1.2.2 水沙数学模型模拟技术类型

（1）水沙数值模拟按照所模拟的水沙运动在空间变化情况

上述变化情况可以分为一维、二维和三维数值模拟。一维水沙数值模拟研究断面平均水流泥沙因子沿程变化；二维水沙数值模拟分为平面二维和立面二维。平面二维是以垂线平均水流泥沙因子为研究对象，研究它们在平面上分布和变化情况；立面二维是以纵剖面上水流泥沙因子为研究对象，主要研究它们在垂线上的分布及变化情况。三维水沙数值模拟则是以水流泥沙因子为研究对象，研究它们在三维空间上的时空分布及其变化。

（2）按照研究区域的水动力特性，水沙模拟又可分为恒定流和非恒定流水沙数学模型

以研究内容的不同及侧重点，水沙模拟又可分为水流模型、泥沙模型、波浪模型、波浪沿岸输沙模型、波流共同作用下水沙模型以及风暴潮模型等。水流模型一般用于水动力的求解，研究分析相关工程实施前后水动力变化及其影响。泥沙模型根据泥沙运动性质又分为悬移质运动数值模拟、推移质运动数值模拟和全沙运动数值模拟；其偏重于含沙量分布及其河床冲淤的研究，主要用于研究分析工程实施后含沙量及其河床冲淤的调整，以及预测河床冲淤变化趋势。波浪模型主要用于研究区域相应波浪要素的推求。波浪沿岸输沙模型是研究海岸工程（如丁坝、突堤）修建或沿岸泥沙运动变化后引起岸线变化的有力工具，通常分为一线模型和 n 线模型。波流共同作用下水沙模型，主要研究分析波浪、潮流共同作用下水沙动力及其河床冲淤的变化，分析工程的效果及影响。

（3）水沙数值模拟从计算方法可分为二大类

一类是将水流运动方程和泥沙输移方程以及河床变形方程直接联立求解，称为耦合解，适用于河床变化比较急剧情况；另一类是先解水流运动方程，求出有关水力要素后，再解泥沙输移方程，推求河床冲淤变化，称为非耦合解，适合于河床变形较缓慢情况。按照网格形状分，有三角形、正方形、矩形、四边形、多边形、曲线网格以及各种网格的组合等。

1.3 河口海岸水沙模拟技术研究的意义及内容

1.3.1 河口海岸水沙模拟技术研究的意义

潮流、径流、波浪以及风、气压等因素是影响河口地区、海岸带物质输运及沉积的主要动力条件，这些动力因子的分别或耦合作用给河口海岸带的泥沙、盐分、污染物及热量的输运研究带来了复杂性。河口海岸水沙模拟旨在提升对自然界的认识，为学科发展提供支撑；在此基础上，探求河口海岸水沙输移及其时空分布规律，揭示潮流及其波流共同作用下河床冲淤的规律及其发展趋势；同时为进行工程方案优化、工程效果分析、工程影响分析、工程效果后评估及其预测提供技术支撑。

1.3.2 河口海岸水沙模拟技术研究的内容

河口海岸水沙模拟技术主要在自然界水沙输移、河床冲淤等特性认识的基础上，采用水沙模型等研究河口海岸潮波传播、流速分布、水沙时空分布、河床冲淤等规律；利用波浪、风暴潮模型以及波流共同作用下水沙模型研究波浪要素、风暴潮引起的增减水以及波流共同作用下水沙输移及其河床冲淤规律；河口海岸水沙模拟贯穿于工程设计的各个阶段，利用相应模型对工程方案进行比选优化，研究分析工程方案的效果、影响及其涉水工程间相互作用及协调性，为工程方案设计及各方案实施时机选择提供技术支撑。

2 河口海岸水动力泥沙输移物理模型模拟技术

河口海岸物理模型试验，因其本身特点及场地、模型设备等限制条件，设计制作时需要采用缩尺模型，进而产生模型和原型的相似问题。为保证模型相似性问题，模型必须建立在基于相似原理的模型试验模拟技术方法上，这样模型试验研究成果才具有工程实际意义。本章将从模型试验相似理论基础说明出发，系统回顾和探讨潮流泥沙物理模型、波流共同作用下泥沙物理模型和整治建筑物水工模型设计中相似条件问题，阐述物理模型设计与制作中关键问题的控制处理方法，介绍模型常用测控仪器设备和模型率定验证试验工作内容，论述河口海岸物理模型试验水沙条件的选取、确定等问题。

2.1 物理模型试验理论基础

河口海岸模型试验必须以相似理论为基础，在模型中可以复演原型各种水流运动，如潮汐、波浪、泥沙运动引起冲淤变化等，在模型设计中，针对不同研究问题的要求，选择相应的模型律，确定各种比尺关系，使模型与原型的相似得到保证。

2.1.1 物理模型试验相似理论

2.1.1.1 模型相似理论基础

（1）模型试验以相似理论为基础

主要包括几何相似、运动相似、动力相似等。

①几何相似是指模型与原型中任何相应的线性长度具有同一比尺；

②运动相似要求模型与原型中任何相应点在任何瞬时的速度、加速度须相互平行且具有同一比例尺；

③动力相似则要求模型与原型中在任何瞬时作用在任何点上的力相互平行且具有同一比尺，作用力通常包括质量力（惯性力、重力、离心力等）、压力、黏滞力、表面张力、弹性力等。

以上三方面属性互为条件，缺一不可，但以动力相似为主导，其他两种为从属，三者具备即可完整地概括相似现象的全貌。

（2）相似理论中各物理量比尺间的关系

相似的现象服从同一运动规律，为同一数学物理表达式所描述。因此，各物理量比尺间的关系，也必须受这些表达式的约束，不能任意选定。它们要符合相似指标定理：各物理量比尺所组成的相似指标等于1。该相似指标由描述相似现象的数学物理表达式推导确定。相似指标定理的另一形式为相似准数定理：由相似现象各物理量组成的无量纲综合体（即相似准数）为常数。

（3）模型与原型相似的充分必要条件

①模型与原型在几何形态上相似，且为同一数理表达式所描述；

②模型与原型的边界条件、初始条件相似；

③模型与原型物理量的比尺关系满足相似准数定理。

应当指出，要做到严格满足上述相似理论的模型对原型的模拟是有困难的，如要求几何相似中的糙率相似，运动相似中的水流垂直速度相似以及动力相似中的所有力同时相似等，是很难做到的。

在流体运动中，作用力包括重力、黏滞力、表面张力，弹性力、压力以及这些力的合力——惯性力。同时实现这些力满足相似律的要求是不可能的。实际上，某些力在一定情况下影响甚微，可忽略不计。如在潮流模型中，表面张力、弹性力均可忽略。对保留下来的作用力的相似要求，一般也很难全部满足，只能满足某些主要的相似指标。如在潮流模型中要求重力相似、阻力相似，而对次要的指标，如黏滞力相似，只保证模型与原型的流态相似即可。

（4）泥沙模型相似需满足的要求

①模型与原型的水流运动及泥沙运动过程和现象应服从同一自然规律，因此模型与原型的运动过程及现象应能用相同的物理方程所描述；

②表达运动过程与现象的同类物理量（如水流边界的几何形状、流量、流速、流态，泥沙的起动、扬动、沉降，水流的挟沙能力，河床冲淤的部位和数量、冲淤时间等）均应相似，从而要求表示和物理现象的同类物理量在模型与原型的比值为常数。

2.1.1.2　几何相似

几何相似指模型与原型的几何形状相似。几何相似有正态相似与变态相似，包括长度、宽度、深度、比降的相似，地形相似，水流形态尺度（如回流、水流扩散等）相似，水工建筑物（丁坝、顺坝、护岸工程、闸、坝等）的几何尺度相似等。

其条件是对应的边长成常数比例及其对应角相等，即

$$\frac{l_1'}{l_1''}=\frac{l_2'}{l_2''}=\frac{l_3'}{l_3''}=\dots=\frac{l_i'}{l_i''}=\lambda_1\quad(i=1,\ 2,\ \cdots,\ n)\tag{2-1}$$

及

$$\angle A_1'=\angle A_1'',\angle A_2'=\angle A_2'',\dots,\angle A_i'=\angle A_i''\tag{2-2}$$

式中：l_i'、l_i''、$\angle A_i'$及$\angle A_i''$——依次表示第一现象及第二现象的对应边长度及对应角度；

λ_1——相似常数比例。

几何相似是一切相似的基础。任何物理相似在形式上都可以化为几何相似，因此上述几何相似也可推广到其他物理概念上去。

2.1.1.3　水流运动相似

水流运动相似指流速场的几何相似，即模型与原型的各对应点在对应时刻的速度相似

(包括流速大小与方向相似)。

$$\frac{v_1'}{v_1''}=\frac{v_2'}{v_2''}=\ldots=\frac{v_i'}{v_i''}=\lambda_v \tag{2-3}$$

式中：v_i'、v_i''——依次表示第一现象及第二现象的对应点速度；

λ_v——相似常数。

2.1.1.4　水流动力相似

水流动力相似指力场的几何相似，即所有作用力都有相似的相对方向，且力的大小应成常数比例。这些力包括惯性力、重力、黏滞阻力、紊动阻力、表面张力、河床床面阻力、局部阻力以及总阻力等。

在设计模型时，不一定要求上述所有的作用力均相似，应根据所研究与解决问题的性质确定作用力并使其相似。例如，水库淤积、河道演变预报、建筑物冲刷、桥渡的壅水和冲刷等，不需要考虑水流黏滞力与表面张力的相似，但在输油管道模型设计中则不能不考虑黏滞力。

动力相似，则它们的大小相应地成常数比例，即

$$\frac{f_1'}{f_1''}=\frac{f_2'}{f_2''}=\ldots=\frac{f_i'}{f_i''}=\lambda_f \tag{2-4}$$

式中：f_i', f_i'' ——依次表示第一现象及第二现象的对应点上的作用力；

f——可以是重力、惯性力、黏滞力等；

λ_f——相似常数。

2.1.1.5　泥沙运动相似

根据泥沙运动特征的不同，泥沙运动相似包括：

①推移质运动相似。包括泥沙起动，泥沙运动方式、运动方向及速度，输沙能力，河床冲淤部位、数量及形态等相似。

②悬移质运动相似。包括泥沙起动、扬动、悬移，挟沙能力，冲淤数量及部位、形态等相似。

③全沙运动相似。包括悬移质及推移质两者的运动相似。

对于含沙水流而言，当原型未形成高含沙水流时，一般只考虑常用的挟沙能力公式求解含沙量比尺，但对于高含沙水流的模型试验而言，由于高含沙水流不同于低含沙水流的运动性质，此时的模型比尺考虑高含沙水流的特殊规律。因此，在设计高含沙水流模型时，应考虑高浓度输沙的相似要求。

含沙量相似是指含沙量场的几何相似。它表现为各对应点上含沙量成常数比例，即

$$\frac{S_1'}{S_1''}=\frac{S_2'}{S_2''}=\ldots=\frac{S_i'}{S_i''}=\lambda_S \tag{2-5}$$

式中：S_i'、S_i'' ——依次表示第一现象及第二现象的对应点上的含沙量；

λ_S ——相似常数。

因为凡是自然界的现象，在许多情况下，可以用方程式的形式来描述，相似常数间的关系应服从这个方程式，亦即应根据这个方程式来推求。

2.1.2 相似判据的导出

（1）方程分析法

凡进行模型试验研究及推广试验结果都要求找出现象的相似判据。现叙述如何由微分方程组和全部单值条件导出相似判据的方法。以下以黏性不可压缩流体的紊流稳定流动为例进行具体介绍。

描写黏性不可压缩流体的紊流稳定流动的微分方程式是

$$\frac{\partial v_x}{\partial x}+\frac{\partial v_y}{\partial y}+\frac{\partial v_z}{\partial z}=0 \tag{2-6}$$

$$\rho\left(v_x\frac{\partial v_x}{\partial x}+v_y\frac{\partial v_x}{\partial y}+v_z\frac{\partial v_x}{\partial z}\right)=\rho g_x-\frac{\partial p}{\partial x}+\mu\left(\frac{\partial^2 v_x}{\partial x^2}+\frac{\partial^2 v_x}{\partial y^2}+\frac{\partial^2 v_x}{\partial z^2}\right)-\rho\left(\frac{\partial\overline{v'_x v'_x}}{\partial x}+\frac{\partial\overline{v'_x v'_y}}{\partial y}+\frac{\partial\overline{v'_x v'_z}}{\partial z}\right)$$

$$\rho\left(v_x\frac{\partial v_y}{\partial x}+v_y\frac{\partial v_y}{\partial y}+v_z\frac{\partial v_y}{\partial z}\right)=\rho g_y-\frac{\partial p}{\partial y}+\mu\left(\frac{\partial^2 y_x}{\partial x^2}+\frac{\partial^2 v_y}{\partial y^2}+\frac{\partial^2 v_y}{\partial z^2}\right)-\rho\left(\frac{\partial\overline{v'_y v'_x}}{\partial x}+\frac{\partial\overline{v'_y v'_y}}{\partial y}+\frac{\partial\overline{v'_y v'_z}}{\partial z}\right)$$

$$\rho\left(v_x\frac{\partial v_z}{\partial x}+v_y\frac{\partial v_z}{\partial y}+v_z\frac{\partial v_z}{\partial z}\right)=\rho g_z-\frac{\partial p}{\partial z}+\mu\left(\frac{\partial^2 v_z}{\partial x^2}+\frac{\partial^2 v_z}{\partial y^2}+\frac{\partial^2 v_z}{\partial z^2}\right)-\rho\left(\frac{\partial\overline{v'_z v'_x}}{\partial x}+\frac{\partial\overline{v'_z v'_y}}{\partial y}+\frac{\partial\overline{v'_z v'_z}}{\partial z}\right)$$

上面运动方程中左端部分为惯性力，右端第 1 项为重力，第 2 项为压力，第 3 项表示黏滞力，第 4 项为紊流应力。

求得相似判据：

$$\left.\begin{aligned}
&\frac{v'^2}{g'l'}=\frac{v''^2}{g''l''} \quad \text{或} \quad \mathrm{Fr}=\frac{v_2}{gl}=\text{不变量} \quad \text{弗劳德判据}\\
&\frac{p'}{\rho'v'^2}\approx\frac{p''}{\rho''v''^2} \quad \text{或} \quad \mathrm{Eu}=\frac{p}{\rho v^2}=\text{不变量} \quad \text{欧拉判据}\\
&\frac{\rho'v'l'}{\mu'}=\frac{\rho''v''l''}{\mu''} \quad \text{或} \quad \mathrm{Re}=\frac{\rho vl}{\mu}=\text{不变量} \quad \text{雷诺判据}\\
&\frac{\overline{(v'_j v'_k)'}}{(v)'^2}=\frac{\overline{(v'_j v'_k)''}}{(v)''^2} \quad \text{或} \quad N_{jk}=\frac{\overline{(v'_j v'_k)}}{(v)'^2}=\text{不变量} \quad \text{紊流判据}
\end{aligned}\right\} \tag{2-7}$$

式中：（′ ）——相似第一现象；

（″ ）——相似第二现象；

v——流速；

g——重力加速度；

p——压强；

ρ——密度；

μ——黏滞系数；

v'_j，v'_k——脉动流速；

j，k——方向的分量。

（2）传统推导法

根据相似的定义，水流动力相似的条件：

$$\frac{f'_a}{f''_a}=\frac{f'_g}{f''_g}=\frac{f'_\mu}{f''_\mu}=\frac{f'_p}{f''_p}=\frac{f'_T}{f''_T}=af \tag{2-8}$$

由于：

$$f_a=ma=m\frac{dv}{dt}$$

$$f_g=\rho gl^3$$

$$f_\mu=\mu\frac{dv}{dy}l^2$$

$$f_p=Pl^2$$

$$f_T=l^2\rho\overline{v'_1v'_k}$$

式中：f_a——惯性力；

f_g——重力；

f_μ——黏滞力；

f_p——压强；

f_T——脉动压强。

代入式（2-7）得：

$$\frac{p'}{\rho'v'^2}=\frac{p''}{\rho''v''^2} \quad 或 \quad \frac{p}{\rho v^2}=不变量$$

$$\frac{v'^2}{g'l}=\frac{v''^2}{g''l''} \quad 或 \quad \frac{v^2}{gl}=不变量$$

$$\frac{\rho'v'l'}{\mu'}=\frac{\rho''v''l''}{\mu''} \quad 或 \quad \frac{\rho vl}{\mu}=不变量$$

$$\left(\frac{\overline{v'_jv'_k}}{v'^2}\right)'=\left(\frac{\overline{v'_jv'_k}}{v^2}\right)'' \quad 或 \quad \frac{\overline{v'_jv'_k}}{v^2}=不变量$$

（3）量纲分析法

当无法列出物理方程式时，可以采用量纲分析的办法来求得相似判据。

物理量的测量单位的种类叫作“量纲”或“因次”。例如：米、分米、厘米是不同的测量单位，但这些单位属于同一种类，即都是长度单位。将这些属于同一种类的单位用（L）表示，则（L）就是上述单位的因次。

在物理学研究中，取长度、时间及质量为基本量，它们的因次依次用（L）（T）及（M）表示，叫“基本量纲”。而其他一些量的量纲则是用上述基本量纲根据一定的物理方程推导而来，这些量叫导出量，常用导出量的量纲为：

密度（ρ）=（Ml^3）

重力加速度（g）=（lT^2）

$$黏滞系数\ (\mu) = (Ml^{-1}T^{-1})$$
$$速度\ (v) = (lT^{-1})$$
$$力\ (f) = (MlT^{-2})$$
$$压力\ (p) = (Ml^{-1}T^{-2})$$

仍以黏性不可压缩流体运动为例来导出相似判据。

描述黏性不可压缩流体稳定流动的物理量为：流速 v，几何比尺 l，压强 p，密度 ρ，黏滞系数 μ 及重力加速度 g。

这些物理量的无量纲群（即相似判据）可表述为：

$$\pi = v^a l^b p^c \rho^d \mu^e g^f \tag{2-9}$$

式中：a，b，c，d，e 及 f——常数。

选择 M、L、T 为基本量，并写出其量纲关系：

$$\pi = [LT^{-1}]^a[L]^b[ML^{-1}T^{-2}]^c[ML^{-3}]^d[ML^{-1}T^{-1}]^e[LT^{-2}]^f \tag{2-10}$$

显然无量纲“π”的量纲是零，故有：

对 $[M]$ 而言 $c+d+e=0$。

对 $[L]$ 而言 $a+b-c-3d-e+f=0$。

对 $[T]$ 而言 $-a-2c-e-2f=0$。

3 个方程有 6 个未知数，给予其中 3 个未知数以不同数值，则可获得不同的解，但独立的解只有 3 个：

令 $c=0$，$e=0$，$f=-1$，则 $a=2$，$b=-1$，$d=0$，故得：

$$\pi_1 = \frac{v^2}{gL} = \mathrm{Fr} \tag{2-11}$$

令 $c=1$，$e=0$，$f=0$，则 $a=-2$，$b=0$，$d=-1$，故得：

$$\pi_2 = \frac{p}{\rho v^2} = \mathrm{Eu} \tag{2-12}$$

令 $c=0$，$e=-1$，$f=0$，则 $a=1$，$b=1$，$d=-1$，故得：

$$\pi_3 = \frac{\rho v l}{\mu} = \mathrm{Re} \tag{2-13}$$

所得结果比方程分析法少一个紊流判据。

若再令 $a=3$，$b=3$，$c=3$ 则 $d=2$，$e=-5$，$f=-2$，于是得：

$$\pi_4 = \frac{v^3 l^3 p^3 \rho^2}{\mu^5 g^2} = \left(\frac{v^5 l^5 \rho^5}{\mu^5}\right)\left(\frac{p^3}{\rho^3 v^3}\right)\left(\frac{v^4}{g^2 l^2}\right) = \pi_3^5 \pi_2^3 \pi_1^2 \tag{2-14}$$

可见 π_4 不是独立的无量纲数群。

由上可见，三种方法都能得到相似判据。但应指出，其中以方程分析法最完善。因为无论传统的分析法或量纲分析法，在选择物理量上都带有任意性，可能会遗漏某些重要的物理量或添进不必要的物理量，这样就会导致不正确的结果。

2.1.3 物理模型试验相似准则

模型与原型的物理现象保持相似所必须遵守的规则称为相似准则，也称为相似律。

按照相似原理，模型要与原型保持力的作用相似，这些力均应保持同一比尺，但同时满足所有的相似准数要求是不可能做到的，也就是说，要求所有的力同时保持相似的比例关系是很困难的。这样就有一个取舍的问题，即要根据不同的试验目的和要求，分清起主导作用的是哪一种力，而哪些力的作用是处于次要地位的，可以忽略。然后根据对该体系起主导作用的力来确定其相似条件。

2.1.3.1 重力相似准则

若研究目的是了解以重力作用为主的运动现象，则应满足重力相似。

运动体系在重力作用下，由 $F_g=Mg=\rho Vg$ 可得重力比尺为：

$$\lambda_{F_g}=\lambda_\rho\lambda_g\lambda_l^3 \tag{2-15}$$

式中：λ_{F_g}——重力比尺；

λ_ρ——密度比尺；

λ_g——重力加速度比尺；

λ_l——几何长度。

惯性力比尺为：

$$\lambda_{F_I}=\lambda_\rho\lambda_l^2\lambda_u^2 \tag{2-16}$$

式中：λ_{F_I}——惯性力比尺；

λ_ρ——密度比尺；

λ——几何比尺；

λ_u——流速比尺。

根据动力相似条件，惯性力比尺和重力比尺应相等，于是有：

$$\lambda_\rho\lambda_g\lambda_l^3=\lambda_\rho\lambda_l^2\lambda_u^2 \tag{2-17}$$

整理后得：

$$\frac{\lambda_u^2}{\lambda_g\lambda_l} \tag{2-18}$$

或

$$\frac{u^2}{gl}=\text{不变量} \tag{2-19}$$

式（2-19）可改为：

$$\left(\frac{u^2}{gl}\right)_p=\left(\frac{u^2}{gl}\right)_m=\mathrm{Fr} \tag{2-20}$$

式中：u——流速；

g——重力加速度；

l——几何尺寸；

p、m——原型、模型；

Fr——重力相似准数，或称弗劳德数（Froude）。

式（2-20）表明，在原型和模型之间，欲满足重力作用下动力相似，它们的弗劳德数应相等。换言之，若原型和模型中的弗劳德数相等，则所研究的模型必满足重力作用下的动力相似，这就是重力相似准则或弗劳德相似准则。

2.1.3.2 阻力相似准则

（1）内摩擦力相似准则

雷诺试验揭示了流体运动存在两种不同的流动形态，即层流与紊流，这两种流态最主要的区别在于紊流时各流层之间液体质点有不断的相互混掺作用，而层流则没有，因而其具有完全不同的阻力规律，不论有压管流还是无压的明渠流动均是如此。

若试验研究的目的是了解黏滞力（流体内摩擦力）起主要作用的运动现象，则应保持原型和模型间的黏滞力相似。

根据牛顿内摩擦定律，单位面积上的黏滞力τ与流线的法线方向的速度梯度成正比，即：

$$\tau = \mu\frac{\mathrm{d}u}{\mathrm{d}n} \tag{2-21}$$

式中：μ——动力黏滞系数；

n——流线的法线方向。

相邻两流层间面积 A 上的黏滞力为：

$$F_{\mu} = \tau A = \mu A\frac{\mathrm{d}u}{\mathrm{d}n} \tag{2-22}$$

可得黏滞力比尺为：

$$\lambda_{F_{\mu}}=\lambda_{\mu}\lambda_{l}\lambda_{u}=\lambda_{\rho}\lambda_{v}\lambda_{l}\lambda_{u} \tag{2-23}$$

要使在黏滞力作用下模型与原型相似，同时必须满足牛顿相似律，也就是应使黏滞力比尺与惯性力比尺相等，即：

$$\lambda_{\rho}\lambda_{v}\lambda_{l}\lambda_{u}= \lambda_{\rho}\lambda_{v}\lambda_{l}\lambda_{u} \tag{2-24}$$

即

$$\frac{\lambda_{l}\lambda_{u}}{\lambda_{\upsilon}} = 1 \tag{2-25}$$

或

$$\frac{ul}{\upsilon} = \text{不变量} = Re \tag{2-26}$$

式（2-26）可改写成：

$$\frac{lu}{\upsilon} = \text{不变量} = Re \tag{2-27}$$

式中：Re——黏滞力相似准数，或称雷诺数（Reynolds）；

υ——运动黏滞系数；

u——流速；

l——几何长度。

式（2-27）表明，在模型和原型之间，要满足黏滞力作用下获得动力相似，则它们的雷诺数应保持同一常数。换言之，如果原型和模型中的雷诺数相等，则它们必然是在黏滞力作用下动力相似，这就是雷诺相似准则。

（2）紊动相似准则

若水流处于紊流的水力粗糙区，即此时紊流阻力为主要作用力，黏滞力比紊动作用而引起的紊流阻力要小得多，可略去不计。由水力学可知，此时沿程水头损失与平均流速的平方成正比，所以又称紊流的阻力平方区。

对明渠流，当模型水流肯定处于阻力平方区时，可采用水力学中计算明渠均匀流沿程阻力的公式，即谢才公式：

$$u=C\sqrt{RJ} \tag{2-28}$$

式中：u——流速；

C——谢才系数；

R——断面水力半径；

J——水力坡度。

由 $C=\sqrt{\frac{8g}{f}}$，$\lambda_f=1$，可得 $\lambda_C=1$，即：

$$C_p=C_m=\text{不变量} \tag{2-29}$$

如用曼宁公式表达谢才系数：

$$C=\frac{1}{n}R^{\frac{1}{6}} \tag{2-30}$$

式中：n——糙率系数。

则糙率比尺：

$$\lambda_n=\frac{\lambda_l^{\frac{1}{6}}}{\lambda_C}=\lambda_l^{\frac{1}{6}} \tag{2-31}$$

应该指出，以上紊动相似准则是由一维均匀流动微分方程式及边界条件出发推导得到，其物理量都是取断面平均值，且紊流阻力的变化规律均与雷诺数无关，这使得模型设计能够比较简便。实际上，天然河流和一般的明渠水流都处于阻力平方区，大多数情况下，水工与河工模型水流亦处在阻力平方区。此时紊流阻力系数只取决于边壁的相对糙率，而与雷诺数无关。显然，在紊流区内，只要使模型糙率系数满足式（2-31）的要求，即使模型与原型的雷诺数不相等，也能达到阻力系数相等，阻力相似也就自动满足，因此该区也叫“自动模型区”。

“自动模型区”的存在给模型设计带来极大方便，我们在保持几何边界条件相似的基础上，可以不必追求模型和原型雷诺数完全相同，而只要使雷诺数保持在一定范围内，即达到流态相似就可以了。

2.1.3.3　压力相似准则

如流体运动中起主导作用的力是压力，则在原型和模型之间应保持压力作用下的动力相似。

当流体处于静止状态时，其压强由重力引起，若令大气压力 $P_0=0$，则作用在面积 A 上的压力为：

$$F_p=pA \tag{2-32}$$

式中：p——压强；

A——面积。

可得压力比尺为：

$$\lambda_{F_P} = \lambda_p \lambda_l^2 \tag{2-33}$$

为达到动力相似，应满足牛顿相似定律，则有：

$$\lambda_p \lambda_l^2 = \lambda_\rho \lambda_l^2 \lambda_u^2 \tag{2-34}$$

简化后得：

$$\frac{\lambda_p}{\lambda_\rho \lambda_u^2} \tag{2-35}$$

或

$$\left(\frac{p}{\rho u^2}\right)_p = \left(\frac{p}{\rho u^2}\right)_m = \text{不变量} = \text{Eu} \tag{2-36}$$

式中：Eu——压力相似准数，也称为欧拉数。

当原型和模型间满足以压力为主的动力相似时，则它们之间的欧拉数必须相等。换言之，若原型和模型之间的欧拉数相等，则表示原型和模型间具有压力作用下的动力相似。这就是压力相似准则或欧拉准则。在有动力外荷载时，如在水电站有压引水系统模型设计中，水锤压力为主要研究对象，或船闸、水力机械模型中研究水流空化现象等，则要满足欧拉相似准则。

与阻力相似准则类似，在几何边界条件相似的基础上，对层流和紊流阻力平方区的自动模型区，可得到流速场分布的相似，则压力场也能相似，也就是说此时欧拉相似准则自动满足。

2.1.3.4　非恒定流相似准则

在非恒定流中，加速度$\frac{\partial u}{\partial t}$不等于零。由这个加速度产生的惯性力与时变加速度产生的惯性力之比可以得到非恒定流相似准则。

$$\frac{\lambda_u \lambda_t}{\lambda_l} = 1 \tag{2-37}$$

或

$$\left(\frac{ut}{l}\right)_p = \left(\frac{ut}{l}\right)_m = \text{不变量} = \text{St} \tag{2-38}$$

式中：λ_u——流速比尺；

λ_t——时间比尺；

λ_l——几何比尺。

式中，St 称为非恒定流相似准数，或称斯特鲁哈数，又称为时间准数。

式(2-38)表明，如果原型和模型要达到非恒定流相似，就要求斯特鲁哈数相等。换言之，若模型和原型中的斯特鲁哈数相等，就能达到非恒定流下的动力相似。这就是非恒定流相似准则，或称斯特鲁哈相似准则。只要保证水流运动相似，这一准则便能自动满足。

2.1.4　物理模型试验的相似条件

潮汐水流是典型的非恒定流，随时间的变化较河川径流迅速，流态复杂多变。河口地区含沙量一方面随洪、枯季流域来沙量大小而变，另一方面又随大、小潮汛海域来沙量而变。在口外海滨地区（或拦门沙地区）还受盐淡水混合以及波浪作用而变化。

河口海岸泥沙运动相对于平原无潮河流要复杂，但河口海岸潮汐模型的相似条件和无潮河流有很多雷同之处，只是潮汐模型限制条件更多，实际操作更为复杂。

2.1.4.1 潮汐水流运动相似

模型内潮汐水流运动与原型相似，模型除满足几何相似条件外，必须服从同一种运动规律，并为相同的物理方程所描述。

$$\frac{\partial Z}{\partial t}+\frac{\partial(hu)}{\partial x}+\frac{\partial(hv)}{\partial y}=0 \tag{2-39}$$

$$\frac{\partial Z}{\partial x}+\frac{1}{g}\frac{\partial u}{\partial t}+\frac{u}{g}\frac{\partial u}{\partial x}+\frac{v}{g}\frac{\partial u}{\partial y}+\frac{u(u^2+v^2)^{\frac{1}{2}}}{C^2h}=0 \tag{2-40}$$

$$\frac{\partial Z}{\partial y}+\frac{1}{g}\frac{\partial v}{\partial t}+\frac{u}{g}\frac{\partial v}{\partial x}+\frac{v}{g}\frac{\partial v}{\partial y}+\frac{v(u^2+v^2)^{\frac{1}{2}}}{C^2h}=0 \tag{2-41}$$

式中：u，v——x，y 方向垂线平均流速；

h——水深；

Z——水位；

x，y——分别为纵向和横向坐标轴；

C——谢才系数。

如用曼宁公式，则：

$$C=\frac{1}{n}R^{\frac{1}{6}} \tag{2-42}$$

式中：n——曼宁糙率系数。

由上述各式可求得模型与原型水流运动相似的比尺条件为：

$$\frac{\lambda_h}{\lambda_{t_1}}=\frac{\lambda_h\lambda_u}{\lambda_l}=\frac{\lambda_h\lambda_v}{\lambda_l} \tag{2-43}$$

$$\frac{\lambda_u}{\lambda_{t_1}}=\frac{\lambda_u^2}{\lambda_l}=\frac{\lambda_u\lambda_v}{\lambda_l}=\frac{\lambda_h}{\lambda_l}=\frac{\lambda_u^2}{\lambda_c^2\lambda_h} \tag{2-44}$$

$$\frac{\lambda_v}{\lambda_{t_1}}=\frac{\lambda_v^2}{\lambda_l}=\frac{\lambda_u\lambda_v}{\lambda_l}=\frac{\lambda_h}{\lambda_l}=\frac{\lambda_v^2}{\lambda_c^2\lambda_h} \tag{2-45}$$

上述连等式可分解为下列各式：

$$\lambda_u=\lambda_h^{\frac{1}{2}} \tag{2-46}$$

$$\lambda_u=\lambda_v$$

$$\lambda_u=\frac{1}{\lambda_n}\lambda_h^{\frac{7}{6}}\ \lambda_l^{\frac{1}{2}} \tag{2-47}$$

$$\lambda_{t_1}=\frac{\lambda_1}{\lambda_u} \tag{2-48}$$

式中：λ_h——垂直比尺；

λ_l——水平比尺；

λ_{t_1}——水流时间比尺；

λ_n——糙率比尺。

式（2-46）为重力相似条件，式（2-47）为阻力相似条件，式（2-48）为水流运动时间相似。

这里需要指出，潮汐大多数较宽浅，水流惯性力与阻力的影响占主导地位，柯氏力的影响很小，因而地球自转效应一般可以不予模拟。

2.1.4.2　波浪运动相似准则

波浪运动相似包括波浪水质点运动速度相似，波浪传播速度相似，波浪折射相似、绕射相似，波浪破碎和沿岸流相似等。

（1）波动水质点运动速度相似

根据艾利微幅波理论，在有限水深条件下波动水质点速度在水平方向 x 的分量 U_x、垂直方向 z 的分量 U_z 分别为：

$$U_x=\frac{\pi H}{T}\frac{\cosh\left[k(h+z)\right]}{\sinh(kh)}\cos(kx-\sigma t) \tag{2-49}$$

$$U_z=\frac{\pi H}{T}\frac{\sinh\left[k(h+z)\right]}{\sinh(kh)}\sin(kx-\sigma t) \tag{2-50}$$

$$k=\frac{2\pi}{L}\quad,\quad\sigma=\frac{2\pi}{T}$$

式中：H——波高；

L——波长；

T——周期；

h——水深。

x 和 t 分别为质点位置和时间，z 为位于基面上的垂直坐标。

只有当波高比尺与波长比尺相同且均等于水深比尺时，模型与原型的波浪质点速度才能相似，即波浪比尺需按水深比尺取成正态，即：

$$\lambda_H=\lambda_L=\lambda_h \tag{2-51}$$

根据式（2-49）、式（2-50）可得波动水质点运动速度比尺：

$$\lambda_{U_x}=\lambda_{U_z}=\lambda_h^{\frac{1}{2}} \tag{2-52}$$

（2）波浪传播速度相似

根据艾利微幅波理论，波浪传播速度 C_x 及波周期 T 分别为

$$C_x=\sqrt{\frac{gL}{2\pi}\tanh kh} \tag{2-53}$$

$$T=\frac{L}{C_x} \tag{2-54}$$

式中：k——波数，$k=\frac{2\pi}{L}$；

L——波长；

T——波周期；

h——水深。

当 $\lambda_H=\lambda_L=\lambda_h$，$\lambda_{thkd}=1$，可得：

$$\lambda_{C_x}=\lambda_h^{\frac{1}{2}} \tag{2-55}$$

$L=CT$，$\lambda_{C_x}=\frac{\lambda_L}{\lambda_T}=\frac{\lambda_h}{\lambda_T}$，得到波浪传播速度相似：

$$\lambda_{C_x}=\lambda_T=\lambda_h^{\frac{1}{2}} \tag{2-56}$$

式中：λ_{C_x}——波浪传播速度比尺；

λ_T——波周斯比尺。

（3）波浪折射相似

波浪由深水区进入浅水区会发生折射，在传播过程中，波周期变化较小，可以认为是常值，根据波浪折射的斯涅尔（shell）定律：

$$\frac{\sin\alpha_1}{C_{W_1}}=\frac{\sin\alpha_2}{C_{W_2}} \tag{2-57}$$

$$\frac{C_{W_1}}{C_{W_2}}=\frac{L_1}{L_2}=\tanh(kh) \tag{2-58}$$

式中：C_{W_1}、α_1、C_{W_2}、α_2——两条不同等深线处波浪传播速度和波向角。

波浪折射前后波高变化关系式为：

$$\frac{H_1}{H_2}=\left\{\frac{1-\sin^2\alpha_0\tanh^2(kh)}{\cos^2\alpha_0}\right\}^{-\frac{1}{4}}\left\{\frac{2\cosh^2(kh)}{2kh+\sinh(2kh)}\right\}^{\frac{1}{2}} \tag{2-59}$$

当取波高比尺、波长比尺与水深比尺相同时，可达到波浪折射相似，即：

$$\lambda_{C_1}=\lambda_{C_2}=\lambda_h^{\frac{1}{2}} \tag{2-60}$$

$$\lambda_{\frac{\sin\alpha_2}{\sin\alpha_1}}=1 \tag{2-61}$$

$$\lambda_{L_1}=\lambda_{L_2}=\lambda_h \tag{2-62}$$

$$\lambda_{H_1}=\lambda_{H_2}=\lambda_h \tag{2-63}$$

（4）波浪绕射相似

波浪在传播过程中遇有建筑物时将发生绕射，经绕射后的波高 H 可由下式表述：

$$H=H_0K_d \tag{2-64}$$

式中：H_0——绕射前波高；

K_d——绕射系数。

要满足波浪绕射相似，原型与模型的绕射系数必须相同，即 $\lambda_{k_d}=1$。由于绕射系数 K_d 是 r/L、B/L、θ、θ_0 或 β 等无维量的函数（r、θ 为计算点坐标，B、L、θ_0 或 β 分别为波浪通过的口门宽度、波长和波浪入射方向与防波堤轴线夹角）。要使 K_d=1 必须 $\lambda_{(r/L)}=1$ 和 $\lambda_{(B/L)}=1$，要求模型平面比尺和水深比尺与波长比尺相同，$\lambda_L=\lambda_h=\lambda_l$，即要求采用正态模型。因而变态模型中的波浪绕射情况不能与原型完全相似，只能允许其有一定偏离。由变率引起的偏离是否能满足研究的要求，尚需依靠试验来进一步确定。

（5）波浪破碎相似

波浪传至近岸时，由于水深变浅，波能集中，波浪变形发生破碎，其破碎水深与波高、波长和岸滩坡度有关。破波的相对波高即破碎指标 H_b/h_b 一般可表示为：

$$\frac{H_b}{h_b}=f\left(\frac{h_b}{L_0}、m\right) \tag{2-65}$$

式中：H_b——破波波高；

h_b——破波水深；

L_0——绕射前波长；

m——岸滩坡度。

窦国仁研究表明，当岸滩坡度大于 1/50 时，破碎波高与破碎水深之比值与岸滩坡度有关；当岸滩坡度等于或小于 1/50 时，该比值则与岸滩坡度无关，仅与 h_b/L_0 有关；当 h_b/L_0 很小时，H_b/h_b 值不再随 h_b/L_0 的减小而增大并趋于常值。

一般情况下，粉沙和淤泥质岸滩的坡度均远小于 1/50，因而对于这类岸滩波浪发生破碎的位置在变态模型中仍能与原型相似。

（6）沿岸流相似

当波浪斜向传至浅水区时将发生破碎并产生沿岸流。表述沿岸流流速的公式较多，其中由 P. D. Komar 修改后的 Longuet-Higgins 公式为：

$$u_l=0.675\sqrt{\left(\frac{H_b}{h_b}\right)gH_b}\sinh 2\theta_b \tag{2-66}$$

式中：u_l——沿岸流的平均流速；

θ_b——破波波峰线与岸线间的夹角（锐角）。

由于变态模型折射相似，$\lambda_\theta=1$，可得沿岸流的流速比尺与水流流速比尺相同，即：

$$\lambda_{u_l}=\lambda_{H_b}^{\frac{1}{2}}=\lambda_h^{\frac{1}{2}} \tag{2-67}$$

2.1.4.3　悬沙运动相似条件

二维扩散理论悬沙运动方程为：

$$\frac{\partial S}{\partial t}+\frac{\partial(uS)}{\partial x}=\frac{\partial(\omega S)}{\partial y}+\frac{\partial}{\partial y}\left(\varepsilon_S\frac{\partial S}{\partial y}\right)+\alpha\omega(S_*-S) \tag{2-68}$$

式中：S——水体含沙量；

ω——悬沙沉速；

ε_S——悬沙紊动扩散系数。

假定$\varepsilon_s=\beta\varepsilon\phi\left(\frac{\omega}{u_*}\right)$，$\beta$ 为常系数，ε 为水流紊动扩散系数，根据 prandtl 半经验理论，

$$\varepsilon=\kappa\rho u_* h$$

式中：κ——卡门常数；

ρ——常数；

u_*——摩阻流速；

h——水深。

根据相似理论，由式（2-68）可得如下相似比尺条件：

$$\frac{\lambda_S}{\lambda_{t_1}}=\frac{\lambda_u\lambda_S}{\lambda_l}=\frac{\lambda_\omega\lambda_S}{\lambda_h}=\frac{\lambda_{\varepsilon_S}\lambda_S}{\lambda_h^2} \tag{2-69}$$

由式（2-69）结合水流运动相似条件可得：

①泥沙沉降相似，$\lambda_\omega=\frac{\lambda_u\lambda_h}{\lambda_l}$。

由$\frac{\lambda_{\varepsilon_S}}{\lambda_h\lambda_\omega}=1$和 $\varepsilon_S=\beta\rho\kappa u_* h\phi\left(\frac{\omega}{u_*}\right)$可得泥沙紊动扩散相似条件：

②泥沙悬浮相似，$\frac{\lambda_\omega}{\lambda_{u_*}}=1$。

为了使模型和原型悬沙运动相似，还必须满足床面边界条件，即悬沙底部交换条件：

$$\omega S_b+\varepsilon_S\frac{\partial S_b}{\partial y}=\lambda\omega\left(S-S_*\right)$$

式中：S_b——河底水体含沙量；

S——水深平均水体含沙量；

S_*——水深平均挟沙能力，$\lambda=f\left(\frac{\omega}{u_*}\right)$。

可见结合泥沙悬浮相似，为满足悬沙输移相似，既满足输沙能力相似条件，又考虑到床面泥沙的起动或扬动相似。

③泥沙起动相似，$\lambda_{u_0}=\lambda_u$。

④输沙能力相似，$\lambda_S=\lambda_{S_*}$。

在模型设计中，变态模型中表示水体中泥沙沉降轨迹的相似条件$\lambda_\omega=\frac{\lambda_u\lambda_h}{\lambda_l}$和泥沙紊动扩散达到含沙量沿垂线分布的相似条件$\lambda_\omega=\lambda_u\left(\frac{\lambda_h}{\lambda_l}\right)^{\frac{1}{2}}$很难同时满足，同时考虑沉降和悬浮相似，则$\lambda_\omega=\lambda_u\left(\frac{\lambda_h}{\lambda_l}\right)^{m}$，式中 m 为指数，介于 0.5～1 之间，因此，指数 m 的选取原则上根据模型试验研究的内容结合相似条件的物理意义取舍。

2.1.4.4　推移质运动相似条件

在河口动床模型内，要达到河床变形相似，床面推移质运动必须相似。潮汐河口推移质运动的条件应为：

推移质运动相似应满足推移质输沙能力相似条件和相对输沙量相似条件。

依据推移质泥沙运动的研究，推移质输沙能力公式的结构形式一般可写为：

$$P_* = k\gamma_s d(u-u_0)\left(\frac{u}{u_0}\right)^3$$

式中：P_*——推移质输沙能力；

d——泥沙粒径；

u——流速；

u_0——泥沙起动流速；

k——输沙系数；

γ_s——泥沙颗粒重度。

根据相似理论，推移质输沙能力相似条件，输沙能力比尺 λ_{P_*} 为常数，可见，满足泥沙起动相似条件：

①起动相似，$\lambda_{u_0}=\lambda_u$，就可以满足推移质输沙能力相似条件。

②推移质相对输沙量相似，即 $\lambda_P=\lambda_{P_*}$。

2.1.4.5　河床变形相似

悬沙引起的河床变形方程式为：

$$\frac{\partial(QS)}{\partial x} = -\gamma_0 B\frac{\partial z}{\partial t} \tag{2-70}$$

$$\lambda_\omega=\lambda_v\frac{\lambda_h}{\lambda_l} \tag{2-71}$$

悬沙冲淤时间比尺 λ_{t_2}

$$\lambda_{t_2}=\frac{\lambda_{\gamma_0}\lambda_L}{\lambda_u\lambda_s}$$

底沙引起的河床变形方程式为：

$$\frac{\partial \mathrm{q}_{sb}}{\partial x} = -\gamma_0\frac{\partial x}{\partial t} \tag{2-72}$$

$$\lambda q_{sb}=\frac{\lambda_{\gamma_s}}{\lambda_{\gamma_s-\gamma}}\frac{\lambda_v^4}{\lambda_{C_0}^2\lambda_\omega}\quad,\quad \lambda_{C_0}^2=\frac{\lambda_l}{\lambda_h}$$

满足沉降相似，$\lambda_\omega=\lambda_u\dfrac{\lambda_h}{\lambda_l}$，则

$$\lambda q_{sb}=\frac{\lambda_{\gamma_s}}{\lambda_{\gamma_s-\gamma}}\frac{\lambda_u^4}{\dfrac{\lambda_l}{\lambda_h}\lambda_u\dfrac{\lambda_h}{\lambda_l}}=\frac{\lambda_{\gamma_s}}{\lambda_{\gamma_s-\gamma}}\lambda_u^3$$

由

$$\lambda_{t_3}=\frac{\lambda_{\gamma_0}\lambda_h\lambda_1}{\lambda q_{sb}}=\frac{\lambda_{\gamma_0}\lambda_h\lambda_1}{\frac{\lambda_{\gamma_s}}{\lambda_{\gamma_s-\gamma}}\lambda_u^3}=\frac{\lambda_{\gamma_0}\lambda_{\gamma_s-\gamma}}{\lambda_{\gamma_s}}\frac{\lambda_1}{\lambda_u}=\frac{\lambda_{\gamma_0}\lambda_{\gamma_s-\gamma}}{\lambda_{\gamma_s}}\lambda_{t_1} \tag{2-73}$$

式中：λ_s——含沙量比尺；

λ_{γ_0}——泥沙干重度比尺；

Q——流量；

S——含沙量；

B——河宽；

γ_0——干重度；

t——时间；

λq_{sb}——推移质单宽输沙率比尺；

λ_ω——沉速比尺；

λ_{t_3}——推移质冲淤时间比尺。

由于悬沙输移和推移质输送各自遵循不同的规律，河床变形时间比尺 λ_{t_2}、λ_{t_3} 是很难相同的。如河床变形是悬沙冲淤为主，则采用悬沙冲淤时间比尺 λ_{t_2}，如河床变形是底沙冲淤为主，则采用底沙河床变形时间比尺 λ_{t_2}。如为全沙模型，则根据研究问题的性质做出选择，但时间比尺在模型冲淤相似性验证中需调整。

窦国仁引用他自己的推移质输沙能力公式和悬沙输沙能力公式，可以证明推移质引起的河床变形时间比尺 λ_{t_3} 和悬沙引起的河床变形时间比尺 λ_{t_2} 完全一致，即：

$$\lambda_{t_2}=\lambda_{t_3}=\frac{\lambda_{\gamma_0}\lambda_{\gamma_s-\gamma}}{\lambda_{\gamma_s}}\lambda_{t_1} \tag{2-74}$$

但应指出，当用其他学者的推移质公式时，则 λ_{t_3} 与 λ_{t_2} 是不一致的。

由冲淤时间比尺 $\lambda_{t_2}=\frac{\lambda_{\gamma_0}}{\lambda_s}\frac{\lambda_1}{\lambda_u}=\frac{\lambda_{\gamma_0}}{\lambda_s}\lambda_{t_1}$ 可知，只有当 $\frac{\lambda_{\gamma_0}}{\lambda_s}=1$，水流时间比尺和冲淤时间比尺才会相等。

模型无论使用轻质沙或原型沙，均难以满足 $\lambda_{\gamma_0}/\lambda_{\gamma_s}=1$ 的条件，因此两个时间比尺并不相等。为了求得河床变相相似，只能将水流时间比尺与河床变形时间比尺分开处理。

在河口变态泥沙模型内，床面泥沙冲淤时间比尺远小于潮汐水流时间比尺，二者之比称为模型时间变率，或时间变态。在所研究的河床变形时间内，模型潮周期的个数比原型少，换言之，模型中一个潮周期内水流造床作用比原型强。由于天然潮汐有大、中、小潮的变化，因此要模拟潮汐的月变化及年变化过程中泥沙冲淤的影响，不同潮型的组合就难以与原型相似。为解决这一时间变态，一种通用的方法是，边界单个潮波的时间由水流时间比尺 λ_{t_1} 控制，以保证潮汐水流运动相似，而潮汐个数则遵循河床变形相似，由冲淤时间比尺 λ_{t_2} 决定。在进行验证试验过程中，选择代表性较好的若干个潮型组成基本单元，由 λ_{t_2} 决定基本单元的个数（模型冲淤时间），以水下地形冲淤相似为依据，进行多次重复试验，对上述变化因素进行调整，最后确定试验采用的代表潮型和冲淤时间比尺。模型潮周期个数较原型为少，对大江大河的河口，上游径流随时间变化比潮流要缓慢得多，没有潮汐半日与半月那样的变化周期，故可按河床冲淤变形时间比尺予以缩短，确定模型内流量的持续时间。对于山区独立入海的潮汐河口，受台风暴雨影响，洪峰具有暴涨暴落的特点，洪峰流量大，持续时间短，对河床冲淤影响大，如按冲淤时间比尺加以缩制，模型内洪峰流量持续时间极短，实际操作比较困难，因此，在试验验证过程中，也需要加以适当调整。即径流河段，依据水流造床作用的强弱，调整时间比尺，如枯季造床作用弱，可不考虑小流量的作用。

2.1.4.6 波浪泥沙运动相似准则

（1）泥沙起动相似

$$\lambda_{u_0}=\lambda_u \tag{2-75}$$

波浪作用下泥沙起动波高比尺：$\lambda_{H_*}=\dfrac{\lambda_h^{\frac{5}{6}}}{\lambda_D^{\frac{1}{3}}}\lambda^{\frac{1}{2}}_{\left(\frac{\rho_s-\rho}{\rho}gD+\frac{0.486}{D}\right)}$

式中：D——泥沙粒径；

λ_{H_*}——波高比尺；

λ_D——泥沙粒径比尺；

ρ_s——泥沙密度；

ρ——水密度。

（2）破波掀沙相似

在破波区内，由破波引起的平均水体含沙量为：

$$S=k\frac{r_s r}{r_s-r}\frac{H_b^2}{8A}\frac{C_{gb}}{\omega}\cos\alpha_b \tag{2-76}$$

式中：S——以重量计的含沙量；

A——破波线以内沿岸流的过水断面积；

k——系数；

C_{gb}——破波的能量传递速度，在浅水区 $C_{gb}=\sqrt{gh}$；

r_s——泥沙颗粒容重；

r——水容重；

H_b——破波波高；

ω——泥沙沉速；

α_b——波向角。

考虑到 $\lambda_A=\lambda_h\lambda_l$，$\lambda_{C_{gb}}=\lambda_h^{\frac{1}{2}}$和$\lambda_{\cos\alpha_b}\approx 1$ 得：

$$\lambda_s=\frac{\lambda_{\gamma_s}}{\lambda_{\gamma_s-\gamma}}\frac{\lambda_h^{\frac{3}{2}}}{\lambda_l}\frac{1}{\lambda_\omega} \tag{2-77}$$

若含沙量比尺满足条件$\lambda_s=\dfrac{\lambda_{\gamma_s}}{\lambda_{(\lambda_s-\lambda)}}$，则可得沉速比尺为：

$$\lambda_\omega=\frac{\lambda_h^{\frac{3}{2}}}{\lambda_l} \tag{2-78}$$

即泥沙沉速比尺也与水流条件下泥沙沉降相似求得的沉速比尺相同。

（3）沿岸流输沙相似

设 Q 表示在一定岸滩范围内单位时间的冲刷或淤积的量（以重量计），γ_0 表示泥沙干重度，A 表示岸滩范围面积，t' 表示冲淤时间，z 表示岸滩冲淤变形高度，按连续性原理，有 $Qt'=\gamma_0 AZ$，则时间比尺为：

$$\lambda_{t'}=\frac{\lambda_{\gamma_0}\lambda_A\lambda_z}{\lambda_Q}=\frac{\lambda_{\gamma_0}\lambda_l^2\lambda_z}{\lambda_Q} \tag{2-79}$$

由式（2-77）看出，当泥沙输沙比尺 λ_Q 确定后，时间比尺 $\lambda_{t'}$ 就可确定，但由于实际输沙所涉及的因素非常复杂，λ_Q 不能直接用公式推求，需要借助于现场实测和模型验证资料确定，最后由地形演变相似后确定 $\lambda_{t'}$。

2.1.4.7 盐度运动相似

在研究河口拦门沙地区抛泥扩散以及盐水入侵等问题时，要用盐水进行试验。盐水模型试验除了满足潮汐水流运动相似外，还必须满足盐度运动相似。

河口二维盐度运动方程式为：

$$\frac{\partial(hS_C)}{\partial t}+\frac{\partial(hS_C u)}{\partial x}+\frac{\partial(hS_C v)}{\partial y}=\varepsilon h\left(\frac{\partial^2 S_C}{\partial x^2}+\frac{\partial^2 S_C}{\partial y^2}\right) \tag{2-80}$$

式中：S_C——盐度；

ε——盐度扩散系数；

h——水深；

u，v——分别为 X、Y 方向流速分量。

根据相似原理，可得：

$$\frac{\lambda_h\lambda_{S_C}}{\lambda_{t_1}}+\frac{\lambda_h\lambda_{S_C}\lambda_u}{\lambda_l}+\frac{\lambda_h\lambda_{S_C}\lambda_v}{\lambda_l}=\lambda_\varepsilon\frac{\lambda_h\lambda_{S_C}}{\lambda_l^2} \tag{2-81}$$

由此可得：

$$\lambda_u=\lambda_v$$

$$\lambda_{t_1}=\frac{\lambda_l}{\lambda_u} \tag{2-82}$$

$$\lambda_{S_C}=1 \tag{2-83}$$

$$\lambda_\omega=\lambda_l\lambda_u=\lambda_l\lambda_h^{\frac{1}{2}} \tag{2-84}$$

其中式（2-82）为盐度相似条件，式（2-84）为盐度扩散系数相似条件。

由此可知，盐水模型除满足潮汐水流运动相似的各项条件，包括重力相似和阻力相似条件外，还必须满足含盐度相似的要求。亦即，在模型内只要使用与原型盐度相同的水质进行试验，即可保证模型内潮汐平面水流运动相似以及平面盐度分布相似。实际上，对于水中溶解的物质（如含盐度）的输移，由于水与其中溶解的物质在性质上同处于液相，因此水流运动相似后，其浓度分布应该基本达到相似。这与水中挟带固相物质（如泥沙）的模拟是不同的。

2.1.5 物理模型试验设计限制条件

在进行模型设计时，为了保证模型的相似性，除了要遵守上节所讨论的各种相似条件之外，还需要考虑下列几个限制条件。

2.1.5.1 流与紊流的界限

层流运动与紊流运动性质截然不同，因此模型必须保持与原型相同的流态。由于天然河流的流态一般都是紊流，故必须使模型中的水流也是在紊流区。众所周知，水流从层流向紊流过渡是在某个临界雷诺数$Re_{kp}\left(=\dfrac{uR}{\upsilon}\right)$下发生的，故使模型水流也是紊流的条件是：模型雷诺数大于临界雷诺数 Re_{kp} 即：

$$Re_{M} > Re_{kp}$$

这个条件规定了模型的垂直比尺必须满足条件：

$$\lambda_h \leqslant \left(\frac{Re_p}{Re_{kp}}\right)^{\frac{2}{3}}$$

各家所建议的明渠临界雷诺数如下：

林特克威斯脱（Lindquist） Re_{kp}=500～600；

克雷（Krey） Re_{kp}=1 500～6 000；

蔡克士大（3erxma A.П.） Re_{kp}=800～900。

上述数值大都是在顺直水槽内得出的。在河工模型上，由于入口条件较差以及局部河床不规则的影响，临界雷诺数会有所降低。因此采用 Re_{kp}=1 000 已足够安全。

2.1.5.2 阻力平方区的界限

为了使模型对雷诺数是自模的，则必需保证模型内水流确已处于阻力平方区内。

这个界限可以用糙度雷诺数 $Re=\dfrac{u_*\Delta}{\upsilon}$ 来区分。

式中：Δ——线糙率；

u_*——摩阻流速；

υ——运动黏滞系数。

按式$C\approx\dfrac{u}{\sqrt{RJ}}=17.72\lg\dfrac{11.54R}{\Delta}$用试算法推求。

尼古拉兹以及蔡克士大的阻力试验资料表明，当

$$Re=\frac{u_*\Delta}{\upsilon} > 30\sim60$$

时，水流即进入阻力平方区。对于管流或平顺规则的渠道应取其上限

$$Re=\frac{u_*\Delta}{\upsilon} > 60$$

对于天然河流则取其下限

$$Re=\frac{u_*\Delta}{\upsilon} > 30$$

一般可取其平均值

$$Re=\frac{u_*\Delta}{\upsilon}>45$$

沙玉清教授建议用下式：

$$fRe^{\frac{1}{4}}>0.138$$

作为阻力平方区的界限。其中f可表示为下式：

$$f=\frac{2ghJ}{u^2}=\frac{2gn^2}{R^{\frac{1}{3}}} \tag{2-85}$$

根据式（2-83），可作如下推导。

原体河道水流一般均处在阻力平方区，为了保证模型水流处在阻力平方区，要求：

$$f_m Re_m^{\frac{1}{4}}>0.138 \tag{2-86}$$

整理后得满足弗劳德及阻力相似条件时模型的最小水深比尺为：

$$\lambda_h\leqslant 4.22\left(\frac{u_p h_p}{\upsilon_m}\right)^{\frac{2}{11}} f_p^{\frac{8}{11}}\lambda_l^{\frac{8}{11}} \tag{2-87}$$

式中：f——阻力系数；

f_p——原型阻力系数；

f_m——模型阻力系数；

υ_m——模型运动粘滞系数；

u_p——原型断面平均流速；

h_p——原型断面平均水深；

R——水力半径；

J——能坡；

λ_h——垂直比尺。

2.1.5.3 缓流与急流的界限

一般平原河口不存在急流，山区河口受暴雨影响流量陡增，水流湍急，河口附近出现急流。必须保证模型与原体水流同为缓流或急流。缓流与急流的界线是弗劳德数。弗劳德数大于 1.0 为急流，小于 1.0 为缓流。因此对于遵守弗劳德相似条件的模型，这个条件是绝对有保证的。但当模型采取流速比尺变态时就必须按下式进行检验，如果原体为缓流，模型流速必须符合下述条件：

$$u_m^2<gh_m$$

反之，当原体为急流时，就要求：

$$u_m^2<gh_m$$

故对于缓流模型，要求：

$$J\leqslant\frac{g}{C^2}$$

对于急流模型，要求：

$$J\geqslant\frac{g}{C^2}$$

后一种考虑方法是从水流整体着眼的；前一种考虑方法则可用来检验局部的情况。

2.1.5.4 表面张力起作用的界限

对于一般河工模型试验，模型水深不得太小，否则表面张力将起干扰作用。一般规定模型水深的限制是：

$$h_m > 1.5 \sim 3.0\text{cm}$$

如果原体具有表面波而模型也要求有表面波显现时，则模型表面流速 $(u_s)_M$ 的限制是：

$$(u_s)_M > 23\text{cm/s}$$

2.1.5.5 模型变率的限制

模型变率系指平面比尺与垂直比尺的比值。从相似理论观点而言，几何相似是一切相似的基础。模型一旦变态，垂线流速分布就不相似，弯道环流也就不相似，因此原则上变态是不允许的。但因实际条件所限，模型有时不得不变态。

实际上变率的限制主要依赖于原体的宽深比，原体河道愈宽浅、模型变率就愈能大一些。从原则上来说，河流愈宽，边壁对水流影响愈小，愈能看作二元流，就愈能变态。根据沙巴涅夫及 B.H. 岗察洛夫的研究，当水流宽深比大于 10 时，水流基本上属于二元水流，因此模型宽深比的限制可规定为：

$$\left(\frac{b}{h}\right)_M \geqslant 6 \sim 10 \tag{2-88}$$

或

$$\frac{\lambda_l}{\lambda_h} \leqslant \left(\frac{1}{6} \sim \frac{1}{10}\right)\left(\frac{b}{h}\right)_p \tag{2-89}$$

式中：b——河宽；

h——平均水流。

此外，窦国仁从控制变态模型边壁阻力与河底阻力的比值以保证模型水流与原型相似的角度出发，提出了如下限制模型变率的关系式：

$$\eta_t \leqslant 1 + \frac{1}{20}\frac{b}{h} \tag{2-90}$$

海岸与河口潮流模型要求试验范围都很大，而水深都较小，由于试验场地、供水、供电能力限制，一般要求水平比尺都很大，如采用正态模型，则模型水深就很小，难以保证模型水流流态的相似，因此模型一般做成变态。模型变率应随研究问题的性质、研究范围的大小、模型加糙的可能性等因素而变化。河道模型变率与河道宽深比有关，对于河口段模型河道一般较宽，变率一般允许到 6，但有时要看具体研究内容，如港池内的淤积试验，口门附近淤积模型变率应较小，局部模型应取较小变率。对于敞开式海域、海岸模型，如海域受边界限制条件少，可看作二元水流，变率可适当提高，范围较大海域模型变率可达 10 左右。对于波浪为主要动力引起的泥沙冲淤模型，最好为正态模型，或用小变率模型，如毛里塔尼亚友谊港模型，主要动力为波浪引起的淤积与冲刷，变率采用 1.3。由于变态对河道的宽深比、断面流速分布、河岸边坡及控制建筑物的形状等均有影响，因此在条件许可时，线性变态要尽可能地小。

2.2 潮流泥沙物理模型试验

以潮汐为主要动力的河口及海岸进行潮流泥沙模型试验，目的是了解研究区域附近水动力变化，及泥沙冲淤变化，一般可分为：清水定床模型试验，潮流定床悬沙淤积模型试验，潮流泥沙动床模型试验。水动力变化可通过定床潮流模型来完成，定床浑水模型主要研究港池、航道内泥沙淤积，潮流泥沙动床模型主要研究河口冲淤、岸滩演变等。对上游径流较强的河口段，当河床冲淤变化受径流和潮流的共同作用时，还需研究径流对河口水沙运动影响及河床冲淤的影响，如长江河口段模型。

2.2.1 清水定床模型试验

清水定床模型主要是研究河口海岸地区一些涉水工程引起的水动力条件的变化，包括潮波传播变化、流场变化、测点流速变化、潮流量变化等，为工程设计及方案优化提供技术支撑。南科院大连港模型利用清水定床模型试验研究了港区流态对码头船舶靠泊的影响。清水定床模型主要满足潮流运动相似，包括重力相似、阻力相似、水流惯性相似及水流连续相似。

清水定床相似条件有：

①重力相似：

$$\lambda_u=\lambda_h^{\frac{1}{2}} \tag{2-91}$$

②阻力相似：

$$\lambda_u=\frac{\lambda_h^{\frac{7}{6}}}{\lambda_n\lambda_l^{\frac{1}{2}}} \tag{2-92}$$

③水流惯性相似：

$$\lambda_u=\frac{\lambda_l}{\lambda_t} \tag{2-93}$$

④水流连续相似：

$$\lambda_Q=\lambda_h^{\frac{3}{2}}\lambda_l \tag{2-94}$$

式中：λ_u ——流速比尺；

λ_h ——垂直比尺；

λ_l ——水平比尺；

λ_Q ——流量比尺。

由非恒定流方程（2-40）可知，方程中$\frac{\partial Z}{\partial x}$为重力项，$\frac{1}{g}\frac{\partial u}{\partial t}+\frac{u\partial u}{g\partial x}$为加速度项，$\frac{u(u^2+v^2)^{\frac{1}{2}}}{C^2h}$为阻力项，其中阻力项对水动力的影响与模型研究范围有关，河道长或海域范围大，阻力相似就不能放弃，模型需加糙。对于范围不大的开敞式海域，重力项和加速度项对水流影响所占比重较大，阻力项所占比重较小，所以阻力相似可以有所偏离。根据数模计算糙率对水动力条件的影响与模型长度有关，如长江河口段数模，江阴至吴淞口糙率对水动力影响敏感，徐六泾至吴淞口数模糙率变化对水动力的影响明显较江阴至吴淞口模型要小。

天然潮流流动形态为紊流，其判别流态的标准是雷诺数 Re_m 应大于 1 000，而要求模型与原型流态基本保持一致，则应保证模型水流处于阻力平方区内。为保证模型处于阻力平方区内，必须使模型水深不致过小。根据国内外经验，模型垂直比尺宜在 100 左右，此时模型潮位、制模地形、流速测量精度均能与原型精度基本吻合。若水深很浅，则垂直比尺相应可取小值。

2.2.2 潮流定床悬沙淤积模型试验

定床悬沙淤积模型是在定床的基础上研究以悬沙淤积为主的模型，如港池、航道、取排水口或其他口门内的回淤研究。对于挖入式港池，涨落潮水沙交换，口门内出现回流淤积及缓流淤积，当含沙量较大时，有时出现异重流淤积，可采用定床悬沙模型预测港池内淤积量；对于冲淤平衡的河口海岸，航道开挖后水动力减弱，输沙平衡持续破坏，以悬沙单向淤积为主，可采用定床悬沙模型预测航道疏浚回淤量。

定床悬沙淤积模型首先要满足水流运动相似条件，泥沙主要满足沉降相似。

定床悬沙淤积模型相似条件：

①重力相似：

$$\lambda_u=\lambda_h^{\frac{1}{2}} \tag{2-95}$$

②阻力相似：

$$\lambda_u=\frac{\lambda_h^{\frac{7}{6}}}{\lambda_n\lambda_l^{\frac{1}{2}}} \tag{2-96}$$

③水流惯性相似：

$$\lambda_u=\frac{\lambda_l}{\lambda_t} \tag{2-97}$$

④水流连续相似：

$$\lambda_Q=\lambda_h^{\frac{3}{2}}\lambda_l \tag{2-98}$$

⑤泥沙起动相似：

$$\lambda_{u_0}=\lambda_u \tag{2-99}$$

⑥泥沙沉降相似：

$$\lambda_\omega=\lambda_u\frac{\lambda_h}{\lambda_l} \tag{2-100}$$

⑦挟沙能力相似：

$$\lambda_S=\lambda_{S_*} \tag{2-101}$$

⑧床面变形相似：

$$\lambda_{t_2}=\frac{\lambda_{\gamma_0}}{\lambda_S}\lambda_{t_1} \tag{2-102}$$

式中：λ_{u_0}——泥沙起动流速比尺；

λ_ω——泥沙沉降比尺；

λ_S——含沙量比尺；

λ_{S_*}——挟沙能力比尺；

λ_{t_2}——冲淤时间比尺；

λ_{γ_0}——泥沙干重度比尺。

定床悬沙淤积模型当试验段范围较小时可不考虑起动相似，但当试验段较长时，模型沙应满足起动相似条件，以使模型中沉降的泥沙起动后进入淤积区。

定床悬沙淤积模型试验，对于淤积试验，满足沉降相似是试验成功的关键，当天然泥沙较细时存在絮凝沉降、悬沙絮凝问题。河口、海域当悬沙粒径较细时，黏性细颗粒泥沙在盐水中主要以絮状形式沉降，据试验研究，泥沙絮凝沉速一般在 0.04～0.05cm/s 之间，其絮凝沉速泥沙粒径取当量粒径 $d=\sqrt{\dfrac{18\nu\gamma\omega}{g(\gamma_s-\gamma)}}$。

在定床悬沙淤积模型设计中考虑到异重流相似，异重流运动本身是一种挟沙水流运动。

异重流发生条件相似：

$$\lambda_s=\frac{\lambda_{\gamma_s}}{\lambda_{\gamma_s-\gamma}} \tag{2-103}$$

异重流阻力相似：

$$\lambda_{C_m}=\sqrt{\frac{\lambda_l}{\lambda_h}} \tag{2-104}$$

上式 λ_{C_m} 中的 C_m 是异重流的综合阻力系数，包括槽底阻力和交界面阻力，而交界面是变动不可控制的边界，满足阻力相似是困难的。异重流模型试验一般只满足异重流发生条件相似。

2.2.3 潮流泥沙动床模型试验

河口海岸天然泥沙运动复杂，既有以悬沙运动为主，也有以底沙运动为主或者两者兼有。模型设计需要分析研究区域泥沙的运动类型，然后根据工程任务的要求，确定潮流泥沙模型的类别。模型主要研究的问题有港口布置、航道淤积、河口及拦门沙整治等，如灌河口外航道整治动床模型。潮流泥沙模型除需满足水流运动相似外，还应满足泥沙运动的相似条件，具体如下。

（1）水流运动相似：

①重力相似：

$$\lambda_u=\lambda_h^{\frac{1}{2}} \tag{2-105}$$

②阻力相似：

$$\lambda_u=\frac{\lambda_h^{\frac{7}{6}}}{\lambda_n\lambda_l^{\frac{1}{2}}} \tag{2-106}$$

③水流惯性相似：

$$\lambda_u=\frac{\lambda_l}{\lambda_t} \tag{2-107}$$

④水流连续相似：

$$\lambda_Q=\lambda_h^{\frac{3}{2}}\lambda_l \tag{2-108}$$

（2）泥沙运动相似

①泥沙起动相似：

$$\lambda_{u_0}=\lambda_u \tag{2-109}$$

②泥沙悬浮相似：

$$\lambda_\omega=\lambda_u\left(\frac{\lambda_h}{\lambda_l}\right)^{\frac{1}{2}} \tag{2-110}$$

③泥沙沉降相似：

$$\lambda_\omega=\lambda_u\frac{\lambda_h}{\lambda_l} \tag{2-111}$$

④悬沙挟沙能力相似：

$$\lambda_S=\lambda_{S*} \tag{2-112}$$

⑤悬沙床面变形相似：

$$\lambda_{t_2}=\frac{\lambda_{\gamma_0}}{\lambda_S}\lambda_{t_1} \tag{2-113}$$

⑥底沙单宽输沙率相似：

$$\lambda_G=\lambda_{G*} \tag{2-114}$$

⑦底沙床面变形相似：

$$\lambda_{t_3}=\frac{\lambda_{\gamma_0}\lambda_l\lambda_h}{\lambda_G} \tag{2-115}$$

式中：λ_Q——流量比尺；

λ_G——单宽底沙输沙率比尺；

λ_{G*}——单宽底沙输沙能力比尺。

动床模型首先需满足水动力相似，悬沙冲淤动床模型需满足泥沙起动相似、泥沙沉降相似、悬沙挟沙能力相似、悬沙床面变形相似。

底沙动床模型泥沙运动相似应满足起动相似，底沙单宽输沙率相似，底沙床面变形相似，但底沙也有临底悬扬跳跃运动的悬沙，为使这部分泥沙运动相似，则需满足泥沙沉降相似。

悬沙运动和底沙运动两者兼有。如长江河口段悬沙中用来造床的泥沙仅占10%～15%，河床中底沙与悬沙交换主要发生在河床底部，临底悬沙参与造床。即①底沙运动以推移或沿临近河床底部悬浮运动；②悬沙中仅造床泥沙参与床面泥沙交换；③悬沙底沙交换主要在临近河床面进行。当河床发生冲淤变化时，底沙主要悬浮于河床底部，而悬沙中粗颗粒泥沙也主要位于河床底部，所以悬沙与底沙交换主要发生在河床底部。变态模型要求河床沙质要同时满足沉降相似及悬浮相似，这是很难做到的，一般按照研究问题的特点及河床冲淤特性分析确定。

河口海岸动床模型变率一般在6～10，变率越大一般要求模型糙率越大，即模型糙率较原型要大。动床模型由于模型沙的糙率一般小于模型所需糙率，为满足阻力相似，动床模型需要加糙。对于河口海岸局部动床，局部阻力变化对模型潮波传播、水流动力影响有限，阻力相似可适度偏离；对于较长河段或边界受整治工程约束、范围较大的海域，阻力对水动力相似影响较大，而重力相似又不能偏离，因此需要加糙满足阻力相似要求。如长江河口段模型，动床范围较大，动床模型采用梅花形塑料花进行加糙。

2.3 波流共同作用下泥沙物理模型试验

河口、海岸地区受潮流风浪作用，潮流、波浪是引起岸滩演变发育、港池航道及相关近岸涉水建筑物周边海床泥沙冲淤变化的重要动力因素和作用力，由于潮流、波浪强弱不同，一些地区是以潮流或者波浪为主要动力因子，一些地区则受较强的潮流、波浪的共同作用，在河口海岸研究中需根据主要动力影响因素、岸滩的物质组成、发育演变特点及研究侧重点不同，设计不同类型的海工模型开展相关课题的研究，一般可分为：波浪作用下岸滩演变模型，波、流共同作下定床浑水淤积模型，波、流共同作用下浑水动床模型。

2.3.1 波浪作用下岸滩演变模型试验

波浪动力作用相对较强的沙质海岸，波浪形成的沿岸输沙是影响岸滩演变的主要形式，由于一些沿岸布设的涉水通航建筑物打破了原先波浪沿岸输沙形成的动态平衡，造成岸滩局部冲淤变化，进而影响建筑物功能及安全，一般会借助波浪作用下的沙质海岸岸滩演变模型开展相关课题的研究。南科院 20 世纪 80 年代较早采用波浪作用岸滩演变模型开展毛里塔尼亚友谊港下游冲刷试验，研究港口下游在自然冲刷下的海岸演变规律以及相应的防护工程措施。

波浪作用下岸滩演变模型需满足波浪运动相似、泥沙运动相似以及波浪作用下岸滩演变相似的条件，应选择适当的模型比尺和模型沙。

（1）波浪运动相似条件

波浪运动相似包括波浪水质点运动速度相似、波浪传播速度相似、波浪折射相似、绕射相似、波浪破碎等相似、沿岸流相似等。即：

波动水质点运动速度相似：

$$\lambda_{u_x}=\lambda_{u_z}=\lambda_h^{\frac{1}{2}} \tag{2-116}$$

波浪传播速度相似：

$$\lambda_{C_x}=\lambda_T=\lambda_H^{\frac{1}{2}}=\lambda_h^{\frac{1}{2}} \tag{2-117}$$

波浪折射相似：

$$\lambda_L=\lambda_H=\lambda_h \tag{2-118}$$

波浪绕射相似：

$$\lambda_L=\lambda_l=\lambda_h \tag{2-119}$$

波浪破波水深与破波波高相似：

$$\lambda_{H_b}=\lambda_{h_b}=\lambda_h \tag{2-120}$$

沿岸流相似：

$$\lambda_{u_l}=\lambda_h^{\frac{1}{2}} \tag{2-121}$$

式中：λ_h——模型垂直比尺；

λ_l——模型水平比尺；

λ_H——波高比尺；

λ_L——波长比尺；

λ_{u_X}、λ_{u_Z}——波动水质点 X、Z 方向运动速度比尺；

λ_{C_Z}——波浪传播速度比尺；

λ_{H_b}——破波波高比尺；

λ_{h_b}——破波水深比尺；

λ_{u_l}——波浪沿岸流比尺。

（2）波浪作用下泥沙运动相似条件

波浪作用下泥沙运动相似包括泥沙起动相似、波浪破碎沿岸输移相似，以及床面冲淤变化相似，即：

泥沙起动相似

$$\lambda_{u_0}=\lambda_u \tag{2-122}$$

式中：λ_{u_0}——起动流速比尺；

λ_u——波流水质点流速比尺。

波浪作用下的泥沙起动，也采用起动波高或起动水深作为判据。

$$H_*=0.1\left(\frac{L_*}{D}\right)^{\frac{1}{3}}\left[\frac{L_*}{\pi}\frac{\sinh\frac{(2kh_*)}{g}}{g}\left(\frac{\rho_s-\rho}{\rho}gD+\frac{0.486}{D}\right)\right]^{\frac{1}{2}} \tag{2-123}$$

$$h_*=\frac{L_*}{4\pi}\mathrm{arcsh}\left\{\frac{\pi g H_*^2}{\left[0.1\left(\frac{L_*}{D}\right)^{\frac{1}{3}}\right]^2 L_*\left(\frac{\rho_s-\rho}{\rho}gD+\frac{0.486}{D}\right)}\right\} \tag{2-124}$$

式中：H_*——起动波高；

h_*——起动水深；

g——重力加速度；

D——泥沙粒径；

L_*——起动波长。

由式 2-123，2-124 可推出波浪作用下泥沙起动波高比尺：

$$\lambda_{H_*}=\frac{\lambda_h^{\frac{5}{6}}}{\lambda_D^{\frac{1}{3}}}\lambda^{\frac{1}{2}}_{\left(\frac{\rho_s-\rho}{\rho}gD+\frac{0.486}{D}\right)} \tag{2-125}$$

沿岸输沙相似

$$\lambda_{Q_T}=\frac{(Q_T)_p}{(Q_T)_m} \tag{2-126}$$

床面冲淤变化相似

$$\lambda_{t_2}=\frac{\lambda_{\gamma_0}\lambda_h\lambda_l^2}{\lambda_{Q_T}} \tag{2-127}$$

式中：λ_{Q_T}——沿岸输沙量比尺；

λ_{t_2}——波浪冲淤时间比尺；

λ_{γ_0}——床面泥沙的干密度；

λ_h——模型垂直比尺；

λ_l——模型水平比尺；

λ_{H_*}——泥沙起动波高比尺；

λ_D——泥沙粒径比尺。

2.3.2 波、流共同作下定床浑水淤积模型试验

受潮流、波浪共同作用的海岸地区，为研究一些受港池航道影响产生的淤积问题，会借助波、流共同作用下的定床浑水淤积模型做相关课题的研究。此类模型中悬沙是床面淤积的主要因子，因此模型试验按波流作用下悬沙运动相似要求进行设计。南京水利科学研究院 20 世纪 90 年代利用波、流共同作下定床浑水淤积模型试验对外航道泥沙淤积问题进行了研究，取得了显著的成果。

（1）潮流运动相似条件

波、流定床浑水淤积模型首先应满足水动力相似，其相似条件为：

重力相似：

$$\lambda_u=\lambda_h^{\frac{1}{2}} \tag{2-128}$$

阻力相似：

$$\lambda_n=\frac{\lambda_h^{\frac{2}{3}}}{\lambda_l^{\frac{1}{2}}} \tag{2-129}$$

水流惯性相似：

$$\lambda_u=\frac{\lambda_l}{\lambda_{t_1}} \tag{2-130}$$

水流连续相似：

$$\lambda_{t_1}=\frac{\lambda_l}{\lambda_h^{\frac{1}{2}}} \tag{2-131}$$

式中：λ_h——模型垂直比尺；

λ_l——模型水平比尺；

λ_u——水流流速比尺；

λ_{t_1}——水流运动时间比尺；

λ_n——模型糙率比尺。

（2）波浪运动相似条件

波流定床浑水淤积模型，波浪运动相似包括波浪水质点运动速度相似、波浪传播速度相似、波浪折射相似、波浪绕射相似、波浪破碎等相似、沿岸流相似等。即：

波动水质点运动速度相似：

$$\lambda_{U_x}=\lambda_{U_z}=\lambda_h^{\frac{1}{2}} \tag{2-132}$$

波浪传播速度相似：

$$\lambda_C=\lambda_T=\lambda_H^{\frac{1}{2}}=\lambda_h^{\frac{1}{2}} \tag{2-133}$$

波浪折射相似：

$$\lambda_L=\lambda_H=\lambda_h \tag{2-134}$$

波浪绕射相似：

$$\lambda_L=\lambda_l=\lambda_h \tag{2-135}$$

波浪破波水深与破波波高相似：

$$\lambda_{H_b}=\lambda_{h_b}=\lambda_h \tag{2-136}$$

沿岸流相似：

$$\lambda_{u_l}=\lambda_h^{\frac{1}{2}} \tag{2-137}$$

与潮流作用下悬沙运动相似一致，波流作用下悬沙运动相似同样需满足泥沙悬浮沉降相似、输沙能力相似、悬沙床面变形相似，即：

泥沙沉降相似：

$$\lambda_\omega=\lambda_{u_*}=\frac{\lambda_h^{\frac{3}{2}}}{\lambda_l} \tag{2-138}$$

泥沙起动相似：

$$\lambda_{u_0}=\lambda_u$$

输沙能力相似：

$$\lambda_S=\lambda_{S_*} \tag{2-139}$$

床面变形相似：

$$\lambda_{t_2}=\frac{\lambda_{\gamma_0}}{\lambda_S}\lambda_{t_1} \tag{2-140}$$

式中：λ_{U_z}、λ_{U_x}——波动水质点 z、x 方向运动速度比尺；

λ_{C_x}——波浪传播速度比尺；

λ_{H_b}——破波波高比尺；

λ_{h_b}——破波水深比尺；

λ_{u_l}——破波沿岸流比尺；

λ_ω——悬沙沉速比尺；

λ_{u_*}——摩阻流速比尺；

λ_S——含沙量比尺；

λ_{S_*}——水流挟沙能力比尺；

λ_{t_2}——悬沙冲淤时间比尺。

2.3.3 波、流共同作用下浑水动床模型试验

受潮流、波浪共同作用的海岸地区，波浪掀沙、潮流输沙是造成海床地形冲淤变化的常规模式，一般会借助波、流共同作用下浑水动床模型做相关课题研究。此类模型中涉及床面地形冲淤变化，因此需综合考虑悬沙及底沙运动相似，进行浑水动床模型试验。针对灌河口外航道拦门沙问题，南科院 21 世纪初利用波、流共同作用下浑水动床模型试验对灌河口外航道整治进行了研究，为工程建设提供了强力的技术支撑，现场监测结果表明，拦门沙整治效果明显，工程达到了设计预期。

（1）潮流运动相似条件

波、流共同作用动床模型应满足潮流运动相似，包括重力相似、阻力相似、水流惯性相似及水流连续相似。即：

重力相似：

$$\lambda_u=\lambda_h^{\frac{1}{2}} \tag{2-141}$$

阻力相似：

$$\lambda_n=\frac{\lambda_h^{\frac{2}{3}}}{\lambda_l^{\frac{1}{2}}} \tag{2-142}$$

水流惯性相似：

$$\lambda_u=\frac{\lambda_l}{\lambda_t} \tag{2-143}$$

水流连续相似：

$$\lambda_{t_1}=\frac{\lambda_l}{\lambda_h^{\frac{1}{2}}} \tag{2-144}$$

式中：λ_h——模型垂直比尺；

λ_l——模型水平比尺；

λ_u——水流流速比尺；

λ_{t_1}——水流运动时间比尺；

λ_n——模型糙率比尺。

（2）波浪运动相似条件

波、流共同作用的动床模型中，波浪运动相似包括波浪水质点运动速度相似、波浪传播速度相似、波浪折射相似、波浪绕射相似、波浪破碎等相似、沿岸流相似等。即：

波动水质点运动速度相似：

$$\lambda_{U_x}=\lambda_{U_z}=\lambda_h^{\frac{1}{2}} \tag{2-145}$$

波浪传播速度相似：

$$\lambda_C=\lambda_T=\lambda_H^{\frac{1}{2}}=\lambda_h^{\frac{1}{2}} \tag{2-146}$$

波浪折射相似：

$$\lambda_L=\lambda_H=\lambda_h \tag{2-147}$$

波绕绕射相似：

$$\lambda_L=\lambda_l=\lambda_h \tag{2-148}$$

波浪破波水深与破波波高相似：

$$\lambda_{H_b}=\lambda_{h_b}=\lambda_h \tag{2-149}$$

沿岸流相似：

$$\lambda_{u_l}=\lambda_h^{\frac{1}{2}} \tag{2-150}$$

（3）泥沙运动相似条件

泥沙起动相似：

$$\lambda_{u_0}=\lambda_u \tag{2-151}$$

也可转换为起动波高比：

$$\lambda_{H_*}=\frac{\lambda_h^{\frac{5}{6}}}{\lambda_D^{\frac{1}{3}}}\lambda^{\frac{1}{2}}_{\left(\frac{\rho_s-\rho}{\rho}gD+\frac{0.486}{D}\right)} \tag{2-152}$$

泥沙悬浮相似：

$$\lambda_\omega=\frac{\lambda_h}{\lambda_l^{\frac{1}{2}}} \tag{2-153}$$

泥沙沉降相似：

$$\lambda_\omega=\frac{\lambda_h^{\frac{3}{2}}}{\lambda_l} \tag{2-154}$$

输沙能力相似：

$$\lambda_S=\lambda_{S_*} \tag{2-155}$$

底沙单宽输沙率相似：

$$\lambda_G=\lambda_{G_*} \tag{2-156}$$

悬沙床面变形相似：

$$\lambda_{t_2}=\frac{\lambda_{\gamma_0}}{\lambda_S}\lambda_{t_1} \tag{2-157}$$

底沙床面变形相似：

$$\lambda_{t_3}=\frac{\lambda_{\gamma_0}\lambda_l\lambda_h}{\lambda_G} \tag{2-158}$$

式中：λ_{u_0}——起动流速比尺；

λ_ω——悬沙沉速比尺；

λ_S——含沙量比尺；

λ_{G_*}——底沙输沙能力比尺；

λ_G——底沙输沙量比尺；

λ_{S_*}——挟沙能力比尺；

λ_{t_2}——悬沙冲淤时间比尺；

λ_{t_3}——底沙冲刷时间比尺。

鉴于波、流共同作用下泥沙运动的复杂性，在实际模型设计中，上述众多相似准则难以完全满足，因此在具体问题研究过程中，往往会做适当取舍。根据现场主要动力因素，主要泥沙输移形式以及研究侧重不同，选择恰当的相似准则进行模型设计。海岸地区，波浪往往是导致岸滩变化的主要动力因素，在考虑模型比尺关系时，就会以波浪沿岸输沙相似作为模型主要设计依据。

2.4 整治建筑物水工模型试验

河口海岸整治工程研究中，整治建筑物受波浪和潮流动力作用，其稳定性和受力研究是工程结构设计中需要考虑的重点技术问题之一。整治建筑物水工模型试验主要包括波浪作用下断面稳定性试验、潮流或波流作用下建筑物受力试验和建筑物冲刷防护试验等。本节将对上述模型试验模拟技术进行论述。

2.4.1 波浪作用下断面稳定性试验

在河口海岸工程建设中，为研究波浪对斜坡式、直墙式等建筑物的正向作用稳定性问题，通常可采用断面物理模型试验研究方法，其水槽布置示意图见图 2-1。以下将从模型设计相似条件、模型比尺确定、建筑物模拟、量测设备布置和试验方法等角度阐述波浪作用下断面稳定性试验模拟技术。

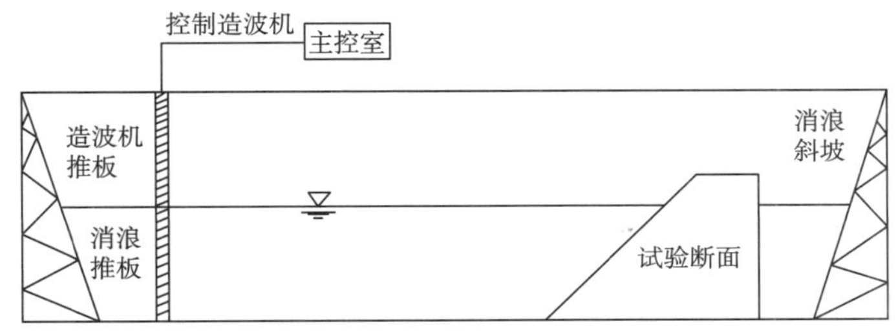

图 2-1 波浪作用下断面稳定性试验水槽布置示意图

模型设计需按照《波浪模型试验规程》(JTJ/T 234—2001) 相关规定，采用正态模型，按照重力相似准则进行设计。断面物理模型比尺的选择应根据试验水槽和建筑物结构尺度、波浪等动力因素及试验仪器测量精度综合分析确定，并应充分利用试验条件，尽可能采用较小的模型比尺。断面稳定性试验模型要求相似条件如下：

几何相似：

$$\lambda_l=\lambda_h=\lambda_L=\lambda_H \tag{2-159}$$

重力相似：

$$\lambda_v=\lambda_h^{\frac{1}{2}} \tag{2-160}$$

波浪运动相似：

$$\lambda_C=\lambda_T=\lambda_h^{\frac{1}{2}} \tag{2-161}$$

块体重量相似：

$$\lambda_G=\lambda_h^3 \tag{2-162}$$

式中：λ_l——水平比尺；

λ_h——垂直比尺；

λ_L——波长比尺；

λ_v——流速比尺；

λ_C——波速比尺；

λ_T——波周期比尺；

λ_G——重量比尺。

模型中堤顶、内外坡护面等与原型保持几何相似。护面块体除保持几何相似外，还需保持重量相似。垫层及护底块石均严格挑选，保持重量相似。

根据相关规程及规范要求，模型建筑物及其构件的几何尺度允许偏差应为 ±1%，且应控制在 ±5mm 内。有重心和重量相似要求的建筑物构件，其重心位置允许偏差应为 ±2mm，重量允许偏差应为 ±3%。单个护面块体、垫层、棱体、基床和护底块石重量允许偏差应为 ±5%。斜坡式建筑物护面块体的模拟，当需要检验护面块体的强度时，应模拟护面块体的抗弯强度，其允许偏差应为 ±10 %。

模型建筑物与造波机间的距离应大于 6 倍平均波长。波要素测量采用波高仪进行。如果要求测量建筑物后的波要素时，模型建筑物与试验水槽尾部消波装置间的距离应大于 2 倍平均波长。如需测量建筑物前的反射波波高时，应在建筑物模型前 1 倍有效波长外设置多个波高仪，并根据测得的波面过程进行入射波和反射波分离，分别求出入射波和反射波的能量或波高。

斜坡式、直墙式建筑物的稳定性试验分别可采用规则波和不规则波进行，以不规则波为主，规则波试验可作为对比。规则波采用 $H_{5\%}$ 波高和平均周期，不规则波的波谱宜采用工程海域的实测波谱，如无实测波谱，可采用《海港水文规范》(JTS 145-2—2013) 规定的谱或其他合适的波谱。模型试验应采取措施排除造波机启动和停止时产生的个别大波的影响。

首先在水槽内放置模型试验断面，先用小波进行作用，以使堤身密实，然后观测护面块体及护底块石稳定，观察试验断面各部位在波浪作用下的稳定性情况。模型试验时，波浪作用的累计时间，应根据暴风浪的持续时间确定，但模拟的原型波作用时间不宜少于 2h。

为保证试验结果的可靠性，每组试验至少重复 3 次。当 3 次重复试验的试验结果差别较大时，则应增加重复次数。每次试验均应重新铺放断面。护面块体失稳判别标准以块体滚落或位移超过块体长度的一半为判据。压脚棱体及护底块石稳定的标准以波浪作用下允许有少量块石原地摆动，个别块石位移，表层没有明显变形为判据。

波浪作用下断面稳定性试验模型示意见图 2-2。

图 2-2　波浪作用下断面稳定性试验模型示意

2.4.2　建筑物受力试验

港口工程建筑物潮流或波流作用下水流力试验按照《波浪模型试验规程》（JTJ/T 234—2001）相关规定，采用正态模型，按照重力相似准则进行设计。波流作用下建筑物受力试验模型相似条件如下：

几何相似：

$$\lambda_l=\lambda_h=\lambda_L=\lambda_H \tag{2-163}$$

重力相似：

$$\lambda_v=\lambda_h^{\frac{1}{2}} \tag{2-164}$$

水流运动相似：

$$\lambda_t=\lambda_h^{\frac{1}{2}} \tag{2-165}$$

波浪运动相似：

$$\lambda_C=\lambda_t=\lambda_h^{\frac{1}{2}} \tag{2-166}$$

总力相似：

$$\lambda_F=\lambda_h^3 \tag{2-167}$$

式中：λ_t——水流时间比尺；

λ_F——总力比尺。

潮流作用下建筑物受力试验模型要求满足式（2-163）～式（2-165）和式（2-167）的相似条件。模型中建筑物结构需按正态几何比尺缩小制作，模型与原型保持几何相似。模型比尺根据试验水槽和建筑物结构尺度、波流动力因素、试验测力设备精度及量程范围等综合确定，尽可能采用较小的模型比尺。在试验水槽或水池中放置建筑物模型前，首先可在水槽中模拟设计水流条件，然后模拟无流时的波浪条件，最后合成进行波流力试验。

建筑物波流力试验模型示意图如图 2-3 所示。

图 2-3　建筑物波流力试验模型示意

2.4.3　建筑物局部冲刷防护试验

河口海岸工程建筑物局部冲刷试验主要包括潮流作用下正态局部冲刷试验和波流作用下正态局部冲刷试验两种类型。局部冲刷模型试验研究内容主要包括冲刷坑的位置与形态、稳定最大冲刷深度和冲刷随时间的变化过程等。

目前，我国行业规范中针对波浪或潮流单独作用下建筑物局部冲刷防护试验已有有较为详尽的规定，但对波流作用下建筑物局部冲刷防护方面的研究，行业规范中还没有明确规定和依据标准。对于重要的河口海岸建筑物局部冲刷防护问题，目前通常采用物理模型试验方法解决。由于波流作用下建筑物局部冲刷问题非常复杂，目前对于波流共同作用下的建筑物冲刷研究成果尚不够成熟。伊迪(Eadie)等人研究表明,对于直径相对较小的桩柱，波浪的作用主要是加快冲刷的进程，波、流共同作用下的最大冲刷深度比单独水流作用的值约大 10%，冲刷形态大致相同。墩柱周围的地形变化大致可分为 3 个区域，即墩柱前的波浪反射区、墩侧面的波浪散射区和墩后面的波浪掩护区。当建筑物尺度较大时，向前运动的波浪受到建筑物的阻挡，在建筑物前发生反射，其与入射波叠加后形成部分立波，使得结构物前的波高增大，同时，结构物的存在还使周围波浪运动的对称性受到影响，使波浪掀起的泥沙产生较大的净输移，从而形成冲刷坑；在其两侧，由于散射波与入射波叠加，形成波浪绕射区；而在其后方，由于受到结构物的掩护，波高相对较小，形成掩护区。上述各区域随着结构物相对尺度的改变，其对波动场的影响也发生改变。

波流作用下建筑物附近局部冲刷试验的模型设计，除应满足建筑物几何相似和波浪运动条件相似外，尚需满足泥沙运动条件和冲刷坑形态相似，具体要求如下：

几何相似：

$$\lambda_l=\lambda_h=\lambda_L=\lambda_H \tag{2-168}$$

重力相似：

$$\lambda_v=\lambda_h^{\frac{1}{2}} \tag{2-169}$$

水流运动相似：

$$\lambda_t=\lambda_h^{\frac{1}{2}} \tag{2-170}$$

波浪运动相似：

$$\lambda_C=\lambda_T=\lambda_h^{\frac{1}{2}} \tag{2-171}$$

泥沙起动相似：

$$\lambda_u=\lambda_{u_0} \tag{2-172}$$

模型沙与原型沙水下休止角相似：

$$\theta_{原型沙}=\theta_{模型沙} \tag{2-173}$$

紊流限制：

$$Re_m \geqslant 1\,000 \tag{2-174}$$

另外模型最小水深 $h>1.5$cm，以消除模型水面张力的影响。

式中：λ_l——水平比尺；

λ_h——垂直比尺；

λ_L——波长比尺；

λ_H——波高比尺；

λ_u——流速比尺；

λ_{u_0}——泥沙起动流速比尺；

λ_t——水流运动时间比尺；

λ_C——波速比尺；

λ_T——波周期比尺；

$\theta_{原型沙}$——原型沙水下休止角；

$\theta_{模型沙}$——模型沙水下休止角；

Re_m——模型雷诺数。

潮流作用下建筑物局部冲刷防护试验模型要求满足式（2-168）～式（2-170）、式（2-172）～式（2-174）的相似条件。

建筑物附近冲刷防护通常可采用抛石、透水消能框架、混凝土连锁块软体排、袋装沙等结构形式。模型模拟时，防护结构要求满足构件几何相似和水下重量相似。另外对于混凝土连锁块软体排等柔性结构来说，还要求满足结构柔性相似，保证软体排的柔软性和保土贴附性。

局部冲刷试验宜在造波机二次反射影响小的水槽或水池中进行，试验过程中应监测原始入射波情况。试验水槽或水池两侧边壁与预测冲刷坑边缘应留有足够的距离，消除边壁影响。

建筑物附近局部冲刷模型试验宜采用不规则波。如采用规则波时，分别采用不规则波和不同累计频率如 $H_{1\%}$、$H_{4\%}$、$H_{13\%}$ 等规则波与水流共同作用，对试验结果进行对比，可选取与不规则波条件下局部冲刷形态和最大冲深相近的规则波型作为代表波要素进行模拟。

冲刷试验开始前，首先在试验段周围布置波高仪，率定港池内无结构物时的试验要求波要素，将率定系数存入计算机系统，供正式试验时采用。波流共同作用下桥墩局部冲刷试验时，先调试水流条件，当水流平均流速达到要求值时，再叠加波浪。试验可在生波后的 15min、30min 和 60min 测量底床冲刷剖面变化，其后应每小时测量 1 次，当前、后两次底床剖面的测量结果无明显变化时，认为冲刷基本达到平衡，试验停止，测量冲刷后地形。模拟试验如图 2-4 所示。

图 2-4　波流作用下建筑物局部冲刷模型示意

2.5　物理模型设计、制作与仪器设备

模型试验成果的准确性、真实性以及试验成果实际应用的成败，在很大程度上取决于模型设计的合理性和科学性，整体制作及每个环节的精确性和相似性。所以，河口及海岸模型设计，首先要充分了解研究工程对象、研究的目的和任务，收集相关资料，综合试验场地、试验手段等因素对模型进行设计，选择合适的模型类型、模型比尺、模型范围及布置、模型测控系统、加糙方式，动床模型还要考虑模型沙的选择、模型加沙；河口及海岸模型受潮汐波浪作用，模型设计时，应根据需要选取合适的生潮、生波设备和试验边界条件。现就河口及海岸模型的规划设计、试验测控设备、模型的建立与验证、模型试验水沙条件等内容加以说明。

2.5.1　物理模型设计

2.5.1.1　模型设计准备

需要收集的具体资料根据不同的研究任务和模型类型存在一定差异，但一般都包括水文泥沙和地形资料、试验场地及设备情况等。对这些资料进行收集、分析与整理，有助于下一步对模型进行设计。

（1）制模地形资料

模型制作一般选用最近施测的地形图，河口海岸模型中，测图比例一般为 1∶10 000。为了保证制模精度，需考虑模型比尺，选择合适的实测地形的比例。模型比尺大，测图比例可适当小一些，模型比尺小，测图比例大一些。模型地形变化剧烈、形态复杂，测图比例可大些；地形变化平缓、形态简单的测图比例则可小一些。另外，还需收集工程河段已有相关涉水工程，如码头、桥梁，已有整治建筑物等资料；对于已有的水下工程，由于一般地形测图难以准确反映其平面布置、关键尺寸等，除需要收集该工程的有关设计参数外，要尽可能收集工程附近大比例地形图，必要时需现场踏勘和施测。

（2）演变分析资料

河床演变分析需要多年的地形资料。我国的大型河口和重要海岸，一般都有多年来的地形资料，有些水域还有近数百年的概图。通过对多年来的地形图的套绘等分析手段，可获得试验区域在此时期内的岸线变迁、洲滩演变、主流摆动、汊道发展、河床或海域冲淤、河口拦门沙变化等情况，为工程布置、试验研究等提供依据。

（3）模型验证资料

利用实测水文泥沙资料对模型进行率定和相似性验证。受潮汐影响的模型，通常需要大、中、小潮的潮位、流速、断面流量和汊道分流比等资料，而受径流、潮流共同作用的模型，如河口模型，还需考虑上游径流变化的影响，通常需要收集洪、枯季条件下对应的大、中、小潮资料。

对于动床模型，为验证河床冲淤的相似性，还需要收集至少一套间隔时间在一定范围内的地形资料以及该期间的上游流量过程、输沙量，下游潮汐过程的资料。当收集多年资料有困难时，可根据研究目的收集几个典型水文年的相关资料，然后循环组合成一个水文系列。

（4）边界控制资料

对于仅受潮流作用的海岸模型，其下游边界为一个或多个，潮位过程或流量过程是模型的下游边界条件，对于径流、潮流共同作用的模型，其下边界的过程应与上游径流条件一一对应。其边界位置应符合相关规范的要求，为水流条件不受工程建设影响的位置。对于波浪模型还要收集相关波浪资料，以便选择和布置生波系统。

（5）悬沙和河床地质资料

悬沙和河床地质资料用于泥沙物理模型。通常需要对工程河段内河槽、滩面等多处进行测验，根据试验需要，收集相应的含沙量过程、输沙量等；收集泥沙粒径、级配、起动及沉降等参数；收集河床质平面及垂直分布。根据收集到的资料，选取合适的模型用沙。

（6）试验场地及设备

首先需要了解的是试验场地的大小、水沙循环系统的供给能力，试验测控系统的控制精度、测量内容及仪器精度等。

（7）其他相关资料

收集与研究有关的规范和规程，对河口有防洪要求的，还需要收集上游防洪标准等资料。对于有些需要数学模型提供边界条件、初始条件的模型，还需要收集与之相关的资料。

2.5.1.2 模型设计

模型设计主要包括选择模型类型、拟定模型范围、确定相似比尺和选配模型沙、选定模型水或沙循环系统、模型糙率和模型测控系统。

（1）模型类型的选择

模型类型的选择主要根据研究区域水沙条件、研究任务要求、研究主要内容等综合确定。首先需要分析工程研究范围内的水动力、泥沙运动特征、演变特征等，然后结合模型试验研究任务要求、研究内容等进行综合研究确定。对于主要考虑工程实施后水动力影响，河床演变对其影响不大，或者河床较为稳定、年内冲淤变化较小的试验河段，或河床有一定变形，但对工程影响较小，或者工程规模不大，对河床变形影响较小等情况下，可做潮流定床物理模型。对于工程水域河床变化较大，河床演变对工程影响较大，而且工程实施后可能会对河床的冲淤变化带来一定的影响，这时需要选择潮流泥沙物理模型，以模拟在潮流动力作用下的泥沙运动。对于工程区域河床基本处于淤积环境，为研究工程实施后的水动力变化和引起的淤积情况，可考虑选择潮流定床悬沙淤积物理模型，以模拟在潮流动力作用下研究区域内床面淤积分布。对于波浪作用比较明显的海岸或河口，波浪对河床的冲淤有着较大影响，可选择波浪潮流泥沙物理模型。模型床面铺有适当厚度的模型沙，模拟在潮流和波浪共同作用下床面的冲淤变化。波浪作用对沿岸输沙影响较大，可选择波浪沿岸输沙物理模型。模型床面铺有适当厚度的模型沙，模拟在波浪动力作用下沿岸输沙的物理模型。

对于研究对象是工程某局部，如分析工程某个局部的河床冲淤变化，由于整体模型受比尺限制，因此可以建立局部模型进行研究。对于研究某些水流泥沙运动特性，或仅为数学模型提供相关参数时，可选择概化模型。当研究的问题可以简化为二维时，可选择断面模型。

（2）模型范围的拟定

河口海岸模型研究的范围，长度上短则几千米，长则上百千米，宽度上少则几百米，多则超过几十千米，范围的大小主要根据研究各方面的具体情况而定。

模型范围包括试验区和过渡区。试验区是模型试验研究的主要区域，它包括工程布置的范围、工程实施后引起的水动力变化或地形冲淤变化等产生影响的区域、研究目的和任务规定的区域等；过渡区为非试验段，其主要目的是将水流平顺导入或引出试验段，相似性要求可适当低于试验段。在径流与潮流作用的河口地区，进口和生潮设备端均应有过渡区，在双边生潮或多边生潮的模型中，生潮设备端均应布置过渡区。

模型范围的确定主要在于确定试验区的范围。该范围总体上包含工程建成后可能影响到水流条件的整个范围，如工程实施后引起的水动力变化或河床、海床冲淤变化。模型试验段范围应根据试验目的、要求和现场潮流具体情况确定，其范围应包括工程及其可能影响区域。当试验段有建筑物时，岸滩范围的宽度和长度宜大于 3 倍建筑物的凸出部分长度。一般在试验前不知道工程的具体影响范围，可根据已建工程或经验进行估计，并留有余地。

河口海岸物理模型中，过渡区的长度原则需保证其水流条件平顺过渡，在调整到试验区时达到相关相似要求。在河工模型中，过渡区的长度大致为 4 倍左右的河宽。

（3）模型比尺的选定

在前期已确定模型的类型和大致的模型试验范围后，下面就要选定相似模型比尺。相似模型比尺的选择，主要考虑试验场地的大小、试验设备如水沙循环系统的能力、模型沙能否满足要求等限制条件而定。

①初步确定平面比尺。

首先根据模型研究范围、试验目的和要求、试验场地大小、供水能力和布置确定模型平面比尺 λ_l。模型平面比尺宜在1 000以内,在场地和经费允许的情况下尽量选择小的比尺,这样其他相似条件容易满足，精度也可提高。海岸与河口潮流模型宜采用变态模型，模型变率可取 3～10，其中波浪潮流泥沙物理模型变率可取 3～6，波浪沿岸输沙物理模型变率不应大于 3。

由于海岸演变模型试验范围较大，受场地限制，通常会要求取较小的水平比尺，但是由于水的黏附力和表面张力的作用，模型中波浪尺寸不能太小，一般波高不小于 2.0cm，波周期不小于 0.5s。同时受模型沙运动相似的一些限制，垂直比尺不能取得太大，因此通常采用变态模型来进行相关问题研究，水平比尺较垂直比尺大些。但是考虑到波浪绕射与反射相似的需要，变率不能太大，一般都采用小变率的模型。世界各国波浪动床模型的水平比尺大都采用 10～250，垂直比尺采用 75～150，变率为 3～25，综合来看波浪作用下岸滩演变模型平面比尺不宜大于 300，模型变率不应大于 3.0。

②初步确定垂直比尺。

根据模型相似准则和设计规定、仪器测验精度等，结合生潮设备生潮能力、径流设备供水能力和水库蓄水量等因素综合考虑，初步确定垂直比尺 λ_h。考虑到表面张力的限制条件，模型中断面最小水深和过流建筑物的最小水深，河口海岸模型中一般要求河道模型最小水深不小于 1.5cm,过流建筑物模型最小水深不小于 3cm,验算垂直比尺 λ_h 是否满足要求。在波浪潮流泥沙物理模型和波浪沿岸输沙物理模型中，模型垂直比尺应满足模型波高大于 2.0cm、波周期大于 0.5s 的要求。

根据模型流态是否进入紊流区或阻力平方区，判断模型变率是否满足相关规范的要求。动床模型中，模型比尺应兼顾模型沙的选择。

③验算供水能力能否满足。

根据试验需要的最大流量、量测仪器的量测范围等，按照拟定的比尺验算供水条件是否能达到，量测仪器测量范围是否满足。如不满足，在保证各项限制条件下做适当调整，否则需增设供水设备和量测仪器。

④验算糙率能否达到相似。

在范围不大的开敞海域相对以重力相似为主。范围较大的模型，需要考虑阻力相似，这就涉及加糙的问题。通常情况下，河口海岸模型通过加糙容易达到糙率相似；而水工建筑物材料常为混凝土，且过流面光滑，表面糙率均较小，模型缩小后采用最光滑的有机玻璃也难以达到，所以在满足其他条件下宜尽可能选择满足糙率相似的几何比尺。如实在难以全面顾及的情况下，则需采用糙率校正措施。

⑤模型沙选配及确定泥沙运动相似比尺。

收集多种模型沙资料，全面分析模型沙特性，选配适合的模型沙。如有可能，尽量利用已有的模型沙，这样不仅可节约经费，还可省去模型沙起动、沉降等准备性试验，减少堆放场地，节约时间，减少环境污染。模型沙选配后，依据泥沙运动相似条件，计算出推移质或悬移质的粒径比尺、输沙率比尺、河床或海床变形时间比尺等。

由于目前还没有一个能准确计算各种河流的输沙率公式，所以输沙率比尺不能完全准确地反映原型与模型输沙率的实际相似比尺，此处确定的输沙率、河床变形时间等比尺还不是最终相似比尺，还需通过河床变形验证试验反复校正。

（4）模型布设

模型布设主要涉及模型在试验场地中的布置、水沙循环系统的布设等。

①模型的布置。

为了合理利用试验场地和工作的顺利进行，需要优选模型的布置，即如何将模型合理地摆放在场地内，既满足研究工作的需要，又方便试验研究的进行。优选方法是将同一比例的试验场地平面图和模型平面图进行套绘，其模型平面图采用旋转、平移等手段确定最佳摆放方案。早期这些工作一般在纸片上进行，现在，由于技术的发展，这一工作可在计算机上进行。模型场地布置的过程中，根据需要考虑模型水沙循环系统、生潮系统或生波系统的布置。

②水循环系统的布设。

水循环系统的布设要考虑供、排水系统，生潮系统的布设。波浪模型要考虑生波系统的布设。

河口海岸受潮汐影响，模型边界条件应与天然潮流情况相吻合，生潮应根据工程要求、现场潮流方向、边界情况和模型试验场地、试验设备等具体情况采用单边、双边或多边的控制方式，使生潮设备产生的潮汐经过渡区至试验区时满足相似性的要求。不同的生潮方式，布设略有差异。尾门生潮系统中，在尾门与模型之间需布置前池、进水管、回水槽。进水管是用来为尾门生潮进行补水的，以保证涨潮时水量的需要，且使尾门上部有水过流，以免尾门对水波的反射造成水流波动，降低控制精度。采用潮水箱生潮系统，在潮水箱与模型之间同样需要布设前池，进水管和回水槽。根据试验需要在前池适当布置消能设施，以保证尾门前水流的平缓。

当模型中有径流下泄或余流较强时，在模型边界外应配置水量平衡调配管路和控制系统，及时将多余水量调出到模型外水库（蓄水池），保证模型试验用水量的正常循环。

水库中的水流由水泵房经进水管进入前池，由模型通过出口下泄，经回水槽进入水库，从而形成一个水循环系统。

生波系统应根据工程要求、现场波浪方向、边界情况和模型试验场地、试验设备等具体情况，布置生波机的位置。采用规则波或不规则波进行试验，使生波系统产生的波浪经过渡区至试验区满足相似性要求。

生波系统的布置应考虑波浪二次反射的影响，模型边壁与预测冲刷坑边缘应留有足够的距离，消除边壁的影响。

③沙循环系统的布设。

对于动床模型试验，还要考虑水沙循环系统的布设。首先根据模型试验的任务和目的、模型类型、范围和模尺对沙循环系统进行考虑和安排，确定模型加沙位置、沉沙池布置。

（5）模型加糙

要模型与原型相似，一个重要的问题是水流阻力的模拟。水流阻力主要由表面粗糙、流向急剧变化及河道尺度的突变而引起。糙率系数不好量测，但可以通过一些可量测的要素来计算。在变态模型上不能精确计算长河段的糙率数值，这是因为糙率与水力半径有关，而水力半径在各断面是变化的，必须根据模型上各断面的尺寸分别计算。然而，一个总的糙率值却可以根据模型的尺寸及给定的纵向水面线予以计算，并作为模型最后加糙的依据。模型在初步加糙后，加糙单元要进一步校正，以便在已知条件下模型能复演原型上测得的水面线。

①一般河工模型常用的加糙方法。

天然河道水流多处于阻力平方区（粗糙区），沿程阻力系数 λ 与雷诺数 Re 无关，只与粗糙突起高度 K_s 有关。

李昌华、金德春总结物理模型加糙有两种方式：第一种是颗粒无间距排列的加糙方式，即密排法。由于这种方式目前已具有足够准确的线糙率与水流条件的试验关系。同时这种无间距加糙的阻力方式较少破坏底部水流结构，故如有可能，应尽量采用这种加糙方式。第二种是颗粒有间距的加糙方式，根据研究，这种加糙方式具有较高的糙率值。故要求的模型糙率很大时，超过了第一种无间距加糙方式的试验范围时，可以采用这种方法来求得问题的解决。第一种无间距加糙方式主要有蔡格士大和曼宁糙率系数两种计算方法。第二种有间距加糙方式计算方法较多。李昌华等在文献中详细地阐述了各种加糙方法的计算过程。

对于第一种密排加糙方式，根据司觉克（strickler）的研究成果，曼宁糙率 n 与密排床沙粒径 d 的关系为：

$$n = 0.0150d^{\frac{1}{6}} \tag{2-175}$$

式中：n——糙率；

d——砂砾粒径。

另外，张有龄也研究了密排粘贴砂砾的河道模型，得出了河床壁面糙率与砂砾粒径的关系式为：

$$n=0.0166d^{\frac{1}{6}} \tag{2-176}$$

式中：d——砂砾粒径，公式适用范围为 d=0.13～3mm。

天津水运工程研究所也研究了密排加糙问题，得出了河床壁面糙率 n 值与砂砾粒径 d 的关系式为：

$$n=0.0133d^{\frac{1}{6}} \tag{2-177}$$

式中：d——砂砾粒径，公式适用范围为 d=4.3～26.4mm。

唐存本研究了梅花形有间距大颗粒加糙的问题，得到唐存本公式：

$$n=c\times d^{\frac{1}{6}} \tag{2-178}$$

$$c=f\left(\frac{l}{d}\right) \tag{2-179}$$

式中：c——系数，与 l/d 关系见图 2-5；

d——颗粒粒径（mm）；

l——颗粒间距。

当缺乏图 2-5 时，即可根据下面唐存本公式（2-180）计算糙率：

$$n=0.016\left(\frac{30d}{e^{0.4A}}\right)^{\frac{1}{6}} \tag{2-180}$$

$$A=16.6\left[1-3.0\frac{d}{l}+3.78\left(\frac{d}{l}\right)^2-1.29\left(\frac{d}{l}\right)^3\right] \tag{2-181}$$

式中：n——糙率；

d——颗粒粒径（mm）；

e——自然数；

l——颗粒间距；

A——系数。

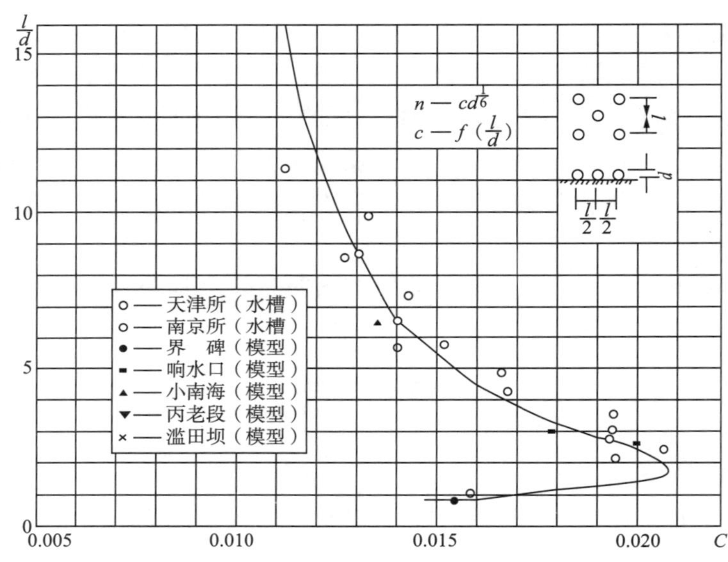

图 2-5　c 值与 l/d 关系图

②潮汐河段定床模型加糙方法。

在定床变态恒定流模型中，水流为单向流，只要按重力和阻力相似准则设计模型即可满足要求。但是，在定床变态潮汐河工模型中，潮汐水流是一种周期性往复非恒定流，其水力因子在时间和空间上都在不断变化，如水流断面平均流速、垂线流速分布、水流横向流速分布以及作用在河床上的水流切应力等在一个潮周期内都有显著的变化。由于潮汐水流运动的复杂性，国内外关于潮汐河道河床阻力的研究成果较少。李浩麟等曾对潮汐河口河床阻力进行过研究，指出潮汐河口河床阻力主要由形状阻力（包括床面沙浪、沙洲浅滩以及弯道弯曲断面不规则等所产生的阻力）、黏性阻力和潮流惯性阻力 3 部分组成。由于涨落潮方向床面沙波形态不同，引起了潮汐河道涨落潮阻力存在一定的差异。这样，在潮汐河工模型中就要求模型加糙糙率大小随水流运动方向的改变而不同，而以往石子或其他加糙体都不能满足这个要求。

为了解决这个问题，南京水利科学研究院提出了一种新型加糙块体——等腰三角形橡皮块。徐华、夏云峰等通过水槽均匀流试验研究三角橡皮块梅花形加糙糙率计算方法。试验水槽长 35m，宽 2m，深 0.5m，底坡 i=0.000 47（1/2 100）。水槽槽底和槽壁内用水泥抹光。在水槽中部选取长为 27m 的一段作为试验区。模型上游通过矩形量水堰控制来流流量，下游通过推拉式尾门控制水位。试验水槽布置见图 2-6。

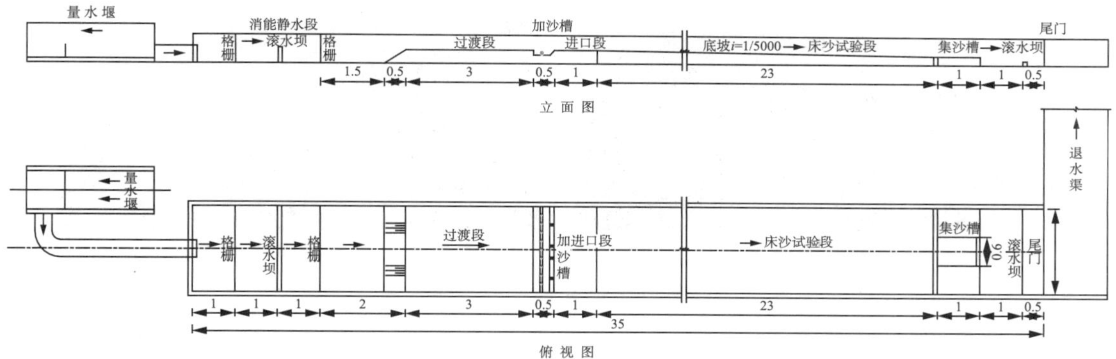

图 2-6 试验水槽布置图(尺寸单位:m)

模型选用等腰三角形块进行加糙（腰长 3cm、底边长 2cm），试验研究得出了不同粘贴方向、不同三角块厚度、不同布置间距和不同水深条件下若干种粘贴方案加糙糙率大小，基于床面阻力叠加原理从理论上推导拟合了正、反向加糙糙率计算公式。

$$n_s=\sqrt{n_f^2+\frac{aR^{\frac{4}{3}}C_d}{19.6(Fh-\delta)}} \tag{2-182}$$

其中：n_f、n_s——分别加糙前、加糙后的河床糙率；

R——水力半径（cm）；

h——水深（cm）；

F——单个块体所占的床面面积（cm^2）；

δ——单个块体体积（cm^3）；

a——单个块体的迎水面面积（cm^2）；

C_d——阻力系数。

三角块正向粘贴阻力系数 C_d 为：

$$C_d=0.60\cdot\left[-0.92\left(\frac{P}{10\xi}\right)^2+1.67\left(\frac{P}{10\xi}\right)-0.27\right]\cdot\left(\frac{\Delta}{\xi}\right)^{-0.83}\cdot\left(\frac{h}{\Delta}\right)^{-0.82} \tag{2-183}$$

三角块反向粘贴阻力系数 C_d 为：

$$C_d=0.89\cdot\left[-0.96\left(\frac{P}{10\xi}\right)^2+1.79\left(\frac{P}{10\xi}\right)-0.31\right]\cdot\left(\frac{\Delta}{\xi}\right)^{-0.78}\cdot\left(\frac{h}{\Delta}\right)^{-0.84} \tag{2-184}$$

式中：P——塑料花梅花形加糙间距（cm），$P=\sqrt{H\cdot Z}$，H 为块体加糙垂直水流方向的横向距离（cm），Z 为块体加糙顺水流方向的纵向距离（cm）；

ξ——块体影响水流的代表尺度。对于等腰三角块，取 ξ 为等腰三角块底边长度；

Δ——块体在河床上的突起高度（cm）；

h——水深（cm）。

定床加糙水槽试验见如图 2-7。

a)

b)

图 2-7 定床加糙水槽试验

由图 2-8 可以看出，所有点基本都分布在 45° 直线附近，糙率计算值与实测值偏差在 10%以内，表明三角块梅花形正反向粘贴糙率计算公式具有较好的精度。

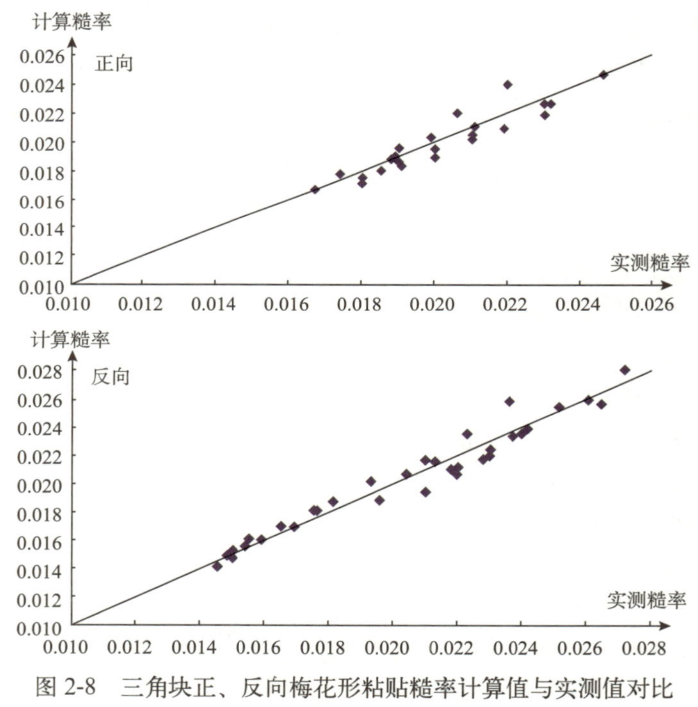

图 2-8 三角块正、反向梅花形粘贴糙率计算值与实测值对比

三角块梅花形加糙方法在长江河口段模型中得到了应用。分别采用厚度为 5mm、10mm 和 15mm 三种橡皮加糙，三角块加糙间距约 10～15cm。工程河段涨潮糙率一般大于落潮糙率，考虑涨落潮糙率的差异，三角块顶点指向上游。在实际验证过程中，再对糙率进行局部调整。模型验证结果表明，该种加糙方法较好地反映了潮汐河道阻力特性，模型潮位、流速、分流比等验证结果均较好，满足相关规范要求。

动床模型范围较大，既要满足阻力相似又要重力相似，而模型沙糙率不满足要求，动床需加糙。潮汐模型动床相似首先要满足重力相似和阻力相似，确保潮波传播，潮流运动相似，在此基础上满足泥沙运动及河床冲淤相似，河流模型中采用重力相似偏离在潮汐模型中是不允许，如不具备加糙条件，动床范围必须控制在满足潮波运动相似误差控制范围内。

海岸模型，其水位变化主要受潮蓄量的变化，其沿程阻力对潮位及潮波传播影响相对较小，主要受潮量的增长变化，海岸动床模型可不进行加糙。

潮汐河口动床模型来说，应同时满足重力相似和阻力相似，当动床范围较大时，模型沙的糙率往往偏小，阻力相似难以满足，因此有必要研究潮汐动床模型新型加糙方法。南京水利科学研究院研究提出了一种适用于动床模型的新型加糙方法－塑料花加糙（用木螺丝将塑料花固定于床面），如图 2-9。

a)

b)

图 2-9 动床模型加糙水槽试验

通过塑料花加糙水槽试验研究了不同水流条件、加糙间距下塑料花加糙糙率。基于床面阻力可叠加性原理，研究提出了塑料花梅花形加糙糙率计算公式，C_d 值的计算按下式计算：

$$C_d = 0.99 \cdot \left[-0.19\left(\frac{P}{10\xi}\right)^2 + 0.41\left(\frac{P}{10\xi}\right) + 0.41\right] \cdot \left(\frac{h}{\xi}\right)^{-0.82} \tag{2-185}$$

式中：C_d——阻力系数；

P——塑料花梅花形加糙间距（cm），其取值计算同式（2-183）、式（2-184）；

h——水深（cm）；

ξ——塑料花影响水流的代表尺度。

另外，水槽试验研究表明塑料花形载体加糙对总体床面泥沙起动、悬浮和输运等无明显影响，可以用于动床模型试验研究。

长江河口段动床模型采用塑料花进行梅花形加糙，加糙间距约 10～20cm。在实际验证过程中，再对糙率进行局部调整。模型验证结果表明，动床模型基本满足阻力相似要求，模型潮位等验证结果均较好，满足相关规范。

（6）模型沙的选配

模型沙材料的几何特性和力学性能应保持稳定，无黏性、不板结。根据模型试验要求和模型的相似条件来选择模型沙。模型沙的沉降速度、糙率、起动流速和输沙率等性能指标，可通过水槽试验确定。常见模型沙的沉降速度、糙率、起动流速、模型沙的水下休止角见表 2-1～表 2-4，图 2-10a)～图 2-10d)。

常见模型沙的起动流速 表 2-1

模　型　沙	粒径（mm）	水深范围（cm）	起动流速（cm/s）	容重（t/m³）	干容重（t/m³）
木屑（防腐剂处理）	0.05～1.5	7.5～10	7.5～8.5	1.12	0.650
塑料沙	0.23～0.82	5～16	5～7	1.05	0.6
电木粉	0.14～1.92	5～20	5.9～19.6	1.45	0.700
煤屑（株洲精煤）	＞0.001	5～35	16～22	1.35	0.660
沥青沙	0.22～0.85	5～15	7.8～16	1.18	0.285
粉煤灰	0.025	1.5～6	10.9～19.4	2.15	0.34

常见模型沙糙率 表 2-2

模　型　沙	中值粒径 d_{50}（mm）	糙　率　n
天然沙	0.250～10.000	0.012～0.023
木粉	0.070	0.014～0.019
煤灰	0.025	0.013～0.019
塑料沙	0.040～4.400	0.012～0.024
电木粉	0.140	0.016
核桃壳	0.400～3.000	0.013～0.017

常见模型沙的水下休止角 表 2-3

模　型　沙	中值粒径 d_{50}（mm）	试验水深 h（cm）	粒径范围（mm）	水下休止角 φ（°）
木屑	0.40	7.5～10	0.05～1.5	32～34
核桃壳	0.7	4.0～10	0.05～3.0	28～32
电木粉	0.137	4.0～12	0.001～10	32～33
煤屑	0.98	5.0～35	＞0.001	35～36

常见模型的沉速 表 2-4

模　型　沙	粒径（mm）	沉速（cm/s）	水温（℃）
木屑	0.54	1.372	18
	0.27	0.936	18
	0.75	1.855	16.4
煤屑	0.07	0.094 5	18
	0.04	0.184 8	18
塑料沙	0.1	0.08～0.12	18
	0.2	0.12～0.19	18
	0.25	0.19～0.24	18
电木粉	0.1	0.267 6	18
	0.25	1.033	18
	0.45	1.779	18

常见模型沙有：天然沙、木屑模型沙、煤屑模型沙、粉煤灰模型沙、塑料模型沙、电木粉模型沙、核桃壳模型沙、沥青模型沙、塑料合成模型沙、PS 模型沙等。有天然无机物、天然有机物、化工产品、有机炭化材料、有机合成材料。

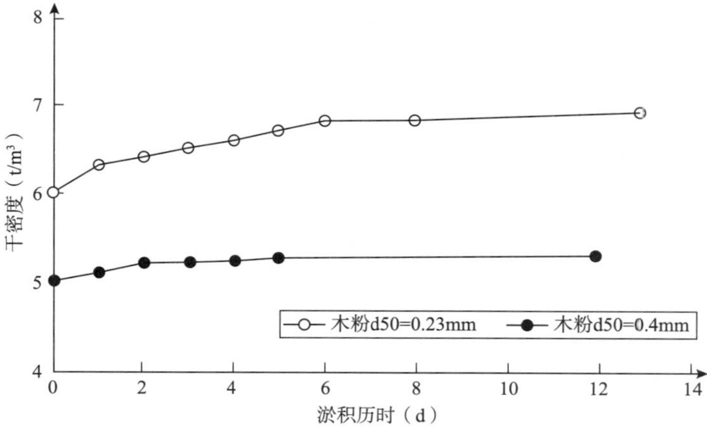

a) 不同粒径木粉干容重与淤积历时的关系

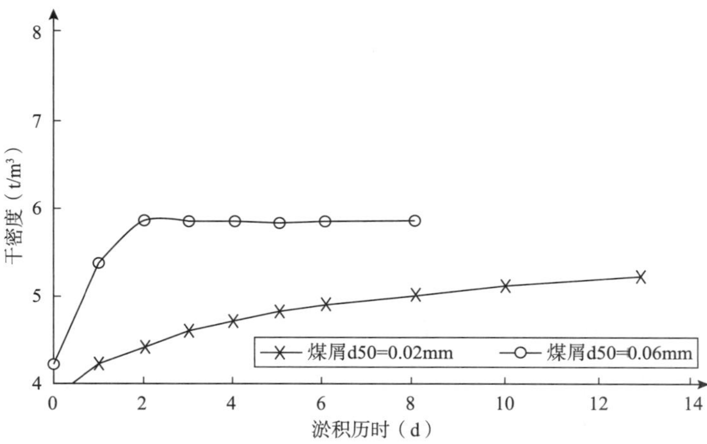

b) 煤屑在静水密实过程中表层干密度随历时的变化

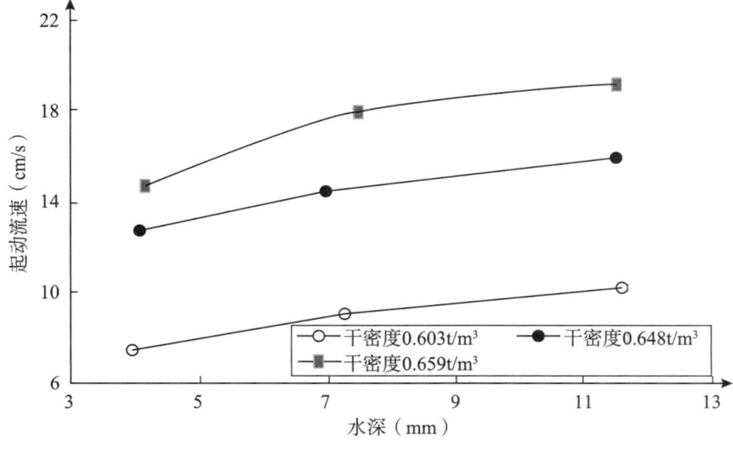

c) 塑料沙起动流速随水深的变化

图　2-10

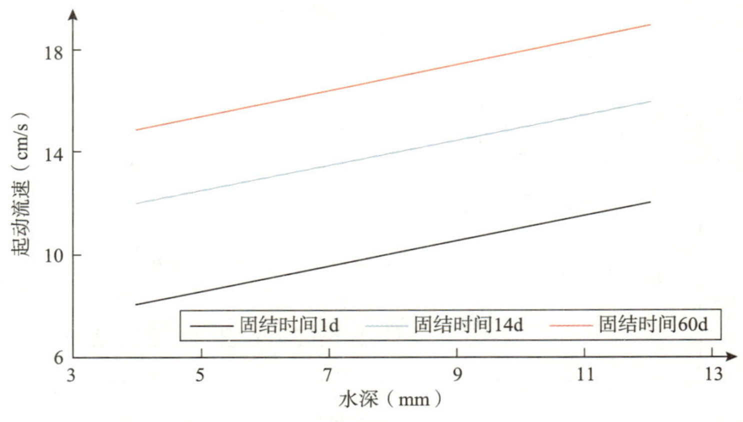

d) 电木粉在不同固结时间的起动流速和水深的关系

图 2-10　常见模型沙的沉降速度、糙率、起动流速

针对不同研究问题选择不同模型沙，由于模型沙为轻质沙，模型缩尺效应、模型变率等影响，模型沙运动规律与天然沙不可能做到完全相似，其起动悬浮、沉降输移特性不能同时满足相似要求，在实际运用中需根据不同研究问题而有所变化。

①冲刷为主研究问题，则主要满足起动、悬浮相似。

②淤积为主问题有悬沙淤积问题、底沙淤积问题等时，首先分析天然悬沙、底沙特性，水沙交换等，然后根据天然泥沙悬浮指标分析，确定模型沙以悬浮相似为主还是以沉降相似为主。

河口海岸模型变率一般限制在 5～10 之间，变态模型中，悬沙中床沙质起动、悬浮、沉降，不能同时相等，基于悬浮相似确定 $d_{悬}$，沉降相似确定的 $d_{沉}$，及起动相似确定的 $d_{起}$，各不相等，根据试验目的，冲淤特性将有所侧重。冲刷为主模型主要考虑起动及悬浮相似，而淤积为主的模型主要考虑沉降相似，本模型有冲有淤，二者兼顾。$\bar{d}=\dfrac{d_{悬}+d_{起}+Kd_{沉}}{2+K}$，$K$ 值大小依据试验目的要求确定，一般取 1～2。

河床底沙主要考虑起动似相似，而底沙悬浮沉降在床沙质中一并考虑。模型缩小后，因为平原河流底沙一般为细沙，模型沙粒径不能按照天然沙缩小，模型沙要满足其运动相似性，必须采用轻质沙。而要满足起动相似规律，需能用同一运动方程描述。根据相似条件，利用文献中李昌华起动流速公式，先假定 d_m 的值，经计算，模型沙符合相似条件 $\lambda_V=\lambda_{V0}$。

2.5.2　物理模型制作

模型设计工作完成以后，模型试验就进入模型制作与设备安装阶段，必须按模型比尺进行精确缩制。河口及海岸模型制作和安装过程主要包括模型制作与试验设备仪器安装两部分。

模型的制作过程实际上就是如何将原型地形按设计的比尺塑造为几何、水流运动等相似的模型，针对不同的试验研究内容或不同的河口海岸，制作过程可能有一定差异。下面就常用方法和主要过程进行介绍。

2.5.2.1 模型制作的准备工作

（1）平面控制网及基准点的布设

模型制作首先需要进行平面控制网的布设。平面控制网的布设形式，应根据试验场地情况、模型平面布置图及模型制作等因素来确定。为保证试验精度，常用三角网或三边网。平面控制网应能覆盖模型制模范围，便于进行主副导线的控制及布设，固定主辅导线点，并进行平差计算。

对于模拟范围较大的模型，通常需要在不同部位埋设多个水准点形成控制网，各水准点的高程值各不相同，但其闭合误差宜控制在 ±0.1mm 内。水准点需埋设在不易碰撞且地面不沉降、模型范围以外靠模型附近的地方，最好各方向能通视和模型居中部位。水准点埋设方法与导线点相同，仍可由小石子混凝土固定带十字丝的钢筋。水准点的高程值是确定模型地形的基准，需考虑钢筋顶部与模型场地的最高、最低位置的高差以及模型断面绘制基面，如确定不当可能引起模型过高而使填方过大，也可能引起模型过低而增加挖方甚至量测设备无法安装。

（2）模型导线布置

平面控制导线和水深控制断面的布设、断面数据的摘取应在整理与拼接的水深图上进行。目前，地形图通常是以电于测图提供的，可在电子图上进行导线和断面布置。

平面控制导线的布设应在平面控制网的基础上进行，模型中除应布置主导线外还应布置辅导线，导线应能够覆盖控制模型内全部位置。

主导线一般沿主槽或模型中部布置，如图 2-11 中的 *FJ*、*JB* 线。它不仅是模型平面的主要控制线，还是以后流速测量、测量仪器安装、方案放线等的主要基准线。由于河口海岸模型一般范围较大，有的模型通常还不规则，一般一条导线难以全面控制，所以主导线常为首尾相连的多段线组成，但为了减小累计误差，在能控制整个模型范围的情况下，应尽量少布置主导线。

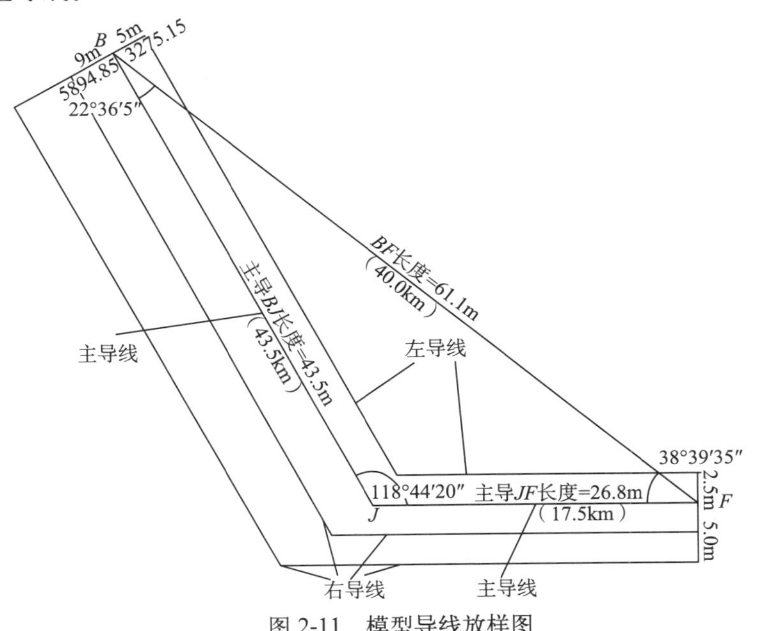

图 2-11 模型导线放样图

辅导线为主导线左侧和右侧的平行线，间距根据具体的地形而定，主要用于断面走向定位，如图 2-11 中的左导线、右导线。对于较宽的模型，在一侧或两侧需布置 2 条或更多的辅导线。主、辅导线两端需要用垂直于导线的直线连接，以保证量取断面位置在同一零点位。

导线网布置完成后，需进行平面控制计算，即计算控制网的主导线的长度、导线点之间组成的三角网各夹角，并进行模型、原型的换算，用以模型放线。用导线点坐标计算主导线的长度和角度，三角网的最小角度不宜小于 30°，为了放线时使用经纬仪方便，角度宜采用度分秒表示，并精确到 0.1″，最后将导线网绘制为制模放线样图，标注原型、模型尺寸，如图 2-11 所示，图中括弧内为原型长度（模型平面比尺为 655）。

（3）制模地形的准备

模型地形控制根据地形变化复杂程度，可采用断面法、桩点法或等高线法，也可几种方法混合使用。地形的控制应符合下列规定。

①变化剧烈、滩槽交错、坡度较大的地形应采用断面法控制，断面应尽量垂直于河道主河槽，并与导线的交角不能太小，不宜小于 60°，断面与等高线的交角也不能太小，如实在有困难，可增加辅助断面，断面间距宜采用 0.5～1.0m；地形复杂的地方可适当加密，模型间距一般为 20～50cm。

②有的模型地形较规则、起伏变化不大、岸线较平顺的地形可采用桩点法控制，桩点间距宜采用 1.0m。

③断面或桩点间的特殊地形可采用等高线法控制。

对于纸质测图，由于图纸热胀冷缩效应以及绘制精度的限制，测读距离常与计算距离不一致，应对量取距离按坐标计算值进行修正。

断面或桩点应依次进行编号，水深应沿断面线摘取。断面导线读取和计算完成后，进入读取断面地形的工作。断面地形由平距和高程控制，平距以主导线为零点往左右读取，通常往左为负，往右为正。高程读取，首先要注意测图的高程基面，不同的基面要弄清各基面间的换算关系，读取过程中，需读取等高线和断面附近的实测高程点，以增加精度。主、辅导线位置也需读出。

目前，对于电子地形图，也可采用编制的计算机程序进行自动读取。其中一种方式是将电子测图输出为 X、Y、Z 格式的数据，然后以高程点为结点组成三角网格，应用插值函数将高程点插到断面等分点上，再换算为平距、高程组成一个完整的断面地形资料，整个过程需要编程计算。这种方式在地形变化不剧烈的河口和海岸有一定应用，对地形变化剧烈，或水下边坡较陡，数据点较少时容易漏掉特征点地形，需要进行修正处理。

模型断面板可采用三合板或镀锌板等材料制作。断面板应标明断面号、水深点水深及距离、主辅导线位置。断面裁剪应与断面线平齐，允许偏差应为 ±0.5mm。

当断面处于方案挖深或局部动床处时，断面宜做成双层，其厚度应按工程方案或冲刷深度要求确定。

（4）模型场地的准备

制模的场地有的可能是在新的场地中进行，有的可能是在已有的试验大厅中进行。制模场地要交通方便，保证制模材料及设备的运输。通水、通电以保证制模的顺利进行。模型范围较大的场地，对场地的伸缩缝进行灌注沥青、橡胶带或其他材料进行防漏处理。场地要平整，地基不均匀沉降不应超过制模精度，模型场地的设置应考虑风、雨等自然条件对试验的影响。水沙循环系统中，有些部分可能布置在模型下方，补水管道、回水槽等设施需先行布置。

2.5.2.2 模型制作

为了合理利用试验场地和便于工作的顺利进行，需要优选模型的布置，即如何将模型摆放在场地内，既满足研究工作的需要，又能使剩余的有效场地最大化。优选方法是将同一比例的试验场地平面图和模型平面图进行套绘，采用旋转、平移等手段确定最佳摆放方案，需注意的是应预留模型进、出口段的范围和安装其他仪器设备所需要的位置。

模型位置进行优化摆放后，已确定了模型各导线点与试验场地各个特征点（如棚柱的某棱边、量水堰的某角、房屋的某墙角等）的相对位置。以附近两个特征点为圆心，以各自特征点与导线点的距离为半径进行相交可获得导线点的初步位置，并打入木桩，桩顶钉入铁钉以缩小范围。为了减小系统误差，首先可从定位中间的导线点开始，如图 2-11 中的 J 点，然后用 J 点和试验场的某个特征点便可定位 B、F 点；导线点初步定位后，再对模型边界的主要转折点和突出点进行初步定位确定模型大致范围，看模型是否在计划的场地范围内，如不在则表明前面某个环节出现了问题，检查修正直到满足要求为止。初步定位的目的是为采用经纬仪精确定位大幅度缩小搜索范围，减少导线点反复调整时经纬仪整平、对中耽搁的时间。初步定位虽然精度不高，但能满足精确定位的一次成功。

断面架设完成后，在进行地形塑造前，应进行高程的校核。校核的地形点与前面检验的地形点可不一致，其优点是检验更全面，且起到再次校核断面绘制正确性的作用。制模断面和桩点高程允许偏差应为 ±1.0mm，平面位置允许偏差应为 ±1.0cm。

断面安装、固定、校核完成后，进入地形塑造工作，主要有边墙的砌筑、模型的填筑压实、微地形和特殊地形的塑造、模型河床面的形成等步骤。

（1）边墙的砌筑和模型的填筑压实

边墙需包围模型边界，平面尽量采用折线，其高度不宜低于试验最高潮位 10 ～ 15cm，还可考虑跨模型跳板等的挠度大小。边墙常用方砖砌筑，其厚度和砖柱间距需保证其稳定性，边墙内侧及顶面需要用水泥砂浆抹面，防止渗漏。模型宜采用易密实的米砂等材料充填并充分压实，并按断面或桩点高程预留水泥砂浆粉面及加糙厚度。压实后填料与断面河床线之间需预留 5～8cm 的高度，用于铺设模型表层。

对于动床模型，其范围宜做成固定底层和可动面层两层。固定底层应充分考虑模型可能出现的最大冲刷深度，其高程宜低于最大冲刷深度 5～10cm。模型动床的范围应覆盖工程需要的范围，定床与动床之间应设置过渡带。模型的深槽部分应预留补、排水孔。

（2）地形的再次校核

模型水泥砂浆粉面宜分刮制粗模、粉面两次进行，并应注意施工缝搭接和与边墙的连接。填压密实过程中可能会引起断面的升降，所以对断面地形需要再次校核，高程精度视具体情况可控制在 ±1mm 或 ±2mm 内。

（3）模型表层的铺设和地形的塑造

表层铺设常采用水泥砂浆，一般分两层抹制，第一层尽力压实，以达到能够承重和防渗的作用，第一层厚约 3cm；第二层厚 2～3cm，水泥砂浆需要有较好的和易性。在铺设第二层的同时，按断面板河床线为引导，采用刮制的方法准确塑造地形。为便于操作，可按断面进行间隔铺设，即每一个断面铺设一个断面，待水泥基本凝固后，小心地将三夹板断面或镀锌板断面抽出，然后再铺设剩余断面。

（4）局部地形和已有工程的塑造

较小的孤石、礁石、石梁、突嘴或者局部的深槽等微地形在断面上难以体现，需参照地形图进行精细塑造，这对于满足河床阻力相似至关重要。特殊地形主要包括已建的丁顺坝、桥墩、码头等阻水、临河建筑物，地形图上一般无细部构造，一般需要施工图进行细致塑造。

主要工作完成后，需在边墙顶部刻画断面位置、标上断面号，修建工作人员上、下模型的台阶等辅助性工作。可在模型最低处设置排水管。

对于在试验过程中反复开挖河床的动床模型或水工模型，需在开挖范围内预留相应空间。模型分上、下两层制作，下层的范围和高程需满足最大开挖深度，其表面需抹 3～5cm 的水泥砂浆与非开挖部分形成封闭的防渗和承重边界；上层的安装和塑造方法与前面的相同。

河口海岸模型中的已有工程，如长江口深水航道整治工程，其丁坝或潜堤短则几十米，长则超过 10km，但顶宽一般在 10m 内，用于模型制作的地形图难以反映工程的实际布置情况，这时需要按照工程附近大比例的地形测图来进行已有工程的塑造。对于新实施的工程，如果没有大比例的测图，可按照工程施工图将工程布置在模型上，最大限度地减小试验误差。

（5）模型的初步加糙

依据糙率相似计算的模型糙率，采用上节介绍的方法加糙。加糙是否准确、合理，最终由模型验证时潮位过程线、流速分布等验证来确定，所以这里只能是初步加糙。

（6）涉水建筑物模拟

一般整治建筑物以几何相似比尺进行模拟。对于正态模型，堤坝其坡度与原型是相似的，但变态模型堤坝的边坡与原型是不相似的，紧靠堤的流态也是不相似。变态模型桥墩、码头桩群附近的局部冲刷与原型存在偏差，变态模型主要考虑整治建筑物的阻水面积。

流体中的建筑物对流体的阻力：

$$F_{\mathrm{D}}=\rho C_{\mathrm{D}}A\frac{u^2}{2} \tag{2-186}$$

式中：F_{D}——物体在流体中的阻力；

C_{D}——阻力系数；

u——流体的平均速度；

A——物体在垂直于流体运动方向平面上投影面积；

ρ——流体密度。

模型中，码头桩群的模拟比较困难，需要对码头桩群进行要概化。引入一个参数$\left(\frac{A}{A_0}\right)$，将式（2-186）改写为：

$$F_{\mathrm{D}}=\rho C_{\mathrm{D}}\left(\frac{A}{A_0}\right)A_0\frac{u^2}{2} \tag{2-187}$$

式中：A_0——垂直水流方向平面上桩群外包线的面积，其他参数与式（2-186）相同。

由相似理论可知：

$$\lambda_{\mathrm{F_D}}=\frac{\left(C_{\mathrm{D}}\frac{A}{A_0}\right)_{\mathrm{P}}}{\left(C_{\mathrm{D}}\frac{A}{A_0}\right)_{\mathrm{m}}}\lambda_{\mathrm{A_0}}\lambda_{\mathrm{u^2}}=\frac{\left(C_{\mathrm{D}}\frac{A}{A_0}\right)_{\mathrm{P}}}{\left(C_{\mathrm{D}}\frac{A}{A_0}\right)_{\mathrm{m}}}\lambda_{\mathrm{l}}\lambda_{\mathrm{h}}^2 \tag{2-188}$$

式中：$\lambda_{\mathrm{F_D}}$——阻力比尺；

$\lambda_{\mathrm{A_0}}$——垂直水流方向平面上桩群外包线的面积比尺；

λ_{u}——流速比尺；

λ_{l}——模型水平比尺；

λ_{h}——模型垂直比尺；

下标 p、m——表示原型和模型，其他参数与式（2-186）、式（2-187）相同。

由式（2-188）可知：只要模型与原型阻力系数 C_{D} 与垂直水流方向面积比 $\frac{A}{A_0}$ 乘积相等，即：

$$(C_{\mathrm{D}})_{\mathrm{m}}\left(\frac{A}{A_0}\right)_{\mathrm{m}}=(C_{\mathrm{D}})_{\mathrm{P}}\left(\frac{A}{A_0}\right)_{\mathrm{P}} \tag{2-189}$$

就能达到模型与原型码头桩群阻力相似。

阻力系数 C_{D} 值可根据亨特·罗斯（Hunter Rouse）研究成果确定，阻力系数 C_{D} 与桩柱径向雷诺数 $Re=Du/v$ 有关，其关系曲线见图 2-12。根据码头水槽试验研究成果，文献采用码头阻水面积相似模拟方法，基本满足阻力相似要求。为此，我们采用阻力相似和阻水面积相似方法计算后，取较大值作为码头模拟的依据。

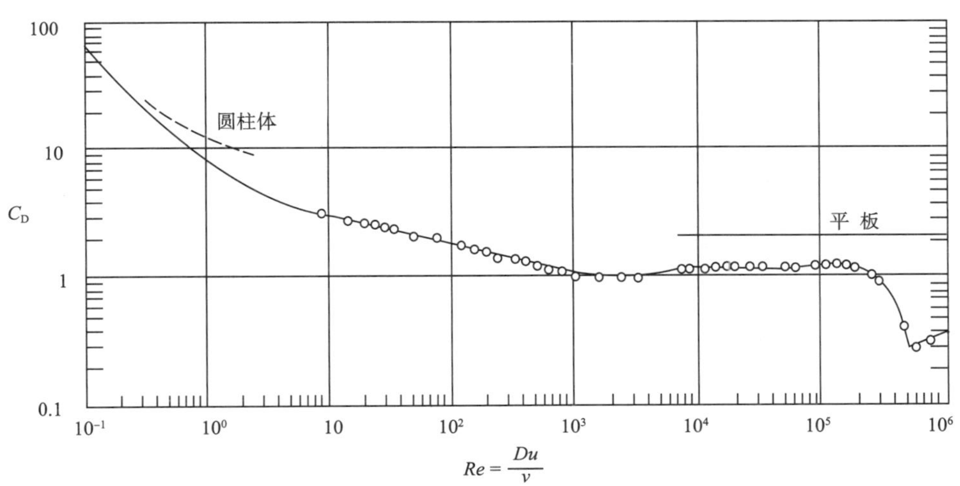

图 2-12 阻力系数 C_{D} 曲线

码头桩群模拟主要考虑桩群对水流的阻力相似，由于单根桩尺寸较小，且桩的数量较大，在变态模型中，一般依据阻力相似模拟桩的尺寸和数量。

主要研究涉水部分，一般以几何相似模拟桥墩尺寸，即桥墩的平面方向比尺 λ_l 模拟，垂直方向以 λ_h 模拟桥墩数量，跨度与原型一致。模拟桥墩附近流态，孔跨内流速变化，桥墩附近河床冲刷。

当桥墩数量多，单个桥墩较小且主要研究桥墩阻水作用，对防洪影响，可依据阻力相似要求模拟桥墩。

2.5.3 物理模型试验仪器设备

2.5.3.1 河口海岸模型试验水沙循环系统

河口海岸物理模型水沙循环系统主要分水循环系统和沙循环系统。

（1）水循环系统

水循环系统主要包括 3 各单元：供、排水单元、生潮单元和生波单元等。如图 2-13 所示的由多台双向泵生潮系统、尾门和双向泵组合式生潮系统，均由供、排水单元和生潮单元组成。供、排水单元包括水库、水泵、供水管、溢流管和回水廊道（回水槽）等，河口模型中，上游供水通过流量计或量水堰等设施与模型相连。在水循环系统中，混流泵启动时需要给混流泵抽真空，一般水泵的开启控制由人工进行，南京水利科学研究院研制了智能水泵控制系统，采用智能技术对泵房进行自动控制，整个过程由智能自动控制柜进行启动和停止工作。

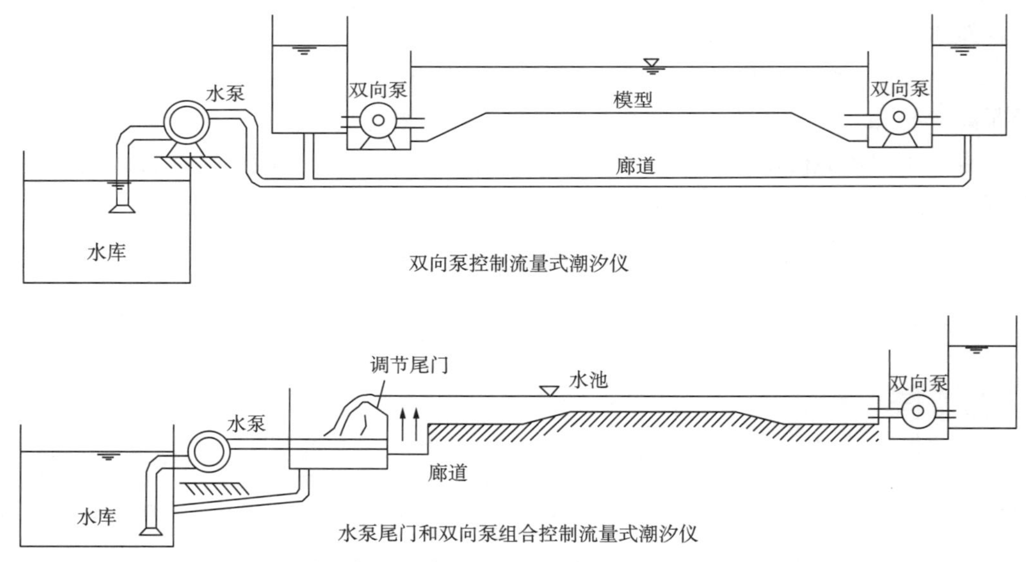

图 2-13　由尾门和双向泵组合式生潮系统组成的水循环系统

①生潮单元。

河口海岸物理模型试验中，利用生潮设备对模型进行控制，复演天然潮汐现象。生潮设备组成的生潮单元与模型供排水系统共同组成生潮系统。现在使用比较广泛的生潮设备有潮水箱式、双向泵控制流量式、水泵尾门和双向泵组合控制流量式。

A. 潮汐箱式和矩形尾门式。

潮汐箱式系统如图 2-14 所示，其原理是由空气压缩机在潮汐箱内形成压缩气体，通过伺服电机控制所压调节阀控制箱体内的水量，在模型上形成需要的潮汐水流。潮汐箱式潮汐仪模拟精度高，稳定性好，省电，不需要像尾门控制方式往前池大量供水，但结构较复杂。

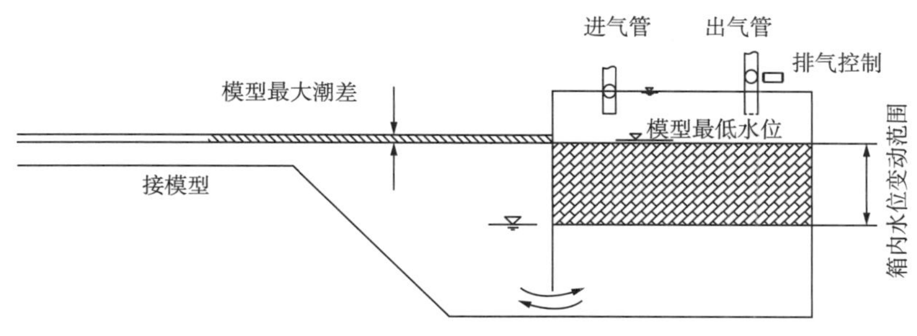

图 2-14　潮水箱生潮系统

矩形尾门式生潮设备在试验过程中，尾门上部有水流下泄，通过调节矩形尾门的位置来控制下泄水量的多少，从而在模型上形成需要的潮汐水流。其特点设备简单，是模型试验中普遍采用的生潮方式。

潮汐箱式和矩形翻板尾门式生潮设备一般采用水位控制的方式。将控制站水位过程输入计算机，运转过程中定时采集该控制站点水位仪读数与给定值进行比较，得到一个差值 Δh，通过控制器驱动直流伺服电机带动减速机构调节尾门开启度或潮汐箱排气蝶阀的开度控制水位变化，使偏差 Δh 值趋近于零，通过修正输入计算机潮汐过程使控制站产生潮汐过程复演天然的潮汐现象。

B. 双向泵控制流量式。

双向泵控制流量式潮汐仪如图 2-13 所示，由计算机控制多台双向泵的进出流量，从而达到模拟潮汐的目的，双向泵式潮汐仪主要适用于潮差较小和水流条件较复杂情况。

C. 水泵尾门和双向泵组合控制流量式。

水泵尾门和双向泵组合控制流量式潮汐仪如图 2-13 所示，在模型的一端由水泵控制进水流量，计算机控制尾门水位及出水流量，同时在模型的另一端配备双向泵，控制进出流量，从而达到模拟潮流运动的目的。其特点是可调节性强，是模型试验中普遍采用的生潮方式。

②生波单元。

为了研究海岸和近海波浪的运动规律以及波浪与海工建筑物的相互作用，常须进行波浪模型试验，模拟海浪运动。因此，在波浪水槽及港池（波浪池）中必须配置相应的生波单元，该单元包括由造波机、波高仪组成的生波系统，布置见图 2-15。

从造波机与水体作用方式来说，最常用的是气压式和机械式，目前，应用最广泛的是机械式造波机，既能产生规则波也可产生不规则波。可分为摇板式、推板式、冲箱式等。

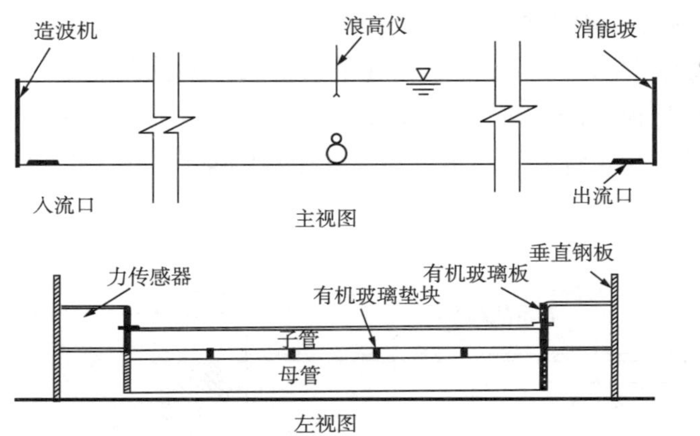

图 2-15　生波系统布置图

A. 摇板式：造波机的运动部件绕固定轴前后摆动，推动水体运动产生波浪，摆动的频率和运动部件的大小决定造波机产生波浪的状态，如波高、波长。摇板式造波机生波效率高，产生的波高大，波周期变化范围广，能对波要素和波谱等方面进行较精确的模拟，且调节方便。

B. 推板式：通过联轴器，伺服电机将旋转运动传递给丝杠，丝杠与螺母座通过丝杠螺母副相连，将丝杠的旋转运动转化为造波板的直线运动。造波板悬挂在导轨上沿导轨方向前后运动来产生波浪，水深以及造波板的运动频率决定产生波浪的波形。

C. 冲箱式：冲箱式造波机的运动装置是一断面呈特殊形状的柱体，柱体上下往复运动来产生波浪，运动的频率决定了波浪的大小。

图 2-16 为上述几种造波机示意图。

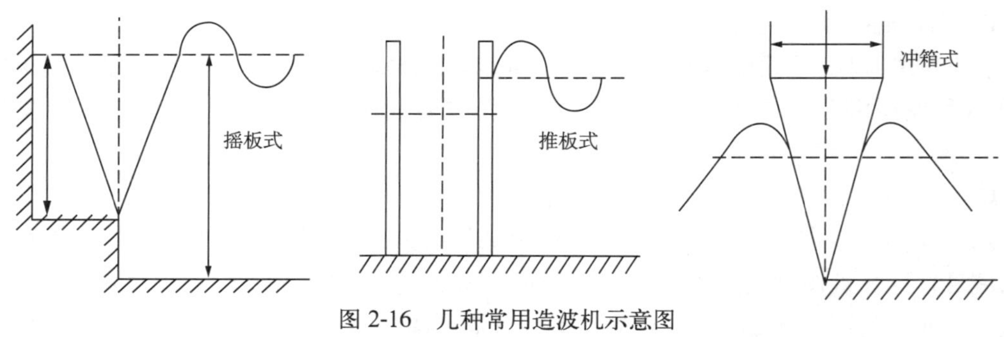

图 2-16　几种常用造波机示意图

（2）输沙循环系统

输沙循环系统中有模型沙混在水流中，用于浑水试验，主要包括搅拌池、加沙设备和沉沙池等。

供沙系统一般有两种类型：水沙分离系统和均一浑水系统。水沙分离系统是在模型的起端放入清水，在模型首部附近设置高浓度的浑水搅拌池，使浑水与清水一起混合后进入模型的试验河段，并根据所要求的含沙量确定清浑水流量比，并在模型尾部和蓄水池之间设置有足够长度和深度的沉沙池，将多余的模型沙收集起来再重复使用。水沙分离系统中，除加沙设备和沉沙池以外。其他部分均和清水系统完全一样。均一的浑水系统，是将模型沙与清水拌和均匀后送入模型进行试验，这样的浑水系统在蓄水池内需要安装专门的搅拌设备。为了防止泥沙的沉积，在搅拌池和回水槽中，浑水都必须保持一定的流速。

①搅拌池。

搅拌池用来拌匀和储存具有一定含沙量的浑水，一般采用钢筋混凝土或砖砌的圆形结构，尺寸大小根据模型的加沙量确定，同时选型搅拌电机的功率和搅拌机叶轮的大小。搅拌池采用的搅拌方式有机械搅拌和水力搅拌两种，机械搅拌是利用机械的动力带动叶片进行搅拌，水力搅拌则是利用水力沿切向或直接冲击搅拌池进行搅拌。循环管道加沙系统利用回水的冲击力辅助搅排，可以增强搅拌和防沉淀效果。

为了配制或调节挟沙水流所要求的含沙量及其粒径级配，在蓄水池旁还应设置加水加沙设备，如存沙池、调节水池、自来水管等。存沙池、搅拌池、调节水池之间最好安装互通阀门或抽水排水泵阀管道装置，以便于配沙操作。很多加沙系统还设置有泡沙池，试验前将模型沙进行浸泡再加入系统的搅拌池。

②加沙设备。

悬移质试验的水沙分离系统，需将模型沙拌和成均匀的高浓度砂浆，利用搅拌桶或在管道上安装的孔口将模型沙送入模型。

搅拌桶加沙设备主要由搅拌桶、控制阀门和输沙管道组成。在模型进口加沙处安装搅拌桶，搅拌桶上开有一个或多个孔口。模型试验时，在搅拌桶中加入高浓度母液，加沙量的大小由开几个孔门来控制，在模型试验前率定好。孔口的开启采用闸阀、球阀，由人工控制或电动控制开启。也可在搅拌桶上开一条形槽口，利用电动闸板开启大小来控制加沙量。模型试验时的加沙量由搅拌桶闸板开度率定后加以控制。

由于搅拌桶高浓度母液的压力较小，搅拌桶加沙设备一般适用于模型动床加沙断面较窄的模型中，输沙管道一般长度在 20m 内，对于动床加沙断面宽度较长，只能多布置几路管道来实现。南京水利科学研究院在进行长江南京以下 12.5m 深水航道整治研究时，采用搅拌桶加沙设备进行加沙。

加沙管道宽循环管道加沙系统如图 2-17 所示。这个方法是直接在循环管道上安装平板孔口闸阀，不需要搅拌桶，系统由泥浆泵、循环管道和平板孔口闸阀组成，在模型进口的闸阀由电气控制或由计算机控制开启大小控制加沙量。长江科学院的南水北调穿黄工程河工模型采用的就是这种加沙设备。这种加沙系统还利用了循环管道的回水冲击力辅助搅拌，加强了搅拌池的搅拌和防沉淀效果。

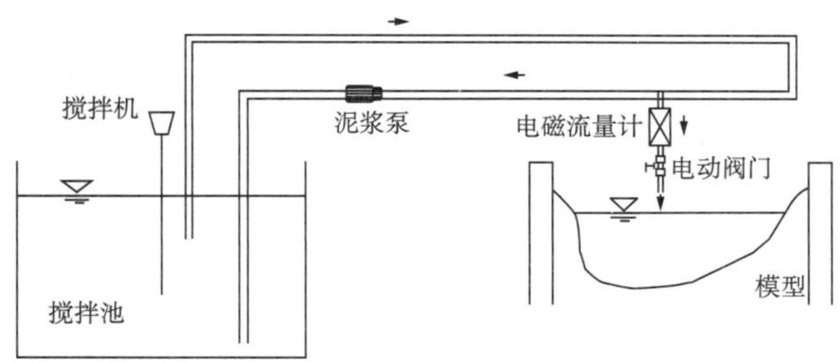

图 2-17　循环管道加沙系统示意图

③沉沙池。

进行推移质河工模型试验或进行悬移质水沙分离系统的河工模型试验，而不考虑使用浑水循环系统时，在模型尾部与回水槽的连接处应设置沉沙池，以沉积从模型内流出的模型沙，其尺寸可按模型沙的粒径、沉速、不冲流速和试验中的最大流量来计算。沉沙池有条渠式的水平沉沙池、带有坡度的 U 形池与装有蜂窝斜管的圆形或方形沉沙池。蜂窝斜管沉沙池是采用自来水厂的沉沙收沙方式，具有沉沙效率高，缩短沉沙时间，占地面积小等优点，但需要增加相应的设备与器材，而其他类型的沉沙池则需要较多的人工来清理和回收模型沙。

采用循环管道加沙系统时，应根据模型场地情况，加沙池应尽可能离模型进口加沙处近一些，输沙管道应尽量缩短安装距离和减少弯头，以减少循环管道的用量，并可减低泥浆泵的功率和扬程要求，减少设备投资和节能运行，同时应特别注意消除模型沙和搅拌池中的杂物，以利于循环管道系统的顺利运行和维护。循环管道加沙系统设施适宜于河床断面较宽的情况，南京水利科学研究院在进行港珠澳大桥的动床试验研究时，采用的是循环管道加沙系统，其加沙断面宽度超过了 20m。

2.5.3.2 河口海岸模型试验主要量测设备

河口海岸模型试验量测的主要是对水位、流速、流量、流场及流迹线、含沙量、泥沙颗粒级配、地形以及波高、压力和总力等数据的测量。

（1）潮位测量

在河口海岸物理模型中，沿程水位随时间而变，水位自动检测是必不可少的。此外，尾门控制、口门开启时间和速度控制以及入流、出流数字量水堰堰上水头检测与控制也都与水位检测有关。因此，水位检测是非恒定流水力模型中最关键的测试项目之一。现在应用较多的是码盘式高精度跟踪水位仪和光栅式自动跟踪水位仪。

①水位测针。

水位测针是常用的水位测量仪器。在河口海岸物理模型中，常用来测量水堰水位、标定水位仪常熟。图 2-18 为一种国产测针的结构图，图中套筒牢固地安装在支座上，测杆可在套筒中上下抽动。另有一套微动机构，借微动轮使其作微量移动。测杆上附有游标，精度可达 ±0.1mm。

使用时，以测针尖直接量测水位，或用测针筒进水引出，在筒内进行测读。前者测读简捷，惟水面波动对读数的影响较大；后者水面平静，测量精度较高。

②自动跟踪式水位仪。

随着电子测量与计算机应用技术的发展与演变。目前，水位仪按原理有压力式、机械式、光电增量式、莫尔条纹光栅式、步进电机式等。现有水位仪存在以下问题：压力式水位仪尺寸较大、受温漂明显，且模型布置比较困难；增量式水位仪的稳水等待时间长，掉电后数据易丢失。

随着河口海岸模型试验水位精度与跟踪速度的需要，数据传输与监管技术网络化应用，模型现场尽量减少布设备种线缆等实用需要，南京水利科学研究院设计研发了一款高精度光栅式伺服跟踪式水位仪（图 2-19）。该水位仪利用电桥测量水电阻的办法，由于水电阻值与探针插入水中的深度成单值递增关系，因而给定探针的入水深度后，就得到了唯一的与探针入水深度对应的水电阻值，调整电桥平衡；当水位变化后，探针入水深度改变，水电阻值也就改变了，电桥就失去了平衡，将这个不平衡的电位放大驱动探针运动，继而带动光栅尺记录移动的位移值，读出探针移动的相对值，就可以换算出水位的变化值。主要技术指标：测量范围为 0～400mm；分辨率为 0.01mm；测量精度为 ±0.1mm；跟踪速度≥ 2.0cm/s（速度可调节）。

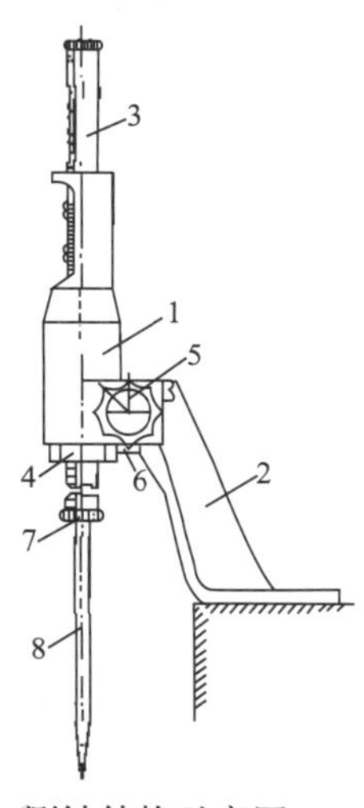

图 2-18　测针结构示意图

1- 套筒；2- 支座；3- 测杆；4- 微动机构；
5- 微动轮；6- 制动螺钉；7- 测针紧固帽；
8- 测针

图 2-19　无线高精度跟踪式水位仪

该水位仪具有体积小、质量轻，性能稳定特点，水位仪支持有线 / 无线实时收发，且多台设备共同测试时，保证数据的同步性。

（2）流速、流向测量仪器

许多实际工程与理论问题都需要进行物理模型试验的专题研究，流速测量是模型试验最基本的测量要素之一，因此有必要深入分析研究流速测量传感器和仪器。近年来，随着电子技术和传感器技术的迅猛发展，国内外新型的测量流速的仪器设备越来越多，例如旋桨流速仪、超声波流速仪、激光流速仪和粒子图像流速仪等。

①旋桨流速仪。

流速的测量最常用的仪器是旋桨流速仪。旋桨流速仪按传感器的结构分为电阻式、电感式和光电式三种，目前采用较多的是光电式旋桨流速仪和电阻式旋桨式流速仪。这类流速仪各试验室和厂家出品的型号甚多，其构造大同小异。旋桨叶轮是光电式传感器的关键部件，旋桨叶轮的材料、螺旋角、直径、螺距与起动流速、率定关系式、均方差等均有直接关系。南京水利科学研究院研制的一种新型的流速旋桨流速仪，旋桨叶轮的螺旋角和螺距也做了改进，旋桨反光面采用了先进的电镀工艺，耐磨损、信号强，新型的流速旋桨传感器起动流速测速范围、线性度、率定洗漱和均方差等指标均有大的改进和提高，采用无线发射和接收数据（图 2-20）。

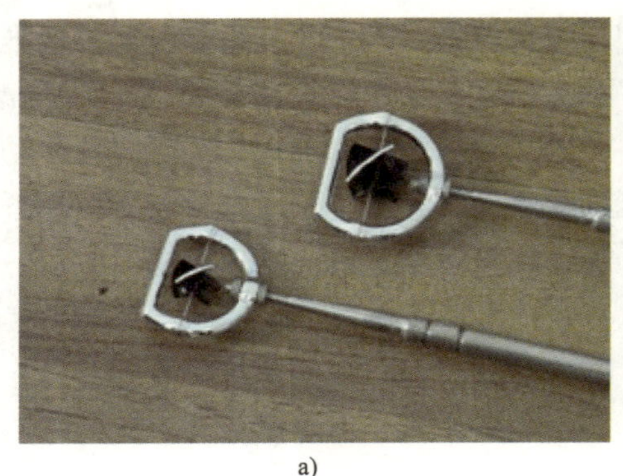

a)

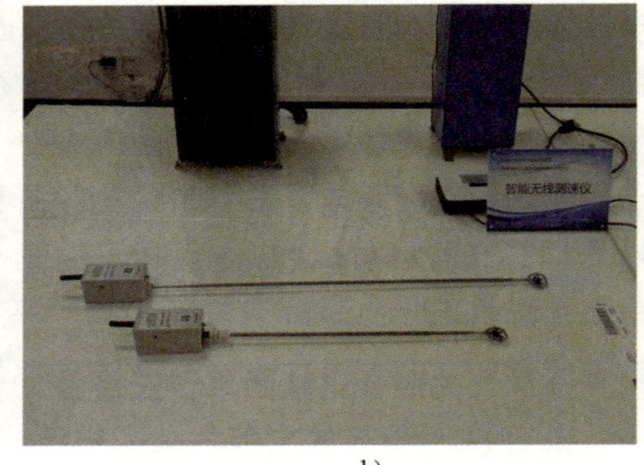

b)

图 2-20　无线旋桨流速仪

南京水利科学研究院改进了原有旋桨流速仪，在开发一种智能无线测速仪（图 2-21），该测速仪起动流速低，旋桨叶片通过理论论证及高水平的制模工艺，返修率低，稳定性好；采用标准集成化芯片、设计紧凑、性能稳定，外观一体化设计，防水效果好，入水体积小；无线实时在线收发，且多台设备共同测试时，保证数据的同步性。测杆内部含有可充电锂电池，模型使用时实现任意布点。

图 2-21　智能无线测速仪

②超声多普勒流速仪（ADV）。

超声多普勒流速仪（ADV）使用多普勒原理测量水流速度，流速仪见图 2-22。ADV 通过获得细小的泥沙颗粒和其他物体对发射的超声波的反射信号，运用多普勒原理计算水流速。ADV 发送一个声波或者脉冲进入水体，然后收听水中反射物的回波，依据回波，ADV 内部信号处理单元采用相应模型计算多普勒频移，从而计算水流速度。

目前，世界上有挪威 Nortek 公司、美国 Sontek 公司提供测量水体三维流速的 ADV 设备。这两家公司是国际上著名的、专业从事流动测量仪器研发的公司。Nortek 公司开发和生产的声学多普勒点式流速仪、声学多普勒剖面流速仪等，主要用来测量三维流速的快速变化，可用于湍流、边界层测量、碎波带测量、也可用于极低流速的测量。Nortek 公司生产的“小威龙”系列主要用于实验室，测量紊流以及水槽、河工模型和水池中等水体的三维流速测量。Sontek 公司开发和生产声学多普勒流速剖面仪（ADCP）和流速仪，应用于海洋、河流、湖泊和实验室。

受制于国外大公司的技术和产品垄断，国内用户购买国外设备的维修和保养十分困难，影响设备的正常使用。购置国外仪器，价格昂贵，维修困难，给教学和科研工作带来了十分不利的影响。我国作为发展中的大国，依赖国外的仪器和设备进行科研，不少工作将十分被动。因此，南京水利科学研究院研制了具有完全自主知识产权的新型超声多普勒流速仪（ADV），见图 2-23，填补国内空白。该流速仪采用先进声学多普勒测速技术，采用遥距测量方式，对探头前方一定距离位置微小水团二维、三维流速进行测量。该仪器具有以下特点：

A. 智能记忆

嵌入智能芯，海量数据安稳记忆，测量数据管理无忧。

B. 无线便捷

全球首款无线流速测量设备，摆脱有线束缚，实验量测环境更整洁、操作更顺畅，支持 WIFI 数据传输，海量数据一键下载。

C. 多台同步

同步控制模块支持多台 ADV 同步测量，数据统一管理。

D. 主要技术指标

流速测量范围为 0.02～3m/s；测量精度为 ±1%（流速≥ 0.5m/s）、±5mm/s（流速＜ 0.5m/s）。

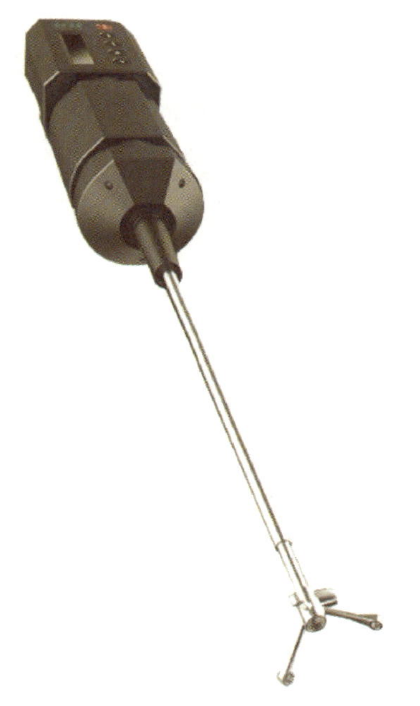

图 2-22　超声多普勒流速仪

图 2-23　超声多普勒流速仪现场测试

③粒子图像测速系统（PIV）。

计算机技术与图像处理技术的快速发展，使得流场测试技术得以迅速发展与提高。PIV（Particle Image Velocimetry）技术克服了以往流场测试中单点测量的局限性，能够进行二维（三维）流场的测试，是一种非常有发展前景的无扰动流场测量技术。

PIV 技术是利用速度的基本定义，通过测量水质电在已知时间间隔内的位移实现水质点运动速度的测量。对二维平面上的多个水质点进行跟踪、测量，就能够实现整个二维流场的测量。如果在流场中散播跟随性好且比重适当的示踪粒子，水质点的运动就可以通过相应示踪粒子的运功反映出来。

粒子图像测速技术的发展为上述问题的解决创造了条件。PIV 技术为粒子图像测速技术，是在流场中施放示踪颗粒，采用摄、录像的方法记录颗粒的运动轨迹，经过图像处理得出表面流速和流态。如果设置多套摄录像系统则可在要求的时间内完成流场信号的同步记录。这种方法对流场干扰小，具有较高的精度，节省大量的试验时间，研究效率明显提高。

④其他流速测量仪器。

热线流速仪的工作原理是利用热电阻传感器的热损失来测量流速，测量时将传感器置于流场中，流体使其冷却，利用传感器的瞬时热损失来测出流场的瞬时速度。热线流速仪对水质有较高的要求，必须清洁无杂质，否则由于杂质沉淀在传感器表面，改变了热耗散率，将造成误差。

电磁流速仪是根据法拉第电磁感应定律，以水作为导体来测量水流速度的流速仪。电磁流速仪具有很好的频率响应特性，可用来测瞬变流速和流向，也可测往复流的流速和流向。由于电磁流速仪没有任何转动部分，可以不受水质中的纤维杂质或沙质的影响，也可在浑水中测量，对流态的影响不大，其缺点是易受附近电磁场的干扰。如日本 KENEKCORPORATION 公司制造的 VM-801HA 型电磁流速仪和传感器。

激光流速仪是利用激光多普勒效应测量水流速度，已在水工、河工、港工试验研究中得到应用。激光流速仪可用于气体或透明液体速度的测量，测速范国最高可超过 1 000m/s，最低已达 0.5mm/s 量级。激光测速仪为非接触式流速仪，不影响流速场分布，动态响应快，测量精度高，近年来得到迅速发展。但由于其结构复杂，价格昂贵，大部分用于基础研究。

（3）流量测量仪器、设备

模型试验流量测量的仪器设备主要有：量水堰、压差式流量计、浮子流量计、电磁流量计、涡轮流量计、超声波流量计和其他流量计等。

随着经济的发展，对流量测量的准确度和范围的要求越来越高，流量测量技术日新月异。为了适应各种用途，各种类型的流量计相继问世。目前已投入使用的流量计已经超过 100 种。

①量水堰。

量水堰属于量槽类的量水仪器，水工及河工模型试验常用它测量流量。其基本原理是基于堰顶水头与流量存在一定关系，故可通过水深测量而算出流量。

量水堰形式很多，如矩形堰、三角堰、抛物线形堰以及复式堰等。流量公式一般可写为：

$$Q=kBH^n \tag{2-190}$$

式中：Q——流量；

B——堰宽；

H——堰上水深，$H=h+0.001\,1$(m)。

k——流量系数，由率定试验确定；

n——指数，随堰的形式而变，矩形堰 $n=3/2$，三角堰 $n=5/2$，抛物线形堰 $n=2$。

下面介绍水工及河工模型试验常用的两种量水堰。

A. 矩形堰。

当流量量程 $Q>50$L/s 时，宜应用矩形堰。凡自行设计制造的量水堰安装后最好先做校正试验再交付使用，若试验室缺校正设备，则可仿照标准量水堰设计要求，引用雷白克（T.Rehbock）堰流公式计算流量：

$$Q=\left(1.782+0.24\frac{h}{p}\right)BH^{\frac{3}{2}} \tag{2-191}$$

式中：p——堰高，其他参数与式（2-190）相同。

B. 三角堰。

当流量量程 Q<30L/s 时，宜选用堰口为 90° 的三角堰。堰槽宽度应为堰顶最大水头的 3～4 倍，其他设计要求与矩形堰相同。其流量计算公式为：

$$Q=kBH^{\frac{5}{2}} \tag{2-192}$$

式中：B——堰板上游水槽宽度；

k——流量系数，其值随堰高、堰宽和水头的变化而有所不同。

根据日本沼知－黑川－渊泽经验公式：

$$k=1.354+\frac{0.004}{H}+\left(0.14+\frac{0.2}{\sqrt{p}}\right)\left(\frac{H}{B}-0.09\right) \tag{2-193}$$

该公式适用范围 P=0.01～0.75m，B=0.44～1.18m，H=0.07～0.25m。

②流量计。

流量计的种类很多。一般按测量原理和结构原理进行分类。按测量原理分类有电磁式、电感式、应变电阻式；超声波式、声学式（冲击波式）；热量式；激光式、光电式等。按结构原理分类大致上可归纳为：容积式、叶轮式、差压式（变压降式）、变面积式（等压降式）、动量式、电磁式、超声波式等。下面简单介绍适用较为广泛的电磁流量计。

电磁流量计是基于法拉第电磁感应原理而设计的。当一导体在磁场中运动切割磁力线时，在导体的两端即产生感生电势 e，其方向由右手定则确定，其大小与磁场的磁感应强度 B、导体在磁场内的长度 l 及导体的运动速度 u 成正比如果 B、l、u 三者互相垂直，则：$E=Blu$。与此相仿，在磁感应强度为 B 的均匀磁场中，垂直于磁场方向放一个内径为 D 的不导磁管道，当导电液体在管道中以流速 u 流动时，导电流体就切割磁力线。如果在管道截面上垂直于磁场的直径两端安装一对电极（见图 2-24），则可以证明，只要管道内流速分布为轴对称分布，网电极之间也将产生感应电动势：

$$e=Bl\bar{u} \tag{2-194}$$

式中：e——感应电压；

B——磁感应电压；

$\bar{u}$——管道截面上的平均流速；

l——导体在磁场内的长度。

由此可得管道的体积流量为：

$$q_{\mathrm{v}}=\frac{\pi D^2}{4}\bar{u}=\frac{\pi}{4}\frac{De}{B} \tag{2-195}$$

式中：q_{v}——测量管道内体积流量；

D——测量管内径。

由式（2-195）可知，体积流量 q_v 与感应电动势 e 和测量管内径 D 呈线性关系，与磁场的磁感应强度 B 成反比，与其他物理参数无关，这就是电磁流量计的测量原理。

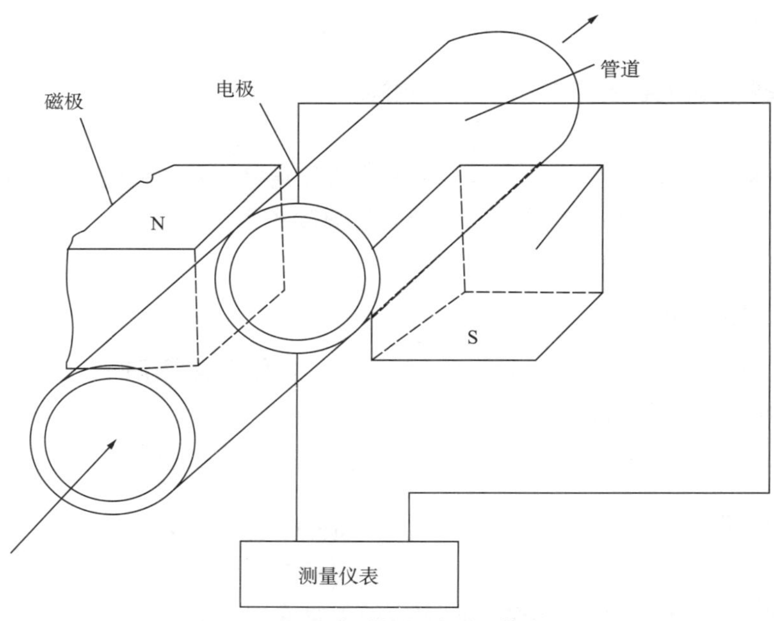

图 2-24　电磁流量计原理简图

需要说明的是，要使上式严格成立，必须使测量条件满足下列假定：

A. 磁场是均匀分布的恒定磁场；

B. 被测流体的流速为轴对称分布；

C. 被测液体是非磁性的；

D. 被测液体的电导率均匀且各向同性。

（4）地形测量仪

地形测量仪器是用来测量动床模型中冲淤地形的仪器。在河工模型试验中，常常要掌握动床模型河床的变化过程，为了能够及时了解模型放水过程中床面的冲淤变化，要求在试验过程中测得水下河床地形。此外，当动床模型试验结束后，若水全部放空，可能导致地形的破坏，所以要在水下进行地形的测量。

由于河工模型地形数据的重要性和采集精度以及采集效率的高标准要求，传统的采用测针或钢尺测量法，以及采用经纬仪和水准仪的地形测量方法已经不能满足需要，近年来，随着激光技术，超声波技术，光学技术，计算机技术以及图像处理技术等先进技术的发展，逐渐发展了光电反射式地形仪、电阻式冲淤界面判别仪、超声地形仪、激光地形仪等。河工模型地形测量技术正在人工测量向自动测量，从接触式测量向非接触式测量，从单点向多点测量发展。

下面介绍超声波式、阻抗式和激光地形仪。

①超声波式地形仪、激光地形测量仪。

均为非接触式地形仪，测量时不需要接触床面，对水流和地形无干扰，测量效率和精度较高。如超声波式地形仪由安置在水中的脉冲换能器向河床发射超声波，超声波到达河床表面后反射回来，被换能器所接收。由于超声波速度是已知的（约1 500m/s，随水温而改变），因此用电子线路测出声波往返所需时间，即可确定水深。

由于模型试验三维地形复杂，既有深槽又有浅滩，两种地形仪均有适用范围。超声波地形仪由于具有测量盲区无法测量浅水地形，并且易受粒子反射干扰和水声混响的影响，测量精度有待进一步提高，激光由于在水下衰减较快无法测量深水地形。

②阻抗式地形仪。

这种地形仪由传感器和仪表两部分组成。传感器由两根不锈钢针构成。钢针间的电阻随介质而变化，因此当传感器由水进入河床沙面时，钢针间的电阻发生明显变化，利用这一原理即可探测河床面的高程。使用时，把传感器装在测针上，先把它插入水中，调节仪表，使振荡器停振，这时无音响输出；当传感器下降到靠近沙面时，钢针间电阻陡增，促使文氏振荡器起振，此时，扬声器发出声音，针尖位置即为床面高程。电阻式地形仪的传感器也可制成电极上、下布置的。

利用上述原理，还可以制成自动跟踪式地形仪。这种仪器的测杆由一伺服传动系统带动，传感器的电阻作为测量桥路的一臂。先将传感器插入水中，调节桥路使之平衡，然后开动传动系统，它使测杆带着传感器下降，直到沙面时，由于阻值骤变，电桥失去平衡，电桥输出的不平衡电压推动伺服系统，带动测杆反向运动，当针尖稍离开沙面时，阻值恢复，桥路重新获得平衡，测杆停止运动。这样，可使针尖始终保持在沙面上一定距离。将测杆安装在测量车上并带动一精密电位器，沿着河床横断面移动测杆，用 $X-Y$ 记录仪的 X 轴记录水平移动，Y 轴记录电位器的电位改变，可直接绘制成河床断面图。

电阻式地形仪在浑水试验中，由于到界面时电阻变化不明显，不易分辨出沙面来，效果略差。

③超声波 + 激光组合式地形仪。

针对超声波地形仪能测量水下地形，而激光地形仪可以测量无水地形的特点。南京水利科学研究院研究 LTS 非接触式三维地形仪（图 2-25），该地形仪将激光与超声波技术相结合，充分发挥激光水上高精度测距与超声波水下传播性能好的特点，对水流和床面无干扰，并通过 PLC 自动控制技术，实现水上及水下地形的大范围非接触测量。

a)

b)

图 2-25　LTS 非接触式三维地形仪

该地形仪具有以下特点：

A. 非接触测量水上及水下地形：采用激光和超声波技术，对水流和床面无干扰；

B. 面自动扫描：平面定位机构可在水平的两个垂直方向上进行扫描定位，采用集成电机、高强度直线导轨，形变量小、耐腐蚀、强度大、重量轻、定位精度高；

C. 可视化控制：采用 PLC 可编程控制器，实现无线控制及现场触摸控制，并实时显示测量数据，简单易操作；

D. 测量精度高，达 ± 1mm，测量范围大。

（5）含沙量测量仪

测沙仪主要用于测量水体的含沙量，是河口海岸泥沙模型试验中一个很重要的测量仪器。其测量精度和测量效率直接决定泥沙模型试验的准确性和可靠性。

含沙量的测量有直接法和传统法两种。传统的直接测量法利用天平直接测沙和水的质量，测量结果精确。但是无法满足现代水利工程泥沙模型试验的要求。

间接测量法指借助于现代传感器技术，将水体含沙量转换为相关的电信号量，通过对电信号的测量来间接测量水的含沙量。间接测量法主要包括：振动测量法、超声波测量法、光电浊度测量法和 γ 射线测量法。

南京水利科学研究院研制了一款无线含沙量测量仪（图 2-26），该测沙仪采用透射光与散射光相结合结合的测量方法。透射光强度随浊度的变化遵循朗伯 − 比尔定律，即透射光随着浊度增加指数行驶衰减。散射光强度随浊度的变化遵循瑞利公式。利用光电检测器件检测透射光与散射光随含沙量浓度变化而衰减的量，并转换成电量，从而得到电量与含沙量之间的关系曲线。该仪器主要特点：

①透射与散射相结合方式，测量范围：0～50kg/m^3，多光路设计，无外界环境光、温度等干扰，测量的稳定性与可靠性高，测量精度为 5%。

图 2-26　无线含沙量测量仪

②一体化、小型化设计。无线含沙量测量仪采用标准集成化芯片、设计紧凑、性能稳定，外观一体化设计，防水效果好，入水体积小。

③无线含沙量测量仪支持无线实时在线收发，且多台设备共同测试时，保证数据的同步性。测杆内部含有可充电锂电池，模型使用时实现任意布点。

④每根无线含沙量测量仪测杆具有唯一的物理地址与逻辑地址，逻辑地址可更改，替换方便，实现即插即用。

（6）颗分仪

①光电颗分仪。

光电颗分仪是根据泥沙颗粒的沉降理论和浑水消光理论（同光电测沙仪）研制的。在静水中沉降的泥沙颗粒，它收到两个外力的作用：一个是它的重力；一个是水体对颗粒的阻力，当两者相等时颗粒等速沉降，在一定的粒径和浓度范围内，泥沙在静水中的沉降速度满足斯托克斯（Stoks）公式：

$$\omega = \frac{\gamma_s - \gamma_\omega}{1\,800\mu} d^2 \tag{2-195}$$

式中：ω——沉降速度（cm/s）；

d——泥沙粒径（mm）；

γ_s，γ_ω——分别为泥沙和水的密度（g/cm^2）；

μ——水的动力黏滞系数，（$g \cdot s/cm^2$）。

光电颗分仪传感器示意如图 2-27 所示。

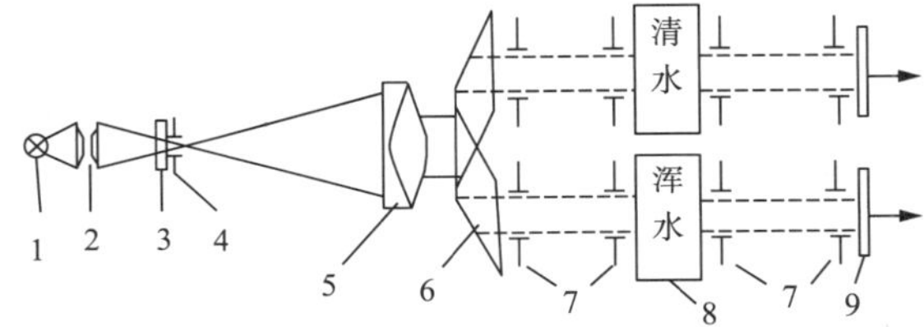

图 2-27 光电颗分仪传感器示意图

1－钨丝灯泡；2－透镜；3－保护镜；4－狭缝；5－组合透镜；6－组合棱镜；7－狭缝；8－沉降筒；9－电池

②激光粒度仪。

激光粒度仪是一种应用广泛而又比较有发展前途的粒度测量设备，当光线通过不均匀介质时，会发生偏离其直线传播方向的散射现象，它是由吸收、反射、折射、透射和衍射的共同作用引起的。散射光形式中包含有散射体大小、形状、结构以及成分、组成和浓度等信息。因此，利用光散射技术可以测量颗粒群的浓度分布与折射率大小，还可以测量颗粒群的尺寸分布。激光粒度仪的结构如图 2-28 所示。

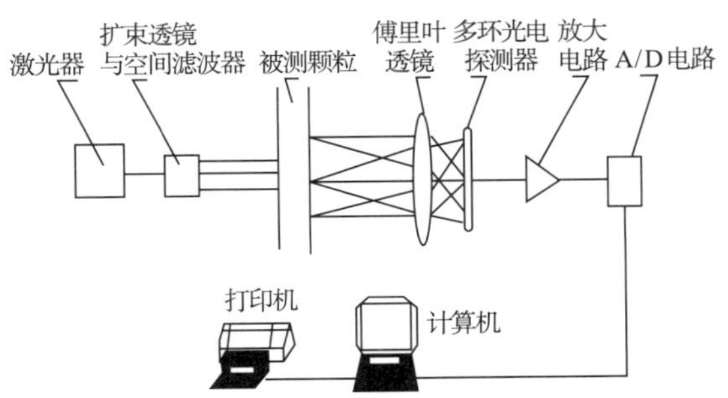

图 2-28 激光粒度仪结构图

由激光器（一般为 H_e-N_e 激光器或半导体激光器）发出的光束。经空间滤波器和扩束透镜后，得到了一个平行单色光束，该光束照射到由分散系统传输过来的颗粒样品后发生散射现象。研究表明，散射光的角度和颗粒直径成反比，散射光强随角度的增加呈对数衰减。这些散射光经傅立叶透镜后成像在排列有多环光电探测器的焦平面上。多环探测器上的中央探测器用来测定样品的体积浓度，外围探测器用来接收散射光的能量并转换成电信号，而散射光的能量分布与颗粒粒度分布直接相关。通过接收和测量散射光的能量分布就可以反演得出颗粒的粒度分布特征。

激光粒度仪测量时，不仅要看仪器的测量范围，更要看超出主探测器面积的小颗粒散射（小于0.5μm）如何检测。应尽可能了解仪器的原理，并要求制造商解释如何去扩展测量下限，然后再识别其粒度测量范围。另外，仪器量程的中段精度最高，越靠近测量范围的边缘，精度越低，因此选择仪器时粒度测量范围应该留有余量：一般应用量程最细和最粗的颗粒样品去测试一下，以判断仪器性能。

③其他颗分仪。

A. 音波震动式粒度仪：SFY-D型音波震动式全自动筛分粒度仪是由中国科学院南京地理与湖泊研究所开发的新的粒度测量仪器，它和粒度数据处理软件共同组成SFY-D筛分粒度分析系统。

B. 离心沉降式颗分仪：离心沉降式颗分仪和微机及操作软件组成BT-1500型离心沉降式颗粒分布测定系统。该系统是采用光透法的一种沉降式粒度分布测定装置。

（7）波高仪和总力传感器

波要素测量采用波高仪。波高需要能敏捷、可靠地反映瞬时的波浪幅度变化（波浪要素有波高、周期和波长）。测量波高的仪器和传感器应具有频率响应快、灵敏度高、体积小、防水性能好等特点。目前测量波高的仪器较多（图2-29），通常有电阻式波高仪、电容式波高仪、压力式水位计、超声水位计和计算机波高测量系统等。

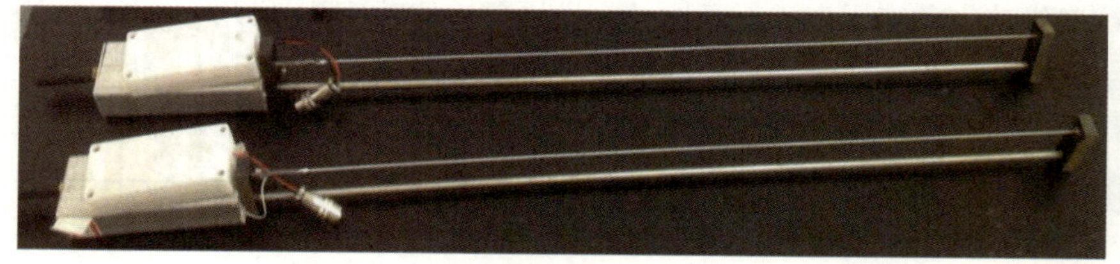

图2-29 波高仪

电阻式波高传感器由于受水温、水质的影响，以及率定系数的非线性等，其测量误差较大。电阻式波高仪的传感器用一对平行金属杆作为两个电极，水为导体，在两杆之间形成电阻，其电阻随两金属杆入水深度而变化。淹没深度越深说明电阻值越小。随着水面波动起伏，电阻发生相应的变化，输出的电信号经转换后，由计算机采集记录水面波动的过程（图2-30）。由于水的电导率随水温、水质的变化而变化，因此，电阻式波高仪通常受水温、水质的影响较大。试验中当水温、水质变化较大时，需要重新进行率定，以免影响试验精度。

电容式波高传感器（图2-31）由钽丝、氧化膜、水组成，其精度取决于绝缘膜的均匀性和耐久性。当水面沿钽丝上下移动时，电容量随之线性变化。电容量只与传感器在水中的深度成正比。如果传感器的位置固定不变，那么水位的变化将引起电睿量的变化。电容量的检出电路就设在传感器的上端。这个电路由振荡器、开关电路和电容组成。电容器上的电荷提升到负载电阻上，在负载上形成一个直配电压降。这个电压降与传感器在水中的长度成正比。

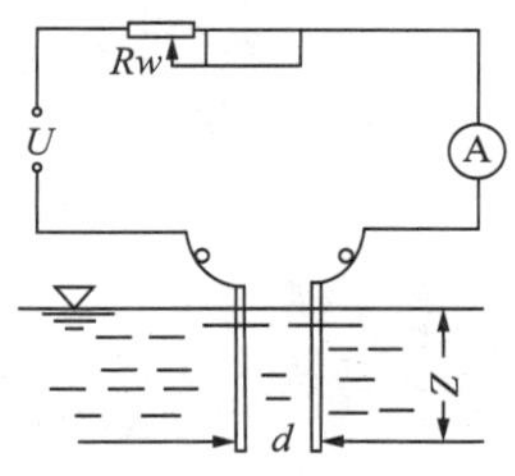

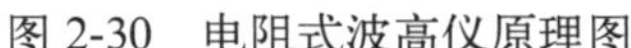

图 2-30 电阻式波高仪原理图

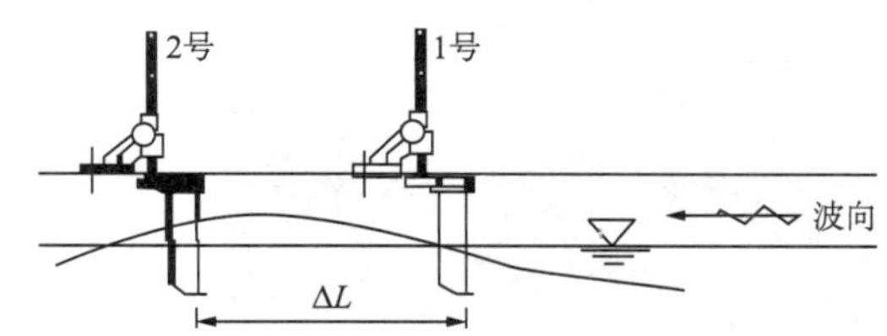

图 2-31 电容式波高仪测量波长布置

实际上，传感器的电容量也受到绝缘层材料物理特性的影响，因而产生测量误差。首先是水温的变化，会使绝缘层材料的介电常数发生改变，因而使电容量变化。为了减小由于水温变化引起的测量误差，应配置水温传感器，测量水的温度，修正水位数据。如果水温误差为 1.0℃，水位的误差约为测量值的 1%。

绝缘材料的浸水特性同样会影响测量误差。其变化过程相当于绝缘层的厚度由厚变薄，相应的电容量自小变大，因此也产生测量误差。这个变化过程的时间很长，往往要几个小时才能稳定下来。这个误差是无法校正的，一般不超过满量程的 1%。这是影响水位测量精度的最主要因素。另一个影响因素是水的张力。由于表面张力的影响，当水面上升时，在导线周围的水面呈现凹状；当水面下降时，则呈现凸状。这就使传感器的测量值减小，一般减小 0.1～0.2cm。这个误差在小波高情况下影响非常明显，有时会出现波形平顶现象。

波高传感器在测量时可以不调零，因为在进行波高和周期分析计算时，与调零无关。但是，若进行波面数据处理时，就必须调零，例如计算波峰和波谷值时。波高传感器调零时，应在造波之前的静水中进行。

波高在测量时应计算显示每个测点的波数、平均波高和相对应的周期、1/3 大波的平均值和相对应的周期。每个测点的取值范围和平均值的范围相同。波的计算方法应在每一个测点的取值范围内，计算平均水位。水面上下波动时，相邻两次由下而上地跨越平均水位为一个波，波峰在前，波谷在后。

峰谷值的计算方法是，首先计算并显示所有通道的每个测点的平均峰值、平均谷值、1/3 大峰平均值和 1/3 低谷平均值。每个测点的取值范围和平均值范围相同。相邻两次为零或小于零的取样值之间的最大值为峰值。相邻两次为零或大于零的取样值之间的最小值为谷值。

波浪力采用总力传感器进行测量，压强测量采用压强监测系统等进行测量。

对不同试验条件的组合，采用总力（拉压力）传感器测量建筑物在波流共同作用下所受的水平力、垂直力等。波浪力数据由计算机自动采集，测量结果采用计算机程序分析处理。进行总力测量时，保证被测量的新型构件结构不与地面及相邻构件相接触，保证结构在波浪作用下除与总力传感器接触外不受其他外力的作用。总力传感器可用铁架和金属螺杆固定住。压强测量系统见图 2-32。

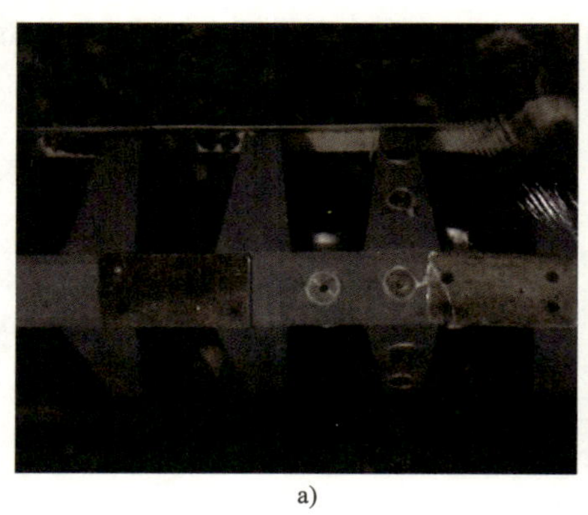

a)

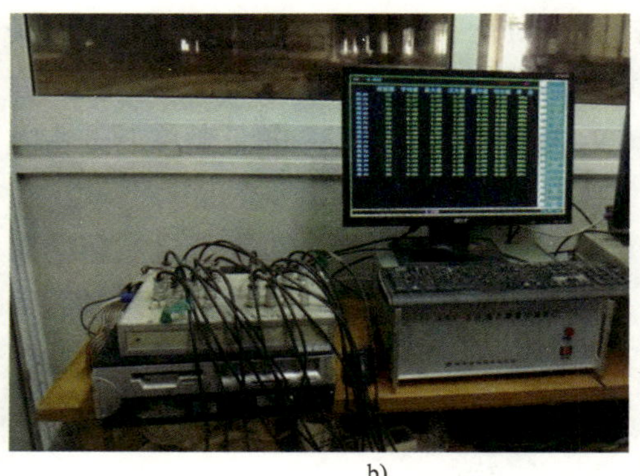

b)

图 2-32　压强测量系统

2.6　物理模型验证试验与水沙条件选取

2.6.1　物理模型试验率定与验证

模型建立的正确性由模型验证这个环节来检验，只有获得了验证的试验，其成果的可靠性才能得以保证。模型建成以后，应严格地检测模型的几何形状和尺寸的准确性，并以原型实测数据资料为依据，验证模型中水流泥沙运动以及河床演变的相似程度。如有必要，可调整模型设计的有关比尺，以保证模型中能重演天然河道中的水沙运动现象以及冲淤变化。

在模型的率定与验证试验中，往往只有一套实测水文泥沙资料，模型率定与验证经常一次性完成。如有多套实测水文泥沙资料，建议模型的率定与验证分开进行。

2.6.1.1　模型率定

（1）几何相似性检验。

模型制作完成后，首先用制模地形资料对模型地形进行核查，以检查模型制模地形的准确性。从断面的布置、绘制、裁切、安装，到模型地形、微地形的塑造，只要每个步骤均达到了精度的要求，模型的几何相似就能满足。另外还有一种方法，即采用围线法或其他方法测出模型地形，再将模型与原型地形图进行套绘比较，分析各等高线、深槽、浅滩等位置的符合程度，由此可检查模型制造的精度。

（2）模型的供水系统、控制系统调试与率定。

模型的供水系统、控制系统的调试与率定，主要检验其重复性、精度。按《海岸与河口潮流泥沙模拟技术规程》（JTS/T 231-2—2010）规定，重复性验证试验中，水流特性试验每两次观测的高、低潮位偏差于原型的 0.10m，潮段平均流速的误差为 ±5%，潮流泥沙物理模型两次试验的总冲淤量误差不得大于 10%。

（3）通过模型潮位、流速、流向、汊道分流比等数据与原型数据的对比，率定了模型糙率、上游量水堰流量控制参数、下游尾门控制参数等。

（4）在动床模型试验中，在选定模型沙后，理论上可依据有关合适的输沙能力公式计算出冲淤时间比尺，但由于输沙能力公式（水流挟沙能力和河床质输沙能力）研究目前不够完善，计算公式不成熟，计算数值很不可靠。含沙量比尺和冲淤时间比尺的数值一般都在模型率定过程中，经多次试验调整，根据动床地形冲淤相似来最终确定。

2.6.1.2 模型验证

（1）水动力的验证

河床阻力相似是由模型潮位过程线的相似性验证来体现的。天然河道的阻力通常随着水位的变化而改变，所以为了保证模型阻力的相似，一般需要进行洪枯季、大中小潮的验证。模型应根据与制模地形相一致的现场观测资料进行验证试验。模型验证试验必须重复进行 2～3 次。成果以潮位过程线图、潮位特征值表等形式表示。对于潮位，高低潮时间的相位允许偏差为 ±0.5h，最高、最低潮位值允许偏差为 ±10cm。

流速的相似是模型水流运动相似的重要标志。流速分布决定泥沙的运动特性。对于动床模型，因包含有泥沙运动的河口模型试验，水流运动的相似尤为主要。流速验证仍需要进行洪枯季、大中小潮的验证，包含各分层流速及流向、垂线平均流速及流向的验证。流速的验证成果以流速过程线图，最大流速、平均流速特征值表等形式表示；流向的验证成果以流向过程线图，最大流向、平均流向特征值表等形式表示。

对于流速，憩流时间和最大流速出现的时间允许偏差为 ±0.5h，流速过程线的形态基本一致，测点涨落潮段平均流速允许偏差为 ±10%。对于流向，往复流时测站主流流向允许偏差为 ±10°，平均流向允许偏差为 ±10°；旋转流时测站流向允许偏差为 ±15°。

当模型验证试验个别测站流速、流向、潮位结果超出允许偏差时，应对比现场实测资料，分析产生偏差的原因，并采取相应的措施。当模型范围较大，验证测站较多，自然条件较复杂时，模型验证超出允许偏差的测站不得超过总验证测站的 20%，且其位置不得集中在试验研究的关键部位。

波浪沿岸输沙物理模型试验的验证试验中，模型沿岸流速与原型的允许偏差应为 ±10%。

为了检验模型各控制断面潮流量的变化和各汊道分流综合指标，需要进行各断面流量验证。模型断面流量一般用流速断面法进行计算。验证试验时，模型的测流断面及流速测点的布置与原型一致。流量的验证成果以流速过程线图和最大流量、平均流量、涨落潮总量表等形式表示。

汊道分流比的计算采用各汊道对应时刻或时段的流量进行计算。流量计算的方法有最大流量法、平均流量法、落潮稳定期法、涨落潮总量法和净落潮量法。模型计算可根据原型测验提供的资料进行对应的选择。

模型断面潮量允许偏差为 ±10%，汊道分流比的允许偏差为 ±1%。

当动床模型范围较大时，需要考虑阻力相似，进行动床水动力的相似性验证。由于模型沙的糙率不一定满足要求，这时需要考虑对动床模型进行加糙，进行动床水动力的验证。

（2）冲淤验证

模型试验区域内的地形冲淤量和冲淤变化应分区段测量。模型的冲淤部位应与原型基本符合，总冲淤量的允许偏差应为 ±20%，单纯淤积的模型允许偏差应为 ±15%。当一次试验获得模型的冲淤地形和冲淤量与原型基本相似之后，应进行重复试验。两次试验的偏差不得大于 10%。

波浪潮流泥沙物理模型验证试验中的波浪应采用工程区水域的代表波浪要素，并进行固定潮位下的观测率定。当进行正常情况下的波浪潮流泥沙冲淤验证时，验证试验宜分为代表潮型下潮流作用的泥沙试验和与代表波高、代表波向下波流共同作用的泥沙试验两部分穿插进行。

2.6.2 模型试验边界水沙条件的分析与确定

河口海岸模型试验边界水沙条件选取是模型试验研究中的重要内容之一。边界条件选取是否恰当或是否具有代表性，直接影响模型能否较为准确预报工程实施前后水动力条件变化和冲淤变化引起的岸滩及滩槽演变等工程实施效果和影响问题，直接影响工程方案优化比选和工程项目审批决策等。模型试验代表性水沙条件选取主要与工程类型、项目研究内容和目的、研究区域水动力泥沙条件、模型开边界条件和控制方式等因素有关。不同工程类型根据研究问题的不同，对应工程实施效果和影响情况、设计施工相关参数确定以及防洪、通航、海域使用和环保等审批要求，依据研究区域水沙自然条件，其试验水沙条件的代表性选取确定是不同的，应根据项目研究内容和目的，重点围绕项目研究中的关键技术问题，对典型性、代表性水动力和泥沙边界条件进行分析研究。对应模型开边界条件的试验控制要素包括潮位、流量、波要素和模型沙加沙问题等，试验放水条件取决于模型控制边界对应代表性水沙条件的组合。针对河口海岸模型试验的特点，从以下几方面来探讨试验边界水沙条件的分析确定问题。

（1）代表性流量边界条件的分析确定

潮汐河口模型中通常有径流下泄入海的情况。该类模型需要考虑上游代表性径流条件，可依据河口潮区界附近上游典型水文站实测资料，通过水文分析计算，对应所研究内容和目的，一般情况下选取洪、中、枯水特征流量，对应河道治理和航道整治还需选取防洪设计流量、造床流量等代表性径流特征流量，对应大型桥渡模型还需选取 20 年一遇、100 年一遇和 300 年一遇设计洪水流量，分析不同径流条件下研究区域水动力和河床冲淤变化。

（2）代表性潮型条件的确定

河口海岸模型中开边界通常采用潮位边界条件进行控制。潮位边界条件首先需要确定代表性潮型过程中潮差、中潮位和涨落潮历时等特征要素。该特征要素可通过口外边界附近潮位站实测潮位资料，采用水文统计分析方法研究确定，通过潮差频率分析确定代表性频率下大中小潮潮差大小，通过中潮位分析确定代表性潮型中潮位大小，通过涨落潮历时分析确定代表性潮型涨落潮历时分配问题。潮汐特征要素确定后，可根据现场实则潮位过程资料，选取与潮汐特征要素基本匹配的潮汐过程作为代表性潮型条件。针对河口防洪工程研究模型，还需要选择给定频率的防洪设计流量、典型风暴潮等条件下代表性潮型条件，充分论证工程实施对河口河段防洪排涝等影响。

（3）代表性波浪条件的确定

海岸工程模型一般需要考虑波浪或波流动力综合作用。现场实际波浪资料是随机变量，首先需要对实际波浪资料进行合理概化，确定某个代表性波浪。波浪泥沙模型试验需在合成波和代表波要素条件下进行。有关波向和波高的合成计算方法可参照有关规范要求。模型边界造波机造波的方向应按年平均代表波向和强波向分别布置，当年平均代表波向和强波向基本一致时，可按强波向方向布置。模型边界代表性波浪条件可根据外海实测波浪资料或通过理论公式和波浪数学模型推算得到。代表性波浪边界条件的选取一般根据设计的要求的不同而选取不同频率的波浪要素，如平常浪、20 年一遇波浪、50 年一遇波浪以及 100 年一遇波浪等。波浪沿岸输沙模型试验宜采用不规则波。采用规则波时，试验要素及试验水位应符合相关规范规定。波浪潮流泥沙模型试验采用代表潮型下潮流与短时强浪组合的试验边界条件，其历时应按原型强浪出现的历时为 1～3d 控制。波浪作用下建筑物稳定性试验宜采用不规则波进行。不规则波的波谱宜采用工程海域的实测波谱，如无实测波谱，可采用《海港水文规范》（JTS 145-2—2013）规定的波谱或其他合适的波谱。模型试验设计水位首先根据《海港水文规范》（JTS 145-2—2013）中设计潮位标准确定方法得到设计高水位、设计低水位、极端高水位和极端低水位，然后结合工程研究技术要求等综合确定。

（4）泥沙条件的确定

河口海岸边界代表性泥沙条件确定首先需考虑工程研究区域水动力和泥沙运动特征，在水动力边界条件确定的基础上，研究分析工程区域悬沙和底沙边界条件，然后利用工程区域不同水动力条件下水体含沙量实测资料、水体挟沙能力和底沙输沙率理论公式计算结果，结合模型验证试验加沙情况，综合分析确定模型边界代表性泥沙条件。河口区域代表性泥沙条件的选取，应根据项目所在区域的来水来沙条件和研究的目的和要求，选择对河势有明显影响的典型大洪水水沙系列年、反映本河段常态河床变化的平常水沙系列年，以及对建设项目或其他重要设施影响最不利的典型代表性水沙系列年，或考虑不同来水来沙条件组合的多年水沙系列。海岸区域工程泥沙模型研究需要代表潮型与平常天、短时大风天分别组合的泥沙试验边界条件，分别反映平常天气象条件、大风天气象条件下滩槽演变及航槽冲淤变化等问题。

3 河口海岸水动力泥沙输移数值模拟技术

数学模型应用于科学技术的每一个领域，是一切科学技术部门的重要工具和手段。简而言之，数学模型就是把实际问题中各变量之间的关系用数学形式表达出来。随着泥沙理论、波浪理论、风暴潮、数值计算技术和计算机的发展，河口海岸数学模型有了长足的发展，已经成为一种重要的研究手段。我国海岸线漫长，入海河流众多、泥沙问题严重、风暴潮频繁，本章主要对潮流泥沙数学模型、波浪数学模型、波流作用下潮流泥沙数学模型以及风暴潮数学模型等进行介绍。

3.1 一维水流泥沙数值模型

一维水流泥沙数值模型经数十年的发展和应用已较成熟，国内外已普遍使用于研究大型水利枢纽上下游长距离、长时段的冲淤变化，以及河口感潮河段，如珠江口多河网潮波传播及其河床变化。一维模型便捷、灵活，也常常为二维数值模型或物理模型提供边界条件；但一维模型不能反映水动力条件和河床局部变化、建筑物附近的冲淤变化等。

一维水流泥沙数值模型是以断面平均水力、泥沙因子为主要对象，将长河段划分为若干区段，研究断面平均水力、泥沙因子的沿程变化以及断面间各计算区段平均冲淤厚度的沿程和随时间变化。一维水流泥沙数值模型是常用的研究手段，通过对水流运动方程在断面上积分得到水流连续方程和运动方程，联合泥沙输运方程、河床变形方程和水流挟沙力与推移质输沙率公式等形成一维水流泥沙数值模型的控制方程。

3.1.1 基本方程

水流连续方程：

$$\frac{\partial A}{\partial t}+\frac{\partial Q}{\partial x}=0 \tag{3-1}$$

水流运动方程：

$$\frac{\partial Q}{\partial t}+\frac{\partial}{\partial x}\left(\frac{Q^2}{A}\right)+gA\left(\frac{\partial Z}{\partial x}+\frac{Q|Q|}{K^2}\right)=0 \tag{3-2}$$

式中：x——沿主流方向坐标；

t——时间坐标；

Q——流量；

A——过水断面面积；

K——流量模数，$K=AR^{\frac{2}{3}}/n$；

R——断面水力半径；

n——糙率；

Z——水位；

g——重力加速度。

悬沙输运方程：

$$\frac{\partial(AS)}{\partial t}+\frac{\partial(QS)}{\partial x}=-a\omega B(S-S_*) \quad (3\text{-}3)$$

式中：S——断面平均含沙量；

B——河宽；

ω——泥沙沉速；

a——系数；

S_*——水流挟沙力。

式（3-3）为不平衡输沙模式，平衡输沙时，可简化为 $S=S_*$。

河床变形方程：

$$\gamma_s'\frac{\partial A_d}{\partial t}+\frac{\partial(AS)}{\partial t}+\frac{\partial(QS+Bg_b)}{\partial x}=0 \quad (3\text{-}4)$$

辅助公式：

$$S_*=S_*(u,h,\omega,d\cdots) \quad (3\text{-}5)$$

$$g_b=g_b(u,h,\omega,d\cdots) \quad (3\text{-}6)$$

式中：g_b——推移质输沙率；

γ_s'——淤积物干重度；

A_d——计算冲淤面积；

u——断面平均流速；

h——断面平均水深；

d——泥沙粒径。

3.1.2 定解条件

3.1.2.1 水流运动模拟计算

（1）边界条件

水位过程线：

$$Z=Z(t) \quad (3\text{-}7)$$

流量过程线：

$$Q=Q(t) \quad (3\text{-}8)$$

流量水位关系曲线：

$$Q=Q(z) \quad (3\text{-}9)$$

对于缓流，当 $Fr<1$ 时，可给出上述条件之一各作为入流和出流断面边界条件；当 $Fr>1$ 时，

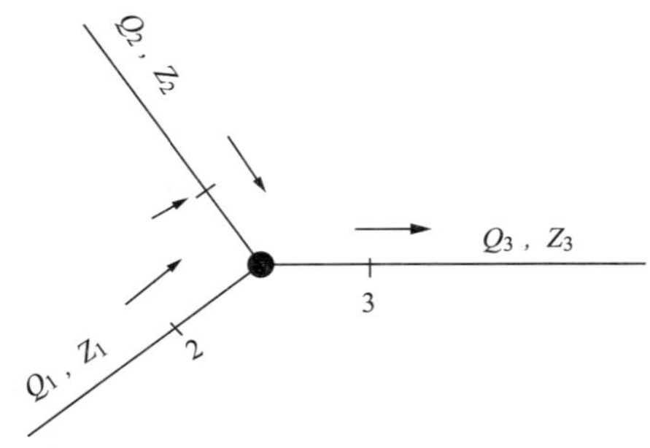

图 3-1　汇流条件

只需在入流断面提出两种水力条件。

除了上述边界条件外，还有内部边界条件，由于河道几何形状不连续或水力特性不连续，如汇流点、堰闸过流、湖泊集水、侧向入流等，必须根据水力特性作特殊处理。内部边界条件通常包含两个相容条件，即流量连续性条件和能量守恒条件（或动量守恒条件）。下面简单介绍其中几种内部边界条件。

汇流条件如图 3-1 所示。

水流连续条件：

$$Q_3=Q_2+Q_1 \tag{3-10}$$

能量方程：

$$\left.\begin{aligned} Z_1+\frac{1}{2g}\left(\frac{Q_1}{A_1}\right)^2=Z_3+\frac{1}{2g}\left(\frac{Q_3}{A_3}\right)^2 \\ Z_2+\frac{1}{2g}\left(\frac{Q_2}{A_2}\right)^2=Z_3+\frac{1}{2g}\left(\frac{Q_3}{A_3}\right)^2 \end{aligned}\right\} \tag{3-11}$$

闸下出流以淹没水跃为例，如图 3-2 所示。

水流连续条件：

$$Q_i=Q_{i+1} \tag{3-12}$$

流量计算公式：

$$Q=\mu B\alpha\sqrt{2g}(Z_i-Z_{i+1})^{\frac{1}{2}} \tag{3-13}$$

式中：μ——包括淹没等影响的流量系数；

α——闸门开启高度；

B——闸孔净宽。

湖泊集水条件如图 3-3 所示。

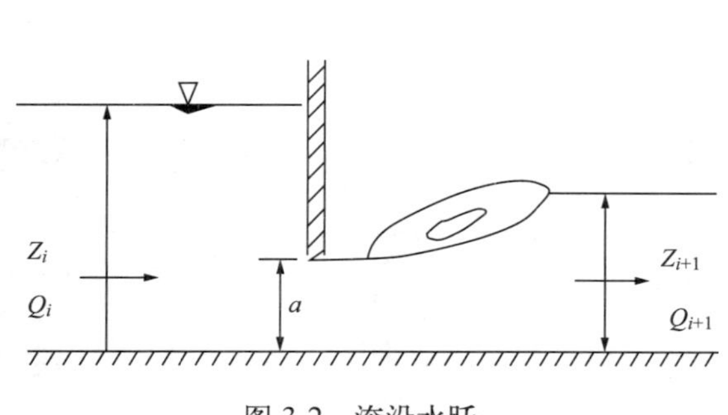

图 3-2　淹没水跃

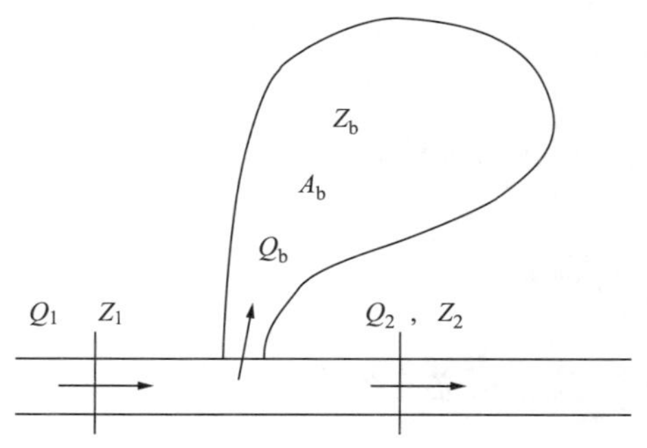

图 3-3　湖泊集水条件

河道侧边存在小湖泊集水时，河道水位上涨，一小部分水流进入湖泊，并假定湖泊水位 Z_b 总是和河流中水位 Z 相同，局部能量损失很小。

$$Z_1=Z_2=Z_b \tag{3-14}$$

$$Q_1=Q_b=Q_2 \tag{3-15}$$

Q_b 为河流流向湖泊的流量，由下式求得：

连续条件：

$$Q_b=\frac{A_b\Delta Z_b}{\Delta t} \tag{3-16}$$

式中：A_b——湖泊自由水面集水面积。

（2）初始条件

$$Q(x)_{t=0}=Q_0(x) \tag{3-17}$$

$$Z(x)_{t=0}=Z_0(x) \tag{3-18}$$

给定计算河段各断面初始地形。

3.1.2.2　泥沙输移模拟计算

（1）边界条件

上游入流断面给出来水来沙过程及泥沙级配，推移质若无实测资料可用公式估算；下游出流断面给出水位过程线或水位流量关系曲线。

（2）初始条件

给出水流运动方程初始条件和床沙初始级配的沿程变化，以及沿深度方向分层床沙级配和初始河床高程。

3.1.3　计算参数确定

（1）糙率确定

航道工程中应用数学模型对模拟河段进行工程预测时，河床糙率是未知量，通常是依据现有洪、中、枯水条件下实测水文资料反求。一种方法是在对工程方案及未来河床变形计算中，分析天然糙率和水沙条件关系，根据不同水情反求相应天然糙率；另一种方法是将所求天然糙率当作初始计算糙率，然后考虑河床冲淤变化和床沙组成及形态，用经验关系式估算。

糙率估算视具体情况而定，其中对水库淤积过程中糙率变化，设某时刻淤积面积 α，糙率为 n，至糙率达到平衡值时面积为 α_k，糙率为 n_k，则：

$$n=n_0-(n_0-n_k)\frac{a}{a_k}\quad(a\leqslant a_k) \tag{3-19}$$

对一般水库 α_k 可取天然造床流量下的过水面积，n_0 为淤积前糙率。

韩其为还提出了曲线插值方法，即：

$$n^{\frac{2}{3}}=n_k^{\frac{2}{3}}+\left(n_0^{\frac{2}{3}}-n_k^{\frac{2}{3}}\right)\left(\frac{a_k-a}{a_k}\right)\ (a\leqslant a_k) \tag{3-20}$$

当 $\alpha>\alpha_k$ 时，取 $n=n_k$。

（2）水流挟沙力 S_*

一维水流挟沙力计算公式一般有经验公式和半理论公式。目前，国内广泛采用张瑞瑾挟沙力公式。该挟沙力公式从挟沙水流能量平衡原理出发，认为悬移质具有制紊作用，导出如下公式，并通过大量资料求得公式中 k、m 值。

$$S_*=k\left(\frac{u^3}{gR\omega}\right)^m \tag{3-21}$$

式中：k——包含量纲的系数；

m——指数；

u——断面平均流速。

在实际应用中，可选取工程所在河流天然实测资料进行检验，以确定公式中 k、m 值。必须指出，用于检验的资料要满足输沙平衡条件。当然，可根据计算河段水动力条件和泥沙特性选用其他计算公式，如维利卡偌夫、恩格伦、杨志达、窦国仁、李昌华等挟沙能力公式。

（3）推移质输沙率公式

推移质输沙率公式较多，对所选各公式分析表明，影响推移质输沙率大小的有水流因素和泥沙因素两种。无因次量ϕ为：

$$\phi=\frac{\gamma}{\gamma_s-\gamma}\frac{u_*^2}{gD} \tag{3-22}$$

当ϕ <0.5 时，为低强度输沙，各公式计算结果比较接近；由于推移质输沙率和平均速度高次方成比例，虽然各公式曲线比较密集，但同一水流条件下计算出推移质量相差达数倍；当ϕ >0.5 后，各公式计算结果偏差较大。可见涉及推移质输移数值模拟计算，应视具体工程问题情况，最好用天然实测资料率定。一般情况，由于缺少实测资料，往往通过对典型河床变化进行率定来选用合适的计算公式。目前，国内运用较多的有窦国仁公式、爱因斯坦（Einstein.H.A）、梅叶 - 彼得（Meyer-Peter）公式以及恩格伦（F.Engelund）公式等。

（4）系数 α

α 是一个受多种因素影响的综合系数，有的称为恢复饱和系数，也有称为泥沙沉降概率。计算经验表明，一般计算中 α 可取：$0.75\leqslant\alpha_{冲}\leqslant 1.0$，$0.25\leqslant\alpha_{淤}\leqslant 0.5$。$\alpha$ 值的最后确定需通过验证计算。

（5）非均匀沙计算模式

非均匀沙计算模式可分为当量粒径法和分组粒径法。当量粒径法采用平均粒径或中值粒径，床沙质沉速采用平均沉速或当量沉速。

当量沉速：

$$\omega=\left(\sum_{i=1}^{n}P_i\omega_i\right)^{\frac{1}{m}} \tag{3-23}$$

式中：P_i——床沙质级配；

m——挟沙力公式系数；

n——床沙质级配的分组数目。

该方法计算简便，适用于粒径变化范围不大，河床冲淤幅度较小，河床冲淤引起河床级配改变不大，或河床呈累积性淤积等情况。

在非均匀沙处理模式中，国内大都采用分组粒径法。分组粒径法是将非均匀沙按级配分组，各组分别按均匀沙处理，这样依据不同模式补充相应的悬移质分组挟沙力和挟沙力级配计算方法。

①悬移质分组挟沙力和挟沙力级配计算方法

A. 窦国仁、赵士清模式：

窦国仁、赵士清在进行三峡回水变动区一维和川江河道二维全沙数学模型研究中，将非均匀沙按其粒径大小共分成 N_0 组，S_n 表示第 n 组粒径的含沙量，P_n 表示此组粒径在悬沙总含沙量 S 中所占比值。

$$S_\mathrm{n}=P_\mathrm{n}S,\quad S=\sum_{n=1}^{N_0}S_n$$

总挟沙力：

$$S_*=K_\mathrm{s}\left(\frac{u^3}{h\omega_\mathrm{m}}\right)\tag{3-24}$$

挟沙力级配：

$$P_{*\mathrm{n}}=\frac{(P_\mathrm{n}/\omega_\mathrm{n})^\alpha}{\sum_{n=1}^{N_0}(P_i\omega_i)^\alpha}\tag{3-25}$$

分组挟沙力：　$S_{*\mathrm{n}}=P_{*\mathrm{n}}S_*$

式中：ω_n——第 n 组粒径的沉速，$0<\alpha<1$；

ω_m——非均匀沙平均沉速；

α——系数，$0<\alpha<1$。

$$\omega_\mathrm{m}=\sum_{n=1}^{N_0}P_\mathrm{n}\omega_\mathrm{n}\tag{3-26}$$

由非均匀沙引起的河床变形方程为：

$$\frac{\partial\eta_\mathrm{n}}{\partial t}=\alpha_\mathrm{n}\omega_\mathrm{n}\beta_\mathrm{n}B\,\frac{\mathrm{S_n}-\mathrm{S_{*n}}}{\gamma_\mathrm{sn}}\tag{3-27}$$

$$\beta_\mathrm{n}=\begin{cases}1 & S_\mathrm{n}\geqslant S_{*\mathrm{n}}\\ P_\mathrm{bn} & S_\mathrm{n}<S_{*\mathrm{n}}\end{cases}\tag{3-28}$$

式中：η_n——第 n 组悬沙造成河床淤积厚（负值为冲刷厚）；

B——河宽；

γ_sn——第 n 组粒径泥沙的干重度；

α_n——第 n 组粒径的沉降概率；

P_bn——参加冲刷的活动层第 n 组粒径泥沙占床沙总的比值。

悬沙引起的河床总的冲淤厚度 $\eta_\mathrm{s}=\sum_{n=1}^{N_0}\eta_\mathrm{n}$。

B. 韩其为、何明民模式：

该模式将挟沙能力分为三部分：一是悬移质泥沙中细颗粒部分，从累计效果看，不参与床沙交换，即常说的冲泻质部分 $P_w S$；二是悬移质中粗颗粒部分，落在床面后部分计入挟沙能力 $SP_b S_*(\omega_2^*)/S_*(\omega_1^*)$；三是床沙提供的可悬泥沙计入挟沙能力 $\left[1-\dfrac{P_w S}{S_*(\omega_1)}-\dfrac{P_b S}{S_*(\omega_1^*)}\right]P_s S_*(\omega_{1,1})$。这样分组挟沙能力 S_{*n} 为：

$$S_{*n}=P_{n,w}P_w S+P_{n,b}P_b S\frac{S_*(\omega_n)}{S_*(\omega_1^*)}+\left[1-\frac{P_w S}{S_*(\omega_1)}-\frac{P_b S}{S_*(\omega_1^*)}\right]P_s P_{n,bs}S_*(\omega_{1,1}^*) \tag{3-29}$$

上式对 n 求和得全部挟沙能力 $S_*(\omega^*)$：

$$S_*(\omega^*)=P_w S+P_b S\frac{S_*(\omega_2^*)}{S_*(\omega_1^*)}+\left[1-\frac{P_w S}{S_*(\omega_1^*)}-\frac{P_b S}{S_*(\omega_1^*)}\right]P_s S_*(\omega_{1,1}^*) \tag{3-30}$$

分组挟沙能力级配 P_{*n}：

$$P_{*n}=\frac{S_{*n}}{S_*}(\omega^*) \tag{3-31}$$

式中：P_w——冲泻质占悬沙总量百分数，$P_w=\sum_{n=1}^{k}P_n$；

P_b——床沙质占悬沙总量百分数，$P_b=\sum_{n=k+1}^{N}P_n$；

k——冲泻质与床沙质粒径分界；

$S_*(\omega_n)$——沉速为 ω_n 的均匀沙挟沙力；

P_s——床沙中可悬泥沙占床沙总量百分数，$P_s=\sum_{n=1}^{M}P_b$。

$$P_{n,w}=\begin{cases}\dfrac{P_n}{P_w} & (n\leqslant k)\\ 0 & (n>k)\end{cases} \tag{3-32}$$

$$P_{n,b}=\begin{cases}\dfrac{P_n}{P_b} & (n>k)\\ 0 & (n\leqslant k)\end{cases} \tag{3-33}$$

$$P_{n,bs}=\begin{cases}\dfrac{P_{bn}}{P_s} & (n\leqslant k)\\ 0 & (n>k)\end{cases} \tag{3-34}$$

$$S_*(\omega_1)=\left[\sum_{n=1}^{k}\frac{P_{n,w}}{S_*(\omega_n)}\right]^{-1} \tag{3-35}$$

$$S_*(\omega_1^*)=\sum_{n=1}^{M}P_{bn}S_*(\omega_n) \tag{3-36}$$

$$S_*(\omega_{1,1}^*)=\sum_{n=1}^{M}P_{\mathrm{n,bs}}S_*(\omega_{\mathrm{n}}) \tag{3-37}$$

该模式考虑了床沙级配及含沙量级配对挟沙能力级配及分组挟沙力的影响。

C. 李义天模式：

李义天在探讨冲淤平衡状态下床沙质级配变化问题时，考虑单位床面上的泥沙等量交换来确定非均匀沙挟沙力，其特点是同时考虑水流条件和床沙组成对挟沙力的影响。

挟沙力级配按下式计算：

$$P_{*\mathrm{n}}=P_{\mathrm{bn}}\frac{\dfrac{1-A_{\mathrm{n}}}{\omega_{\mathrm{n}}}\left[1-\exp\left(-\dfrac{15\omega_{\mathrm{n}}}{u_*}\right)\right]}{\sum\limits_{n=1}^{N}P_{\mathrm{bn}}\dfrac{1-A_{\mathrm{n}}}{\omega_{\mathrm{n}}}\left[1-\exp\left(-\dfrac{15\omega_{\mathrm{n}}}{u_*}\right)\right]} \tag{3-38}$$

式中：$P_{*\mathrm{n}}$——挟沙力级配；

P_{bn}——床沙级配；

ω_{n}——第 n 组泥沙沉速；

u_*——摩阻流速。

$$A_{\mathrm{n}}=\frac{\omega_{\mathrm{n}}}{\dfrac{\sigma_{\mathrm{v}}}{\sqrt{2\pi}}\exp\left(-\dfrac{\omega_{\mathrm{n}}^2}{2\sigma_{\mathrm{v}}^2}\right)+\omega_{\mathrm{n}}\phi\left(\dfrac{\omega_{\mathrm{n}}}{\sigma_{\mathrm{v}}}\right)} \tag{3-39}$$

$$\phi\left(\frac{\omega_{\mathrm{n}}}{\sigma_{\mathrm{v}}}\right)=\int_{-\infty}^{\omega_{\mathrm{n}}}\frac{1}{\sqrt{2\pi}\sigma_{\mathrm{v}}}\exp\left(-\frac{v^2}{2\sigma_{\mathrm{v}}^2}\right)\mathrm{d}v \tag{3-40}$$

式中：σ_{v}——水流垂向紊动强度，与摩阻流速 u_* 相近，即 $\sigma_{\mathrm{v}}=u_*$。

分组挟沙力 $S_{*\mathrm{n}}=P_{\mathrm{n}}^*S_*$，$S_*$ 为总挟沙力。

D. HEC−6 模式：

该模式认为分组挟沙力 $S_{*\mathrm{n}}$ 等于床沙级配 P_{bn} 与每一个泥沙粒径组均匀泥沙可能挟沙力 $S_*(d_{\mathrm{n}})$ 的乘积，总挟沙力 S_* 采用张瑞瑾挟沙力公式计算。

对于第 n 组相同粒径 d_{n} 均匀沙条件下可能挟沙力采用下式计算。

$$S_*(d_{\mathrm{n}})=K\left(\frac{u^3}{gh\omega_{\mathrm{n}}}\right)^m \tag{3-41}$$

式中：ω_{n}——粒径为 d_{n} 的泥沙沉速。

分组挟沙力：

$$S_{*\mathrm{n}}(d_{\mathrm{n}})=P_{\mathrm{bn}}S_*(d_{\mathrm{n}})=P_{\mathrm{bn}}K\left(\frac{u^3}{gh\omega_{\mathrm{n}}}\right)^m \tag{3-42}$$

分组挟沙力级配：

$$P_{*\mathrm{n}}=\frac{S_{*\mathrm{n}}}{S_*},\quad P_{\mathrm{n}}^*=P_{\mathrm{bn}}\left(\frac{\omega}{\omega_{\mathrm{n}}}\right)^m \tag{3-43}$$

②床沙的级配调整

非均匀沙冲淤将发生河床床面泥沙的分选，床沙的级配将不断调整，河床冲刷会形成床面粗化层，悬沙落淤使床面层细化。这种床面冲淤造成床沙级配调整。

$$P_{bi}=\frac{[\Delta Z_i+(E_m-\Delta Z)P_{obi}]}{E_m} \tag{3-44}$$

式中：P_{obi}，P_{bi}——分别为第 i 组泥沙时段初和时段末的床沙级配；

E_m——床沙可动层厚度。

E_m 与河床冲淤状态、冲淤强度及历时有关，当单向淤积时，$E_m=\Delta Z$；当单向冲刷时，E_m 的限制条件是保证床面有足够的泥沙补偿。

3.1.4 数值解法

一维水流泥沙数学模型常用的数值方法有特征线法、有限差分法和有限元法等。其中特征线法是在特征线上把偏微分方程组转化为常微分方程组求解的方法。有限差分法则是把微分方程通过差商转化为代数方程组，而求出网格节点上未知量的一种微分方程近似解法。

（1）特征线法

特征线法通过数学上的变换，将基本方程组转换成沿特征线的常微分方程组，然后结合初始条件和边界沿特征线进行数值求解。此方法物理概念明确，数学分析严谨，计算精度较高。

基本方程式（3-1）、式（3-2）可写成以下基本方程组形式：

$$\frac{\partial h}{\partial t}+h\frac{\partial u}{\partial x}+u\frac{\partial h}{\partial x}=0 \tag{3-45}$$

$$\frac{\partial h}{\partial t}+u\frac{\partial u}{\partial x}+g\frac{\partial h}{\partial x}+g(J_f-J_0)=0 \tag{3-46}$$

式中：h——水深；

u——断面平均流速；

g——重力加速度；

J_f——阻力坡降，$J_f=g\frac{u|u|}{C^2R}$；

R——水力半径；

J_0——河床坡降。

特征线方程如下：

$$\frac{dx}{dt}=u\pm\sqrt{gh} \tag{3-47}$$

在特征线上，基本方程可转换为特征方程 ：

$$\frac{du}{dt}\pm\sqrt{\frac{g}{h}}\frac{dh}{dt}=g(J_f-J_0) \tag{3-48}$$

这样就把原来一对偏微分方程变为两对常微分方程组。

正向特征线 ：

$$\left.\begin{aligned}&\frac{\mathrm{d}u}{\mathrm{d}x}=u+\sqrt{gh}\\&\mathrm{d}\left(u+2\sqrt{gh}\right)=g(J_0-J_\mathrm{f})\mathrm{d}t\end{aligned}\right\}\tag{3-49}$$

负向特征线：

$$\left.\begin{aligned}&\frac{\mathrm{d}u}{\mathrm{d}x}=u-\sqrt{gh}\\&\mathrm{d}\left(u-2\sqrt{gh}\right)=g(J_0-J_\mathrm{f})\mathrm{d}t\end{aligned}\right\}\tag{3-50}$$

特征线法求解离散网格可分为特征线网格和矩形网格，见图 3-4。

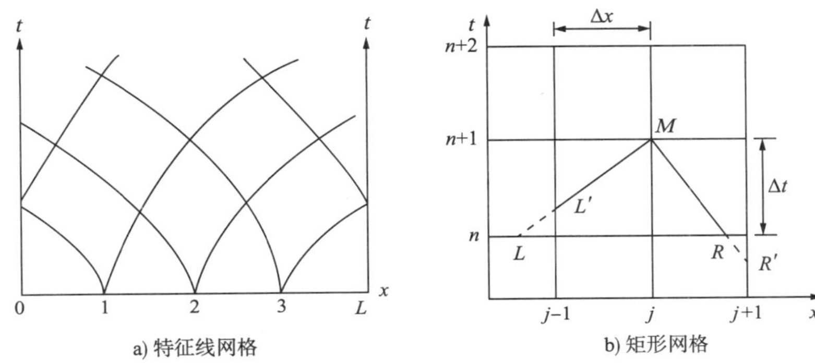

图 3-4　特征线网格和矩形网格

利用特征线网格计算精度高，不受稳定条件限制，但计算网格不规则，需要同时储存节点 x、t 平面上位置的坐标和节点上的水力参数值，要求储存量大，实际计算中一般均采用固定矩形网格。对于 $n\Delta t$ 时刻 u、h 已知，求 $(n+1)\Delta t$ 时刻个网格点 u、h 值，未知点 M 的两条求特征线反射回去时，一般不通过 $n\Delta t$ 时刻层上节点。图 3-4b）中 L、R 或 L'、R' 点流速与水位需要通过空间或时间插值。这样，求得 M 点的两条特征线后，通过两个常微分方程组，求得 M 点的水位和流速值。

（2）有限差分法

有限差分法是数值解法中常用的方法，简单地说就是将求解域划分为差分网格，用有限个网格节点（即离散点）代替连续的求解域，将偏微分方程的导数用差商代替，推导出含有离散点上有限个未知数的差分方程组；求差分方程组（代数方程组）的解，作为微分方程定解问题的近似解。差分格式有显式差分格式和隐式差分格式。

①显式差分法

显式差分法运用较早，方法简便，便于理解和编程。常用于一维明渠非恒定流计算的显式差分格式有蛙跳格式、Lxx-Wendroft 格式、Dronkers 显式格式等。下面以蛙跳格式为例介绍一维明渠非恒定流计算的显式差分解法。

蛙跳格式也称菱形差分格式，是一个三层显式格式，如图 3-5 所示。其中时间微商和空间微商都用中心差商，即：

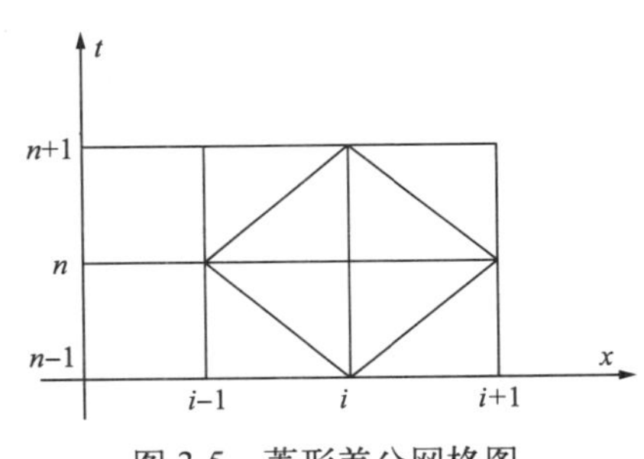

图 3-5　菱形差分网格图

$$\frac{\partial f}{\partial t} \cong \frac{(f_i^{\mathrm{n+1}} + f_i^{\mathrm{n-1}})}{2\Delta \mathrm{t}} \tag{3-51}$$

$$\frac{\partial f}{\partial x} \cong \frac{(f_{i+1}^{\mathrm{n}} + f_{i-1}^{\mathrm{n}})}{2\Delta x} \tag{3-52}$$

这样，由方程式（3-1）、式（3-2）得：

$$A_j^{n+1} = A_j^{n-1} - \frac{\Delta t}{\Delta x}(Q_{j+1}^n - Q_{j-1}^n) \tag{3-53}$$

$$Q_{j+1}^n = Q_j^n - \frac{\Delta t}{\Delta x}\left[\left(\frac{Q^2}{A}\right)_{j+1}^n - \left(\frac{Q^2}{A}\right)_{j+1}^n\right] - gA_j^n\frac{\Delta t}{\Delta x}(\mathrm{z}_{j+1}^n - \mathrm{z}_{j+1}^n) - 2\Delta t g A_j^n\left(\frac{Q|Q|}{K^2}\right)_{j+1}^n \tag{3-54}$$

当 $\frac{\Delta t}{\Delta x} = \frac{1}{|u_0 \pm c_{\mathrm{o}}|}$ 时，蛙跳格式的解既不引入阻尼误差，也不产生相位误差；但当 $\Delta t < \frac{\Delta x}{|u_0 \pm c_{\mathrm{o}}|}$ 时，其解虽无阻尼误差却存在相位误差。

②隐式差分法

由于显式差分格式稳定性差，时间步长受严格限制，因而隐式差分法逐渐发展起来。利用隐式差分格式建立的离散方程，其离散方程两侧均包含 n+1 时间层未知函数值，由离散方程和边界条件组成一个封闭的三对角矩阵，用追赶法求解。常用的隐式差分格式有：Abbott 隐式格式、Preissmann 格式、Vasiliev 隐式格式。下面以 Preissmann 格式为例，介绍一维明渠非恒定流计算的隐式差分解法。

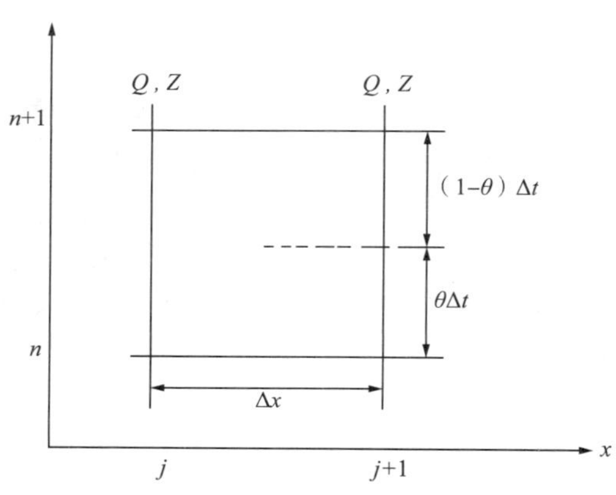

图 3-6　Preissmann 格式

Preissmann 格式为四点隐格式，见图 3-6。该格式对时间微商取相邻节点 i、i+1 向前时间差商的平均值，对空间微商取相邻时间层 $n\Delta t$、$(n+1)\Delta t$ 向前空间差商的加权平均值，变量则取同一网格四个相邻点的加权平均值。

$$f \cong \frac{[\theta(f_{i+1}^{n+1} + f_i^{n+1}) + (1-\theta)(f_{i+1}^n + f_i^n)]}{2} \tag{3-55}$$

$$\frac{\partial f}{\partial x} \cong \frac{[(f_{i-1}^{n+1} - f_i^{n+1}) - (f_{i+1}^n + f_i^n)]}{(2\Delta t)} \tag{3-56}$$

$$\frac{\partial f}{\partial x} \cong \frac{[(f_{i-1}^{n+1} - f_i^{n+1}) - (1-\theta)(f_{i+1}^n + f_i^n)]}{\Delta x} \tag{3-57}$$

其中，θ 为权因子，$0 \leqslant \theta \leqslant 1$。

将式（3-55）～式（3-57）代入式（3-1）和式（3-2）并进行线性化，略去增量的高次项，得：

$$A_1\Delta z_{j+1} + B_1\Delta Q_{j+1} = C_1\Delta z_j + D_1\Delta Q_j + F_1 \tag{3-58}$$

$$A_2\Delta z_{j+1} + B_2\Delta Q_{j+1} = C_2\Delta z_j + D_2\Delta Q_j + F_2 \tag{3-59}$$

其中，A_1、B_1、C_1、D_1、F_1、A_2、B_2、C_2、D_2、F_2 不再包含有变量 ΔQ 和 ΔZ，而仅仅依赖于 $n\Delta t$ 时间层上节点函数值，因此上述线性方程组式结合边界条件和初始条件，组成一个封闭的四对角矩阵，可用追赶法求解。

对于悬移质泥沙输移方程式可考虑用迎风格式或特征有限差分法求解。河床变形方程式可用四点偏心 Preissmarm 格式离散求解。

由稳定性分析可知，Preissmann 格式的稳定性随加权系数而变。当 $1/2 \leqslant \theta \leqslant 1$ 时，格式无条件稳定；当 $\theta<1/2$ 时，格式有条件稳定，对于任意 θ 值，精度为 $o(\Delta x^2)$。由于傅立叶分量弥散，当 $c\Delta t/\Delta x \leqslant 1$ 或 $c\Delta t/\Delta x \gg 1$ 时，相位误差很大。实际计算过程中，θ 宜选用大于 0.5。

（3）差分格式的收敛性、稳定性和相容性

①收敛性：当离散网格步长（Δx，$\Delta t \to 0$）趋于零时，差分方程精确解是否趋近于微分方程的解，也就是说差分方程解的离散误差是否趋于零。

②相容性：即当离散网格步长（Δx，$\Delta t \to 0$）趋于零时，差分方程的截断误差趋于零，差分方程和偏微分方程相同。

③稳定性：差分方程计算过程中累积误差有界。

线性问题中，如果差分方程格式是相容和稳定的，则方程必然是收敛的。稳定性可用柯朗（Courant）条件来判别。一般来说，隐式格式是无条件稳定，显示格式是条件稳定。

3.2 平面二维水流泥沙数值模型

二维水流泥沙数值模型，分平面二维和垂向二维两类，其研究对象各有所侧重。工程上平面二维水流泥沙数值模型应用甚为广泛。二维模型由二维水流运动和泥沙输移两个子模型组成，联立直接求解为耦合解，分算联系求解为非耦合解，目前大多采用非耦合解。挟沙水流运动基本方程可从二相流体（连续介质）运动基本方程导出。由于水沙运动的复杂性，对于低含沙水流情况，含沙水流运动基本方程可简化为清水运动基本方程，能获得满意的计算结果；对于像黄河这样高含沙水流情况，河床变化剧烈，要考虑高含沙量对水流运动的影响，采用水流—泥沙联立求耦合解，效果较好。平面二维水流泥沙数值模型涉及如下有关问题。

3.2.1 基本方程

连续性方程：

$$\frac{\partial z}{\partial t}+\frac{\partial (uh)}{\partial x}+\frac{\partial (vh)}{\partial y}=0 \tag{3-60}$$

动量方程：

$$\left.\begin{aligned}&\frac{\partial u}{\partial t}+u\frac{\partial u}{\partial x}+v\frac{\partial u}{\partial y}+g\frac{\partial z}{\partial x}+g\frac{u(u^2+v^2)^{\frac{1}{2}}}{C^2h}-fv=\nu_e\left(\frac{\partial^2 u}{\partial x^2}+\frac{\partial^2 u}{\partial y^2}\right)\\&\frac{\partial v}{\partial t}+u\frac{\partial v}{\partial x}+v\frac{\partial v}{\partial y}+g\frac{\partial z}{\partial y}+g\frac{v(u^2+v^2)^{\frac{1}{2}}}{C^2h}+fu=\nu_e\left(\frac{\partial^2 v}{\partial x^2}+\frac{\partial^2 v}{\partial y^2}\right)\end{aligned}\right\} \tag{3-61}$$

悬移质不平衡输运方程：

$$\frac{\partial(hS)}{\partial t}+\frac{\partial}{\partial x}(huS)+\frac{\partial}{\partial y}(huS)=\varepsilon_s\frac{\partial^2(hS)}{\partial x^2}+\varepsilon_s\frac{\partial^2(hS)}{\partial y^2}-\alpha\omega(S-S_*) \tag{3-62}$$

$$\gamma_s'\frac{\partial z_0}{\partial t}+\frac{\partial}{\partial x}(g_{bx})+\frac{\partial}{\partial y}(g_{bx})=\alpha\omega(S-S_*) \tag{3-63}$$

二维水流挟沙力公式：

$$S_*=S_*\ (u,v,h,w\cdots) \tag{3-64}$$

推移质输沙率公式：

$$g_{bx}=\frac{ug_b}{\sqrt{u^2+v^2}}；\ g_{by}=\frac{vg_b}{\sqrt{u^2+v^2}} \tag{3-65}$$

式中：u,v——分别为 x、y 方向垂线平均流速；

h——水深；

C——谢才系数，$C=\frac{1}{n}h^{\frac{1}{6}}$；

v_e——有效黏性系数，$v_e=v_t+v$；

v_t，v——分别为紊动黏性系数和分子运动黏性系数；

f——柯氏系数；

S，S_*——垂线平均含沙量和垂线平均水流挟沙力：

ε_s——泥沙紊动扩散系数；

g_{bx}，g_{by}——推移质单宽输沙率在 x、y 方向分量；

g_b——推移质单宽输沙率；

γ'_s——淤积物干重度；

z_0——河床高程；

α——系数。

3.2.2 定解条件

3.2.2.1 二维水流运动数值模拟

(1) 边界条件

开边界条件 Γ_1：

$$u(x,y,t)\,|_{\Gamma_1}=u(t) \tag{3-66}$$

$$v(x,y,t)\,|_{\Gamma_r}=v(t) \tag{3-67}$$

$$h(x,y,t)\,|_{\Gamma_r}=h(t) \tag{3-68}$$

或 $h(x,y,t)|_{\Gamma_r}=h(t)$ 时，可假定：

$$(u\cdot\tau)|_{\Gamma_1}=0,\frac{\partial u}{\partial n}|_{\Gamma_1}=0 \tag{3-69}$$

式中：n、τ——分别为边界的法向和切向（下同）。

这样开边界条件选择尽可能满足上述假定条件。

闭边界条件 Γ_2：

$$\frac{\partial h}{\partial n}\Big|_{\Gamma_2}=0,(u\cdot n)\big|_{\Gamma_2}=0 \tag{3-70}$$

或无滑动边界条件：

$$u\big|_{\Gamma_2}=0,v\big|_{\Gamma_2}=0 \tag{3-71}$$

（2）初始条件

河道地形和初始时刻流速、水位分别为：

$$u\,(x,y,t)\big|_{t=t_0}=u_0(x,y) \tag{3-72}$$

$$v\,(x,y,t)\big|_{t=t_0}=v_0(x,y) \tag{3-73}$$

$$z\,(x,y,t)\big|_{t=t_0}=z(x,y) \tag{3-74}$$

3.2.2.2 二维泥沙数值模拟

（1）边界条件

入流边界 Γ_1 上：

$$S\,(x,y,t)\,|\,\Gamma_1=S(t) \tag{3-75}$$

及泥沙粒配分布。

出流边界 Γ_2 上：

$$\frac{\partial S}{\partial n\mid\Gamma_2}=0 \tag{3-76}$$

且不考虑自由界面上泥沙交换。

闭边界条件 Γ_3 上：

$$\frac{\partial S}{\partial n\mid\Gamma_3}=0 \tag{3-77}$$

（2）初始条件

给定初始含沙量场、床沙级配的平面分布以及沿深度方向分层床沙级配。

3.2.3 有关计算参数的确定

（1）糙率计算

目前二维数学模型中，糙率的选用多采用一维处理方法。有关文献就二维糙率做了探讨，考虑糙率沿河宽分布。二维糙率计算公式为：

$$n=\frac{n_0}{f(\eta)}\left(\frac{J}{J_0}\right)^{\frac{1}{2}} \tag{3-78}$$

式中：n——糙率系数；

J——比降；

n_0——可通过实测资料整理确定的平均糙率；

J_0——可由一维水流推求水面线方法确定；

$f(\eta)$——确定糙率沿河宽分布的经验关系。

由于二维阻力因河床粗糙程度不同而变化，通过糙率来反映是困难的，目前这一问题还没有得到充分解决。

（2）紊动黏性系数 ν_t

①岸线顺直宽阔水域，可取：

$$\nu_t=0 \tag{3-79}$$

②一般河流，回流影响不明显，可取：

$$\nu_t=ku_*h \tag{3-80}$$

式中：u_*——摩阻流速，$u_*=(ghJ)^{\frac{1}{2}}$；

J——能坡；

k——系数，由计算河段实测资料确定，可取 0.25～1.0。

③回流强度大，对工程问题影响很大，ν_t 可通过 k-ε 双方程紊流模型确定：

$$\nu_t=\frac{C_\mu k^2}{\varepsilon} \tag{3-81}$$

式中：C_μ——常数，C_μ 取 0.09；

k，ε——分别为紊动动能和紊动能耗散率，由 k-ε 紊流模型求解。

（3）泥沙紊动扩散系数

泥沙紊动扩散系数和水流紊动黏性系数有相同物理实质，但并不相等，一般采用如下处理方法。

①假定 $\varepsilon_S=\nu_t$；

②采用 $\varepsilon_S=\beta_{\nu t}$，

$$\beta=1+2(\omega_S/u_*)^2 \tag{3-82}$$

其中，$0<\omega/u_*<1$，β 与泥沙特性有关，ω 为沉速。

（4）挟沙力计算公式

数学模型计算中，二维悬沙挟沙力常采用一维挟沙力公式处理办法。李义天通过点绘长江中游水沙实测资料，认为二维挟沙力计算可采用下式：

$$S_*=K\left(0.1+90\frac{\omega}{u}\right)\frac{u^3}{gh\omega} \tag{3-83}$$

式中：S_*——二维床沙质挟沙力；

h——垂线水深；

u，ω——分别为垂线平均流速和泥沙沉速；

K——断面平均挟沙力系数，其取值方法和一维相同。

目前，二维非均匀泥沙处理模式大都引用 3.1 节中的非均匀沙计算模式。

（5）边界处理

由于天然河道平面形态往往不规则，平面二维水流泥沙数值模拟对不规则岸线的处理，可根据计算区域平面形态具体情况，选用矩形网格离散计算区域，依据岸边界走向控制矩形的长宽，用折线模拟不规则岸边界；或采用三角形离散计算区域可更好地模拟不规则边界；还可采用坐标变换法，将物理平面上不规则计算区域，通过变换转变到规则计算平面上。天然河道的岸边界因水位变化而变，数值模拟计算宜采用动边界处理技术，一般可用水位“冻结”法、窄缝法或渗透界质法等。

3.2.4 数值解法

二维水流泥沙数值模拟常用数值解法有采用交替方向隐式差分格式的 ADI 法、特征线法、剖开算子法、有限体积法和有限元法等。下面介绍其中几种算法。

（1）ADI 法

ADI 法是由 Peaceman-Rachford 和 Douglas（1955）同时提出的一种求二维问题特殊分步法。该方法其实是将时间步长 Δt 分两个步长，前半步在 x 方向用隐格式，y 方向用显格式。后半步在 y 方向用隐格式，x 方向用显格式；之后形成三对角矩阵，用追赶法求解。交替方向隐式格式具有 $O(\Delta t, \Delta x^2)$ 阶精度，ADI 法计算工作量不大，运用方便，在二维水流泥沙数值模拟中得到广泛使用。ADI 法网格如图 3-7 所示。

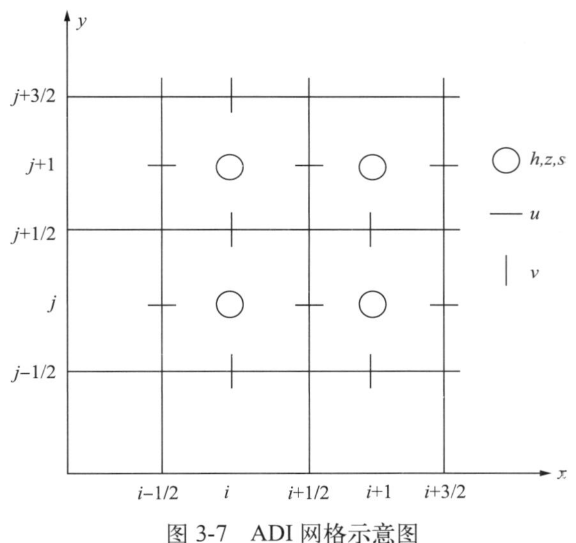

图 3-7 ADI 网格示意图

在 $n\Delta t \rightarrow (n+1/2)\Delta t$（即前半个时间步长）内，将水流方程离散为下列方程：

$$a_1 u_{i-\frac{1}{2},j}^{n+\frac{1}{2}} + b_1 z_{i,j}^{n+\frac{1}{2}} + c_1 u_{i+\frac{1}{2},j}^{n+\frac{1}{2}} = d_1 \tag{3-84}$$

$$a_2 u_{i,j}^{n+\frac{1}{2}} + b_2 z_{i+\frac{1}{2},j}^{n+\frac{1}{2}} + c_2 u_{i+\frac{1}{2},j}^{n+\frac{1}{2}} = d_2 \tag{3-85}$$

$$v_{i,j+\frac{1}{2}}^{n+\frac{1}{2}} = \frac{e_1}{e_2} \tag{3-86}$$

其中系数 a_i、b_i、c_i、d_i、e_i（下同）均由第 n 时间步已知函数值算得。

先将式（3-84）与式（3-85）联立，采用追赶法按 x 方向逐行求解 $u^{n+\frac{1}{2}}$ 和 $z^{n+\frac{1}{2}}$，然后利用式（3-86）逐点求出 $v^{n+\frac{1}{2}}$。

在 $(n+1/2)\Delta t \to (n+1)\Delta t$ 内（即后半个时间步长）内，将水流方程离散为下列方程：

$$a_3 v_{i,j-\frac{1}{2}}^{n+\frac{1}{2}} + b_3 z_{i,j}^{n+\frac{1}{2}} + c_3 v_{i,j+\frac{1}{2}}^{n+1} = d_3 \tag{3-87}$$

$$u_{i+\frac{1}{2},j}^{n+1} = \frac{e_3}{e_4} \tag{3-88}$$

$$a_4 v_{i,j}^{n+1} + b_4 z_{i,j+\frac{1}{2}}^{n+1} + c_4 z_{i,j+1}^{n+1} = d_4 \tag{3-89}$$

先将式（3-87）与式（3-88）联立，采用追赶法按 y 方向逐行求解v^{n+1}和z^{n+1}，然后利用式（3-89）逐点求出u^{n+1}。

悬沙输移方程式的求解同样在两个半步长内求解。

在 $n\Delta t \to (n+1/2)\Delta t$（即前半个时间步长）内，将悬沙输移扩散方程式沿 x 方向采用隐格式，y 方向采用显格式，离散方程如下：

$$a_5 S_{i-1,j}^{n+\frac{1}{2}} + b_5 S_{i,j}^{n+\frac{1}{2}} + c_5 S_{i+1,j}^{n+\frac{1}{2}} = d_5 \tag{3-90}$$

采用追赶法沿 x 方向逐行求解$S^{n+\frac{1}{2}}$。

在 $(n+1/2)\Delta t \to (n+1)\Delta t$（即后半个时间步长）内，同理对 y 方向采用隐式格式，x 方向采用显式格式，离散方程如下：

$$a_6 S_{i,j-1}^{n+1} + b_6 S_{i,j}^{n+1} + c_6 S_{i,j+1}^{n+1} = d_6 \tag{3-91}$$

采用追赶法按 y 方向逐列求解 S^{n+1}。

河床变形方程离散采用显示差分格式，考虑到河床变形计算时步长和水流计算不一定相等，用 ΔT 表示，推移质输沙率公式离散成差分形式：

$$\gamma' s \frac{(z_0)_{i,j}^{k+1} - (z_0)_{i,j}^{k}}{\Delta T} + \frac{(g_{bx})_{i+\frac{1}{2},j}^{k+1} - (g_{bx})_{i-\frac{1}{2},j}^{k+1}}{\Delta x} + \frac{(g_{bx})_{i,j+\frac{1}{2}}^{k+1} - (g_{bx})_{i,j-\frac{1}{2}}^{k+1}}{\Delta y} = a\omega_{i,j}^{k}(S_{i,j}^{k} - (S_*)_{i,j}^{k}) \tag{3-92}$$

由上式可求出$(z_0)_{i,j}^{k+1}$。

（2）剖开算子法

剖开算子法是数值计算中分裂算法之一，其实质内容是分裂算子，将一个微分算子分裂成多个简单算子的线形组合，在各分步长上解各简单算子的解。剖开算子法多种多样，以下介绍以算子特性分步的方法，现将基本方程式（3-60）～式（3-62）分成三个子方程：

①对流方程：$n\Delta t \to (n+1/3)\Delta t$

$$\frac{\partial u}{\partial t} + u\frac{\partial u}{\partial x} + v\frac{\partial u}{\partial y} = 0 \tag{3-93}$$

$$\frac{\partial v}{\partial t} + u\frac{\partial v}{\partial x} + v\frac{\partial v}{\partial y} = 0 \tag{3-94}$$

②扩散方程：$(n+1/3)\Delta t \to (n+2/3)\Delta t$

$$\frac{\partial u}{\partial t} = \nu_e\left(\frac{\partial^2 u}{\partial x^2} + \frac{\partial^2 u}{\partial y^2}\right) \tag{3-95}$$

$$\frac{\partial v}{\partial t} = \nu_e\left(\frac{\partial^2 v}{\partial x^2} + \frac{\partial^2 v}{\partial y^2}\right) \tag{3-96}$$

③传播方程：$(n+2/3)\Delta t \rightarrow (n+1)\Delta t$

$$\frac{\partial z}{\partial t}+\frac{\partial(hu)}{\partial x}+\frac{\partial(hv)}{\partial y}=0 \tag{3-97}$$

$$\frac{\partial u}{\partial t}+g\frac{u(u^2+v^2)^{\frac{1}{2}}}{C^2h}-fv+g\frac{\partial z}{\partial x}=0 \tag{3-98}$$

$$\frac{\partial v}{\partial t}+g\frac{v(u^2+v^2)^{\frac{1}{2}}}{C^2h}+fu+g\frac{\partial z}{\partial y}=0 \tag{3-99}$$

针对不同性质的子方程选用合理的数值方法，每一分步都可以有较好的计算精度。对纯对流方程可采用特征法求解；扩散方程和传播方程采用完全隐式的ADI法计算，也可用其他数值方法，如有限分析法求解。

对悬移质不平衡输运方程同样可按剖开算子法分为三个部分：

①对流方程：$n\Delta t \rightarrow (n+1/3)\Delta t$

$$\frac{\partial(hs)}{\partial t}+\frac{\partial(uhS)}{\partial x}+\frac{\partial(vhS)}{\partial y}=0 \tag{3-100}$$

②扩散方程：$(n+1/3)\Delta t \rightarrow (n+2/3)\Delta t$

$$\frac{\partial(hs)}{\partial t}=\varepsilon_s\left(\frac{\partial^2(hS)}{\partial x^2}+\frac{\partial^2(hS)}{\partial y^2}\right) \tag{3-101}$$

③源汇方程：$(n+2/3)\Delta t \rightarrow (n+1)\Delta t$

$$\frac{\partial(hs)}{\partial t}=-\alpha\omega(S-S_*) \tag{3-102}$$

为保证泥沙在对流过程中的质量守恒，对流方程必须以守恒形式直接离散，可采用特征线法求解。扩散方程可直接采用中心差分法求解。源汇方程是一个完整的常微分方程，可用解析法求解。

河床变形方程可直接用差分法求解。

剖开算子法近年来已应用于内河和河口的水流泥沙数值模拟[20], [48]，该方法具有简单、灵活、经济等特点，将微分方程按一定方式剖开成两个或两个以上的方程，对各中间步长分别求解子方程，很适合于解二、三维微分方程，解题范围较广，没有稳定性限制条件。

（3）有限体积法

有限体积法又称控制体积法，其基本思路是：将计算区域划分为一系列不重复的控制体积，并使每个网格点周围有一个控制体积；将待解的微分方程对每一个控制体积积分，便得出一组离散方程。其中的未知数是网格点上的因变量中的数值。有限体积离散的优点是物理概念明确，因变量 ϕ 在有限大小的控制体积内守恒。得到守恒形式离散方程，对计算水流泥沙输移中质量守恒有更好的保证。有限体积法计算方法和计算程序很方便地推广至三维情况。在实际计算中，有限体积法得到了广泛应用。

将基本方程组式（3-60）～式（3-63）写成统一的偏微分方程，以 Φ 表示通用变量，Γ_Φ 为扩散系数，通用微分方程为：

$$\frac{\partial(h\Phi)}{\partial t}+\frac{\partial(hu\Phi)}{\partial x}+\frac{\partial(hu\Phi)}{\partial y}=\frac{\partial}{\partial x}\left(h\Gamma_{\Phi}'\frac{\partial\Phi}{\partial x}\right)+\frac{\partial}{\partial y}\left(h\Gamma_{\Phi}\frac{\partial\Phi}{\partial y}\right)+S_{\Phi} \tag{3-103}$$

其中，S_{Φ} 源项应负坡线性化处理，即：

$$S_{\Phi}=S_P\Phi_P+S_C，\ S_P\leqslant 0 \tag{3-104}$$

这样控制方程式（3-60）～式（3-63）源项负坡线性化后 S_P、S_C 汇总见表 3-1。

各控制方程 S_P、S_C 汇总表 表 3-1

方　程	Φ	Γ_{Φ}	S_P	S_C
连续方程	l	0	0	0
x 方向动量方程	u	Cv_e	$-g(u^2+v^2)^{\frac{1}{2}}/C^2$	$-gh\partial z/\partial x+fv$
y 方向动量方程	v	v_e	$-g(u^2+v^2)^{\frac{1}{2}}/C^2$	$-gh\partial z/\partial x-fu$
悬沙输移方程	S	ε_s	$-\alpha\omega$	$\alpha\omega S_*$

采用控制体积法离散各微分方程，考虑到水深和水下地形变化，其控制体积如图 3-8a）所示；采用交错网格，各变量布置网格如图 3-8b）所示。

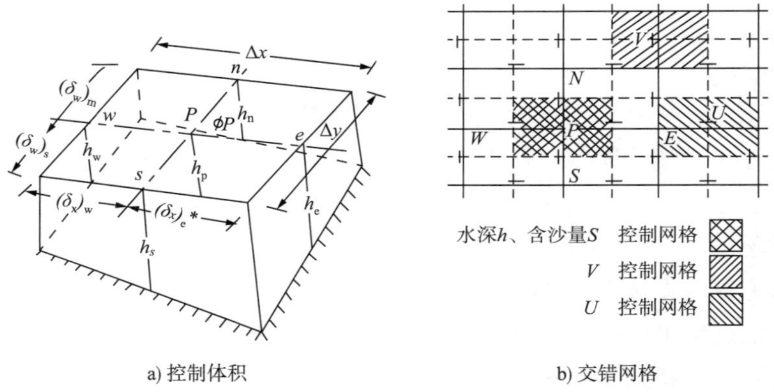

a) 控制体积　　b) 交错网格

图 3-8　控制体积及交错网格布置图

在控制体积上离散化方程如下：

$$\alpha_P\Phi_P=\alpha_E\Phi_E+\alpha_W\Phi_W+\alpha_N\Phi_N+\alpha_S\Phi_S+b=\sum\alpha_{nb}\Phi_{nb}+b \tag{3-105}$$

$$\alpha_P=\alpha_E+\alpha_W+\alpha_N+\alpha_S-S_p\Delta x\Delta y \tag{3-106}$$

$$b=S_c\Delta x\Delta y+\alpha_p^0\Phi_p^0;\alpha_p^0=h_p^0\Delta x\Delta y/\Delta t \tag{3-107}$$

Φ_P^0、h_P^0 为时刻 nt 的已知值，Φ_{nb} 为时刻 $nt+\Delta t$ 未知值，式中：

$$\alpha_E=D_eA(|P_e|)+\max(-F_e,0)，\ F_e=u_eh_e\Delta y,D_e=\frac{\Gamma_eh_e\Delta y}{(\sigma x)_e},P_e=\frac{F_e}{D_e} \tag{3-108}$$

$A(|P|)$ 为不同的离散格式的 Peclet Number 的函数，推荐幂函数形式为：

$$A(|P|)=\max\{0,(1-0.1|P|)^5\} \tag{3-109}$$

同理，a_W、a_N、a_S 也可写成类似表达式。

目前，流体力学中关于求解压力—速度场方法很多，大致分四类：压力—速度联立直接求解法、解压力泊松方程、人为压缩法和压力校正法（SIMPLEC 法）。以下简要介绍压力校正法（SIMPLEC 法）。

采用压力校正法，对于二维水深平均水流运动方程可通过水深校正，设猜测水位 h' 与之相应的、不满足连续性方程的流速场。

$$\alpha_e u_{*e}=\sum a_{nb}^u u_{nb}^* + b_e + gh_e(h_P^* - h_E^*)\Delta y \tag{3-110}$$

$$\alpha_e u_{*e}=\sum a_{nb}^u u_{nb}^* + b_e + gh_e(h_P^* - h_E^*)\Delta y \tag{3-111}$$

采用水深校正法：

$$h=h^*+h' \tag{3-112}$$

其中，h^* 为猜测值，对于非恒定流计算，可用第 n 次水深计算值初次猜测值；h' 为水深校正值。正确速度场 u、v 与猜测速度场 u_*、v^* 之差 u'、v'，则为速度校正：$u=u_*+u'$，$v=v^*+v'$。

$$u_e = u_{*e}+\frac{gh_e\Delta y}{a_e-\sum a_{nb}^u}(h'_P-h'_E) \tag{3-113}$$

$$u_n = u_{*n}+\frac{gh_n\Delta y}{a_n-\sum a_{nb}^v}(h'_P-h'_N) \tag{3-114}$$

水深校正方程：

$$\alpha'_P h'_P=\alpha'_E h'_E+\alpha'_W h'_W+\alpha'_N h'_N+\alpha'_S h'_S+B \tag{3-115}$$

其中

$$\alpha'_E=\frac{g(h_e\Delta y)^2}{(a_e-\sum a_{nb}^u)} \tag{3-116}$$

$$\alpha'_W=\frac{g(h_w\Delta y)^2}{(a_w-\sum a_{nb}^u)} \tag{3-117}$$

$$\alpha'_N=\frac{g(h_n\Delta x)^2}{(a_n-\sum a_{nb}^v)} \tag{3-118}$$

$$\alpha'_S=\frac{g(h_s\Delta x)^2}{(a_s-\sum a_{nb}^v)} \tag{3-119}$$

$$\alpha'_P=\sum a'_{nb};B=\frac{(u_{*w}h_w-u_{*e}h_e)\Delta y+(v_{*s}h_s-v_{*n}h_n)\Delta x+(h_P^0-h_P)\Delta x\Delta y}{\Delta t} \tag{3-120}$$

河床变形方程式可采用差分离散直接求解。这样水流泥沙数值模拟计算步骤如下：

①推求确定计算区域内各计算节点初始水深；

②求解动量离散方程式，求出相应节点 u_*、v^*；

③计算水深校正方程，得 h'；

④判断是否收敛，若满足收敛判据则执行步骤⑦，否则继续下一步；

⑤分别计算水深 h，流速 u、v；

⑥用修正后水深 h 作为新的估计值，返回第②步；

⑦根据方程式统一离散格式，求解悬移质输运方程；

⑧求解河床变形方程式，并校正河床高程，进行下一时步计算。

（4）有限元法

有限元法产生于 20 世纪 50 年代初，60、70 年代运用于水流泥沙数值模拟。其基本思想是，将计算区域剖分成若干任意形状的单元（如三角形、四边形等），选取单元插值函数；然后根据极值原理（变分或加权余量法），将水流泥沙控制方程转化为控制所有单元的有限元方程；总体极限作为各单元极限之和，即局部单元总体合成，形成嵌入了指定边界条件的代数方程组，求解该方程组就得到各节点上待求的函数值。

有限元的优点如下。

①稳定性：各区的微小扰动不影响全局，计算误差限制在单元内。

②准确性：单元内即使采用线性插值函数也可能满足精度，单元数增加则精度提高。

③灵活性：由于有限元网格可划分成任意形状，能较好地模拟不规则河道边界，插值函数的选择可根据计算及其精度要求来定；但有限元计算工作量和储存量较有限差分法大得多。目前，水流泥沙数值计算方面的应用不如有限差分法广泛。李浩麟、张二骏、耿兆铨等人运用隐式或显式及显式迎流有限元法，模拟河口近海潮流运动和物质输运。

（5）有限分析法

陈景仁提出的有限分析法由于利用了子区域内变量和子区域边界变量之间的解析关系，从而较通常的有限差分法、有限元法等具有较小的计算工作量，算法稳定性亦较好。目前，该法已发展了各种各样格式，在计算流体力学中的应用已有大量成功的实例。

有限分析法的推广应用面临两个主要问题：

①描述物理现象的控制方程往往比较复杂，不易找到其解析解。

②实际河道水沙计算问题的区域边界往往是不规则的，即使可以找到控制方程的通解，也难以求得适合于特定不规则边界的特解。因而在河道水流运动计算中应用该法还存在一定的困难。解决这些问题的途径是用近似解代替其分析解，这种处理方法所得结果实际上和不规则网格差分法所得结果基本相同。

（6）边界拟合坐标法

由于目前常用的有限差分法、有限体积法等计算网格一般基于规则矩形网格，对于计算弯曲不规则复杂边界需通过细化网格、边界阶梯化或区域扩充法处理。为此，Thompson 等提出边界拟合坐标法[44]，通过 Poission 方程变换，将物理平面上不规则区域 D 转化为计算平面上规则区域（如矩形）D^*，对于计算平面坐标系 $(\xi,\ \eta)$ 存在：$\xi=\xi(x,\ y)$，$\eta(x,\ y)$，满足 Poission 方程：

$$\left.\begin{aligned}\frac{\partial^2\xi}{\partial x^2}+\frac{\partial^2\xi}{\partial y^2}=P(\xi,\eta)\\ \frac{\partial^2\eta}{\partial x^2}+\frac{\partial^2\eta}{\partial y^2}=Q(\xi,\eta)\end{aligned}\right\}\tag{3-121}$$

其中，源项 P 和 Q 为控制函数（或称松弛因子），用来调节网格的疏密程度。

Poisson 方程的逆变换形式：

$$\left.\begin{aligned}\alpha x_{\xi\xi}-2\beta x_{\xi\eta}+\gamma x_{\eta\eta}+J^2(Px_{\xi}+Qx_{\eta})=0\\ \alpha y_{\xi\xi}-2\beta y_{\xi\eta}+\gamma y_{\eta\eta}+J^2(Py_{\xi}+Qy_{\eta})=0\end{aligned}\right\}\tag{3-122}$$

其中，

$$\alpha=x_{\eta}^2+y_{\eta}^2;\beta=x_{\xi}x_{\eta}-y_{\xi}y_{\eta};\gamma=x_{\xi}^2+y_{\xi}^2\tag{3-123}$$

$$J=\frac{\partial(x,y)}{\partial(\xi,\eta)}=x_{\xi}y_{\eta}-x_{\eta}y_{\xi}\tag{3-124}$$

计算平面上规则计算网格通过 Poisson 方程逆变换，获得物理平面上边界拟合曲线网格，根据具体情况可生成正交曲线网格和一般非正交曲线网格。这样，水流泥沙运动方程式（3-60）～式（3-64）统一的偏微分方程形式，可利用上述边界拟合坐标变换，概化为计算平面（ξ，η）上统一的偏微分方程形式。

$$\frac{\partial(Jh\Phi)}{\partial t}+\frac{\partial(JhU\Phi)}{\partial\xi}+\frac{\partial(JhV\Phi)}{\partial\eta}=\frac{\partial}{\partial\xi}\left[\frac{h\Gamma_{\Phi}}{J}\left(\alpha\frac{\partial\Phi}{\partial\xi}-\beta\frac{\partial\Phi}{\partial\eta}\right)\right]+\frac{\partial}{\partial\eta}\left[\frac{h\Gamma_{\Phi}}{J}\left(\alpha\frac{\partial\Phi}{\partial\eta}-\beta\frac{\partial\Phi}{\partial\xi}\right)\right]+S_{\Phi}\tag{3-125}$$

式中：$U=uy_{\eta}-vx_{\eta}$；

$V=ux_{\xi}-uy_{\xi}$；

Φ——通用变量（u，v，z，S）；

Γ_{Φ}——扩散系数；

S_{Φ}——源汇项。

计算平面上的规则网格便于采用如 ADI 法、有限体积法或有限分析法求解。

3.3 三维水流泥沙数值模型

一维、二维水流泥沙数值模型只能反映断面平均及垂线平均水流泥沙运动特征，而天然水流泥沙运动都是三维运动，在工程建筑物影响下，水沙运动三维特性更为显著。近十几年来三维水流泥沙数值模型逐步发展，基于工程实际需要和水沙运动的三维性，三维水流泥沙数值模型应用前景广阔。

3.3.1 基本方程

连续方程：

$$\frac{\partial u}{\partial x}+\frac{\partial v}{\partial y}+\frac{\partial w}{\partial z}=0\tag{3-126}$$

动量方程：

$$\frac{\partial u}{\partial t}+u\frac{\partial u}{\partial x}+v\frac{\partial u}{\partial y}+w\frac{\partial u}{\partial z}=-\frac{1}{\rho}\frac{\partial P}{\partial x}+\frac{\partial}{\partial x}\left(v_e\frac{\partial u}{\partial x}\right)+\frac{\partial}{\partial y}\left(v_e\frac{\partial u}{\partial y}\right)+\frac{\partial}{\partial z}\left(v_e\frac{\partial u}{\partial z}\right) \tag{3-127}$$

$$\frac{\partial v}{\partial t}+u\frac{\partial v}{\partial x}+v\frac{\partial v}{\partial y}+w\frac{\partial v}{\partial z}=-\frac{1}{\rho}\frac{\partial P}{\partial x}+\frac{\partial}{\partial x}\left(v_e\frac{\partial v}{\partial x}\right)+\frac{\partial}{\partial y}\left(v_e\frac{\partial v}{\partial y}\right)+\frac{\partial}{\partial z}\left(v_e\frac{\partial v}{\partial z}\right) \tag{3-128}$$

$$\frac{\partial w}{\partial t}+u\frac{\partial w}{\partial x}+v\frac{\partial w}{\partial y}+w\frac{\partial w}{\partial z}=-\frac{1}{\rho}\frac{\partial P}{\partial x}-g+\frac{\partial}{\partial x}\left(v_e\frac{\partial w}{\partial x}\right)+\frac{\partial}{\partial y}\left(v_e\frac{\partial w}{\partial y}\right)+\frac{\partial}{\partial z}\left(v_e\frac{\partial w}{\partial z}\right) \tag{3-129}$$

如考虑到垂向作用力远小于重力，采用静水压力假定。

方程式（3-129）可简化：

$$\frac{\partial P}{\partial z}=-\rho g \tag{3-130}$$

泥沙输移方程：

$$\frac{\partial s}{\partial t}+\frac{\partial}{\partial x}(us)+\frac{\partial}{\partial y}(us)+\frac{\partial}{\partial z}(ws)-\frac{\partial}{\partial z}(\omega s)=\frac{\partial}{\partial x}\left(\varepsilon_s\frac{\partial s}{\partial x}\right)+\frac{\partial}{\partial y}\left(\varepsilon_s\frac{\partial s}{\partial y}\right)+\frac{\partial}{\partial z}\left(\varepsilon_s\frac{\partial s}{\partial z}\right) \tag{3-131}$$

河床变形方程：

$$\gamma'_s\frac{\partial z_o}{\partial t}+\frac{\partial g_{bx}}{\partial x}+\frac{\partial g_{by}}{\partial y}=a_s\omega(S_b-\pi S_{*b}) \tag{3-132}$$

式中：u，v，w——x、y、z 方向上流速分量；

v_e——有效黏贴系数，$v_e=v_t+v$；

v_t——紊动黏性系数；

P——水压力，$P=pg(z_s-z)$；

ρ——流体密度；

p——动水压力；

z_s——水位；

s——悬沙浓度；

ω——悬沙沉速；

ε_s——泥沙扩散系数，$\varepsilon_s=\frac{v_t}{\sigma_s}+v$；

σ_s——Schimdt 数，数值计算中取值范围一般为 0.5～1.0；

γ'_s——床面泥沙干重度；

z_o——河底高程；

g_{bx}，g_{by}——分别为 x、y 方向的推移质输沙率；

S_b，S_{*b}——分别为床面近底层含沙量和水体挟沙能力；

a_s——沉降概率；

$$\pi=\begin{cases}1 & (S_b>S_{*b}) \\ \dfrac{S_b}{S_{*b}} & (S_b<S_{*b},\ \tau_b<\tau_{bcr}) \\ 1 & (S_b<S_{*b},\ \tau_b<\tau_{bcr})\end{cases}$$

τ_b——床面切应力；

τ_{bcr}——床面临界切应力。

3.3.2　定解条件

3.3.2.1　三维水流运动数值模拟

（1）边界条件

①自由面（水面）条件

水面应力条件：

$$\rho v_t \frac{\partial_u}{\partial_z}=\tau_{sx},\rho v_t \frac{\partial_v}{\partial_z}=\tau_{sy} \tag{3-133}$$

式中：τ_{sx}，τ_{sy}——分别为自由表面上沿 x、y 方向风切应力。

风切应力：

$$\tau_s=\rho_a C_d|W_d|W_d \tag{3-134}$$

式中：W_d——风速；

C_d——风阻力系数；

ρ_a——空气密度。

无风时，τ_s=0。

自由水面垂向流速分量：

$$w_s=\frac{\partial z_s}{\partial t}+u_s\frac{\partial z_s}{\partial x}+v_s\frac{\partial z_s}{\partial y} \tag{3-135}$$

式中：u_s，v_s——自由表面水平运动速度；

z_s——自由面高程。

②无滑动条件

$$\boldsymbol{u}=0$$

或垂直于边界流速：

$$\boldsymbol{u}\cdot n=0$$

③床面边界条件

一般给定床面切应力条件：

$$\tau_{bx}=\rho v_t\frac{\partial u}{\partial z}=\rho\frac{gu_b}{C_d^2}\sqrt{u_b^2+v_b^2} \tag{3-136}$$

$$\tau_{by}=\rho v_t\frac{\partial v}{\partial z}=\rho\frac{gv_b}{C_d^2}\sqrt{u_b^2+v_b^2} \tag{3-137}$$

其中，u_b、v_b 为近底层流速，由对数壁函数定律，(u_b, v_b) 满足：

$$\frac{u}{u_*}=\frac{1}{k}\ln\frac{z}{z_o} \tag{3-138}$$

式中：$u_*=\sqrt{\frac{\tau_b}{\rho}}$；

k——卡门常数。

由此可得：

$$C_d=\left[\frac{1}{k}\ln\left(\frac{z_b}{z_o}\right)\right]^{-2} \tag{3-139}$$

z_o 与河床特性有关，对于天然河道：$z_o=k_s/30$。根据李昌华等人研究[58]，$k_s=(An)^6$，$A=19\sim26$，n 为河床糙率系数。z_b 为近底层距床面高度，一般取距床面最近的网格点高度。

④进口边界条件

给定进口流速（u，v，w）或水位及流量。

⑤出口边界条件

$$\frac{\partial \boldsymbol{u}}{\partial n}=0,\quad \boldsymbol{u}\cdot\tau=0 \tag{3-140}$$

（2）初始条件

给定初始时刻水位、流速值。

3.3.2.2　三维泥沙输移数值模拟

（1）边界条件

①自由表面（水面）泥沙通量条件：

$$\omega s+\varepsilon_s\frac{\partial S}{\partial z}=0 \tag{3-141}$$

②人流边界 Γ_1：

$$S(x,y,z,t)\,|\,\Gamma_1=S(t) \tag{3-142}$$

③出流边界 Γ_2：

$$\frac{\partial S}{\partial n|_{\Gamma_2}}=0 \tag{3-143}$$

④岸边界条件 Γ_3：

$$\frac{\partial S}{\partial n|_{\Gamma_3}}=0 \tag{3-144}$$

⑤床面边界条件 Γ_4：

$$\omega+\varepsilon_s\frac{\partial S}{\partial z|_{\Gamma_4}}=a\omega(s_b-\pi S_{*b}) \tag{3-145}$$

式中涉及近底挟沙力 S_{*b} 的确定。关于近底含沙量研究较多，从 Einstein 开始，Fredshn、VanRijn、曹志先、程年生等都进行过研究，所得结果差异较大。国外大多数三维泥沙模型中 S_{*b} 采用 VanRijn 近底挟沙力计算公式；另一类方法从一维挟沙力入手，通过平衡含沙量分布公式推求出近底挟沙力，以求得和总体挟沙力相一致。关于这一问题需要进一步深入研究，以探索水体近底层水沙交换运动规律。

（2）初始条件

给定初始含沙量场和床沙级配的平面分布以及沿深度方向分层床沙级配。

3.3.3　数值解法

大多数二维数值解法都可以延伸到三维模型中，但由于三维模型的自身特殊性，针对三维水流泥沙模型的特点，常用的数值解法有：垂向分层法，剖开算子法，边界拟合法和二、三维耦合法。垂向分层法是将三维水流沿垂向分若干层，层与层之间没有质量交换，只有动量交换，每层均按二维处理。该方法简单实用，但由于人为引入交界面，其摩阻系数确定困难。对于二、三维耦合法，垂向分层法是先进行平面二维计算，确定自由面后，再计算三维流场，形成内外模式相结合。该方法简便灵活，边界拟合法则是通过将不规则离散网格变成正方体，再进行离散求解。目前，三维模型水流泥沙仍然大量利用有限体积法求解，由压力校正法计算水流速度场和压力场。

3.4　波浪数值模型

波浪是河口海岸及近海地区主要的水动力因素之一。波浪由外海向近岸传播过程中，受海底地形、岸线、结构物、水流等影响会发生传播变形，如浅化、折射、绕射、反射、破碎等复杂现象。数值模拟是描述波浪传播变形确定波浪传播过程中的波浪参数的一种快捷、高效方法。涉及数值模拟的模型和方法众多，从规则波到不规则波，线性波到非线性波。目前应用最广的主要有三种模型：Boussinesq 方程、缓坡方程和能量谱方程。

3.4.1　缓坡方程

（1）椭圆形缓坡方程

缓坡方程由 Berkhoff 于 1972 年基于无旋无黏性的不可压线性小振幅波理论，对速度势函数的连续性方程及边界条件利用摄动法展开得到如下计算式。

$$\nabla\left(CC_{\mathrm{g}}\nabla\phi\right)+k^{2}CC_{\mathrm{g}}\phi=0 \tag{3-146}$$

式中：∇——水平二维梯度算子；

k——波数；

C——波速，$C=\omega/k$；

ω——圆频率；

C_{g}——波群速，$C_{\mathrm{g}}=\partial\omega/\partial k$。

原始缓坡方程属于线性单频波方程，未能考虑波浪非线性、随机性、波流相互作用以及波浪底摩擦能量损失、波浪破碎等。后来随着研究者不断改进，包括增加高阶底部应力项以适应地形骤变，增加非线性效应、底摩擦、波浪破碎以及环境流场等，但由于原始缓坡方程属于椭圆方程型，直接求解计算量较大，在大范围海域波浪计算中应用存在困难。

（2）抛物型缓坡方程

改进的抛物型方程是在原始椭圆型方程基础上进行简化近似得到，主要优点为求解简单，计算量小，可适用于大范围波浪传播计算；其缺点为不能考虑波浪反射，同时波浪传播方向与主方向偏角不宜太大。

抛物型缓坡方程（Kirby，1986）：

$$C_{\mathrm{g}}\frac{\partial A}{\partial x}+\left[E'+\frac{1}{2}\frac{\partial C_{\mathrm{g}}}{\partial x}\right]A-\frac{b_1}{\omega k}\frac{\partial^2}{\partial x\partial y}\left(CC_{\mathrm{g}}\frac{\partial A}{\partial y}\right)+F'\frac{\partial}{\partial y}\left[CC_{\mathrm{g}}\frac{\partial A}{\partial y}\right]=0 \tag{3-147}$$

其中，

$$E'=\mathbf{i}\left(\bar{k}-a_0k\right)C_{\mathrm{g}}+\frac{\mathbf{i}C_{\mathrm{g}}}{2}D\left|A\right|^2+\frac{1}{2}\frac{D_{\mathrm{b}}}{E} \tag{3-148}$$

$$F'=\frac{\mathbf{i}}{\omega}\left(a_1-a_2\frac{\bar{k}}{k}\right)+\frac{b_1}{\omega}\left(\frac{k_{\mathrm{x}}}{k^2}+\frac{\left(C_{\mathrm{g}}\right)x}{2kC_{\mathrm{g}}}\right) \tag{3-149}$$

非线性离散项 D：

$$D=k^3\frac{C}{C_{\mathrm{g}}}\frac{\left[\cosh\left(4kh\right)+8-2\tanh^2\left(kh\right)\right]}{8\sinh^4\left(kh\right)} \tag{3-150}$$

式中： $\mathbf{i}$——虚数；

A——随空间变化的波浪复振幅；

h——静水深；

$\bar{k}$——沿 y 方向上 k 的平均值；

a_0，a_1，a_2——根据最大可能偏离主方向角度 θ_{a} 而确定的系数；

D_{b}——波浪破碎的能量损失率；

E——波浪能量，$E=\rho gH^2/8$；

x——波浪传播主方向；

y——主方向正交的坐标方向。

波浪破碎能量损失可以依据下式进行计算：

$$D_{\mathrm{b}}=\frac{KC_{\mathrm{g}}}{h}(E-E_{\mathrm{s}}) \tag{3-151}$$

式中：K——经验系数，一般取 0.15；

E_{s}——波浪稳定能量。

（3）双曲型方程

由于抛物型方程不能模拟建筑物附近波浪场，另一种缓坡方程模型——双曲型方程被发展应用于较大范围的波浪场模拟。双曲型缓坡方程考虑了波浪反射，同时具有椭圆形方程的精度，且数值计算方法相对简单，计算量小的优点。

双曲型缓坡方程形式如下（Copeland，1985）：

$$\frac{C_g}{C}\frac{\partial \eta}{\partial t}+\frac{\partial P_*}{\partial x}+\frac{\partial Q_*}{\partial y}=0 \tag{3-152}$$

$$\frac{\partial P_*}{\partial t}+CC_g\frac{\partial \eta}{\partial x}=0 \tag{3-153}$$

$$\frac{\partial Q_*}{\partial t}+CC_g\frac{\partial \eta}{\partial y}=0 \tag{3-154}$$

式中：η——波面；

P_*，Q_*——分别为 x、y 方向上的虚通量，常水深时 $P_*=\eta C_g\cos\theta$，$Q_*=\eta C_g\sin\theta$；

θ——波向角。

双曲型方程也可改写为（Madsen & Larsen，1987）：

$$\frac{C_g}{C}\frac{\partial S}{\partial t}+\frac{C_g}{C}\mathbf{i}\omega S+\frac{\partial P}{\partial x}+\frac{\partial Q}{\partial y}=\mathrm{SS} \tag{3-155}$$

$$\frac{\partial P}{\partial t}+\mathbf{i}\omega P+CC_g\frac{\partial S}{\partial x}=0 \tag{3-156}$$

$$\frac{\partial Q}{\partial t}+\mathbf{i}\omega Q+CC_g\frac{\partial S}{\partial y}=0 \tag{3-157}$$

其中，SS 为内点造波源项；$S=\eta(x,y,t)\mathrm{e}^{-\mathrm{i}\omega t}$，$P=P_*(x,y,t)\mathrm{e}^{-\mathrm{i}\omega t}$，$Q=Q_*(x,y,t)\mathrm{e}^{-\mathrm{i}\omega t}$。

双曲型缓坡方程为时域方程，可以采用有限差分法进行离散求解。

总体上，随着不断的改进和发展，缓坡方程及其改进形式应用范围相对广泛，从缓坡到陡坡、深水到浅水、线性到非线性、大范围水域到小范围港池等；但由于波浪现象的复杂性，方程本身和特殊项处理仍处在不断地完善过程之中。

3.4.2 Boussinesq 方程

Boussinesq 方程属于浅水方程范畴，广泛应用于近岸波浪动力学研究领域。Boussinesq 方程采用对 Navies-Stokes 方程进行二维简化，直接描述波浪传播过程中水质点的运动，包含非线性和色散性。经典 Boussinesq 方程如下：

$$\frac{\partial \zeta}{\partial t}+\frac{\partial\left[(h+\zeta)u\right]}{\partial x}+\frac{\partial\left[(h+\zeta)v\right]}{\partial y}=0 \tag{3-158}$$

$$\frac{\partial u}{\partial t}+u\frac{\partial u}{\partial x}+v\frac{\partial u}{\partial y}+g\frac{\partial \zeta}{\partial x}=\frac{1}{2}h\left[\frac{\partial^3(hu)}{\partial x^2\partial t}+\frac{\partial^3(hv)}{\partial x\partial y\partial t}\right]-\frac{1}{6}h^2\left[\frac{\partial^3 u}{\partial x^2\partial t}+\frac{\partial^3 v}{\partial x\partial y\partial t}\right] \tag{3-159}$$

$$\frac{\partial v}{\partial t}+u\frac{\partial v}{\partial x}+v\frac{\partial v}{\partial y}+g\frac{\partial \zeta}{\partial x}=\frac{1}{2}h\left[\frac{\partial^3(hv)}{\partial y^2\partial t}+\frac{\partial^3(hu)}{\partial x\partial y\partial t}\right]-\frac{1}{6}h^2\left[\frac{\partial^3 v}{\partial y^2\partial t}+\frac{\partial^3 u}{\partial x\partial y\partial t}\right] \tag{3-160}$$

式中：x，y——与静水面重合的平面直角坐标系坐标；

u，v——分别为垂向断面上水质点沿 x、y 方向的水深平均速度矢量分量；

h——静水深；

ξ——波面到静止水面的距离；

g——重力加速度；

t——时间。

Boussinesq 方程假定垂向流速沿水深为线性分布，水平速度与压力沿水深为抛物线分布，从而将三维问题转化为二维问题。

Bousssinesq 方程可以模拟规则与不规则波的折射、绕射、反射等波浪变形以及波浪之间的非线性相互作用，但受限于引入无量纲小量 $\mu=h/L$、$\varepsilon=A/h$ 要求，以及时域方程求解时需满足时间步长、空间步长的要求，只适用于较小范围水域的波浪计算。

流量边界给定：

$$p_{\mathrm{n}} = p_{\mathrm{n}}^{*}, \frac{\partial \eta}{\partial n} = \left(\frac{\partial \eta}{\partial n}\right)^{*} \tag{3-161}$$

P_{n}^{*}、$\left(\frac{\partial \eta}{\partial n}\right)^{*}$ 代表入射波的已知值，n 为开边界法方向。

固定边界给定：

$$P^{*}=0,\ \left(\frac{\partial \eta}{\partial n}\right)^{*} = 0 \tag{3-162}$$

3.4.3 动谱能量平衡方程

动谱能量平衡方程式基于能量平衡原理，将波浪场动力作用过程及相关特征量以动谱形式表示，在方程中通过不同的源项反映复杂的物理过程，如风能输入、波浪破碎、底摩擦耗散、波—波相互作用等，适应于大范围海域的波浪传播过程模拟。从 20 世纪 50 年代以来，研究者不断对反映物理过程的各项源项进行改进，目前模型已从第一代发展到第三代，其代表的数值模型主要为 WAM、WAVEWATCH 和 SWAN。其中，WAM 和 WAVEWATCH 模式主要应用于全球尺度的波浪场计算；相对而言，SWAN 模式则考虑波浪在近岸浅水中的变化，包括波浪浅化、折射、底摩擦、破碎、白浪、风能输入、三相波及四相波非线性效应，适用于海岸、湖泊及河口地区的波浪数值计算。其方程形式为：

$$\frac{\partial}{\partial t}N + \frac{\partial}{\partial x}C_{\mathrm{x}}N + \frac{\partial}{\partial y}C_{\mathrm{y}}N + \frac{\partial}{\partial \sigma}C_{\sigma}N + \frac{\partial}{\partial \theta}C_{\theta}N = \frac{S}{\sigma} \tag{3-163}$$

式中：N——动谱能量密度；

σ——相对波浪频率（相对水流运动）；

θ——波向；

C_{x}，C_{y}——波浪沿 x、y 方向传播的速度；

C_{σ}，C_{θ}——波浪在 σ、θ 坐标下的传播速度；

S——源项，$S=S_{\mathrm{in}}+S_{\mathrm{nl}}+S_{\mathrm{ds}}+S_{\mathrm{bot}}+S_{\mathrm{surf}}$；

S_{in}——风能输入项；

S_{nl}——非线性波—波相互作用的能量传递；

S_{ds}——波浪白帽耗散；

S_{bot}——波浪底部摩阻所造成的能量损失；

S_{surf}——波浪破碎导致的能量损失。

3.4.4　数值求解

3.4.4.1　缓坡方程的定解条件

（1）初始条件

$$\Psi(x,y,0)=0 \tag{3-164}$$

（2）入射边界条件

在初始边界条件受反射影响较小时，入射边界条件可以通过下式给定：

$$\psi(x,y,t)=-\frac{\mathbf{i}gH^*}{2\omega}\mathrm{e}^{\mathrm{i}\left(kx\cos\theta^*+ky\sin\theta^*\right)} \tag{3-165}$$

式中：H^*——入射波高；

ω——角频率；

θ^*——入射角；

k——波数，在反射较大区域时：

$$\frac{\partial\psi}{\partial n}=\mathbf{i}k_{\mathrm{c}}(\psi_{\mathrm{i}}-\psi_{\mathrm{r}}) \tag{3-166}$$

其中：Ψ_i——入射势；

Ψ_r——反射势；

n——边界法向方向。

（3）反射边界条件

全反射：

$$\frac{\partial\psi}{\partial n}=0 \tag{3-167}$$

部分反射：

$$\frac{\partial\psi}{\partial n}+B\psi=0 \tag{3-168}$$

$$B=B_1+\mathbf{i}B_2=\mathbf{i}K\sin(\theta-\gamma)\frac{1-R_{\mathrm{r}}}{1+R_{\mathrm{r}}} \tag{3-169}$$

$$B_1=K\sin(\theta-\gamma)\frac{2R_{\mathrm{r}}\sin\varepsilon}{1+R_{\mathrm{r}}^2+2R_{\mathrm{r}}\cos\varepsilon} \tag{3-170}$$

$$B_2=K\sin(\theta-\gamma)\frac{1-R_{\mathrm{r}}^2}{1+R_{\mathrm{r}}^2+2R_{\mathrm{r}}\cos\varepsilon} \tag{3-171}$$

$$R=R_{\mathrm{r}}\mathrm{e}^{\mathrm{i}\varepsilon} \tag{3-172}$$

式中：γ——边界切线方向；

R_r——反射系数；

ε——入射波与反射波之间的相位差。

全透射：

$$\frac{\partial \psi}{\partial n}-\mathbf{i}K\cos(\theta-\gamma)\psi=0 \tag{3-173}$$

3.4.4.2　缓坡方程的数值求解

椭圆型缓坡方程应用限于较小的计算区域，由于传统的线性方程组求解方法如高斯消去法，对于大区域椭圆型缓坡方程数值求解几乎不可能，因此椭圆型缓坡方程一般采用迭代求解理论。其中共轭梯度法是国内外应用较多的方法，该方法相对收敛较快、计算存储量相对经济，使它可以应用相对较大区域的数值求解。

抛物型缓坡方程和双曲型缓坡方程均可采用 ADI 或 C—N 差分方法离散。这里以抛物型缓坡方程为例，介绍 ADI 法和 C—N 法的主要过程。

抛物型缓坡方程控制方程可以描述为：

$$\left(W^{*}-2\mathbf{i}\omega\right)\frac{\partial \psi}{\partial t}=\nabla\cdot\left(cc_{\mathrm{g}}\nabla\psi\right)+k_{2}cc_{\mathrm{g}}\psi+\left[gf_{1}(kh)(\nabla h)^{2}+gf_{2}(kh)\nabla_{2}h\right]\psi+\mathbf{i}\omega W^{*}\psi \tag{3-174}$$

式中：Ψ——势函数；

c——波速；

c_{g}——群速；

ω——角频率；

k——波数；

h——水深；

W^{*}——能量耗散项；

$f_1(kh)$，$f_2(kh)$——kh 的函数。

（1）经典 ADI 法

将一个时间步长 Δt 分为两步，差分格式如下。

前$\frac{1}{2}\Delta t$：

$$\begin{aligned}\left(W^{*}-2\mathbf{i}\omega\right)\frac{\psi_{i,j}^{n+\frac{1}{2}}-\psi_{i,j}^{n}}{\frac{1}{2}\Delta t}=&\,cc_{\mathrm{g}}\left(\frac{\partial^{2}\psi}{\partial x^{2}}\right)_{i,j}^{n+\frac{1}{2}}+cc_{\mathrm{g}}\left(\frac{\partial^{2}\psi}{\partial y^{2}}\right)_{i,j}^{n}+\left(\frac{\partial cc_{\mathrm{g}}}{\partial x}+\frac{\partial cc_{\mathrm{g}}}{\partial y}\right)\left(\frac{\partial\psi}{\partial x}\right)_{i,j}^{n+\frac{1}{2}}+\\&\left(\frac{\partial cc_{\mathrm{g}}}{\partial x}+\frac{\partial cc_{\mathrm{g}}}{\partial y}\right)\left(\frac{\partial\psi}{\partial y}\right)_{i,j}^{n}+\frac{1}{2}\left(k^{2}cc_{\mathrm{g}}+gf_{1}(kh)(\nabla h)^{2}+gf_{2}(kh)\nabla^{2}h\right)\left(\psi_{i,j}^{n+\frac{1}{2}}+\psi_{i,j}^{n}\right)\end{aligned} \tag{3-175}$$

后$\frac{1}{2}\Delta t$：

$$\begin{aligned}\left(W^{*}-2\mathbf{i}\omega\right)\frac{\psi_{i,j}^{n+1}-\psi_{i,j}^{n+\frac{1}{2}}}{\frac{1}{2}\Delta t}=&\,cc_{\mathrm{g}}\left(\frac{\partial^{2}\psi}{\partial x^{2}}\right)_{i,j}^{n+\frac{1}{2}}+cc_{\mathrm{g}}\left(\frac{\partial^{2}\psi}{\partial y^{2}}\right)_{i,j}^{n+1}+\left(\frac{\partial cc_{\mathrm{g}}}{\partial x}+\frac{\partial cc_{\mathrm{g}}}{\partial y}\right)\left(\frac{\partial\psi}{\partial x}\right)_{i,j}^{n+\frac{1}{2}}+\\&\left(\frac{\partial cc_{\mathrm{g}}}{\partial x}+\frac{\partial cc_{\mathrm{g}}}{\partial y}\right)\left(\frac{\partial\psi}{\partial y}\right)_{i,j}^{n+1}+\frac{1}{2}\left(k^{2}cc_{\mathrm{g}}+gf_{1}(kh)(\nabla h)^{2}+gf_{2}(kh)\nabla^{2}h\right)\left(\psi_{i,j}^{n+1}+\psi_{i,j}^{n+\frac{1}{2}}\right)\end{aligned} \tag{3-176}$$

$\dfrac{\partial^2\psi}{\partial x^2}$，$\dfrac{\partial^2\psi}{\partial y^2}$，$\dfrac{\partial\psi}{\partial x}$，$\dfrac{\partial\psi}{\partial y}$ 均采用中心差分。

经典 ADI 法中，可引入松弛因子 $\lambda(0\leqslant\lambda\leqslant 1)$，每次迭代完毕，按下式计算：

$$\psi_{i,j}^{n+1}=\lambda\psi_{i,j}^{n+1}+(1-\gamma)\psi_{i,j}^{n} \tag{3-177}$$

（2）C—N 算法

采用预测、校正和迭代三步，即将上述 ADI 法计算$\left(n+\dfrac{1}{2}\right)\Delta t$结果作为预测值，将$(n+1)\Delta t$结果作为校正值，然后分别将预测值、校正值代入下式右边计算。

$$\begin{aligned}&(W^*-2\mathbf{i}\omega)\frac{\psi_{i,j}^{n+1/2}-\psi_{i,j}^{n}}{\Delta t}=\\&\lambda\left[\begin{aligned}&cc_g\left(\frac{\partial^2\psi}{\partial x^2}\right)_{i,j}+cc_g\left(\frac{\partial^2\psi}{\partial y^2}\right)_{i,j}+\left(\frac{\partial cc_g}{\partial x}+\frac{\partial cc_g}{\partial y}\right)\left(\frac{\partial\psi}{\partial x}\right)_{i,j}\\&+\left(\frac{\partial cc_g}{\partial x}+\frac{\partial cc_g}{\partial y}\right)\left(\frac{\partial\psi}{\partial y}\right)_{i,j}+\left(k^2cc_g+gf_1(kh)(\nabla h)^2+gf_2(kh)\nabla^2h\right)\psi_{i,j}^{\mathrm{n}}\end{aligned}\right]^{n+1}+(1-\lambda)\cdot\\&\left[\begin{aligned}&cc_g\left(\frac{\partial^2\psi}{\partial x^2}\right)_{i,j}+cc_g\left(\frac{\partial^2\psi}{\partial y^2}\right)_{i,j}+\left(\frac{\partial cc_g}{\partial x}+\frac{\partial cc_g}{\partial y}\right)\left(\frac{\partial\psi}{\partial x}\right)_{i,j}\\&+\left(\frac{\partial cc_g}{\partial x}+\frac{\partial cc_g}{\partial y}\right)\left(\frac{\partial\psi}{\partial y}\right)_{i,j}+\left(k^2cc_g+gf_1(kh)(\nabla h)^2+gf_2(kh)\nabla^2h\right)\psi_{i,j}^{n}\end{aligned}\right]^{n}\end{aligned} \tag{3-178}$$

λ 为系数，$0\leqslant\lambda\leqslant 1$。

3.4.4.3 Boussinesq 方程的定解条件

流量边界给定：

$$p_{\mathrm{n}}=p_{\mathrm{n}}^*,\frac{\partial\eta}{\partial n}=\left(\frac{\partial\eta}{\partial n}\right)^* \tag{3-179}$$

P_{n}^*、$\left(\dfrac{\partial\eta}{\partial n}\right)^*$ 代表入射波的已知值，n 为开边界法方向。

固定边界给定：

$$P^*=0,\quad\left(\frac{\partial\eta}{\partial n}\right)^*=0 \tag{3-180}$$

3.4.4.4 Boussinesq 方程的数值求解

Boussineq 方程同样可以采用矩形网格的 ADI 法或 C—N 法，其算法可参照有关文献（Madsen and Sorensen，1992）。其网格布置如图 3-9 所示。

这里介绍一种非结构网格的有限元算法（Sorensen，etc. 2004），boussineq 基本方程为：

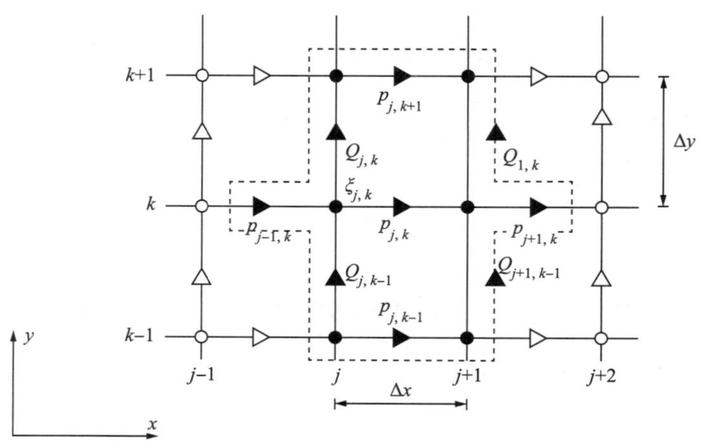

图 3-9　网格布置图

$$\frac{\partial \eta}{\partial t}+\frac{\partial P}{\partial x}+\frac{\partial Q}{\partial y}=0 \tag{3-181}$$

$$\frac{\partial P}{\partial t}+\frac{\partial}{\partial x}\left(\frac{P^2}{d}\right)+\frac{\partial}{\partial y}\left(\frac{PQ}{d}\right)+gd\frac{\partial \eta}{\partial x}+\frac{\partial R_{xx}}{\partial x}+\frac{\partial R_{xy}}{\partial y}+\frac{\tau_x}{\rho}-\frac{\partial}{\partial x}\left(dT_{xx}\right)-\frac{\partial}{\partial y}\left(dT_{xy}\right)+\psi_x=0 \tag{3-182}$$

$$\frac{\partial Q}{\partial t}+\frac{\partial}{\partial x}\left(\frac{PQ}{d}\right)+\frac{\partial}{\partial y}\left(\frac{Q^2}{d}\right)+gd\frac{\partial \eta}{\partial x}+\frac{\partial R_{xy}}{\partial x}+\frac{\partial R_{yy}}{\partial y}+\frac{\tau_y}{\rho}-\frac{\partial}{\partial x}\left(dT_{xy}\right)-\frac{\partial}{\partial y}\left(dT_{yy}\right)+\psi_y=0 \tag{3-183}$$

式中：　η——水面；

P，Q——x、y 方向单宽流量；

d——总水深，$d=h+\eta$；

h——静水深；

R_{xx}，R_{xy}，R_{yy}——由于波浪破碎引起附加对流量。

$$\left(R_{xx},R_{xy},R_{yy}\right)=\frac{\delta}{1-\delta/d}\left[\left(c_x-\frac{P}{d}\right)^2,\left(c_x-\frac{P}{d}\right)\times\left(c_y-\frac{Q}{d}\right),\left(c_y-\frac{Q}{d}\right)^2\right] \tag{3-184}$$

式中：δ——表面水滚的厚度，$\delta=\delta(x,y,t)$；

c——水滚速率，$c=(c_x,c_y)$。

$$\left(\tau_x,\tau_y\right)=\frac{1}{2}f_m\frac{\sqrt{P^2+Q^2}}{d^2}(P,Q) \tag{3-185}$$

式中：f_m——摩擦系数。

紊动项：

$$T_{xx}=2\upsilon\frac{\partial}{\partial x}\left(\frac{P}{d}\right) \tag{3-186}$$

$$T_{xy}=T_{yx}=\upsilon\left[\frac{\partial}{\partial y}\left(\frac{P}{d}\right)+\frac{\partial}{\partial x}\left(\frac{Q}{d}\right)\right] \tag{3-187}$$

$$T_{yy}=2\upsilon\frac{\partial}{\partial y}\left(\frac{Q}{d}\right) \tag{3-188}$$

式中：υ——紊动黏性系数。

弥散项：

$$\psi_x=-\frac{1}{3}h^2\left(\frac{\partial^3 P}{\partial x^2\partial t}+\frac{\partial^3 Q}{\partial x\partial y\partial t}\right)-h\frac{\partial h}{\partial x}\left(\frac{1}{3}\frac{\partial^2 P}{\partial x\partial t}+\frac{1}{6}\frac{\partial^2 Q}{\partial y\partial t}\right)-h\frac{\partial h}{\partial y}\left(\frac{1}{6}\frac{\partial^2 Q}{\partial x\partial t}\right) \tag{3-189}$$

$$\psi_y=-\frac{1}{3}h^2\left(\frac{\partial^3 P}{\partial x\partial y\partial t}+\frac{\partial^3 Q}{\partial y^2\partial t}\right)-h\frac{\partial h}{\partial y}\left(\frac{1}{6}\frac{\partial^2 P}{\partial y\partial t}\right)-h\frac{\partial h}{\partial x}\left(\frac{1}{6}\frac{\partial^2 P}{\partial x\partial t}+\frac{1}{6}\frac{\partial^2 Q}{\partial y\partial t}\right) \tag{3-190}$$

引入辅助变量 w：

$$w=\frac{\partial}{\partial x}\left(h\frac{\partial\eta}{\partial x}\right)+\frac{\partial}{\partial y}\left(h\frac{\partial\eta}{\partial y}\right) \tag{3-191}$$

弥散项可以转为（Schaffer and Madsen，1995）：

$$\psi_x=-\left(B+\frac{1}{3}\right)h^2\left(\frac{\partial^3 P}{\partial x^2\partial t}+\frac{\partial^3 Q}{\partial x\partial y\partial t}\right)-\frac{1}{6}h\frac{\partial h}{\partial x}\left(2\frac{\partial^2 P}{\partial x\partial t}+\frac{\partial^2 Q}{\partial y\partial t}\right)-\frac{1}{6}h\frac{\partial h}{\partial y}\frac{\partial^2 Q}{\partial x\partial t}-Bgh^2\frac{\partial w}{\partial x} \tag{3-192}$$

$$\psi_y=-\left(B+\frac{1}{3}\right)h^2\left(\frac{\partial^3 P}{\partial x\partial y\partial t}+\frac{\partial^3 Q}{\partial y^2\partial t}\right)-\frac{1}{6}h\frac{\partial h}{\partial x}\frac{\partial^2 P}{\partial y\partial t}-\frac{1}{6}h\frac{\partial h}{\partial x}\left(\frac{\partial^2 P}{\partial x\partial t}+2\frac{\partial^2 Q}{\partial y\partial t}\right)-Bgh^2\frac{\partial w}{\partial y} \tag{3-193}$$

其中，B 为系数。

空间离散采用标准伽辽金有限元方法，首先对变量采用基函数表示。

$$P(x,y)\approx\sum_{i=1}^{N_1}p_i\phi_i(x,y),\quad Q(x,y)\approx\sum_{i=1}^{N_1}q_i\phi_i(x,y) \tag{3-194}$$

$$\eta(x,y)\approx\sum_{i=1}^{N_2}\eta_i\psi_i(x,y),\quad w(x,y)\approx\sum_{i=1}^{N_2}w_i\psi_i(x,y) \tag{3-195}$$

式中：p_i，q_i，η_i——分别为各个网格点上的变量值；

ϕ_i，Ψ_i——基函数；

N_1，N_2——网格点总数。

$$M_{1,ij}=\int_\Omega\phi_i\phi_j\mathrm{d}\Omega\qquad i,j=1,2,\cdots,N_1 \tag{3-196}$$

$$M_{2,ij}=\int_\Omega\psi_i\psi_j\mathrm{d}\Omega\qquad i,j=1,2,\cdots,N_2 \tag{3-197}$$

$$N_{ij}=\int_\Omega\left[\frac{p}{d}\frac{\partial\phi_j}{\partial x}+\frac{\partial}{\partial x}\left(\frac{p}{d}\right)\phi_j+\frac{q}{d}\frac{\partial\phi_j}{\partial y}+\frac{\partial}{\partial y}\left(\frac{q}{d}\right)\phi_j\right]\phi_i\mathrm{d}\Omega\qquad i,j=1,2,\cdots,N_1 \tag{3-198}$$

$$G_{x,ij}=\int_\Omega gd\frac{\partial\psi_j}{\partial x}\phi_i\mathrm{d}\Omega\qquad i=1,2,\cdots,N_1,\ j=1,2,\cdots,N_2 \tag{3-199}$$

$$G_{y,ij}=\int_\Omega gd\frac{\partial\psi_j}{\partial y}\phi_i\mathrm{d}\Omega\qquad i=1,2,\cdots,N_1,\ j=1,2,\cdots,N_2 \tag{3-200}$$

$$G_{x,ij}=-\int_{\Omega}\phi_j\frac{\partial\psi_i}{\partial x}\mathrm{d}\Omega \quad i=1,2,\cdots,N_2,\ j=1,2,\cdots,N_1 \tag{3-201}$$

$$G_{y,ij}=-\int_{\Omega}\phi_j\frac{\partial\psi_i}{\partial y}\mathrm{d}\Omega \quad i=1,2,\cdots,N_2,\ j=1,2,\cdots,N_1 \tag{3-202}$$

$$B_{1,ij}=\int_{\Omega}\left(B+\frac{1}{3}\right)h^2\frac{\partial\phi_j}{\partial x}\frac{\partial\phi_i}{\partial x}\mathrm{d}\Omega+\int_{\Omega}\left(2B+\frac{1}{3}\right)h\frac{\partial h}{\partial x}\frac{\partial\phi_j}{\partial x}\phi_i\mathrm{d}\Omega \quad i,j=1,2,\cdots,N_1 \tag{3-203}$$

$$B_{2,ij}=\int_{\Omega}\left(B+\frac{1}{3}\right)h^2\frac{\partial\phi_j}{\partial y}\frac{\partial\phi_i}{\partial x}\mathrm{d}\Omega+\int_{\Omega}\left[\left(2B+\frac{1}{2}\right)h\frac{\partial h}{\partial x}\frac{\partial\phi_j}{\partial y}-\frac{1}{6}h\frac{\partial h}{\partial y}\frac{\partial\phi_j}{\partial x}\right]\phi_i\mathrm{d}\Omega \quad i,j=1,2,\cdots,N_1 \tag{3-204}$$

$$B_{3,ij}=\int_{\Omega}\left(B+\frac{1}{3}\right)h^2\frac{\partial\phi_j}{\partial x}\frac{\partial\phi_i}{\partial y}\mathrm{d}\Omega+\int_{\Omega}\left[-\frac{1}{6}h\frac{\partial h}{\partial x}\frac{\partial\phi_j}{\partial y}+\left(2B+\frac{1}{2}\right)\times h\frac{\partial h}{\partial y}\frac{\partial\phi_j}{\partial x}\right]\phi_i\mathrm{d}\Omega \quad i,j=1,2,\cdots,N_1 \tag{3-205}$$

$$B_{4,ij}=\int_{\Omega}\left(B+\frac{1}{3}\right)h^2\frac{\partial\phi_j}{\partial y}\frac{\partial\phi_i}{\partial y}\mathrm{d}\Omega+\int_{\Omega}\left(2B+\frac{1}{3}\right)h\frac{\partial h}{\partial y}\frac{\partial\phi_j}{\partial y}\phi_i\mathrm{d}\Omega \quad i,j=1,2,\cdots,N_1 \tag{3-206}$$

$$A_{x,ij}=\int_{\Omega}Bg\psi_j\left(h^2\frac{\partial\phi_i}{\partial x}+2h\frac{\partial h}{\partial x}\phi_i\right)\mathrm{d}\Omega \quad i=1,2,\cdots,N_1,\ j=1,2,\cdots,N_2 \tag{3-207}$$

$$A_{y,ij}=\int_{\Omega}Bg\psi_j\left(h^2\frac{\partial\phi_i}{\partial y}+2h\frac{\partial h}{\partial y}\phi_i\right)\mathrm{d}\Omega \quad i=1,2,\cdots,N_1,\ j=1,2,\cdots,N_2 \tag{3-208}$$

$$D_{ij}=\int_{\Omega}h\left(\frac{\partial\psi_j}{\partial x}\frac{\partial\psi_i}{\partial y}+\frac{\partial\psi_j}{\partial y}\frac{\partial\psi_i}{\partial x}\right)\mathrm{d}\Omega \quad i,j=1,2,\cdots,N_2 \tag{3-209}$$

$$f_p=\int_p\left(B+\frac{1}{3}\right)h^2\frac{\partial p}{\partial x}n_x\phi_i\mathrm{d}s+\int_p\left(B+\frac{1}{3}\right)h^2\frac{\partial q}{\partial y}n_x\phi_i\mathrm{d}s+\int_p Bgh^2wn_x\phi_i\mathrm{d}s \tag{3-210}$$

$$f_q=\int_p\left(B+\frac{1}{3}\right)h^2\frac{\partial p}{\partial x}n_y\phi_i\mathrm{d}s+\int_p\left(B+\frac{1}{3}\right)h^2\frac{\partial q}{\partial y}n_y\phi_i\mathrm{d}s+\int_p Bgh^2wn_y\phi_i\mathrm{d}s \tag{3-211}$$

$$f_\eta=-\int_p(pn_x+qn_y)\varphi_i\mathrm{d}s \tag{3-212}$$

$$f_w=\int_p h\left(\frac{\partial\eta}{\partial y}n_x+\frac{\partial\eta}{\partial y}n_y\right)\varphi_i\mathrm{d}s \tag{3-213}$$

在整个计算区域内积分，可以得到代数方程：

$$\begin{bmatrix} M_1+B_1 & B_2 & \\ B_3 & M_1+B_4 & \\ & & M_2 \end{bmatrix}\begin{pmatrix}\dot{p}\\ \dot{q}\\ \dot{\eta}\end{pmatrix}=\begin{pmatrix}g_1\\ g_2\\ g_3\end{pmatrix} \tag{3-214}$$

$$\begin{pmatrix}g_1\\ g_2\\ g_3\end{pmatrix}=\begin{pmatrix}f_p\\ f_q\\ f_\eta\end{pmatrix}-\begin{bmatrix} N(p,q,h) & & G_x \\ & N(p,q,h) & G_y \\ C_x & C_y & \end{bmatrix}\times\begin{pmatrix}p\\ q\\ \eta\end{pmatrix}-\begin{bmatrix}A_x\\ A_y\\ \ \end{bmatrix}(w) \tag{3-215}$$

$$M^2 w = g_4 = f_w - Ds \tag{3-216}$$

其中，(p,q,η)、$(\dot{p},\dot{q},\dot{\eta})$为全局变量和时间导数项。

时间上采用显式三步 Taylor-Galerkin 方法离散（Kashiyama et al. 1995）：

$$\begin{bmatrix} M_1+B_1 & B_2 \\ B_3 & M_1+B_4 \end{bmatrix}\begin{pmatrix} \dot{p} \\ \dot{q} \end{pmatrix}=\begin{pmatrix} g_1 \\ g_2 \end{pmatrix} \tag{3-217}$$

$$M_2\dot{\eta} = g_3$$

$$M_2\dot{w} = g_4$$

数值计算流程：

①对计算区域进行网格划分，导入地形数据；

②输入波浪参数；

③计算波数 k；

④ $n \to n+\frac{1}{2}$ 的 x 方向迭代，应用边界条件形成系数矩阵，求解 $\varPsi_{i,j}^{n+\frac{1}{2}}$；

⑤ $n+\frac{1}{2} \to n+1$ 的 y 方向迭代，应用边界条件形成系数矩阵，求解 $\varPsi_{i,j}^{n+1}$；

⑥引入松弛因子 λ，对上一步求出的 $\varPsi_{i,j}^{n+1}$ 进行修正；

⑦波浪破碎判断，调整波高、波速度势；

⑧判断误差，是否满足精度要求，满足则退出，否则重复④～⑦；

⑨输出结果。

3.5 砂质海岸泥沙运动的数值模拟

岸线模型是研究海岸工程（如丁坝、突堤）修建或沿岸泥沙运动变化后引起岸线变化的有力工具，通常分为一线模型和 n 线模型。一线模型是指与海岸线垂直的横剖面上，某一点水深与该点至岸线的距离呈线性关系，并采用一维方法计算沿岸输沙作用下岸滩变化的模型；n 线模型是指与岸垂直的横剖面上，某一点水深与该点至岸线的距离的 n 次方成正比，并采用二维计算沿岸输沙和横向输沙下岸线变化的模型。本节主要对一线模型进行介绍。

3.5.1 一线模型

对于水下地形平坦、岸线平直海岸可采用一线模型。一线模型假定岸滩在演变过程中剖面形状保持不变，在整个计算剖面内滩面坡度也不变，岸滩演变仅表现为岸线前进与后退。泥沙只有沿岸输沙，不考虑垂直岸线方向的横向输沙。

岸滩演变可用岸线变化来表示，基本控制方程为：

$$\frac{\partial y}{\partial t}+\frac{1}{h}\frac{\partial Q}{\partial x}=0 \tag{3-218}$$

式中：y——岸线位置坐标；

x——沿岸方向的距离坐标；

h——计算剖面高度，一般取波浪作用下泥沙起动水深处至波浪爬高最高点间的垂直距离；

Q——沿岸输沙率。

沿岸输沙率公式可分为两类，即流速法和波能流法。流速法计算繁杂，波能法较简便，推荐下式：

$$Q=\frac{K(EC_{\mathrm{g}})_{\mathrm{b}}}{(\rho_{\mathrm{t}}-\rho)(1-P)g}\sin a_{\mathrm{b}}\cos a_{\mathrm{b}} \tag{3-219}$$

此式适用于开敞平直海岸。当海岸上修建建筑物（如丁坝、突堤）后，波隐区波高沿岸向的梯度比较显著，如考虑波高沿岸梯度的影响，沿岸输沙率可按下式计算：

$$Q=\frac{n_{\mathrm{b}}EC_{\mathrm{b}}}{(\rho_{\mathrm{s}}-\rho)g(1-P)}\left(K_1\sin a_{\mathrm{b}}\cos a_{\mathrm{b}}-\frac{K_2}{\tan\beta}\cos a\frac{\partial H_{\mathrm{b}}}{\partial x}\right) \tag{3-220}$$

$$a_{\mathrm{b}}=a_{\mathrm{x}}-\arctan\frac{\partial y}{\partial x} \tag{3-221}$$

式中：P——泥沙孔隙率，取 0.4；

H_{b}——破波波高；

C_{b}——破波波速；

n_{b}——波能传递速度系数，$n_{\mathrm{b}}=\frac{1}{2}\left[1+\frac{\frac{4\pi h_{\mathrm{b}}}{L_{\mathrm{b}}}}{\sinh\left(\frac{4\pi h_{\mathrm{b}}}{L_{\mathrm{b}}}\right)}\right]$；

L_{b}——破波波长；

h_{b}——破波水深；

a_{b}——破波时波峰线与岸线的夹角，a_{b} 恒小于 90°；

a_{x}——波峰线与 x 轴的夹角；

$\tan\beta$——滩面坡度；

E——波能，$E=\frac{1}{8}\rho gH_{\mathrm{b}}^2$；

K_1，K_2——输沙率系数，宜根据实测沿岸输沙率确定；在缺少实测沿岸输沙率资料时，取 K_1=0.385；当波浪绕射显著时，K_2=1.0K_1；当波浪不显著时，K_2=0。

3.5.2 计算模式

计算模式可根据计算域的地形特征和工程方案等具体情况选用显式差分或隐式差分各式，可按下列方法控制。

（1）显式差分格式

$$y_{i+1}^{n+1}=y_{i+1}^{n}-\frac{\Delta t}{2D\Delta x}(Q_{i+2}^{n}-Q_{i}^{n}) \tag{3-222}$$

$$\Delta t\leqslant\frac{\Delta x^2}{2v_{\max}} \tag{3-223}$$

（2）隐式差分格式

$$y_{i+1}^{n+1}=y_{i+1}^{n}+\Delta t\left[\frac{1}{2}\left(-\frac{Q_{i+2}^{n}-Q_{i}^{n}}{D2\Delta x}\right)+\frac{1}{2}\left(-\frac{Q_{i+2}^{n+1}-Q_{i}^{n+1}}{D2\Delta x}\right)\right] \tag{3-224}$$

式中：i——第 i 个断面；

n——第 n 时步；

y——岸线位置坐标（m）；

x——沿岸线方向的距离坐标（m）；

D——计算剖面高度（m），宜取波浪作用下泥沙起动水深处至波浪爬高最高点间的垂直距离；

Q——通过某一断面的沿岸输沙率（m^3/s）；

Δt——岸滩演变计算的时间步长；

$$v_{\max}=\left[\frac{K}{D}\frac{1}{(\rho_s-\rho)\ g(1-\rho)}\frac{1}{8}\rho g H_b^2 n_b c_b\right]_{\max}。$$

3.5.3 网格剖分

（1）模型应沿岸选定基线，基线宜与沿岸线方向的距离坐标轴重合，并对基线进行剖分。岸线位置的计算点与输沙率计算点应相间布置。

（2）网格点间距应根据模拟岸线的长度、岸线形态的复杂程度、模拟精度和模型稳定性要求等因素确定。

（3）形态比较简单的岸线，网格间距可取 100～200m；岸线形态比较复杂或有海岸建筑物，可取 25～50m；也可在不同的区域采用不同的计算网格。

3.5.4 边界条件

（1）海岸演变数值宜采用计算区域两端断面的输沙率作为边界条件。

（2）海岸断面的输沙率可按以下三种情况确定：

①计算域一端断面有岬头、较长的防波堤、突堤、堤岸或水下深槽，边界外的沿岸输沙在边界处完全受阻不能进入研究区域，边界处的沿岸输沙率为零。

②边界处海岸线位置不随时间变化，海滩在长时段中处于平衡状态，沿岸输沙率梯度为零。

③边界处有丁坝等建筑物，丁坝等拦截部分沿岸输沙，沿岸输沙率按下式确定：

$$Q_b=Q_0\left(1-\frac{h_g}{h_s}\right) \tag{3-225}$$

式中：Q_b——有丁坝时的沿岸输沙率（m^3/s）；

Q_0——没有丁坝时的沿岸输沙率（m^3/s）；

h_g——丁坝坝头处水深（m）；

h_s——波浪作用下泥沙起动水深（m）。

3.5.5 计算波要素及水位的确定

波浪要素宜采用不少于一年的连续波浪观测资料，当缺乏实测资料时可根据风资料推算。代表波的波向、波高和波周期可按波浪的相关要求确定。

计算水位可按下列规定选取：

（1）潮差不大的海域取平均潮位；

（2）潮差较大的海域取平均高潮位、平均潮位和平均低潮位，计算按其所占的历时比例依次进行。

3.6 波流共同作用二维水流泥沙数值模型

在海岸河口地区，波浪是泥沙运动的另外一个主要动力，“波浪掀沙、潮流输沙”被公认为是河口海岸地区的泥沙运动机制。已有研究表明，考虑波浪和潮流共同作用下的水体含沙浓度比纯潮流作用下提高 40%～100%。因此，在河口海岸研究泥沙运动，波浪和潮流具有同等的重要性，在海岸河口地区应当考虑波浪的作用。

考虑波浪、潮流共同作用下的平面二维泥沙数学模型，在上述潮流作用下对模型基础进行了下面几个方面的改进。

（1）考虑浪流挟沙力：在水流挟沙力中考虑波浪作用。

（2）考虑波浪辐射应力和波流挟沙力：通过波浪辐射应力考虑波浪场对潮流场的影响，在水流挟沙力中考虑波浪作用。

（3）考虑波浪辐射应力、波流底切应力和切应力概念的冲淤函数：通过波浪辐射应力和波流挟沙力考虑波浪场对潮流场的影响，在切应力概念的冲淤函数中考虑波浪作用。

（4）考虑波浪辐射应力、波流底切应力和波流挟沙力：通过波浪辐射应力和波流挟沙力考虑波浪场对潮流场的影响，在水流挟沙力中考虑波浪作用。

（5）考虑波浪辐射应力、波流底切应力和波流挟沙力：通过波浪辐射应力和波流挟沙力考虑波浪场对潮流场的影响，同时考虑流场对波浪场的影响，即考虑波流耦合作用；在水流挟沙力中考虑波浪作用。

3.6.1 基本方程

连续方程

$$\frac{\partial \zeta}{\partial t}+\frac{\partial (h+\zeta)}{\partial x}+\frac{\partial (h+\zeta)}{\partial y}=0 \tag{3-226}$$

动量方程

$$\frac{\partial u}{\partial t}+u\frac{\partial u}{\partial x}+v\frac{\partial u}{\partial y}-fv=-g\frac{\partial \zeta}{\partial x}-\frac{\tau_{bx}}{\rho(h+\zeta)}-\frac{1}{\rho(h+\zeta)}\left(\frac{\partial S_{xx}}{\partial x}+\frac{\partial S_{xy}}{\partial y}\right)+\frac{\partial}{\partial x}\left(N_x\frac{\partial u}{\partial x}\right)+\frac{\partial}{\partial y}\left(N_y\frac{\partial u}{\partial x}\right)+\frac{\tau_{wx}}{\rho(h+\zeta)} \tag{3-227}$$

$$\frac{\partial v}{\partial t}+u\frac{\partial v}{\partial x}+v\frac{\partial v}{\partial y}+fu=-g\frac{\partial \zeta}{\partial y}-\frac{\tau_{by}}{\rho(h+\zeta)}-\frac{1}{\rho(h+\zeta)}\left(\frac{\partial S_{yx}}{\partial x}+\frac{\partial S_{yy}}{\partial y}\right)+\frac{\partial}{\partial x}\left(N_x\frac{\partial u}{\partial x}\right)+\frac{\partial}{\partial y}\left(N_y\frac{\partial u}{\partial y}\right)+\frac{\tau_{wy}}{\rho(h+\zeta)} \tag{3-228}$$

式中：t——时间（s）；

x，y——原点 o 置于某一水平基面的直角坐标系坐标；

u，v——流速矢量 V 沿 x、y 方向的分量（m/s）；

ζ——相对于 xoy 坐标平面的水位（m）；

h——相对于 xoy 坐标平面的水深（m）；

N_x，N_y——x、y 向水流紊动黏性系数（m^2/s）；

f——科氏参量；

g——重力加速度（m/s^2）；

ρ——海水密度（kg/m^3）；

S_{xx}，S_{xy}，S_{yx}，S_{yy}——波浪辐射应力张量的 4 个分量（N/m）；

τ_{bx}，τ_{by}——波浪、潮流共同作用下的底部切应力矢量$\boldsymbol{\tau}_b$（$|\boldsymbol{\tau}_b|=\sqrt{\tau_{bx}^2+\tau_{bx}^2}$）沿 x、y 方向的分量（Pa）；

τ_{wx}，τ_{wy}——风切应力矢量$\boldsymbol{\tau}_w$（$|\boldsymbol{\tau}_w|=\sqrt{\tau_{wx}^2+\tau_{wy}^2}$）沿 x、y 方向的分量（Pa）。

悬沙输移扩散可按以下方程控制：

$$\frac{\partial s}{\partial t}+u\frac{\partial s}{\partial x}+v\frac{\partial s}{\partial y}=\frac{\partial}{\partial x}\left(D_x\frac{\partial s}{\partial x}\right)+\frac{\partial}{\partial y}\left(D_y\frac{\partial s}{\partial y}\right)+\frac{F_s}{h+\zeta} \tag{3-229}$$

式中：t——时间（s）；

s——含沙量（kg/m^3）；

D_x，D_y——x、y 向悬沙紊动扩散系数（m^2/s）；

F_s——泥沙源汇函数或泥沙冲淤函数 [$kg/(m^2 \cdot s)$]。

床面冲淤变化可按以下方程控制：

$$\gamma_0\frac{\partial \Delta h}{\partial t}+\frac{\partial q_x}{\partial x}+\frac{\partial q_y}{\partial y}=F_s \tag{3-230}$$

式中：t——时间（s）；

x，y——原点 o 置于某一水平基面的直角坐标系坐标；

Δh——冲淤厚度（m）；

q_x——x 向底沙单宽输沙率 [$kg/(m \cdot s)$]，在淤泥质海岸 q_x=0；

q_y——y 向底沙单宽输沙率 [$kg/(m \cdot s)$]，在淤泥质海岸 q_y=0；

γ_0——泥沙干密度（kg/m^3）；

F_s——泥沙源汇函数或泥沙冲淤函数 [kg/(m² · s)]。

3.6.2 定解条件

3.6.2.1 初始条件

初始条件可按下列公式确定：

$$\zeta(x,y,t)\big|_{t=0}=\zeta_0(x,y) \tag{3-231}$$

$$u(x,y,t)\big|_{t=0}=u_0(x,y) \tag{3-232}$$

$$v(x,y,t)\big|_{t=0}=v_0(x,y) \tag{3-233}$$

$$s(x,y,t)\big|_{t=0}=s_0(x,y) \tag{3-234}$$

式中：　u，v——流速矢量 $\boldsymbol{V}$ 沿 x、y 方向的分量（m/s）；

ζ——相对于 xoy 坐标平面的水位（m）；

s——含沙量（kg/m³）；

t——时间（s）；

ζ_0，u_0，v_0，s_0——分别为 ζ、u、v、s 初始条件下的已知值。

3.6.2.2 固边界条件

固边界可按下列方法确定：

（1）法向流速为零：

$$\boldsymbol{V}\cdot\boldsymbol{n}=0 \tag{3-235}$$

（2）法向泥沙通量为零：

$$\frac{\partial s}{\partial \boldsymbol{n}}=0 \tag{3-236}$$

式中：$\boldsymbol{n}$——固边界法向矢量；

$\boldsymbol{V}$——流速矢量；

s——含沙量（kg/m³）。

3.6.2.3 开边界的确定

（1）潮流用已知潮位或流速控制：

用潮位时

$$\zeta(x,y,t)\big|_{\Gamma}=\zeta^*(x,y,t) \tag{3-237}$$

用流速时

$$\boldsymbol{V}(x,y,t)\big|_{\Gamma}=\boldsymbol{V}^*(x,y,t) \tag{3-238}$$

（2）悬沙按入流和出流情况分别控制：

入流时

$$s(x,y,t)\big|_{\Gamma}=s^*(x,y,t) \tag{3-239}$$

出流时

$$\frac{\partial s}{\partial t}+u_{\mathrm{n}}\frac{\partial s}{\partial \boldsymbol{n}}=0 \tag{3-240}$$

式中：Γ——开边界；

ζ——相对于 xoy 坐标平面的水位（m）；

ζ^{*}——已知潮位（m）；

$\boldsymbol{V}$——流速矢量；

$\boldsymbol{V}^{*}$——已知流速矢量（m/s）；

s——含沙量（kg/m^3）；

s^{*}——已知含沙量（kg/m^3）；

u_{n}——法向流速分量（m/s）；

$\boldsymbol{n}$——开边界法向矢量；

t——时间（s）。

当计算域内存在潮间浅滩、潜堤或其他透水建筑物时，宜采用动边界技术处理。

3.6.3 基本参数的确定

3.6.3.1 紊动黏性系数

水流紊动黏性系数宜由试验确定，也可通过验证计算确定，其值可取 0～100m^2/s。悬沙紊动散系数可取与相应的水流紊动黏性系数相同数值。

3.6.3.2 波浪辐射应力

波浪辐射应力张量的分量应按下列公式确定：

$$S_{\mathrm{xx}}=\frac{\rho g H_{\mathrm{w}}^{2}}{8}\left[\frac{C_{\mathrm{g}}}{C}(1+\cos^{2}\theta)-\frac{1}{2}\right] \tag{3-241}$$

$$S_{\mathrm{xy}}=\frac{\rho g H_{\mathrm{w}}^{2}}{8}\frac{C_{\mathrm{g}}}{C}\sin\theta\cos\theta \tag{3-242}$$

$$S_{\mathrm{yx}}=\frac{\rho g H_{\mathrm{w}}^{2}}{8}\frac{C_{\mathrm{g}}}{C}\sin\theta\cos\theta \tag{3-243}$$

$$S_{\mathrm{yy}}=\frac{\rho g H_{\mathrm{w}}^{2}}{8}\left[\frac{C_{\mathrm{g}}}{C}(1+\sin^{2}\theta)-\frac{1}{2}\right] \tag{3-244}$$

其中，H_{w}、θ、C、C_{g} 分别为波高、波向与 x 轴之夹角、波速和波群速，由波浪数学模型确定。

3.6.3.3 波浪、潮流共同作用下的底部切应力

波浪、潮流共同作用下的底部切应力分量可按下列公式确定：

$$\tau_{\mathrm{bx}}=\frac{g}{C^{2}}\rho\left|\boldsymbol{V}\right|u+\frac{\pi}{8}\rho f_{\mathrm{w}}\left|\boldsymbol{V}_{\mathrm{w}}\right|u_{\mathrm{w}}+\frac{B\rho}{\pi}\left(\frac{2gf_{w}}{C^{2}}\right)^{\frac{1}{2}}\left|\boldsymbol{V}\right|u_{\mathrm{w}} \tag{3-245}$$

$$\tau_{\mathrm{by}}=\frac{g}{C^{2}}\rho\left|\boldsymbol{V}\right|u+\frac{\pi}{8}\rho f_{\mathrm{w}}\left|\boldsymbol{V}_{\mathrm{w}}\right|v_{\mathrm{w}}+\frac{B\rho}{\pi}\left(\frac{2gf_{w}}{C^{2}}\right)^{\frac{1}{2}}\left|\boldsymbol{V}\right|v_{\mathrm{w}} \tag{3-246}$$

式中：τ_{bx}、τ_{by}——波浪、潮流共同作用下的底部切应力矢量$\boldsymbol{\tau}_{\mathbf{b}}$（$\left|\tau_{b}\right|=\sqrt{\tau_{bx}^{2}+\tau_{bx}^{2}}$）沿 x、y 方向的分量（Pa）；

C——谢才系数；

g——重力加速度（m/s^2）；

ρ——海水密度（kg/m^3）。

3.6.4 数值解法

考虑波浪、潮流共同作用下的泥沙运动基本方程在形式上没有变化，即与潮流作用下的泥沙运动基本方程形式完全相同。为此波流共同作用下二维水流泥沙数值模型解法与二维潮流泥沙数值模型求解方案是一致的，详见 3.2.4 节。

3.7 风暴潮数值模型

风暴潮预报模式分为经验预报和数值预报两类。经验预报是通过风暴潮潮位与气象因素的相关分析，建立风暴潮潮位与海平面气压、风速和风向等因子相关关系，对极值或过程进行预报，并给出相关程度和可靠程度。风暴潮数值预报包含数值天气预报和风暴潮数值计算。数值天气预报给出风暴潮数值计算时所需要的海上风场和气压场的预报。风暴潮数值计算是通过数值方法求解给定风场和气压场以及相应边界条件和初始条件下的动力学方程，可以得到风暴潮位和流速的时空分布。

经验预报具有计算简单、速度快的优点；但其预报精度依赖统计资料，对缺乏长时间资料的海域预报精度不稳定，且在回归方程外推预报时将存在较大误差。数值预报是目前国内外主要的风暴潮预报模式。

从发展过程来看，早期的风暴潮数值预报模式为不考虑天文潮的单纯台风增水模型，忽略了天文潮与风暴潮之间的非线性相互作用，如英国 Sea Model、美国 SPLASH（Special Program to List Amplitude of Surge from Hurricane）、SPLOSH（Sea，Lake and Overland Surges from Hurricanes）以及我国王喜年提出的五区块模式。近年来，随着数值模拟技术的发展，风暴潮数值预报有了很大发展，其中包括：漫滩模式的引入、波浪影响的考虑和模式自身的发展，特别是三维海洋数值模式的发展，给风暴潮数值模拟提供了工具，如 POM、ECOM、ADCIRC、FVCOM、ROMS、EFDC、UnTRIM、HAMSON、COGEREBS（李艳芸，2006）以及 CFD（计算软件）DELFT3D（储鳌，2004）、MIKE 3、SMS 等。

3.7.1 基本方程及定解条件

（1）基本方程

在笛卡儿直角坐标系下，采用 Boussinesq 近似、静压假定和刚盖假定，沿垂线平均的平面二维潮流基本方程可以表述为如下形式。

连续方程：

$$\frac{\partial \zeta}{\partial t}+\frac{\partial}{\partial x}[(h+\zeta)u]+\frac{\partial}{\partial y}[(h+\zeta)v]=0 \tag{3-247}$$

运动方程：

$$\frac{\partial u}{\partial t}+u\frac{\partial u}{\partial x}+v\frac{\partial u}{\partial y}-f\cdot v+g\frac{\partial \zeta}{\partial x}+\frac{\tau_{sx}-\tau_{bx}}{\rho(h+\zeta)}-\frac{1}{\rho(h+\zeta)}\left(\frac{\partial S_{xx}}{\partial x}+\frac{\partial S_{xy}}{\partial y}\right)=\varepsilon_x\left(\frac{\partial^2 u}{\partial x^2}+\frac{\partial^2 u}{\partial y^2}\right) \tag{3-248}$$

$$\frac{\partial v}{\partial t}+u\frac{\partial v}{\partial x}+v\frac{\partial v}{\partial y}-f\cdot u+g\frac{\partial \zeta}{\partial y}+\frac{\tau_{sy}-\tau_{by}}{\rho(h+\zeta)}-\frac{1}{\rho(h+\zeta)}\left(\frac{\partial S_{yx}}{\partial x}+\frac{\partial S_{yy}}{\partial y}\right)=\varepsilon_y\left(\frac{\partial^2 v}{\partial x^2}+\frac{\partial^2 v}{\partial y^2}\right) \tag{3-249}$$

式中：ζ——潮位；

h——静水深；

u，v——分别为沿 x、y 向的水流速度分量；

f——科氏系数，f=2ωsinφ；

ω——地球自转的角速度；

φ——所在地区的纬度；

g——重力加速度，g=9.8m/s^2；

ε_x，ε_y——x、y 方向紊动黏性系数；

$(\tau_{sx},\tau_{sy})=\rho_a r_a|\boldsymbol{W}|W$；

$\tau_{bx}=\dfrac{\rho g u}{C^2}\sqrt{u^2+v^2}+\dfrac{\rho\pi}{8}f_w u_w\sqrt{u_w^2+v_w^2}+\dfrac{\rho B}{\pi C}\sqrt{2gf_w}\sqrt{u^2+v^2}u_w$；

$\tau_{by}=\dfrac{\rho g n^2 v}{C^2}\sqrt{u^2+v^2}+\dfrac{\rho\pi}{8}f_w v_w\sqrt{u_w^2+v_w^2}+\dfrac{\rho B}{\pi C}\sqrt{2gf_w}\sqrt{u^2+v^2}v_w$；

ρ_a——空气密度；

r_a——风拖曳力系数，$r_a=(0.80+0.065\times|W|)\times 10^{-3}$；

ρ——水的密度；

C——谢才系数，$C=\dfrac{1}{n}(h+\zeta)^{\frac{1}{6}}$；

n——曼宁系数；

f_w——Jonsson 波浪底摩阻系数，通常取 0.01～0.02；

u_w，v_w——分别为波浪底部质点轨道最大速度的 x、y 向分量；

$u_w=U_{wave}\cos\theta$；

$v_w=U_{wave}\sin\theta$；

$U_{wave}=\dfrac{\pi H_w}{T_w\sinh kD}$；

H_w，k，T_w——分别为波高、波数和波周期；

D——水深，D=h+ζ；

θ——波向与 x 向的夹角；

B——波浪与潮流相互影响系数，根据 Soulsby 研究成果，当波、流同向时取 0.917，当两者互相垂直时取 −0.198，其他情况时取 0.359；

S_{xx}，S_{xy}，S_{yx}，S_{yy}——波浪辐射应力张量的四个分量，表达式为：

$$S_{xx}=E\left[C_n\cos^2\theta+\frac{1}{2}(2C_n-1)\right] \tag{3-250}$$

$$S_{xy}=S_{yx}=\frac{1}{2}EC_n\sin 2\theta \tag{3-251}$$

$$S_{yy}=E\left[C_n\sin^2\theta+\frac{1}{2}(2C_n-1)\right] \tag{3-252}$$

式中：E——单位水柱体在一个波周期内具有的平均波能，$E=\frac{1}{8}\rho gH_w^2$；

C_n——波能传递率。

$$C_n=\frac{1}{2}\left(1+\frac{2kD}{\sinh(2kD)}\right) \tag{3-253}$$

（2）定解条件

初始条件

$$\left.\begin{aligned}\zeta(t,x,y)\big|_{t=t_0}&=\zeta_0(x,y)\\ u(t,x,y)\big|_{t=t_0}&=0\\ v(t,x,y)\big|_{t=t_0}&=0\end{aligned}\right\} \tag{3-254}$$

其中，ζ_0、S_0 分别为初始潮位和含沙量场，t_0 为起始计算时间；即流速采用冷启动。

边界条件包括开边界和固定边界。

开边界：水流开边界一般给定潮位过程线，即：

$$\zeta\big|_{\Gamma_0}=\zeta_c(t,x,y) \tag{3-255}$$

或单宽流量条件：

$$P\big|_{\Gamma_0}=P_c(t,x,y) \tag{3-256}$$

$$Q\big|_{\Gamma_0}=Q_c(t,x,y) \tag{3-257}$$

P、Q 分别为 x、y 方向单宽流量，下标 c 表示已知值。

闭边界：采用不可入条件，即 $\boldsymbol{V}_n=0$，n 为边界的外法向。

3.7.2 海气界面应力

海气界面的动量通量（切应力）一般表示为：

$$\boldsymbol{\tau}_s=\rho_a u_*^2=\rho_a C_d\left|W_{10}\right|\boldsymbol{W}_{10} \tag{3-258}$$

式中：$\boldsymbol{\tau}_s$——海面风应力；

ρ_a——空气密度；

u_*——海气界面摩阻速度；

C_d——切应力系数，$C_d=\left(\frac{u_*}{W_{10}}\right)^2=\left(\frac{\kappa}{\ln(z_{10}/z_0)}\right)^2$；

W_{10}——海面以上 10m 处风速，在空气中性稳定的条件下，假定风速在海面附近符合对数分布：$u=\frac{u_*}{\kappa}\ln\left(\frac{z}{z_0}\right)$；

κ——卡门常数；

z_0——海面粗糙高度，z_{10}=10m。

这样可以通过确定 z_0 得到海面风应力系数和风应力大小。

早期的拖曳力系数基于风速与波浪成长之间的恒定关系，通过建立风应力系数与风速之间的关系确定。该经验关系目前有很多种，如：

$C_d=(0.8+0.065\times U_{10})\times 10^{-3}$　　$0<U_{10}<50$　　（Wujin，1982）

$C_d=(0.61+0.063\times U_{10})\times 10^{-3}$　　$6<U_{10}<22$　　（smith，1980）

$C_d=(0.75+0.067\times U_{10})\times 10^{-3}$　　$3<U_{10}<21$　　（Garratt，1977）

$C_d=(0.577+0.085\times U_{10})\times 10^{-3}$　　$4<U_{10}<24$　　（Geernaert，1987）

$$C_d=\begin{cases}1.2\times 10^{-3} & U_{10}\leqslant 11.0\text{m/s}\\ 0.49+0.065U_{10} & 11.0\text{m/s}<U_{10}\leqslant 25.0\text{m/s}\\ 0.49+0.065\times 25 & U_{10}>25.0\text{m/s}\end{cases}\qquad \text{(larger \& Pond，1981)}$$

各种公式随风应力的变化如图 3-10 所示。早期传统的风应力系数随风速均增加，这主要由于公式通过低风速试验数据率定的结果。随着高风速现场观测数据的获得，研究者发现由于海面在一定风速作用下由于波浪作用趋于饱和状态，风应力系数达到最大；随着风速继续增加，海面被“飞沫”覆盖，风应力会逐渐降低（Powell，2007）。关于海面饱和状态的风速，Powell 认为是在海面风速 40m/s 左右，而 Donelan（2004）认为在 25m/s 左右。虽然这里存在一些争论，但考虑波浪效果，在低风速时会增加风应力，在高风速时由于波浪破碎影响，风应力系数存在极值已被广泛接受。因此，在风暴潮模拟时，研究者一般采用 Larger & Pond（1981）（Weisberg & Zheng，2008；Rego，2009）或者其他表达式而对其极值进行限制（Weaver & Luettich，2010）。

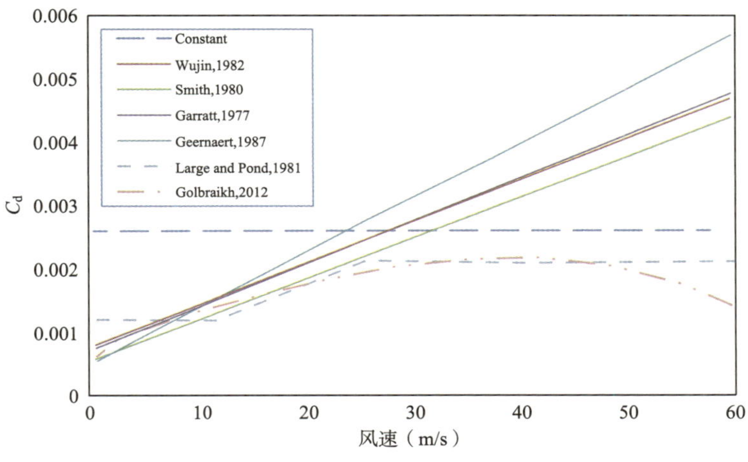

图 3-10　风应力系数随风速变化

z_0 的确定和风应力的计算还可以采用 Charnock 关系（1955）：

$$z_0 = \frac{\alpha U_*^2}{g} \tag{3-259}$$

其中，α 为系数，当取常数时与前述公式一致。而考虑波浪耦合时取与波浪有关参量，如 波 龄（Geernaert，1987；Maat，1991；smith，1992；Monbaliu，1994；Donelan，1992，1993，1999）、波陡、谱平衡以及波谱密度（Donelan，1982）等。基于海气通量（热量、动量、质量）交换 Bulk 算法的 COARE3.0 模型对粗糙度的给出了三种计算模式。

YT96 方案：

$$z_0 = \frac{z_{ch} u_*^2}{g} + 0.11 \frac{\nu}{u_*} \tag{3-260}$$

$$z_{ch} = \begin{cases} 0.011 & u \leqslant 10 \text{m/s} \\ 0.011 + \dfrac{0.007(u-10)}{8} & 10 \text{m/s} < u \leqslant 18 \text{m/s} \\ 0.018 & u > 18 \text{m/s} \end{cases} \tag{3-261}$$

TY01 方案：

$$z_0 = \frac{25}{\pi} l_w \left(\frac{u_*}{c_w}\right)^{4.5} + 0.11 \frac{\nu}{u_*} \tag{3-262}$$

O02 方案：

$$z_0 = 1\,200 h_w \left(\frac{h_w}{l_w}\right)^{4.5} + 0.11 \frac{\nu}{u_*} \tag{3-263}$$

式中：$\frac{u_*}{c_w}$——波龄参数；

$\frac{h_w}{l_w}$——波陡；

$t_w = 0.729 u_{10m}$；

$h_w = 0.018 u_{10m}{}^2 (1+0.015 u_{10m})$；

$l_w = c_w t_w$；

$c_w = g \frac{t_w}{2\pi}$；

ν——空气运动黏滞系数。

以上公式得到低风速（W_{10}<20m/s）多次现场实测资料验证，也有研究者尝试将该模式引进风暴潮模型中，但其在高风速情况下的适应性还需要进一步的证实。

3.7.3 海面气压场与风场模型

海面风场、气压场主要有 2 种方法可以得到：台风经验模型与数值预报。经验模式的气压场主要包括 3 种：

①理论气压模型，如高桥模式（1939）、Myers 模型（1957）、Jelesnianski（捷氏，1965）模型等圆对称模型。该类模型结构相对简单，但在描述实际台风气压场时具有一定

的局限性，以及后来研究者的改进模型，包括陈孔沫（1981）改进的椭圆型气压场模型、章家彬（1986）的非相似结构模型。

②经验模式，如 Holland（1980）模型。

③半理论半经验模型，如盛立芳（1993）提出的模型。

风场计算方法主要有 2 种：

①利用经验关系，直接由最大风速、最大风速半径等参数计算得到。

②根据梯度风原理，由台风气压场模型计算得到。

描述台风区域气压分布的模式有以下 5 种：

①高桥模式：

$$p(r)=p_{\infty}-\frac{\Delta p}{1+\dfrac{r}{R_0}} \tag{3-264}$$

② Myers 模型：

$$p(r)=p_{\infty}-(1-\mathrm{e}^{-\frac{R_0}{r}})\Delta p \tag{3-265}$$

③藤田模型：

$$p(r)=p_{\infty}-\frac{\Delta p}{\sqrt{1+\left(\dfrac{r}{R_0}\right)^2}} \tag{3-266}$$

④捷氏模型：

$$p(r)=p_0+\frac{1}{4}\Delta p\left(\frac{r}{R_0}\right)^3 \qquad r\leqslant R_0 \tag{3-267}$$

$$p(r)=p_{\infty}-\frac{3}{4}\frac{\Delta p}{\dfrac{r}{R_0}} \qquad r>R_0 \tag{3-268}$$

以上各式中，$\Delta p=p_{\infty}-p_0$，p_{∞} 是台风外围气压，p_0 是台中心气压，r 是计算点至台风中心的距离，R_0 为台风参数。

⑤ holland 经验模型，是一个能够较准确给出台风风场和气压场的著名模型，它包含一些依靠经验观察的或者确定的气象学知识得来的参数。这个模型广泛应用于风险评估。

holland 模型（Holland，1980）基本的假设是对于一般台风而言，表面气压场遵循一个以台风半径为参数的改进的呈直角双曲线函数(Schloemer,1954)。气压场遵循以下方程：

$$p(r)=p_c+(\Delta p)\mathrm{e}^{-\left(\frac{R_{max}}{r}\right)^B} \tag{3-269}$$

式中：$p(r)$——距台风中心 r 处表面气压（Pa）；

Δp——气压差，$\Delta p=p_n-p_c$；

p_c——中心低气压（Pa）；

p_n——环境气压（通常取最外层闭合的等压线的气压值，Pa）；

R_{max}——最大风速半径（m）；

B——缩放因子（峰度），表示气压和风的轮廓形状。

考虑离心力和科氏力向外和气压梯度力向内的力的平衡：

$$\frac{V_g^2(r)}{r}+fV_g(r)=\frac{1}{\rho_{air}}\frac{dp(r)}{dr} \tag{3-270}$$

式中：$V_g(r)$——距离台风中心 r 处的梯度风风速（m/s）；

f——科氏力项，f=2ωsinφ；

ω——地球自转角速度，ω=7.272 205 4 × 10^{-5}rad/s；

φ——纬度；

ρ_{air}——空气密度。

带入作用力平衡方程，得到梯度风风场（V_g）：

$$V_g(r)=\left[\frac{B}{\rho_a}\left(\frac{R_{max}}{r}\right)^B(\Delta p)e^{-\left(\frac{R_{max}}{r}\right)^B}+\left(\frac{rf}{2}\right)^2\right]^{\frac{1}{2}}-\frac{rf}{2} \tag{3-271}$$

在最大风速处，科氏力的影响相比于气压梯度力很小，因而可将上面的方程变为：

$$V_g(r)=\left[\frac{B}{\rho_a}\left(\frac{R_{max}}{r}\right)^B(P_n-P_c)e^{\frac{-\left(\frac{R_{max}}{r}\right)^B}{}}\right]^{\frac{1}{2}} \tag{3-272}$$

最大风速（V_{max}）是台风最大半径（R_{max}）的风速，因而用 R_{max} 代替式（3-272）中的 r，可得：

$$V_{max}=\sqrt{\frac{B\Delta P}{e\rho}} \tag{3-273}$$

由此，holland 模型的参数 B 可由下式获得：

$$B=\frac{V_{max}^2\rho_a e}{P_n-P_c} \tag{3-274}$$

holland 模型（1980）是轴对称的，考虑实际风场的不对称性，需要考虑摩擦力和台风系统的运动。

首先是流入角修正（南半球，+β；北半球，−β），流入角用来代表由表层摩擦力引起的穿过等压线的流动。通常外围区域的修正角约为 25°，在最大风速半径处接近 0。Harper 等（2001）提出的 β 值为：

$$\beta=\begin{cases}10\cdot\left(\dfrac{r}{R_{max}}\right) & 0\leqslant r<R_{max}\\ 10+75\cdot\left(\dfrac{r}{R_{max}}-1\right) & R_{max}\leqslant r<1.2R_{max}\\ 25 & r\geqslant 1.2R_{max}\end{cases}$$

台风的移动是造成表面风速复杂变化的一个重要原因。因而台风的移动速度矢量（$\boldsymbol{V}_t$）被加到表面风速中，重现气旋的不对称性。考虑到在远离台风眼的地方迁移效应消失，移动速度 $\boldsymbol{V}_t$ 被覆以一个随距离指数减少的权重参数。

移行风场采用宫崎正卫公式，其分布形式为：

$$\boldsymbol{V}_t = \exp(-\pi r/500\,000)\begin{bmatrix} V_{\mathrm{x}} \\ V_{\mathrm{y}} \end{bmatrix} \tag{3-275}$$

V_{x} 和 V_{y} 分别是台风中心移动速度的正东分量和正北分量。

将式（3-272）和式（3-275）两式相加，得到台风的模型风场为：

$$\boldsymbol{V}_{\mathrm{M}} = c_1\boldsymbol{V}_{\mathrm{g}}\begin{bmatrix} -\sin(\theta+\beta) \\ \cos(\theta+\beta) \end{bmatrix} + c_2\boldsymbol{V}_{\mathrm{t}} \tag{3-276}$$

式中：c_1，c_2——修正系数；

β——梯度风与海面风的夹角；

θ——计算点和台风中心的连线与 x 轴的夹角。

实际计算时需要带入台风路径位置，近中心最大风速、台风中心最低气压值，可以从中国气象局的 CMA—STI 热带气旋最佳路径数据集中获得。

在台风中心附近，经验模型可较好地反映台风大风区的风场特征，但一般仅限于几百公里的范围；在台风外围，由于同时受到台风和其他天气系统的影响，风场一般与经验模型差别较大，需要考虑背景风场。背景风场可以采用球气候再分析数据或数值天气数据。

背景风场和台风经验模型的合成方法如下：

$$\boldsymbol{V}_{\mathrm{C}} = (1-e)\boldsymbol{V}_{\mathrm{M}} + e\boldsymbol{V}_{\mathrm{Q}} \tag{3-277}$$

式中：$\boldsymbol{V}_{\mathrm{M}}$——经验模型风场；

$\boldsymbol{V}_{\mathrm{Q}}$——背景风场；

e——权重系数，保证了两个风场的平滑连接，$e = \dfrac{c^4}{(1+c^4)}$；

$c = \dfrac{r}{10R}$。

3.7.4 数值解法

风暴潮数值模拟求解方法与二维水流模型求解方法一致。

3.8 数学模型率定、验证及其计算边界的选取

3.8.1 数学模型率定和验证

一般条件下，数学模型的率定和验证是一次性完成的，但鉴于河口海岸地区水沙条件复杂，建议模型的率定和验证分开进行。

水沙数学模型的率定主要是利用实测资料对模型的相关参数进行率定，主要表现为：

①通过数学模型的率定首先对网格形成、模型地形数据、工程方案概化等相关基础数

据进行检验；

②对模型糙率给定方法及其糙率值进行率定，使得该模型能较好地模拟沿程阻力；

③通过率定选取合理的时间步长，并分析模型收敛的合理性；

④通过河床地形实测与计算的冲淤量及分布的对比分析，综合确定恢复饱和系数 α；

⑤模型中紊动黏性系数及泥沙紊动扩散系数等也在模型率定中得以确定。

水沙数学模型的验证则是在模型率定的基础上，利用实测水沙及地形资料对模型进行计算，研究分析模型选取参数的合理性。水沙验证主要包含潮位、流速、流向、含沙量及地形冲淤等。验证精度，其高低潮时间的相位允许偏差为 ±0.5h，最高、最低潮位值允许偏差为 ±10cm。流速、憩流时间和最大流速出现的时间允许偏差为 ±0.5h，流速过程线的形态基本一致。测点涨、落潮段平均流速允许偏差为 ±10%。对于流向，往复流时测站主流流向允许偏差为 ±10°，平均流向允许偏差为 ±10°；旋转流时测站流向允许偏差为 ±15°。当模型验证试验个别测站流速、流向、潮位结果超出允许偏差时，应对比现场实测资料，分析产生偏差的原因，并采取相应的措施。当模型范围较大，验证测站较多，自然条件较复杂时，模型验证超出允许偏差的测站不得超过总验证测站的 20%，且其位置不得集中在试验研究的关键部位。

含沙量过程趋势应一致，潮段平均含沙量允许偏差为 ±30%。床面冲淤验证应满足冲淤部位和冲淤趋势相似的要求，计算与实测冲淤厚度允许偏差应为 ±30%。

风暴潮模型在模拟之前一般需要对模型参数进行率定，且率定和验证一般一次性进行。其中主要率定的参数为底部糙率，对于二维模型一般为曼宁系数，三维模型为底部粗糙度。表面风应力系数也可以根据验证结果选择合适的公式形式。然而，风暴潮模型的误差除了模型本身参数及网格概化近似外，很大一部分来自于风场和气压场的误差。因此，提高气象要素的精度是提高风暴潮模型精度的关键。

3.8.2 数学模型计算边界的选取

潮汐河口模型中通常河流上游有径流下泄入海，为此上游计算代表性径流量边界条件的选取，应根据所研究区域的水沙动力特性、研究内容等综合确定。代表性径流量一般根据上游历年实测径流量进行统计分析，结合当地的防洪规划等确定不同频率下的代表性径流量，如防洪设计流量、实际发生的特大洪水、一般洪水、造床流量、平均流量以及枯季平均流量等；而最终计算选取的代表性径流量边界条件，需根据研究目的和要求选取相应的一种或多种。

河口海岸模型中开边界通常采用潮位边界条件进行控制。潮位边界条件需要确定潮差、中潮位和涨落潮历时等三个表征参数。该三要素可通过口外边界附近潮位站实测潮位资料采用水文统计分析方法研究确定：通过潮差频率分析，确定代表性频率下大、中、小潮潮差大小；通过中潮位分析，确定代表性潮型中潮位数值；通过涨落潮历时分析，确定代表性潮型涨落潮历时分配问题。对于潮汐河口外边界代表性潮型的选择，则需根据设计频率对应的径流和潮型条件确定潮、洪组合条件，并考虑到风暴潮条件。例如，一般条件下河口海岸模型中潮型大多选择大、中、小潮；而针对防洪影响等，则需考虑防洪设计流量所对应的大潮或风暴潮。

代表性波浪边界条件的选取一般根据设计要求的不同而选取不同频率的波浪要素，如平常浪、10年一遇、20年一遇、50年一遇以及100年一遇等。而对于风暴潮边界条件的选取一般是根据所选择的风暴潮而给定相对应的边界条件；对于改变台风路径、人为设计的风暴潮则对边界条件的选取也相应的有所调整。

河口海岸区域代表性泥沙条件的选取应根据建设项目所在河段的来水来沙条件和研究的目的和要求综合确定选取。针对工程防洪影响，则需考虑选择对河势有明显影响的典型大洪水水沙系列年；对于航道整治工程，则在反映本河段常态河床变化的平常水沙系列年以及不利的典型代表性水沙系列年的基础上，考虑预测航道整治工程后滩槽格局长期演变趋势，则需进一步考虑不同来水来沙条件组合的多年水沙系列。对于波浪影响较大的区域，利用工程区域不同水动力条件下水体含沙量实测资料、水体挟沙能力和底沙输沙率理论公式计算结果，综合分析确定模型边界代表性泥沙条件。

4 物理模型模拟技术的应用

本书第 2 章针对河口海岸物理模型模拟技术，从模型试验相似理论、潮流泥沙物理模型、波流泥沙物理模型、整治建筑物水工模型、物理模型设计制作与测控设备、模型验证试验与水沙条件选取等方面进行了详细论述。本章将结合河口海岸工程实例，详细阐述物理模型模拟技术在河口海岸工程研究中的应用，以便于更好地理解模拟技术的关键应用要点。结合河口海岸水沙特点和工程研究内容等，模型典型实例主要包括大连新港潮流定床物理模型，长江河口段潮流泥沙物理模型，毛里塔尼亚友谊港波浪泥沙物理模型，汕头港、灌河口和京唐港外航道整治波流泥沙物理模型、航道整治建筑物局部冲刷防护试验、新型消能护滩结构水槽试验和航道工程新型堤身构件水流力试验研究。

4.1 大连新港 30 万吨级码头工程潮流定床模型试验

4.1.1 概况

大连新港位于北黄海内，地处丹东与渤海口之间，见图 4-1。拟建新 30 万吨级进口原油码头位于大孤山半岛，处在大窑湾与大连湾之间的矶头岬角海岸过渡区域。工程区深水近岸，岸线曲折，潮流动力较强，流态复杂，特别是 2006 年沙坨子围垦后，工程区域流场已发生一定的变化。为了合理布置新 30 万吨级原油码头，改善老 30 万吨级码头前沿流场，同时为规划建设 LNG、矿石二期、燃供泊位以及工作船泊位码头布置提供相关水动力条件等，需要通过物理模型试验研究工程区水动力条件、比选改善工程区域流场的工程措施。

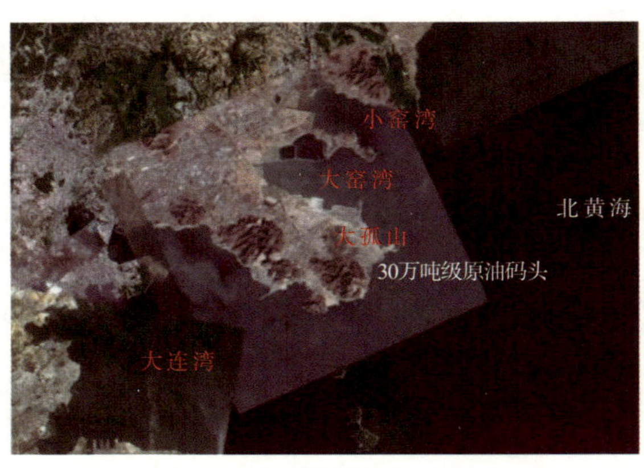

图 4-1　大连新港区位示意图

4.1.2 工程海域自然条件

海域潮汐为不规则半日潮。根据多年实测资料统计，本海区主要潮位特征值如图 4-2 所示。

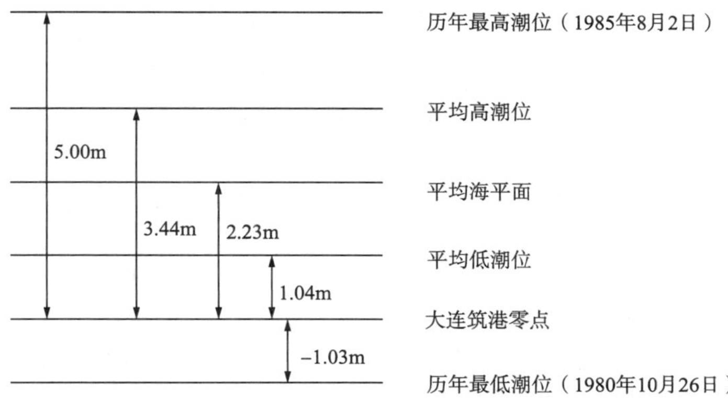

图 4-2 工程海域潮位特征值

本海域涨、落急一般出现在高、低潮前 1h 左右，转流时刻发生在中潮位附近，表现为前进潮波特性。外海涨落潮历时基本相当，近岸受地形边界影响，涨落潮期间有回流存在，落潮历时大于涨潮历时。研究海域外海的涨落潮流方向基本与岸线平行，涨潮流为西南向，落潮流为东北向，呈明显的往复流性质，见图 4-3。由图可见，近岸区域落潮动力稍大于涨潮动力，而外海涨潮动力明显强于落潮动力。

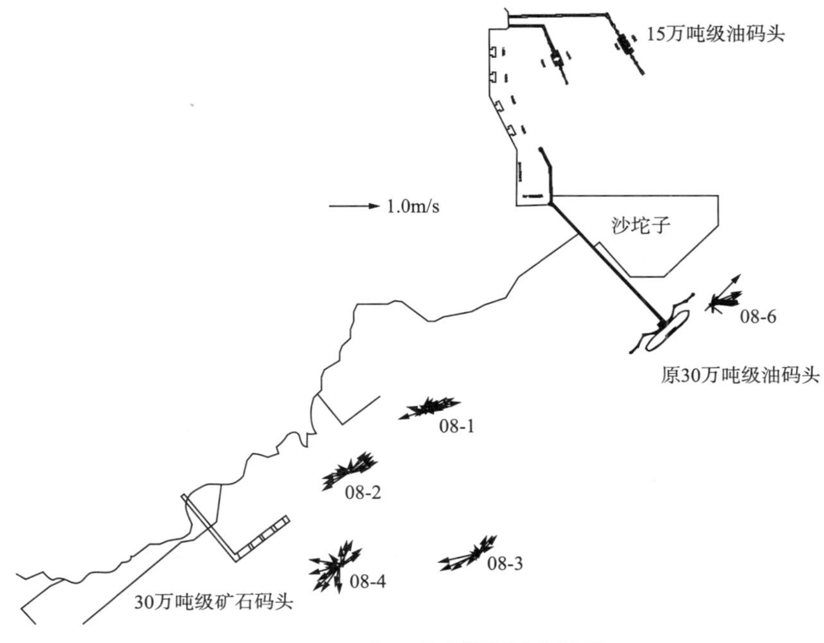

图 4-3 2008 年 5 月大潮潮流矢量图

工程海域水深分布见图 4-4。拟建工程海域深水近岸，水深条件良好，具备建设大型码头的水深条件；沙坨子围垦成陆后，形成一突出于海中的矶头，工程区涨落潮期间受边界条件影响，有回流存在，码头前沿存在横流，如不辅以一定的工程措施改善流态，可能影响码头的正常运营。

图 4-4　工程海域水深分布图

4.1.3　物理模型设计与验证

依据潮流模型设计相似准则、试验场地条件、整治工程布置及其影响范围等因素，确定模型水平比尺为 450，垂直比尺为 120。另外，在大小窑湾距工程区较近，考虑到其纳潮量对工程区水动力有一定的影响，因此模型范围包括大小窑湾。

模型工程区附近海床地形采用近期实测 1：3 000 地形图进行制作，其余部分根据海图资料进行补充。模型边界属于开敞式多通道复杂类型，主要采用 6 台双向泵多通道控制进出流量，模拟天然涨落潮过程。

模型采用的测控系统是由工控计算机，485 通信设备，生潮设备，流速、水位采集等设备组成。首先将双向泵流量过程输入计算机，通过变频器控制双向泵正反转运行，产生潮汐过程，复演天然的潮汐现象。水位测量采用光栅自动跟踪水位仪，分辨率为 0.01mm，测量误差约为 ±0.1mm。模型水下流速采用光电式小旋桨流速仪测量。表面流场采用流场实时测量系统（VDMS）测量。

模型验证包括系统重复性验证、潮位验证和水动力验证。重复性验证结果见图 4-5，可见模型从第 2 个循环开始基本趋于稳定，重复循环生潮精度基本满足试验规程的要求，因此模型试验取第 2 循环以后的测量成果。潮位及水动力验证试验采用沙坨子围垦前 2004 年 7 月大小潮和沙坨子围垦后 2007 年 1 月、9 月以及 2008 年 5 月大小潮，共计 8 组水文测验资料对模型进行了验证。验证结果见图 4-6，可见模型相似性较好，验证成果基本符合模型试验规程要求。

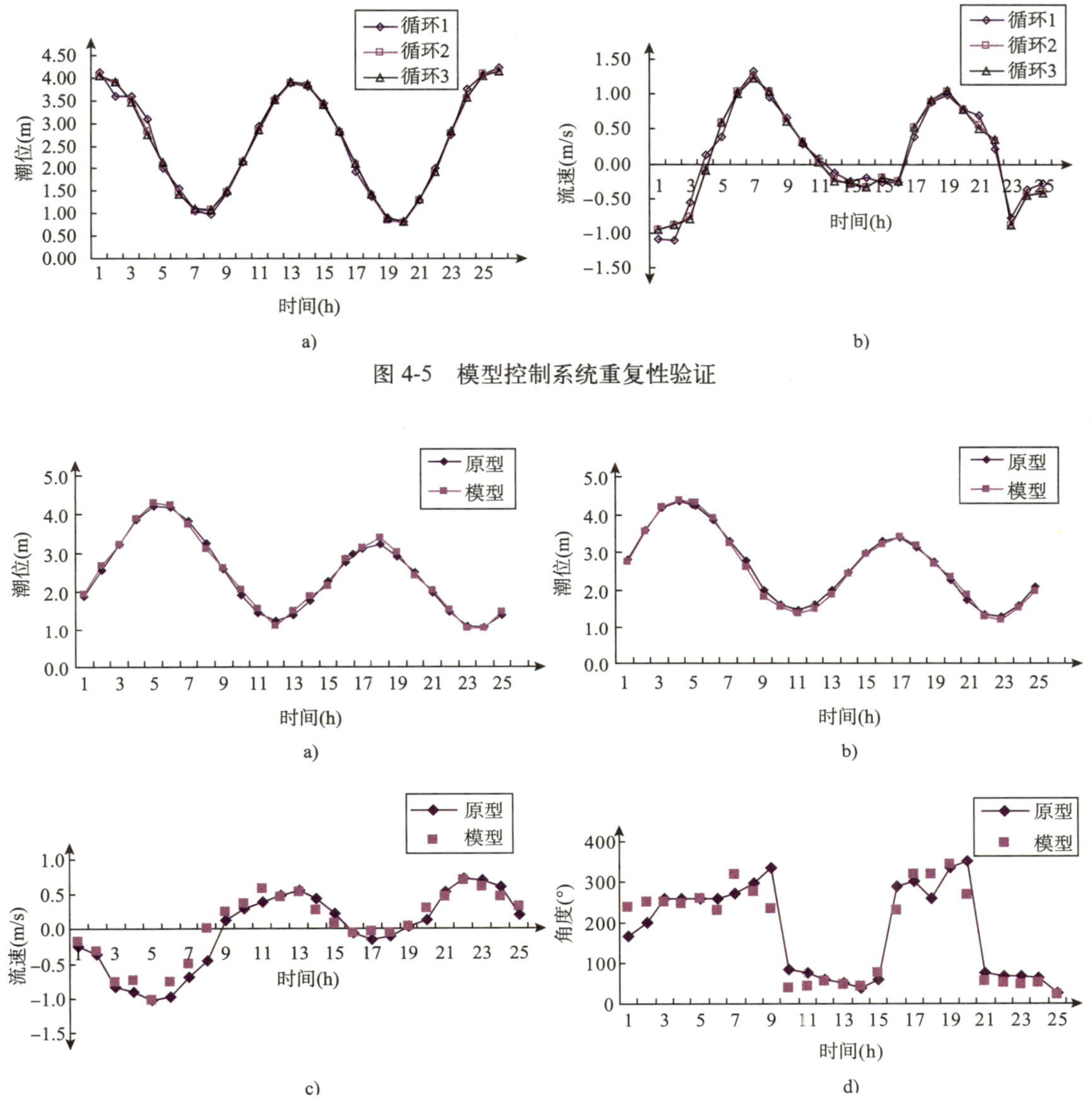

图 4-5 模型控制系统重复性验证

图 4-6 模型潮位及水动力验证

4.1.4 工程方案简介

流场整治工程方案由沙坨子北侧导流堤和南侧近岸围填岸线调整工程两部分组成，见图 4-7。其中，北侧导流堤的功能主要是为了归顺拟建新 30 万吨级油码头前沿附近涨落潮水流流向，兼顾为鲶鱼湾港区泊位码头提供防浪掩护作用。试验研究过程中对其长度进行了多方案比选分析，最终推荐长度采用 150m。南侧围填工程也进行了多个围填方案试验研究，为了说明岸线调整工程边界条件对工程区流场的影响，给出了其中 2 个围填方案的流场整治效果。围填方案 1 的平顺段基本沿着 −8m 等高线布置，围填方案 2 的平顺段基本沿着 −13m 等高线布置，方案 2 围填范围大于方案 1，见图 4-7。

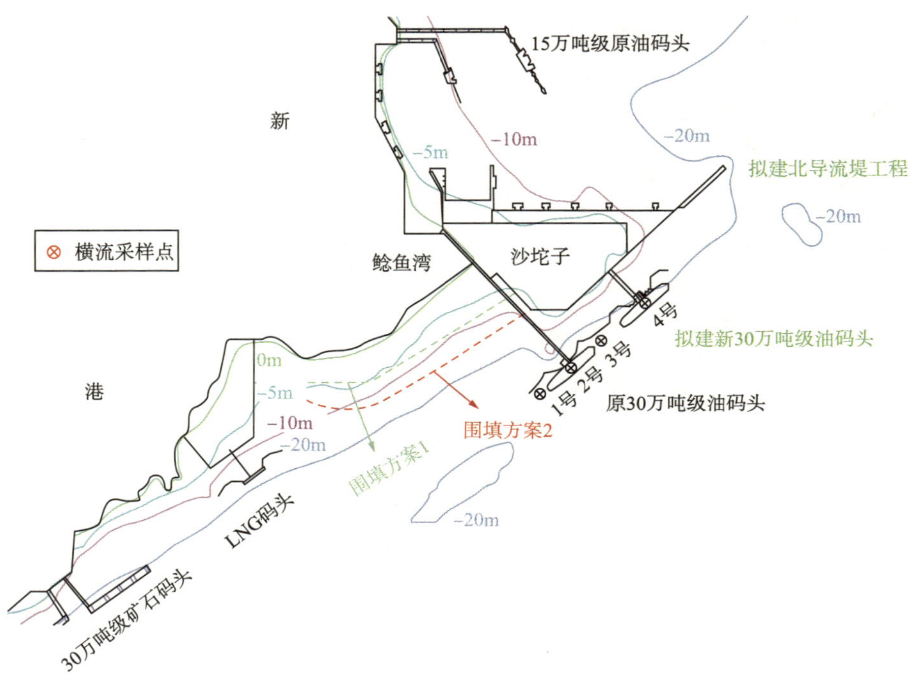

图 4-7 潮流场整治工程方案布置示意图

4.1.5 试验成果分析

4.1.5.1 沙坨子围填前后工程区流场变化

由于工程区处于大孤山矶头岬角海岸，涨落潮期间工程区有回流存在。沙坨子围垦后，又形成一凸出于海中的小矶头；受局部地形影响，涨落潮期间均有回流存在，且回流区位置、范围、强度等随时间不断变化，工程区局部流场变得尤为复杂。模型试验结果表明，涨潮憩流时刻，工程区附近存在大范围回流，且强度最大，此时原 30 万吨级码头前沿横流最强。沙坨子围填前后涨潮憩流时刻流场见图 4-8、图 4-9，已建 30 万吨级码头前沿最大横流变化见表 4-1，测点布置见图 4-7。由图表可见，受沙坨子围垦边界条件的影响，回流流向与码头前沿夹角、强度均有所增大，1 号测点横流由围垦前的 0.26m/s 增大到围垦后的 0.41m/s，增幅达 57%；2 号测点横流由围垦前的 0.23m/s 增大到围垦后的 0.35m/s，增幅约 52%；3 号测点横流略有减小。可见，沙坨子围垦工程实施后，已建 30 万吨级码头前沿横流增大明显，对码头的正常运行带来了一定的不利影响，迫切需要开展流场整治工作，归顺流场，减小横流，以利于船舶靠泊、停泊和离泊。

沙坨子围垦工程前后已建 30 万吨级码头前沿最大横流变化 表 4-1

测　点	沙坨子围垦前（m/s）	沙坨子围垦后（m/s）
1 号	0.26	0.41
2 号	0.23	0.35
3 号	0.31	0.28

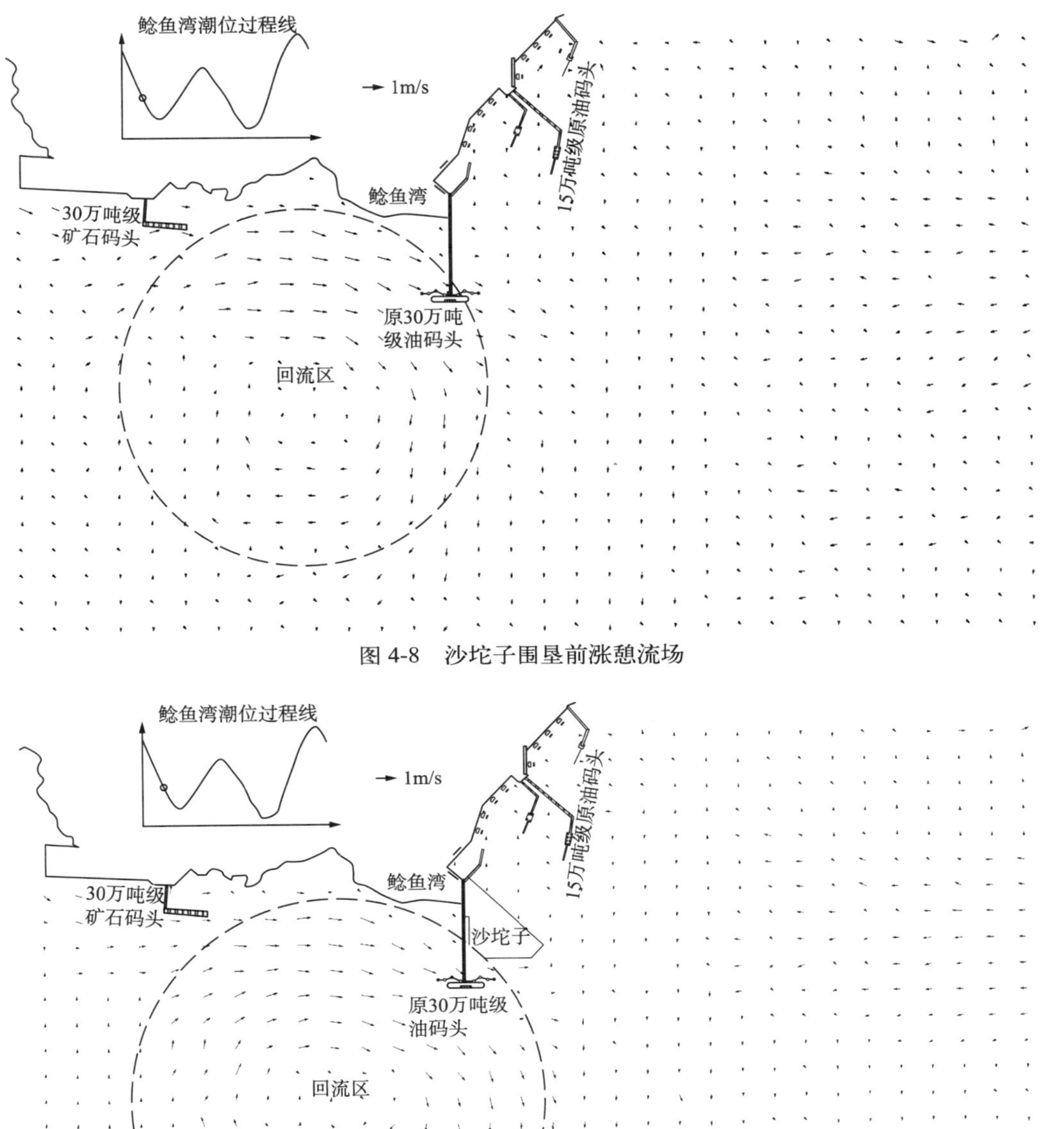

图 4-8 沙坨子围垦前涨憩流场

图 4-9 沙坨子围垦后涨憩流场

4.1.5.2 流场整治工程实施前后工程区流场变化

围填方案 1、方案 2 实施后工程区涨憩流场分别见图 4-10、图 4-11，围填方案 2 实施后落急流场见图 4-12。试验研究结果表明，受大孤山矶头岬角大范围地形影响，涨憩时大范围回流一直存在，只能通过工程措施调整回流区的位置，减小码头前沿横流。通过图 4-10

和图 4-11 比较发现，受近岸回填范围大小影响，与围填方案 1 比较，围填方案 2 实施后回流区位置向外海移动，已建 30 万吨码头处于回流区边缘，拟建 30 万吨处于回流区外；围填方案 2 实施后，落急时已建和拟建 30 万吨级码头前沿落潮水流均较为平顺。

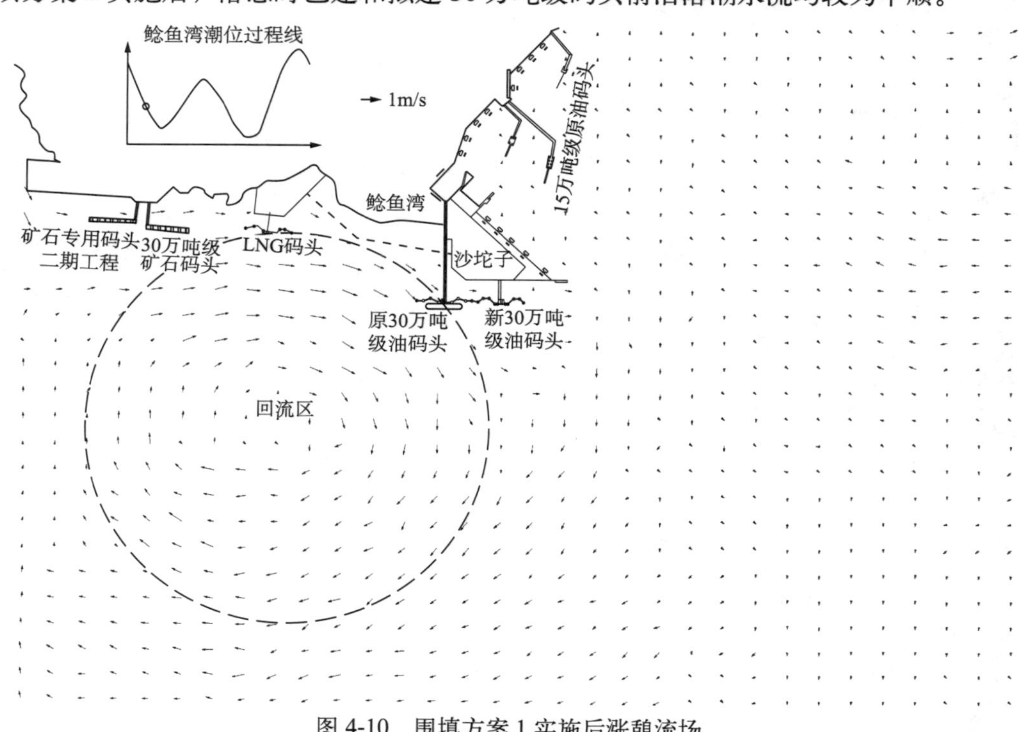

图 4-10　围填方案 1 实施后涨憩流场

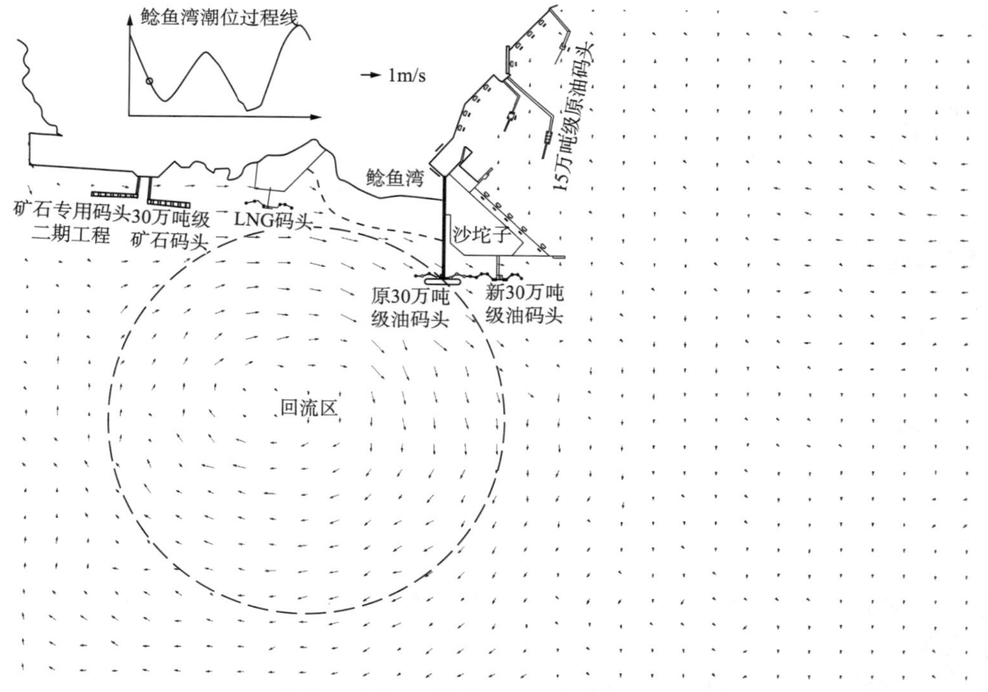

图 4-11　围填方案 2 实施后涨憩流场

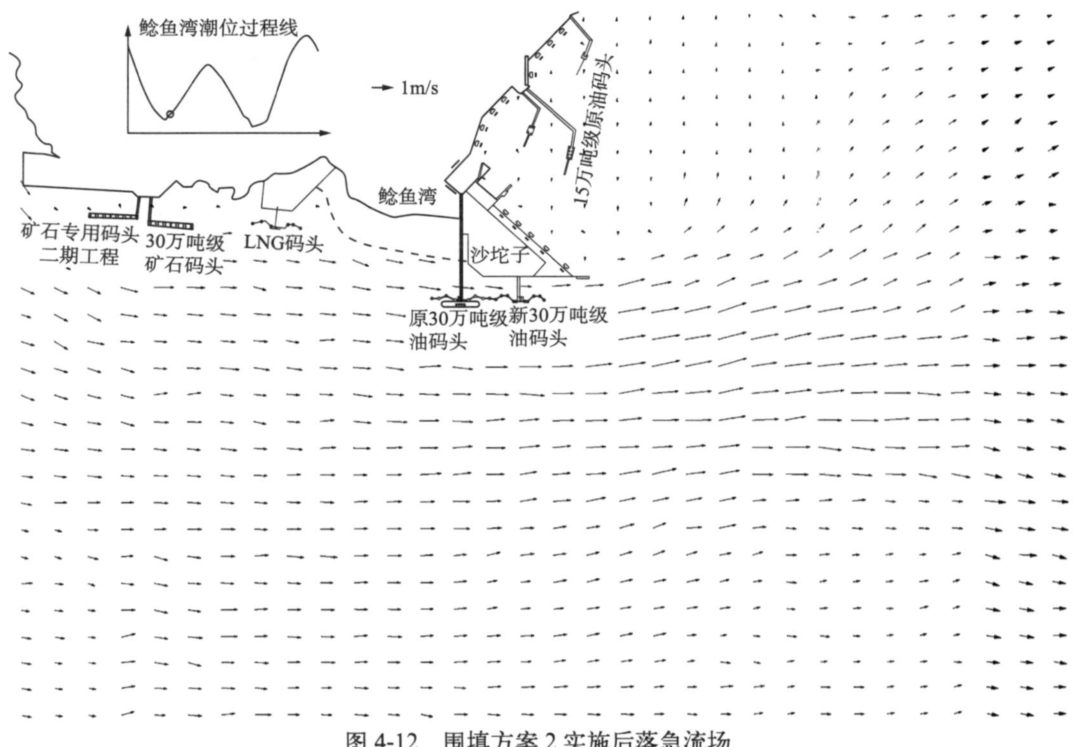

图 4-12 围填方案 2 实施后落急流场

已建和拟建 30 万吨级码头前沿最大横流变化见表 4-2。由表可见，沙坨子围垦后已建 30 万吨级码头前沿横流为 0.28～0.41m/s；而围填方案 1 实施后横流减小至 0.19～0.35m/s；围填方案 2 实施后横流减小至 0.18～0.31m/s，略小于沙坨子围垦前的 0.23～0.31m/s。围填方案 2 实施后，拟建 30 万吨码头前沿横流有所减小，约 0.11m/s。

沙坨子围垦工程前后已建 30 万吨码级头前沿最大横流变化 表 4-2

测　点	沙坨子围垦后（m/s）	围填方案 1（m/s）	围填方案 2（m/s）
1 号	0.41	0.35	0.31
2 号	0.35	0.25	0.24
3 号	0.28	0.19	0.18
4 号	0.13	0.10	0.11

由以上分析可知，对于矶头岬角海岸来说，涨落潮期间有回流存在，流场比较复杂，围垦工程实施后引起局部岸线发生变化，进而可能引起周边流场变得更加复杂，对已建涉水工程正常运行带来一定的不利影响。对于该类海岸流场整治，岸线边界条件变化对流场影响显著，所以整治工程应以归顺岸线工程措施为主，辅以其他相关工程，通过模型试验研究科学论证工程方案的选取。

4.1.6 小结

大连新港位于大孤山半岛矶头海岸，2006 年沙坨子围垦后港区局部潮流场发生了一定的变化。为合理布置拟建新30万吨级原油码头，通过潮流物理模型试验研究了大连新港潮流场整治工程方案。模型边界属于开敞式多通道复杂类型，主要采用6台双向泵多通道控制进出流量，模拟天然涨落潮过程。研究结果表明，局部岸线调整对工程区流场影响明显，围填方案2整治效果优于方案1。围填方案2实施后，已建30万吨级原油码头前沿横流减小至沙坨子围垦前，拟建30万吨级码头前沿横流较小，落急流场也较为平顺。本书建议该类海岸流场整治工程应以归顺岸线工程为主，辅以其他相关工程。

4.2 长江河口段潮流泥沙物理模型试验

长江三角洲地区是我国经济最发达的地区之一，经济的快速发展，给长江河口段的水利规划、港口航道等建设提出了更高的要求，为了解这些涉水工程实施后的效果以及对河势、防洪和周边涉水建筑物的影响，建立了长江河口段物理模型来对此进行研究。在模型布设之初，对模型类型、模型范围、模型比尺、潮汐控制方式、定动床模型加糙以及动床试验模型沙等多方面进行了详细的规划设计。模型建立后，先后经历了模型率定和多次模型验证，并进行了多项涉及交通、水利、大型桥梁和电力等相关的研究。长江河口段模型试验研究技术框图见图4-13。

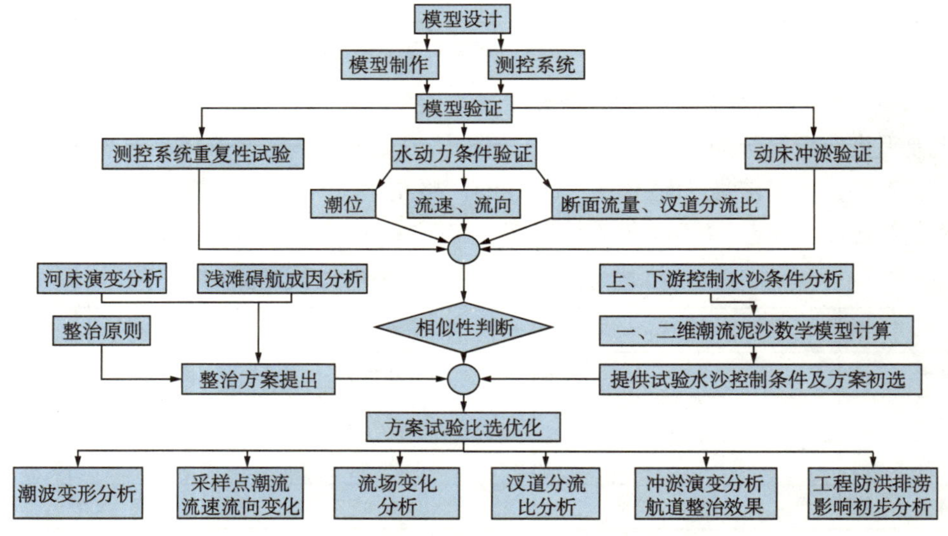

图4-13　长江河口段模型试验研究技术框图

4.2.1　长江河口段自然条件

4.2.1.1　河段概况

长江河口段位于长江下游江苏省、上海市境内（图4-14）。江苏省江阴界河口—上海吴淞口间河段全长190km。本河段由江阴水道、福姜沙水道、浏海沙水道、南通水道、通州沙水道及长江南支白茆沙水道、新桥水道、宝山水道组成。受潮流及径流共同作用，间有众多沙洲和浅滩，自上而下主要有福姜沙、民主沙、长青沙、泓北沙（现已与长青沙合并）、横港沙、通州沙、狼山沙、白茆沙、上扁担沙和下扁担沙等，属典型的多分汊河道（图 4-15）。

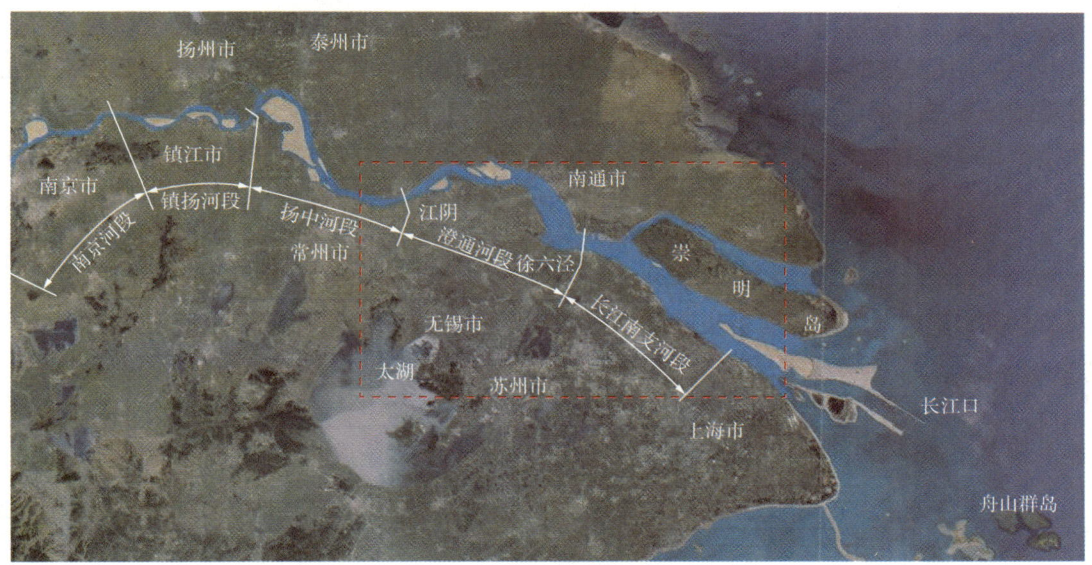

图 4-14　三沙河段位置示意图

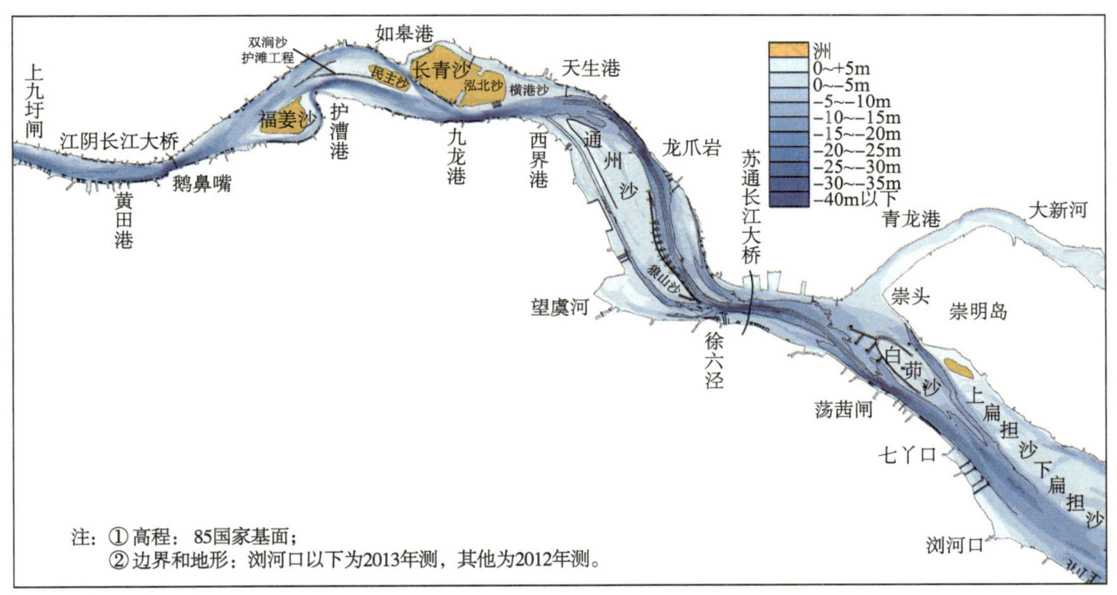

图 4-15　长江三沙河段河势图

长江下游南京至浏河口河段航道自然条件优越，良好的深水宜港岸线有 200km 以上，是目前我国内河航道等级最高和最具航运开发价值的河段。目前，长江河口段中该河段主要存在福姜沙、通州沙和白茆沙水道（以下简称三沙水道）三个卡口水道，为深水航道上延必须首先解决的重点水道（图 4-14）。

本河段为长江下游冲积性平原和现代沉积的三角洲平原。沿江有江阴鹅鼻嘴、炮台圩、南通的龙爪岩、徐六泾、七丫口等天然和人工节点控制长江的河势，大的河势及岸线已基本趋于稳定，但局部河势仍处于冲淤变化之中。

4.2.1.2 上游径流、泥沙条件

大通站是长江潮区界以上最后一个水文站，距工程河段约460km。大通站以下较大的入江支流有安徽省的青弋江、水阳江、裕溪河，江苏省的秦淮河、滁河、淮河入江水道、太湖流域等水系，入江流量占长江总流量的3%～5%，故大通站的径流资料可以代表本河段的上游径流。根据大通水文站资料统计分析，其特征值见表4-3。

大通站径流及沙量特征值统计表（1950~2013年） 表4-3

类别	最大值	最小值	平均值
流量（m^3/s）	92 600（1954年8月1日）	4 620（1979年1月31日）	28 591
洪峰流量（m^3/s）	—	—	56 800
枯水流量（m^3/s）	—	—	16 700
径流总量（$\times 10^8 m^3$）	13 454（1954年）	6 696（2011年）	8 946
输沙量（$\times 10^8 t$）	6.78（1964年）	0.72（2011年）	三峡蓄水前4.29，蓄水后1.42
含沙量（kg/m^3）	3.24（1959年8月6日）	0.016（1993年3月3日）	三峡蓄水前0.468，蓄水后0.17

最大流量一般出现在每年7～8月份，最小流量一般在1～2月份。径流在年内分配不均匀，5～10月为汛期，三峡水库蓄水前，其径流量占年径流总量的70.72%、沙量占87.92%，三峡水库蓄水后，其径流量占年径流总量的68.14%、沙量占80.11%。由此表明，汛期水量、沙量比较集中，沙量集中程度大于水量。

长江水体含沙量与流量有关。三峡蓄水前，多年平均含沙量约为0.468kg/m³，而洪季为0.582kg/m³；三峡蓄水后，多年平均含沙量约为0.170kg/m³，而洪季约为0.200kg/m³。径流、泥沙在年内分配情况详见表4-4和表4-5。

大通站多年月平均流量、沙量统计表（2002年三峡水库蓄水前） 表4-4

月份	流量（m^3/s）	水量年内分配（%）	输沙率（kg/s）	沙量年内分配（%）	含沙量（kg/m^3）
1	10 987	2.74	1 086	0.68	0.099
2	11 711	2.92	1 091	0.68	0.093
3	15 960	3.98	2 252	1.40	0.141
4	24 115	6.01	5 659	3.52	0.235
5	33 820	8.43	12 004	7.47	0.355
6	40 307	10.05	16 352	10.18	0.406
7	50 499	12.59	37 640	23.43	0.745
8	44 249	11.03	31 538	19.63	0.713
9	40 307	10.05	27 310	17.00	0.678
10	33 438	8.33	16 392	10.20	0.490
11	23 366	5.82	6 801	4.23	0.291
12	14 328	3.57	2 525	1.57	0.176
汛期（5～10月）	40 437	70.72	23 539	87.92	0.582
年平均	28 591		13 387		0.468
统计年份	1950～2002年			1951年、1953～2002年	

大通站多年月平均流量、沙量统计表（2003 年三峡水库蓄水后） 表 4-5

月　份	流量（m³/s）	水量年内分配（%）	输沙率（kg/s）	沙量年内分配（%）	含沙量（kg/m³）
1	12 975	2.76	1 029	1.91	0.079
2	13 961	2.97	1 067	1.98	0.076
3	19 140	4.07	2 383	4.42	0.124
4	22 397	4.76	2 941	5.46	0.131
5	30 769	6.54	4 721	8.76	0.153
6	39 230	8.33	6 680	12.39	0.170
7	44 027	9.35	10 026	18.60	0.228
8	40 572	8.62	9 816	18.21	0.242
9	35 710	7.59	8 330	15.45	0.233
10	25 233	5.36	3 610	6.70	0.143
11	18 344	3.90	2 107	3.91	0.115
12	13 956	2.96	1 198	2.22	0.086
汛期（5～10 月）	35 923	68.14	7 197	80.11	0.200
年平均	26 359		4 492		0.170
统计年份	2003 年至今				

根据 1950 ～ 2013 年资料统计，大通站多年平均径流总量约为 8 946 亿 m³，年际间波动较大，但多年平均径流量无明显的趋势变化（图 4-16）。根据 1950～2013 年水文资料统计，大通站年平均输沙量为 3.84 亿 t。近年来，随着长江上游水土保持工程及水库工程的建设以及沿程挖沙，造成长江流域来沙越来越少。输沙量以葛洲坝工程和三峡工程的蓄水为节点，呈现明显的三阶段变化特点，输沙量呈现逐渐减小的趋势，见图 4-16。其中 1951 ～ 1985 年平均年输沙量为 4.71 亿 t，1986 ～ 2002 年平均年输沙量为 3.40 亿 t，2003 ～ 2013 年平均年输沙量为 1.42 亿 t。

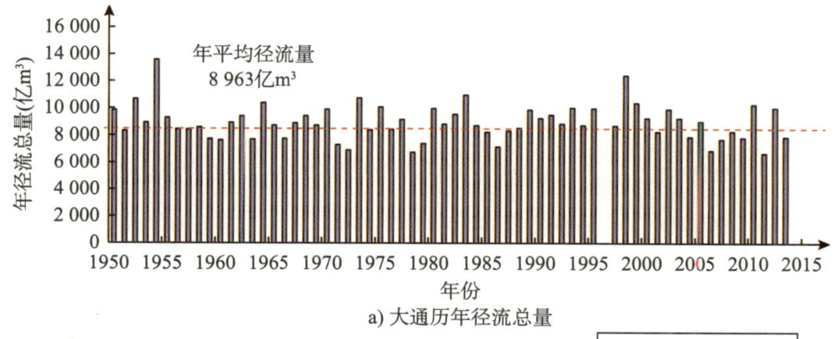

a) 大通历年径流总量

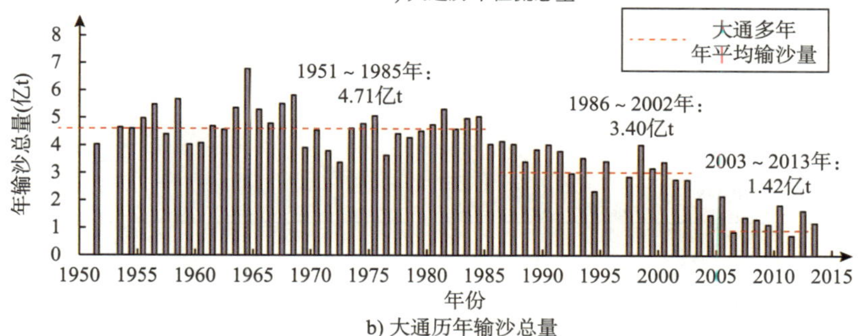

b) 大通历年输沙总量

图 4-16　1951 ～ 2013 年大通站历年径流总量、历年输沙总量分布

图 4-17 为三峡蓄水前后大通站多年月均径流量、输沙量对比图。由图可见，洪季流量减小有限，1～3 月份枯季流量有所增加；而沙量洪季减小程度明显，枯季变化有限。

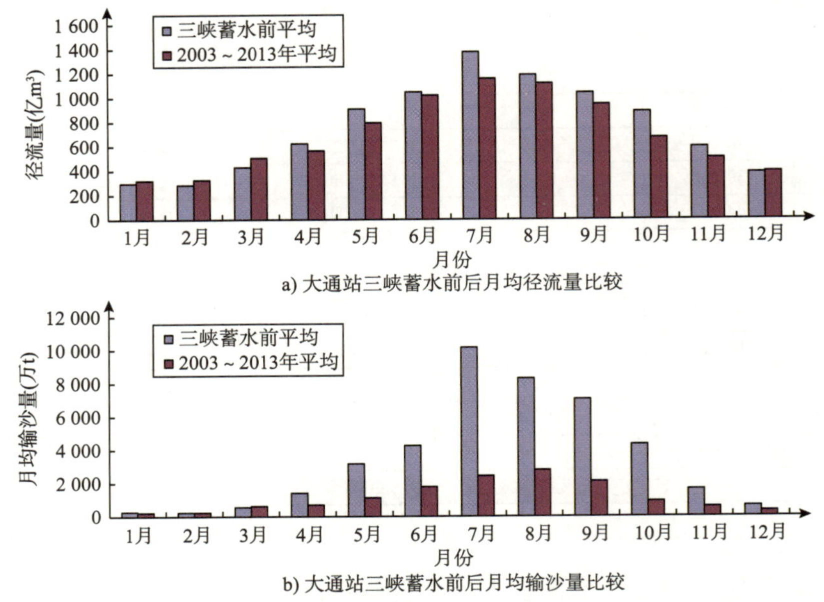

a) 大通站三峡蓄水前后月均径流量比较

b) 大通站三峡蓄水前后月均输沙量比较

图 4-17　2003～2013 年大通站三峡水库蓄水前后月均径流量、输沙量对比

4.2.1.3　潮汐特征

长江口为中等强度潮汐河口，长江口南支河段潮汐属于非正规半日潮，一涨一落平均历时 12h25min，一个太阴日 24h50min，有两涨两落，且日潮不等。每年春分至秋分为夜大潮，秋分至次年春分为日大潮。最大潮差在 4m 以上，最小潮差为 0.02m。在径流与河床边界条件阻滞下，潮波变形明显，涨落潮历时不对称，涨潮历时短，落潮历时长，潮差沿程递减，落潮历时沿程递增，涨潮历时沿程递减（图 4-18）。

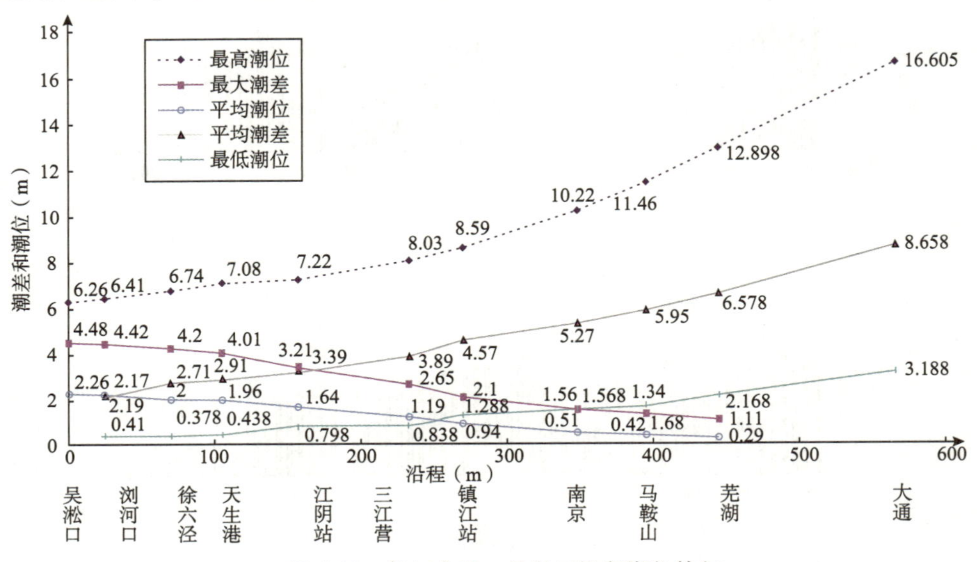

图 4-18　长江大通—吴淞口沿程潮位特征

长江口潮流界随径流强弱和潮差大小等因素的变化而变动，枯季潮流界可上溯到镇江附近，洪季潮流界可下移至西界港附近。据实测资料统计分析可知，当大通径流在10 000m^3/s左右时，潮流界在江阴以上；当大通径流量在40 000m^3/s左右时，潮流界在如皋沙群一带；大通径流量在60 000m^3/s左右时，潮流界将下移到芦泾港—西界港一线附近。

工程河段自上而下的肖山、天生港、徐六泾、杨林和吴淞的潮汐特征值见表4-6（1985～2006年，1985国家高程基准）。最高潮位通常出现在遭遇台风、天文潮和大径流三者或两者之时，其中台风影响较大。1997年8月19日（农历七月十七日），11号台风和特大天文大潮遭遇，天生港站出现建站以来最高潮位7.08m（吴淞高程）。1996年八号台风，正值农历六月十七天文大潮，遭遇上游大洪水（长江大通站流量达72 000m^3/s），江阴出现历史上最高潮位。

肖山、天生港、徐六泾、杨林和吴淞的潮汐统计特征表（单位：m）　　表4-6

特征值＼站名	肖山	天生港	徐六泾	杨林	吴淞
最高潮位	5.28	5.14	4.83	4.50	3.82
最低潮位	−1.14	−1.52	−1.56	−1.47	−2.17
平均高潮位	2.10	2.07	2.05	1.71	1.36
平均低潮位	0.50	0.03	−0.37	−0.50	−0.89
平均潮差	1.64	1.93	2.01	2.19	2.31
最大潮差	3.39	4.01	4.01	4.90	4.48

福姜沙河段，洪季大潮最大落潮流速可达1.8m/s以上，平均落潮流速为0.7～1.17m/s，枯季大潮和中潮平均落潮流速为0.5～0.8m/s；洪季大潮的最大涨潮流速小于0.5m/s，主槽不出现涨潮流，枯季大潮和中潮平均涨潮流速小于0.5m/s。

根据2010年7月通州沙、白茆沙河段实测断面涨、落潮最大流速统计，落潮最大流速一般出现在深槽主流处，涨潮最大流速一般出现在边滩或浅滩处，并大多出现在水面或相对水深0.2H处；实测最大流速一般出现在大潮期，涨潮最大流速为2.24 m/s（北支口断面），落潮最大流速为2.37m/s（通州沙东水道）。

4.2.1.4　泥沙特性

福姜沙河段悬沙、底沙级配曲线以及通州沙、白茆沙河段主槽颗粒沙级配曲线见图4-19。

（1）工程河段河床底质中值粒径分布

三沙河段底沙粒径沿程变细，总体来说，对于底沙粒径，福姜沙河段大于通州沙河段，通州沙河段大于白茆沙河段，即上游底沙粒径大于下游底沙粒径。福姜沙河段主槽中值粒径平均为0.15～0.25mm，通州沙河段主槽中值粒径为0.10～0.25mm，白茆沙河段主槽中值粒径为0.10～0.20mm。

河床底质中值粒径分布除沿程存在一定的差异，主深槽与次深槽、滩地之间也存在一定的差异。从以往的实测资料分析，主槽底沙中值粒径一般在0.1～0.25mm，边滩底质中值粒径一般在0.01～0.1mm。主汊底沙中值粒径一般大于支汊，如福姜沙左汊大于右汊，浏海沙水道大于天生港水道，通州沙东水道一般大于西水道，白茆沙南水道一般大于北水道，南支大于北支等。

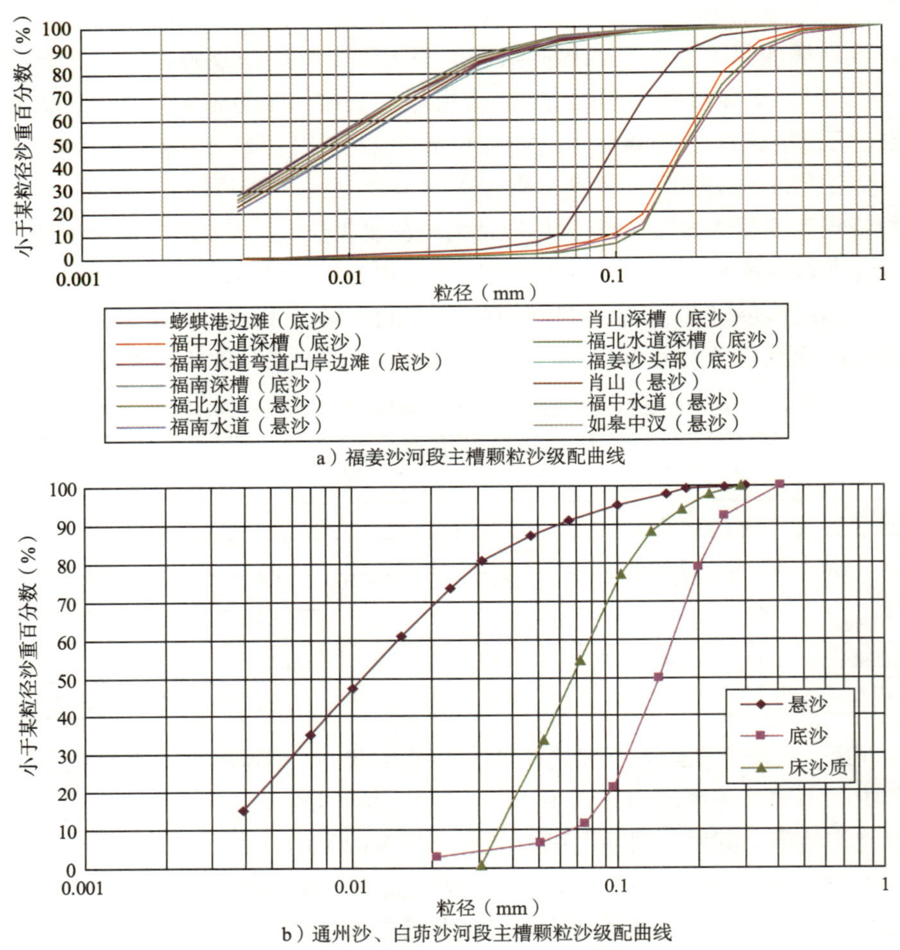

a）福姜沙河段主槽颗粒沙级配曲线

b）通州沙、白茆沙河段主槽颗粒沙级配曲线

图 4-19　福姜沙、通州沙、白茆沙河段主槽颗粒沙级配曲线

以落潮流为主的汊道底质粒径大于以涨落潮为主的汊道。如以涨潮流为主的天生港水道、福山水道底质较细。以冲刷为主的河床底沙粒径大于以淤积为主的河床底沙粒径，前者一般中值粒径 $d_{50} > 0.1$mm，后者一般中值粒径 $d_{50} < 0.1$mm。如双涧沙头部，姚港对开南通水道 −5m 心滩、狼山沙西水道心滩、新开沙尾部、白茆沙头部等淤积时底沙中值粒径小于 0.1mm，冲刷时中值粒径在 0.1mm 以上。

底沙不均匀系数随粒径的不同差异较大，当 d_{50} 在 0.2mm 左右，不均匀系数为 1.5～3；当 d_{50} 为 0.15mm 时，不均匀系数为 2～5；当 d_{50} 为 0.1mm 时，不均匀系数为 3～8；当 d_{50} 为 0.05mm 时，不均匀系数为 5～10；当 d_{50} 小于 0.05mm 时，不均匀系数大于 10。主槽内底沙粒径小于 0.031mm 的，一般不足 5%，粒径小于 0.062mm 的，一般占 10% 左右。

（2）工程河段悬沙中值粒径分布

大通站三峡水库蓄水前后多年平均悬沙中值粒径基本不变，1987～2002 年各年平均悬沙中值粒径为 0.009mm，2003 ～ 2009 年各年平均悬沙中值粒径为 0.01mm。

通过以往实测资料分析表明，工程河段悬沙中值粒径一般在 0.005～0.02mm，平均中值粒径约为 0.01mm。大、中、小潮中值粒径差异较小，一般涨落急中值粒径略大于涨憩、落憩，总体来说，悬沙中值粒径沿程变化不大，主槽和浅滩相差不大，主支汊无明显变化。

悬沙枯季主要由粉沙组成，其中，粉沙组分平均占 57.8%～81.9%，沙和黏粒组分均在 10%～20%。洪季悬沙粒径相对较小，主要由黏粒质粉沙组成，其中，粉沙占 60%～70%，黏粒大约占 30%，砂占 10% 以下。

工程河段造床泥沙主要为底沙运移，经分析计算，悬沙中造床泥沙的分界粒径约为 0.04mm，悬沙中参与造床泥沙的约占 10%。

（3）工程河段悬沙含沙量平面分布

工程河段含沙量主要受上游来沙的影响，也受下游涨潮来沙的影响，洪季含沙量大于枯季，大潮含沙量大于小潮。同时，主支汊之间含沙量也存在一定的差异。福姜沙水道，落潮左汊含沙量一般大于右汊，而如皋中汊含沙量一般大于浏海沙水道，天生港水道涨潮含沙量大于落潮含沙量。

4.2.2 长江河口段模型设计

下面就模型设计中模型显示比尺、模型类型选择、模型比尺的选择、模型控制方式、模型加糙等方面进行说明。模型沙的选择、模型试验水文条件的选择与模型具体研究内容有关，这些将在具体的研究实例中进行说明。

（1）模型类型及范围选择

考虑本模型的建立是为了解决长江河口段内有关水利规划、深水航道整治等工程实施后的整治效果和影响，为此拟建立一个长江河口段潮流泥沙物理模型，来研究工程实施后的水动力变化和河床冲淤变化。模型研究的工程主要位于福姜沙、通州沙和白茆沙河段，考虑模型的过渡段，最后选定模型的范围上起江阴界河口，长江南支至吴淞口，北支在大新河以下。

（2）模型相似条件

①水流运动相似条件。

由非恒定流运动方程：

$$\begin{cases}\dfrac{\partial u}{\partial t}+u\dfrac{\partial u}{\partial x}+v\dfrac{\partial u}{\partial y}+g\dfrac{\partial \zeta}{\partial x}+g\dfrac{u^2}{C^2h}=0\\[2ex]\dfrac{\partial v}{\partial t}+u\dfrac{\partial v}{\partial x}+v\dfrac{\partial v}{\partial y}+g\dfrac{\partial \zeta}{\partial y}+g\dfrac{v^2}{C^2h}=0\end{cases}\tag{4-1}$$

可得：

重力相似：

$$\lambda_u=\sqrt{\lambda_h}\tag{4-2}$$

阻力相似：

$$\lambda_u=\lambda_n^{-1}\lambda_h^{\frac{7}{6}}\lambda_l^{-\frac{1}{2}}\tag{4-3}$$

水流惯性相似：

$$\lambda_u=\lambda_l\lambda_{t_1}^{-1}\tag{4-4}$$

水流连续性相似：

$$\lambda_Q=\lambda_h^{\frac{3}{2}}\lambda_l \tag{4-5}$$

紊流限制：

$$Re_m \geqslant 1\,000 \tag{4-6}$$

模型变率限制：

$$\frac{\lambda_l}{\lambda_h}\leqslant\left(\frac{1}{6}\sim\frac{1}{10}\right)\left(\frac{B}{h}\right)_P \tag{4-7}$$

式中：λ_l——平面比尺；

λ_h——垂直比尺；

λ_u——流速比尺；

λ_n——糙率比尺；

λ_Q——流量比尺；

Re_m——模型雷诺数；

B、h——河宽、水深；

P、m——原型及模型。

②泥沙运动相似条件

本河段地处长江河口段，受径流及潮汐共同作用，河床的冲淤变化应同时考虑悬移质及推移质运动的相似，临底层泥沙运动对河床变形起主导作用。泥沙运动及其引起河床变形相似条件如下：

泥沙起动相似：

$$\lambda_u=\lambda_{u_0} \tag{4-8}$$

泥沙沉降部位相似：

$$\lambda_\omega=\frac{\lambda_u\lambda_h}{\lambda_l} \tag{4-9}$$

泥沙悬浮扩散相似：

$$\lambda_\omega=\lambda_{u_*} \tag{4-10}$$

泥沙输沙相似：

$$\lambda_p=\lambda_{p_*}，\lambda_s=\lambda_{s_*} \tag{4-11}$$

河床变形相似：

$$\lambda_{t_2}=\lambda_{\gamma_0}\cdot\frac{\lambda_l^2\lambda_h}{\lambda_p}，\lambda_{t_2}=\lambda_{r_0}\cdot\frac{\lambda_l}{\lambda_{s_*}\lambda_u} \tag{4-12}$$

式中：λ_{u_0}——泥沙起动流速比尺；

λ_ω——泥沙沉降流速比尺；

λ_{u_*}——沙粒摩阻流速比尺；

λ_p、λ_{p_*}——底沙输沙量比尺和输沙能力比尺；

λ_s、λ_{s_*}——悬沙挟沙量比尺和挟沙能力比尺；

λ_{γ_0}——泥沙干重度比尺；

λ_{t_2}——河床冲淤变化时间比尺。

考虑到：

$$V_*'=\frac{n_d\sqrt{gu}}{h^{\frac{1}{6}}} \tag{4-13}$$

$$n_d=0.045d_{95}^{\frac{1}{6}} \tag{4-14}$$

$$u_*'=\frac{u}{7.14\left(\frac{h}{d_{95}}\right)^{\frac{1}{6}}} \tag{4-15}$$

式中：d_{95}——级配曲线中小于或等于 95% 的泥沙粒径。

泥沙悬浮扩散相似条件式（4-10）可转化为：

$$\lambda_\omega=\frac{\lambda_u}{\left(\frac{\lambda_h}{\lambda_d}\right)^{\frac{1}{6}}} \tag{4-16}$$

式中：λ_ω——泥沙沉降流速比尺；

λ_u——流速比尺；

λ_h——垂直比尺；

λ_d——泥沙粒径比尺。

（3）模型比尺选择

依据物理模型比尺限制条件及模型研究内容要求，潮位流速、地形等测量精度要求，模型沙选择要求等，确定垂直比尺 λ_h=100，另外考虑模型变率限制，潮汐河口模型变率宜取 6 左右，依据水流运动时间比尺 $\lambda_t=\lambda_l/\sqrt{\lambda_h}$，$t_m=t_p/\lambda_t$，天然 1h 时间模型最好取接近整数，可减小多个潮周期循环后的时间累积误差，综合考虑，最后确定 λ_l=655。

模型制模面积约为 4 000m^2。模型总体布置见图 4-20，模型照片见图 4-21～图 4-23。长江河口段模型比尺见表 4-7。

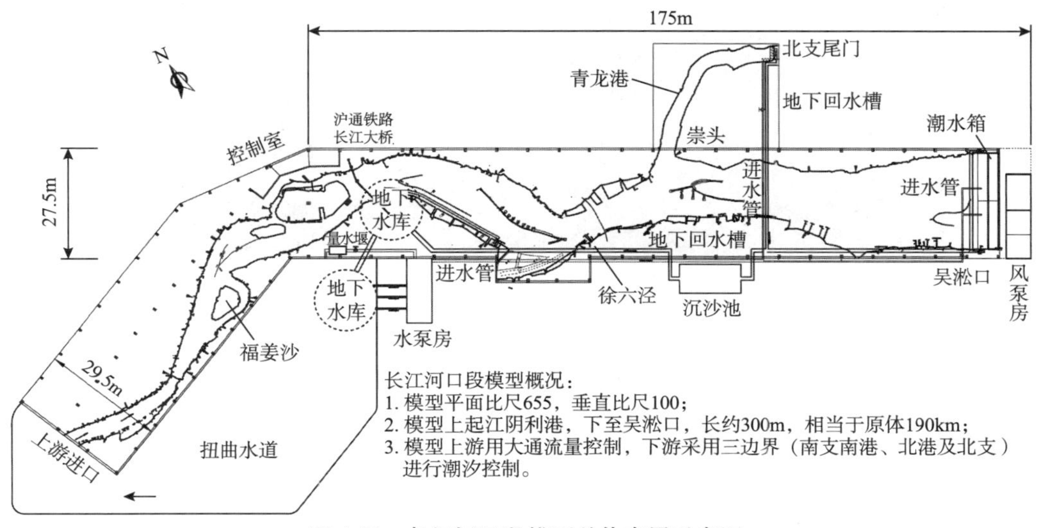

图 4-20　长江河口段模型总体布置示意图

图 4-21　模型上游试验场景

图 4-22　模型中下段徐六泾河段

图 4-23　模型下游试验场景

长江河口段模型比尺表　　表 4-7

内　容	名　称	符　号	数　值
几何相似	水平比尺	λ_l	655
	垂直比尺	λ_h	100
	变率	$\eta=\lambda_l/\lambda_h$	6.55

续上表

内　容	名　称	符　号	数　值
水流运动相似	流速比尺	$\lambda_u=\lambda_h^{1/2}$	10
	糙率比尺	$\lambda_n=\lambda_h^{2/3}\lambda_l^{1/2}$	0.84
	时间比尺	$\lambda_t=\lambda_l\lambda_h{}^{1/2}$	65.5
	流量比尺	$\lambda_Q=\lambda_u\lambda_h\lambda_l$	655 000
泥沙运动相似	河床质流速比尺	$\lambda_{u_0}=\lambda_\omega$	10
	河床质粒径比尺	λ_{d_1}	1.13
	床沙质沉速比尺	λ_ω	3.54
	床沙质粒径比尺	λ_{d_2}	0.56
	含沙量比尺	λ_s	0.103
	冲淤时间比尺	λ_{t_2}	1 326

（4）模型控制方式

长江口为中等强度潮汐河口，上游有径流下泄。模型上游采用扭曲水道连接量水堰和模型试验区，上游采用大通流量控制，扭曲水道以模拟涨潮流上溯。考虑长江出徐六泾后北崇明岛分为长江南支和北支，下游双边界潮位控制：北支由水位控制的矩形平板翻转式尾门生潮设备模拟潮汐过程，南支由潮水箱生潮设备模拟潮汐过程。

（5）模型沙选择

目前，在河工模型试验中常用的模型沙有经防腐处理木粉、电木粉、煤粉、塑料沙等。模型床面需模拟天然河床的可动性，模型沙需满足天然河床泥沙的沉降及悬浮相似，需选择与天然泥沙运动相似的模型沙。根据以往试验经验，以及本河段以往动床试验情况，采用经防腐处理的木粉，其物理性能较稳定，不易板结，地形易刮制。

由天然泥沙特性可知，泥沙颗粒密实密度 $(\gamma_s)_p=2.65\text{t/m}^3$，淤积干密度 $(\gamma_0)_p=1.46\text{t/m}^3$。本次试验选用经特殊处理的木粉，这种木粉由木材直接粉碎，然后加入化学物品以调节木粉相对密度并进行防腐处理。处理后，木粉颗粒间透水性和圆度好，与天然沙运动有较好的相似性。其木粉模型沙的颗粒密实密度 $(\gamma_s)_m=1.15\text{t/m}^3$，淤积干密度 $(\gamma_0)_m=0.70\text{t/m}^3$。

①悬沙中床沙质粒径比尺的确定

由床沙质资料分析可知，其悬沙中床沙质中值粒径 $d_{50p}=0.07\text{mm}$。床沙质运动相似应满足：

A. 沉降相似：

$$\lambda_\omega=\lambda_u\cdot\frac{\lambda_h}{\lambda_l}=10\times\frac{100}{655}=1.53$$

已知 $\omega_{50_p}=0.35\text{cm/s}$、$\omega_m=\dfrac{0.35}{1.53}=0.229\text{cm/s}$，按冈恰洛夫层流区沉速公式：

$$\omega=\frac{g}{24\nu}\left(\frac{\gamma_s-\gamma}{\gamma}\right)d^2 \tag{4-17}$$

式中：ω——泥沙沉降流速（cm/s）；

g——重力加速度（m/s^2）；

ν——水的运动黏滞系数（cm^2/s）；

γ_s、γ——泥沙和水的重度（N/m^3）；

d——泥沙粒径（mm）。

有$\omega_m=\frac{g}{24\nu}\left(\frac{\gamma_{sm}-\gamma}{\gamma}\right)d_m^2$，得 d_m=0.19mm。

B. 悬浮相似：

$$\lambda_\omega=\lambda_u\sqrt{\frac{\lambda_h}{\lambda_l}}=10\times\sqrt{\frac{100}{655}}=3.91，\omega_m=\frac{0.35}{3.91}=0.09cm/s;$$

$$由\omega_m=\frac{g}{24\nu}=\left(\frac{\gamma_{sm}-\gamma}{\gamma}\right)d_m^2，d_m=\sqrt{\frac{0.09\times24\times0.01}{980\times0.15}}=0.12mm。$$

要同时满足以上两个条件，取二者平均值：

$$\overline{d}_m=\frac{0.19+0.12}{2}=0.16mm，\lambda_d=\frac{0.07}{0.16}=0.44$$

据此粒径比尺确定床沙质模型沙级配曲线，见图 4-24。

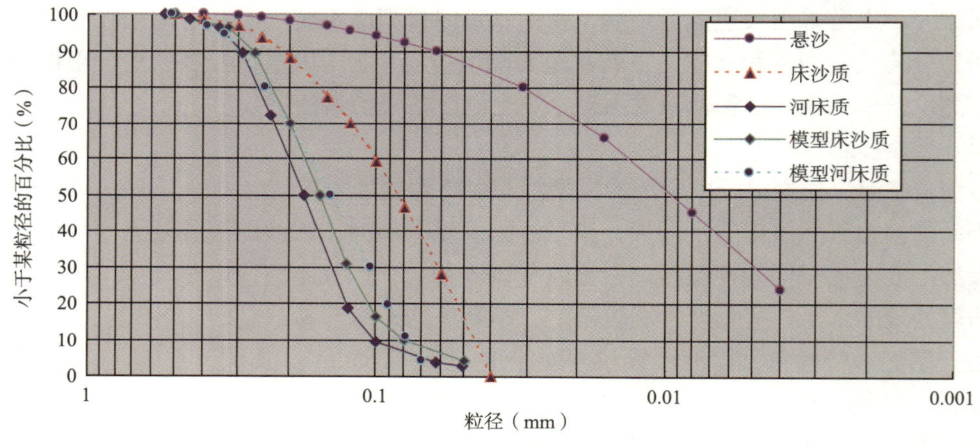

图 4-24　泥沙颗粒级配曲线

②河床质粒径比尺的确定

在全潮水文测验期间，对本河段进行主槽和沙滩上河床质沙样进行颗粒分析，其中值粒径范围在 0.1～0.2m，平均中值粒径约为 d_{50_p}=0.15mm，平均级配曲线见图 4-24。

已知河床质 d_{50_p}=0.15mm，ω_p=1.5cm/s。根据相似条件式（4-17）和李昌华起动流速公式知：

李昌华起动流速公式：

$$u_0=0.12\left(\frac{h}{d_{95}}\right)^{\frac{1}{6}}\frac{\omega}{\left(\frac{\rho_s}{\rho}-1\right)^{\frac{1}{3}}d} \tag{4-18}$$

式中：u_0——泥沙起动流速（m/s）；

d_{95}——小于 95% 沙重的粒径（mm）；

ω——泥沙沉降流速（cm/s）；

ρ_s、ρ——泥沙和水的密度（kg/m^3 或 t/m^3）；

d——泥沙粒径（mm）。

设 d_m=16mm，按式（4-17），有：$\omega_m=\frac{g}{24\nu}\left(\frac{\gamma_{S_m}-\gamma}{\gamma}\right)d_m^{\ 2}$=0.157cm/s，$\lambda_\omega$=9.55，$\lambda_d$=0.94。

$\lambda_{u_0}=\left(\frac{100}{0.94}\right)^{\frac{1}{6}}\times\frac{9.55}{2.22\times0.94}=10$。

故要求 d_m=0.16mm，λ_d=0.94。

因此，模型沙基本符合相似条件（4-8），即 $\lambda_u=\lambda_{u_0}$。根据上述粒径比尺 λ_d=0.94，中值粒径 d_m=0.16mm，确定推移质及河床质模型沙的粒径的级配曲线（图 4-24）。

③河床冲淤时间比尺

工程所处的长江河口段，河床的冲淤变化及滩槽移动主要由临底悬沙运动起主要作用。因此采用挟沙输沙能力公式，根据输沙相似条件式（4-11）和河床变形相似条件式（4-12），估算含沙量比尺和冲淤时间比尺。

现有较适合长江的挟沙能力公式为：

$$S_*=0.025\frac{\gamma_s\gamma u^3n^2}{(\gamma_s-\gamma)\omega h^{\frac{4}{3}}}\tag{4-19}$$

式中：S_*——水路挟沙能力；

γ_s、γ——泥沙和水的重度；

ω——泥沙沉降流速；

u——水流流速；

n——糙率；

h——水深。

这样：

$$\lambda_{S_*}=\frac{\lambda_{\gamma_s}\lambda_\gamma\lambda_u^3\lambda_n^2}{\lambda_{\gamma_s-\gamma}\lambda_\omega\lambda_h^{\frac{4}{3}}}\tag{4-20}$$

式中：λ_{s*}——水流挟沙能力比尺；

γ_s、γ——泥沙和水的重度比尺；

λ_ω——泥沙沉降流速比尺；

λ_u——流速比尺；

λ_n——糙率比尺；

λ_h——垂直比尺。

根据天然沙和模型沙特性，计算得：

$$\lambda_{s*}=\frac{\lambda_{\gamma_s}\lambda_\gamma\lambda_u^3\lambda_n^2}{\lambda_{\gamma_s-\gamma}\lambda_\omega\lambda_h^{\frac{4}{3}}}-\frac{2.3\times1\ 000\times0.9^2}{11\times2.223\times464}=0.164\text{，}\lambda_{t_2}=\frac{\lambda_{\gamma_0}\lambda_1}{\lambda_S\lambda_h^{\frac{1}{2}}}=\frac{\frac{1\ 460}{700}\times655}{0.164\times10}=833$$

由于各个河段天然沙的粒径不同，因此计算值会有所不同。理论上可依据有关合适的输沙能力公式计算出冲淤时间比尺，但由于对输沙能力公式（水流挟沙能力和河床质输沙能力）的研究目前尚不够完善，计算公式不成熟，因此计算数值很不可靠。上述 λ_S 及 λ_{t_2} 的数值一般都在验证过程中，经多次试验调整，根据动床地形冲淤相似来最终确定 λ_S 及 λ_{t_2}。

（6）模型加糙

由于本模型范围大，受涨落潮影响，为此不同河段、不同水深的糙率有所不同，且动床与定床的糙率也不一样。为此，本次模型加糙利用水槽试验研究定、动床模型加糙进行研究，并提出定、动床加糙计算公式，详见 2.5.1 节相关内容。

根据研究，长江三沙河段定床模型分为三段进行加糙：模型上游进口江阴利港至如皋沙群尾部、如皋沙群尾部至徐六泾和徐六泾以下河段。通过对实测资料推算，天然河道糙率系数 n_p=0.017～0.022，结合数学模型计算情况，三段河段原型综合糙率均值 n 分别取为 0.020、0.019 和 0.018。由 $\lambda_n=\lambda_h^{\frac{2}{3}}\lambda_l^{-\frac{1}{2}}$，模型糙率比尺为 0.84，则要求模型综合糙率分别为 0.024、0.023 和 0.021。

根据糙率计算公式，模型分别采用厚度为 5mm、10mm 和 15mm 三种橡皮加糙。床面高程 −5m 以上用厚度 5mm 的三角块加糙，−15m 与 −5m 之间用厚度 10mm 的三角块加糙，−15m 以下用厚度 15mm 的三角块加糙。模型上游江阴至如皋沙群尾部河段：三角块加糙横向间距为 10cm，纵向间距为 10cm。如皋沙群尾部至徐六泾河段：三角块加糙横向间距为 10cm，纵向间距为 12cm。徐六泾以下河段：三角块加糙横向间距为 10cm，纵向间距为 15cm。考虑涨落潮糙率的差异，三角块顶点指向上游。在实际验证过程中，再对糙率进行局部调整。对于有芦苇等水生植物的浅滩，粘贴塑料花以达到模型阻力相似条件要求。

在动床物理模型试验中，根据以往水槽试验和动床模型试验的经验，木屑模型沙含沙波综合阻力的糙率系数 n_m 为 0.019 左右，小于定床糙率，这样模型相似会存在一定偏差，模型试验也表明，动床范围内不加糙的情况下，沿程潮位过程验证会出现明显偏差。通过动床模型水槽加糙试验研究，最后选用一种塑料花，加糙间距为 10～20cm，且模型试验中通过调节塑料花间距来调整模型糙率。根据试验成果，糙率在 0.02～0.03 之间可满足动床试验要求。

4.2.3 模型主要设备及测量系统

（1）模型主要设备

由图 4-20 可见，长江河口段模型主要由试验大厅、水泵房、风泵房、控制室、模型主体及进出水系统组成。

模型上游采用扭曲水道连接量水堰和模型试验区，上游采用大通流量控制，试验时由水泵房水泵将水抽入模型量水堰，水量大小根据试验要求通过量水堰进行控制。

本模型采用的测控系统是由南京水利科学研究院自行研制，该系统由工控计算机、无线网络通信和 485 通信设备、生潮设备、潮汐控制仪、流速、水位采集设备等组成。将控制站水位过程输入计算机，运转过程中定时采集该控制站点水位仪读数，并与给定值进行比较，得到二者差值 Δh，通过控制系统驱动交流电动机带动减速机构调节尾门或潮水箱蝶阀开启度控制水位变化，使偏差 Δh 值趋近于零，通过修正输入计算机潮汐过程使控制站产生潮汐过程复演天然的潮汐现象。

（2）模型测量系统

本模型使用的测量设备主要有：自动跟踪水位采集测量系统、旋桨流速仪自动跟踪采集测量系统、超声多普勒流速仪（ADV）、VDMS 自动粒子表面测流系统、超声波地形仪和激光地形仪。

4.2.4　模型率定与验证

2005 年，采用 2004 年 8～9 月实测 1∶10 000 地形图进行模型制作。模型水动力率定采用与地形同步施测的水文泥沙资料进行，测验布置见图 4-25。

图 4-25　模型验证水文测点布置（2004 年 8～9 月）

（1）模型率定

模型制作完成后，首先用制模地形资料对模型地形进行核查，检查模型制模地形的准确性。接着对模型的供水系统、控制系统进行调试与率定，进行重复性精度检验（图 4-26）；利用 2004 年 8 月实测水沙及地形资料对模型有关参数进行了率定。通过模型潮位、流速、流向、汊道分流比等数据与原型数据的对比（图 4-27），率定模型糙率、上游量水堰流量控制参数、扭曲水道的布置和设计、下游尾门控制参数等，其中，模型糙率的率定是重点内容之一。在长江河口段的模型设计中，由于本河段各段糙率的差别，将定床模型分为三段进行加糙，并根据糙率计算公式对不同水深利用不同厚度的橡皮进行加糙。但在实际模型率定过程中，模型中部分糙率会存在一定偏差，需要根据潮位、流速、流向、流量和汊道分流比的情况进行调整，如模型上游段潮位总体偏高，则模型糙率偏大，汊道分流比验证有差异也有可能需要对各汊道的糙率进行调整。

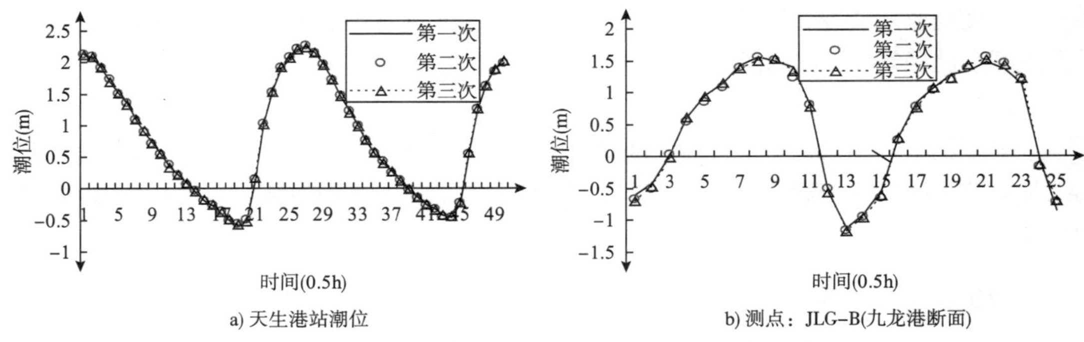

a) 天生港站潮位　　b) 测点：JLG–B(九龙港断面)

图 4-26　模型重复性精度检验（上游流量 Q=20 000m^3/s）

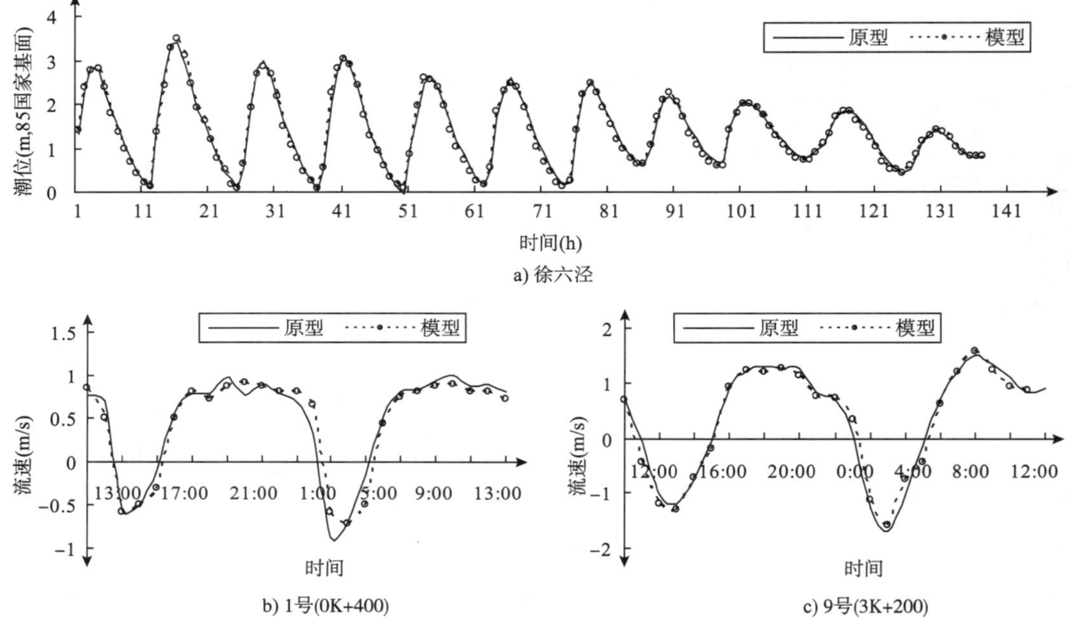

a) 徐六泾

b) 1号(0K+400)　　c) 9号(3K+200)

图 4-27　模型与实测潮位、流速过程线比较（Q=36 500m^3/s）

本模型的动床试验中，在模型沙选定后，采用 2004 年 4 月天然实测地形为起始地形，2005 年 4 月天然实测地形为模型率定地形，上游流量采用 2004 年 4 月至 2005 年 4 月大通逐日流量过程资料，利用实测资料和数模计算结果，初步估算出各加沙断面的模型加沙量，进行动床模型各参数的率定试验。依据验证地形的需要增减加沙量，以达到地形冲淤的相似，经多次放水试验，当验证地形和天然地形基本相似时，最后确定模型加沙量、时间比尺及控制潮型曲线。

（2）模型验证

模型率定结束后，在方案试验前，每次都利用最新实测的地形资料对模型地形进行更新，接着利用同步实测水沙资料对模型进行水动力验证，双涧沙守护工程潮流泥沙物理模型试验时，采用的是当时最新实测 2009 年的资料进行的，潮位和流速验证结果见图 4-28、图 4-29。进行福姜沙 12.5m 深水航道研究时，动床冲淤验证采用 2011 年 11 月为起始地形，

2012 年 12 月地形为验证地形，冲淤分布验证见图 4-30，通州沙、白茆沙深水航道整治工程研究中，动床冲淤验证采用 2010 年 3 月为起始地形、2011 年 10 月实测地形为验证地形，冲淤分布验证见图 4-31。

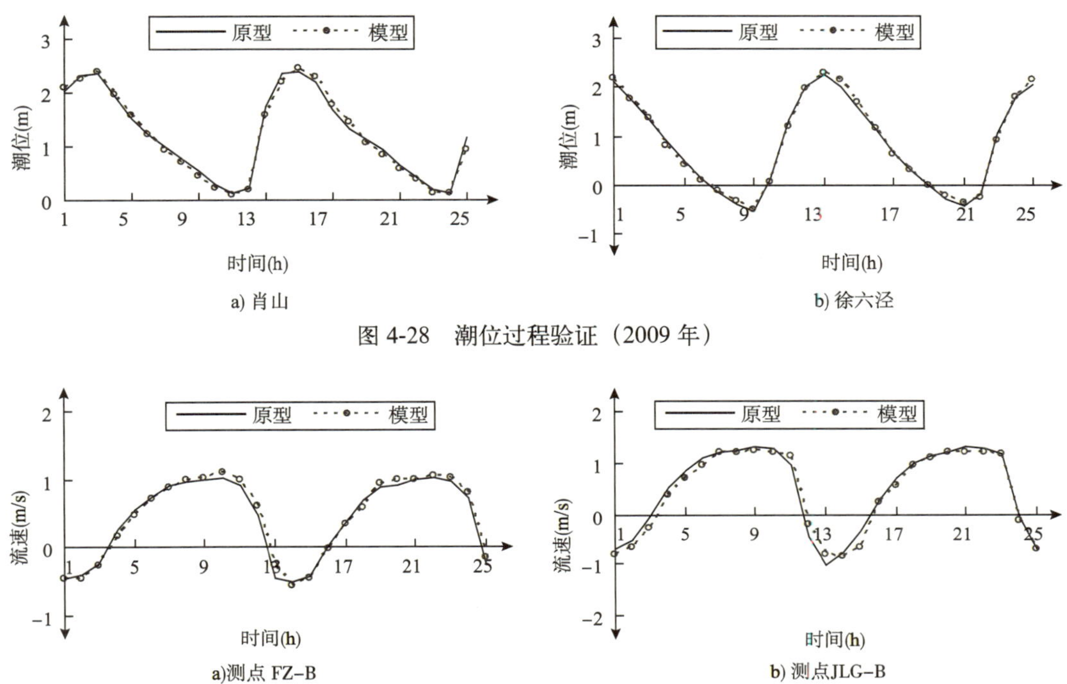

图 4-28 潮位过程验证（2009 年）

图 4-29 部分测点流速过程验证（2009 年）

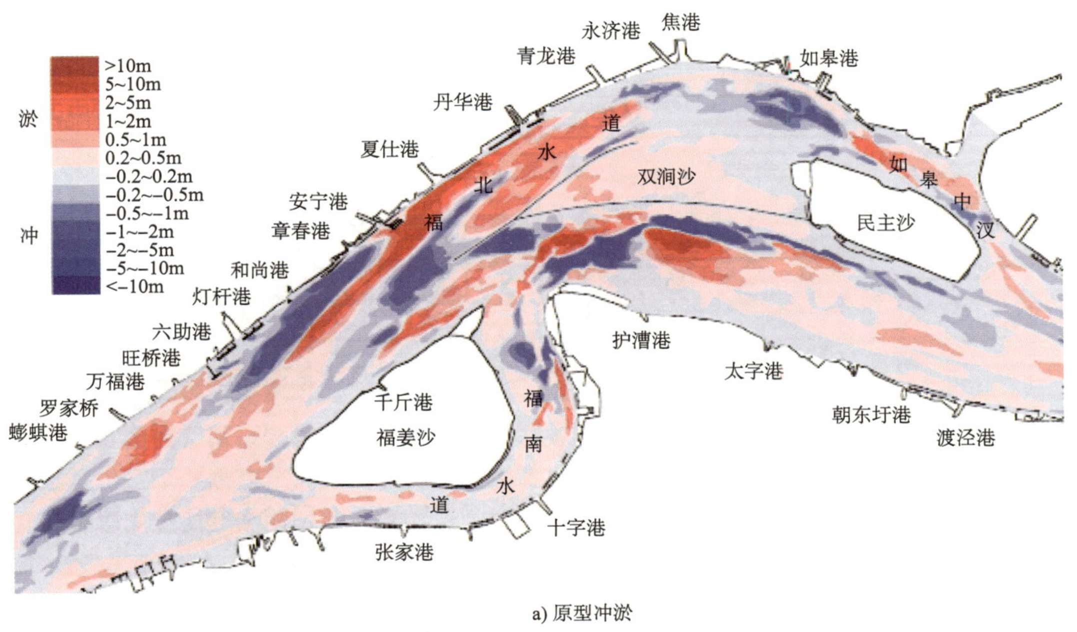

a) 原型冲淤

图 4-30

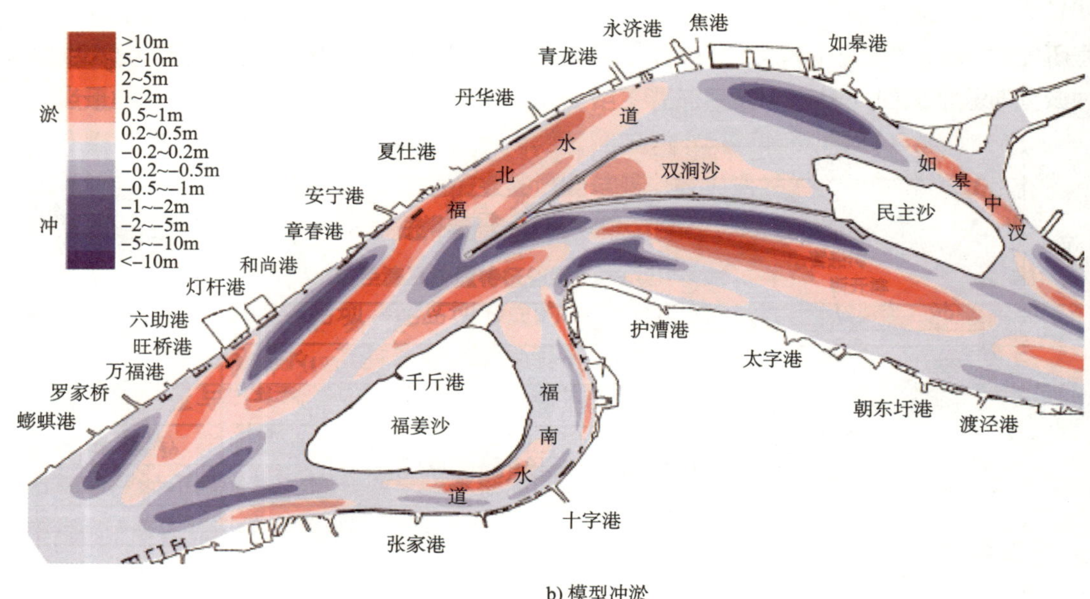

b) 模型冲淤

图 4-30　福姜沙河段动床模型验证试验（2011 年 11 月～2012 年 12 月）

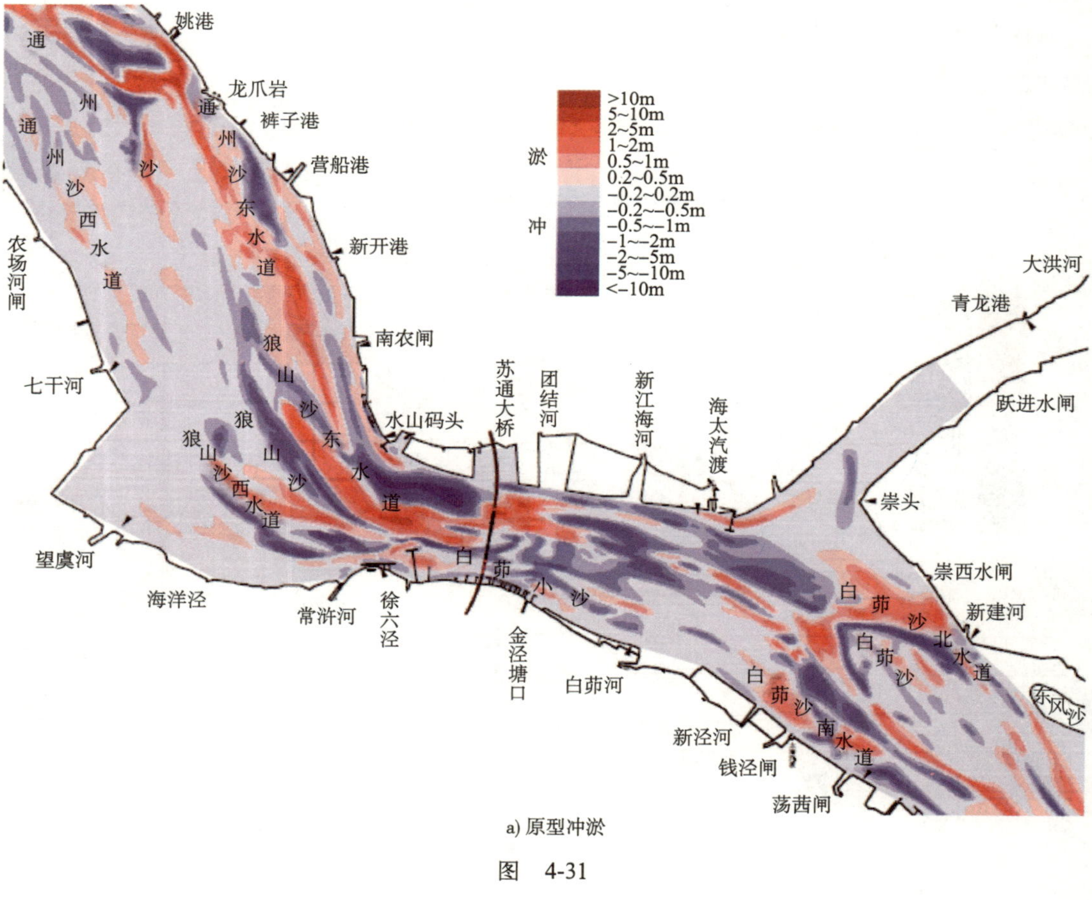

a) 原型冲淤

图　4-31

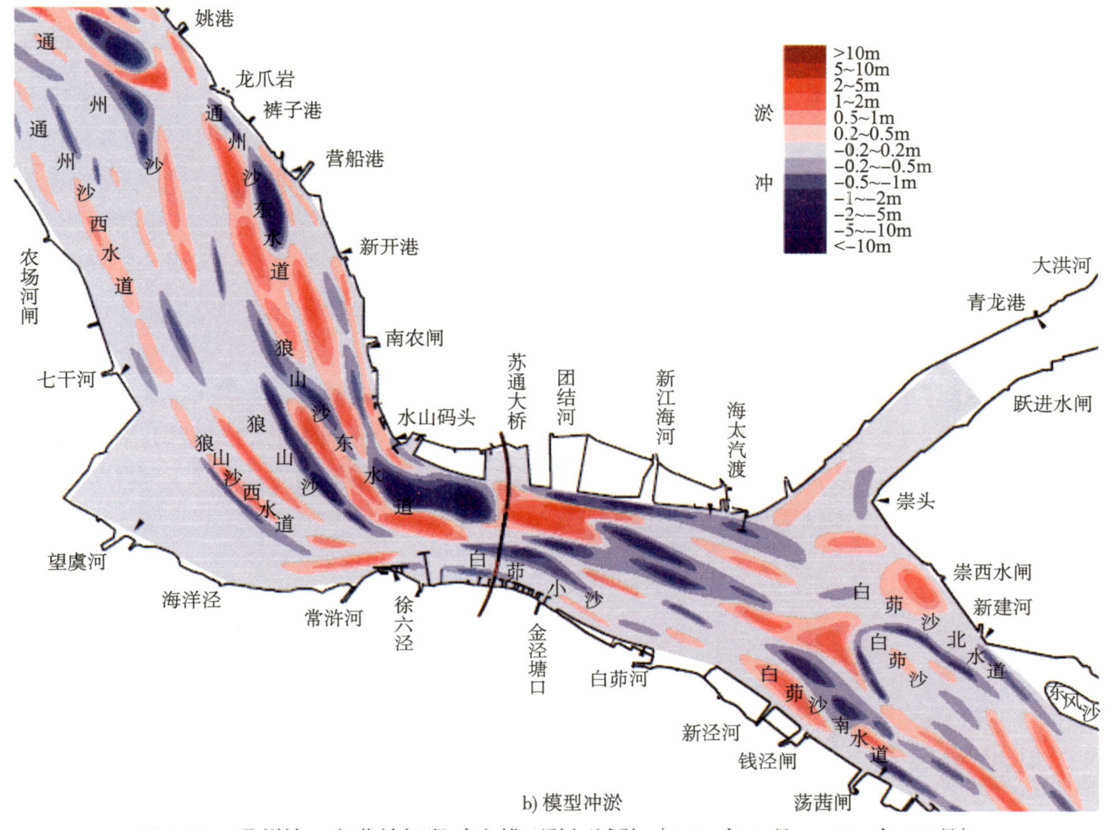

b) 模型冲淤

图 4-31　通州沙、白茆沙河段动床模型验证试验（2010 年 3 月～2011 年 10 月）

通过对模型相关参数的率定以及对模型沿程各潮位站潮位过程、各控制断面测点流速、流向过程以及断面流量和汊道分流比的验证，反映了模型满足阻力相似和重力相似原则，模拟了潮波传播过程，复演了工程河段水流运动及河床冲淤，选定动床模型沙，确定动床模型冲淤时间比尺及含沙量比尺。验证结果表明，模型冲淤分布与原型冲淤分布相似，河床冲淤量等误差均符合河工模型试验规程要求[15]，由此表明，按本课题研究成果所设计的模型是合理可靠的。

4.2.5　模型应用研究

本模型建立后，利用本模型先后进行了多项水利工程、航道整治工程、港区规划、大型桥梁建设、电厂取排水、码头工程等方面的研究，主要有：

（1）长江澄通河段综合整治工程研究，包括通州沙西水道整治、横港沙整治、铁黄沙整治、护漕港边滩整治工程潮流泥沙物理模型试验研究。

（2）长江福姜沙、双涧沙守护工程潮流泥沙物理模型试验。

（3）长江南京以下 12.5m 深水航道福姜沙、通州沙、白茆沙三个水道的潮流泥沙物理模型试验研究。

（4）沪通长江大桥定床、动床模型试验以及墩位布设研究等。

下面以福姜沙、通州沙、白茆沙 12.5m 深水航道整治工程和沪通长江大桥的潮流泥沙物理模型进行详细说明。

4.2.5.1 福姜沙、通州沙、白茆沙深水航道整治工程潮流泥沙物理模型试验研究

长江南京以下深水航道工程是继长江口深水航道治理工程之后的又一重大水运工程，有6处浅滩需要治理。在本模型所在的长江河口段地区，有福姜沙、通州沙、白茆沙（简称三沙）3个水道需要进行整治。由于工程河段处于长江河口潮流界以下，受上游径流及下游潮汐影响，其水流条件复杂、浅滩冲淤变化、汊道兴衰影响到航道维护和发展。拟通过物理模型试验，研究三沙河段各汊道水动力条件、泥沙输移规律，提出相应的整治措施，研究航道整治工程对各汊道的影响，确定整治通航汊道，比选和优化工程方案。

（1）三沙航道整治工程模型试验水文条件的选择

对三沙河段航道整治的研究从20世纪90年代就开始进行了。近年来，特别是2003年三峡水库蓄水后，上游来水来沙条件发生了较大的变化。根据本书的模型试验边界条件的选取模拟技术，本次模型试验的水文条件根据上游来水来沙条件变化也有所变化。

本模型选用的定床试验水文条件如下（图4-32）：

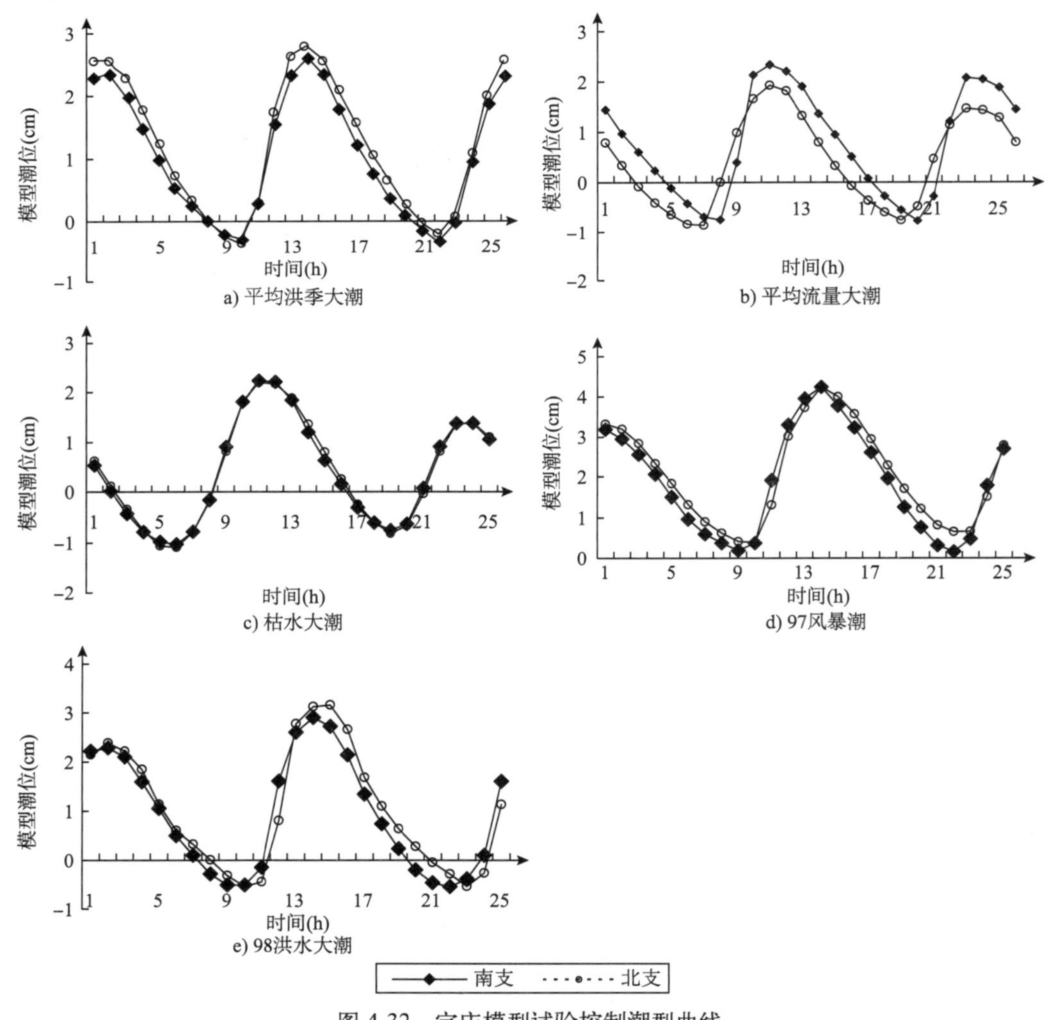

图4-32 定床模型试验控制潮型曲线

①洪季大潮：上游采用大通流量平均流峰流量 56 800m³/s，下游控制站潮型选用相应大通流量下潮差达到 85% 累计频率潮差的实测大潮潮位过程。

②平均流量大潮：上游采用大通流量多年平均流量 28 500m³/s，下游控制站潮型选用相应大通流量下潮差达到 85% 累计频率潮差的实测大潮潮位过程。

③枯水大潮：上游大通流量为 16 500m³/s，下游控制站潮型选用相应大通流量下潮差达到 85% 累计频率潮差的实测大潮潮位过程。

④ 97 风暴潮：上游大通流量为实测 45 500m³/s，下游边界采用 1997 年 8 月实测天文大潮潮位过程作为控制条件，代表本河段天文大潮下水文条件。

⑤ 98 洪水大潮：下游边界条件选用 1998 年 8 月大洪水实测大潮潮位过程作为尾门控制边界条件，模型中上游施放流量由实测的 82 300m³/s 增大到 85 000m³/s，代表大洪水大潮条件下本河段的水文条件。

动床模型试验水文条件的选择：为研究航道整治工程整治效果及整治工程对河势、航道、防洪及周边码头、港口等的影响，考虑到三峡水库蓄水后来沙量较小，既考虑研究不利水文条件整治工程效果，又考虑大洪水作用下的影响。而航道整治往往更加关注平常水沙年航道冲淤情况；多个不同水文泥沙条件组合下的河床冲淤变化反映了多个水沙过程年后的工程影响。动床边界的选取过程中，河床冲淤试验主要考虑水文年系列过程，从航道角度考虑近年来由于上游泥沙来源的变化，结合长江来流条件拟选用以下四种水文条件作为动床模型试验条件：1 个平常水沙年（2008 年）、1 个丰水年（2010 年）、1 个大水年（1998 年）和 5 个连续水文年（2009 ～ 2013 年）。

①平常水沙年：考虑平常水沙条件下的河床冲淤变化，平常水沙年采用 2008 年，2008 年为近年中偏小水年，最大流量为 48 700m³/s，年平均流量为 26 200m³/s，年径流量为 8 291 亿 m³，均小于多年平均水平；来沙量 1.3 亿 t，略小于三峡水库蓄水后平均水平。上游流量概化曲线见图 4-33。下游相应控制潮型采用同期中等偏大潮进行，曲线过程见图 4-33。

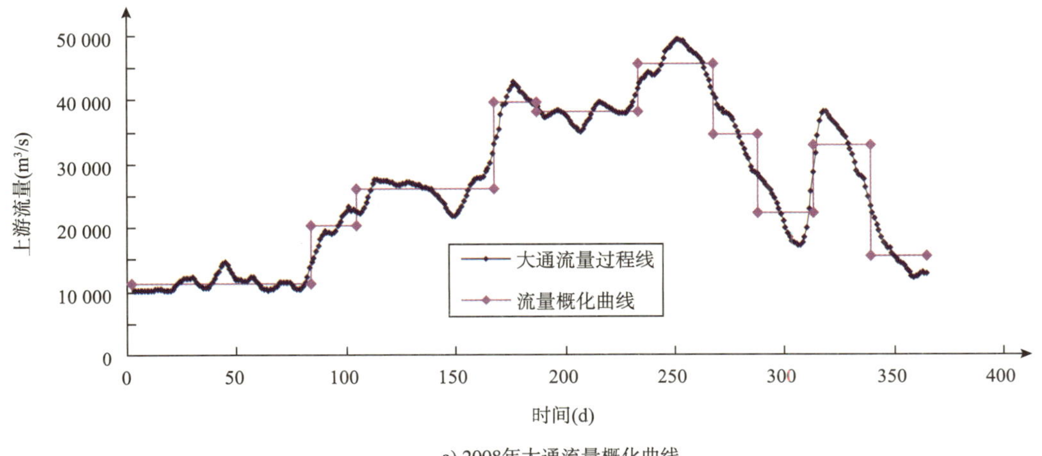

a) 2008年大通流量概化曲线

图　4-33

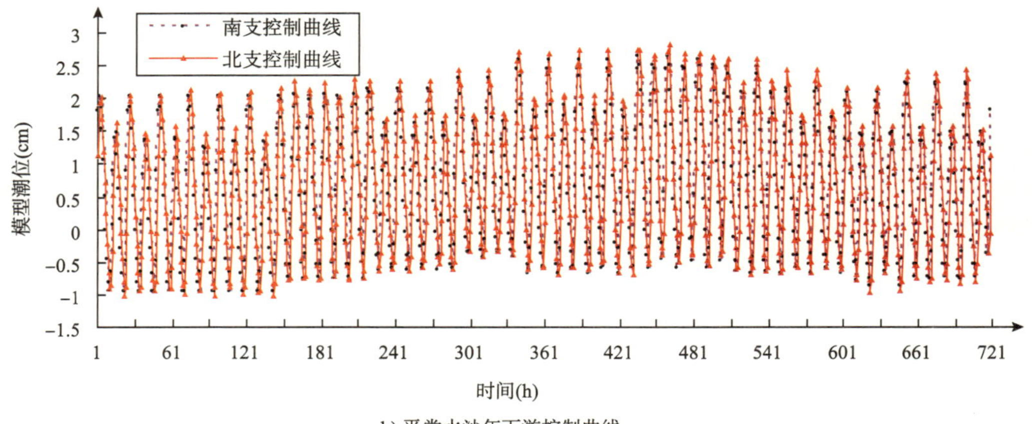

b) 平常水沙年下游控制曲线

图 4-33　平常水沙年上游流量和潮位概化曲线（2008 年）

②1 个丰水年：2010 年出现较大洪水，因三峡水库调峰作用，最大流量较小，为 65 300m^3/s，但该年 5～10 月平均流量达 46 200m^3/s，年平均流量为 32 600m^3/s，较多年平均流量 28 330m^3/s 大。为研究工程实施 1 个丰水年后的整治效果及影响，选用 2010 年作为丰水年进行试验。下游控制潮型采用同期实测的潮位。上游流量概化过程和加沙情况，以及下游相应控制潮型曲线过程见图 4-34。

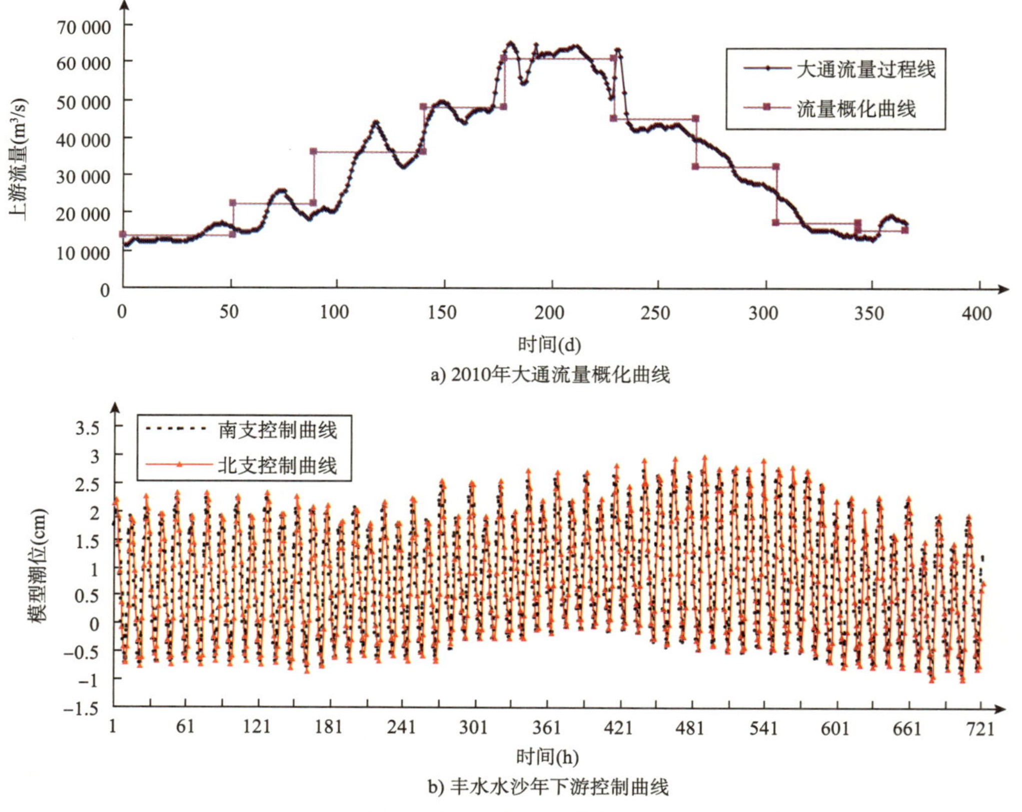

图 4-34　丰水水沙年上游流量和下游控制曲线（2010 年）

③大洪水水沙年：福姜沙河段河床冲淤变化受大洪水影响较大，1998 年大洪水河床冲淤、河势变化、滩槽变化较大，福中水道进口淤积 10m 槽不通，因此选用大洪水年研究工程前后河床冲淤变化。1998 年为近几十年内径流量最大的一年，且洪峰历时长，最大流量为 81 700m³/s，年平均流量为 39 400m³/s，年径流量为 124 401 亿 m³，均大于多年平均水平，来沙量 4 亿 t。1986～2003 年上游来沙量年平均为 3.4 亿 t，2003～2012 年仅为 1.45 亿 t。考虑到三峡水库蓄水后上游来沙量减小，结合下游实测资料等分析，1998 年大通来沙量采用原来沙量的 50% 来处理。1998 年大通流量概化曲线和大水水沙年下游控制曲线如图 4-35 所示。

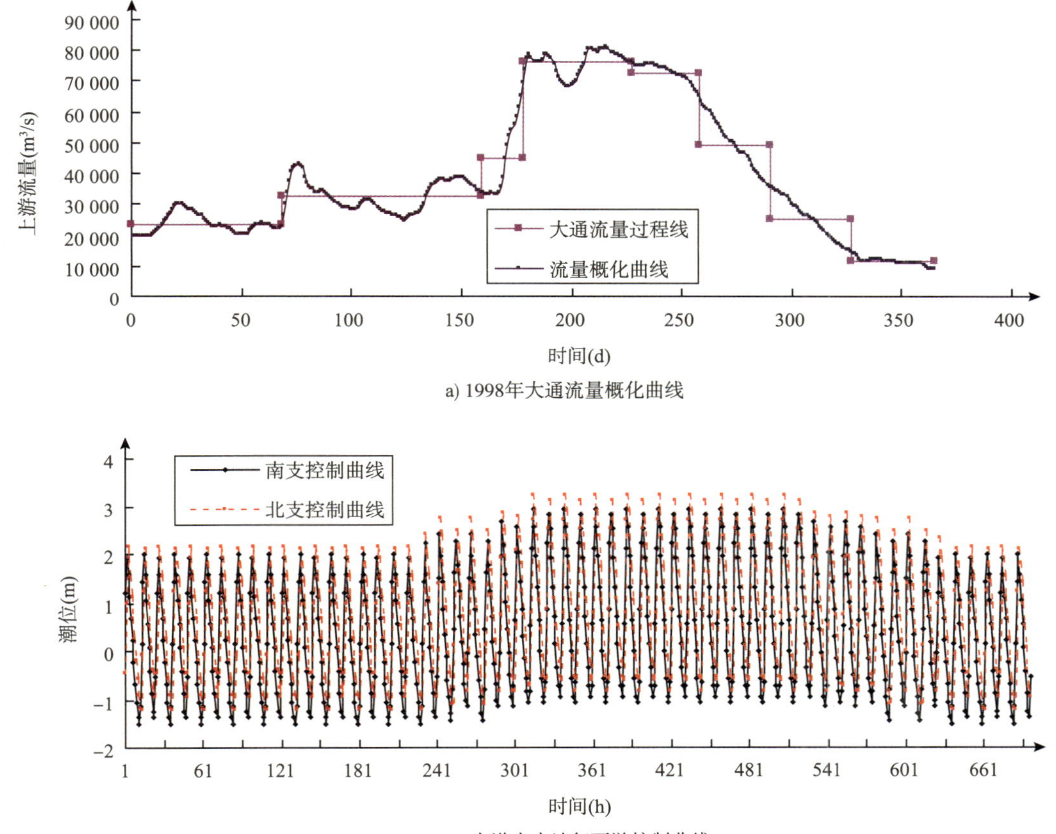

a) 1998年大通流量概化曲线

b) 大洪水水沙年下游控制曲线

图 4-35　大洪水水沙年上游流量和下游控制曲线（1998 年）

④ 5 个连续水文年：三峡水库蓄水后，长江下游的径流发生了较明显的变化，主要表现在上游径流总量减小、洪季流量减小而枯季流量略有增加，总输沙量减小、来水含沙量减小等，为此本次研究选取了 2009 ～ 2013 年 5 个连续水文年来分析工程实施后工程河段多年的冲淤变化情况，主要对初步设计推荐的较优方案进行动床模型试验研究。5 个水文年中，包含 2010 年丰水年、2012 年偏大水年、2011 年小水年，以及 2009 年、2013 年中偏小水年。2009～2013 年大通流量概化曲线和 5 个连续水文年下游控制曲线如图 4-36 所示。

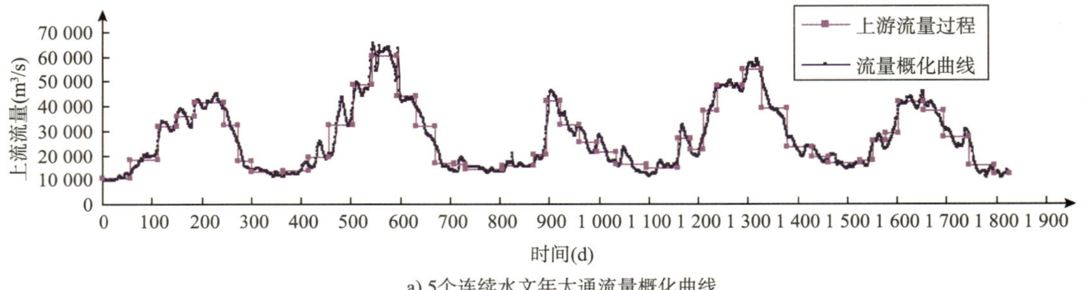

a) 5个连续水文年大通流量概化曲线

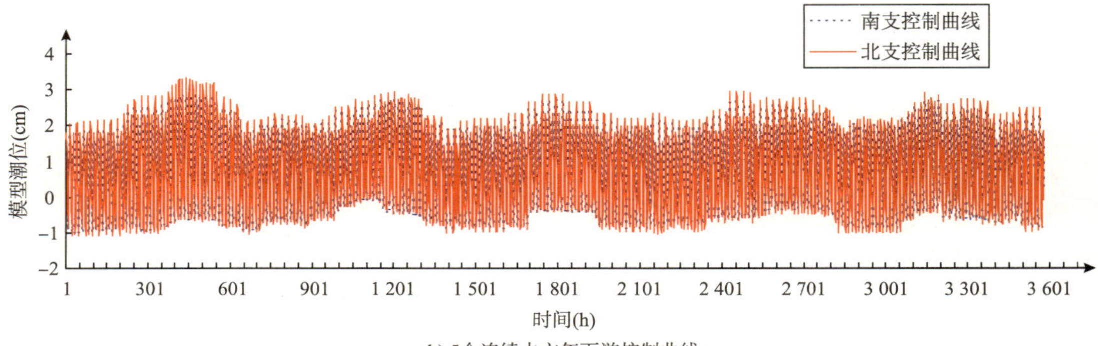

b) 5个连续水文年下游控制曲线

图 4-36　5 个连续水文年上游流量和下游控制曲线（2009 ～ 2013 年）

（2）三沙河段 12.5m 深水航道整治工程布置

① 福姜沙 12.5m 深水航道整治布置

福姜沙水道是南京以下河段航道治理的难点，也是长江口深水航道进一步向上延伸的关键控制河段之一。为遏制双涧沙沙体上窜沟的发展，稳定整体河势，为此交通运输部于 2010 年年底实施了双涧沙护滩工程，该工程于 2012 年 5 月完工。福姜沙河段 12.5m 深水航道整治工程方案优化在碍航特性分析以及汊道选择的基础上，结合“着力改善福北水道进口水动力，稳定福中”的整治思路，应根据目前福北水道双槽的河势格局，合理确定双涧沙潜堤头部位置形成稳定的二级分汊点，控制主流的摆动，调整越滩流的分布，稳定福中，着力改善福北水道碍航浅区动力，重点对双涧沙潜堤头部位置、双涧沙潜堤走向、双涧沙潜堤高程、双涧沙北侧丁坝、福姜沙左缘丁坝以及航槽布设等进行研究，且考虑到福姜沙水道呈多级分汊、多汊通航的格局，碍航成因、航道治理要求和沿江两岸经济发展需求，最后确定了福姜沙深水航道整治（福北 + 福中）方案的总平面布置。

该工程包括双涧沙潜堤及两侧丁坝和福姜沙左缘丁坝，布置图见图 4-37。试验布置情况见图 4-38。

②通州沙、白茆沙航道整治工程布置

在前期研究数学模型等的基础上，通过定、动床物理模型试验，从工程实施后水动力变化、河床冲淤变化、航道条件改善情况和河势稳定等方面，对初步设计阶段的工程方案进行优化比选，最后提出了最终的长江南京以下 12.5m 深水航道一期工程布置方案（图 4-39）。

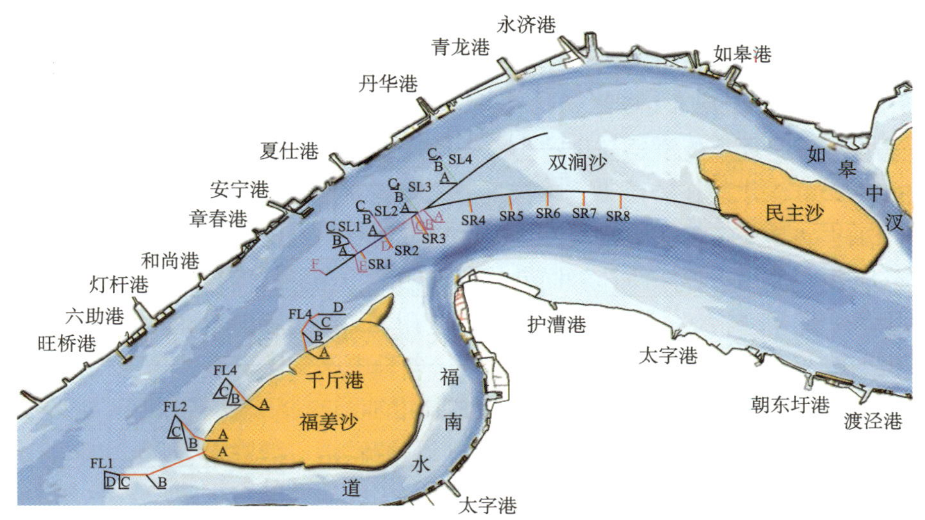

图 4-37　二期整治福姜沙工程平面布置图

注：高程为 1985 国家高程基准。

a）试验中的方案布置 1

b）试验中的方案布置 2

图 4-38　12.5m 深水航道福姜沙整治工程试验布置图

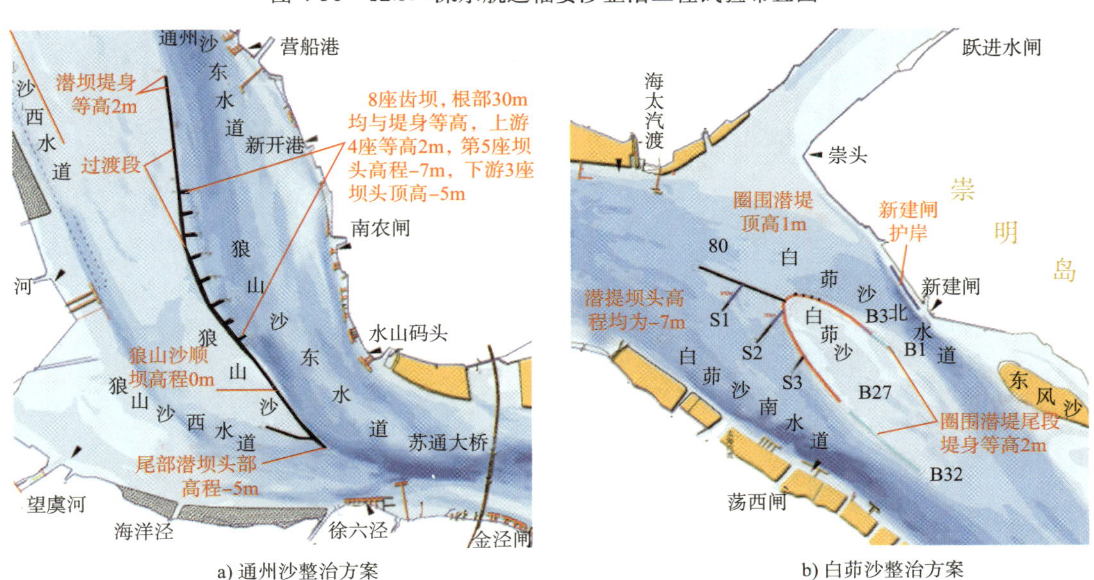

a) 通州沙整治方案

b) 白茆沙整治方案

图 4-39　通州沙、白茆沙深水航道整治方案

(3) 三沙航道整治工程模型试验效果分析

①福姜沙 12.5m 深水航道整治模型试验效果分析

A. 整治工程实施后水动力变化

工程实施后，沿程高低潮位变化较小，工程实施对沿江防洪的影响较小。

福姜沙 12.5m 深水航道整治工程实施后，工程掩护区内流速均有所减小；双涧沙头部潜堤和丁坝工程实施后，坝头沿线流速增幅明显，坝根附近流速下降，自北向南的漫滩流有所减弱。工程实施后，罗家桥—和尚港一线，福姜沙左汊航槽内流速均有所增加，增幅一般在 0.05m/s 以内；福北水道进口（安宁港对开）航槽内流速增加幅度约 0.08m/s；夏仕港—丹华港一线航槽内流速增加 0.10 ～0.2m/s，如皋中汊变化较小。

工程实施前后，福南水道分流比有所增加且增加的幅度一般在 1.0% 以内，如皋中汊分流比增幅约 0.5%；枯季落潮条件下，福南水道分流比，增幅约 1.5%，如皋中汊分流比增幅约 0.6%。

由此可见，洪、枯季水文条件下航道整治工程调整了福姜沙左右汊分流比，且一般在 1.0% 以内。福北水道进口段、福中水道进口段和福南水道进口段下游沿程流速均增加，这对碍航浅区水动力的改善是有利的。

B. 整治工程实施后河床冲淤变化

工程实施后引起的河床冲淤变化和河床地形见图 4-40。

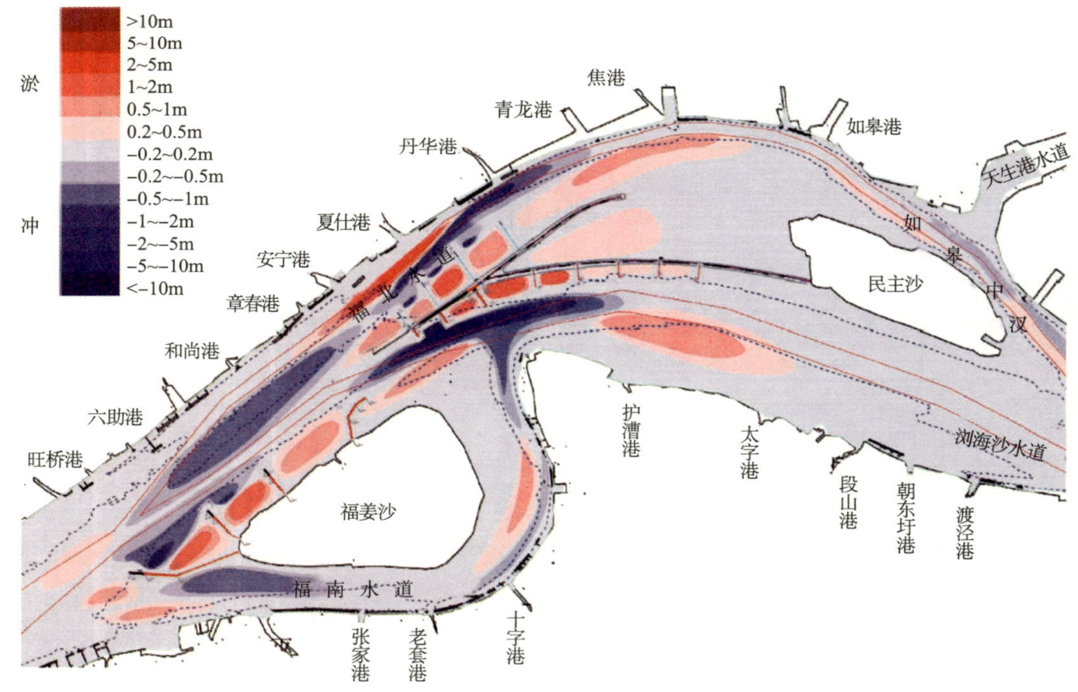

a) 工程引起的冲淤变化

图 4-40

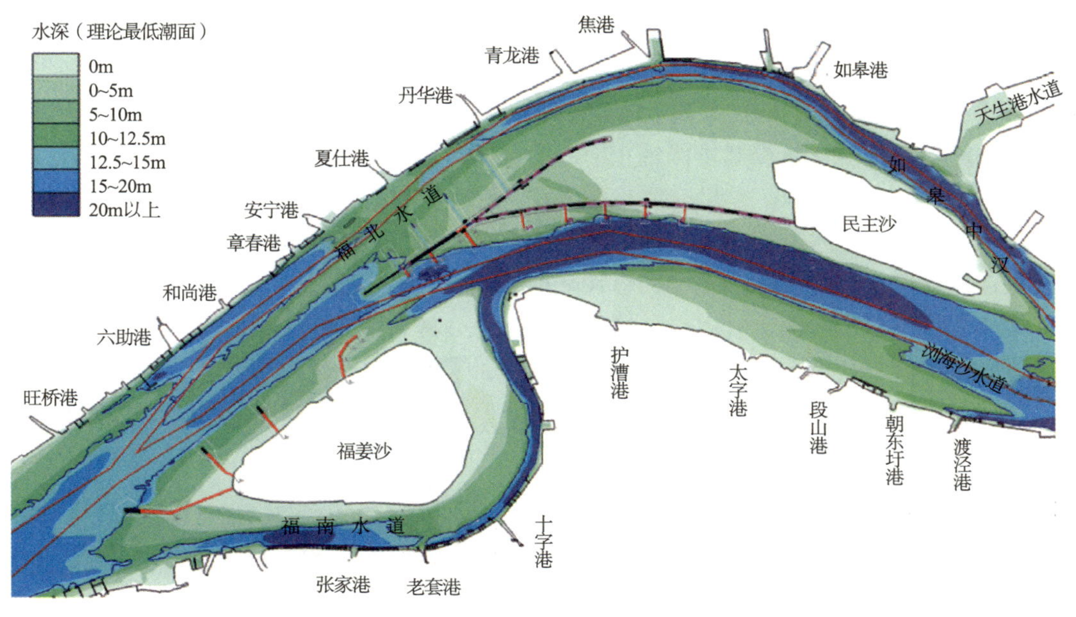

b) 工程实施后河床地形

图 4-40　福姜沙整治工程实施后引起的河床冲淤变化和河床地形（平常年）

工程实施后，福北水道安宁港至夏仕港疏浚区有所回淤，12.5m 槽不通。丹华港附近航道有所冲刷，下游 12.5m 深槽有向上延伸趋势，5 个水文年向上延伸较多。多个水文年福北进口总体呈中间冲刷、两侧淤积，即靠双涧沙一侧丁坝间淤积及靠靖江侧章春港、安宁港近岸淤积，中间心滩冲刷，福北进口河床断面形态有向单一深槽发展的趋势。

由于左汊河床受丁坝缩窄作用，左汊六助港下河床流速有所增加，心滩不同水沙年有所冲刷，丰水年冲刷幅度大于平常水沙年，5 个水沙年大于丰水年。左汊河床缩窄，心滩冲刷，河床断面形态有由“W”形向“U”形过渡的趋势。

福北水道，进口断面基本呈“W”形，受心滩下移影响等形成南北两槽。由不同水沙年可见，随着左汊江中 10m 槽冲刷下移，章春港近岸淤积及夏仕港附近航道疏浚回淤，由于河床缩窄，心滩冲刷下移，上下深槽相连，多个水文年后河床断面形态发生改变，福北水道进口段可能形成单一深槽。

青龙港至焦港段为一弯道，靠左岸为凹岸，凹岸一侧河床水深条件在工程前后变化不大，凸岸一侧河床有所淤积，1 个水文年航道水深条件基本满足要求，多个水文年后，凸岸侧河床淤积，航道局部水深条件可能不足 12.5m。主要是工程实施后青龙港下汊道分流比及航道内流速无明显增加。

浏海沙水道靠双涧沙左缘及民主沙左缘冲刷，护漕港下深槽有所淤积，但 5 个水文年内深槽未出现累积性淤积，深槽多个水文年与 1 个水文年淤积相差不大，浏海沙水道多个水文年后滩槽位置总体变化不大，航道水深基本满足要求。

C. 整治工程实施后航道条件

工程实施后，福姜沙左汊航道水深基本满足 12.5m 水深要求，福中航道水深为 12.5m

槽贯通，航道右侧局部水深不足 12.5m 要求。浏海沙水道，航道水深满足 12.5m 水深要求。福姜沙左汊北侧航道旺桥港附近 1 个平常水沙年基本满足 12.5m 水深要求，1 个丰水年局部水深不足 12.5m，5 个水文年航道水深满足 12.5m 水深要求。六助港至章春港航道内呈淤积趋势，但航道水深基本满足 12.5m 的要求，章春港至夏仕港航道疏浚回淤，回淤厚度最大在 2m 以上，1 个丰水年后 12.5m 槽中断距离与平常水沙年相差不大，丹华港以下 12.5m 槽与浏海沙水道贯通，航道内水深基本满足 12.5m 水深要求。福南水道，进口及弯道段进口，12.5m 线中断，福南水道 10m 槽贯通，工程实施后水深条件总体有所改善。

②通州沙、白茆沙深水航道整治模型试验效果分析（图 4-41）

a) 通州沙工程

b) 白茆沙工程

c) 通州沙动床试验

d) 白茆沙试验流速测量

e) 通州沙水流

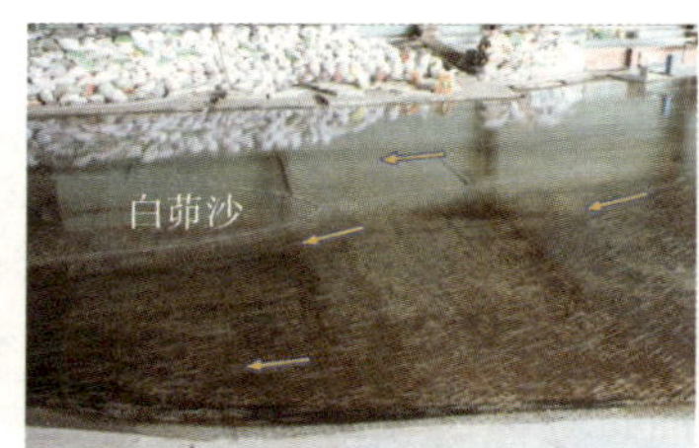

f) 白茆沙水流

图 4-41　12.5m 深水航道通州沙、白茆沙整治工程试验研究

A. 整治工程实施后水动力变化

工程实施后，沿程高低潮位变化较小，工程实施对沿江防洪的影响较小。

通州沙河段航道浅段流速增加幅度增加至 0.14m/s，同时有效地拦截了原来从窜沟位置经东水道窜至西水道的落潮流，使狼山沙窜沟断面自东向西进入西水道的落潮量减少 47.3%，工程区附近东水道断面落潮量增加 7.2%，由此可见工程方案导流作用明显。白茆沙河段，浅段涨、落潮流速均明显增加，落急流速增幅为 0.2 ～0.25m/s。

为了分析工程实施后各汊道分流比的变化，选取了通州沙中段、通州沙尾部、狼山沙尾部、白茆沙中部、白茆沙下段和长江南北支 6 个断面进行统计分析（图 4-42）。汊道分流比按涨潮平均流量和落潮平均流量进行计算，考虑到落潮过程中，通州沙东西水道的分流比存在变化，特计算了落急前 3h 的分流比。整治工程实施前后各汊道分流比统计见表 4-8。

a. 工程实施后，通州沙东水道上段涨潮分流比略有增加，且增幅在 0.1%，落潮分流比略有减小，且减幅在 0.3%～0.5%；通州沙七干河断面，通州沙东水道涨落潮分流比均有所减小，减幅在 0.3%～0.5%。

b. 工程实施后，狼山沙东水道涨落潮分流比增加，增幅为 0.2%，分流比增加对维护航道浅区水深是有利的。

c. 工程实施后，白茆沙北水道分流比增加 1.2%～1.5%，相应白茆沙南水道分流比减小 1.2%～1.5%。

d. 工程实施后，长江北支的分流比有增加的趋势，但幅度较小，最大变化在 0.05%。

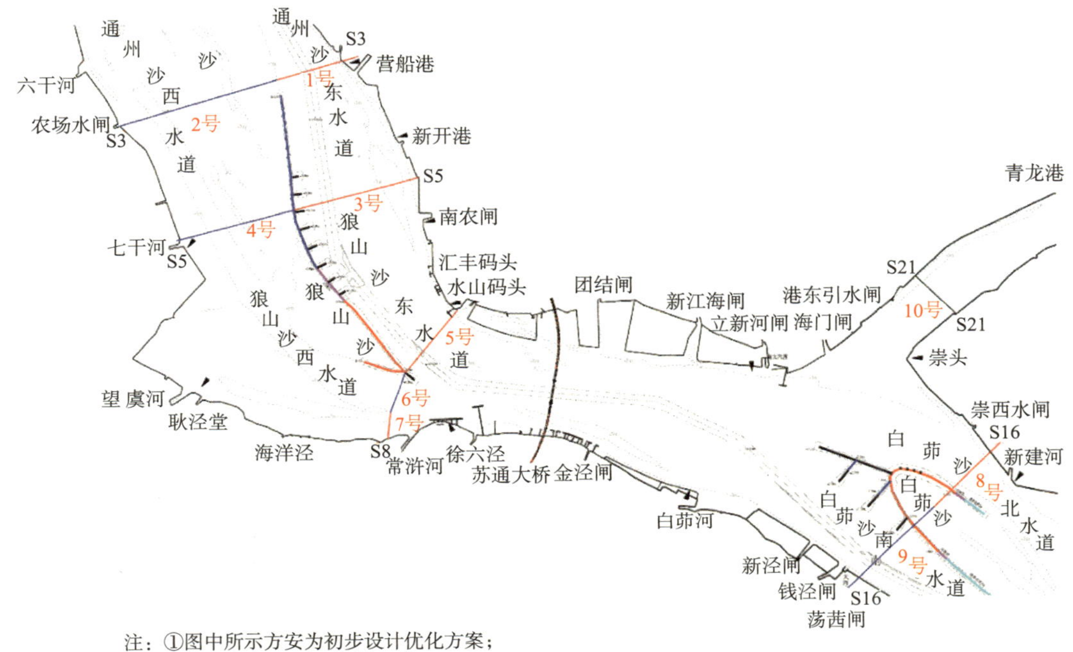

图 4-42　分流比计算断面布置示意图

整治实施前后汊道分流比变化统计（枯季大潮）　　表 4-8

断面	位置	水道	涨潮		落潮		落急前 3h	
			无工程分流比	工程后变化	无工程分流比	工程后变化	无工程分流比	工程后变化
S3 断面	营船港—农场水闸断面	通州沙东水道（1）	60.4	0.1	83.4	−0.3	79.6	−0.5
		通州沙西水道（2）	39.6	−0.1	16.6	0.3	20.4	0.5
S5 断面	七干河断面	通州沙东水道（3）	68.5	−0.2	84.9	−0.2	81.7	−0.3
		通州沙西水道（4）	31.5	0.2	15.1	0.2	18.3	0.3
S8 断面	水山码头—狼山沙尾—常浒河断面	狼山沙东水道（5）	69.6	−0.4	79.8	0.2	76.7	0.1
		狼山沙西水道（6）	28.4	0.4	19.3	−0.2	22.2	−0.1
		福山水道（7）	2	0	0.9	0	1.1	0
S16 断面	新建河—荡茜闸上断面	白茆沙北水道（8）	33.4	1.2	30.4	1.3	35.2	1.4
		白茆沙南水道（9）	66.6	−1.2	69.6	−1.3	64.8	−1.4
	北支（10）		6.34	0.03	4.34	0.03	5.14	0.04
	南支（8+9）		93.66	−0.03	95.66	−0.03	94.86	−0.04

注：1. 涨潮、落潮分流比分别按涨、落潮平均流量计算。
2. 落急前 3h 徐六泾水位在 1m 左右。
3. 断面位置见图 4-42。

B. 整治工程实施后河床冲淤变化（图 4-43）

在通州沙河段，方案实施后，通州沙—狼山沙潜堤掩护水域流速有较大幅度减小，最大减幅达到 0.3m/s 以上。由于通州沙—狼山沙潜堤和丁坝的守护作用，5m 等深线位置基本保持不变。

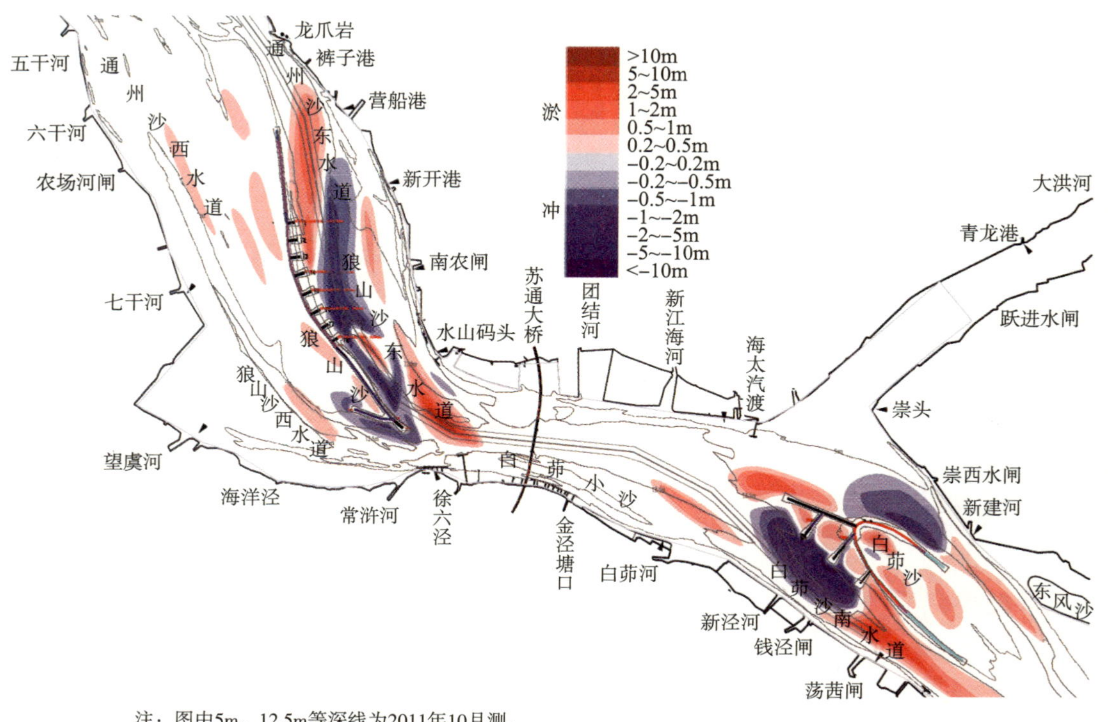

注：图中5m、12.5m等深线为2011年10月测。

图 4-43　丰水年条件下整治工程实施后引起的河床冲淤变化

在白茆沙河段，南侧丁坝坝田区及南北堤内侧掩护区流速减小 0.1～0.3m/s。方案实施后，白茆沙沙头和两翼受到工程守护，沙头 5m 等深线不再后退。白茆沙滩面淤积幅度达到 0.3～0.5m。

C. 整治工程实施后航道条件

整治工程实施后，航道沿程水深情况见图 4-44。通州沙—白茆沙水道现状条件下理论最低潮面下 15m 等深线在南农闸附近中断，白茆河口附近 15m 等深线中断，自通州沙东水道—徐六泾主槽—白茆沙南水道 12.5m 槽贯通，但其 12.5m 槽走向与航槽走向不完全一致，航道内局部水深不足 12.5m，中断位置在南农闸和水山码头对开。水山码头对开及狼山沙东水道出口附近，深槽右侧邻近狼山沙侧断面变化不明显，而左侧断面向左发展，表明浅区附近 12.5m 槽宽度总体有所增加，工程实施后碍航浅区条件有所改善。

徐六泾至白茆河段河床有冲有淤，主深槽总体变化不大，12.5m 槽宽度在 1km 以上。白茆沙南水道白茆河至钱泾闸段河床冲刷，10m 和 12.5m 槽宽总体有所扩大，其中 12.5m 槽宽在 1km 左右，航道水深基本在 12.5m 以上，表明白茆沙南水道进口段附近的碍航浅区的航道条件有所改善。钱泾闸以下主要是荡茜闸附近河床淤积，部分原因在于此处工程束水作用减弱，航道内流速增加不明显，加之上游河床冲刷的泥沙下泄后在此落淤，使得12.5m 槽局部有所缩窄。荡茜闸以下深槽局部有所淤积，但 12.5m 槽宽在 1km 以上，暂不影响通航。

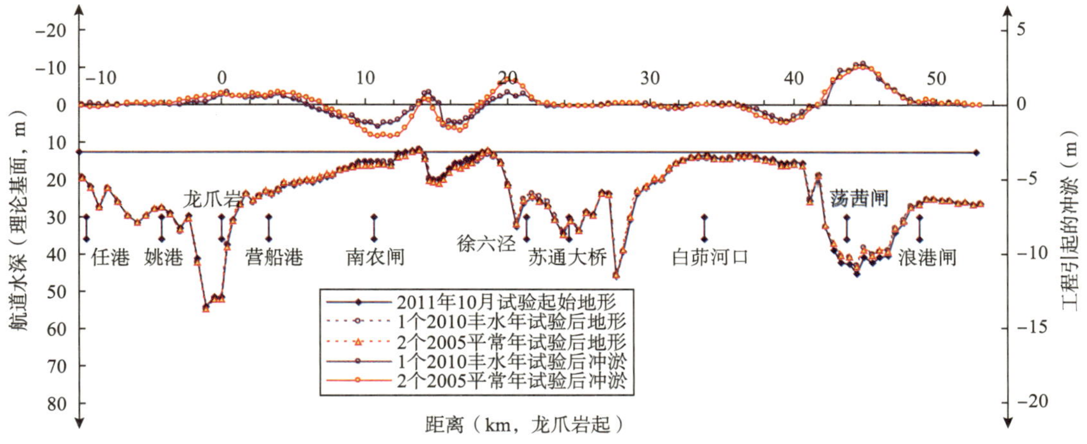

图 4-44 工程实施后航道沿程中心线地形变化

上述研究表明，整治工程实施后，通州沙、狼山沙和白茆沙滩地有所淤积，均起到了固滩的效果，遏制了通州沙、狼山沙及白茆沙冲刷后退的趋势，有利于通州沙、狼山沙和白茆沙沙体的稳定。工程实施前，通州沙、白茆沙水道水深条件相对较好，只是在通州沙水道南农闸以下和白茆沙水道海太汽渡附近航道内局部水深不足 12.5m。试验结果表明，工程实施后，经过两个平常年或者一个丰水年后，规划航道内 12.5m 槽是贯通的，但局部航宽不足 500m，稍加疏浚，可满足 500m × 12.5m 的航道要求。

（4）物理模型模拟应用效果

目前，本模型有关福姜沙、通州沙和白茆沙深水航道整治工程潮流泥沙物理模型试验研究成果已成功用于工程设计中。本书研究的有关三沙河段航道整治工程，主要有：双涧沙守护工程（福姜沙深水航道整治起步工程）、深水航道整治一期工程（通州沙、白茆沙河段整治工程）和深水航道整治二期工程（福姜沙河段整治工程）。通州沙、白茆沙深水航道工程已于 2012 年 8 月开工，2014 年 7 月提前完工，目前进入试通航阶段。而福姜沙深水航道整治先导性工程——双涧沙守护工程 2010 年年底开工、2012 年 5 月完工，福姜沙深水航道整治工程已于 2015 年 6 月开工，正在实施过程中。

下面对已实施的双涧沙守护工程和深水航道整治一期工程的现场应用效果、模型研究与实测工程效果进行对比分析。

①双涧沙守护工程现场工程应用效果分析

研究结果表明，守护工程实施后，双涧沙得到有效守护，沙头冲刷后退现象基本中止，腰部窜沟开始淤积，为稳定福中、福北分流口位置，同时为稳定福姜沙河势奠定了基础。

守护工程实施后，福姜沙河段局部流场、地形和泥沙环境等都有了明显的改善；实测水文、地形条件的变化发现，其总体上与前期预测研究成果基本一致；双涧沙守护工程的实施对福南水道的影响总体不大，碍航浅段区水深条件略有改善；福北水道进口段仍受上游靖江边滩的切割和底沙下移影响，水深变化较为剧烈，工程基本稳定了福北和福中水道的分流口位置，所引起的水动力的改变对福北水道进口段具有长期利好作用；福中水道进口段冲刷发展，浏海沙水道槽宽水深，工程实施后深槽总体表现为南淤北冲、总体容积略有增加。工程对上下游河段影响很小。

双涧沙守护工程的建设为福姜沙水道深水航道的建设和维护创造了良好的水沙环境。本工程实施以来，工程河段河势稳定性得以增强，进一步稳定了福姜沙河段总体河势格局，且未对周边河势及主要涉水工程产生明显不利影响，整治效果显著。

②深水航道整治一期工程现场工程应用效果分析

研究表明，工程实施后，狼山沙东水道、白茆沙北水道分流比略有增加，碍航浅区水动力有所增强，通州沙西水道分流比变化很小，狼山沙东水道分流比变化约 0.4%，白茆沙北水道分流比变化一般都在 1.0%～1.2%，南支分流比变化很小，南北港分流比无变化。

平常水沙年条件下一期工程的实施使得海轮航道内浅区水深条件有所改善，但通州沙水道海轮航道内位于南农闸附近，局部航槽水深、宽度仍然不足；白茆沙南水道航槽基本满足 12.5m 通航要求。同时可以看出，随着丁坝挑流作用的加强，白茆沙齿坝外缘先行冲开，12.5m 线贯通。平常水沙年条件下，一期工程实施后的地形见图 4-45。

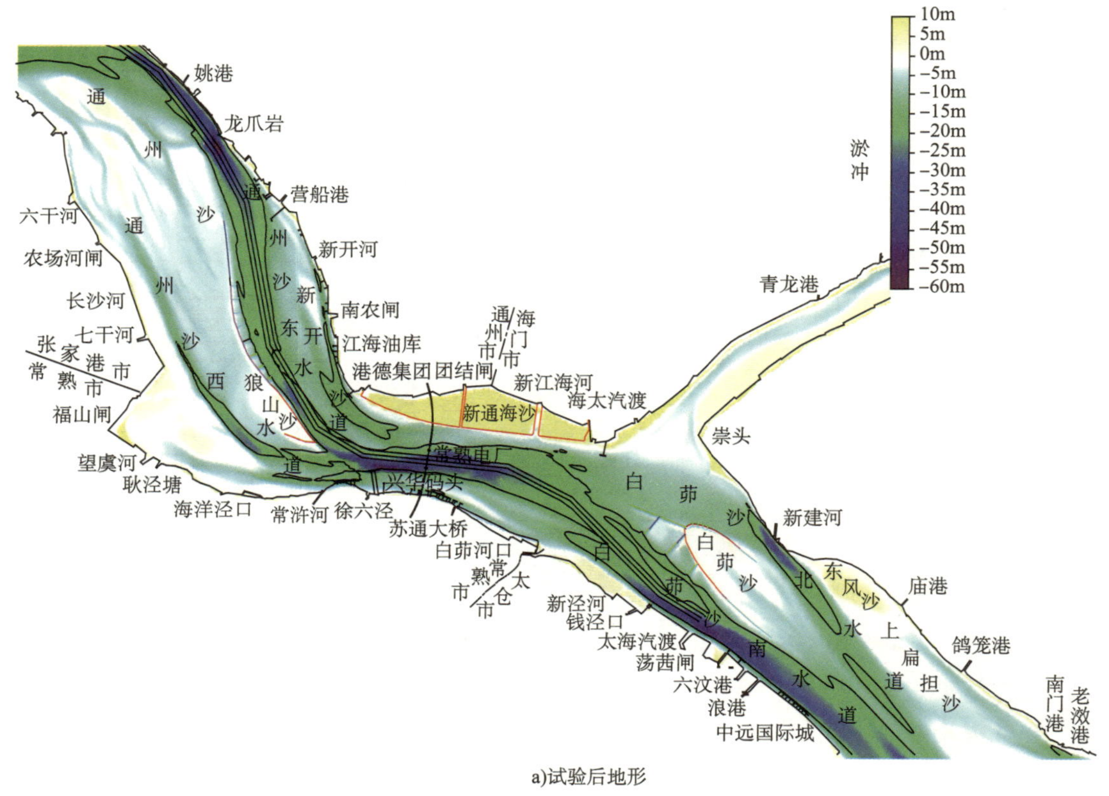

a)试验后地形

图 4-45

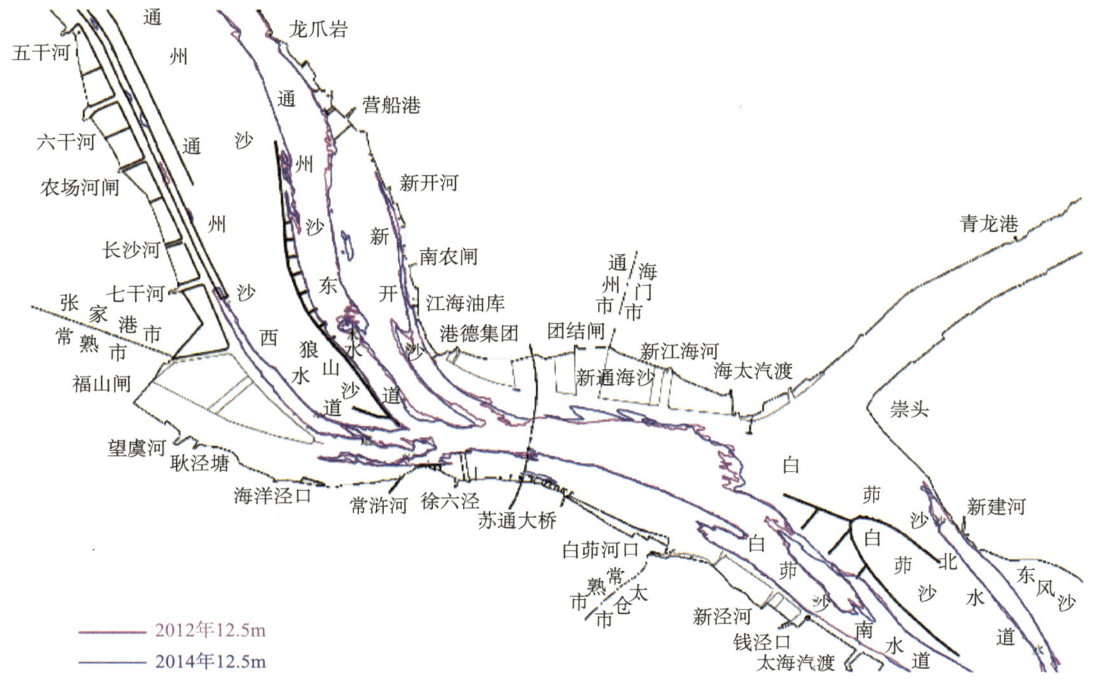

b)试验前后12.5m等深线比较

图 4-45　通州沙、白茆沙 2012 年整治工程模型试验后地形与 2014 年实测地形图

对比模型试验水动力的研究成果及动态监测资料，表明模型试验研究成果与实测水文资料动力变化基本一致。且从实测地形比较图（图 4-45）可以看出，随着长江南京以下深水航道一期工程的实施，狼山沙、白茆沙冲刷后退的趋势得以遏制，工程掩护区内有所淤积，航槽水深条件总体趋好；同时，白茆沙南侧齿坝前沿动力有所增强，南侧齿坝前沿 12.5m 线贯通，这与模型试验结果是一致的。

通过对一期工程实施前后动态监测的水沙、地形资料的分析可知，一期工程实施以来，狼山沙、白茆沙冲刷后退的趋势得以遏制，滩面得到有效保护，航道浅段动力有所增强，通州沙东水道、狼山沙东水道、白茆沙南水道河槽冲刷，航道疏浚量较小，在预计范围内，少量疏浚后航槽能满足 12.5m 深水航道的要求，表明一期工程的实施达到了整治效果，达到了“固滩、稳槽、导流、增深”的整治目标。

4.2.5.2　沪通长江大桥潮流泥沙物理模型试验研究

（1）工程概况

沪通长江大桥位于长江澄通河段南通水道上段锡通公路过江通道处，北接南通、南连张家港，横跨天生港水道、横港沙和南通水道（图 4-46）。采用铁路四线、公路六车道的公铁合建方案，总长 11.3km。主航道桥采用主跨为 1 092m 的两塔五跨斜拉桥方案。模型试验布置见图 4-47。

（2）模型试验水文条件分析

为研究沪通长江大桥工程实施后的水动力变化和河床冲淤变化，需进行定床和动床物理模型试验。考虑大桥的模型试验研究主要为了对工程实施后防洪影响、通航安全以及为桥梁设计提供参数，下面分别对定床和动床模型试验水文条件进行分析。

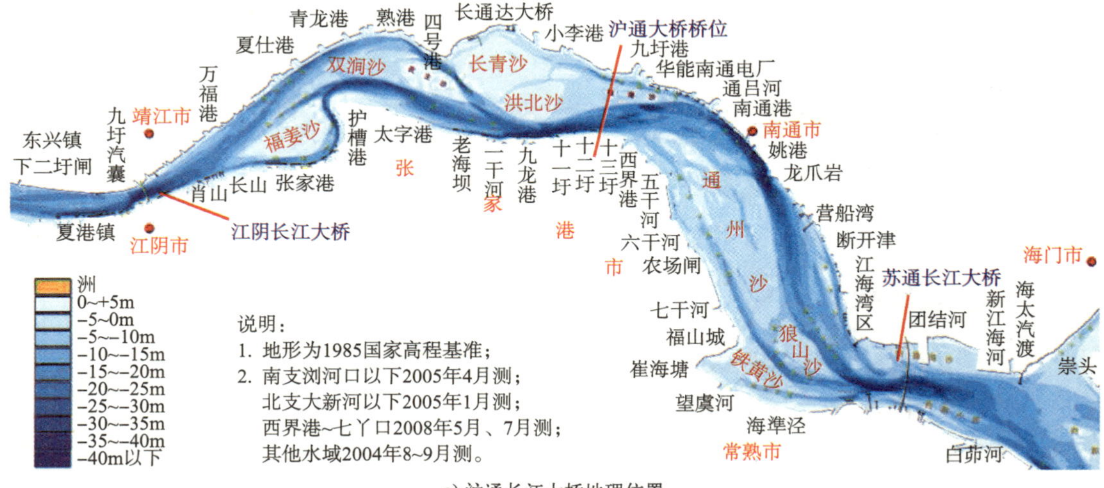

a) 沪通长江大桥地理位置

b) 沪通长江大桥效果图

图 4-46　沪通长江大桥地理位置及效果图

a）定床试验

b）动床试验

图 4-47　沪通长江大桥定床、动床河工模型试验

首先分析定床模型试验水文条件。在前期河床演变分析和水文分析等研究的基础上[3]，考虑沪通长江大桥建设按100年一遇水文条件设计、300年一遇水文条件进行校核的特性，选用以下8个试验水文条件进行研究：

①～③表示洪季大潮、枯季大潮和平均流量大潮：上游流量分别采用平均洪季流量57 500m^3/s、枯季流量16 500m^3/s和多年平均流量28 500m^3/s，下游控制站潮型选用相应流量下潮差达到85%累计频率潮差的实测大潮潮位过程，代表本河段平常水情条件。

④～⑤表示97风暴潮和98洪水大潮：上游流量分别采用1997年8月实测天文大潮时实测的45 500m^3/s和1998年8月大洪水期实测的82 300 m^3/s，下游边界采用同期实测的大潮潮位过程作为控制条件，代表本河段风暴潮条件和大洪水条件。

⑥～⑧表示20年、100年和300年一遇水文条件：根据频率分析，20年一遇水文条件下上游流量为85 000m^3/s，而100年和300年一遇水文条件的上游流量采用长江下游防洪设计最大流量100 400m^3/s。下游边界的控制潮型曲线则利用实测潮位进行频率计算分析，根据不同频率潮差、平均潮位、涨落潮历时确定，代表极端水文条件。

接着分析沪通长江大桥动床模型试验的水文条件。

由于工程河段位于长江河口段潮流界附近，受径流和潮汐的共同作用。本模型的上游由扭曲水道模拟潮汐影响范围，上游边界条件由径流控制，而模型下游水位边界条件既受由长江口向上游传播的外海天文潮影响，也受上游径流影响。泥沙输送受潮汐作用，非单向运动，落潮时上游来沙，涨潮时下游来沙。

为研究建桥对河势、航道、防洪等的影响，既考虑大洪水作用及连续大洪水影响，又关注平常年情况下建桥后河床冲淤变化，因此，动床试验水文泥沙条件主要有平常水文年、100年一遇水文年和三个大水水文年。

①平常水文年系列

考虑平常水沙条件下的河床冲淤变化，选用2003年水文年。该代表性水文年年平均流量约29 200m^3/s，比多年平均流量28 500m^3/s稍大，而最大流量约60 000m^3/s，接近多年平均洪峰流量。沙量采用近年平均情况，相当于平常水沙条件。

② 100年一遇水文年系列

上游径流选用有代表性的98洪水过程年，放大至100年一遇水文过程年。下游潮型根据1998年大洪水年的模型下游控制站实测潮位资料进行概化。

③三个大水水文年系列组合

考虑多年水沙条件下连续大洪水河床冲淤变化，1998年、1999年都为大水年，为研究建桥引起河床的冲刷作用，考虑较不利水沙组合，采用“平常水沙年 + 100年一遇水文年 +1999年水文年”。

下游控制潮型根据验证结果及吴淞口、青龙港实测潮位资料分析，选用相应水文年洪枯季实测中等偏大潮。各动床方案试验水文条件模型上游概化流量曲线及下游相应控制潮型曲线过程见图4-48～图4-50。

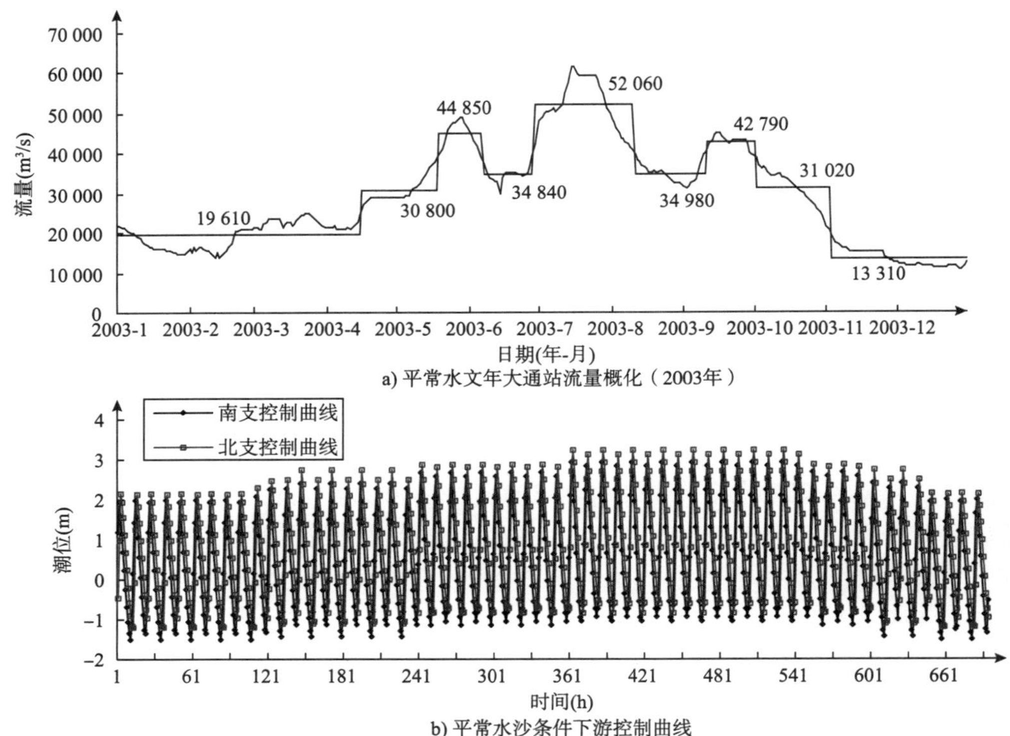

a) 平常水文年大通站流量概化（2003年）

b) 平常水沙条件下游控制曲线

图 4-48　平常水文年水沙条件大通流量和下游潮位控制概化曲线

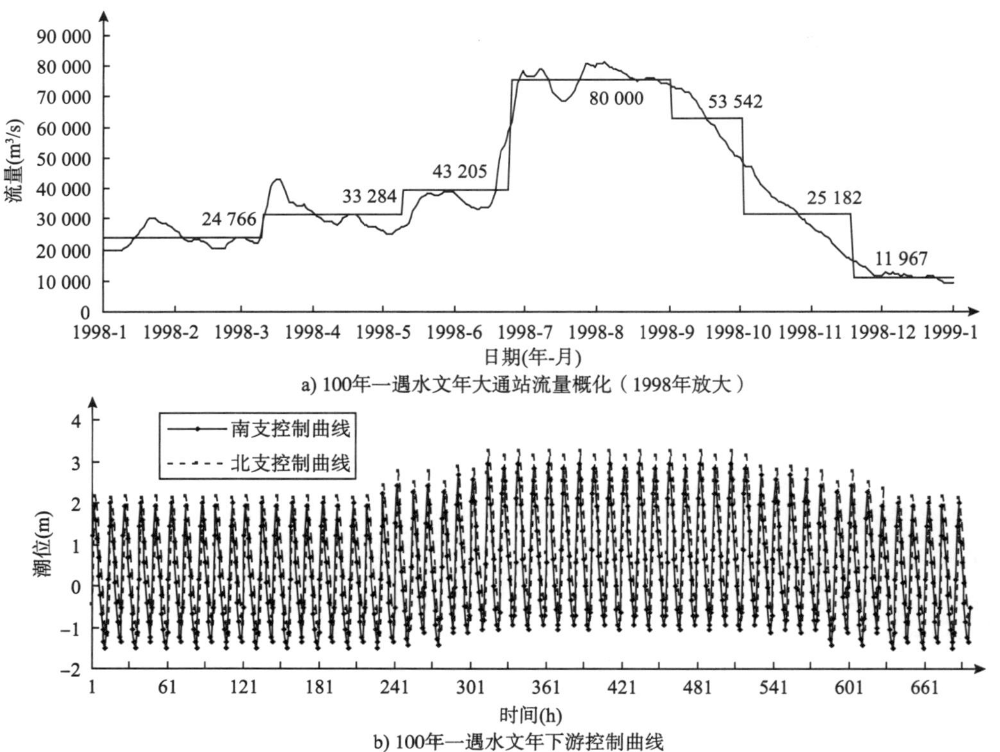

a) 100年一遇水文年大通站流量概化（1998年放大）

b) 100年一遇水文年下游控制曲线

图 4-49　100 年一遇水文年水沙条件大通流量和下游潮位控制概化曲线

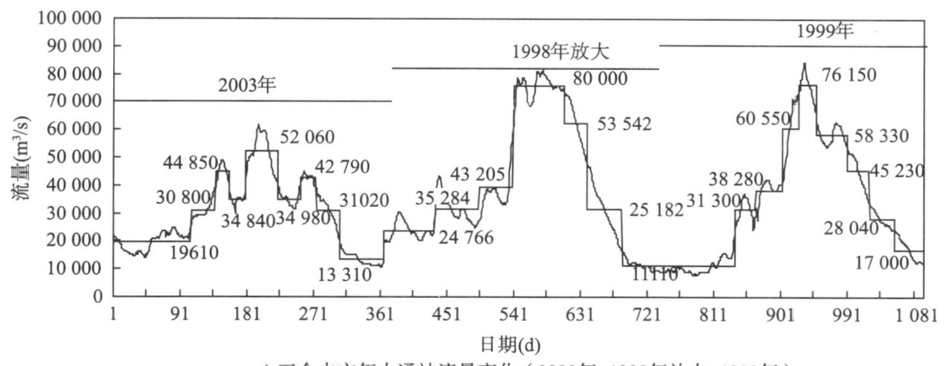

a) 三个水文年大通站流量变化（2003年+1998年放大+1999年）

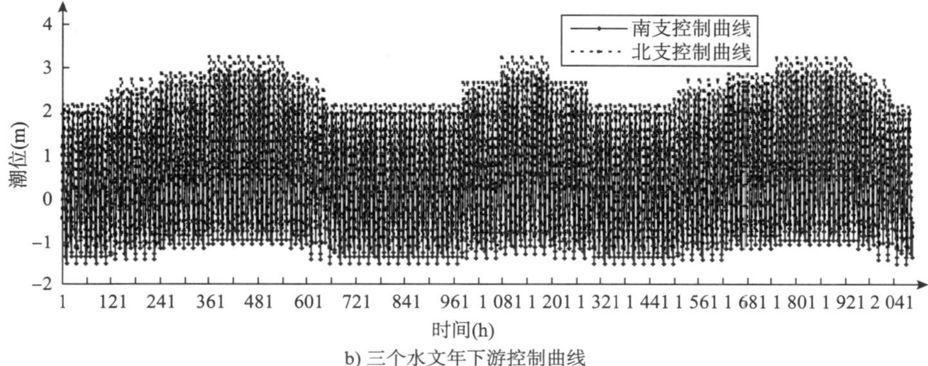

b) 三个水文年下游控制曲线

图 4-50　三个大水水文年水沙条件大通流量和下游潮位控制概化曲线

所选水文条件，涵盖了本河段平常水情条件、实测风暴条件和大洪水条件以及基于频率分析而来的极端水文条件，代表了本河段各种水情条件，可以进行本工程的水动力特性和河床冲淤的研究。

（3）工程实施后整治效果

大桥的建设，大桥主通航孔附近的涨落潮最大流速的大小和流向、桥墩附近的冲刷及对周边的影响是关注的重点，关系到桥轴线的布置和墩位布设，下面进行详细分析。

①建桥前后工程附近水流概况

工程地处横港沙，其南侧为浏海沙水道与通州沙东西水道交汇处，北侧为以涨潮流为主的天生港水道。工程区在径流和潮流双重影响下，水流运动较为复杂。

由于受水流惯性的影响，边滩涨落潮出现时间均早于主槽。涨潮初期，沿岸潮位抬高，横港沙滩面及天生港水道水流先行起涨，而此时主槽水流受惯性影响仍处于落潮期。随涨潮流渐强，主流邻近横港沙侧的部分逐渐转涨，继而整个水道全面转涨。在九圩港附近，进入横港沙的涨潮流一部分继续随天生港水道的涨潮流继续上溯，一部分则逐渐南偏，不断汇入浏海沙主槽，往上游南偏趋势愈加明显。涨潮流在东沙附近分流，东沙北侧水流进入天生港水道，南侧水流南偏进入浏海沙水道，南偏的水流在横港沙上形成明显的越滩水流（图 4-51）。过泓北沙的涨潮流大部分进入民主沙南侧，小部分涨潮流通过如皋中汊后与较弱天生港水道的涨潮流汇合，继续上溯。

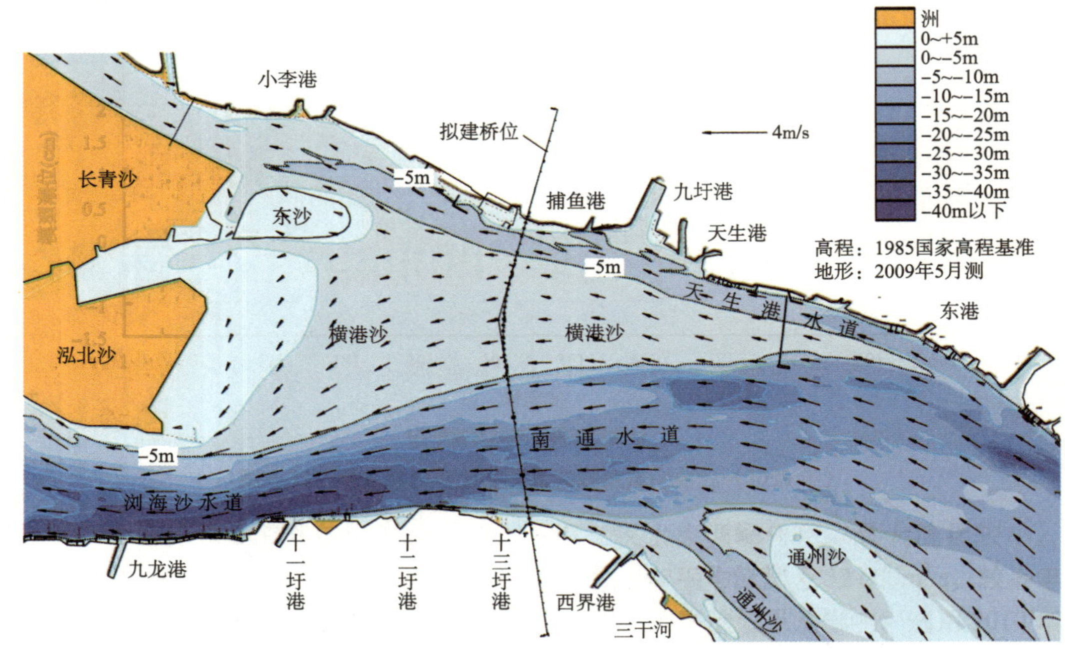

图 4-51 工程区涨潮流态图（枯季大潮）

横港沙滩地上的落潮水流较涨潮水流要弱。落潮时，还是边滩和天生港水道先行转落。如皋左汊的落潮流大部分进入如皋中汊，小部分进入天生港水道，与涨潮流相比，天生港的落潮流相对较弱。进入如皋中汊的落潮流过民主沙后与浏海沙水道落潮主流汇合。落潮时，横港沙上越滩水流较弱。在西界港附近，浏海沙水道的部分落潮流进入通州沙西水道，主流则在天生港—南通港一带接纳天生港水道的落潮流后流入通州沙东水道。

②建桥后流速及流向变化分析

平均流量大潮和 20 年一遇水文条件下断面落潮最大流速分布见图 4-52，建桥前后桥位断面表面涨潮最大流速及其流向统计见表 4-9，落潮最大流速及其流向统计见表 4-10。

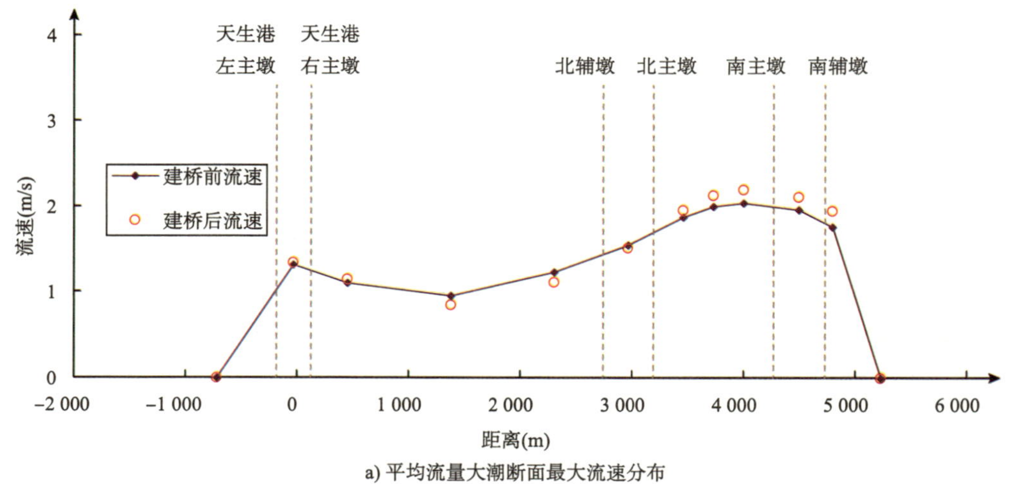

a) 平均流量大潮断面最大流速分布

图 4-52

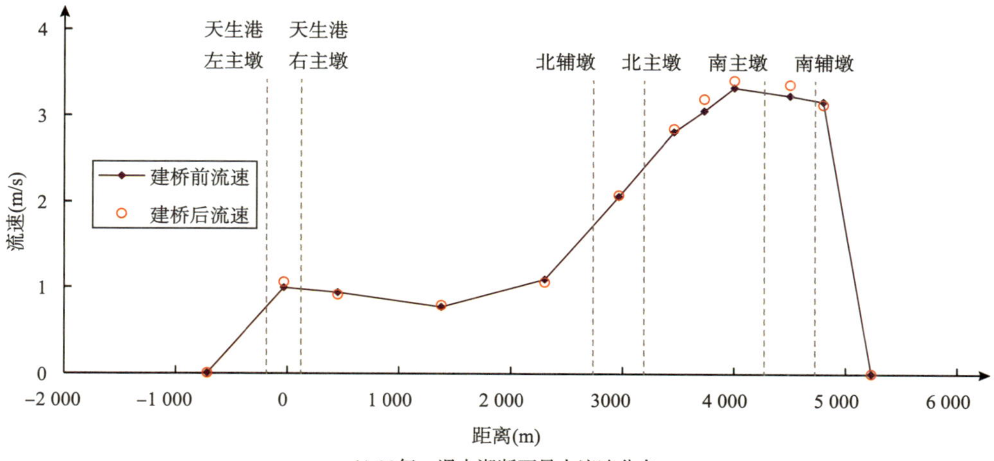

b) 20年一遇大潮断面最大流速分布

图 4-52 建桥前后断面最大落潮流速分布变化

桥位断面表面涨潮最大流速及其流向统计 表 4-9

类 别	水文条件	无桥				有桥			
		天生港水道	北辅助通航孔	主通航孔中部	南辅助通航孔	天生港水道	北辅助通航孔	主通航孔中部	南辅助通航孔
表面最大流速(m/s)	枯季大潮	1.40	1.42	1.68	1.71	1.30	1.46	1.73	1.75
	平均流量大潮	1.65	1.30	1.42	1.51	1.69	1.32	1.49	1.52
	97 风暴潮	1.86	1.30	1.61	1.64	1.81	1.32	1.66	1.71
	300 年一遇水文条件	1.63	0.25	0.46	1.30	1.67	0.24	0.49	1.35
水流与桥轴线法向夹角(°)	枯季大潮	11	0	−4	−11	13	4	−4	−10
	平均流量大潮	8	−4	−8	−12	12	2	−7	−10
	97 风暴潮	16	−1	−6	−10	13	1	−5	−9
	300 年一遇水文条件	14	−2	−4	−12	11	2	−4	−8

注：角度为负数表示偏左岸，正数表示偏右岸，下同。

桥位断面表面落潮最大流速及其流向统计 表 4-10

类 别	水文条件	无桥				有桥			
		天生港水道	北辅助通航孔	主通航孔中部	南辅助通航孔	天生港水道	北辅助通航孔	主通航孔中部	南辅助通航孔
表面最大流速(m/s)	枯季大潮	1.12	1.45	1.80	1.85	1.18	1.41	1.87	1.89
	97 风暴潮	1.73	1.79	2.66	2.82	1.66	1.83	2.78	2.76
	98 洪水大潮	0.68	1.84	2.91	3.08	0.71	1.91	3.01	3.14
	100 年一遇水文条件	1.06	2.24	3.49	3.58	1.13	2.26	3.60	3.70
	300 年一遇水文条件	1.15	2.47	3.70	3.90	1.21	2.47	3.88	3.99
水流与桥轴线法向夹角(°)	枯季大潮	−5	−5	2	7	−6	−5	1	6
	97 风暴潮	1	−5	4	9	2	−5	2	6
	98 洪水大潮	2	−5	3	9	1	−4	2	6
	100 年一遇水文条件	3	−5	4	10	4	−4	2	8
	300 年一遇水文条件	2	−5	4	10	4	−4	2	9

由图 4-52 可见，建桥前后，断面最大流速分布没有明显变化，即建桥后主流位置变化不明显。但断面中流速大小及水流方向有不同的变化。在桥位断面处，北侧天生港水道涨潮最大流速为 1.86m/s（97 风暴潮），各水文条件下，水流偏角在 8°～16° 之间；南侧主槽南通水道，涨潮最大流速位于主通航孔南侧，主通航孔右侧附近最大流速为 1.75m/s，主通航孔中水流总体偏北，偏角一般在 10° 以内。

落潮最大流速发生在 300 年一遇水文条件时，达 3.97m/s，偏角为 8°。100 年一遇水文条件、20 年一遇水文条件、98 洪水大潮、97 风暴潮、洪季大潮、平均流量大潮和枯季大潮的最大落潮流速依次减小，枯季大潮落潮最大流速同样出现在主通航孔右侧附近，为 1.90m/s。涨潮流向以主通航孔左侧为界，北侧偏南，南侧偏北，主通航孔右侧水流偏北 3°～7°；落潮流同样以主通航孔左侧为界，不过，北侧水流北偏，南侧水流南偏，主通航孔右侧附近水流偏南 5°～8°。

在主通航孔附近，建桥后，桥位断面各统计测点处落潮最大流速都有不同程度的增加，如断面最大落潮流速由 3.97m/s 增加到 4.09m/s（300 年一遇水文条件，主通航孔右侧，见图 4-53）。由于桥墩具有一定的导流作用，各落潮最大流速的流向与桥轴线法向的夹角减小 1°～3°，北辅助通航孔、主通航孔左侧、主通航孔中部、主通航孔右侧和南辅助通航孔落潮偏角分别变为偏北 5°、偏北 2°、偏南 2°、偏南 6° 和偏南 8° 内。

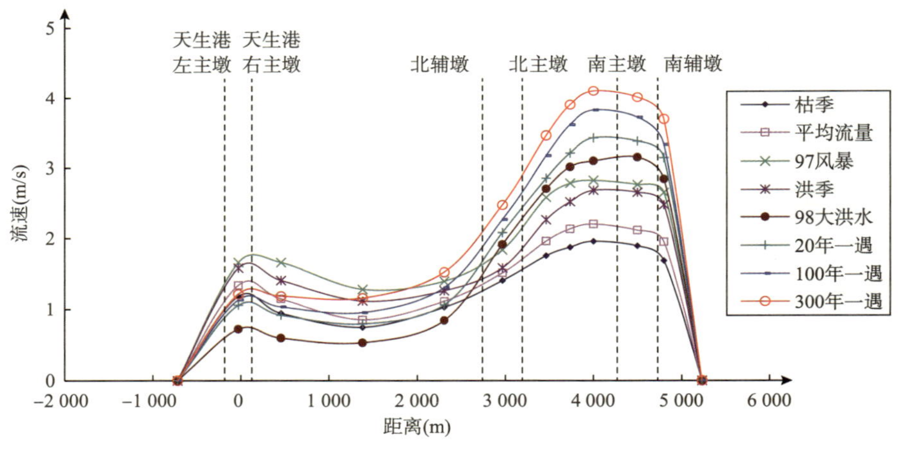

图 4-53　建桥后各水文条件下流速分布

在北侧天生港水道通航孔附近，受横港沙及其以北区域较为密集的桥墩阻流影响，建桥后涨潮最大流速有所减小，由 1.86m/s 减小为 1.81m/s（97 风暴潮），偏角则由 16° 减小到 13°。南侧主槽中，由于跨度大，桥墩间距较远，建桥后涨潮最大流速有增加趋势，最大流速由 1.75m/s 增加到 1.78m/s，出现在枯季大潮的主通航孔右侧附近。建桥后，涨潮水流的偏角减小 1°～3°，主通航孔左侧、主通航孔中部和主通航孔右侧的涨潮偏角分别变为偏北 4° 内、7° 内和 6°～9° 间。

③建桥后断面单宽流量变化

为分析建桥前后桥位断面处单宽流量的变化，涨潮最大单宽流量统计见表 4-11，落潮最大单宽流量统计见表 4-12。图 4-54 为部分水文条件下建桥前后桥位断面单宽流量比较。

沪通大桥桥位断面建桥前后最大单宽流量比较[涨潮，$m^3/(s \cdot m)$]　　表 4-11

水文条件	建桥前最大单宽流量				建桥后单宽流量变化			
	天生港水道	北辅助通航孔	主通航孔中部	南辅助通航孔	天生港水道	北辅助通航孔	主通航孔中部	南辅助通航孔
枯季大潮	21.8	18.8	34.1	28.9	1.1	0.4	1.0	0.9
平均流量大潮	26.3	18.0	28.5	28.1	1.1	−0.7	0.3	0.8
97 风暴潮	32.0	20.4	33.8	31.4	0.8	−1.6	1.0	0.9
300 年一遇水文条件	29.8	3.8	6.1	22.3	1.9	0.3	0.6	0.7

沪通大桥桥位断面建桥前后最大单宽流量比较[落潮，$m^3/(s \cdot m)$]　　表 4-12

水文条件	建桥前最大单宽流量				建桥后单宽流量变化			
	天生港水道	北辅助通航孔	主通航孔中部	南辅助通航孔	天生港水道	北辅助通航孔	主通航孔中部	南辅助通航孔
枯季大潮	11.0	15.9	36.0	31.1	1.0	0.6	0.4	1.0
97 风暴潮	17.0	23.0	58.3	49.9	0.7	0.2	0.5	1.0
98 洪水大潮	13.9	24.9	65.0	55.8	0.3	0.5	0.2	0.6
100 年一遇水文条件	17.4	31.2	80.9	70.1	0.3	0.7	0.8	1.7
300 年一遇水文条件	19.0	34.1	84.6	74.4	0.6	0.8	1.3	1.4

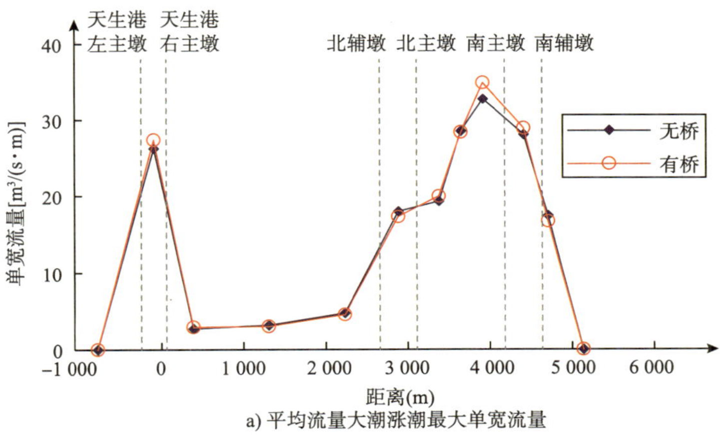

a) 平均流量大潮涨潮最大单宽流量

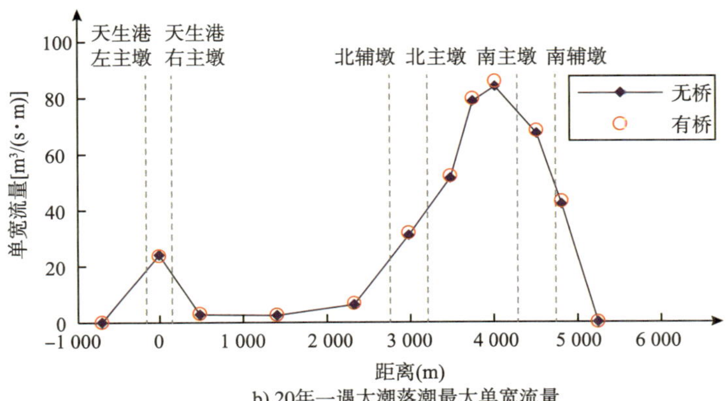

b) 20年一遇大潮落潮最大单宽流量

图 4-54　建桥前后桥位断面最大单宽流量比较

由图 4-54 和表 4-12 可知，工程实施前，各水文条件下的涨、落潮最大单宽流量都出现在主通航孔间，大致在主通航孔中偏南的位置，该位置涨潮最大单宽流量在 35m³/(s·m) 左右，落潮最大单宽流量以 100 年一遇和 300 年一遇水文条件较大，分别达 84.9m³/(s·m) 和 90.3m³/(s·m)，其他水文条件下的落潮最大单宽流量在 37～76m³/(s·m) 之间。

工程实施后，由于桥墩对水流的挤压作用，南侧主通航孔以及天生港水道附近的涨潮最大单宽流量增加 2%～8%，落潮单宽流量增加 2%～5%；而横港沙滩地附近由于桥墩的阻水作用较明显，最大单宽流量减小。建桥后，涨潮最大单宽流量还是出现在主通航孔偏南水域，枯季大潮、平均流量大潮、97 风暴潮和 300 年一遇水文条件涨潮最大单宽流量分别为 36.2m³/(s·m)、36.1m³/(s·m)、36.3m³/(s·m) 和 28.6m³/(s·m)，增幅为 1.1～2.8m³/(s·m)；300 年一遇水文条件下落潮单宽流量还是最大，达 92.0m³/(s·m)，较建桥前略有增加。可见，建桥后，桥位断面单宽流量大小有所改变，但主槽大于副槽、深槽大于滩地的单宽流量分布特征没有变化。

综上分析可知，建桥前，各水文条件下的涨、落潮最大单宽流量都出现在主通航孔间，大致在主通航孔中偏南的位置。建桥后，桥位断面单宽流量大小有所改变，但分布没有明显变化。主通航孔以及天生港水道附近的涨潮最大单宽流量增幅为 1.1～2.8m³/(s·m)；落潮单宽流量还是 300 年一遇水文条件下最大，建桥后达 92.4m³/(s·m)，较建桥前增加 2.0 m³/(s·m) 左右，增幅约 2%。

④建桥后水动力影响范围分析

沪通长江大桥上游 3km 处，流速有所减小，减小幅度最大为 3cm/s，上游 3.5km 处流速变化在 2cm/s 内说明拟建大桥工程对上游水流的影响范围大致为 3.5km；大桥下游 3km 处断面流速变化最大为 3cm/s，往下游，流速变化幅度逐渐减小，至 5km 处，断面流速变化在 2cm/s 内，说明拟建大桥工程对下游水流的影响范围大致为 5.0km。

⑤建桥后河床冲淤变化

建桥后动床试验后地形见图 4-55，工程引起的冲淤变化见图 4-56。

a)

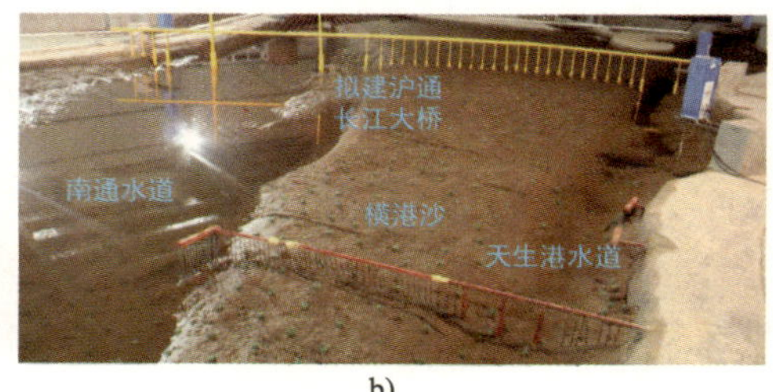

b)

图 4-55　沪通长江大桥工程试验后河床地形

建桥前的试验结果表明，本河段滩槽格局未发生明显变化。在拟建桥位附近，由于南岸边界控制，主槽有所刷深但没有继续南移的趋势；横港沙沙体和天生港水道冲淤变化不大，局部有所淤积，横港沙沙体右侧边坡冲淤变化较小，右缘基本保持稳定；通州沙头部左侧略有冲刷。

建桥后，由于桥墩对水流的挤压作用，加上桥墩扰流产生局部冲刷，桥位附近河床冲刷，南通水道冲刷大于 0.2m 的范围上游约 600m，下游最大范围约 3 000m；主副通航孔中间冲深约 2m；工程后桥位断面附近 −10m、−15m 槽有所扩大，但深槽走势基本不变。12.5m 等深线桥址附近有所放宽，总体走向仍为由南向北，至横港沙尾一侧与任港以下深槽相连。建桥后，横港沙总体有所淤积，沙体保持基本稳定，建桥对通州沙冲淤变化影响不大。总体来说，建桥后南通水道仍维持现有滩槽格局。

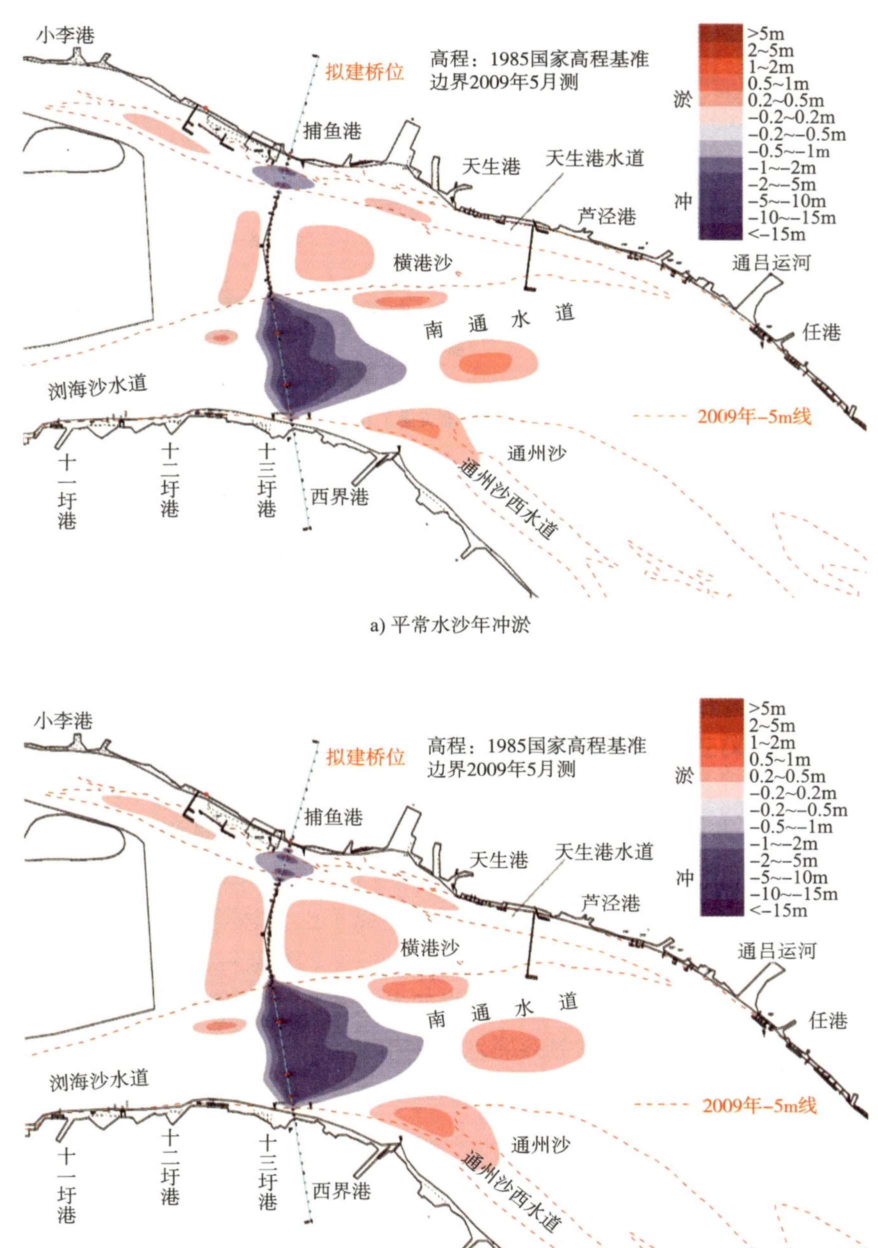

a) 平常水沙年冲淤

b) 100年一遇水文年冲淤

图 4-56　沪通长江大桥工程实施后引起的河床冲淤变化

由于建桥后横港沙的冲淤变化幅度不大，沙体上由于桥墩群的作用，还有一定程度的淤积，加之建桥后，北侧落潮主流偏向横港沙的水流夹角减小，沪通大桥的建设基本上不会对横港沙的稳定造成不利的影响，因此，可不与横港沙圈围工程同步实施。由于建桥后横港沙边坡有所冲刷，在桥梁施工过程中，应加强观测北辅助墩附近的横港沙右缘的冲淤变化情况，根据实际情况采取相应的保障岸坡及施工安全的措施。

根据动床的试验结果，考虑其他因素，对工程建设提出了以下建议：

①鉴于工程河段水沙及边界条件复杂，河床冲淤变化幅度较大，一直为水利和交通部门高度关注的河段，建议有关部门尽快实施通州沙西水道的整治工程，特别是通州沙头部守护工程；尽快实施横港沙圈围工程，以便进一步稳定本河段有利河势和滩槽格局。

②建桥后，引桥墩位于岸坡上，可能影响到岸坡稳定，南北两岸建桥后需进行岸坡防护，南侧南通水道防护的距离为桥位上游 150m 和桥位下游约 300m，北侧天生港岸坡的防护距离为桥位上游 70m 和桥位下游 150m。

③工程河段受涨落潮流作用，桥墩局部冲刷坑形态尺度将作为桥梁设计的重要参数。本模型为变态模型，局部冲刷坑形态及深度与实际相似性存在一定差异，建议在下一阶段研究中采用局部正态模型试验，研究桥墩局部冲刷。

④工程实施将引起桥轴线上下游局部河床调整，建议在施工过程及工程实施后，加强对工程河段附近水下地形的监测，特别是北辅助墩附近，桥墩扰流引起横港沙桥位附近右缘局部冲刷，并及时进行分析研究，必要时采取适当的防护工程措施。

目前，上述试验成果已成功应用于沪通长江大桥的设计中。工程已于 2014 年 3 月 1 日开工建设，预计五年半竣工。河口海岸模拟技术在沪通长江大桥的潮流泥沙物理模型研究得到了成功的应用。

4.3 毛里塔尼亚友谊港模型试验

在毛里塔尼亚首都努瓦克肖特西南方向大约 15.0km 的大西洋海岸，镶嵌着主要由我国援建的现代化港口——努瓦克肖特自治港，这座始建于 20 世纪 70 年代的港口已经成为中非友谊的见证，并被当地人们亲切地称为“友谊港”。友谊港附近海岸带表层泥沙颗粒的分选性好，物质组成比较有规律，泥沙中值粒径（d_{50}）沿海岸纵向的分布随动力条件而变化，但总体上差别不大，泥沙中值粒径（d_{50}）沿海岸横剖面的分布差别较大，在低潮位附近岸滩地带的表层物质颗粒最粗，反映出浅水波浪破碎带附近的动力作用较强，泥沙中值粒径为 0.2～0.4mm。毛里塔尼亚海岸处于北大西洋环流区，近岸地区海流常年呈顺时针方向旋转，流向由北向南，流速约 0.5m/s。友谊港海区的潮差和潮流均不大，海流对海岸塑造的影响甚微，实测最大潮流流速仅为 0.176m/s，涨、落潮流向基本是由北向南。

根据对友谊港附近 1976 ～ 1987 年的测波资料的统计分析，当地的主波向（常浪向）为 NW 向，出现频率为 48.64%，次常浪向为 WNW 向，出现频率为 36.16%；强浪向为 W 向，次强浪向为 WNW 向，波浪主要集中在 W 至 NNW 等 4 个方位。每年 12 月到翌年 3 月间的主要波向为 NW 向和 WNW 向，在此期间也会发生 W 向和 WNW 向的强浪；每年

4 月至 6 月间 WNW 向波浪减少，而 NW 向波浪增多，7 月至 9 月间会出现偏 SW 向的波浪，10 月至 11 月间则以 NW 向波浪为主。长周期的大浪均出现在 W 向和 NW 向，1985 年 2 月 7 日冬季实测最大波高 $H_{1/100}$=4.9m，周期 T=21.6s，波向为 W 向，相对应的 $H_{1/100}$=5.8m，T=21.8s。

4.3.1 毛里塔尼亚友谊港岛堤码头淤积模型试验

毛里塔尼亚友谊港的海岸线呈南北走向，自 1986 年港口建成后，下游岸线发生冲刷，危及陆上土建工程安全。南京水利科学研究院于 1987 年 7 月接受交通部一航设计院和交通部援外办的委托，承担了这段海岸的冲刷防护试验任务。模型的验证试验于 1987 年 11 月开始，12 月下旬完成。随即进行了 10 年的岸滩自然冲刷试验及四种防护方案防护效果的初步比较。

下游岸滩冲刷及其主要的波浪特征：

友谊港自 1986 年 6 月建成以后，由于栈桥码头截断了自北向南的沿岸输沙，致使下游岸线发生冲刷后退。如建成后的第一个大风季节（1987 年 1～3 月），原海岸线普遍冲刷后退 10～20m，在平常季节，岸线又出现某些淤涨现象，但总趋势是岸线后退大于淤涨前进。对比 1986 年 7 月与 1986 年 12 月的下游海岸线，半年期间 +1.0m 岸线普遍冲刷后退 10～35m。显然，这与友谊港海域的波浪特性和海岸泥沙组成密切相关。

（1）概况

该港沿海近岸带存在较强的波浪作用和由北向南的沿岸漂沙，为了确定波浪和泥沙对港口总体布置的影响，要求进行泥沙淤积模型试验。港口布置采用钢管桩单突堤方案（图 4-57），近岸段为透空式引桥。

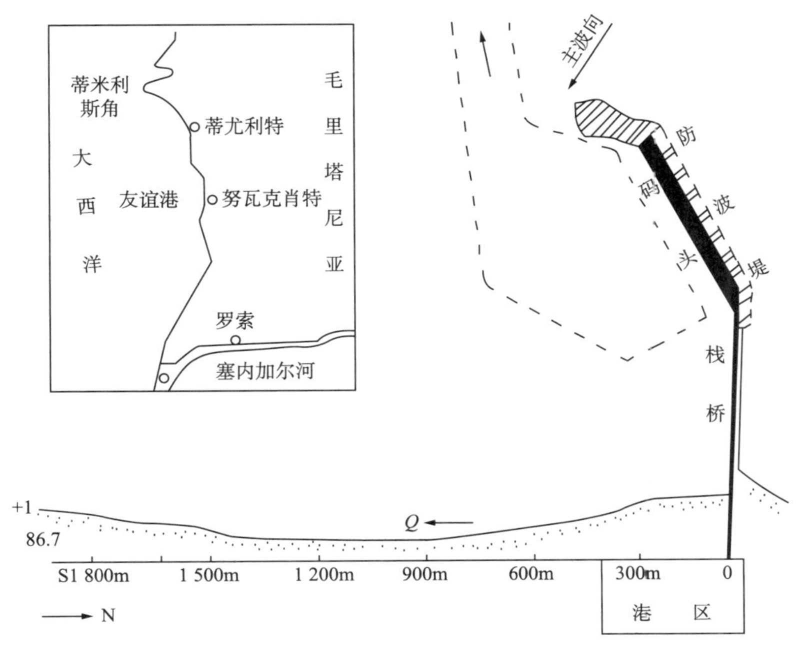

图 4-57　友谊港概况

当地波浪情况以 NW 向频率最高。$H_{1/10}$=1.3～1.99m，占全年总频率的 15% 左右。在现场观测了沿岸流流速、流向、含沙量，并同时观测破波波高。

附近的海岸泥沙运动，主要表现为沿岸漂沙。泥沙中值粒径 d_{50}=0.19mm。在 NW 向的斜向波作用下，破波带掀起的泥沙由沿岸流自北向南输送。一般波浪情况下，泥沙活动在等深线 −3.0m 水深以内。当波高 H>1.50m 时，泥沙活动可以延伸到等深线 −8.0m 以外。破波带泥沙运动主要以悬移形态输送（占总输沙量的 95%）。根据水文断面法计算的实测输沙量和根据有关的输沙量公式计算结果，每年输沙量在 60 万～90 万 m^3 之间。

对港口附近海岸作了固定断面观测。根据不同季节的观测，近岸带岸滩大部分时间是属于冲刷型的（即暴风型岸滩），在破波带内明显地存在着水下沙坝和深槽。

（2）试验设备和方法

试验是在长 30m、宽 40m、深 0.5m 的港池内进行的。试验的动力要素以波浪为主。由于近岸泥沙主要是由 N～W 象限内的波浪造成的，因此选择这个象限中的主波向 NW 作为试验波的波向，模型放弃复演潮位、潮流和海流，取现场全年平均海平面为试验水位，生波机为推板式，长 30 m，港池和模型布置见图 4-58。

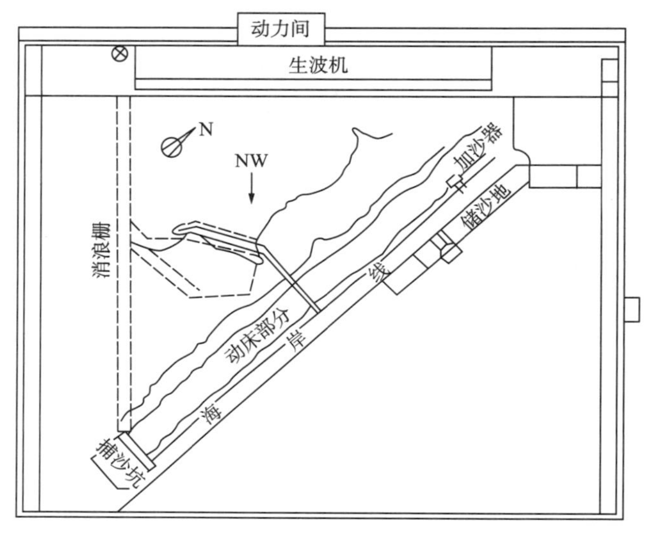

图 4-58　淤积试验水池和模型布置图

根据现场实测，拟建港口附近的海岸泥沙运动主要存在于等深线 −8.0m 以内，−8.0m 以外的深水地区泥沙覆盖层薄，部分地区有岩石露头，故模型将 −8.0m 以外的海底作为定床，按实测地形图用水泥沙浆粉面；将等深线 −8.0m 以内直至岸边的部分作为动床，用模型沙铺设。

为供给沿岸漂沙的泥沙来源，在模型岸滩上游设置加沙器，在破波带内供沙。模型沙使用煤粉，每分钟加 0.63kg 干煤粉，在加沙器内用水搅拌，在 1min 内均匀投放，在试验过程中连续投放。

在岸滩下游尾端设置捕沙坑，定时量测泥沙沉积量，波高用电容式波高仪测读；破波带的沿岸流用微型旋桨式流速仪测量，同时用吸引器采集测点的水样，并用比重法测定含沙量。

（3）各项比尺的确定

根据前述各项必须遵循的相似比尺公式进行模型设计，并确定各项比尺的具体数值。在选择模型水平比尺和垂直比尺时，考虑到下列条件：在现有试验港池和生波机等设备条件下，尽可能容纳最长的海岸线；为使波浪少受表面张力的影响，也便于使用模型沙，要求模型波高不小于1.5cm；由于波浪绕射现象对于码头下游的泥沙淤积起着重要作用，模型不允许采用太大的变率。根据现场资料分析，认为对岸滩演变起主要作用的波浪，其波高在1.5～2.0m。按此波高选用垂直比尺 λ_h=75，所得模型波高可以满足试验要求。根据试验港池的面积和生波机长度，选用水平比尺 λ_l=100，模型岸线长度为40m，换算到原体岸线长度为4 000m。模型为变态模型，变率为 λ_l/λ_h=1.30，接近于正态。因此认为所选比尺能基本符合上述条件。模型复演的地形范围见图4-58。

现场海岸破波带的海底阻力系数，根据实测资料推算为 f_p=0.029；模型破波带阻力系数根据试验资料推算为 f_m=0.025；故得阻力系数的比尺 λ_f=1.15。从而求得 λ_v=7.0。

按照上列各式计算各项比尺，见表4-13。

模型比尺表 表4-13

相似比尺项目	比 值
水平比尺（λ_l）	100
垂直比尺（λ_h）	75
模型变率（λ_l/λ_h）	1.3
波高比尺（λ_H）	75
波长比尺（λ_L）	75，波长比尺 λ_L 等于垂直比尺 λ_h，绕射现象就不完全相似
波周期比尺（λ_T）	8.66
波速比尺（λ_c）	8.66
阻力系数比尺（λ_f）	1.15
沿岸流速比尺（λ_v）	7.0
泥沙沉降速度比尺（λ_ω）	5.25
含沙量比尺（λ_s）	0.6
泥沙干重度比尺（λ_{γ_0}）	1.74
输沙量比尺（λ_{Q_T}）	3 380，系由验证试验后确定
冲淤时间比尺（λ_t）	386，系由验证试验后确定

试验的关键问题是模型沙的选择。关于模型沙的选择，应能反映泥沙运动的主要过程。从试验的具体情况分析，认为单突堤码头下游的淤积是由于沿岸漂沙进入波影区后，波浪动力减弱，泥沙沉积所造成的；当引桥封闭后，引桥上游的淤积系由于沿岸漂沙遇到障碍而形成，因此模型沙的选择应以悬移质的沉降相似为主。原体泥沙中值粒径 d_{50}=0.19mm，其沉降速度 ω_{50}=2.10cm/s。按照沉降速度比尺 λ_ω=5.25计，要求模型沙的沉降速度为 ω_{50}=0.384cm/s。根据试验要求和材料供应情况，采用煤粉作为模型沙。

煤粉的颗粒密度 γ_s=1.43t/m^3，中值粒径 d_{50}=0.16mm，其沉降速度可以满足上述要求。

（4）验证试验

在比尺选定后开始进行模型验证实验，经过 10 次以上的试验，基本上达到了沿岸漂沙和岸滩形态与原体相似。验证试验波浪作用历时 5h，沿岸漂沙上游供沙量为每分钟 0.63kg 煤粉。从以下三个方面进行验证：

①首先验证原体和模型在沿岸流流速与波浪要素及岸滩特性关系方面是否符合统一的规律。

利用现场和模型中观测到的破波波高、周期、波向角（α_b），以及沿岸流速、流向等资料，分别计算下列两个无量纲数：

$$A=\frac{m\sin\alpha_b\sin 2\alpha_b}{f}$$

$$B=\frac{V_L}{\left(\dfrac{gH_b^2n_b}{h_b}\right)^{\frac{1}{2}}}$$

将计算所得 A 值及 B 值绘于图上（图 4-59），并与其他文献记载的资料作对比。从图 4-59 可见，模型与原体的沿岸流和波浪要素及岸滩特性间的关系，基本符合统一规律。

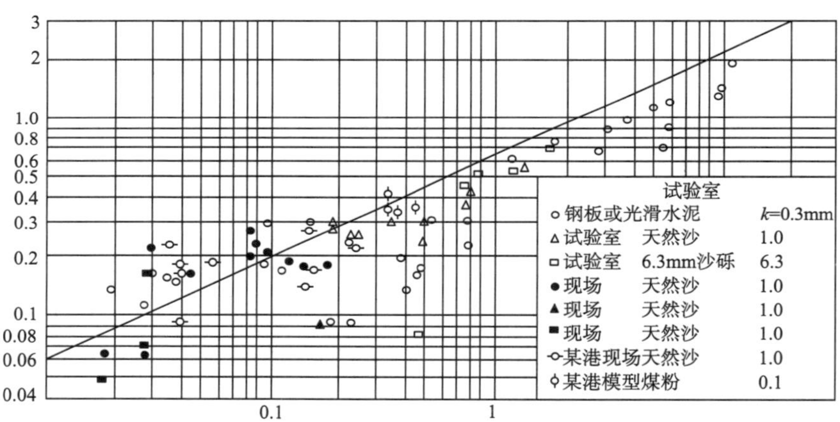

图 4-59 沿岸流流速与波浪要素及岸滩特性关系图

在计算时采用如下假定：

现场实测：波高现场观测值为$H_{b\frac{1}{10}}$，按海港水文规范换算成平均破波波高 H_b，即$H_{b\frac{1}{10}}=1.48H_b$；波向角以波峰线与海岸线走向的交角计算；按照每月的岸滩断面计算各月的破波带平均底坡 m；沿岸流速 V_L 在断面上均匀分布；阻力系数 f 用下式计算：

$$f=\left(2\lg\frac{h_b}{k}+1.74\right)^{-2} \tag{4-21}$$

式中，h_b 为破波水深，计算时取每月破波带岸滩平均水深，各月阻力系数的总平均值为 0.029，k 取为 10mm。

在模型中：波高取平均波高，沿岸流流速在破波带内均匀分布；取每月试验的破波带

平均水深计算 f 值，绝对糙率 k 取为 0.10mm，各组试验阻力系数的总平均值为 0.025。

②验证破波带含沙量

现场测取了破波带含沙量资料，根据此项资料绘制了破波波高 H_b 与平均含沙量 S 的关系图（图 4-60）。由图可见，含沙量与破波波高的平方成正比。

模型试验同样测取了含沙量和波浪要素资料，把模型含量以 λ_s=0.6 和 λ_H=75 的关系，换算到原体数据，绘于图 4-60 上。可见，模型试验的数据与原体数据基本上是接近的。

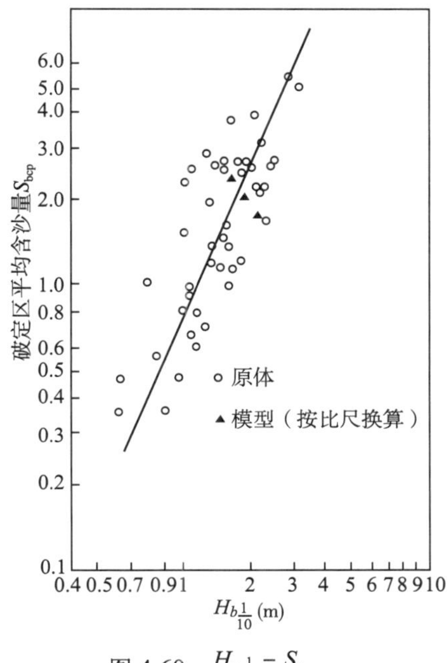

图 4-60　$H_{b\frac{1}{10}} - S_{bcp}$

③验证岸滩剖面的冲淤特征。模型岸滩经过波浪打击 5h 后，在破波带形成明显的水下沙坝及深槽，这是暴风（冲刷）型岸滩的特征，因此从定性的角度分析，模型与原体在岸滩冲淤类型上是相似的。下面再从定量的角度来分析，水下沙坝和水下深槽是由破波所造成的，破波冲击底沙形成水下深槽，被掀起的泥沙则由波浪的传质运动带到相应地点沉积，形成水下沙坝。因此水下沙坝和水下深槽均受破波特性和泥沙特性的影响，成为岸滩形态的特征。在泥沙特性相似的情况下，它应与破波有显著的关系。在验证试验中，测取了水下沙坝顶和水下深槽槽谷的离岸距离，以及坝顶水深和槽谷水深等资料按比尺换算成原体值，并绘制了这些资料与破波高的关系图（图 4-61）。同样将现场测验的资料亦绘于该图上。从图 4-61 可见，模型与原体比较在数量级上尚能一致。

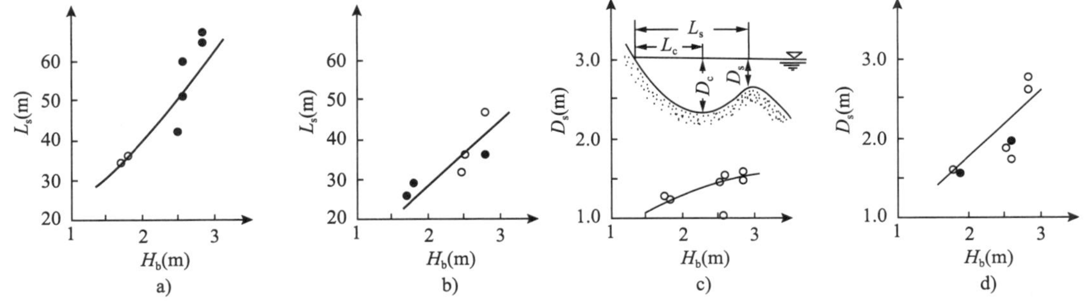

图 4-61　水下沙坝特征形态与破波波高关系图

通过上述验证试验，基本上达到岸滩地形相似以后，进行冲淤时间比尺的计算。

经计算，原体输沙量按每年 70 万 m^3 计，折合质量为每年 112 万 t，每分钟输沙量 Q_{T_P}=2 130kg/min，模型每分钟投沙量为 Q_{T_m}=0.63kg/min，因此，输沙量比尺：

$\lambda_{Q_T}=Q_{T_P}/Q_{T_m}$=3 380。

模型淤积棱体的干密度：取原状土测验结果为 γ_{o_m}=0.92kg/L，原体沙的干密度设为 1.6kg/L，则干密度比尺：

λ_{γ_0}=1.74kg/L。

由 λ_{Q_T}、λ_{γ_0} 可得时间比尺为：λ_t=386，即模型每小时相当原体 386h，或 16.1d；原体 1 年相当于模型 22.7h（≈23h）。

在验证试验基本相似的基础上，即可开始工程布置方案的淤积试验。

（5）岛堤码头上、下游淤积试验的主要试验结果

在上述验证试验的基础上，进行了岛堤码头上、下游的淤积试验。试验波高为 2cm，波周期为 1.1～1.15s。

岛堤下游一般出现连岛坝，连岛坝形成的初期，首先波影区出现沙嘴，沙嘴在往上游延伸的同时逐渐突向深水，其首部则向岛堤码头的靠岸端逼近（图 4-62）。

沙嘴的位置与码头离岸距离 l 有关，沙嘴下游侧末端基本稳定，设此端点到码头至岸线的距离为 P_1，则从图 4-62 可见，当 l=650m 时，P_1/l=1.48，即 P_1 大约为 l 的 1.5 倍。

随着泥沙不断淤积，沙嘴新岸线逐渐向深水发展，它向深水发展的速度也和岛堤的离岸距离 l 有关。设沙嘴新岸线的离岸距离为 P_2，则在试验条件下，P_2 随时间的发展速度和 l 成反比。岛堤离岸距离短，则沙嘴发展较快，见图 4-62。

另一种情况是，如果岛堤码头端点离岸距离 l 固定，而把岛堤长度 B 加以改变，则沙嘴的淤积过程显然和前述情况有所不同（图 4-63）。在图 4-63 上所表示的淤积过程是岛堤在波峰线方向的投影长度 b_1 扩大为 b_2，再扩大到 b_3 时的淤积形态变化过程。从图 4-63 可见，沙嘴是逐渐往下游发展的，也就是说，P_1/l 值随 b 的增大而增大，而且当 b 达到一定长度后，P_1/l 值便达到稳定状态。可见，把 b_1 逐渐扩大为 b_3 的稳定的 P_1/l 值与开始便是 b_3 的 P_1/l 值是一致的。

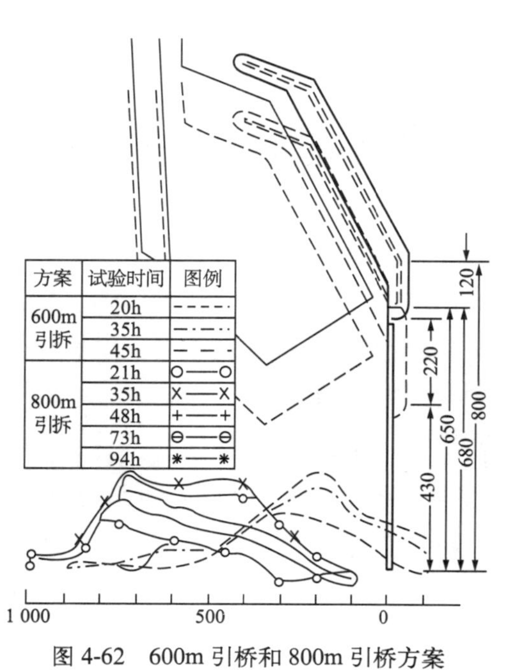

图 4-62　600m 引桥和 800m 引桥方案（尺寸单位：m）

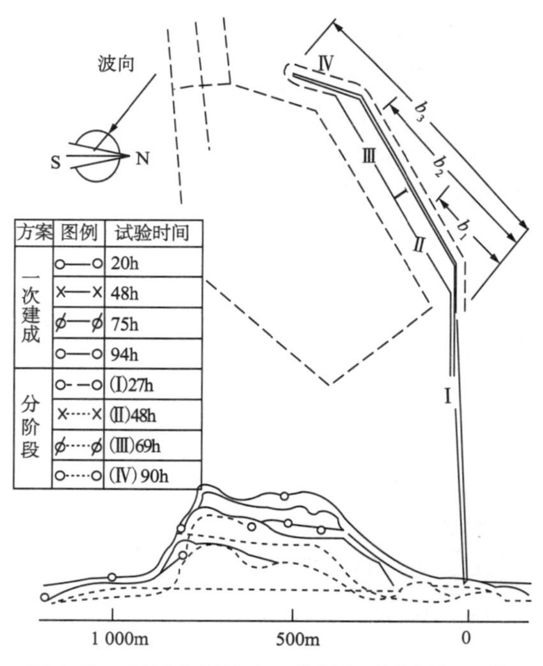

图 4-63　不同岛堤长度 b 的淤积形势图的工程布置及淤积沙嘴比较图

沙嘴上游侧新岸线的走向与原岸线交角为16°～18°，如果封闭引桥透空段，建筑物便成了突堤，突堤上游泥沙淤积后形成三角形的棱体（图4-64），其岸线的发展趋向于与破波波峰线平行，与原岸线成16°～18°的交角，此新岸线的走向是与沙嘴上游的岸线走向一致的。其交角约为深水波向角39°的0.4倍（图4-64）。

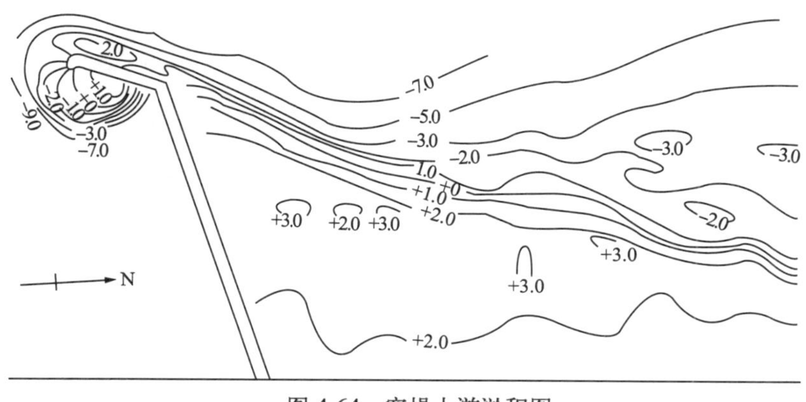

图4-64 突堤上游淤积图

通过岛堤码头上、下游的淤积试验，明确了在特定试验条件下，引桥下游连岛坝和岛堤封闭后上游淤积棱体的发展过程和淤积形态；得到了连岛坝沙嘴下游端点离堤距 P_1 与岛堤码头离岸距 l 的比值，沙嘴新岸线离岸距 P_2 与 l 的关系以及岛堤码头在波峰线上的投影长度 b 与 P_1/l 值之间的关系。也得到了连岛坝上游新岸线与原岸线交角 θ_1 以及突堤新岸线与原岸线交角 θ_2 同样是深水波向角的0.4倍的结论。但由于试验设备的限制，采用的是定向、单一规则波，选用当地主波向NW为试验波向，而实际情况是其他方向的波浪也应起一定作用。总的说来，试验结果只能大致反映一般情况，与实际情况产生怎样的差异，应通过今后的原体观测资料再进一步加以明确。

4.3.2 毛里塔尼亚友谊港下游海岸冲刷模型试验

毛里塔尼亚首都努瓦克肖特港于1986年6月建成后，由于突堤式港口拦截了自北向南的沿岸输沙，导致港口南侧海岸线发生严重冲刷后退，危及南侧陆上建筑物安全，需要进行防护。这是本项模型试验的目的。

（1）港口南侧岸滩冲刷及其主要的波浪特征

努瓦克肖特港，面向大西洋敞开，无任何天然屏障，见图4-65。现场水文测验资料表明，这里潮差小，潮流弱，引起海岸泥沙运动的主要动力是波浪，且波向主要集中在NW方向。建港前，港址附近是典型的动态平衡的平直沙质海岸。泥沙中值粒径为0.25mm，岸坡较陡，坡度一般在1/25～1/30，海域−9m以外坡度平缓，破波沿岸输沙率可达 9.0×10^5t/年。

港口于1986年6月建成，建成后NW方向大风浪期，港口南侧原海岸线普遍冲刷后退。平常期，岸线又出现某些淤涨，但总的趋势是冲刷后退。对比1986年7月（即港口刚建成时）与1986年12月的南侧岸线，半年期间+1.0m岸线普遍冲刷后退10～35m，这与该港海域的波浪特性和海岸泥沙运动密切相关。波浪泥沙模型试验需在合成波向和代表波要素条件下进行。因此，要根据现场波浪观测资料分析求出合成波向和代表波要素。

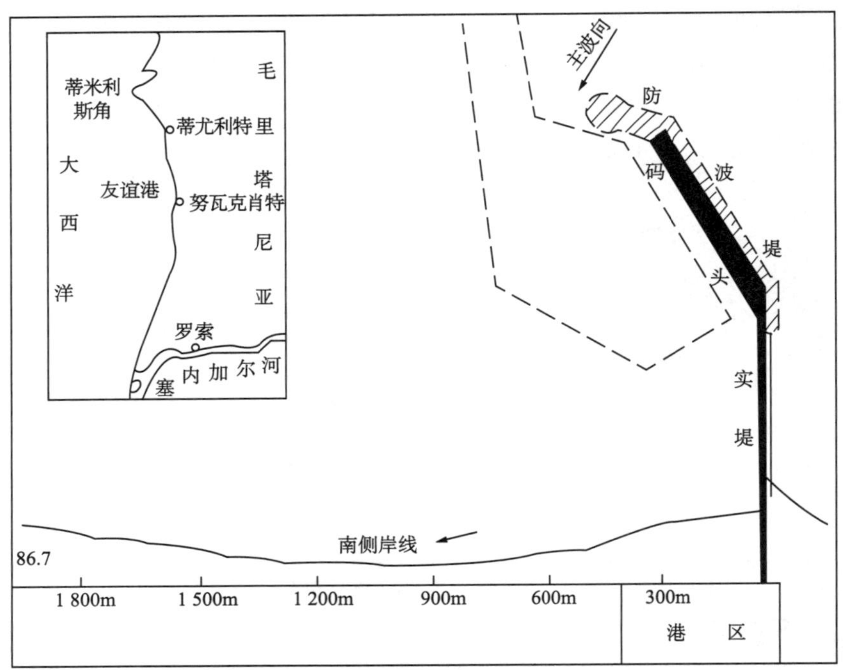

图 4-65 努瓦克肖特港概况

① 波向的确定

该港海域波浪，从 1975 年 10 月设站观测，到 1986 年 11 月共有 11 年的波浪资料。先分析建港前（1985 年）的 10 年资料。这 10 年的波浪统计结果见表 4-14。

1975 年 10 月至 1985 年 11 月波浪统计表（单位：%） 表 4-14

方 位	NNE	N	NNW	NW	WNW	W	WSW	SW	SSW	S	SE	NE	合计
0.4～0.7（0.55）	0.06	0.12	1.82	8.45	5.39	0.54	0.36	0.14	0.05	0.03	0.02	0.03	17.01
0.8～1.2（1.0）	0.09	0.34	4.74	28.47	17.90	2.72	0.95	0.89	0.21	0.05			56.36
1.3～1.9（1.6）		0.11	2.27	9.27	8.57	1.15	0.28	0.17	0.02				21.84
2.0～3.4（2.7）			0.07	0.26	1.54	0.27							2.10
3.5～6.0（4.75）				0.02	0.06								0.08
合计	0.15	0.57	8.86	46.45	33.42	4.74	1.59	1.20	0.28	0.08	0.02	0.03	97.39

表 4-14 中 10 年的波浪统计表明，NNW、NW、WNW 和 W 四个方向的波浪，无论是波高还是出现频率都占绝对优势，它们的总频率达到 93.47%。

合成波向有两种方法。第一种是直接合成法，这也是常用的方法，用波高不小于某一尺度以上的各波向所占频率表示，按下式求出合成波向：

$$\overline{\alpha}=\frac{\sum\alpha_i p_i}{\sum p_i} \tag{4-22}$$

式中：α_i、p_i——分别表示波向角和其出现的频率。

按表 4-14 资料和 4 个主要波向，分别求得波高不小于 0.55 m、波高不小于 1.0m 和波高不小于 1.6m 所对应的合成波向分别为 307°、306° 和 305°。

第二种是沿岸波能流分量合成法，这一方法的主要特点是除考虑了波向的权重外，还考虑了该波向波高的权重。波能流的沿岸分量可以写成：

$$R=KH^2c_g\sin2\alpha \tag{4-23}$$

式中：H——波高；

c_g——波能传播速度；

K——常数。

在近岸浅水区域，c_g 可近似用$c_g=\sqrt{gh}$表示。同时，因波浪观测站在某一定点水深 h 可视为常数，故上式又可写为：

$$R=K'H^2\sin2\alpha \tag{4-24}$$

对于波高不小于某一尺度以上的各波向波浪所对应的波高和频率即可按下式求得合成波向：

$$\overline{\alpha}=\frac{1}{2}\arcsin\frac{\sum H_i^2 p_i\sin2\alpha}{\sum H_i^2 p_i} \tag{4-25}$$

同样，利用表 4-14 资料和 4 个主要波向，按式（4-24）分别求得波高不小于 0.55m 和波高不小于 1.0m 的合成波向均为 296°。

另外，单独对 1986 年的波浪资料（因为这一年的波浪是突堤码头建成后直接与南侧岸线冲刷有关）分别采用式（4-24）和式（4-25）进行了合成波向的计算。波高不小于 0.55m 和波高不小于 1.0m 的两种合成波向分别是 312° 和 300°。这就是说，按直接合成法的合成波向接近 NW（即 315°），而按波能流合成法的合成波向则接近于 WNW（即 292.5°）。从波浪输沙的角度考虑，模型波向以接近 WNW 方向比较合理。

②代表波要素的分析与计算。波浪要素包括波高、波长（或周期）和水深等。下面先结合统计资料讨论波高，然后进一步结合海岸泥沙运动讨论波高和波长。就表 4-14 中的 4 个主要波向，波高不小于 0.55m 的总频率为 93.47%，其相应的加权平均波高为 1.1m；波高不小于 1.0m 的总频率为 77.27%，其加权平均波高为 1.21m；波高不小于 1.6m 的总频率为 23.44%，其加权平均波高为 1.71m；波高不小于 2.7m 的总频率为 2.18%，其加权平均波高为 2.77m。这些不同总频率的加权平均波高哪一个可以作为模型试验的代表波高，还需要结合波浪作用下的泥沙起动条件来考虑。

波浪作用下的泥沙起动，采用起动波高公式或起动水深公式，即起动波高：

$$H_*=0.1\left(\frac{L_*}{D}\right)^{\frac{1}{3}}\left[\frac{L_*\mathrm{sh}\dfrac{4\pi h_*}{L_*}}{\pi g}\left(\frac{\rho_s-\rho}{\rho}gD+\frac{0.486}{D}\right)\right]^{\frac{1}{2}} \tag{4-26}$$

或者起动水深：

$$h_*=\frac{L_*}{4\pi}\left\{\frac{\pi g H_*^2}{\left[0.1\left(\dfrac{L_*}{D}\right)^{\frac{1}{3}}\right]^2 L_*\left(\dfrac{\rho_s-\rho}{\rho}gD+\dfrac{0.486}{D}\right)}\right\} \tag{4-27}$$

由上述两式可知，当已知泥沙粒径、水深及波长范围时，可以求得起动波高；或者已知粒径、波高及波长范围时，可以求得起动水深（计算时，长度单位均为 cm）。起动水深计算结果见表 4-15。

原型泥沙及波浪要素的起动水深计算 表 4-15

原型波浪及泥沙条件				起动水深（cm）	相应海底高程水位（m）+1.0m
波高 H（m）	波长范围 L（cm）	泥沙密度 ρ_s（g/cm³）	泥沙粒径 D（cm）		
110	6 000～9 000	2.65	0.025	817	−7.17
121～125	7 000～10 000	2.65	0.025	928～967	−8.28～−8.67

由表 4-15 计算表明，当原型波高为 1.1m、波长范围为 60～90m 时，现场 −7.17m 的海底泥沙可以起动；当波高为 1.21～1.25m、波长范围为 70～100m 时，海底 −8.28～−8.67m 处的泥沙可以起动。波高愈大和波长愈长，则现场泥沙的起动水深也愈大。那么，哪一种波浪要素可以作为模型试验的代表呢？这需要考察现场海底泥沙的活动情况才能确定。根据现场勘察的多个海滩剖面资料，−8～−9m 的海底泥沙看不出明显的活动性，没有明显的冲刷和堆积现象，且取样发现，这里的海底泥沙颜色呈暗灰色，与浅水区海底金黄色的活动泥沙不同。故现场泥沙的起动水深取 −8～−9m 是合理的。因此，波浪泥沙模型中代表波要素的选取，也应参照表 4-15 的相应结果。

（2）模型几何比尺及模型沙选择

在前面讨论了波浪运动相似问题。从波浪运动相似的比尺关系式来看，波浪模型的几何比尺应为正态。对于波浪泥沙模型，由于涉及的海域很宽阔，模型往往要求试验场地的面积很大，但实际试验场地是有限的。因此，模型的平面比尺 λ_l 就要求很大。若采取正态模型，则垂直比尺也会很大。这样，模型的水深就会非常小，以至于在模型中难以产生受重力控制的重力波，而是产生受表面张力控制的表面张力波这样则无法研究波浪作用下的泥沙运动。波浪泥沙模型所遇到的这种困难与宽浅河道所遇到的河工泥沙模型试验类似，需要变态模型解决。

在几何变态的波浪模型中，波高比尺直接可以采用水深比尺（即模型的垂向比尺）。若波长比尺也采用水深比尺，则模型中的各项波浪运动现象也能取得相似的结果。但这并不是说，对于任何一种变率的波浪模型，采用上述做法都能得出理想结果。前一个试验实例在进行模型试验之前，专门对不同变率的变态波浪模型就波浪的折射、绕射等与正态模型的折射、绕射等进行了比较研究。得出的结论是：当模型变率在 2 左右时，折射、绕射与正态模型能取得一致。因为波浪的折射和绕射对泥沙的冲刷和淤积影响是很大的。因此，波浪泥沙模型的几何比尺，其变率不宜太大。至于波浪和潮流共同作用下的泥沙模型，模型变率还可宽松一些，但要由冲、淤验证相似来控制。

根据式（4-26）来讨论模型的水深比尺（亦即模型垂直比尺）。

当设定波长比尺 λ_{L_*} 与水深比尺 λ_{h_*} 相等时，即 $\lambda_{L_*}=\lambda_{h_*}$ 时，则有 $\lambda_{\sinh(2kh_*)}=1$。故起动波高比尺为：

$$\lambda_{H_*}=\frac{\lambda_{h_*}^{\frac{5}{6}}}{\lambda_D^{\frac{1}{3}}}\lambda^{\frac{1}{2}}_{\left(\frac{\rho_s-\rho}{\rho}gD+\frac{0.486}{D}\right)} \tag{4-28}$$

已有条件：现场泥沙粒径 D_p=0.25mm=0.025cm；现场泥沙密度 ρ_{sp}=2.65g/cm^3；已有煤质模型沙，粒径 D_m=0.48mm=0.048cm。① ρ_{sm_1}=1.35g/cm^3；② ρ_{sm_2}=1.40g/cm^3。

故粒径比尺 $\lambda_D=\frac{0.025}{0.048}=0.52$。现取两种煤质密度 ρ_{sm_1}=1.35g/cm^3 和 ρ_{sm_2}=1.40g/cm^3，代入比尺关系式（4-23）求出水深比尺 λ_h 和波高比尺 λ_H，见表 4-16。

模型沙密度不同，其相应的水深比尺与波高比尺 表 4-16

水深比尺 λ_h	原型沙粒径 D_p (cm)	原型沙密度 ρ_{sp} (g/cm^3)	煤质模型沙粒径 D_m (cm)	煤质模型沙密度 (g/cm^3)		波高比尺 λ_{H_*}	
				ρ_{sm_1}	ρ_{sm_2}	①	②
90	0.025	2.65	0.48	1.35	1.4	79	74
81	0.025	2.65	0.48	1.35	1.4	72	70
75	0.025	2.65	0.48	1.35	1.4	68	65
70	0.025	2.65	0.48	1.35	1.4	64	62

根据试验场地面积，模型的水平比尺取 λ_L=150（它不同于波长比尺 λ_{L_*}）。垂向比尺 λ_h 为 90.81 和 75 基本都能满足模型变率不大于 2 的要求。但考虑到模型波高不宜太小，选择了垂向比尺 λ_h=81。由表 4-16 可知，此时的波高比尺 λ_{H_*} 在 70～72 之间。这样，原型波长为 85m、波高在 1.21～1.25m 之间的波浪，在模型中的波长为 105cm，波高为 1.7～1.8cm，满足了起动水深相似要求（以前在煤质模型沙的波浪泥沙模型中，直接将波高比尺取为垂向比尺，发现模型波高偏小，需在模型试验中增大波高）。由式（4-28）不难发现：若模型沙的密度 ρ_{sm} 不在 1.35～1.40g/cm^3 之间，而是 1.248/cm^3，若 D_m 不变，则可得模型的波高比尺也为 81，即与水深比尺相同。但这样密度的模型沙是难以大量获得的。所以采用煤质模型沙，按照式（4-27）的比尺关系，模型中的波高比按波高比尺等于水深比尺时的波高要增大就可理解了。

（3）模型的冲刷时间比尺及冲刷岸线验证试验

模型的冲刷时间比尺，即

$$\lambda_t'=\frac{\lambda_{\gamma_0}\lambda_l^2\lambda_h}{\lambda_{Q_s}} \tag{4-29}$$

式中：λ_l——模型的垂向比尺，等于 150（不是波长比尺，而波长比尺已取为垂直比尺）；

λ_h——模型的垂向比尺，等于 81；

λ_{γ_0}——泥沙的干重度比尺由下式计算：

$$\lambda_{\gamma_0}=\lambda_{\gamma_s}\lambda_D^{0.183}=\frac{2.65}{1.35}\left(\frac{0.25}{0.48}\right)^{0.183}=1.74 \tag{4-30}$$

现在的问题就是岸滩的冲刷量比尺 λ_{Q_s}，它等于$\frac{Q_{sp}}{Q_{sm}}$，即 $\lambda_{Q_s}=\frac{Q_{sp}}{Q_{sm}}$。因为目前尚缺公认合理的波浪作用下泥沙冲刷量计算公式，因此难以根据方程直接求出 λ_{Q_s} 的比尺关系式，只能借助于现场和模型相应的岸滩冲刷量测量。

1986 年 7～12 月，现场在突堤码头南侧岸滩 14 个剖面的总冲刷率 Q_P=133t/h。在模型验证试验中，经过多次调整试验，获得了冲刷岸线的相似，并测量出 Q_m=0.124t/h。这样，λ_{Q_s}=133/0.124=1 073。故冲刷时间比尺为：

$$\lambda_t' = \frac{\lambda_{r_0}\lambda_l^2\lambda_h}{\lambda_{Q_s}} = 2\ 955 \tag{4-31}$$

这一时间比尺，相当于现场一年时间，模型只需 2.964h。正式试验时，取模型 3h 相当于现场一年，这样偏于安全，+1.0m 的岸线验证结果见图 4-66。由图可见，验证的相似性是很好的。

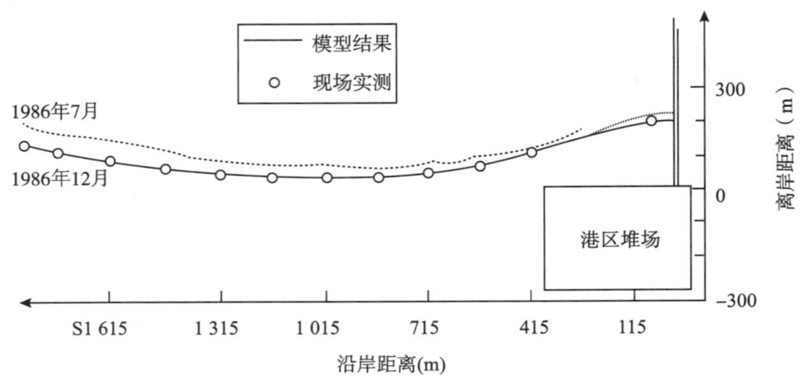

图 4-66　努瓦克肖特港下游 +1m 岸线冲刷验证结果图

（4）突堤港口南侧岸线自然冲刷试验

模型经过岸线冲刷验证试验获得满意的相似之后，首先进行了不修防护工程的自然冲刷试验。图 4-67 为自 1986 年 7 月突堤港口建成后，南侧 +1.0m 岸线自然冲刷 30 年的试验结果。从图中可以看出，自然冲刷不到 12 年，堆场的安全就不保了。如果不建防护工程，任其自然冲刷 30 年，则堆场将削去大半。因此，对港口的南侧岸线，应尽快采取防护措施。

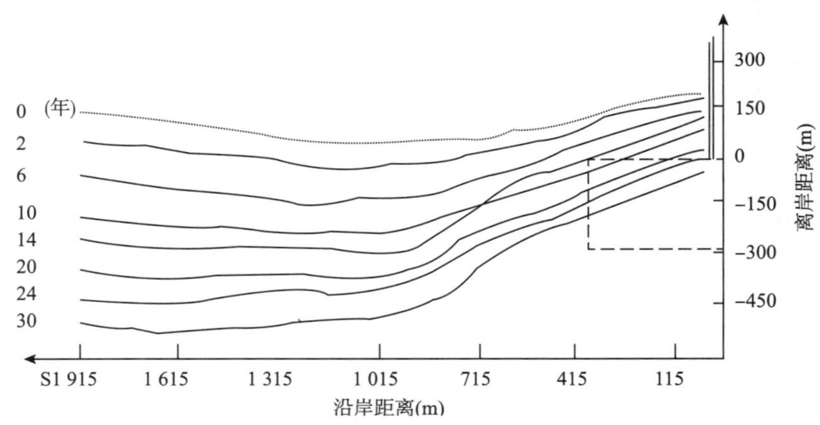

图 4-67　努瓦克肖特港自然冲刷 30 年 +1m 岸线的变化

30 年的自然冲刷试验表明，港南不同剖面 +1.0m 岸线的蚀退速率和同一剖面不同水深的蚀退速率，都可从表 4-17 和表 4-18 中得到清晰的了解。

港南剖面 +1.0m 岸线平均蚀退速率（单位：m/ 年）　　表 4-17

冲刷时间（年）＼港南剖面	南 371	南 865	南 1165	南 1615
0～10	13.1	25.9	28.1	32.3
0～20	12.2	19.4	26.6	24.2
0～30	10.8	16.5	18.5	21.4

剖面不同水深 30 年冲刷后的平均蚀退速率（单位：m/ 年）　　表 4-18

剖面＼高程（m）	+1	±0	−1	−2	−3	−4	−5	−6
南 371	10.8	10.3	8.4	6.7	2.0	1.2	0.5	
南 865	16.5	16.1	15.8	10.2	7.4	5.0	1.5	
南 1165	18.5	18.6	18.3	18.2	17. 2	5.2	6.0	2.2
南 1165	21.4	21.2	21.2	21.1	20.4	12.8	12.8	12.0

表 4-17 表明，不同港南剖面随着时间的推移，+1.0m 岸线的蚀退速率有所减缓，但蚀退速率还是很大的。表 4-18 表明，同一剖面的蚀退速率与水深成反比，水深越大，蚀退速率越小；因此在侵蚀过程中，岸滩坡度趋缓，达到一定水深后，蚀退速率趋于 0。例如南 371 剖面和南 865 剖面，由于这里的波浪受到突堤码头的掩护，30 年的冲刷只能达到 −4m 和 −5m 水深，而距港口较远的剖面南 1615，由于受到突堤码头的掩护不够或者完全没有掩护，其冲蚀深度可达 −6m 甚至 −7m。这些试验结果有利于合理选择防护工程位置。

（5）防护方案选择及 30 年防护效果试验

自然冲刷试验表明，海岸防护是必须采取的措施。提出的防护方案共 4 个：方案 1（垂直岸线埋设地连墙）、方案 2（南挑丁坝）、方案 3（北挑丁坝）及方案 4（离岸堤）。方案及比选试验结果详见图 4-68。经比选试验分析认为，方案 2（南挑丁坝）对其上游岸线的防护效果最好，至于这一方案的最佳位置和南挑丁坝长度，应满足 30 年陆上堆场安全和节省工程投资要求。进一步通过试验，选定南挑丁坝的位置距突堤南侧 670m 处，南挑部分长度为 170m。南挑丁坝 30 年防护试验表明，丁坝以北至突堤以南的 670m 岸线得到良好防护，冲刷只在丁坝以南的岸线发生。南挑丁坝以南 +1m 岸线的蚀退速率和宽度与自然冲刷大体相同。

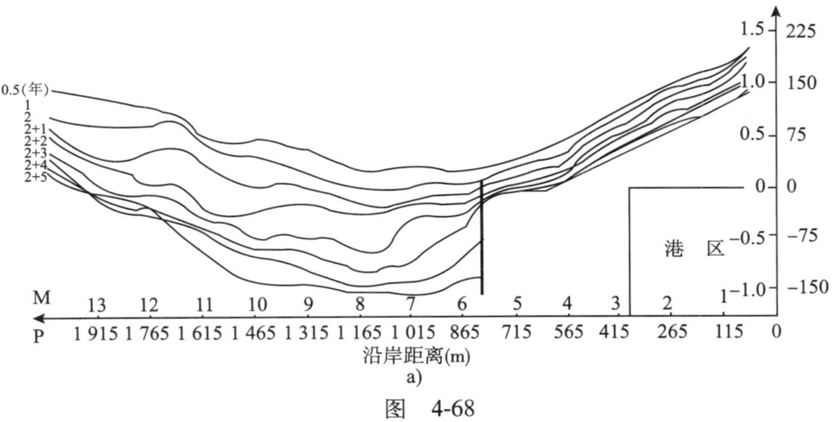

a)

图　4-68

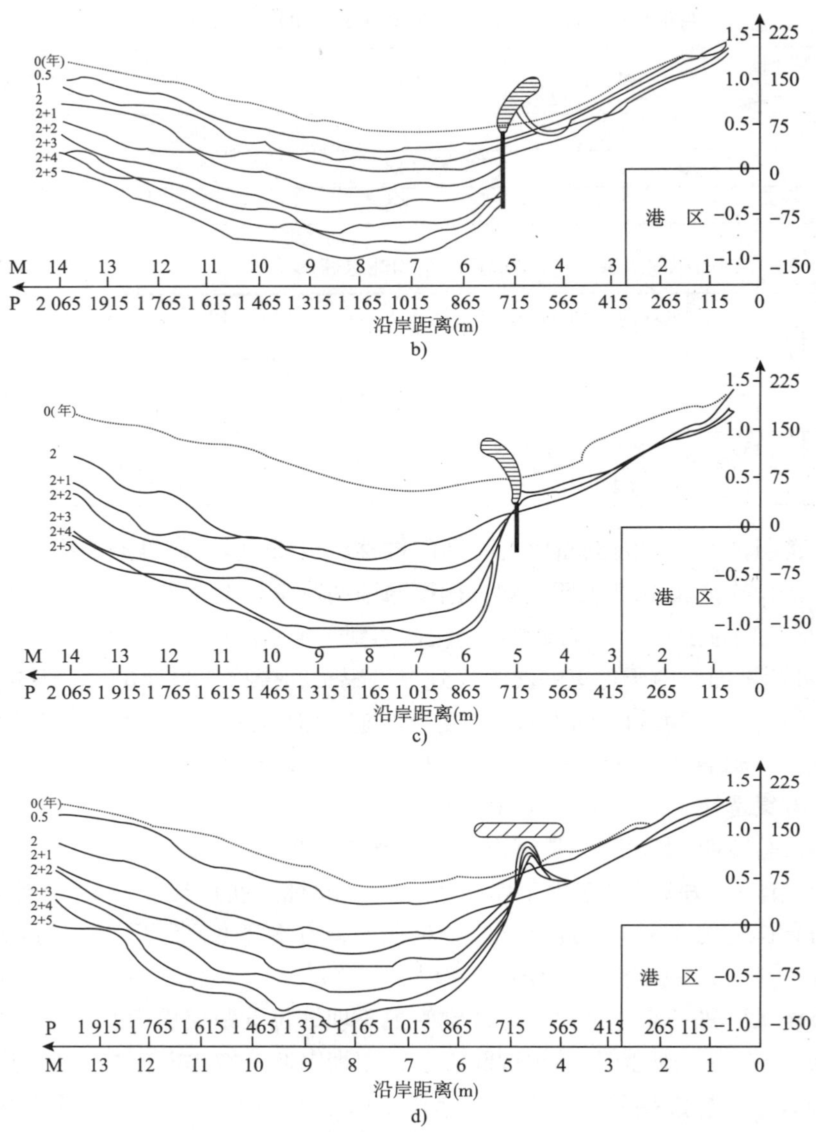

图 4-68 护岸工程四个方案防护情况（尺寸单位： m）

注：图中纵坐标左侧为模型距离，右侧为原型距离。

经 30 年冲刷后，南挑丁坝头附近水深在 −4～−5m 之间，局部深坑可达 −5～−6m。丁坝南侧前沿高滩（未建防护工程前已存在的高滩）全被冲蚀，这些现象应引起工程设计和建设部门的重视。

（6）试验成果的现场检验

南挑丁坝防护方案已于 1990 年 7 月开始施工，12 月完成工程实体部分（图 4-69）。从 1986 年 7 月到 1990 年 7 月的 4 年时间，南侧岸线尚未建设防护工程。对比这期间现场的 4 年冲刷岸线可与模型对应的 4 年自然冲刷岸线，如图 4-70 所示。总体来看，不同时间的岸线对比，现场和模型 +1.0m 岸线基本一致。

首先，南挑丁坝建成后至 1991 年 12 月共一年多时间，1/5 000 水深地形测量图表明，南侧下游冲刷岸滩的坡度普遍变缓，这与模型试验的预报结果是完全一致的；其次，南挑丁坝重点保护岸段（突堤港南侧670m岸段），现场自南挑丁坝建成后一年多时间岸线没有蚀退，这与模型结果也完全一致；第三，南挑丁坝建成后，堤经过一年多时间的冲刷，水深大致在 −4m 左右，这与模型试验结果也很一致；最后，获悉现场在建成南挑丁坝10年后，对南侧岸线进行了测量，其岸线蚀退情况与模型的10年预测结果也基本一致。由此表明，这项波浪泥沙模型试验是成功的，模型设计方法也是合理有效的。

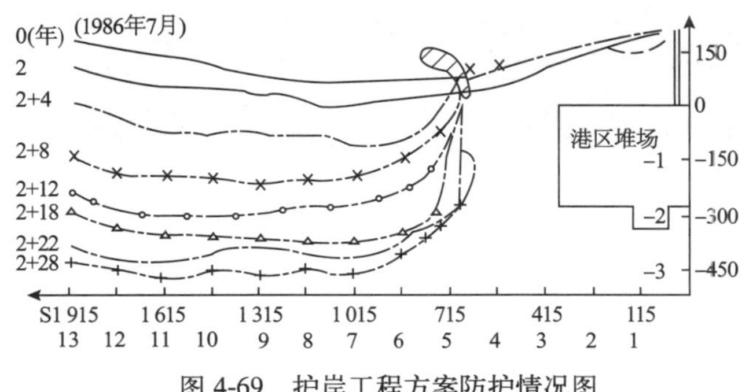

图 4-69　护岸工程方案防护情况图

注：图中纵坐标左侧为模型距离，右侧为原型距离。

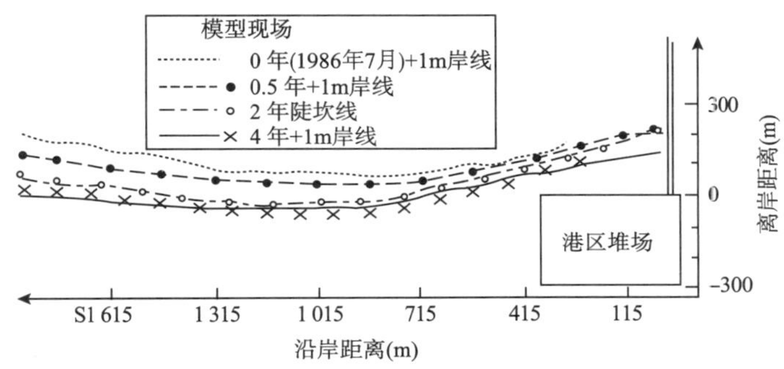

图 4-70　1986 年 7 月～1990 年 7 月南侧 +1m 岸线检验

努瓦克肖特港的建设，拦截了由北向南巨大的单向沿岸输沙，导致港口南侧海岸严重冲刷。本项试验30年岸线冲刷预报表明，30年后港南岸线冲刷仍将延续。已建的南挑丁坝对防护港区堆场是有效的，但仅此单一工程，不可能阻止该工程以南岸线的继续蚀退，需要采取其他措施。可供选择的方案主要有：一是对南侧冲刷岸线实施系列防护工程，包括丁坝、离岸堤乃至岬头等组合工程；二是将港北淤积泥沙通过泵站泵送至南侧冲刷岸线。后者还可解决北侧岸线淤长危及进港航道之虞。这样的工程措施，需要相当多的工程费用，宜早作决策。

4.4　汕头海港外航道淤积问题

汕头港为广东省东北部的重要商港，位于榕江、韩江和练江的汇合入海处，见图4-71。

由于上游榕江、韩江来沙，海区潮汐和波浪的作用以及滩涂围垦的影响，汕头港港池、内航道淤积均有所增长，特别是外航道拦门沙的发育，不仅影响了汕头港道的通航水深，也有碍于汕头港深水泊位的进一步发展。

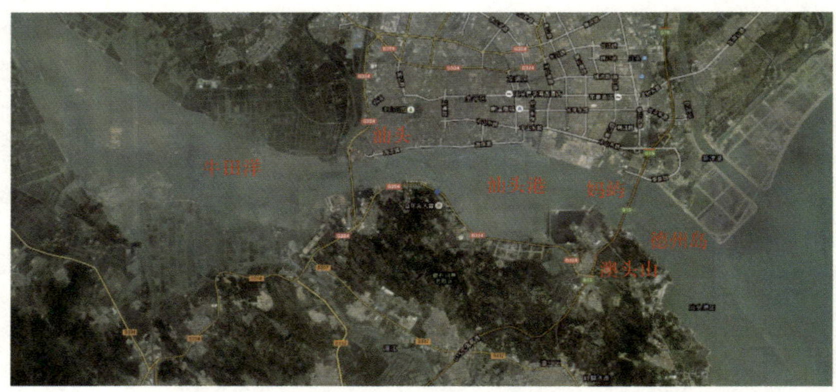

图 4-71　汕头港位置

(1) 汕头港外拦门沙地区海床的演变和航道泥沙淤积分析

1977 年 9 月～1978 年 5 月，1979 年 7 月～1980 年 4 月及 1980 年 10 月～1981 年 4 月，对汕头港外拦门沙航道分别进行了三次挖泥。挖泥底宽为 80m，深度至 −5.5m，边坡为 1 ∶ 7。三次挖泥量分别为 16.5 万 m^3、19.2 万 m^3 和 15.5 万 m^3，回淤量分别为 21.7 万 m^3、17.5 万 m^3 和 9.4 万 m^3，开挖后航道回淤的纵、横剖面见图 4-72 和图 4-73。

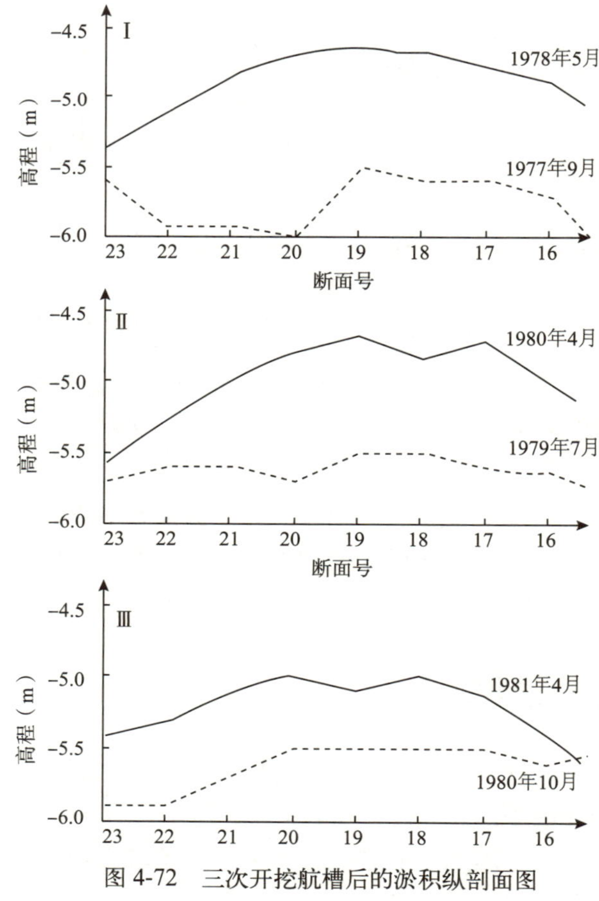

图 4-72　三次开挖航槽后的淤积纵剖面图

自 1977～1981 年的三次挖泥后，分别在 8 个月、9 个月和 6 个月内，将航道及其东西两侧各 150m 宽的范围内全部淤平，不再有明显的航道。每次挖泥后，在航道被淤积的同时，其两侧还发生冲刷，且冲刷范围一次比一次扩大。

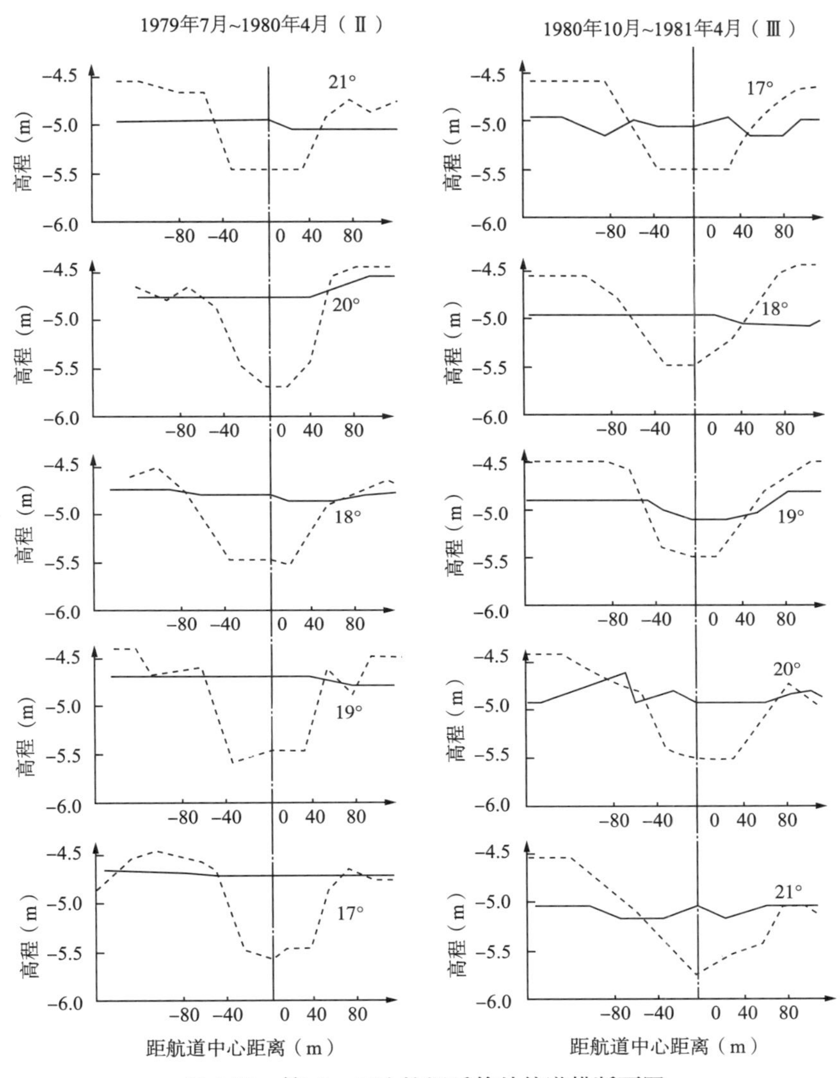

图 4-73　第二、三次挖泥后的外航道横断面图

为进一步探明挖泥后航道回淤泥沙的情况，取第二次挖泥后一年，对拦门沙航道中的 4 个垂直沙样进行颗粒分析。

由图 4-74、图 4-75 可见，航道中回淤的泥沙以粒径为 0.1mm 的细沙为主（占 75%～80%），间夹 0.009mm 的粉质黏土（占 20%～25%）。前者与附近滩面处泥沙的粒径一致，后者为河流中悬移质。

由上述分析可知，在 E 向波浪作用下，海底泥沙以推移和半悬移形态（台风期可能转化为悬移）输运，使之恢复自然平衡，造成航道回淤。此外，涨落时的河流悬移质，通过航道时也有部分落淤，特别是夏季水期，河流输出的泥沙加快了航道的回淤速度。

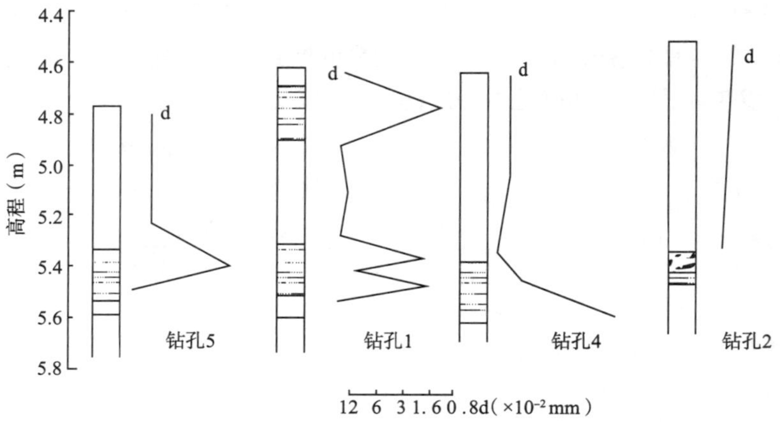

图 4-74 航道淤积物的垂直分布

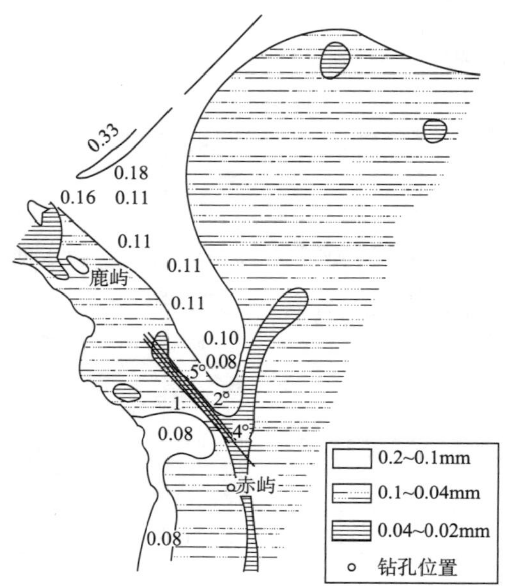

图 4-75 外拦门沙底质分布

（2）模型设计

①相似条件

A. 水流运动相似。二维潮流的基本方程为：

$$\frac{\partial Z}{\partial t}+\frac{\partial (hu)}{\partial x}+\frac{\partial (hv)}{\partial y}=0 \tag{4-32}$$

$$\frac{\partial Z}{\partial x}+\frac{1}{g}\frac{\partial u}{\partial t}+\frac{u}{g}\frac{\partial u}{\partial x}+\frac{v}{g}\frac{\partial u}{\partial y}+\frac{u(u^2+v^2)^{\frac{1}{2}}}{C^2h}=0 \tag{4-33}$$

$$\frac{\partial Z}{\partial y}+\frac{1}{g}\frac{\partial v}{\partial t}+\frac{u}{g}\frac{\partial v}{\partial x}+\frac{v}{g}\frac{\partial v}{\partial y}+\frac{v(u^2+v^2)^{\frac{1}{2}}}{C^2h}=0 \tag{4-34}$$

由此得水流相似的两个条件：

重力相似　　$\lambda_u=\lambda_h^{\frac{1}{2}}$

阻力相似　　$\lambda_c=\left(\frac{\lambda_t}{\lambda_h}\right)^{\frac{1}{2}}$

B. 波浪运动相似。根据波浪理论，浅水波速 C、水底波浪质点轨迹速度 u_0 和波浪传播平均推移速度 V 分别为：

$$C=\frac{gT}{2\pi}\tanh\frac{2\pi h}{L} \tag{4-35}$$

$$u_0=\frac{\pi H}{T\sinh\frac{2\pi h}{L}} \tag{4-36}$$

$$V=\frac{\pi^2}{2}\cdot\frac{H^2C}{L^2\sinh^2\frac{2\pi h}{L}} \tag{4-37}$$

当取波长比尺 λ_L 等于水深比尺 λ_h 时，有：$\lambda_{u_0}=\lambda_V=\lambda_C=\lambda_T=\lambda_h^{\frac{1}{2}}$。

C. 底沙运动相似包括起动相似、底输沙相似、冲淤时间相似和落淤部位相似。起动相似有：

$$\lambda_V=\lambda_{u_0}=\lambda_{u_K} \tag{4-38}$$

窦国仁提出，水流作用下的起动相似为：

$$\lambda_{u_K}=\lambda_\varphi\lambda_{\gamma_s-\gamma}^{\frac{1}{2}}\lambda_d^{\frac{1}{2}} \tag{4-39}$$

其中，$\lambda_\varphi=\dfrac{\left[\ln 11\dfrac{h}{\Delta}\sqrt{1+0.19\dfrac{\gamma}{\gamma_s-\gamma}\dfrac{\varepsilon_k+gh\delta}{gd}}\right]_p}{\left[\ln 11\dfrac{h}{\Delta}\sqrt{1+0.19\dfrac{\gamma}{\gamma_s-\gamma}\dfrac{\varepsilon_k+gh\delta}{gd}}\right]_m}$。

潮流作用下的底输沙量亦按窦国仁计算式求得：

$$q_{sb}=\frac{K_0}{C_0^{\ 2}}\frac{\gamma_s\gamma}{(\gamma_s-\gamma)}(u-u_k)\frac{u^3}{g\omega} \tag{4-40}$$

波浪作用下的底输沙量则按罗肇森公式求得：

$$q_{sb}=\frac{2.4K_2\gamma_s\gamma}{C_0^2(\gamma_s-\gamma)}(u-u_k)\frac{u^4}{g\omega}\frac{T}{L} \tag{4-41}$$

另根据 E.W.Bijker 的研究，波流共同作用下的床面合成切应力为：

$$\tau=\tau_0\left[1+\frac{1}{2}\left(\xi\frac{u_0}{V}\right)^2\right] \tag{4-42}$$

Bijker 获得的波流共同作用下的底输沙计算式为：

$$q_{\mathrm{sb}}=bd\frac{V}{C}g^{\frac{1}{2}}\exp\left\{-0.27\frac{\Delta dC^{2}}{\mu V^{2}\left[1+\frac{1}{2}\left(\xi\frac{u_{0}}{V}\right)\right]}\right\} \tag{4-43}$$

式中：ξ——与糙率有关的系数；

μ——沙波因子；

Δ——泥沙相对密度。

由实验室获得的Bijker计算式，尚未得到现场和轻质模型沙动床模型中的广泛验证。实践表明，该计算式在实际应用中还存有一定的偏差，有待进一步完善。

由（4-36）、式（4-37）可得底输沙比尺为：

$$\lambda_{\mathrm{qsb}}=\frac{\lambda_{\gamma_{\mathrm{s}}}}{\lambda_{\gamma_{\mathrm{s}}-\gamma}}\frac{\lambda_{\mathrm{u}}^{4}}{\lambda_{\mathrm{c_o}}^{2}\lambda_{\omega}} \tag{4-44}$$

冲淤时间相似：

$$\lambda_{\mathrm{t_3}}=\frac{\lambda_{\gamma_{\mathrm{o}}}\lambda_{\mathrm{h}}\lambda_{\mathrm{l}}}{\lambda_{\mathrm{q_{sb}}}} \tag{4-45}$$

沉降速度相似：

$$\lambda_{\omega}=\frac{\lambda_{\mathrm{u}}\lambda_{\mathrm{h}}}{\lambda_{\mathrm{l}}} \tag{4-46}$$

汕头港模型布置见图4-76。

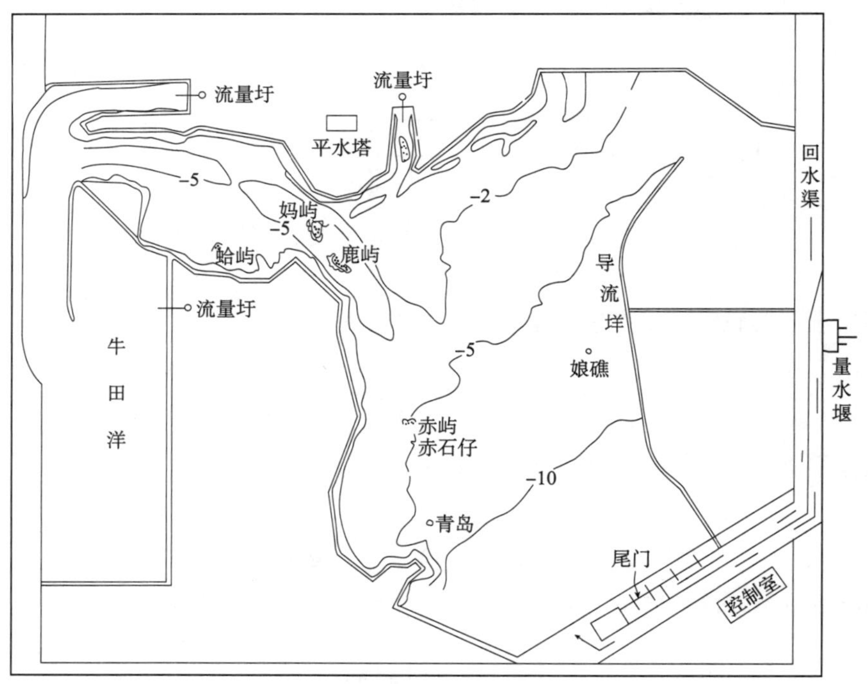

图4-76 模型布置图

②模型沙的选择

在正式试验开始前，曾用木屑、电木粉等分别进行波流共同作用下的起动试验。最后，选定中值粒径为 0.4mm 的木屑为模型试验沙。原型沙与模型沙的级配比较见图 4-77。

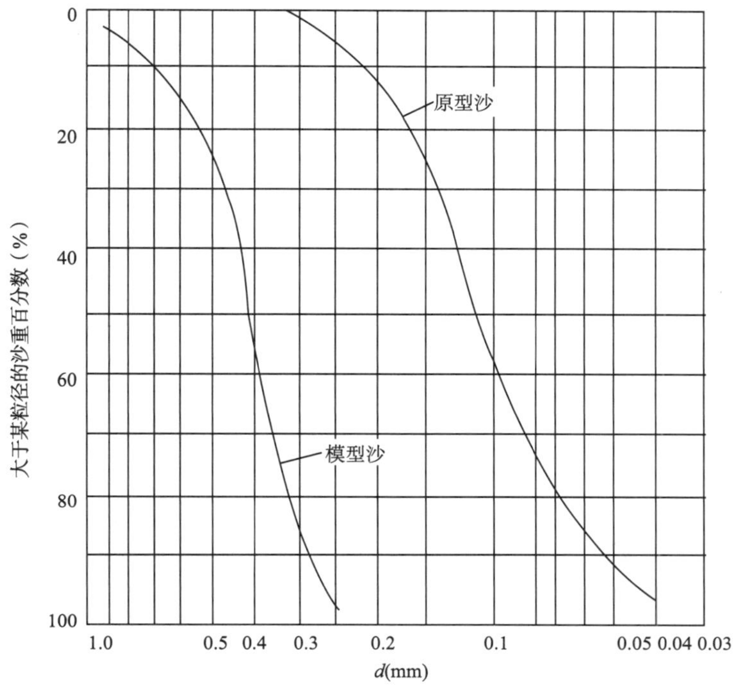

图 4-77 原型沙与模型沙之粒径比较

木屑颗粒的含水密实密度 γ_M=1.15g/cm^3，淤积体干密度 γ_o=0.53～0.55g/cm^3。汕头港外拦门沙地区的泥沙中值粒径为 0.11mm，按起动流速计算式：

$$V_K = 0.32\ln 11\frac{h}{\Delta}\sqrt{\frac{\gamma_s-\gamma}{\gamma}gd+0.19\frac{\varepsilon_k+gh\delta}{d}} \tag{4-43}$$

算得水深 5m 和 10m 的原型沙起动流速分别为 57.6cm/s 和 80.5cm/s。相应于 20℃时的沉降速度为 0.76cm/s。按计算起动速度比尺 λ_{V_K}=8.944 和沉降速度比尺 λ_ω=1.43，要求模型沙木屑的起动流速为 6.44～9.00cm/s 和沉降速度为 0.53cm/s。

在高玻璃筒内，经过 20 次试验，得木屑的平均沉速为 0.75cm/s，这样，实际的沉速比尺 λ_ω=1.01。在水槽选沙试验中，当水深为 7.5～10cm 时，中值粒径为 0.40mm 木屑的起动状况见表 4-19。

模型沙（木屑）起动状况 表 4-19

流速（cm/s）	7.5	8.53	9.66	11.79	12.2	16.28	19.34
起动状况	个别动	少量动	少量动、大量动	普遍动、大量动	大量动	开始悬扬	大量悬扬

由于所选模型沙能满足在水流作用下的起动相似，仅沉降相似有一定偏离，在冲淤演变分析时将考虑该比尺效应。

③动床模型比尺（表4-20）

动床模型比尺　　表4-20

比尺名称		计算值	实际采用值
模型	水平	—	500
	垂直	—	80
波高		80	80
波长		80	80
流速		8.944	8.944
波周期		8.944	8.944
水底波浪质点轨道速度		8.944	8.944
传质速度		8.944	8.944
起动速度		8.944	8.944
谢才系数		2.50	2.10
沉降速度		1.43	1.01
沙粒径		—	0.275
沙干重度		—	2.55
输沙率		150	87
冲淤时间		667	1 168

（3）模型验证试验

由汕头港区现场资料分析表明，波浪较集中分布在E、ESE和SE向范围内，出现频率共70.8%，其中E向出现频率为37.4%。因此，试验中由L-80单板机输入程序，自动控制推板式生波机，产生以E向为主波向的波浪，采用尾门控制潮汐。由平水塔和LZB-40玻璃转子流量计控制河流流量，用跟踪式水位仪测量潮位，用目测与电容式波高仪互核波高。在原来的定床试验模型中，布置了动床模型的范围（从断面4～断面25），试验方案的布置和测点位置等分别见图4-78、图4-79。

动床模型试验中仍沿用定床模型试验的潮型和河流流量。根据原体外拦门沙地区波潮等动力作用下泥沙运动状态，反复调整试验波高，致使拦门沙地区的模型沙处于完全移动状态，−8～−10m地区处于表层移动状态，并保持与原体大致相同的波陡[1]。最后，获得动床模型中拦门沙地区及−8～−10m地区的波高分别为1.6cm和2.2cm，波周期为1.05s，相应推算出模型处的波陡为0.03～0.035，与原体的波陡保持一致。

[1] 波陡：波高与波长之比，表示波动的平均斜率。

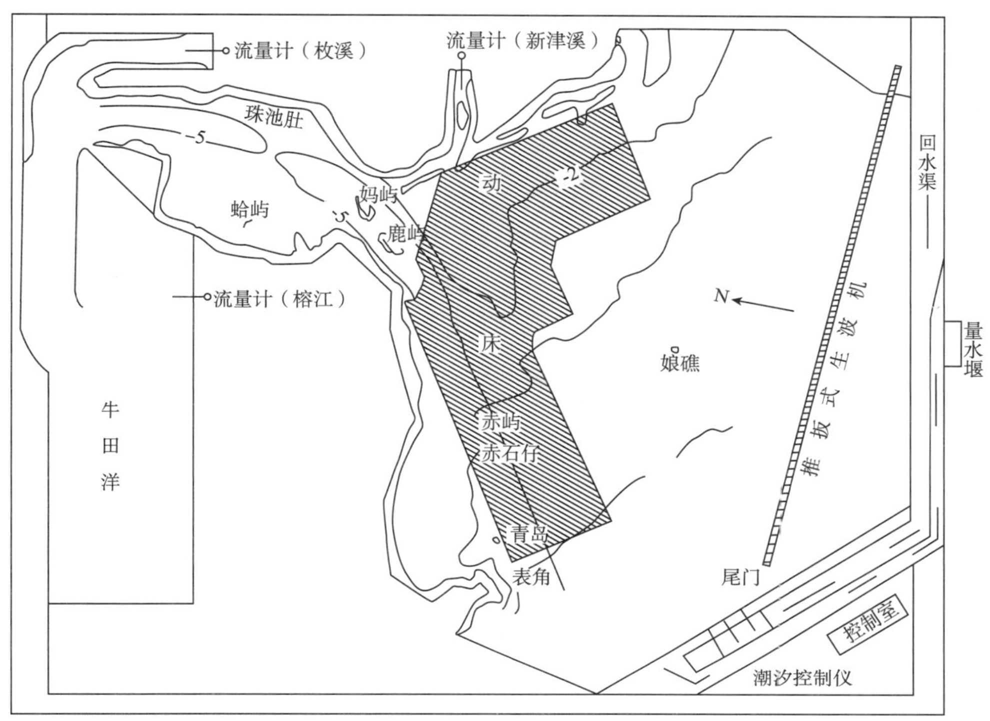

图 4-78　动床试验模型范围

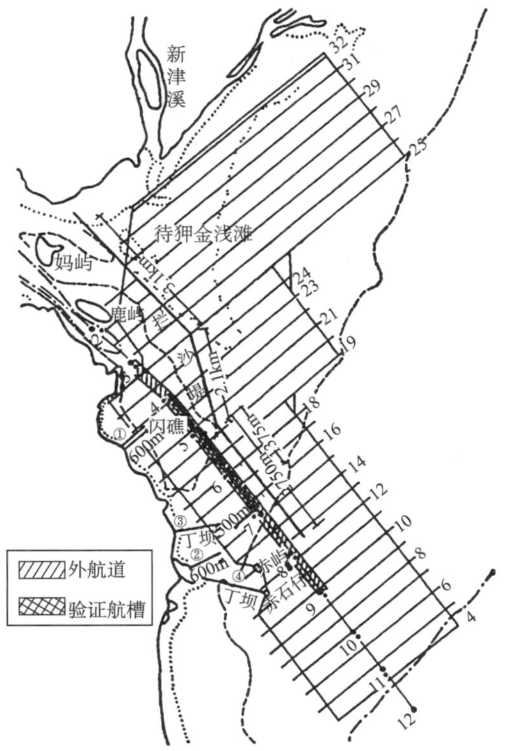

图 4-79　试验方案的布置及测点位置图

根据1979年7月～1980年4月第二次对航道挖泥后，航道水深与回淤速度的关系表明，挖泥后不到5个月航道的平均水深即可恢复到原来的位置。在试验进行3h后的动床模型中，开挖航槽淤积纵剖面与原体淤积形状基本一致（图4-80），从而获得模型实际冲淤时间比尺为1 168。

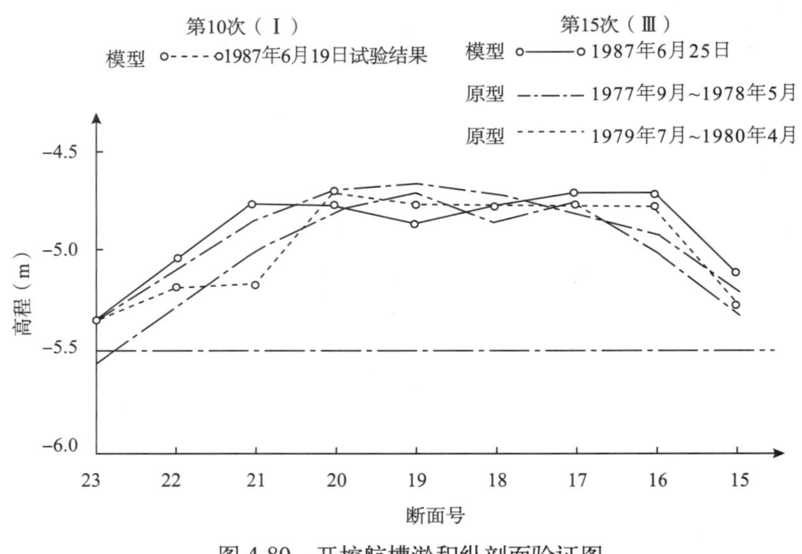

图4-80　开挖航槽淤积纵剖面验证图

（4）试验结果——整治方案试验比较

在定床潮流模型试验中，曾对汕头港外拦门沙整治的五大类17种方案进行了比较，最后选定第四类妈屿开口方案为最佳方案。在动床模型试验中，就此方案研究了不同拦沙堤长度情况下的航道回淤量和泥沙冲淤形态。表4-21为动床模型中6种方案的综合比较。图4-81为各方案的外航道淤积沿程分布情况。图4-82第4种方案（推荐方案）拦沙堤内外泥沙冲淤形态。

6种方案的综合比较　　表4-21

<table>
<tr><th colspan="2">方　案</th><th>开始阶段航道回淤量（万 m³/年）</th><th>航道回淤量的演变趋势</th><th>防台风浪淤积能力</th><th>堤头冲刷情况</th></tr>
<tr><td colspan="2">1. 开挖航槽</td><td>160</td><td rowspan="3">稍有减少</td><td>无</td><td>—</td></tr>
<tr><td colspan="2">2. 开挖航槽，5.2km 拦沙堤</td><td>70</td><td rowspan="2">基本有</td><td rowspan="2">有堤头冲刷和堤头横流</td></tr>
<tr><td>3. 开挖航槽</td><td>5.2km 拦沙堤，西南二丁坝</td><td>56～60</td></tr>
<tr><td>4. 开挖航槽</td><td>5.2km 拦沙堤，2.75km 潜堤</td><td>50～55</td><td rowspan="3">明显减少</td><td rowspan="2">基本有</td><td rowspan="3">基本没有堤头冲刷和堤头横流</td></tr>
<tr><td>5. 开挖航槽</td><td>5.2km 拦沙堤，2.75km 潜堤，西南二丁坝</td><td>50</td></tr>
<tr><td>6. 开挖航槽</td><td>5.2km 拦沙堤，2.75km 出水堤</td><td>35～40</td><td>有</td></tr>
</table>

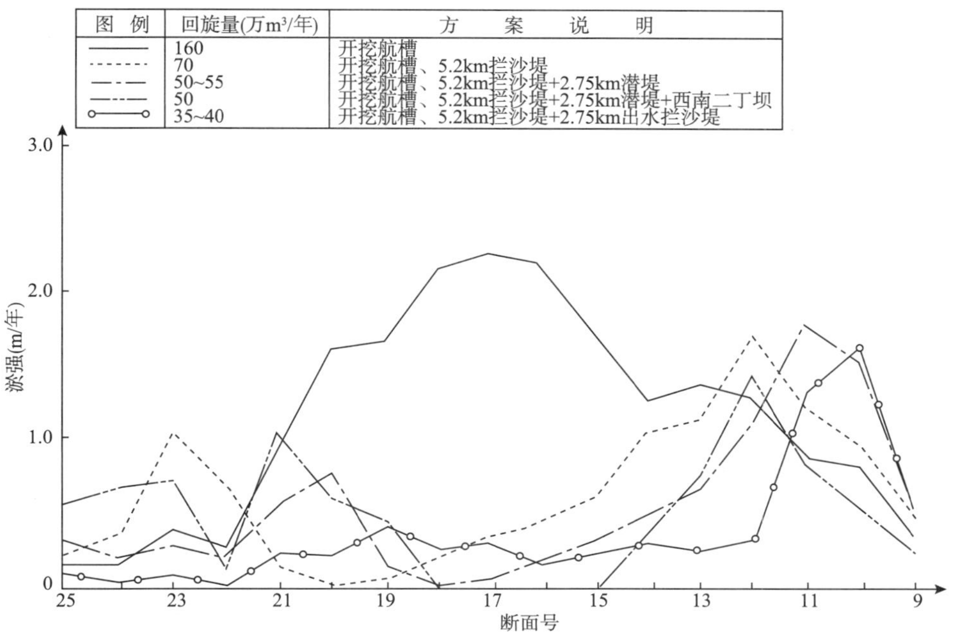

图 4-81　各方案外航道淤积沿程分布

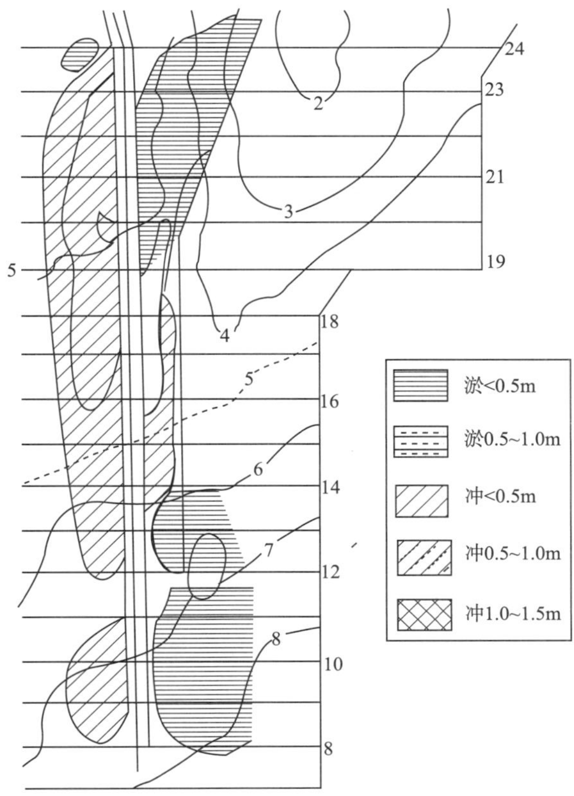

图 4-82　第 4 种方案淤积形态图（建堤一年）

由试验可知，第 3 种（开挖航槽，建 5.2km 拦沙堤 + 西南丁坝）方案虽有明显的拦沙减淤作用，但广大的 −5～−7m 拦门沙浅滩仍暴露在外，基本不具有防台风暴或较大波浪淤积的能力，且堤头横流较大，影响航行和造成较大范围的堤头冲刷。第 4 种（开挖航槽，建 5.2km 拦沙堤 +2.75km 潜堤或出水堤）方案，除具有明显的拦沙减淤效果外，采用这种方案建堤后，堤内部位的滩面流速明显增大，故滩面普遍发生冲刷，此时回淤航道的沙源大部分来自拦沙堤内的滩面，因此，建堤后航道的回淤量将逐年减小。根据与汕头港相类似的西班牙韦尔瓦港航道拦门沙整治的研究表明，建堤后航道的回淤量也逐渐减小，在建堤初期的航道回淤量为 50 万 m^3/ 年，10 年后减少 5 万 m^3/ 年。此外，第 4 种方案还具有防台风淤积的能力，且基本无堤头横流和堤头冲刷发生。

试验结果表明，各种方案的航道回淤呈不均匀分布，个别地段淤积厚度达 1.6m/ 年，在今后制订疏浚方案时应予考虑。已有的研究成果表明，待狎金浅滩和外拦门沙浅滩的泥沙主要来自新津溪和外沙河，建堤后，主要沙堤被拦在拦沙堤外侧，估计 60 年内不会绕过堤头，而湾内出潮流所含沙量较小，于是在新口门外没有显著的新拦门沙浅滩发展。

综上所述，由海岸动床模型试验获得的外拦门沙 6 种整治方案的航道回淤量和综合比较表明，妈屿开口（开挖航槽，建 5.2km 拦沙堤 +2.75km 潜堤）方案具有颇多的优点。这一方案起始阶段航道年回淤量为 50 万～55 万 m^3/ 年，建堤后回淤量将逐年减小，且基本具有防台风淤积的能力、基本无堤头横流和堤头冲刷发生。

4.5 苏北灌河口外航道整治模型试验

灌河自灌南县盐东控制工程东三汊到燕尾港入海河口，全长 74.5km，口门内水深条件良好，基本在 6.0m 以上，河宽 180 ～ 1 100m，是江苏省目前仅存的没有建闸的天然入海河口，具有极高的开发利用价值。灌河口外为粉沙质海岸，波浪掀沙作用强烈，长期以来由于口外拦门沙的存在，口外航道水深严重不足，乘潮只能通过千吨级货船，严重影响了对灌河的开发利用。随着地方经济的发展，对灌河口外航道通航水深条件提出了更高的要求。根据工程所处水动力及泥沙环境，采用波、流共同作用下泥沙物理模型分析研究了灌河口航道整治工程方案后水动力变化及航槽冲淤变化，为工程建设提供了技术支撑。

4.5.1 自然条件

灌河是苏北地区较大的一条入海河流，年均径流量为 15 亿 m^3，平均流量 50 m^3/s。流域产沙甚少，年输沙量仅 70 万 t 左右，是一条水清沙少的河流。1976 ～ 1980 年为挡咸潮入侵，分别在东三汊上游武障、龙沟、义泽三支流上建挡潮闸，仅在洪季开闸泄洪。闸下干流河道的水沙环境主要置于潮汐作用的影响之下，径流影响较小。图 4-83 所示为灌河口位置示意图。

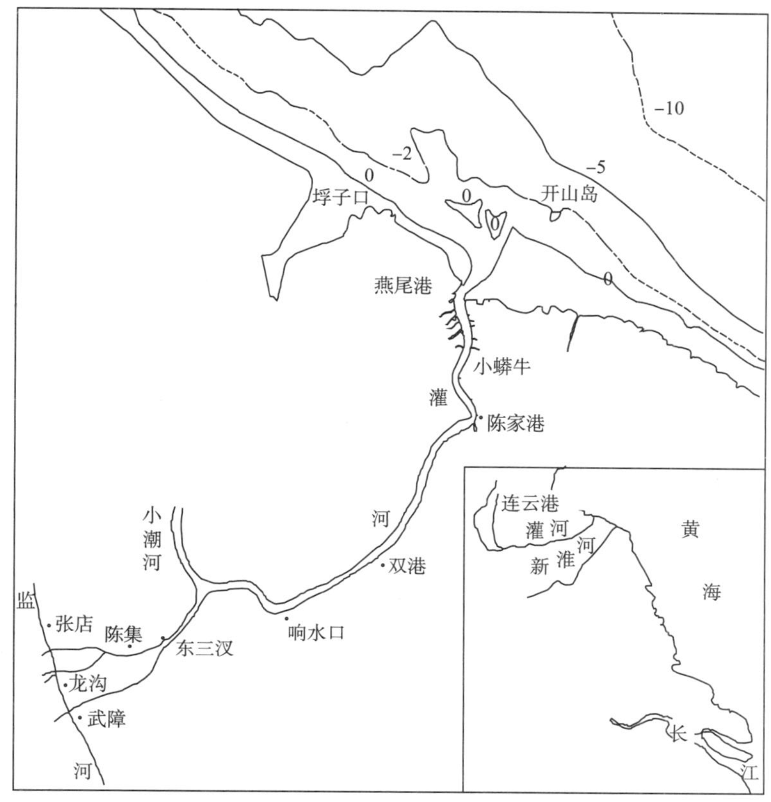

图 4-83 灌河口位置示意图

4.5.1.1 潮汐及潮流特征

灌河口门燕尾港附近海区的潮型属于非正规半日潮，每天两涨两落。灌河口外潮流受海州湾潮波系统控制，为逆时针旋转流（图 4-84），海域涨潮流方向以偏东南向为主，落潮流以西北向为主。潮波进入灌河口门内出现了变形，涨落潮最大流速出现时刻由口外的高低潮位向口门内的中潮位过渡，潮波由浅海前进波逐渐向近岸的东北～西南向的驻波过渡（图 4-85）。潮波变形使河道内高低潮均有所抬高，涨潮历时缩短，落潮历时相应延长。灌河河道内基本为顺河道方向的往复流，其涨潮垂线平均流速略大于落潮流速。

4.5.1.2 波浪特征

影响灌河口外地貌的主要动力是波浪，波浪掀沙造成海床侵蚀和水体较大含沙量，潮流是泥沙长途运输的主要动力，在水动力较弱区域形成泥沙沉积。根据口门外 9km 的开山岛 1980 年 8 月～1982 年 12 月波浪资料分析得知，该区常浪向为 NE，强浪向为 NNE，最大波高为 3.0m（NNE），各方位平均波高为 0.63m，周期为 2.6s。根据以往对沿岸输沙量的估算，灌河口外地区波浪沿岸输沙的方向是由东南向西北，平均年净沿岸输沙量约 3 万方。来自废黄河三角洲的沙源，由东南向西北的沿岸输沙被灌河口口门浅滩拦截及河口入海水流的干扰，水流能量减弱、泥沙淤积，灌河口右岸沙嘴不断发育，灌河入海水道不断西偏。

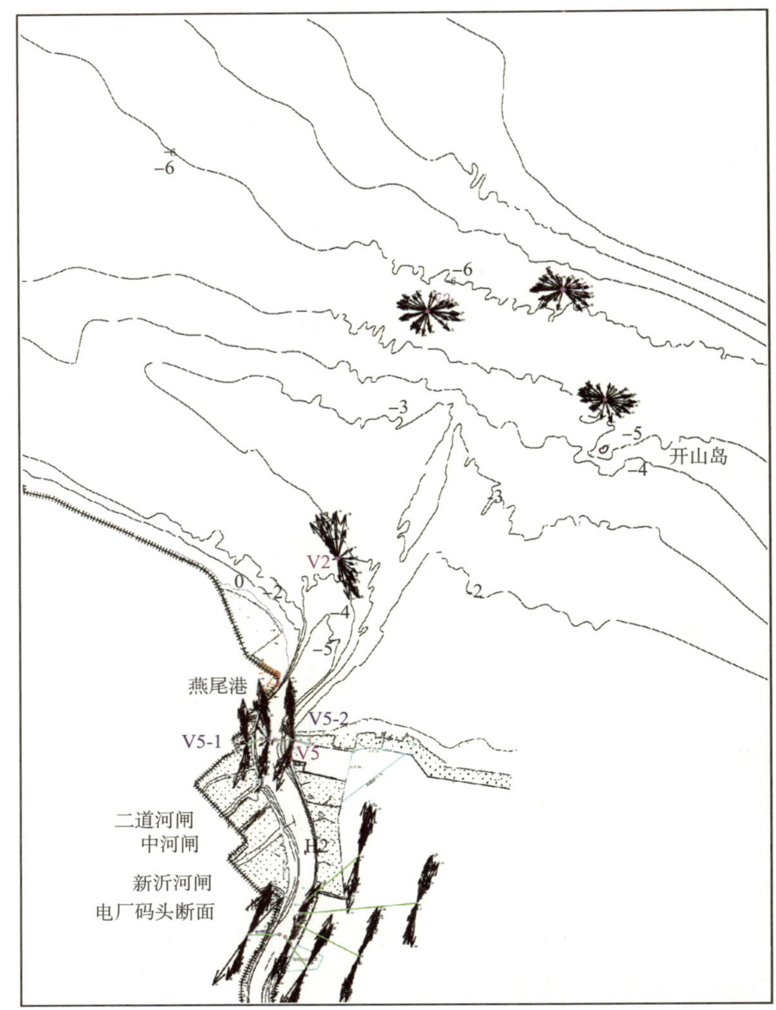

图 4-84　实测大潮水文测验潮矢图

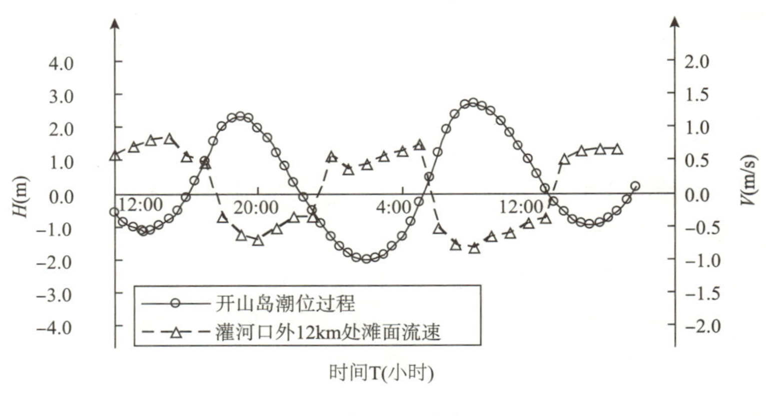

a) 2004年6月5日大潮

图 4-85

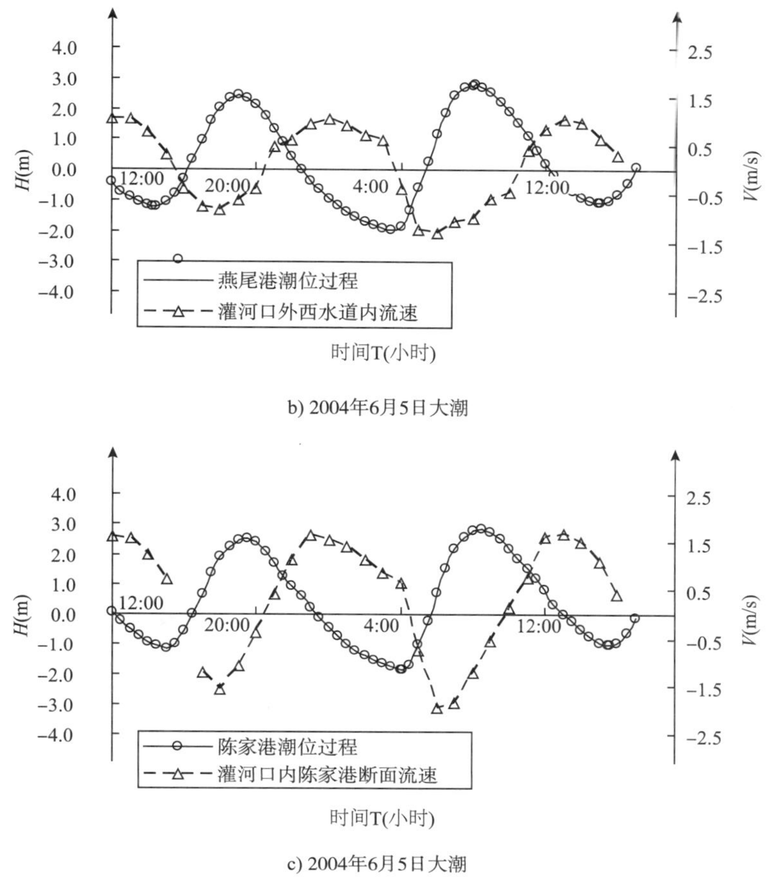

b) 2004年6月5日大潮

c) 2004年6月5日大潮

图 4-85　口门内、外实测潮位—流速过程

4.5.1.3　泥沙特征

灌河口外海床底质主要为粉沙及淤泥，中值粒径为 0.05～0.08mm，深水区底质较细，中值粒径为 0.002～0.006mm。在开山岛以内海域，2004 年与 1994 年相比，底质粒径有粗化现象，说明该海区仍处在冲蚀环境中。灌河口内河床底质与口外海床泥沙基本相近。灌河及口外悬沙粒径较细，2004 年 6 月观测中值粒径为 0.002～0.011mm。根据多次水文测验资料分析，灌河及口外垂线平均含沙量的分布具有以下特点：

（1）口内段河道含沙量高，口外含沙量明显低于口内。

（2）口外拦门沙海域含沙量较大，开山岛向外海域水深增大，含沙量明显减小，灌河口门东侧的含沙量比西侧高。

（3）风浪掀沙作用显著，拦门沙浅滩海域和灌河口内风天情况下的含沙量明显大增。

4.5.1.4　“韦帕”台风现场观测资料（高含沙，波浪掀沙潮流输沙特点）

2007 年 9 月 19～20 日“韦帕”台风期间，在连云港海域进行了大风天的含沙量测量工作，此前该工程区域内未进行过大风天的水文泥沙测量工作。该工程区域距离连云港较近，该处的大风天资料对于本工程有较好的参考作用。台风期间，水体含沙量在垂直方向上，表层和平均水深处的含沙量都非常接近，显示在大风作用下该段水体紊动较强，悬沙上下掺混非常均匀。在近底面，含沙量均急剧增加，并显示与表层含沙量完全不同的性质。底层含沙量最大可达 6.15kg/m³，是该时刻表层含沙量的 5.6 倍（此时表层含沙量为 1.07kg/m³），是平均水深处含沙量的 8.1 倍。而连云港区域常年悬沙含沙量为 0.21～0.24kg/m³，大风天的含沙量急剧增加。

4.5.1.5　河口海岸演变特征

灌河上游建闸，径流量和泥沙量都不大，在洪季短时间开闸放水时，仅对闸下河段的冲淤产生影响，对陈家港—燕尾港河段和口外水域的影响不大。陈家港至燕尾港河段微弯，河宽、水深条件良好。陈家港以下的干流河道的弯道凹岸处均为深槽逼岸的冲刷区。虽然近年来凹岸水深不断增加，但整个河段河床平面摆动的幅度不大，河势持续处在稳定冲刷状态。灌河口外存在大片浅滩（即沙嘴），波浪掀沙作用明显，灌河内泥沙主要来源于口外，悬沙输移是其主要运动方式。灌河及口门附近起主导作用的是波浪掀沙和潮流输沙，灌河口内巨大的潮量是维持灌河河道良好航道水深的主要因素。来自废黄河口的泥沙，在波浪沿岸流的携带下自东南向西北的不断输运是灌河口口门沙嘴泥沙形成、发育的主要来源。由于黄河改道，河流入海、泥沙枯竭，该海区仍处在冲蚀环境中。目前灌河口外岸滩侵蚀速度已明显减慢，加上人工护岸，控制了岸线后退，大大抑制了沙嘴地形的发展。沙嘴沙体的移动速度减缓，逐步趋于稳定，这将有利于出口水道平面位置的稳定性。北水道与西水道基本一直共存，西水道年内冲淤幅度较小，北水道洪季冲刷，枯季和大风天淤积。西水道距 −5m 水深为 168km，距 −10m 水深为 26km，北水道（北槽）距 −5m 水深为 13.2km，距 −10m 水深为 21.6km。

4.5.2　波、流共同作同下泥沙模型建立及验证

4.5.2.1　模型建立

波浪、潮流共同作用下物理模型遵循水流、波浪运动相似条件，满足重力、阻力、水流运动及波浪传播、折射、破碎相似等准则，模型水平比尺 λ_h 取 1 000，垂直比尺 λ_l 取 100，变率为 10，波高比尺 λ_H 及波长比尺 λ_L 与模型垂直比尺相同。根据窦国仁的潮流与波浪共同作用下的悬沙运动方程式和海底变形方程式确定悬沙运动相似条件，海床变形相似条件采用窦国仁底输沙公式加以近似确定。

水流运动相似：

$$\lambda_u=\lambda_h^{\frac{1}{2}} \tag{4-48}$$

水流时间比尺：

$$\lambda_{t_1}=\frac{\lambda_1}{\lambda_h^{\frac{1}{2}}} \tag{4-49}$$

阻力相似：

$$\lambda_n=\frac{\lambda_h^{\frac{2}{3}}}{\lambda_1^{\frac{1}{2}}} \tag{4-50}$$

波浪折射相似：

$$\lambda_{\frac{\sin\alpha_2}{\sin\alpha_1}}=1 \tag{4-51}$$

泥沙起动相似：

$$\lambda_{V_0}=\frac{\left(\frac{\lambda_h}{\lambda_d}\right)^{\frac{1}{6}}\lambda\left(\frac{\rho_s-\rho}{\rho}\right)^{\frac{1}{6}}}{\lambda_d^{\frac{1}{2}}} \tag{4-52}$$

沉降相似：

$$\lambda_{\omega}=\frac{\lambda_h}{\lambda_l}\lambda_u=\frac{\lambda_h^{\frac{3}{2}}}{\lambda_l} \tag{4-53}$$

悬沙挟沙能力相似：

$$\lambda_{s_*}=\frac{\lambda_{\gamma_s}}{\lambda_{\gamma_s-\gamma}} \tag{4-54}$$

悬沙海床冲淤时间相似：

$$\lambda_{t_2}=\frac{\lambda_{\gamma_0}\lambda_h}{\lambda_s\lambda_{\omega}}=\frac{\lambda_{\gamma_0}\lambda_l}{\lambda_s\lambda_h^{\frac{1}{2}}} \tag{4-55}$$

物理模型长约 60m，宽约 24m，模拟现场面积为 1 440m^2。模型平面布置图如图 4-86 所示。灌河河口位于模型中间位置，模型东、西边界距灌河口均为 30m，模型北边界距近海岸线约 24m。灌河陈家港至燕尾港段采用实测地形，陈家港以上采用扭曲水道模拟至东三岔。现场实测水文资料以及数学模型流场计算成果分析表明，灌河口外以西海域流场为明显逆时针旋转流，以东海域往复流较明显，灌河口处于近岸旋转流与往复流过渡区，涨落潮流态较为复杂。考虑到东边界附近往复流较明显，模型东边界采用双向泵进行流量控制。西边界附近旋转流明显，流态较为复杂，采用双向泵配合尾门联合控制模拟复杂流态，其中模型西侧边界采用双向泵加流，西北边界采用尾门进行潮位控制，北侧边界采用双向泵侧向加流。

模型采用的测控系统由 P Ⅳ工控机、生潮设备、潮汐控制仪、流速和水位采集设备组成。将控制站水位过程输入计算机，试验过程中定时采集该控制站点水位仪读数与给定值进行比较，得到一个差值 Δh，通过 D/A 转换驱动直流伺服电机带动减速机构调节尾门开启度控制水位变化，使偏差 Δh 值趋近于零，通过修正输入计算机潮汐过程使控制站产生潮汐过程，复演天然的潮汐现象。

水位测量采用具有 485 通信的光栅自动跟踪水位采集测量系统，测量误差约为 ±0.1mm。流速测量采用小旋桨测流和 VDMS 流场实时测量系统。模型水位和流速通过数据采集系统定时集中采集，再由计算机处理后输出。

4.5.2.2 模型验证

采用 2004 年实测大潮水文资料对模型进行了率定，在此基础上进行了 2007 年实测水文资料验证，通过对实测潮位（图 4-87）、流速过程（图 4-88）及海床地形冲淤变化（图 4-89）的验证，表明模型较好地模拟了灌河口外复杂的旋转流特性及地形冲淤变化，模型与现场具有较好的相似性。

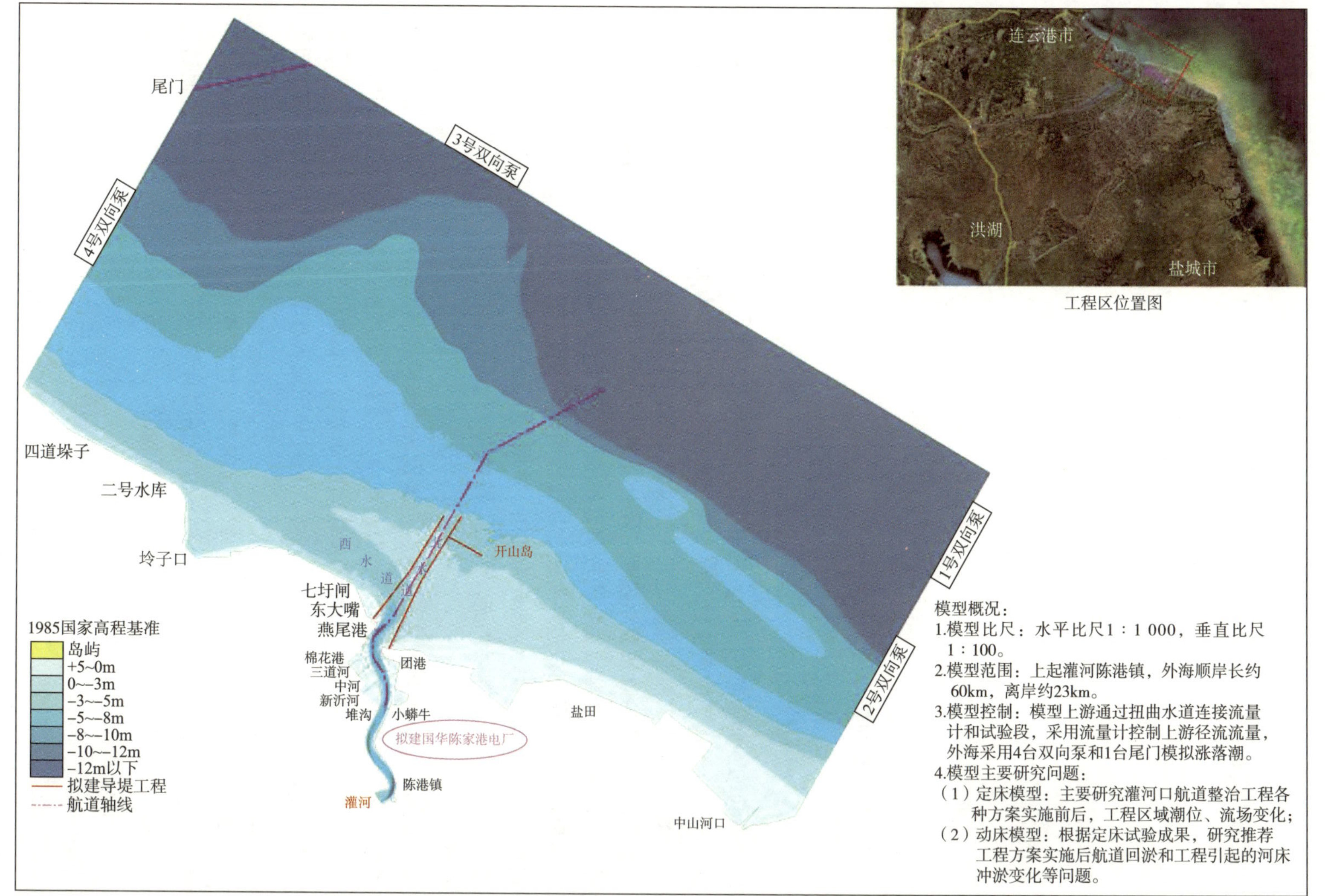

图 4-86 物理模型平面布置图

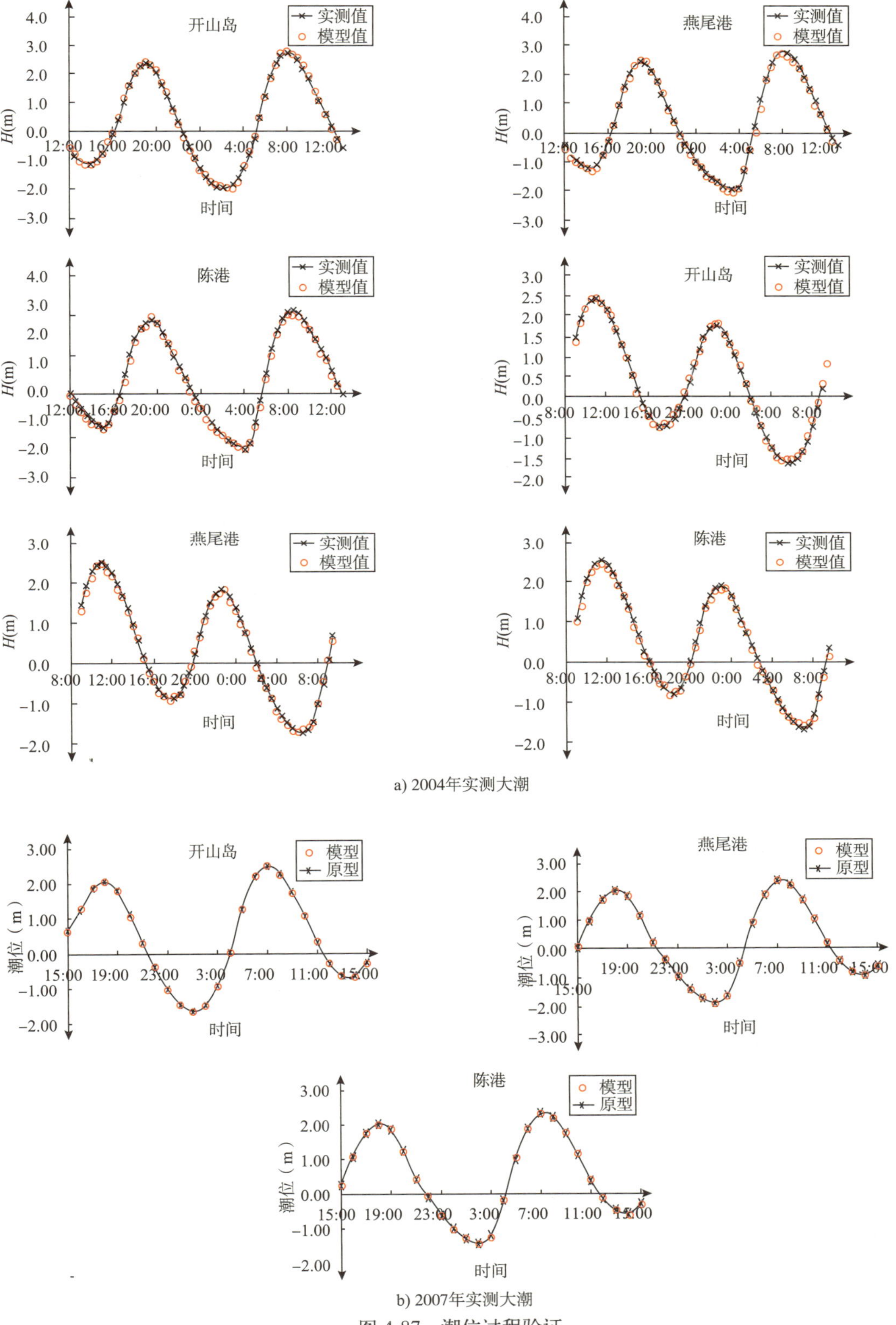

图 4-87 潮位过程验证

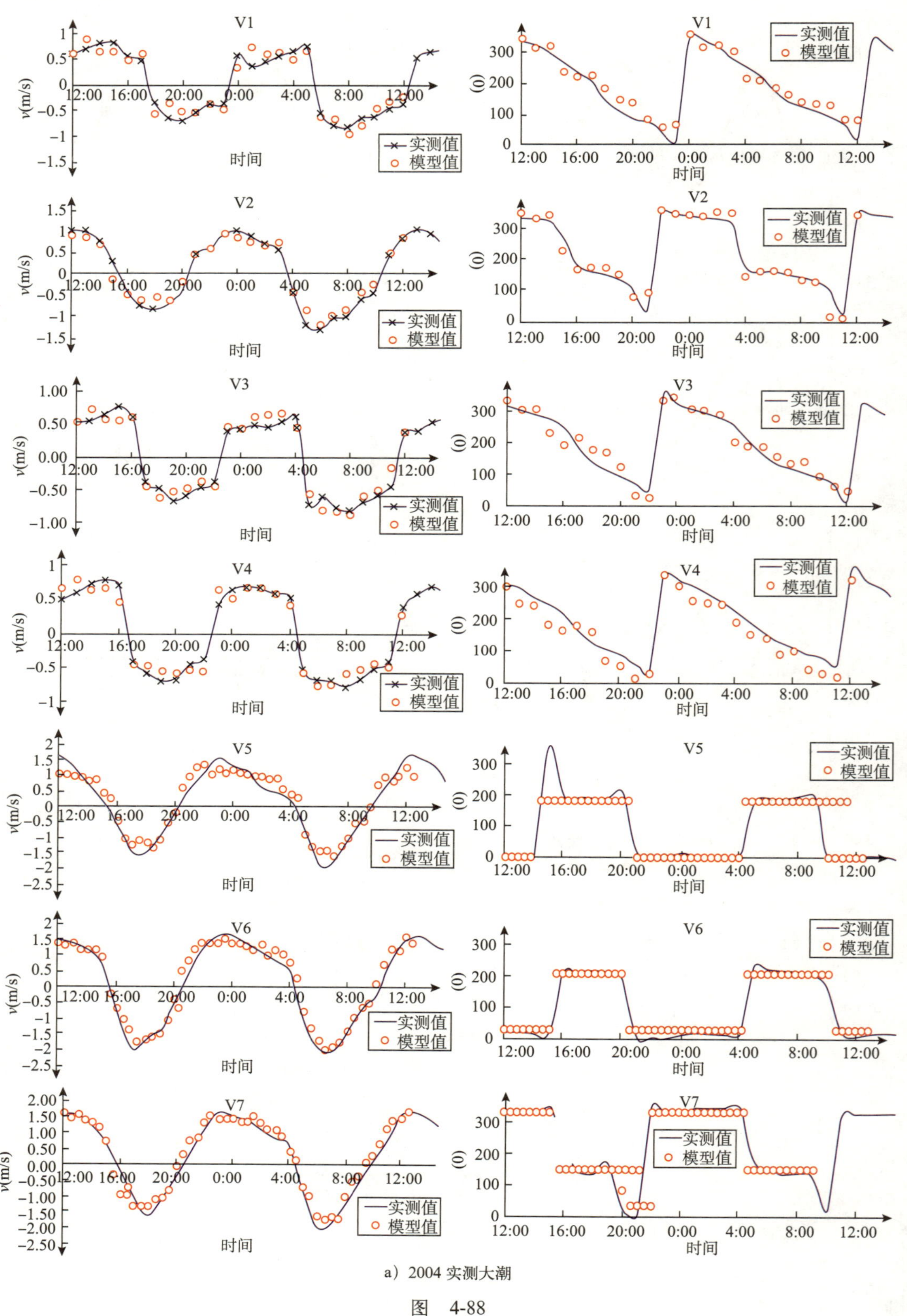

a）2004 实测大潮

图 4-88

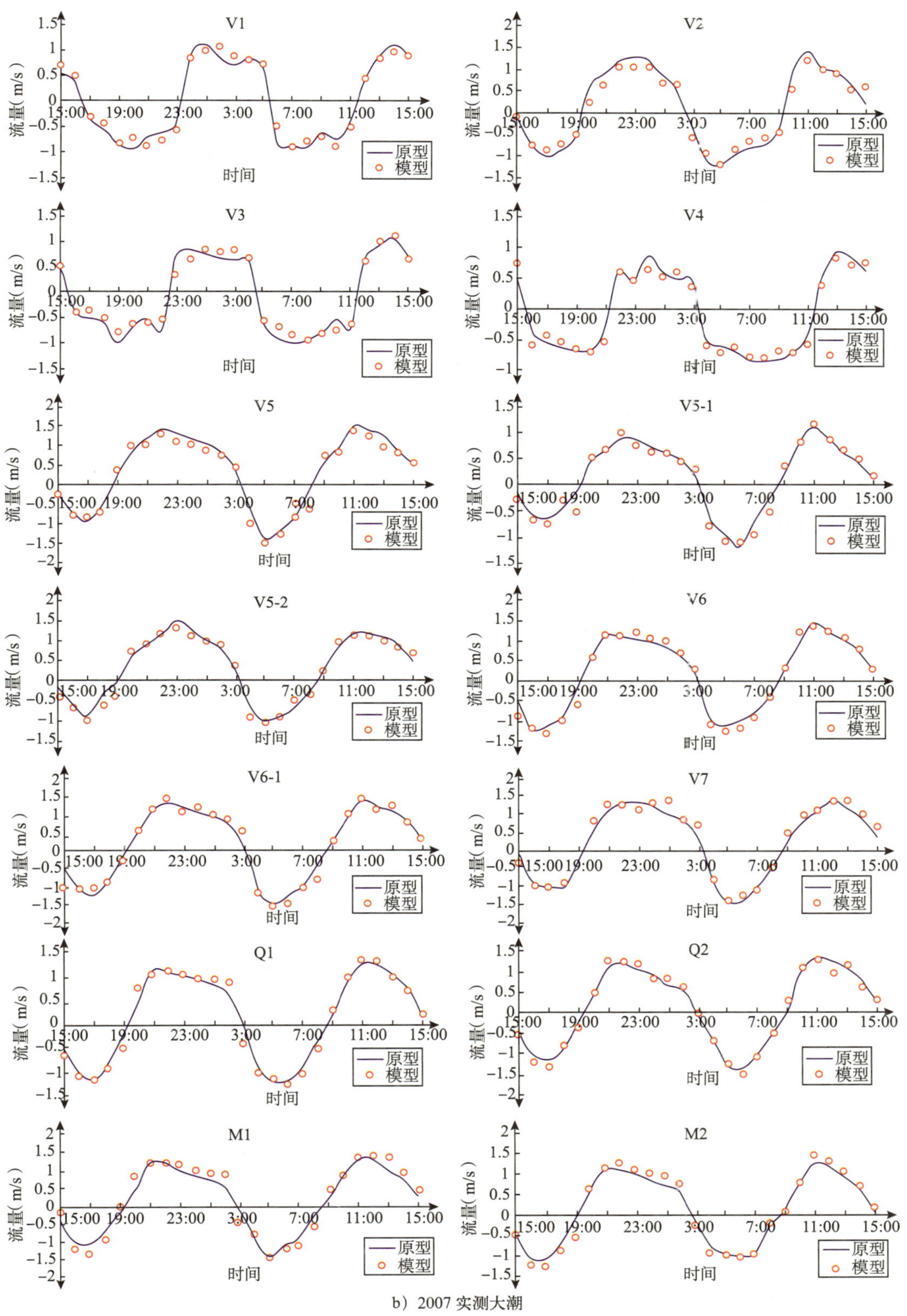

b）2007 实测大潮

图 4-88　测点流速、流向过程验证

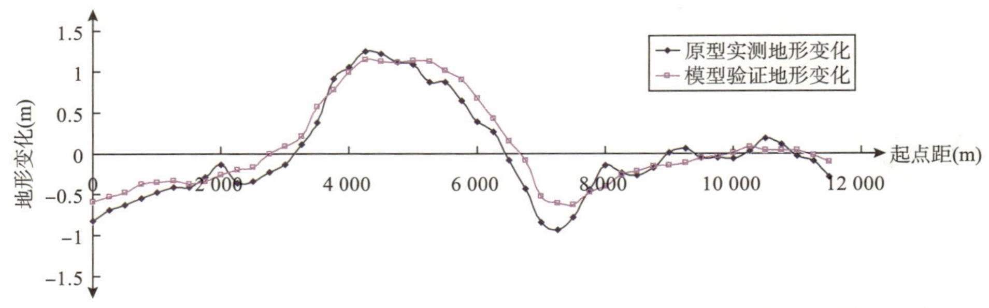

图 4-89　外航道中轴线纵剖面动床地形冲淤验证（2004 年 6 月～2007 年 9 月）

4.5.3　灌河口外航道整治模型试验

图 4-90　整治方案平面布置

综合考虑灌河口外拦门沙碍航机理，航道线路长度、工程土方量及将来疏浚量等因素，选择口外副槽作为整治通航汊道。采用整治工程与疏浚相结合的方式增加外航道水深，发挥导堤工程导流排沙，阻挡沿岸输沙，减轻航道内淤积的功能。经过对口外单、双导堤方案、双导堤不同宽度方案、导堤不同高程方案、导堤长度方案进行比选，以及航槽不同疏浚尺度方案比选试验，对各方案工程后水动力影响、航槽泥沙回淤特别是对灌河口防洪排涝影响进行了深入研究探讨，形成如下方案（图 4-90）。

（1）方案简介

灌河口外航道整治工程方案由口外两双导堤工程、外航道航槽疏滩工程组成，其中：

①外航道：长约 28km，宽 140m，航槽设计深度为 7.4m（理论深度基面，下同），设计底宽 133m，边坡 1∶7。

②导堤：设东、西两个导堤，东导堤长约 10.1km，西导堤长约 8.4km，导堤高程为 +3.0m。

③疏浚方量：基建疏浚工程量为 1 760 万 m^3。

（2）工程影响及效果分析

双导堤配合挖槽会引起灌河口门低潮位壅高，特别是上游新沂河排洪时，低潮位壅水值会明显加大，这对于河道排洪会产生一定影响。工程后，双导堤间外航槽内涨落潮动力均有所增强，尤其是拦门沙浅区动力增幅较为明显，这对于航槽开挖后的维护是有利的。综合考虑防洪影响及航道整治目的，双导堤配合挖槽的方案是较为合适的，为减小工程防洪的影响，可通过增加航槽维护等级或通过拦门沙浅区疏浚来实现，也就是增加双导堤间低潮位下的过水断面积。为进一步分析整治工程影响及效果，下面就灌河口外航道整治双导堤配合航槽疏浚方案及双导堤无航槽疏浚方案试验结果进行分析。

①外航道内水动力变化分析。

工程实施前，灌河口外航槽内涨落潮平均流速沿程呈“M”形分布，口外 1～2km 范围内涨落潮流速有所增加，外侧流速则逐渐减小，至拦门沙浅段，涨落潮流速均出现最小值，拦门沙位置为涨落潮动力最弱的位置。图 4-91 为各方案工程前后外航槽内涨落潮平均流速沿程变化。

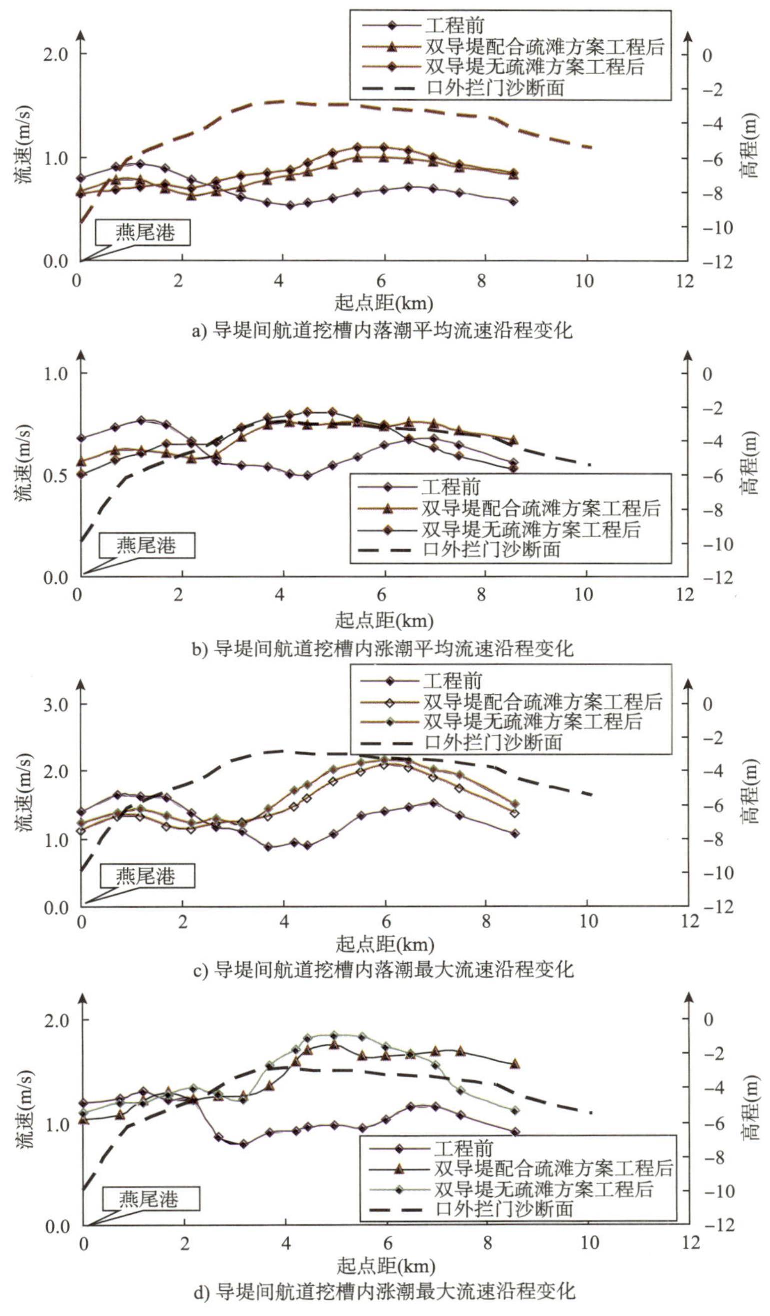

a) 导堤间航道挖槽内落潮平均流速沿程变化

b) 导堤间航道挖槽内涨潮平均流速沿程变化

c) 导堤间航道挖槽内落潮最大流速沿程变化

d) 导堤间航道挖槽内涨潮最大流速沿程变化

图 4-91 工程前后外航槽内涨落潮平均流速沿程变化

双导堤配合航槽疏浚方案工程后，落潮流出口门后受双导堤约束归槽，导堤间航槽内落潮动力呈增加趋势，拦门沙浅区航槽内落潮流速增加约 35cm/s，拦门沙外至双导堤口门段随着水深增加，双导堤间过流断面增加，航槽内落潮流速增幅有所减小，口门处航槽内落潮流速增幅减小了约 15cm/s。涨潮初期潮位低于导堤顶高程时，由于西导堤阻水作用，灌河口门处潮位有所降低，双导堤内外比降加大，灌河口门外 2.5km 至双导堤口门沿程涨潮流速有所增加，特别是拦门沙浅区原来工程前涨潮流速最小区域，涨潮流速增幅达 25cm/s。

②工程防洪影响分析。

图 4-92 分别为新沂河无排洪及有排洪条件下，采用方案一前后燕尾港大潮潮位过程变化。工程后，口门燕尾港高潮位呈降低趋势，低潮位则呈抬高趋势。其中无排洪时，涨潮中潮位时潮位降幅为 12cm，高潮位时降幅为 5cm 左右，落潮中潮位时壅水为 14cm，低潮位时壅水为 7cm 左右。有排洪时，低潮位时潮位最大增幅则达到 33cm。形成上述差异的原因，是由于排流后引起了口门区流速过程的变化。

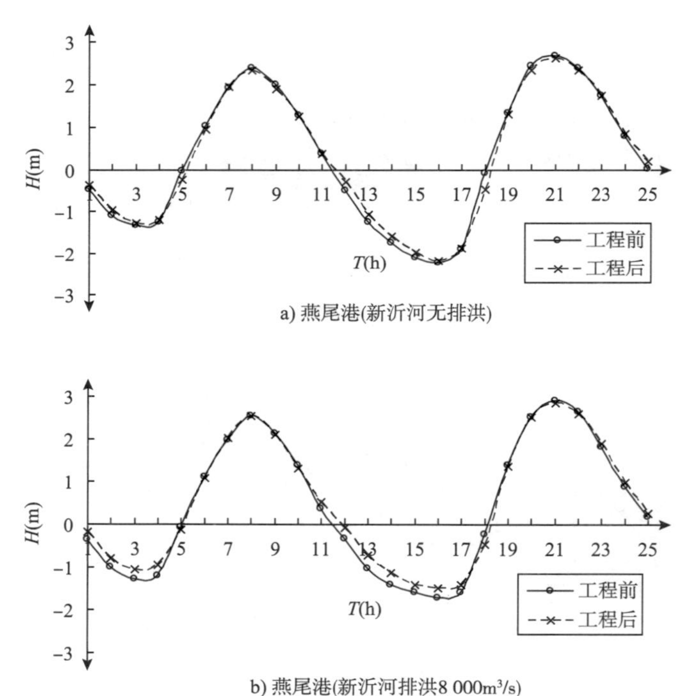

图 4-92 整治方案工程前后燕尾港潮位过程变化（有、无排洪的情况）

根据实测资料分析，燕尾港中潮位时段口门出现涨落急，流速较大，而高、低潮位时口门则处于转流时段，流速相对较小。由于涉水建筑物产生的壅水与流速平方成正比，因此双导堤工程对燕尾港站潮位影响最大时段基本出现在中潮位，工程对高、低潮位影响相对要小很多。上游排流 10 000m^3/s，模型实测灌河口门潮位、流速过程见图 4-93，由图可见，上游排洪后，灌河口门附近涨潮流速减弱，落潮流速加大时间延长。高、低潮位时段流速明显加大，尤其是低潮位时段流速值增加较为明显。由于涉水工程产生的壅水与流速平方成正比，因此新沂河灌河排流时，整治方案引起口门低潮位特征值变幅会增加。

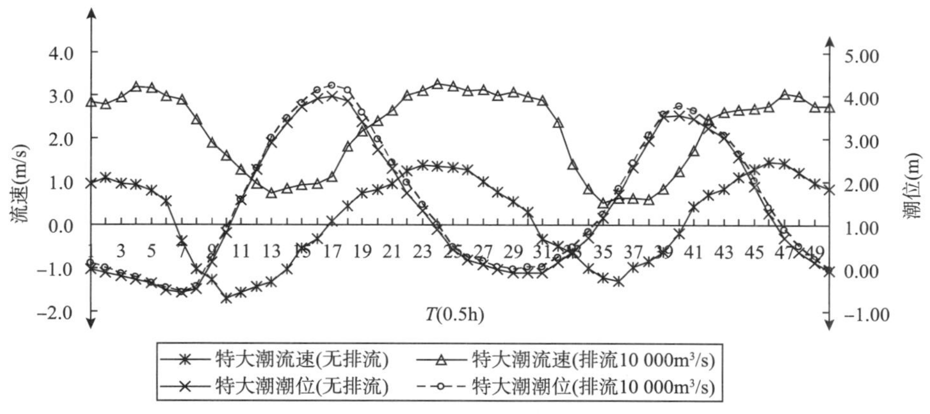

图 4-93 排洪 10 000m^3/s 模型实测灌河口门潮位、流速过程

由于新沂河是淮河重要的排洪通道，而灌河口是新沂河口排洪入海的唯一通道，工程对低潮位的影响是工程成败的一个关键指标。为了解决整治措施中导堤与挖槽对口门潮位的影响，进行了导堤间有无挖槽情况下的研究，图 4-94 为有、无航道疏浚情况下燕尾港潮位过程比较。双导堤间无挖槽情况下，燕尾港低潮位进一步壅高，与有挖槽相比，低潮位抬高 0.28cm。可见，整治工程中双导堤会引起低潮位抬高，而航道挖槽则会降低潮位，两者对于低潮位变化起相反效果。排洪条件下，方案一燕尾港低潮位仍呈壅高趋势，是由于航道挖槽后低潮位下过水断面不能满足排洪要求。基于此，提出了不同补偿方案，即降低拦门沙浅区高程方案以及进一步降低挖槽底高程方案，目的是增加导堤间过水断面面积。研究表明，新沂河排洪条件下降低拦门沙浅区高程后口门低潮位壅水幅度明显减小，降低挖槽底高程方案后口门低潮位还出现了降低。

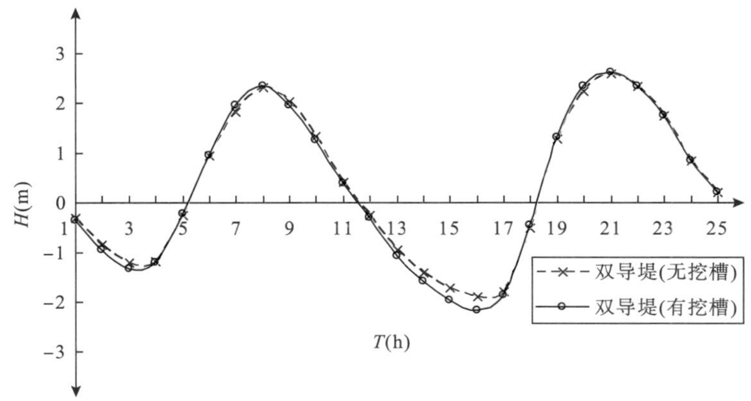

图 4-94 燕尾港潮位过程变化（双导堤有、无挖槽的情况）

③航道回淤试验结果分析。

根据工程区域实测含沙量，在大风浪下开山岛附近含沙量可达 2～4kg/m^3。可见，大风浪条件下含沙量较大，对航道淤积影响也较大。根据模型冲淤验证结果，冲淤时间比尺采用 973，含沙量比尺采用 0.20，有效波高采用 1m。一个水文年考虑大风浪影响，在试验中采用 1m 高和 2m 高波浪作用组合。灌河口附近含沙量受风浪影响较大，在大风浪作

用下含沙量骤增，航道可能短时间内骤淤。根据统计资料分析，本区域 7～8 级大风基本每年都会发生，对航道淤积有效作用时间为 5d 左右，试验采用波高为 2m。各工况下一个水文年灌河口航道整治工程后航道内年回淤量见表 4-22。

灌河口航道整治工程一个水文年航道内年回淤量 表 4-22

工　况	导堤内航道淤积（$\times 10^4 m^3$）	导堤外航道淤积（$\times 10^4 m^3$）	总淤积量（$\times 10^4 m^3$）
工况 1（h=1m，t=6s）	140	50	190
工况 2（h_1=1m，h_2=2m，t=6s）	250	80	330
工况 3（h=2.8m，t=6s）	120	60	180

整治方案工程实施后，涨潮初期潮位低于导堤顶高程时，涨潮流由外海进入航道内顺航槽上溯，由于双导堤口门与灌河口门处存在水位差，此时航槽内涨潮流速较大，泥沙开始起动进入灌河口门。当潮位高于导堤顶高程时，西水道涨潮流越过导堤进入灌河口门内，此时近岸含沙量较大，在潮汐和波浪作用下，沿岸泥沙向灌河口输送。导堤西侧边滩涨潮流开始横向越过导堤进入导堤东侧海域，此时泥沙易于在航槽内落淤。落潮时，当潮位低于导堤顶高程后，水流归槽，双导堤间航槽落潮动力较强，航道内泥沙起动，随落潮水流带入到双导堤口门外深水区。一个水文年航道内沿程淤积厚度见图 4-95。采用方案二，一个水文年后，航道内总淤积为 330 万 m^3，其中双导堤内航道年淤积 250 万 m^3，沿程最大淤厚达 3m，位于口外约 2.5km 处，双导堤头部位置航槽内年淤厚为 2m，拦门沙浅段位置年淤厚约为 1.5m，航道平均淤厚在 1.8m 左右。双导堤头部外侧局部范围由于涨落潮流时导堤的阻水挑流作用，水流动力较强，淤厚会有显著减小。

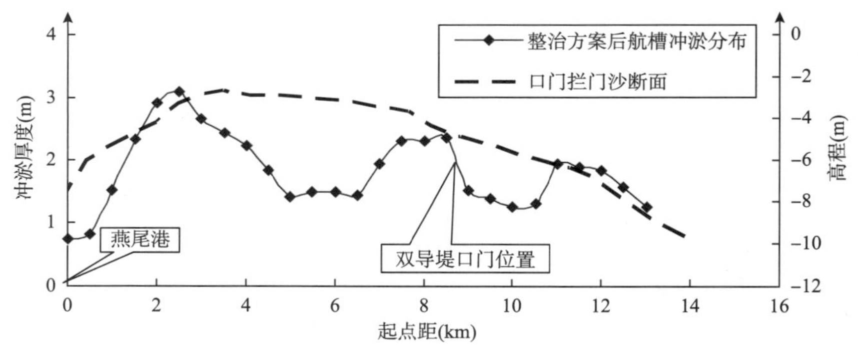

图 4-95　工程后外航槽沿程冲淤厚度沿程分布

4.5.4　现场工程效果分析

航道工程于 2011 年 4 月开工，2012 年 6 月完成航道疏浚工程，2012 年 12 月基本完成整治建筑物工程。2012 年 5 月万吨级船舶通航，2013 年 1 月 2 万吨级船舶通航。

2 万吨级航道及港内水域于 2012 年 3～6 月基本完成，根据上海海事局海测大队测图显示，底边线范围内全部达到设计底高程要求。

上海达华测绘有限公司 2012 年 10 月 16～24 日对航道范围进行了检测，获得 1∶2 000

测图。

2012 年 10 月测图（图 4-96）显示：

①整治建筑物（导堤）之间水深维持良好，局部区域出现了冲刷。

②回淤主要集中在新沂河对应区段和导堤口门外。

③回淤总量与预测基本一致，年淤积量为 350 万～400 万 m^3。

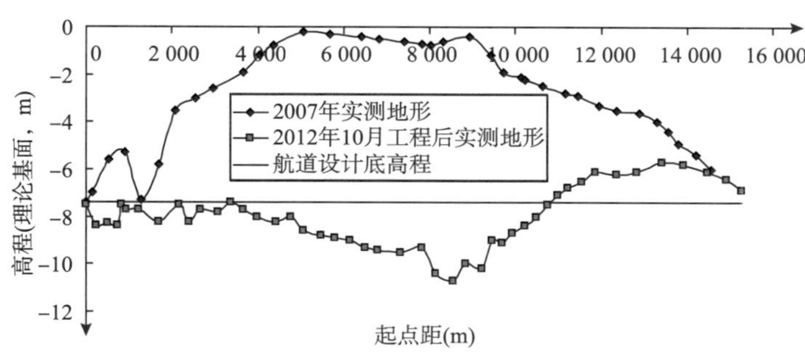

a) 外航道中心线地形变化

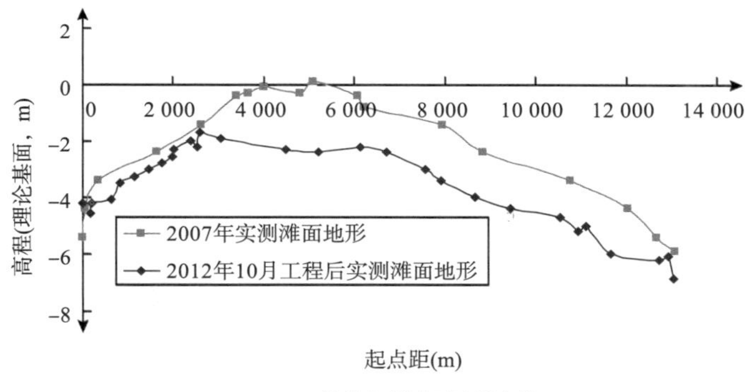

b) 航槽左侧滩面地形变化

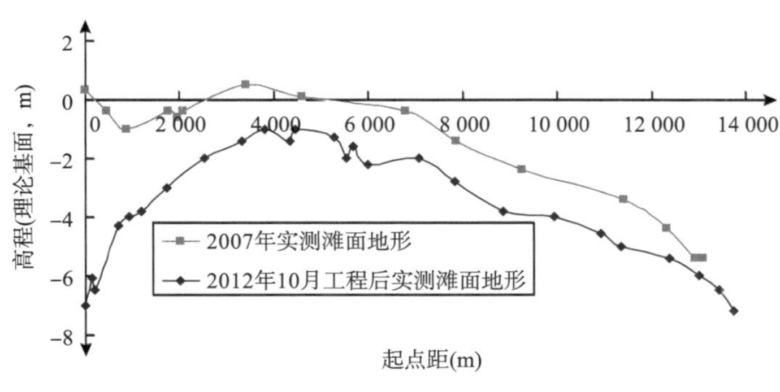

c) 航槽右侧滩面地形变化

图 4-96　工程前后现场实测地形断面变化

总体来看，整治工程效果良好（表 4-23），淤积主要在局部区段，淤积量在可控范围内。整治工程取得了良好的效果。

整治工程后疏浚量统计（单位：万 m^3） 表 4-23

时间 \ 位置	项　目	口门内航道	双导堤间航道	外　航　道
2012 年 10 月—疏浚前测图	冲	26.1	123.1	11.0
	淤	33.4	0.2	67.0
2013 年 4 月—疏浚前测图	冲	38.0	145.0	24.1
	淤	1.7	0.0	34.8
2013 年 5 月—疏浚后测图	冲	59.9	179.9	47.9
	淤	0.2	0.0	0.1
2013 年 9 月—疏浚前测图	冲	30.4	169.4	23.9
	淤	27.2	0.0	44.0
2013 年 10 月—疏浚前测图	冲	17.0	169.6	20.1
	淤	63.1	0.0	67.1
2013 年 11 月—疏浚后测图	冲	30.2	122.6	21.8
	淤	9.0	17.5	24.9

4.5.5 结论

灌河口外海域动力条件、泥沙环境以及工程涉及问题复杂，灌河口是淮河一条重要的排洪通道，如何兼顾考虑航道整治效果及防洪影响是工程成败的关键。波浪与潮汐共同作用下物理模型试验研究表明，灌河口双导堤工程较好地发挥了拦沙减淤功能，整治工程后，在不同风浪条件下，灌河口疏浚航槽内年淤积总量为 200 万～330 万 m^3，淤积最大厚度位于灌河口门内及双导堤口门外 1～3km 处。工程后，双导堤间疏浚航槽两侧滩面会出现不同程度冲刷，双导堤间拦门沙浅区航槽内略有淤积。工程方案较好地兼顾了外航道整治与防洪的关系，整治效果良好，淤积主要在局部区段，淤积量在可控范围内，整治工程取得了良好的效果。

4.6 波潮共同作用下京唐港外航道淤积模型试验

4.6.1 动力条件和泥沙淤积基本情况

（1）京唐港位于河北省唐山市的渤海湾之滨，地理位置为 119°01′E，39°13′N。京唐港海域在滩面 0～−3m 水深范围内，泥沙粒径为 0.1～0.2mm，−3～−8m 水深范围内泥沙粒径为 0.06～0.09mm，−8m 以外海域泥沙则以黏性泥沙为主。这样的海域滩面泥沙，特别是海床高程为 −8m 以上的海域粉黏质泥沙，颗粒间的黏结力比淤泥质泥沙要显著降低，容易起动悬扬，但其沉速又远大于黏性泥沙。所以在遭遇风暴潮时，水体含沙量与平常相比会急剧增大，这是粉黏质泥沙海岸的港口航道在风暴潮情况下发生骤淤的主要原因。此外，港口航道的防护工程布置是否合理也是增大或者减少淤积的因素之一。在这项模型试验中，重点要关注风暴潮的海域含沙量问题。

这个海域缺乏大风及风暴潮期间的水文、泥沙测量资料。因此，对于 2003 年 10 月 10～14 日发生强风暴潮期间的波浪、潮流和含沙量，只有通过预测和计算求得，粗略解决。对此海域 50 年一遇 ENE 和 E 向 $H_{4\%}$ 的波高分别预报为 5.31m 和 5.87m，其相应的有效波波高与水深之比，按《海港水文规范》(JTS 145-2—2013) 可取 H_b/h_b=0.6，所以 2003 年 10 月 10～14 日京唐港海域发生破波的水深：如按波高 $H_{4\%}$ 考虑，其破波水深为 8.85～9.78m，相当于滩面高程为 −7.58～−8.57m；若以有效波波高考虑，其破波水深为 7～7.7m，相当于滩面高程为 −5.73～−6.43m。从这些关于破波水深的分析，这次风暴潮估计发生破波的范围在 −5～−8m 海域，因此，这一水深范围的含沙量均应以破波水流和风暴潮潮流综合作用来考虑。破波波高按 H_b/h_b=0.6 计算。2003 年 10 月航道骤淤情况如图 4-97 所示。

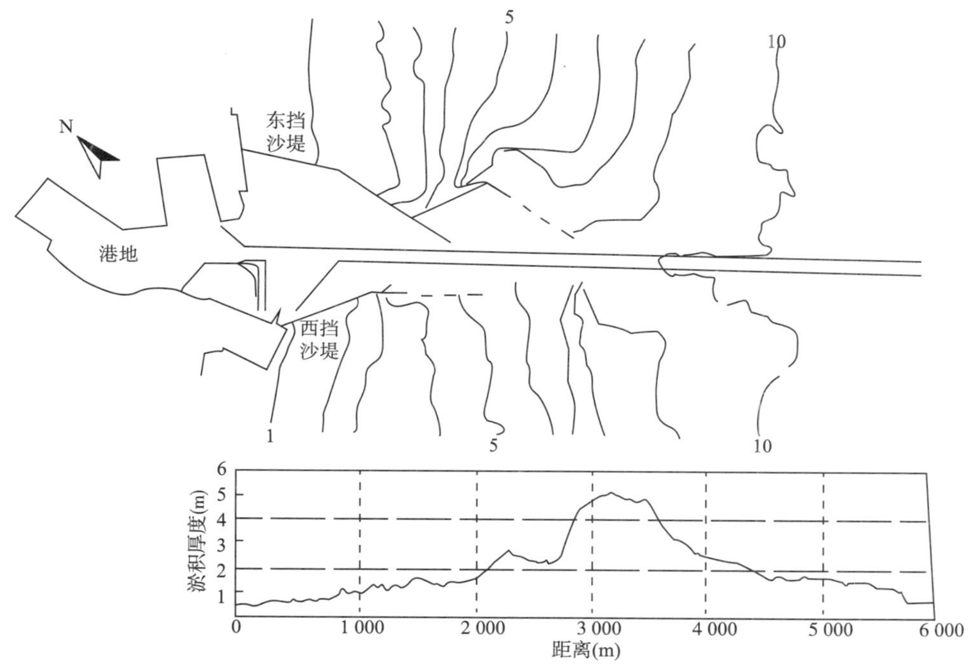

图 4-97　2003 年 10 月航道骤淤情况

(2) 风暴潮期间，潮流的平均流速可按寻常潮平均流速的 1.8 倍估计。在 −5m、−6m 处寻常潮平均流速为 0.314m/s，在 −7m、−8m 处为 0.33m/s。故这次强风暴潮期间的潮流平均流速为：在 −5m、−6m 处为 0.57m/s，在 −7m、−8m 处为 0.59m/s。

(3) 这次强风暴潮期间，海域不同水深处的含沙量按下列公式计算，即

$$S_* = 0.045\left(\frac{\gamma_s\gamma}{\gamma_s-\gamma}\right)\frac{\left(|V_{1b}|+|V_{2b}|\right)^2}{gh_b}\cdot F^{\frac{1}{F}} \tag{4-56}$$

式中：V_{1b}——风暴潮潮流平均流速；

V_{2b}——风暴潮破波流速，$V_{2b}=\frac{1}{2}\left(\frac{gH_b^2}{h_b}\right)^{\frac{1}{2}}$；

F——泥沙因子，$F=\dfrac{0.11}{D_K+0.002\,4/D_K}$，其中，$D_K$ 为泥沙粒径（以 mm 计）；

h_b——破波水深。

计算结果见表 4-24。

京唐港海域强风暴潮的含沙量计算值　　表 4-24

滩面高程 (m)	破波水深 d_b (m)	$\dfrac{H_b}{h_b}$	破波波高 H_b (m)	风暴潮流速 V_{1b} (m/s)	破波流速 V_{2b} (m/s)	粒径 D_k (mm)	$F^{\frac{1}{F}}$	风暴潮含沙量 S (kg/m^{-3})
−5	6.27	0.6	3.76	0.57	2.35	0.06～0.09	1.09～0.94	10.9～9.44
−6	7.27	0.6	4.36	0.57	2.53	0.06～0.09	1.09～0.94	10.7～9.20
−7	8.27	0.6	4.96	0.59	2.70	0.06～0.09	1.09～0.94	10.5～9.08
−8	9.27	0.6	5.56	0.59	2.86	0.06～0.09	1.09～0.94	10.3～8.91

4.6.2　泥沙模型各项比尺选择

（1）模型的水平比尺和垂直比尺。

根据现场海域范围和模型场地条件，模型水平比尺取 λ_l=500。下面讨论模型的垂直比尺（即水深比尺）。

从前面有关破波流速的计算获知，破波流速远远大于潮流流速，破波是掀沙的主要动力因素。因此，泥沙的起动条件，应以波浪动力为主。当取波长比尺 λ_l 等于水深比尺 λ_h 时，则起动水深公式改变为下式：

$$\lambda_h=\frac{\lambda_{H_*}^{\frac{6}{5}}\lambda_D^{\frac{2}{5}}}{\lambda_{\left(\frac{\rho_s-\rho}{\rho}gD+\frac{0.486}{D}\right)}^{\frac{3}{5}}}\tag{4-57}$$

根据已知条件：现场 ρ_{sp}=2.65g/cm^3，D_p=0.06～0.09mm，取其平均值 0.007 5cm，现有煤质模型沙，密度 ρ_{sm}=1.35g/cm^3，D_m=0.015mm。按式（4-53）求得波高比尺 λ_{H_*}、垂直比尺 λ_h，见表 4-25。根据表 4-25 计算结果，选择模型的垂直比尺 λ_h=80，其波高比尺 λ_H=70。故知模型波高比按垂直比尺 λ_h=80 计算的波高要大。

模型垂直比尺 λ_h 计算结果　　表 4-25

λ_h	λ_{H_*}	λ_h	λ_{H_*}
67	60	94	80
80.7	70		

（2）模型的水流时间比尺：

$$\lambda_t=\frac{\lambda_L}{\lambda_h^{\frac{1}{2}}}=\frac{500}{\sqrt{80}}=55.9$$

（3）模型沙的粒径比尺：

$$\lambda_D=\frac{D_{kp}}{D_{km}}=\frac{0.075}{0.15}=0.5$$

（4）模型淤积物干重度 λ_{γ_0}。由 $\gamma_0=\frac{2}{3}\gamma_s\left(\frac{D_k}{D_0}\right)^{0.183}$ 的比尺关系，得：

$$\lambda_{\gamma_0}=\lambda_{\gamma_s}\lambda_{D_k}^{0.183}=\frac{2.65}{1.35}\times0.5^{0.183}=1.73$$

（5）含沙量比尺 λ_s 由式（4-52）计算，即：

$$\lambda_s=\frac{\lambda_{\gamma_s}}{\lambda_{(\gamma_s-\gamma)}}\lambda_{(F^{1/F})}=\frac{\lambda_{\gamma_s}}{\lambda_{(\gamma_s-\gamma)}}\frac{(F^{1/F})_p}{(F^{1/F})_m}=\frac{1.963}{4.71}\times1.909=0.796$$

（6）冲淤时间比尺 $\lambda_{t'}$ 由 $\lambda_{t'}=\frac{\lambda_{\gamma_0}}{\lambda_s}\cdot\lambda_t$ 可得理论时间比尺：

$$\lambda_{t'}=\frac{\lambda_{\gamma_0}}{\lambda_s}\lambda_t=121.5$$

也就是说，现场一年相当于模型 3 天，现场 3 天相当于模型 35.6min。这一理论冲淤时间比尺，尚待冲、淤验证试验调整，最后以冲、淤验证相似后确定。

4.6.3 模型冲、淤验证试验

为了在模型中复演 2003 年 10 月强风暴潮对京唐港航道造成的骤淤，首先就要确定模型中的风暴潮动力要素。根据前面对该风暴的分析计算，冲、淤验证的模型波浪在 −8m 以浅的海区应以破波波高控制，潮位和潮流以实测风暴潮的潮位过程和计算的潮流流速过程控制。现场骤淤情况详见图 4-97，淤积最严重的航道，其里程在 3 000m 一带，风暴的最大淤厚达 5.31m。模型经过近 30 组的调试试验，获得表 4-26 和图 4-98 结果。

2003 年 10 月航道骤淤验证结果 表 4-26

骤淤名目	原　体	模　型
最大淤厚（m）	5.31	5.29
最大淤厚的航道里程（m）	3 200	3 250
里程 1～6km 的平均淤厚（m）	2.12	2.41
淤积总量（10^5 m^3）	186	223

表 4-26 和图 4-98 是在底宽 160m，底高程为 −13.5m，航道里程 1 000～6 000m 航道内的验证结果。从图和表的数据资料来看，验证是成功的。

根据骤淤验证调试，模型的实际含沙量比尺 λ_s=0.59，冲、淤时间比尺 $\lambda_{t'}$=173。本次试验以验证的含沙量比尺及时间比尺为准，但计算出的时间比尺与现场的 3d 骤淤时间较为接近。

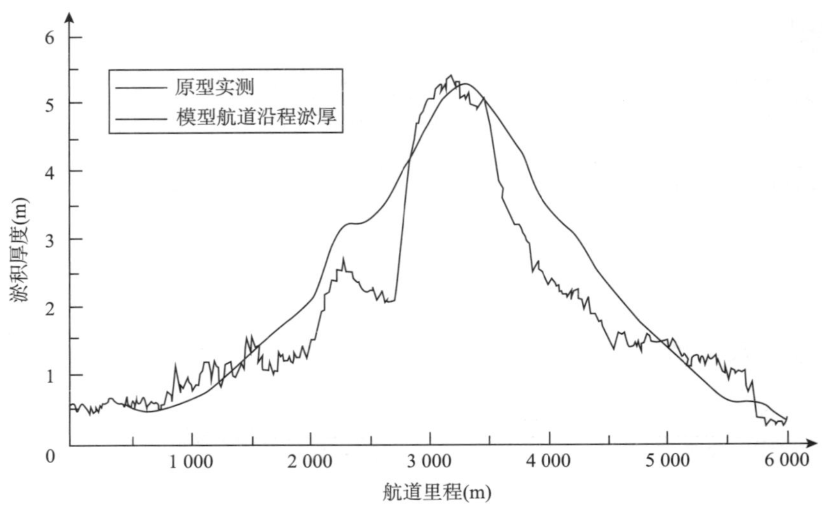

图 4-98　风暴潮航道骤淤验证结果

4.6.4　防淤、减淤措施试验

对于京唐港航道的防淤、减淤问题，曾提出过三类工程方案：第一类是“抱挑”结合的环抱式，如图 4-99 所示；第二类是单纯延长挑流堤，乃至二次挑流方案，如图 4-100 所示；第三类是东堤和西堤与航道平行延长，也称延堤方案，如图 4-101 所示。

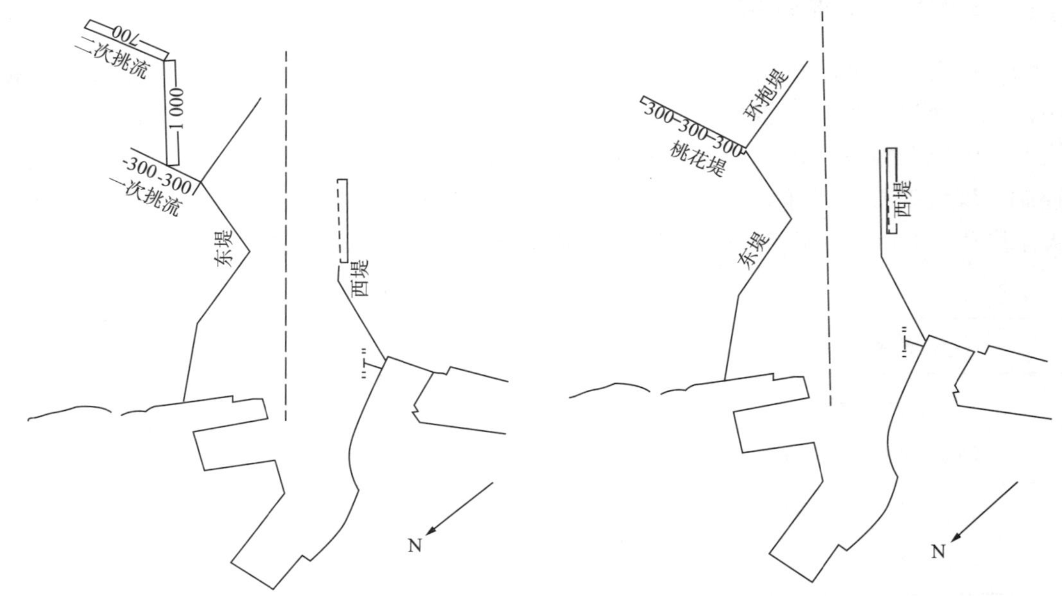

图 4-99　挑流堤方案（尺寸单位：m）　　图 4-100　二次挑流方案（尺寸单位：m）

通过试验这三类方案中的第一类和第二类方案的防淤、减淤效果都不太好，特别是挑流堤与东环抱堤形成的三角形地区，成为较大回流区，导致平常小风小浪天气泥沙在此落淤，一旦遭遇风暴潮，落淤此区的泥沙就成为口门区航道淤积的新增泥沙来源。所以这两类防淤、减淤方案予以舍去。

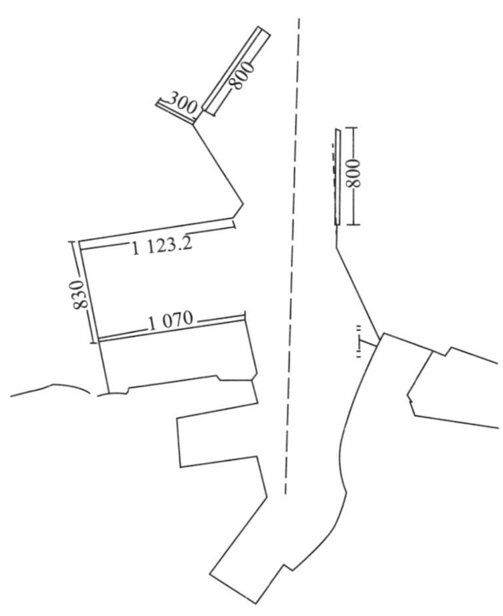

图 4-101　延堤方案（尺寸单位：m）

第三类延堤方案。根据平行于航道延长东堤或西堤的不同方案，进行风暴潮的减淤效果试验。共进行了 6 个方案，见图 4-102～图 4-107。上述 6 个方案，方案一、方案三、方案四和方案五进行了 2003 年 10 月强风暴潮试验，方案二、方案三、方案四、方案五和方案六进行了西向特征大浪的淤积试验，方案三、方案四和方案五兼做两种淤积试验。试验结果见表 4-27、表 4-28。

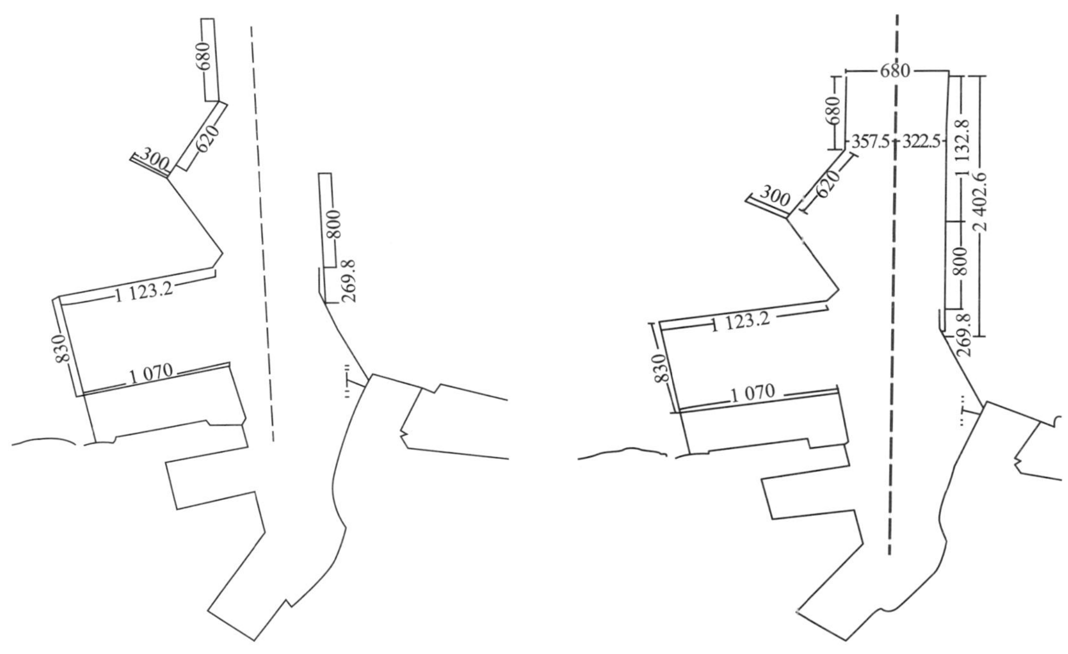

图 4-102　延堤方案一（尺寸单位：m）

图 4-103　延堤方案二（尺寸单位：m）

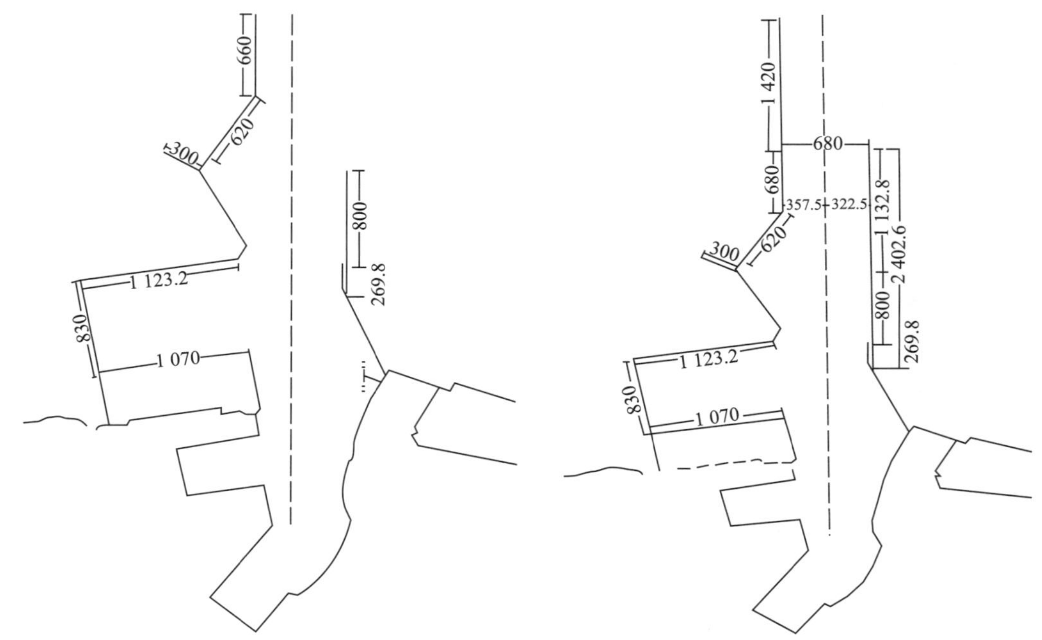

图 4-104　延堤方案三（尺寸单位：m）　　图 4-105　延堤方案四（尺寸单位：m）

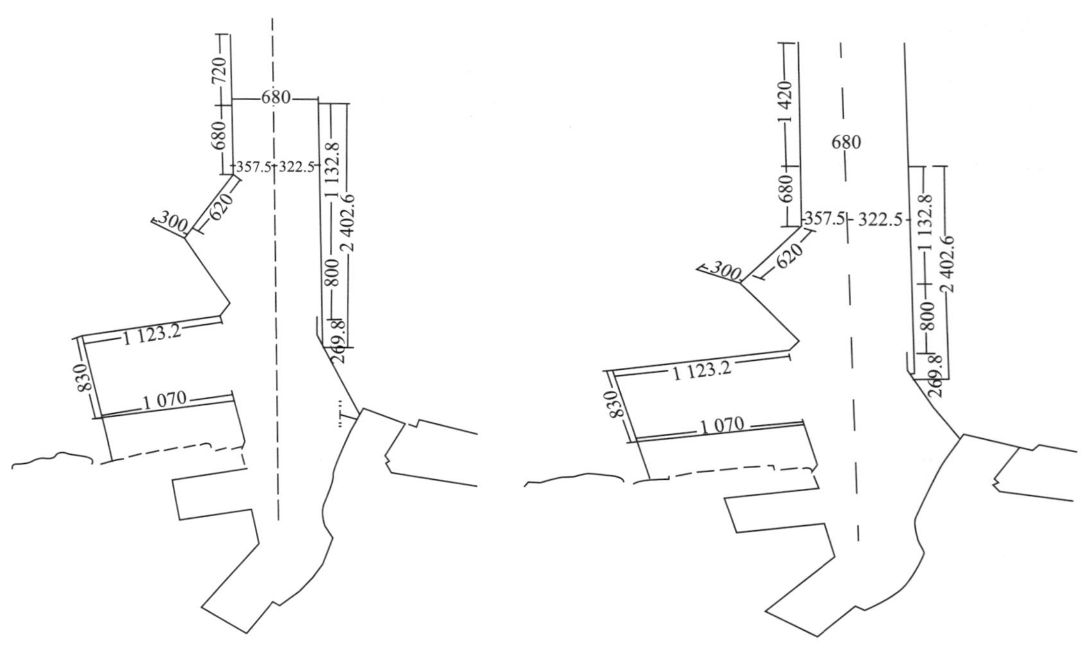

图 4-106　延堤方案五（尺寸单位：m）　　图 4-107　延堤方案六（尺寸单位：m）

从表 4-27 和表 4-28 中试验结果看，无论是 2003 年 10 月的强风暴潮，还是西向特征大浪，东西堤齐平、堤头位于 −10m 的方案六防淤、减淤效果最好；堤头位于 −8m 的方案三，防淤、减淤效果也尚可；其他东西堤长度不同的方案，对西向特征大浪的减淤作用较差。因此，方案六是比较好的方案，值得推荐。工程单位已经施工，堤头已到 −8m 水深，效果良好。

不同延堤方案遭遇 2003 年 10 月强风暴潮的淤积试验结果　　表 4-27

延堤方案	一	三	四	五
最大淤厚（m）	4.79	3.66	2.66	1.73
最大淤积点（里程）	3 500	4 250	4 750	5 750
平均淤厚（m）	1.76	1.32	1.03	0.83

不同延堤方案遭遇西向特征大浪的淤积试验结果　　表 4-28

延 堤 方 案	最大淤厚（m）	最大淤积点（里程）	平均淤厚（m）
二	6.18	2 750	1.79
三	3.68	3 500	1.22
四	3.87	3 750	1.35
五	4.50	3 750	1.79
六	1.98	4 750	0.78

4.7 航道整治建筑物局部冲刷防护试验

4.7.1 前言

长江南京以下 12.5m 深水航道一期工程通过实施长江太仓至南通河段内洲滩关键部位整治工程并结合疏浚措施，实现 12.5m 深水航道由太仓荡茜闸上延至南通天生港区。为实现上述工程目标，需在通州沙河段、白茆沙河段分别采取整治工程措施。由于工程所在河床底质为易冲刷的粉细沙，因而建筑物附近局部冲刷防护问题显得尤为重要。一期工程采用适应地形冲刷变形的护底软体排保土护滩，以保证整治建筑物在施工期和使用期的结构稳定。因此，研究整治建筑物周边局部冲刷规律，合理确定软体排的余排宽度，具有重要的现实和理论意义。

航道整治建筑物余排外冲刷主要有两种类型：一是大河势变化引起的河床冲刷调整；二是整治工程实施引起的局部流速加大，形成沿堤流、绕堤流和越堤流，导致河床局部冲刷。第一种类型冲刷情况在实际中很难模拟预测，而第二种类型形成的局部冲刷情况往往可以通过规范公式计算、物模试验预测等手段综合分析确定。目前，国内外建筑物周围局部冲刷问题主要通过局部正态模型试验或系列模型延伸法两种手段来研究。在局部正态模型中，水动力和泥沙运动均满足相似条件要求，而在系列比尺模型中，水动力满足相似要求，而泥沙运动不满足相似要求，可通过 2～3 个比尺模型将试验结果延伸到比尺相似的模型。有关系列比尺模型详细情况见参考文献。本次研究主要采用正态模型试验研究方法，部分组次利用系列比尺模型试验进行复核，以保证研究成果的可靠性。

4.7.2 基本情况

长江南京以下 12.5m 深水航道一期工程位于通州沙及狼山沙左侧，白茆沙航道整治工程位于白茆沙中上段附近，见图 4-108，整治建筑物类型主要包括淹没丁坝和潜堤。工程河段河床底质主要为粉细沙，落潮流是塑造河床主槽形态的主要动力。本次局部冲刷动床物理模型试验研究了淹没丁坝头部、淹没丁坝坝身段和斜向潜堤附近不同护底条件下局部冲刷防护情况。限于篇幅关系，本书只介绍淹没丁坝头部附近局部冲刷模型模拟技术及相关成果。模型淹没丁坝布置主要依据一期工程丁坝建筑物尺寸进行概化模拟。

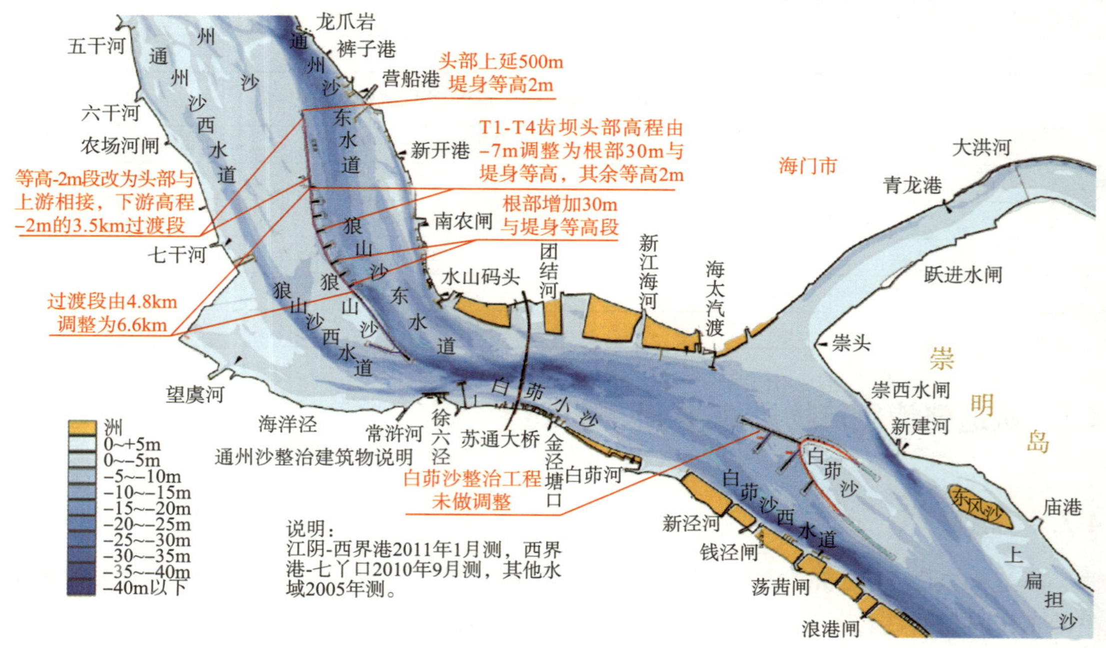

图 4-108　通州沙、白茆沙深水航道整治方案布置

4.7.3　模型设计

4.7.3.1　模型设计相似条件

工程建筑物附近的局部冲刷是一个复杂的三维水流、泥沙问题，模型设计中主要考虑满足几何相似、重力相似、泥沙水下休止角相似、紊流限制等相似条件。

4.7.3.2　模型比尺确定及模型沙选择

为满足研究任务的要求，模型比尺不宜过小，同时考虑试验供水条件、模型沙选取等因素，确定符合相似条件的正态模型比尺为60，模型比尺见表4-29。

正态模型比尺　　表4-29

名　称	符　号	数　值
水平比尺	λ_L	60
垂直比尺	λ_H	60
变率	η	1.0
流速比尺	λ_v	7.7
水流时间比尺	λ_{t1}	7.7

由天然泥沙特性可知，泥沙颗粒密实密度$(\gamma_s)_p$为2.65t/m^3，淤积干密度$(\gamma_0)_p$为1.46t/m^3。

本次试验选用经特殊处理的木粉，这种木粉由木材直接粉碎，然后加入化学物品以调节木粉比例及进行防腐处理。处理后，颗粒间透水性和圆度好，和天然沙运动有较好的相似性。其木粉模型沙的颗粒密实密度（γ_s）$_m$ 为 1.15t/m^3，淤积干密度（γ_0）$_m$ 为 0.70t/m^3。

根据通州沙、白茆沙河段以往多次实测泥沙资料，对本河段进行主槽和沙滩上河床质沙样进行颗粒分析，其中值粒径范围在 0.10～0.20mm，平均中值粒径 d_{50p} 约为 0.15mm，平均级配曲线见图 4-109。原型沙起动流速分别采用李昌华公式、张瑞瑾公式和唐存本公式进行计算，结果见表 4-30。可见，三家公式总体计算结果相差不大，原型底沙在水深 5～20m 下起动流速为 0.45～0.70m/s。模型流速比尺为 7.7，根据相似条件要求，模型沙起动流速为 0.058～0.091m/s。

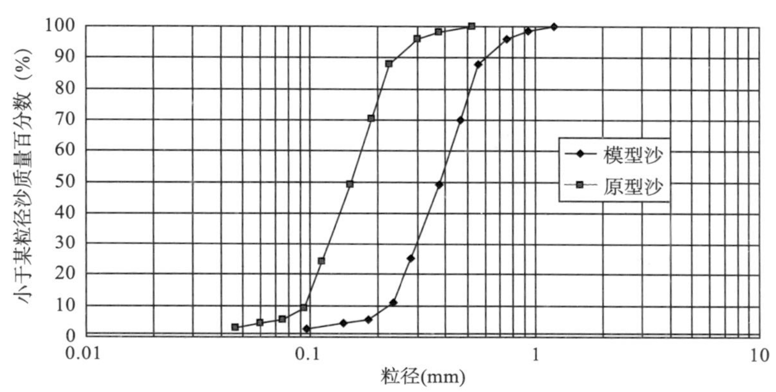

图 4-109 模型沙和原型沙粒径级配

根据以往研究经验，对于局部冲刷底沙模型来说，模型沙选取不宜过细，过细泥沙易产生絮凝、局部悬扬等不利现象。模型沙采用中值粒径为 0.38mm 的木屑，通过模型沙起动流速试验得到，水深在 0.08～0.33m 时模型沙起动流速为 0.064～0.095m/s，可见该种模型沙基本能满足泥沙起动相似要求。模型沙和原型沙粒径级配见图 4-109。

三家公式原型沙起动流速计算结果（单位：m/s） 表 4-30

计算公式 \ 水深 h（m）	5	10	15	20
李昌华公式	0.49	0.52	0.58	0.62
张瑞瑾公式	0.42	0.50	0.57	0.69
唐存本公式	0.43	0.49	0.53	0.56

李昌华公式，适用于 0.07mm<d<0.4mm：

$$u_c = 0.12\left(\frac{h}{d_{95}}\right)^{\frac{1}{6}} \frac{\omega}{\left(\frac{\rho_s}{\rho}-1\right)^{\frac{1}{3}} d} \tag{4-58}$$

张瑞瑾公式：

$$u_c = \left(\frac{h}{d}\right)^{0.14}\left(17.6\frac{\gamma_s-\gamma}{\gamma}d + 6.05\times10^{-7}\frac{10+h}{d^{0.72}}\right)^{\frac{1}{2}} \tag{4-59}$$

唐存本公式：

$$u_c = \frac{6}{7}\left(\frac{h}{d}\right)^{\frac{1}{6}}\left[3.2\left(\frac{\gamma_s-\gamma}{\gamma}\right)gd\right]^{\frac{1}{2}} \tag{4-60}$$

上述式中：u_c——泥沙起动流速；

h——水深；

d——泥沙中值粒径；

d_{95}——小于该粒径泥沙占总质量95%的泥沙粒径；

ω——泥沙沉速；

ρ_s——泥沙颗粒密度；

ρ——水的密度；

γ_s——泥沙重度；

γ——水的重度。

另外，坝头冲刷坑几何形态相似，还应满足模型沙与原型沙水下休止角相等。

原型沙水下休止角按张红武天然沙公式（d为0.061～9mm）计算：

$$\varphi=35.3d^{0.04} \tag{4-61}$$

模型沙按天津大学室内试验粒径与休止角关系式（d为0.2～4.37mm）计算：

$$\varphi=32.5+1.27d \tag{4-62}$$

式中：φ——泥沙水下休止角；

d——泥沙中值粒径。

计算得到原型沙休止角为32.7°；模型沙中值粒径为0.38mm，计算得到模型沙休止角为32.98°，原型沙和模型沙水下休止角是基本相似的。

4.7.3.3 试验水槽布置及量测设备

试验水槽宽约8m，长约40m，见图4-110。水槽上游采用变频器自动控制双向泵出水流量，下游通过翻板式尾门自动跟踪水位。试验回水槽设置溢流口，稳定模型内外水位差，控制双向泵出流稳定性。

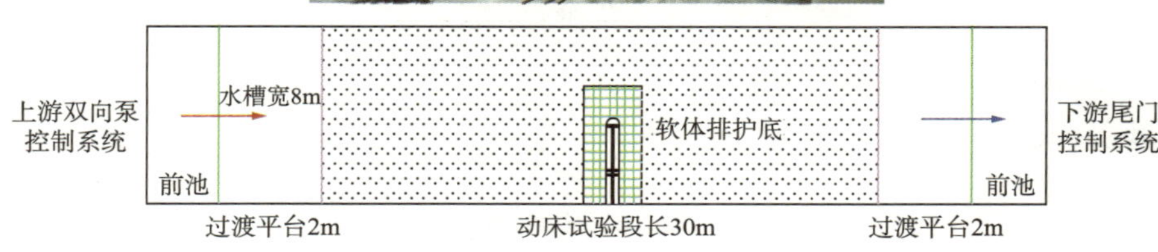

图4-110 试验水槽布置

模型水位采用光栅式水位仪测量，精度可达 0.01mm。模型表面流场测量采用 PIV 表面粒子跟踪技术。水下流速采用小威龙三维流速仪测量。小威龙（Nortek Vectrino Velocimeter I，见图 4-111）采用声学多普勒测量原理，测量数据精度高，I 代的最大数据采集频率 25Hz，毫米级精度（+1mm/s）。动床地形采用北京尚水公司研发的超声地形仪和人工联合测量，地形仪见图 4-112。

图 4-111 小威龙三维流速仪

图 4-112 超声地形仪

4.7.3.4 护底余排模拟

深水航道工程整治建筑物两侧河床防护采用混凝土联锁块余排（图 4-113）进行护底。排垫采用长丝机织布与无纺布的复合布，单位面积质量为 500g/m^2（350g/m^2 机织布 +150g/m^2 无纺布）。排垫上混凝土压载体为 C20 混凝土块体，密度 2 400 kg/m^3，混凝土联锁块规格主要为：长 480mm × 宽 480mm × 高 160mm，块体之间间距约 2cm。模型采用的铝片可模拟原型压载块体，保证在块体形态、质量上达到基本相似要求。根据试验研究经验，混凝土压载体与排垫的系结，可采用胶水把块体粘在棉布上进行模拟，保证软体排的保土性和贴附性。

图 4-113 模型模拟混凝土联锁块余排

4.7.3.5 试验组次

淹没丁坝坝头试验主要通过单因素分析，重点研究淹没丁坝头部冲刷坑深度及形态与

坝头坡脚处流速 v、水深 h、余排铺设宽度 B、坝高 P 等响应关系。淹没丁坝头部附近冲刷防护试验工况见表 4-31。

淹没丁坝头部附近冲刷防护试验工况　　表 4-31

<table>
<tr><th rowspan="3">试验工况</th><th colspan="6">原　型</th><th colspan="2">模　型</th><th rowspan="3">试验目的</th></tr>
<tr><th colspan="3">坝头尺寸</th><th colspan="2">水流条件</th><th rowspan="2">余排宽度 B_2（m）</th><th colspan="2">水流条件</th></tr>
<tr><th>坝高 P（m）</th><th>横坡 $1/i$</th><th>纵坡 $1/m$</th><th>水深 h(m)</th><th>纵坡脚处 $0.6h$ 流速 v (m/s)</th><th>水深 h(m)</th><th>纵坡脚处 $0.6h$ 流速 v (m/s)</th></tr>
<tr><td>BT-1</td><td>6</td><td rowspan="3">1/2</td><td rowspan="3">1/3</td><td>12</td><td rowspan="5">2.5</td><td rowspan="5">0</td><td>0.20</td><td rowspan="5">0.32</td><td rowspan="5">比较坝高与水深比</td></tr>
<tr><td>BT-2</td><td>6</td><td>9</td><td>0.15</td></tr>
<tr><td>BT-3</td><td>6</td><td>15</td><td>0.25</td></tr>
<tr><td>BT-4</td><td>3</td><td rowspan="2">1/2</td><td rowspan="2">1/5</td><td>15</td><td>0.25</td></tr>
<tr><td>BT-5</td><td>9</td><td>12</td><td>0.20</td></tr>
<tr><td>BT-6</td><td rowspan="2">6</td><td rowspan="2">1/2</td><td rowspan="2">1/3</td><td rowspan="2">12</td><td>1.1</td><td rowspan="2">0</td><td rowspan="2">0.20</td><td>0.14</td><td rowspan="2">比较流速</td></tr>
<tr><td>BT-7</td><td>1.5</td><td>0.19</td></tr>
<tr><td>BT-8</td><td rowspan="4">6</td><td rowspan="4">1/2</td><td rowspan="4">1/3</td><td rowspan="4">12</td><td rowspan="4">2.0</td><td>0</td><td rowspan="4">0.20</td><td rowspan="4">0.26</td><td rowspan="4">比较余排宽度</td></tr>
<tr><td>BT-9</td><td>45</td></tr>
<tr><td>BT-10</td><td>90</td></tr>
<tr><td>BT-11</td><td>150</td></tr>
<tr><td>BT-12</td><td rowspan="3">6</td><td rowspan="3">1/2</td><td rowspan="3">1/5</td><td rowspan="3">12</td><td rowspan="3">3.0</td><td>0</td><td rowspan="3">0.20</td><td rowspan="3">0.39</td><td rowspan="3">比较余排宽度</td></tr>
<tr><td>BT-13</td><td>90</td></tr>
<tr><td>BT-14</td><td>180</td></tr>
<tr><td>BT-15</td><td rowspan="2">6</td><td>1/2</td><td>1/5</td><td>12</td><td>2.0</td><td>0</td><td>0.20</td><td>0.26</td><td rowspan="2">比较坝头坡度</td></tr>
<tr><td>BT-16</td><td>1/2</td><td>1/5</td><td>12</td><td>2.5</td><td>0</td><td>0.20</td><td>0.32</td></tr>
</table>

4.7.4　试验成果分析

4.7.4.1　坝头局部冲刷形成机理及动力响应

坝头附近局部冲刷地形变化见图 4-114。由图可见，水流绕过淹没丁坝坝头流速有所增强，同时坝头偏靠下游侧紊动强度明显增大，加之坝头附近越堤翻滚流作用，引起坝头下游侧局部冲坑快速发展；在冲刷坑发展过程中，由于水深不断增加，导致坝头附近水流流速逐步减小，同时水体紊动强度相应有所减弱，因此冲坑形态变化逐步趋缓，最终坝头局部水动力和河床形态形成新的平衡关系。另外，河床地形调整前后，淹没丁坝对岸水槽左侧点沿程测点流速没有明显变化。本次试验以长江下游河口段为概化研究对象，河口段江面宽阔，航道整治淹没丁坝工程实施水动力影响仅在工程局部水域，因此可见室内试验条件符合现场实际情况。

a)

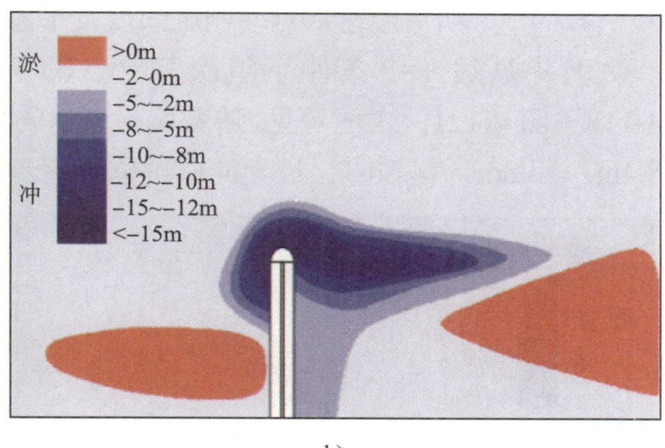

b)

图 4-114 组次 BT-1 冲刷等值线图

4.7.4.2 相对坝高 P/h 对冲刷坑深度及形态的影响

坝头纵坡 m=3 条件下组次 BT-3、BT-1、BT-2 坝头附近冲刷形态分别见图 4-115～图 4-117。由图可见，坝下冲刷坑平面形态呈长条形，最大冲刷点位于坝头偏靠下游附近。随着相对坝高 P/h 的增大，坝头附近最大冲刷深度逐步增加（11.2m、14.8m、17.8m），最大冲刷坑位置逐步向坝体靠近（60m、55m、45m），且冲刷坑平面位置向坝头外侧移动。

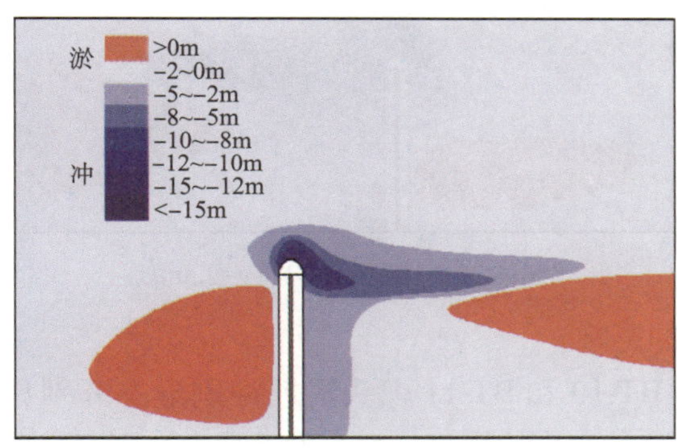

图 4-115 组次 BT-3 冲刷等值线图（P/h=0.4）

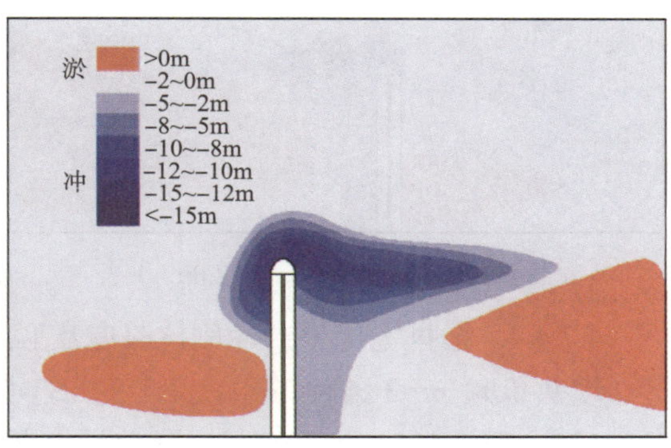

图 4-116 组次 BT-1 冲刷等值线图（P/h=0.5）

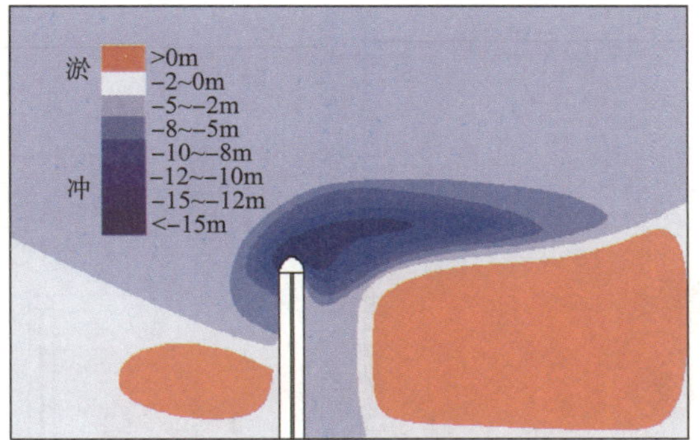

图 4-117 组次 BT-2 冲刷等值线图（P/h=0.67）

4.7.4.3 坝头流速 *v* 对冲刷坑深度及形态的影响

坝头纵坡 *m*=3 条件下组次 BT-6、BT-7、BT-8、BT-1 坝头附近冲刷形态分别见图 4-118～图 4-121。由图可见，随着坝头流速的增大，坝头附近最大冲刷深度逐步增加（6.7m、8.4m、10.8m、14.8m），最大冲刷坑位置逐步远离坝体（25m、35m、40m、55m）。

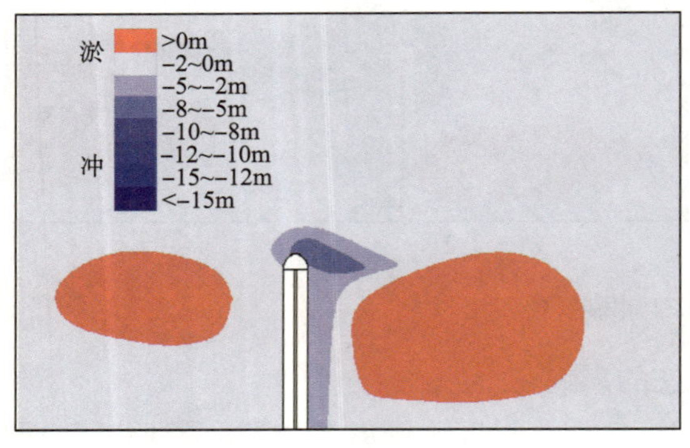

图 4-118 组次 BT-6（*v*=1.1m/s）

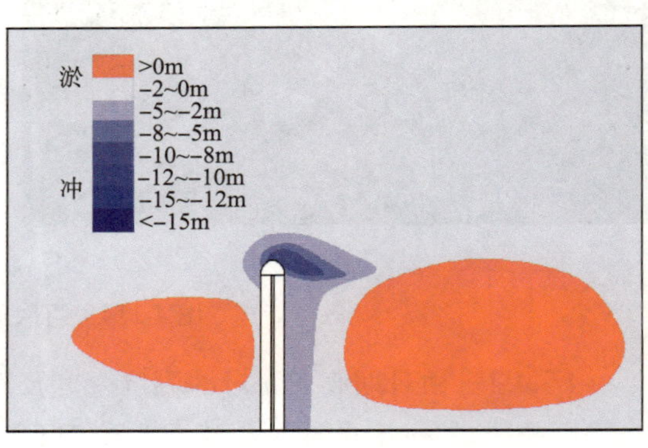

图 4-119 组次 BT-7 图（*v*=1.5m/s）

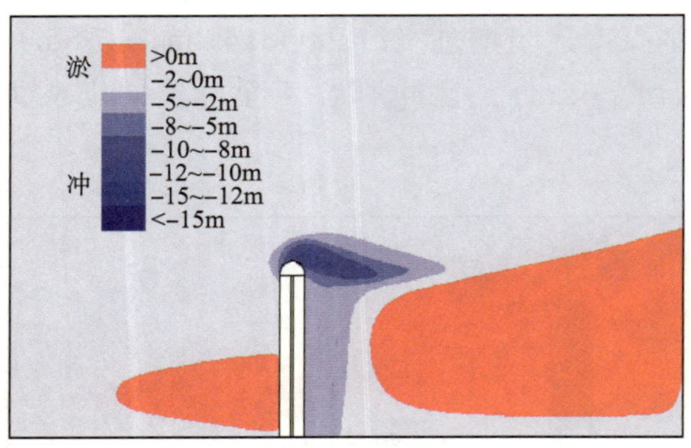

图 4-120 组次 BT-8（*v*=2.0m/s）

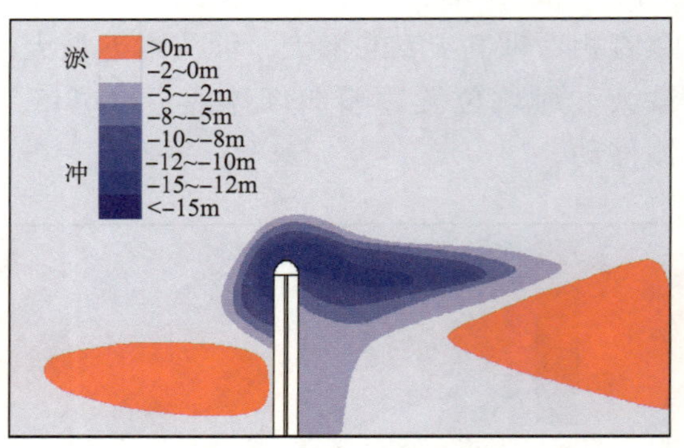

图 4-121 组次 BT-1（*v*=2.5m/s）

4.7.4.4 余排宽度 *B* 对冲刷坑深度及形态的影响

坝头纵坡 *m*=3 条件下组次 BT-8、BT-9、BT-10 和 BT-11 坝头附近冲刷形态分别见图 4-122～图 4-125。由图可见，随着护底余排防护宽度的增加，坝头附近最大冲刷深度逐步减小（10.8m、7.4m、6.2m、3.1m），最大冲刷坑位置位于余排外侧边缘，逐步远离坝体（40m、65m、105m、160m）。

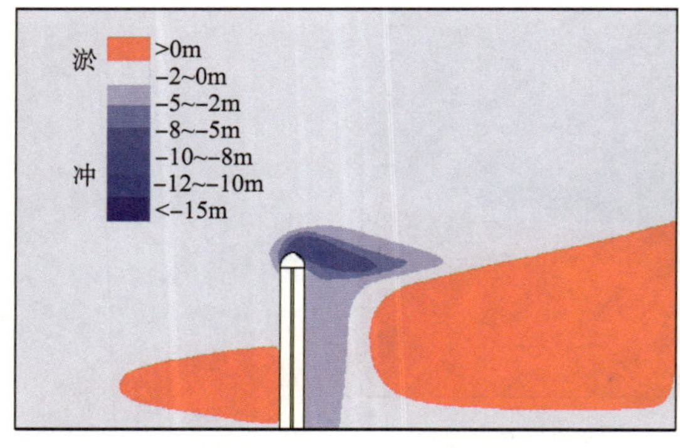

图 4-122 组次 BT-8（无防护）

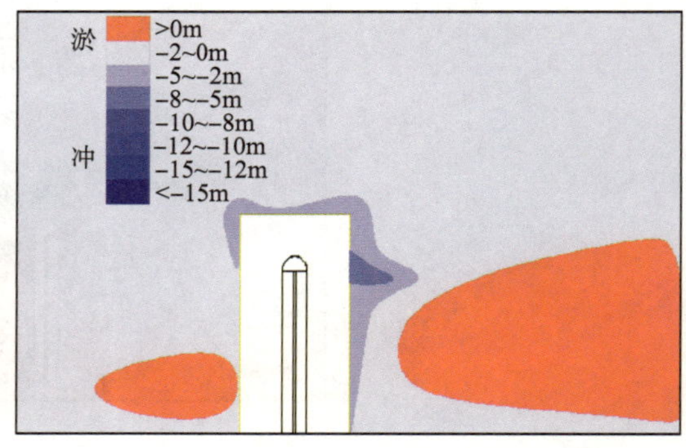

图 4-123 组次 BT-9（防护宽度 45m）

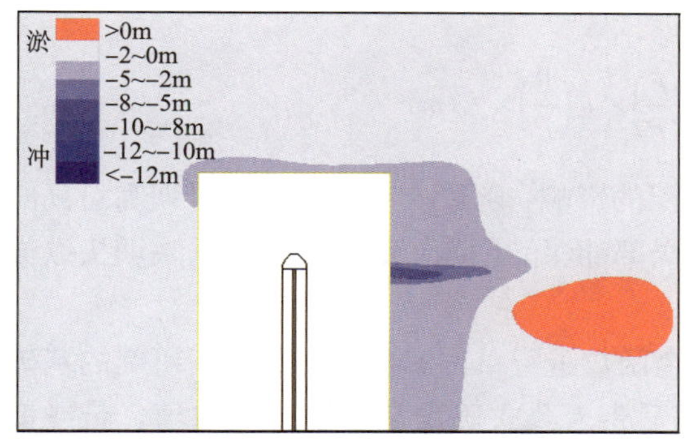

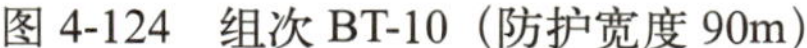
图 4-124 组次 BT-10（防护宽度 90m）

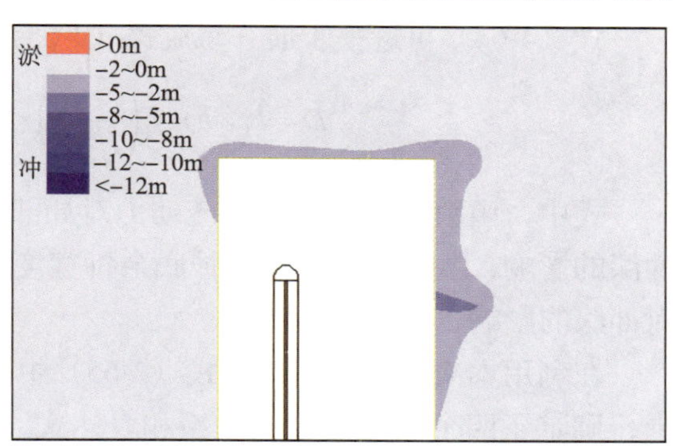

图 4-125 组次 BT-11（防护宽度 150m）

4.7.4.5 坝头纵坡 m 对冲刷坑深度及形态的影响

坝头流速 v=2.5m/s 条件下组次 BT-1 和 BT-16 坝头附近冲刷形态分别见图 4-126 和图 4-127。由图可见，随着坝头坡度的减缓，坝头附近最大冲刷深度减小约 19%（最大冲深由 14.8m 减小至 12.0m），最大冲刷坑位置逐渐远离坝体（55m、62m）。

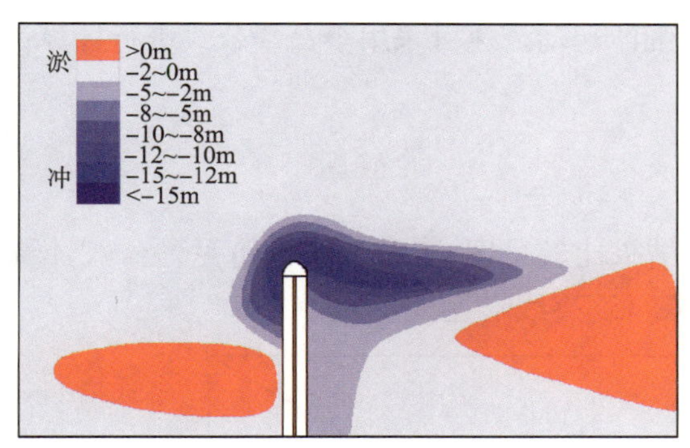

图 4-126 组次 BT-1 冲刷等值线图（m=3）

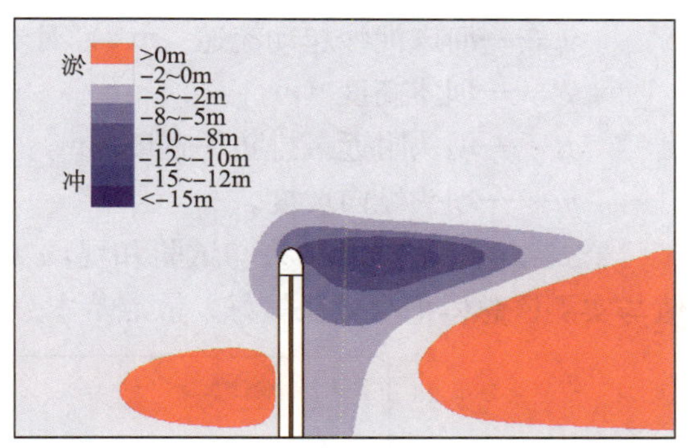

图 4-127 组次 BT-16 冲刷等值线图（坡 m=5）

4.7.4.6 淹没丁坝坝头局部最大冲刷深度计算

综合分析认为，淹没丁坝头部附近最大冲深 D 及形态主要与以下因素有关：①上游行近来流流速 v；②坝前水深 h；③坝体周边余排铺设宽度 B；④坝高 P；⑤坝头纵向坡度 m；⑥丁坝挑角 θ；⑦床沙粒径 d；⑧泥沙重度 γ_s；⑨水体重度 γ；⑩重力加速度 g。

各种有关因素可以写成表达式（4-63）：

$$D=f\left(v, h, B, P, m, \theta, d, \gamma_s, \gamma, g\right) \tag{4-63}$$

本次研究针对淹没正交丁坝，挑角 θ 为 90°，公式中忽略；泥沙粒径 d 的影响，可以用泥沙起动流速 v_c 来反映；泥沙重度 γ_s 和水体重度 γ 均有定值，可忽略；对于坝头纵向坡度 m 的问题，选用工程实际中常用的坡度进行对比试验研究。

进而式（4-63）可简化写成无量纲形式（4-64）：

$$\frac{D}{h}=f\left(\frac{v}{\sqrt{gh}},\frac{v_c}{\sqrt{gh}},\frac{h}{P},\frac{B}{P},m\right) \tag{4-64}$$

式（4-64）可进一步展开写成式（4-65）：

$$D = k_1 \times h \times f_1\left(\frac{v - v_c}{\sqrt{gh}}\right) \times f_2\left(\frac{h}{P}\right) \times f_3\left(\frac{B}{P}\right) \times f_4(m) \tag{4-65}$$

式中，函数 f_1 主要反映来流动力对局部冲深的影响；函数 f_2 主要反映相对坝高对局部冲深的影响；函数 f_3 主要反映护底余排宽度对局部冲深的影响；函数 f_4 主要反映坝头纵坡对冲深的影响；k_1 为常系数。

在利用本次试验数据对公式（4-65）中各个函数进行单因素拟合相关分析研究的基础上，确定了四个函数的因次关系和表达式，然后带入公式确定常系数 k_1 的取值，最终拟合相关得到局部最大冲深的计算公式如下。

$$\frac{D}{h} = 65 \times \left(\frac{v - v_c}{\sqrt{gh}}\right)^{1.2} \times \left(\frac{h}{P}\right)^{-1.90} \times e^{-\left(0.038\frac{B}{P} + 0.14m\right)} \tag{4-66}$$

式中：D——坝头附近最大冲刷深度（m）；

h——坝头处冲刷前水深（m）；

v——上游来流行近流速（m/s）；

v_c——河床泥沙起动流速（m/s），对于粉细沙起动流速可采用李昌华公式进行计算；

P——坝体高度（m）；

B——坝头附近余排防护宽度（m）；

m——坝头纵向坡度。

公式（4-66）计算结果与试验和现场实测结果比较见图 4-128。由图可见，公式计算值与实测值总体拟合效果较好，散点基本分布在 45° 直线附近。

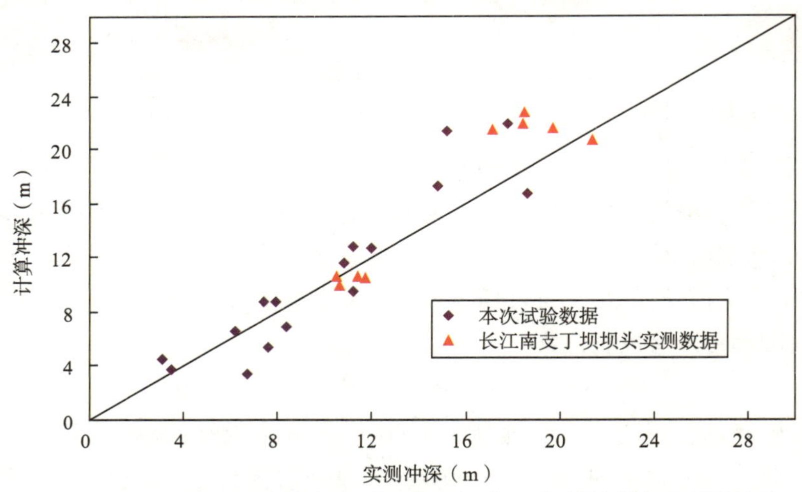

图 4-128　淹没丁坝坝头最大冲刷深度公式（4-66）计算值与实测值比较

公式率定有关说明：

（1）公式率定样本数 25 个，拟合相关系数为 0.85。

（2）公式参数坝高与水深比值 P/h 主要采用淹没正交丁坝试验和现场实测数据率定，比值 P/h 在 0.2～0.8 之间。

（3）公式参数 B/P 采用本次试验实测数据率定，比值 B/P 在 0～30 之间。

（4）公式中流速 v 范围为 1～3m/s，坝头纵向坡度 m 范围为 3～5。

同样，采样量纲分析方法和拟合相关，研究提出了淹没丁坝头部最大冲深距坝头轴线距离计算公式（4-67）。

$$\frac{S}{h}=9.2\times\left(\frac{v-v_{c}}{\sqrt{gh}}\right)^{0.48}\times\left(\frac{h}{P}\right)^{-0.43}\times e^{0.04\frac{B}{P}+0.09m} \tag{4-67}$$

式中：S——坝头附近最大冲深点距坝头轴线距离（m）；

其余符号意义同前。

公式（4-67）计算结果与试验实测结果比较见图 4-129。由图可见，公式计算值与实测值总体拟合效果较好。

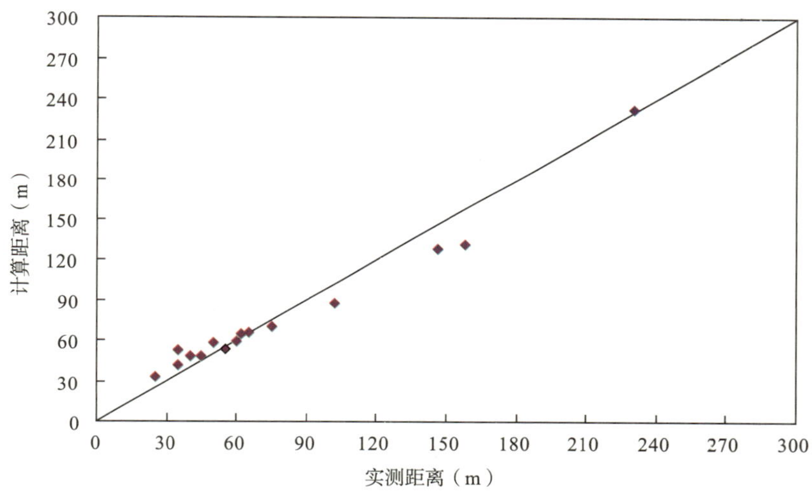

图 4-129 淹没丁坝坝头最大冲深距离公式（4-67）计算值与实测值比较

4.7.5 小结

本次研究建立了局部正态冲刷模型，研究了航道整治建筑物淹没丁坝头部附近局部冲刷坑深度及形态变化规律与建筑物尺度、来流动力条件、护底余排宽度等响应关系。基于量纲分析原理，利用试验和现场实测数据拟合相关，研究提出了坝头附近局部冲刷最大深度和距离计算公式，公式考虑了余排防护宽度对局部最大冲深及冲坑距离的影响，公式拟合效果总体较好。研究成果可为航道整治工程护底设计提供相关技术参考。

4.8 新型消能护滩结构水槽试验

4.8.1 前言

长期以来，河流堤防、岸滩防护以及整治建筑物局部冲刷防护都是水运工程建设以及后期管理的重要课题。国内外采取的护岸方式有多种，常见的消能护滩结构有抛石护岸、混凝土块铰链排、土工织物软体排护岸以及四面六边透水框架等。

四面六边透水框架自20世纪90年代研发以来，在河道整治、应急防护、航道整治中得到了广泛的应用，取得了良好的工程应用效果，见图4-130。四面六边透水框架因其六边首尾相连，个体之间勾连能力较差，具有阻水和透水的双重特性，框架群的阻水能力增强会导致防护带周围与床沙交界面处的动力增强，边缘河床发生淘刷，进而引起框架群的边缘破坏。多年工程实践应用研究表明，四面六边透水框架主要存在如下不足：

(1) 四面六边体框架之间勾连性不强，一般水流条件下基本能保持稳定，但在强水流或者波浪条件下容易发生散落和位移，部分框架会被冲走，影响整体防冲促淤效果。

(2) 由于四面六边体框架的六根杆件之间是焊接的，实际应用中因水位变化较大，有时会暴露在空气中，反复会容易发生锈蚀导致框架结构破坏。

针对现有消能护滩透水框架存在的不足，长江南京以下深水航道一期工程研究中提出了的新型消能护滩钩连体结构(以下简称G钩)，该结构由正方体框架的其中7根杆件构成，见图4-131。G钩相互钩连形成一个相互交错、具有较强透水性的整体结构，突出在床面之上。由于钩体杆件伸入水体中，水体受到钩连体的扰动，会对床面阻力分布、水流结构以及泥沙运动等产生影响。G钩开发研究工作由中交水运规划设计院有限公司牵头，南京水利科学研究院配合进行新型结构试验研究科研工作。

图4-130　四面六边透水框架示意　　　图4-131　新型消能护滩G钩示意

4.8.2　深水航道工程河段概况

4.8.2.1　河段概况

长江南京以下深水航道一期工程河段（太仓～南通段）位于长江下游河口段，上承南通水道，下与浏河水道相连，全长约56km，主要由通州沙和白茆沙水道组成，见图4-132。工程河段河床受径潮流共同作用，潮流呈往复流运动特性。洪季期间主槽涨潮流较弱，仅支汊和滩面存在一定强度的涨潮流，落潮流为塑造河床的主要动力，洪季大潮时最大落潮流速可达2.5m/s以上；枯季期间支汊和滩面涨落潮流基本相当或涨潮流略强，二者共同塑造河床形态，枯季大潮涨潮最大流速可达1.2m/s以上。工程河段河床底沙为粉细沙，中值粒径为 0.10～0.25mm，深槽较粗，滩面较细；悬沙中值粒径约为 0.01mm。泥沙主要是流域来沙，2003 年三峡水库蓄水后，大通输沙量明显下降，多年平均年输沙量由蓄水前的 4 亿 t 减小为蓄水后的 1.4 亿 t 左右，河床总体呈现冲刷态势。

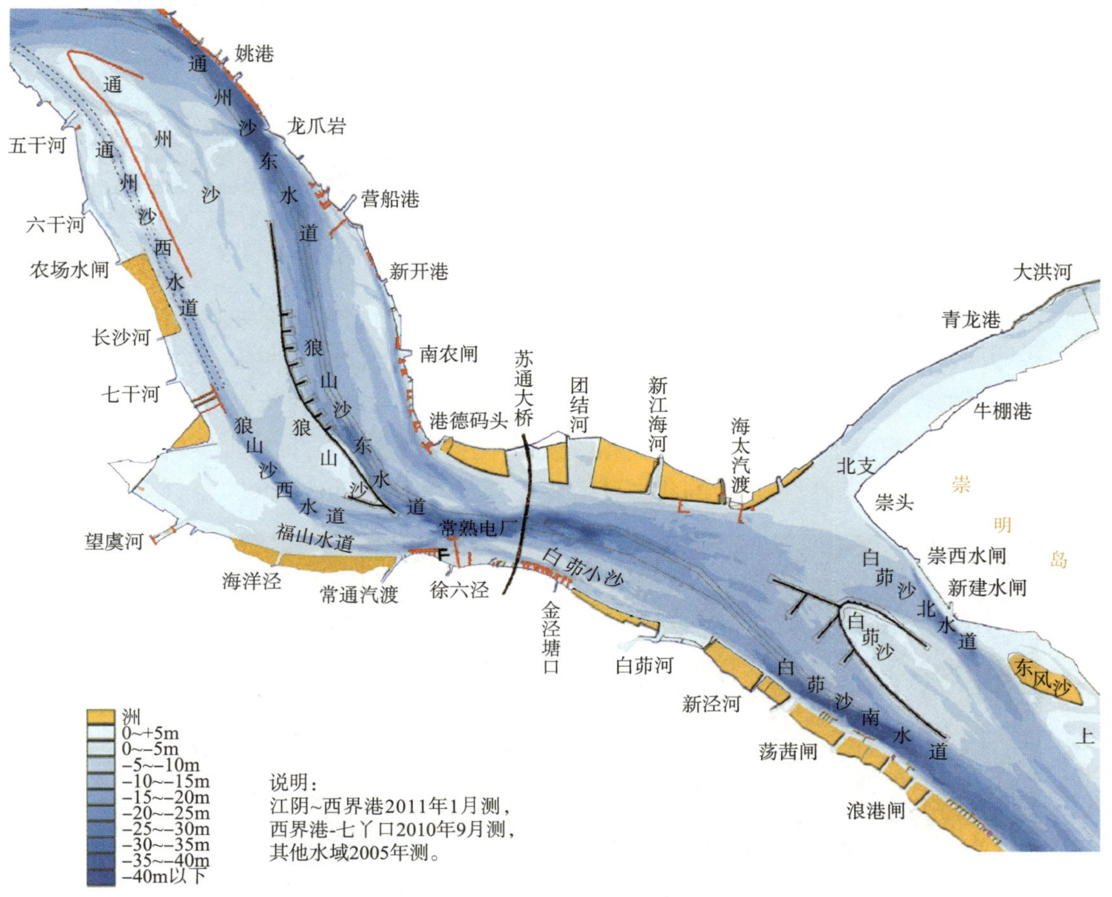

图 4-132　深水航道一期工程河段河势及工程布置

4.8.2.2　工程概况

长江南京以下深水航道一期工程整治建筑物主要由通州沙和白茆沙河段整治建筑物组成，见图 4-132。其中，通州沙河段整治建筑物主要由通州沙潜堤、狼山沙潜堤、狼山沙尾部潜堤以及 8 道短齿坝工程组成；白茆沙河段整治建筑物主要由白茆沙潜堤、白茆沙头部潜堤、南侧 3 道长齿坝以及北侧 3 道护滩堤组成。

4.8.3　G 钩抛投空间特征分析

原型 G 钩单杆长度 60cm，正方形截面边长 6cm，采用改性塑料加工而成，单个质量为 5.6kg，材料密度为 1 900kg/m^3，见图 4-133。钩连体空间特征和消能护滩效果试验研究时，模型钩连体采用钢筋弯制加工而成，见图 4-134，满足几何正态相似，模型几何比尺采用 7.5、15、30 三种，以保证研究成果的可靠性。

图 4-133　原型钩连体

图 4-134　模型钩连体

4.8.3.1　空间几何特性

在一定面积上进行钩体抛投试验，通过测量每一层的数量和高度来观察钩连体的空间堆积特征。通过系列试验发现，钩连体在不断抛投堆叠的过程中，钩体的姿态和相互钩连的模式会随着抛投高度的增大而发生一定变化。其中，第一层与其他层数的钩连模式存在较大差异，第二层以上各层次钩连模式相一致，并且在数量和上升高度的变化趋势也逐渐趋于稳定。钩连体不同抛投层数的状态见图 4-135，具体描述如下：

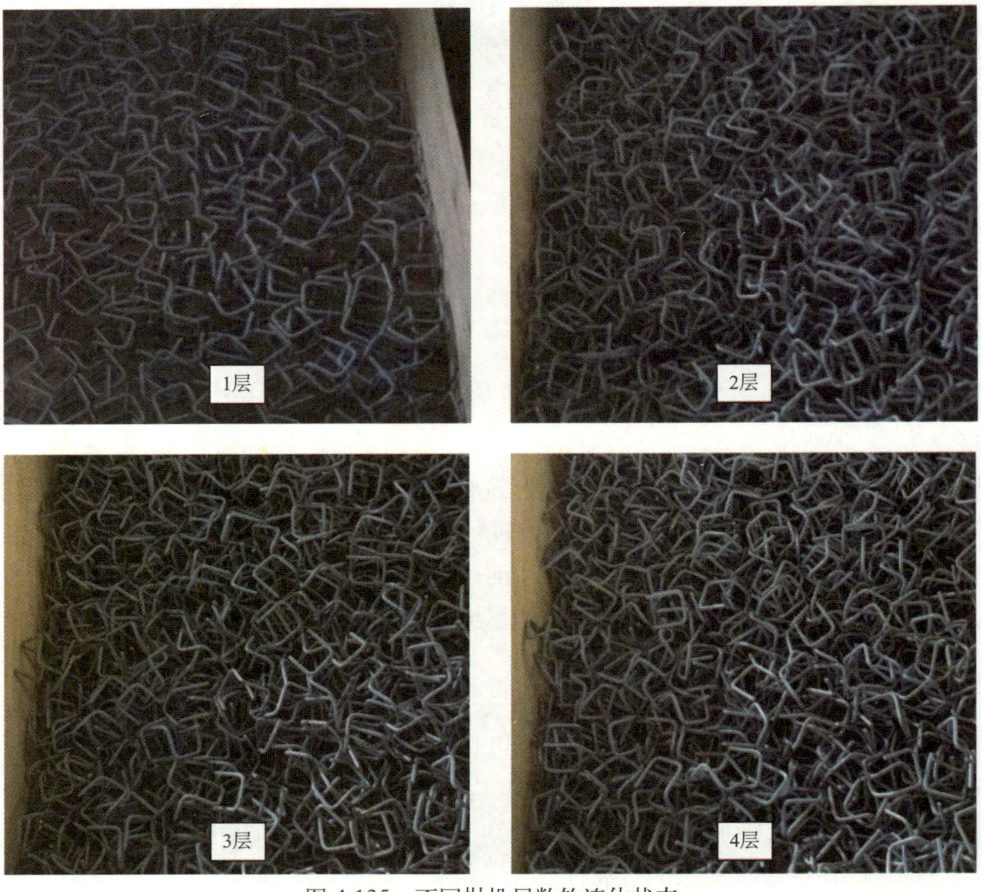

图 4-135　不同抛投层数钩连体状态

第一层（底层）：钩体平落于地面，相互之间错位钩连。由于第一层直接抛投在平地上，钩体主要呈任一平面平落于地面上的姿态，钩体基本与地面贴合，不同钩体之间相互错位钩连，杆件之间存在部分搭接，第一层的高度略微高于单个钩体的高度，约为其 1.1 倍。

第二层：倾斜嵌入底层框架，初步形成随机分布的空间格局。由于第一层钩体之间存在间隙空间，第二层钩体抛投后任一平面不平行于地面，而是以一定的角度呈倾斜状态嵌入底层框架内，使得第二层的堆叠姿态和钩连间隙的选择较底层更大，因此在抛投数量上略大于底层数量，高度上也骤升为单个钩体高度的 2 倍左右。钩连体的第二层是衔接底层和以上各层的过渡层，在第二层的空间内钩体姿态得以调整，基本形成了较为随机分布的空间钩连格局，为第三层及其以上各层奠定格局基础。

第三层及以上：钩体以多种姿态存在并相互钩连。由于第二层形成了姿态较为随机的空间结构，第三层及以上各层抛投的钩体存在姿态的自由度较高，与下层钩体交错并重叠有一定高度，与同层钩体之间也是相互钩连交错。由于与下层钩体在高度上有一部分重叠，每层的上升高度有所减小，基本稳定在 0.3 倍的钩体高度，并且每层的数量也逐渐趋于稳定，单层数量约为底层数量的一半。

4.8.3.2　孔隙率特性

图 4-136 给出了实测数量和孔隙率的关系。可见，钩连体的孔隙率随着层数的变化而变化：层数较小时，孔隙率较大，随着层数的增加，孔隙率逐渐减小，当层数增大到一定值后，孔隙率趋于稳定。抛投 1 层、3 层、5 层、7 层的平均孔隙率依次为 94.4%、93.4%、92.9% 及 92.7%。随着层数的增多，钩连体抛投的底层结构对其整个空间结构的影响逐渐减小，钩连体结构趋于均匀稳定，孔隙率随数量的变化也逐渐变缓并趋稳定。

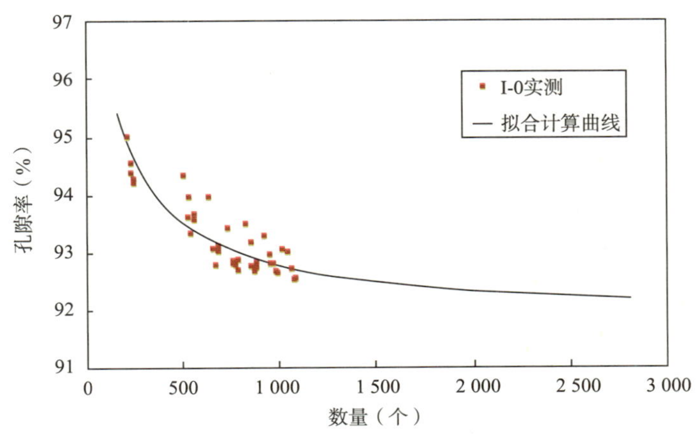

图 4-136　钩连体孔隙率与数量关系

4.8.4　G 钩消能护滩机理试验研究

4.8.4.1　试验水槽及水流条件

试验水槽长 40m、宽 1.57m，采用水泥砂浆抹面，水槽底坡为 0.7‰。采用恒定流试验方法，上游流量采用量水堰控制，下游水位采用推拉式尾门控制。模型设计主要满足几何相似、重力相似、水流运动相似、泥沙起动相似、沉降相似等要求。钩连体抛投区设置在水槽中间段，见图 4-137。流速采用三维小威龙流速仪测量，水位采用固定测针测量。试验水流条件根据工程河段代表动力条件分析确定，见表 4-32。

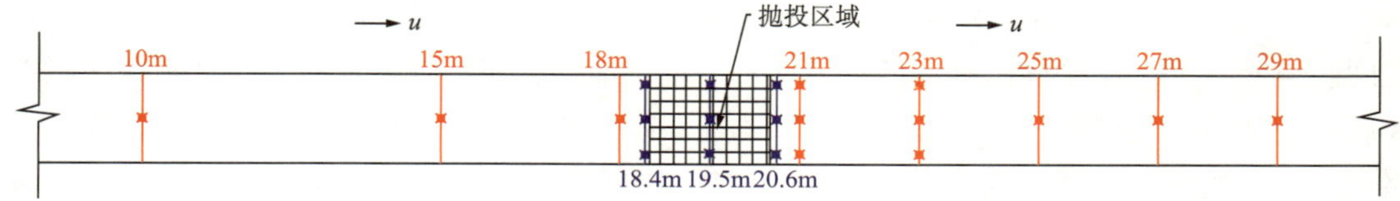

图 4-137 测量断面及测量垂线布置

试验水流条件 表 4-32

原型条件	比尺	试验水深 (m)	试验流速 (m/s)	弗汝德数 F_r	雷诺数 Re ($\times 10^3$)
水深 2.6m，流速 1.0m/s	7.5	0.34	0.37	0.20	86.6
	15	0.17	0.26	0.20	36.1
水深 5m，流速 1.8m/s	15	0.33	0.46	0.25	108.7
	30	0.17	0.33	0.25	45.2
水深 8m，流速 2.5m/s	30	0.27	0.46	0.28	90.9
水深 10m，流速 3.0m/s	30	0.33	0.55	0.30	128.2

4.8.4.2 消能减速特性研究

（1）抛投长度和层数的影响

钩连体作为一种透水结构，抛投长度和抛投高度是影响其消能防冲作用的关键因素。试验成果表明：

①水流沿纵向在钩连体透空结构内逐渐减速。

随着抛投长度的增加，抛投区及其尾部的减速效果呈增强趋势，表明水流在行进到钩连体区域后，流速没有立刻消减至很小，而是通过钩连体的透水结构，在钩连体内部沿着纵向方向在一定的透空空间里有一个逐步减速的过程。当长度达到 2m 及以上时，钩连体内部和尾部流速均已降到 0.1m/s 以内，减速率达到 70%～90%，如图 4-138 所示。因此，在实际工程应用中，钩连体抛投区应具有一定长度，以取得较好的防冲促淤效果。

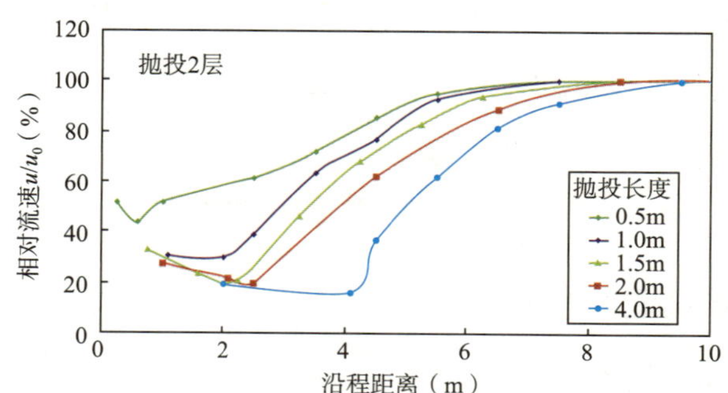

图 4-138 不同抛投长度沿程流速变化

注：u_0 为无抛投时的流速，距离起算位置为抛投区头部位置。

②随着抛投层数的增大，减速效果有所增强。

抛投长度一定时，随着抛投层数的增大，抛投区减速效果有所增强，但减速效果增强的幅度有限。抛投长度为4m时，抛投1层的底层流速减速率约为60%，抛投2层减速率为80%，抛投4层减速率为84%。可见，抛投1层时减速率较小，2层以上减速效果较好，且抛投层数达到2层以上后，随着层数增长减速效果的变化幅度也较小，因此在工程实际应用中，抛投2层或以上时能够保证较大的减速率。

（2）抛投宽度的影响

通过对钩连体断面满抛和单侧抛投的水流试验，研究抛投宽度对水流特征的影响。

①满抛条件下水流特性研究。

A. 流速垂线分布。

无钩连体时，水流分布呈J型，符合半对数关系式。钩连体抛投后，工程区钩连体内、外部水流结构以及工程区下游水流条件有所变化，抛投前后工程区（工程区中心线）及其下游附近（工程区尾部下游10cm）位置处的流速垂线分布见图4-139，纵向流速紊动强度的垂线分布见图4-140。

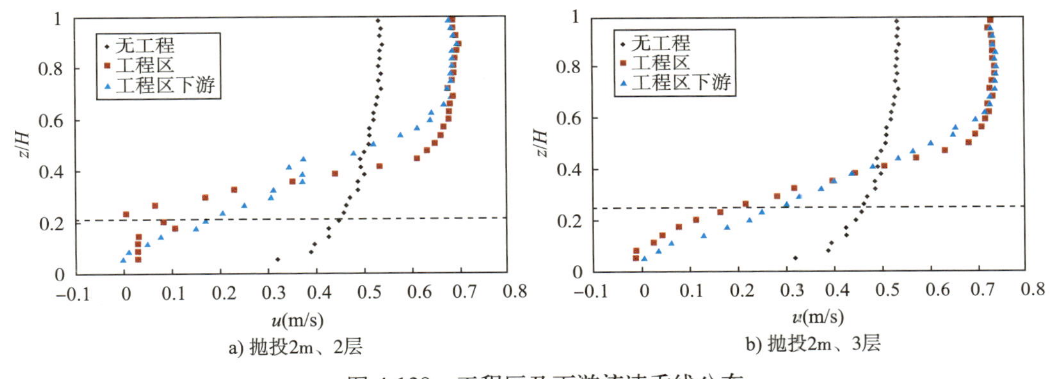

图4-139 工程区及下游流速垂线分布

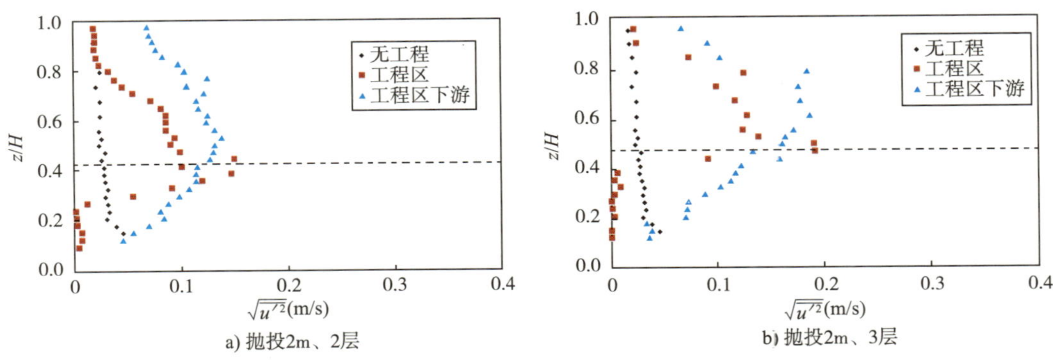

图4-140 工程区及下游纵向流速紊动强度垂线分布

与无工程相比，表层流速增大，底层流速骤减，流速沿垂线变化较剧烈。在钩连体作用下，流速在垂线分布上的调整使得流速不再遵循对数分布，从床面向水面，依次可以分为钩连体层、流速急速增大的过渡层、基本符合对数分布的表层三个区域。钩连体与上层水体的交界面上下一定范围内紊动强度明显增强，远离交界面的表层紊动强度基本不变，接近床面的钩连体内部紊动强度略小于无工程的情况。钩连体顶层以上为流速急速增大的过渡层，也是紊动强度最大的区域。

B. 沿程流速变化。

钩连体的沿程影响方面，由于钩连体对水流有一定的干扰作用，可以影响到下游相当一段距离，这种影响表现在流速场的空间结构变化上，其影响范围的长度与钩连体自身参数、铺设长度等有关。水流结构在工程区及工程区下游变化较大，随着距离工程区越来越远，水流流速和垂线分布逐步恢复，表底层沿程流速变化见图 4-141。

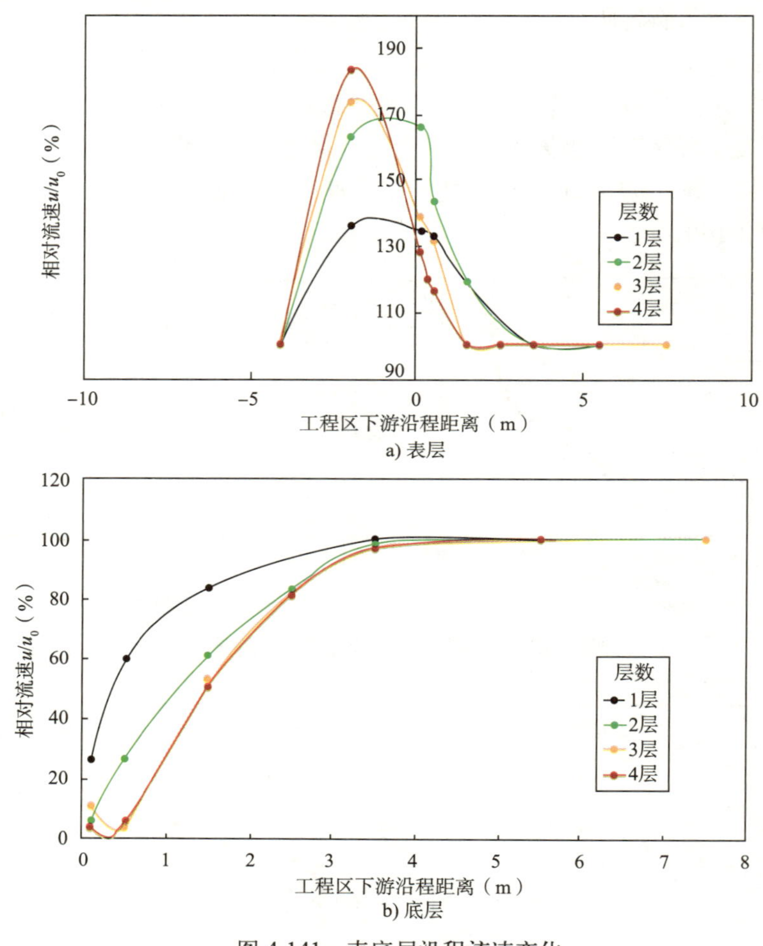

图 4-141　表底层沿程流速变化

②部分抛条件下水流特性研究。

在水槽中进行了抛投宽度为 0.2B（B 为断面宽）的水流试验。在钩连体的阻水作用下，工程区流量减少，水流偏向主流区，引起横向和纵向流速的变化。单侧抛投对水流的影响主要表现为：

A. 距离钩连体工程区越近，流速变幅越大，且底层流速变幅大于表层流速。

抛投钩连体后，垂线平均流速、纵向流速、横向流速变化如图 4-142、图 4-143 所示。

在近钩连体边缘，工程区的底层纵向流速降低明显，约减小为无工程时的80%，且离工程区越远，纵向流速变化的幅度越小。横向流速具有相同的性质，距离工程区越近，横向流速变幅越大。

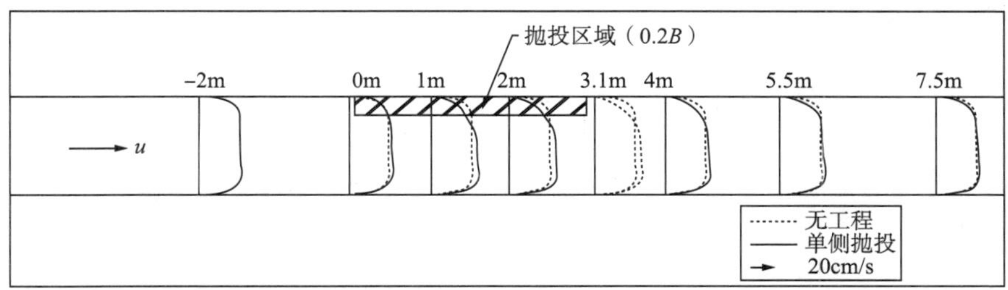

图 4-142　沿程断面流速分布

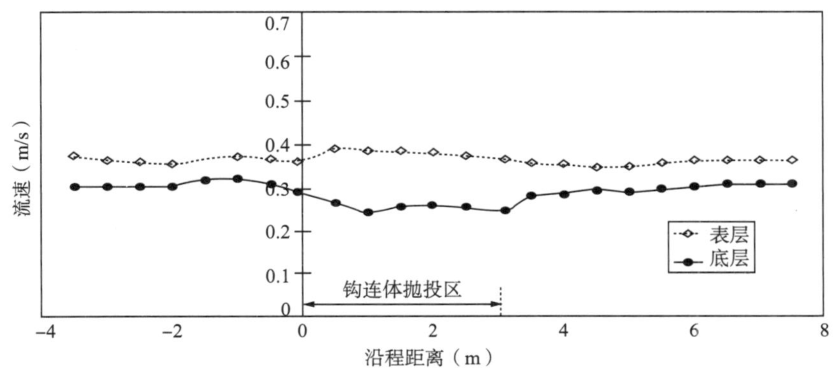

图 4-143　沿程表底层流速变化

B. 钩连体抛投区边缘附近紊动强度较大。

试验结果表明，最大紊动强度出现在钩连体的边缘地带，其中纵向流速紊动强度约为横向流速紊动强度的2倍，见图4-144。

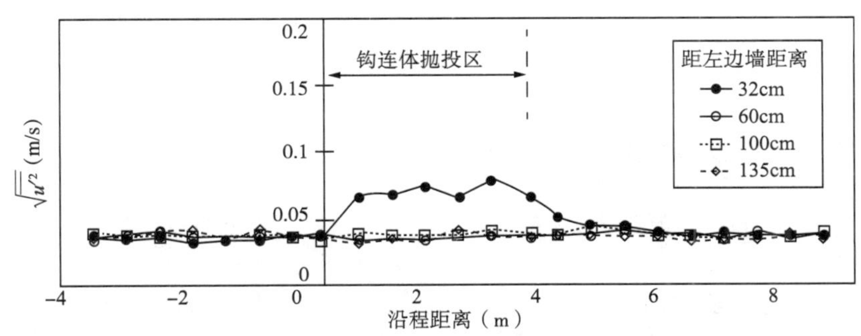

图 4-144　沿程纵向流速紊动强度变化

4.8.4.3　防冲促淤特性研究

清水冲刷条件下，在无钩连体抛投的区域普遍冲刷，而有钩连体作用的区域整体上防冲效果良好，除钩连体边缘处有一定冲刷外，钩连体内部普遍淤积，见图4-145。其主要特征有：

（1）整个钩连体内部以淤积为主。在头部一定距离处（距头部边缘约 20cm）泥沙淤积至顶部形成最大淤高，向下游淤厚有所减小。整体而言，水动力越强，非抛投保护区的冲刷深度越大，而抛投区内部由于流速和紊动的减弱，落淤也更迅速。

a）

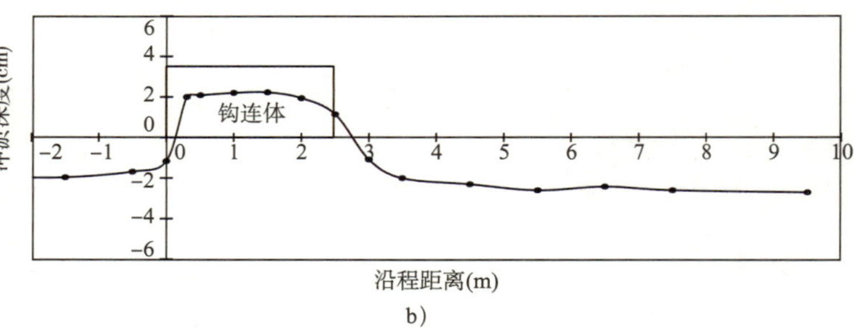

b）

图 4-145　清水冲刷试验照片及河床纵向冲淤

（2）钩连体边缘处为冲淤分界线。头部外缘局部冲刷，尤其以头部左右两侧拐角处冲深较大。受钩连体的阻挡作用，水流在绕过头部两侧的拐角处时，水流出现分离现象并淘刷床面，形成头部外缘的冲刷坑。冲刷深度随流速增大而有所增大。试验中，贴近左右边缘的钩连体内部淤积较小，至边缘处局部有冲刷，形成一个坡度很陡的台阶形式，钩连体边缘外部冲刷深度稍大于无钩连体区域。这是由于钩连体与主流区的交界处，边缘内外的紊动强度不同，而导致左右边缘成为冲淤分界线。

（3）钩连体尾部形成楔形淤积体，并减轻尾部一定范围内的冲刷强度。钩连体尾部流速仍然较低，但紊动强度增大，因此掩护区内的防冲护滩效果较钩连体内部明显削弱。紧贴尾部下游侧形成一个楔形淤积体，该淤积体尾部高度最大，向下游快速减小。

4.8.4.4　水下稳定性研究

水下稳定性试验模型设计遵照《波浪模型试验规程》（JTJ/T 234—2001）相关规定，采用正态模型，按照 Froude 数相似律设计，模型几何比尺取为 10。在保证外观形状相似的条件下，以水下质量相似为控制准则，适度减小模型材料密度，增加模型截面壁厚进行设计。稳定性试验时模型钩连体采用塑料材料进行制作，按几何比尺缩小，满足水下质量相似，见图 4-146。

a）

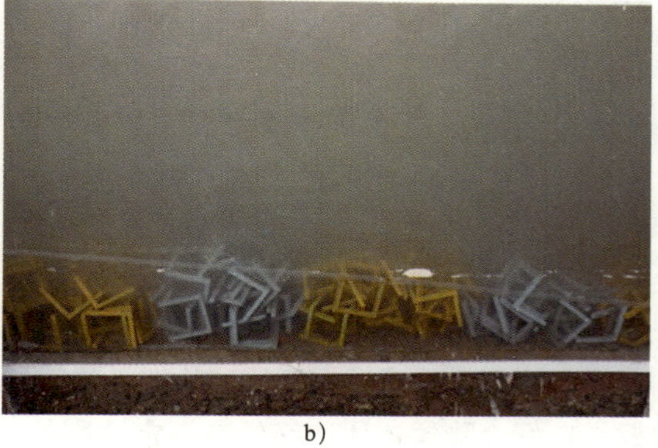

b）

图 4-146　钩连体稳定性试验

稳定性试验研究表明，波流作用下现有钩连体（水下质量 2.7kg）抛投后失稳临界条件为水流流速约 1.0m/s、波高约 0.7m，破坏过程表现为波浪作用引起抛投区头部掀起、水流作用使钩连体发生翻卷并被带走。钩连体加重优化试验表明，加重后钩连体（水下质量 11.9kg）能够在波高 2.8m、流速 1.6m/s 的条件下保持稳定性。可见，钩连体加重或减小杆件截面面积可有效提升钩连体水下稳定性。

4.8.5 工程现场应用情况

依据模型试验研究成果，G 钩现场抛投区选取在白茆沙北潜堤中部内侧滩面附近，见图 4-147。抛投区长约 200m、宽约 45m，抛投 2 层。G 钩抛投经过一个水文年后，现场监测表明：G 钩相互钩连、整体性很好，抛投区发生了普遍淤积，平均淤高约 0.48m，见图 4-148 和图 4-149。模型试验结果与现场监测结果总体一致，实现了保滩促淤的工程实施目标。

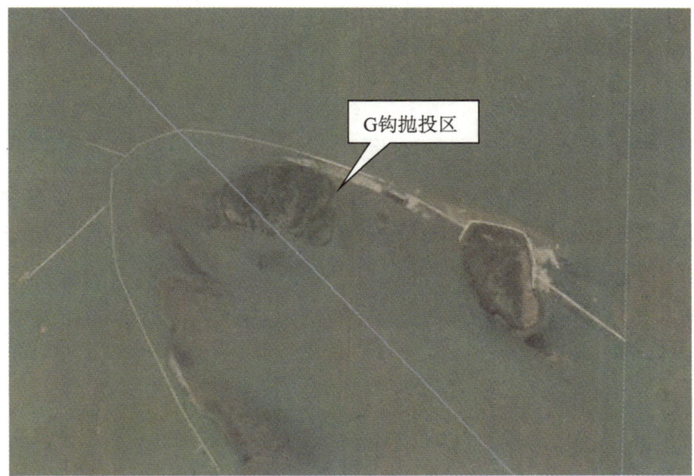

图 4-147　G 钩现场应用抛投区

图 4-148　G 钩现场抛投区淤积情况

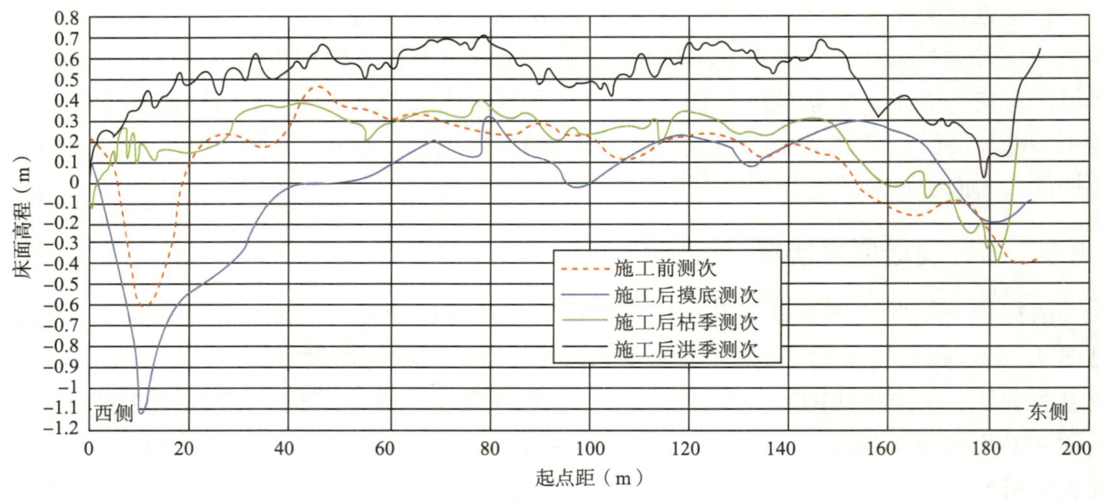

图 4-149　抛投区滩面中部地形变化

4.8.6　小结

针对传统消能护滩透水框架存在的不足，长江南京以下深水航道一期工程研究中提出了新型消能护滩钩连体结构（以下简称 G 钩），通过室内试验，研究了 G 钩抛投空间层数、高度、孔隙率等几何特性，揭示了其消能减速和防冲促淤机理及水下稳定性。现场应用实践表明，G 钩相互钩连、整体性很好，模型试验结果与现场监测结果总体一致，实现了保滩促淤的预期工程目标。研究成果将有助于推动水运工程消能护滩结构的研究发展。

4.9　长江南京以下深水航道工程新型堤身构件水流力试验

4.9.1　前言

水流力是水中建筑物结构设计中必须考虑的主要荷载之一，对其计算的准确与否，将直接影响建筑物的经济性、合理性和可靠性。对于该问题，从 20 世纪 50 年代开始，国内外学者已经开始了大量的研究，并取得了许多有价值的成果。对桩（墩）柱绕流阻力特性的研究，是从理想流体的圆柱绕流过渡到实际流体的圆柱绕流，从常见截面形状的柱体过渡到特殊不规则截面形状的柱体，由直桩到斜桩、单桩到多桩然后到群桩，从规则布置的群桩到不规则布置的群桩等。

长江南京以下深水航道建设一期工程（太仓～南通段）研究中提出了新型堤身齿形构件断面，见图 4-150，构件摆放于抛石基床上，两侧抛石护肩可提高结构稳定性。目前对于该新型构件水流力的变化特性尚不清楚，因此有必要对新型堤身构件水流力问题进行探索研究，为工程设计优化提供关键技术支撑。新型堤身构件开发研究工作由中交第一航务工程勘察设计院有限公司牵头，南京水利科学研究院配合进行新型构件试验研究工作。

混凝土联锁块软体排
1 : 3
-6.0
2 000
100～200kg护脚块石
800
5 000
1 : 2
200～300kg护脚堤石
1 : 1
砂肋软体排Φ300@1 000
浪山沙侧
5 000
3.5
2 000
(0.47)
0.0
潜堤轴线
5 500
2 000
1 500
2 000
1 000
1 000
堤心石1～100kg
-6.3
-10.14
-15.94
淤泥质粉质黏土
粉细砂
3.5m高齿形混凝土块体
水道侧
极端高水位 4.71
设计高水位 2.67
设计低水位 -0.69
极端低水位 -1.59
-6.95
混凝土联锁块软体排

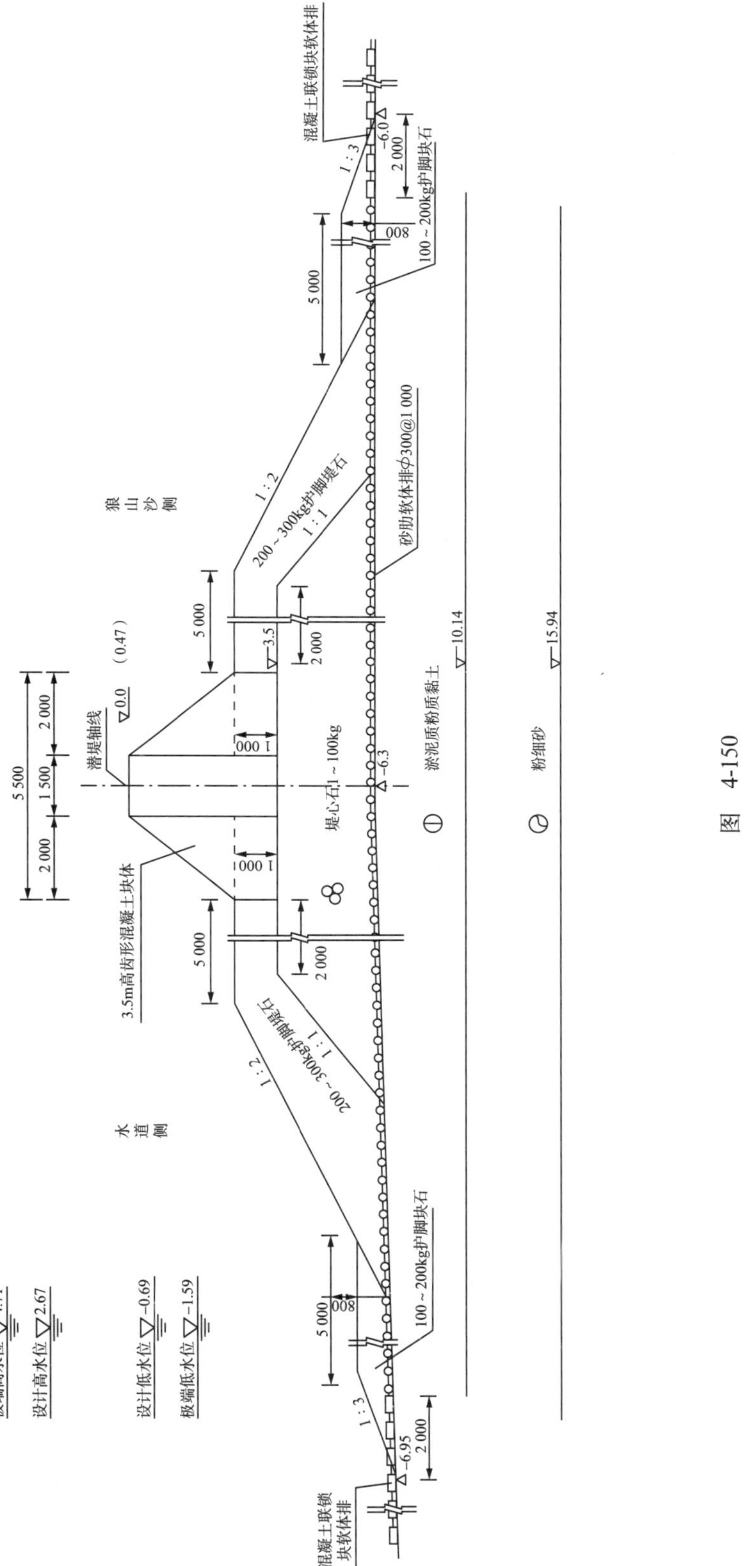

图 4-150

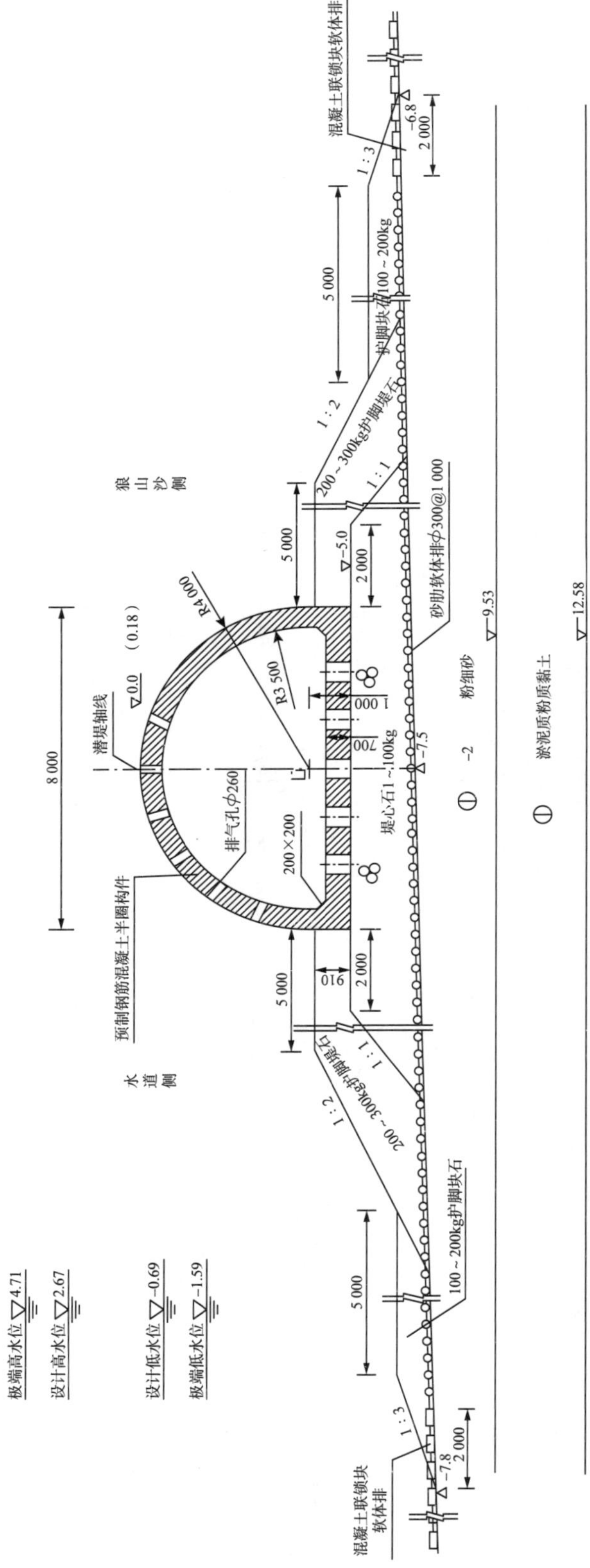

图 4-150　新型堤身构件断面（尺寸单位：mm，高程单位：m）

4.9.2　试验设备

根据齿形及半圆体新型构件基础结构尺寸、水深、波浪、水流等因素，试验在南京水利科学研究院铁心桥试验基地的长波浪水槽中进行，该水槽可同时产生波浪、水流和风。水槽长 175m、宽 1.2m、深 1.8m。水槽的一端配有消浪缓坡，另一端配有南京水利科学研究院生产的推板式不规则波造波机，由计算机自动控制产生所要求模拟的波浪要素。该造波系统可根据需要产生规则波和不同谱型的不规则波。

波浪要素采用电阻式波高仪测量，由计算机自动采集和处理。水流流速测量采用三维流速仪。波浪力采用南京水利科学研究院研制的总力传感器测量系统（图 4-151），并通过该所研制的数据采集系统，利用计算机对所有数据进行处理和统计。压强采用压强监测系统（图 4-152）等进行测量。

a）

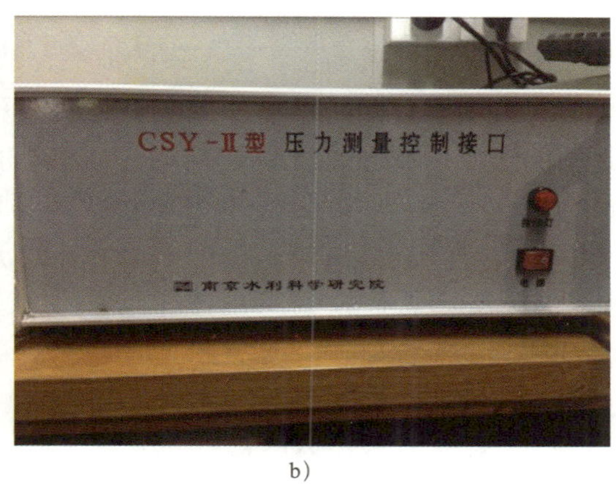

b）

图 4-151　总力传感器测量系统

a）

b）

图 4-152　压强监测系统

对不同试验条件的组合，采用总力传感器测量建筑物在波流共同作用下所受的水平力等，波浪力数据由计算机自动采集，测量结果采用计算机程序分析处理。进行总力测量时，保证被测量的新型构件结构不与地面及相邻构件接触，保证结构在波浪作用下除和总力传感器接触外不受其他外力作用。总力传感器可用铁架和金属螺杆固定。总力传感器采样频率可达 125Hz，满足波流条件下模型量测需要。

4.9.3 模型设计和试验方法

4.9.3.1 模型比尺

试验遵照《波浪模型试验规程》（JTJ/T 234—2001）相关规定，采用正态模型，按照 Froude 数相似律设计。模型几何比尺取为 30。

4.9.3.2 新型构件模拟

模型中新型构件结构均按 30 的几何比尺缩小制作，模型与原型保持几何和质量相似。各部分结构均按刚性结构进行模拟。

4.9.3.3 波浪水流模拟

试验以规则波为主。模型中的波高、波周期等物理量按重力相似准则确定，将按模型比尺换算后的特征波要素输入计算机。每组试验规则波波数大于 20 个，不规则波波数大于 120 个，每组试验重复 3 次。模型试验中波高和周期模拟值与设计值的误差控制在 ±2% 以内。模型中的流速也按重力相似准则确定。

试验时，先在波流水槽中模拟设计水流，再在有水流的基础上模拟给定的波要素，最后安放新型构件模型，进行波浪水流力试验。新型构件波流力试验模型布置如图 4-153 所示。

a)

b)

图 4-153 新型构件波流力试验模型布置

4.9.4 试验成果分析

齿形结构在不同波浪要素、水流要素组合条件下，受单纯水流作用、单纯波浪作用和波浪水流共同作用的试验测量结果如表 4-33 所示。从表 4-33 中可以得出：齿形结构在波流共同作用下的波流力值约为波浪力和水流力线性叠加后的 1.01～1.07 倍，平均值约为 1.048。在实际应用中，波流力可由波浪力与水流力线性相加后再乘以系数 1.05 计算。需要特别说明的是，波浪力试验的波长与波流共同作用时的波长相等。

半圆形结构在不同波浪要素、水流要素组合条件下，受单纯水流作用、单纯波浪作用和波浪水流共同作用的试验测量结果如表 4-34 所示。从表 4-34 中可以看出：半圆形结构在波流共同作用下的波流力值约为波浪力和水流力线性叠加后的1.02～1.08倍，平均值约为1.052。在实际应用中，波流力同样可由波浪力与水流力线性相加后再乘以系数1.05得到。

齿形构件不同波浪要素、水流要素组合条件下试验结果 表4-33

波高(m)	流速(m/s)	波浪力（kN/m）①	水流力（kN/m）②	波流力（kN/m）③	系数 ③/（①+②）
1.5	0.82	31.0	43.5	79.8	1.07
2.1		41.1		89.9	1.06
2.7		52.4		102.5	1.07
3.3		66.0		114.8	1.05
1.5	0.55	30.6	20.5	54.3	1.06
2.1		39.8		64.6	1.07
2.7		50.5		75.9	1.07
3.3		64.7		88.7	1.04
1.5	0.27	30.0	7.2	37.9	1.02
2.1		40.6		48.8	1.02
2.7		50.8		59.9	1.03
3.3		66.1		74.2	1.01
平均值					1.048

半圆形构件不同波浪要素、水流要素组合条件下试验结果 表4-34

波高(m)	流速(m/s)	波浪力（kN/m）①	水流力（kN/m）②	波流力（kN/m）③	系数 ③/（①+②）
1.5	0.82	39.6	32.5	77.9	1.08
2.1		56.2		94.0	1.06
2.7		68.4		108.0	1.07
3.3		85.8		123.0	1.04
1.5	0.55	39.1	16.6	58.5	1.05
2.1		56.0		77.0	1.06
2.7		67.9		91.3	1.08
3.3		84.6		107.3	1.06
1.5	0.27	38.6	6.5	47.4	1.05
2.1		55.9		64.9	1.04
2.7		68.2		76.2	1.02
3.3		85.5		93.8	1.02
平均值					1.052

综上所述，波流共同作用下新型构件所受水流作用的力可以由波浪力和水流力线性叠加之后再乘上一个系数即可。齿形结构在波流共同作用下的波流力为波浪力和水流力线性叠加之和的 1.048 倍；半圆体结构在波流共同作用下的波流力为波浪力和水流力线性叠加之和的 1.052 倍。

4.9.5 小结

本章主要对波流共同作用下，齿形构件和半圆体构件波流力的计算方法进行了试验研究。通过采用物理模型试验，研究了齿形构件、半圆体构件在不同波高和不同流速下所受的波浪力和水流力。试验结果表明，波流共同作用下两种新型构件的波流力可以由波浪力和水流力线性叠加之后乘以一个扩大系数计算。齿形构件其扩大系数为 1.048，半圆体构件其扩大系数为 1.052。

5　河口海岸数学模型应用实例分析

5.1　长江感潮河段大通至长江口一维水沙数学模型研究

长江河口段受上游径流、外海潮汐的共同作用，在物理模型动床控制边界的选取过程中，由于模型的水流时间比尺与河床冲淤时间比尺不一致，存在时间变态的问题。下游边界条件的选取中，一个潮周期时间的控制以水流时间比尺为基准，而全年潮周期数量的控制则以河床冲淤比尺为准。为此长江下游典型边界控制条件的选取，需考虑不同频率潮差、平均潮位以及涨落潮历时等相关因素。在此基础上，建立长江感潮河段大通至长江口一维水沙数学模型来进行边界条件选取的计算分析。

5.1.1　基本控制方程

5.1.1.1　水流运动基本方程

（1）水流连续方程

$$\frac{\partial A}{\partial t}+\frac{\partial Q}{\partial x}-q=0 \tag{5-1}$$

（2）水流运动方程

$$\frac{\partial Q}{\partial t}+2u\frac{\partial Q}{\partial x}+(gA-Bu^2)\frac{\partial Z}{\partial x}-u^2\frac{\partial A}{\partial x}+g\frac{n^2|u|Q}{R^{\frac{4}{3}}}=0 \tag{5-2}$$

上两式中：t——时间坐标；

x——空间坐标；

Q——流量；

Z——水位；

u——断面平均流速；

n——糙率；

A——过流断面面积；

B——主流断面宽度；

R——水力半径；

q——旁侧入流流量。

5.1.1.2　泥沙输移基本方程

（1）悬移质不平衡输沙方程

$$\frac{\partial(AS)}{\partial t}+\frac{\partial(QS)}{\partial x}=-\alpha B\omega(S-S_*) \tag{5-3}$$

（2）推移质不平衡输沙方程

$$\frac{\partial(AN_{\rm b})}{\partial t}+\frac{\partial(QN_{\rm b})}{\partial x}=-\beta B\omega(N_{\rm b}-N_{\rm b*}) \tag{5-4}$$

上两式中：Q——流量；

A——过流断面面积；

B——主流断面宽度；

S、S_*——分别为断面平均含沙量及挟沙能力；

$N_{\rm b}$、$N_{\rm b*}$——分别为水深范围内平均推移质输沙率和推移质输沙能力；

ω——沉速；

α、β——泥沙恢复饱和系数。

5.1.1.3　河床冲淤变形方程

（1）悬移质引起的河床变形方程

$$\gamma'\frac{\partial A_{\rm ds}}{\partial t}=\alpha B\omega(S-S_*) \tag{5-5}$$

（2）推移质引起的河床变形

$$\gamma'\frac{\partial A_{\rm bs}}{\partial t}=\beta B\omega(N_{\rm b}-N_{\rm b*}) \tag{5-6}$$

上两式中：γ'——淤积物干重度；

$A_{\rm ds}$——悬移质引起冲淤变化面积；

$A_{\rm bs}$——推移质引起冲淤变化面积。

5.1.2　方程的离散求解

鉴于大通到长江口长度较长、分汊较多，为此选用三级联合解法。三级联合解法基本思路可概括为“单一河道—连接节点—单一河道”，即先将单一河道分成若干计算断面，在计算断面上对 Saint-Venant 方程进行有限差分运算，得到单一河道方程，即以各断面水位及流量为自变量的差分方程；然后根据节点连接条件辅以边界条件形成封闭的各节点水位方程，求解此方程得到各节点水位，再将各节点水位回代至单一河道方程，最终求得各单一河道各断面水位及流量。其求解的关键是节点处的水位，故本书中称之为“节点水位控制法”。在先解出有关水力要素后，再解泥沙方程，推求河床冲淤变化，如此交替进行。

5.1.2.1　水流运动方程的离散求解

（1）离散的差分格式

为了加大时间步长，节省计算时间，在求解上述方程组中，采用常用的四点线性隐式差分格式。

$$\frac{\partial \xi}{\partial t}=\frac{\xi_i^{n+1}+\xi_{+1i}^{n+1}-\xi_i^n-\xi_{i+1}^n}{2\Delta t} \tag{5-7}$$

$$\frac{\partial \xi}{\partial x}=\frac{\theta(\xi_{+1i}^{n+1}-\xi_i^{n+1})+(1-\theta)(\xi_{i+1}^n-\xi_i^n)}{\Delta x} \tag{5-8}$$

$$\xi=\frac{1}{2}(\xi_i^n+\xi_{i+1}^n)=\xi_{i+\frac{1}{2}}^n \tag{5-9}$$

上述式中：ξ——变量，上标表示时间坐标，下标表示空间坐标；

θ——权重系数（$0\leqslant\theta\leqslant1$），$\theta$=0 时，此格式为显式格式，而当 $\theta\neq0$ 时，此格式具有隐式差分的特征，为使差分方程无条件稳定，必须使 $\theta\geqslant0.5$。

（2）离散化的代数方程组

如图 5-1 所示，单一河道 SE 被 n+1 个断面分成 n 个子河段，变量 Q、Z 等布置在断面上。

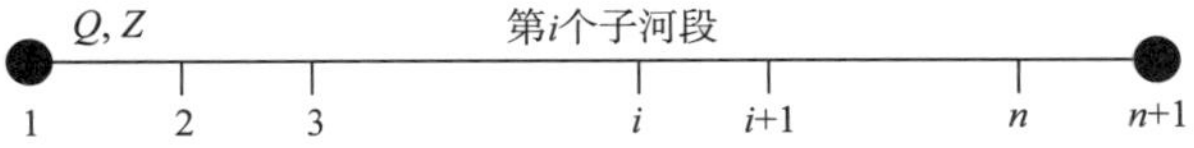

图 5-1 河道概化示意图

采用下式进行阻力项的线性化：

$$g\frac{n^2Q|u|}{R^{\frac{4}{3}}}=\frac{1}{2}g\left[\left(\frac{n^2|u|}{R^{\frac{4}{3}}}\right)_i^n Q_i^{n+1}+\left(\frac{n^2|u|}{R^{\frac{4}{3}}}\right)_{i+1}^n Q_{i+1}^{n+1}\right] \tag{5-10}$$

将式 (5-7)～式 (5-9) 代入式 (5-1) 得差分方程：

$$C_iZ_i^{n+1}+C_iZ_{i+1}^{n+1}-Q_i^{n+1}+Q_{i+1}^{n+1}=D_i \tag{5-11}$$

其中

$$C_i=B_{\mathrm{w}i+\frac{1}{2}}^n\frac{\Delta x}{2\theta\Delta t},\quad B_{\mathrm{w}i+\frac{1}{2}}^n=0.5\left[B_{\mathrm{w}i}^n+B_{\mathrm{w}i+1}^n\right]$$

$$D_i=\frac{1-\theta}{\theta}(Q_i^n-Q_{i+1}^n)+C_i(Z_i^n+Z_{i+1}^n)+q_i\frac{\Delta x}{\theta}$$

同样将式 (5-7)～式 (5-9) 代入式 (5-2) 得差分方程：

$$E_iQ_i^{n+1}+G_iQ_{i+1}^{n+1}-F_iZ_i^{n+1}+F_iZ_{i+1}^{n+1}=H_i \tag{5-12}$$

其中

$$E_i=\frac{\Delta x}{2\theta\Delta t}-2u_{i+\frac{1}{2}}^n+\frac{g\Delta x_i}{2\theta}\left(\frac{n^2|u|}{R^{\frac{4}{3}}}\right)_i^n$$

$$F_i=(gA-Bu^2)_{i+\frac{1}{2}}^n=gA_{i+\frac{1}{2}}^n-B_{i+\frac{1}{2}}^n\cdot u_{i+\frac{1}{2}}^{2n}$$

$$G_i=\frac{\Delta x}{2\theta\Delta t}+2u_{i+\frac{1}{2}}^n+\frac{g\Delta x_i}{2\theta}\left(\frac{n^2|u|}{R^{\frac{4}{3}}}\right)_{i+1}^n$$

$$H_i=\frac{\Delta x_i}{2\theta\Delta t}(Q_i^n+Q_{i+1}^n)+\frac{2(1-\theta)}{\theta}u_{i+\frac{1}{2}}^n(Q_i^n-Q_{i+1}^n)+\frac{1-\theta}{\theta}(gA-Bu^2)_{i+\frac{1}{2}}^n(Z_i^n-Z_{i+1}^n)+\frac{\Delta X_i}{\theta}\left(u^2\frac{\partial A}{\partial x}\right)_{i+\frac{1}{2}}^n$$

其中

$$\left(u^2\frac{\partial A}{\partial x}\right)_{i+\frac{1}{2}}^n=\left(u_{i+\frac{1}{2}}^n\right)^2\frac{A_{i+1}^n-A_i^n}{\Delta x_i}$$

（3）水流节点控制

利用质量守恒条件，即进出某一节点的流量与该节点内水量的增减相平衡，定量表示为：

$$\sum_{i=1}^{m}Q_i=0 \tag{5-13}$$

由能量守恒条件可知，节点水位与汇集于节点的相邻断面水位之间满足能量守恒方程，可近似地表示为：

$$Z_i=Z_j,\quad i=1,2,\cdots,m \tag{5-14}$$

（4）离散方程得求解

取河道中某一河道为研究对象，则可以写出该河道各个计算子河段的线性方程组[式（5-11）、式（5-12）]，对于每条河道来说，其各个计算子河段方程都是前后相连有序的，因此可以将每个计算子河段的方程相继消元，可得用该河段首尾断面变量表示的某一子河段方程，式（5-11）、式（5-12）改写成如下形式：

$$Q_i=a_i+\beta_iZ_i+\gamma_iZ_{n+1}\quad(i=n,\cdots,2,1) \tag{5-15}$$

$$Q_{i+1}=\xi_{i+1}+\zeta_{i+1}Z_{i+1}+\eta_{i+1}Z_i\quad(i=1,2,\cdots,n) \tag{5-16}$$

方程式（5-15）中各系数表示为：

$$a_n=\frac{H_n-G_nD_n}{E_n+G_n},\beta_n=\frac{G_nC_n+F_n}{E_n+G_n},\gamma_n=\frac{G_nC_n-F_n}{E_n+G_n}$$

$$a_i=\frac{Y_1(H_i-G_ia_{i+1})-Y_2(D_i-a_{i+1})}{Y_1E_i+Y_2} \tag{5-17}$$

$$\beta_i=\frac{Y_2C_i+Y_1F_i}{Y_1E_i+Y_2}$$

$$\gamma_i=\frac{\gamma_{i+1}(Y_2-Y_1G_i)}{Y_2+Y_1} \tag{5-18}$$

其中，$Y_1=G_i+\beta_{i+1}$，$Y_2=C_i\beta_{i+1}+F_i$。

方程式（5-16）中各系数为：

$$\xi_2=\frac{E_1D_1+H_1}{E_1+G_1},\zeta_2=-\frac{C_1E_1+F_1}{E_1+G_1},\eta_2=-\frac{C_1E_1-F_1}{E_1+G_1} \tag{5-19}$$

$$\xi_{i+1}=\frac{Y_2(D_i+\xi_i)+Y_1(H_i-E_i\xi_i)}{Y_2+Y_1G_i}$$

$$\zeta_{i+1}=-\frac{Y_2C_i+Y_1F_i}{Y_2+Y_1G_i}$$

$$\eta_{i+1}=\frac{\eta_i(Y_2-Y_1E_i)}{Y_2+Y_1G_i} \tag{5-20}$$

其中，$Y_1=\zeta_i-G_i$，$Y_2=E_i\zeta_i-F_i$。

单一河道首尾断面分别与节点相连，利用式（5-15）、式（5-16）分别得到下列方程：

$$Q_1=a_1+\beta_1 Z_1+\gamma_1 Z_{n+1} \tag{5-21}$$

$$Q_{1+n}=\xi_{n+1}+\zeta_{n+1}Z_{n+1}+\eta_{n+1}Z_1 \tag{5-22}$$

将节点处各支流相应的式（5-21）、式（5-22）代入式（5-13），并将节点各相邻的断面水位统一表示成节点水位，使得节点水位方程组：

$$f_i(z_i,z_{\text{邻}1},z_{\text{邻}2},\cdots,z_{\text{邻}ki})=0 \quad (i=1,2,3,\cdots,M) \tag{5-23}$$

式中：M——节点总数；

k_i——第 i 个节点相邻河道数。

5.1.2.2 泥沙输移方程的离散求解

（1）方程的离散

河道概化示意图见图 5-2，在不考虑侧向入流的条件下，利用水流连续方程将式（5-3）代换为：

$$A\frac{\partial S}{\partial t}+Q\frac{\partial S}{\partial x}=-\alpha B\omega(S-S_*) \tag{5-24}$$

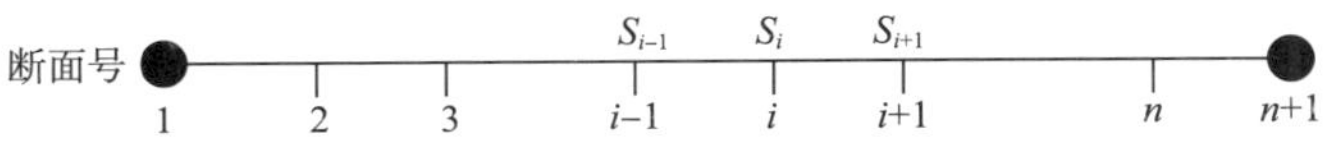

断面号 1 2 3 $i-1$ i $i+1$ n $n+1$；S_{i-1} S_i S_{i+1}

图 5-2 河道概化示意图

顺流时（从 i 流向 $i+1$）有：

$$A\ \frac{\partial S}{\partial t}=\overline{A}_{i-\frac{1}{2}}\frac{S_i^{n+1}+S_{i-1}^{n+1}-S_i^n-S_{i-1}^n}{2\Delta t}$$

$$Q\ \frac{\partial S}{\partial X}=Q_{i-\frac{1}{2}}\frac{(S_i^{n+1}-S_{i-1}^{n+1})+(1-\theta)(S_i^n-S_{i-1}^n)}{\Delta x_{i-1}}$$

$$-\alpha B\omega(S-S_*)=-\frac{1}{2}\alpha_i^{n+1}B_i^{n+1}\omega_i^{n+1}(S_i^{n+1}-S_{*i}^{n+1})-\frac{1}{2}\alpha_{i=1}^{n+1}B_{i-1}^{n+1}\omega_{i-1}^{n+1}(S_{i-1}^{n+1}-S_{*i-1}^{n+1})$$

其中

$$\overline{A}_{i-\frac{1}{2}}=\frac{1}{2}\left(A_i^{n+1}+A_{i-1}^{n+1}\right)$$

$$\overline{Q}_{i-\frac{1}{2}}=\frac{1}{2}\left(Q_i^{n+1}+Q_{i-1}^{n+1}\right)$$

则顺流时离散方程为：

$$\alpha\alpha_i S_{i-1}^{n+1}+\beta\beta_i S_i^{n+1}=DD_i \tag{5-25}$$

其中

$$\alpha\alpha_i=\frac{\overline{A}_{i-\frac{1}{2}}}{2\Delta t}-\frac{Q_{i-\frac{1}{2}}\theta}{\Delta x_{i-1}}+\frac{1}{2}\alpha_{i-1}^{n+1}B_{i-1}^{n+1}\omega_{i-1}^{n+1} \tag{5-26}$$

$$\beta\beta_i = \frac{\overline{A}_{i-\frac{1}{2}}}{2\Delta t} - \frac{Q_{i-\frac{1}{2}}\theta}{\Delta x_i} + \frac{1}{2}\alpha_i^{n+1} B_i^{n+1} \omega_i^{n+1} \tag{5-27}$$

$$DD_i = \frac{\overline{A}_{i-\frac{1}{2}}}{2\Delta t} - (S_i^n + S_{i-1}^n)\frac{Q_{i-\frac{1}{2}}(1-\theta)}{\Delta x_{i-1}} + (S_i^n + S_{i-1}^n) + \frac{1}{2}\alpha_{i=1}^{n+1} B_{i-1}^{n+1} \omega_{i-1}^{n+1} S_{*i-1}^{n+1} + \frac{1}{2}\alpha_{i=1}^{n+1} B_{i-1}^{n+1} \omega_{i-1}^{n+1} S_{*i-1}^{n+1} \tag{5-28}$$

式（5-26）至式（5-28）中 $\alpha\alpha_i$、$\beta\beta_i$、DD_i 是系数，ω 是沉速。

逆流时（从 i+1 流向 i）有：

$$A\frac{\partial S}{\partial t} = \overline{A}_{i+\frac{1}{2}} \frac{S_i^{n+1} + S_{i-1}^{n+1} - S_i^n - S_{i-1}^n}{2\Delta t} \tag{5-29}$$

$$Q\frac{\partial S}{\partial X} \equiv \overline{Q}_{i+\frac{1}{2}} \frac{\theta(S_{i+1}^{n+1} - S_i^{n+1}) + (1-\theta)(S_{i+1}^n - S_i^n)}{\Delta x_1} \tag{5-30}$$

$$-\alpha B\omega(S - S_*) = -\frac{1}{2}\alpha_i^{n+1} B_i^{n+1} \omega_i^{n+1} (S_i^{n+1} - S_{*i}^{n+1}) - \frac{1}{2}\alpha_{i+1}^{n+1} B_{i+1}^{n+1} \omega_{i+1}^{n+1} (S_{i+1}^{n+1} - S_{*i+1}^{n+1}) \tag{5-31}$$

其中

$$\overline{A}_{i+\frac{1}{2}} = \frac{1}{2}(A_i^{n+1} + A_{i+1}^{n+1}) \tag{5-32}$$

$$Q_{i+\frac{1}{2}} = \frac{1}{2}(Q_i^{n+1} + Q_{i+1}^{n+1}) \tag{5-33}$$

则逆流时离散方程为：

$$\beta\beta_i S_i^{n+1} + rr_i S_{i+1}^{n+1} = DD_i \tag{5-34}$$

其中

$$\beta\beta_i = \frac{\overline{A}_{i+\frac{1}{2}}}{2\Delta t} - \frac{Q_{i+\frac{1}{2}}(1-\theta)}{\Delta x_i} + \frac{1}{2}\alpha_i^{n+1} + B_{i-1}^{n+1}\ \omega_i^{n+1} \tag{5-35}$$

$$rr_i = \frac{\overline{A}_{i+\frac{1}{2}}}{2\Delta t} + \frac{Q_{i+\frac{1}{2}}(1-\theta)}{\Delta x_i} + \frac{1}{2}\alpha_{i+1}^{n+1} + B_{i+1}^{n+1}\ \omega_{i+i}^{n+1} \tag{5-36}$$

$$DD_i = \frac{\overline{A}_{i+\frac{1}{2}}}{2\Delta t} + (S_i^n + S_{i+1}^n) - \frac{Q_{i+\frac{1}{2}}(1-\theta)}{\Delta x_i} + (S_{i+1}^n - S_i^n) + \frac{1}{2}\alpha_i^{n+1} B_i^{n+1} \omega_i^{n+1} S_{*i}^{n+1} + \frac{1}{2}\alpha_{i+1}^{n+1} B_{i+1}^{n+1} \omega_{i+1}^{n+1} S_{*i+1}^{n+1} \tag{5-37}$$

（2）单一河道断面含沙量求解

根据河道水流运动情况，可将某一计算河段内的水流运动方向概括为以下四种情况。①全顺流：$Q_S \geqslant 0$，$Q_e \geqslant 0$；②全逆流：$Q_S < 0$，$Q_e < 0$；③顺逆流：$Q_S \geqslant 0$，$Q_e < 0$；④逆顺流：$Q_S < 0$，$Q_e \geqslant 0$。双向流动示意见图 5-3。

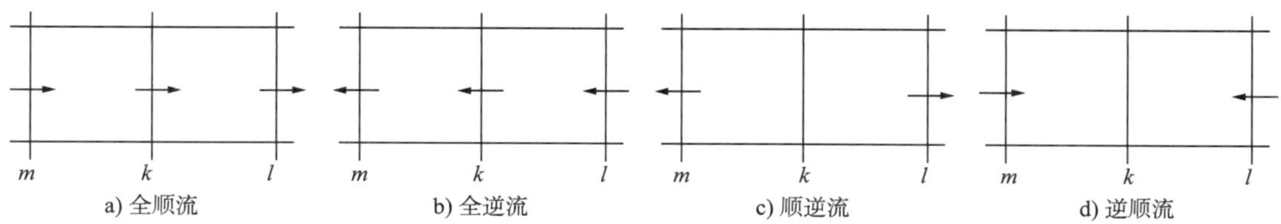

图 5-3 双向流动示意

①全顺流。此种情形为单向流动，若已知S_i^{n+1}，则全河段各断面含沙量均可求得。令

$$S_i^{n+1}=P_i+R_iS_i^{n+1} \tag{5-38}$$

则

$$P_1=0，R_1=1$$

$$\begin{cases} P_i=\dfrac{DD_i-\alpha\alpha_iP_{i-1}}{\beta\beta_i} \\ R_i=-\dfrac{\alpha\alpha_iR_{i-1}}{\beta\beta_i} \end{cases} \quad (i=2, \cdots, n+1) \tag{5-39}$$

则可求得各断面含沙量。

②全逆流。此种情形也为单向流动，若已知S_{n+1}^{n+1}，则全河段各断面含沙量均可求得。令

$$S_i^{n+1}=P_i+R_iS_{n+1}^{n+1} \tag{5-40}$$

与方程（5-26）联立，则

$$P_1=0，R_{n+1}=1$$

$$\begin{cases} P_i=\dfrac{DD_i-rr_iP_{i+1}}{\beta\beta_i} \\ R_i=-\dfrac{\gamma\gamma_iR_{i+1}}{\beta\beta_i} \end{cases} \quad (i=n, \cdots, 1) \tag{5-41}$$

则可求得各断面含沙量。

③顺逆流。此种情形可将该河段分成两单向河段处理，若已知该河段首尾断面含沙量（S_1^{n+1}，S_{n+1}^{n+1}），则可求得该河段其余各断面含沙量。

④逆顺流。此种情形也为双向流动情况，但不同于顺逆流情形，该河段落的上、下边界不需要含沙量边界条件，其计算边界条件应在停滞点（$Q_k=0$）所在断面（内边界条件），再将该河段分成两个单向河段来处理。根据Q_m、Q_l流量的大小，利用线性插值确定停滞点位置。

$$\Delta x_{mk}=\frac{|Q_m|}{|Q_m+Q_l|}\Delta x_{ml} \tag{5-42}$$

停滞点的含沙量可由下式确定：

$$\frac{\partial(AS)}{\partial t}=-\alpha B\omega S \tag{5-43}$$

经离散得：

$$S_{\mathrm{k}}^{n+1}=\frac{A_{\mathrm{k}}^{n}}{A_{\mathrm{k}}^{n+1}}S_{\mathrm{k}}^{n}\exp\left(\frac{\alpha_{\mathrm{k}}^{n+1}B_{\mathrm{k}}^{n+1}\omega_{\mathrm{k}}^{n+1}}{A_{\mathrm{k}}^{n+1}}\Delta t\right) \tag{5-44}$$

这样以 k 断面为界，两侧均按单向流动分别计算沿程各断面的含沙量。

对于 k 断面左侧逆流情况，断面 m 泥沙离散方程中系数为：

$$\beta\beta_{\mathrm{m}}=\frac{A_{\mathrm{mk}}}{2\Delta t}-\frac{Q_{\mathrm{mk}}\theta}{\Delta x_{\mathrm{mk}}}+\frac{1}{2}\alpha_{\mathrm{m}}^{n+1}B_{\mathrm{m}}^{n+1}\omega_{\mathrm{m}}^{n+1}$$

$$rr_{\mathrm{m}}=\frac{\overline{A}_{\mathrm{mk}}}{2\Delta t}+\frac{Q_{\mathrm{mk}}\theta}{\Delta xk}+\frac{1}{2}\alpha_{\mathrm{k}}^{n+1}B_{\mathrm{k}}^{n+1}\omega_{\mathrm{k}}^{n+1}$$

$$DD_{\mathrm{m}}=\frac{\overline{A}_{\mathrm{mk}}}{2\Delta t}(S_{\mathrm{m}}^{n}+S_{\mathrm{k}}^{n})-\frac{Q_{\mathrm{mk}}(1-\theta)}{\Delta xk}+\frac{1}{2}\alpha_{\mathrm{m}}^{n+1}B_{\mathrm{m}}^{n+1}\omega_{\mathrm{m}}^{n+1}S_{*}^{n+1}$$

对于 k 断面右侧顺流情况，断面 l 泥沙离散方程中系数为：

$$\alpha\alpha_{\mathrm{l}}=\frac{\overline{A}_{\mathrm{kl}}}{2\Delta t}-\frac{\overline{Q}_{\mathrm{kl}}\theta}{\Delta x_{\mathrm{kl}}}+\frac{1}{2}\alpha_{\mathrm{k}}^{n+1}B_{\mathrm{k}}^{n+1}\omega_{\mathrm{k}}^{n+1}$$

$$\beta\beta_{\mathrm{l}}=\frac{\overline{A}_{\mathrm{kl}}}{2\Delta t}-\frac{\overline{Q}_{\mathrm{kl}}\theta}{\Delta x_{\mathrm{kl}}}+\frac{1}{2}\alpha_{\mathrm{l}}^{n+1}B_{\mathrm{l}}^{n+1}\omega_{\mathrm{l}}^{n+1}$$

$$DD_{\mathrm{l}}=\frac{\overline{A}_{\mathrm{kl}}}{2\Delta t}(S_{\mathrm{l}}^{n}+S_{\mathrm{k}}^{n})-\frac{\overline{Q}_{\mathrm{kl}}\theta}{\Delta x_{\mathrm{kl}}}(S_{\mathrm{l}}^{n}-S_{\mathrm{k}}^{n})+\frac{1}{2}\alpha_{\mathrm{l}}^{n+1}B_{\mathrm{l}}^{n+1}\omega_{\mathrm{l}}^{n+1}S_{*}^{n+1}$$

由上可知，除逆顺流情况，单一河道只需已知河段边界含沙量，则可求得全河段各断面含沙量。

(3）悬沙点方程组及断面含沙量求解

若节点处有 m 条单一河道，其中流入节点的河道 m_1 条，流出节点的河道有 m_2 条，m_1 及 m_2 随流场变化而变化（$m_1+m_2=m$）。如节点本身无调蓄作用，节点冲淤变化速率较小，则有

$$S_{\mathrm{out}}=kS_j \quad (i=1,\ m_2) \tag{5-45}$$

$$k=\frac{1-\mathrm{e}^{-\frac{6\omega h}{ku_{*}H}}}{1-\mathrm{e}^{-\frac{6\omega}{ku_{*}}}}$$

$$\sum_{i=1}^{m}Q_{\mathrm{in},i}S_{\mathrm{in},i}-\sum_{i=1}^{m_2}Q_{\mathrm{out},i}S_{\mathrm{out},i}=0 \tag{5-46}$$

式中：S_j——节点含沙量；

$S_{\mathrm{out},i}$——流出节点的第 i 条河道节点处含沙量；

$S_{\mathrm{in},i}$——流入节点的第 i 条河道节点处含沙量；

$Q_{\mathrm{in},i}$、$Q_{\mathrm{out},i}$——分别为与之相应的流量。

在流场已知时，通过式（5-38）～式（5-40）可得到任一单一河道首末断面含沙量关系方程：

$$S_{i,n+1}=f_i(S_{i,1}) \quad (i=1,\ 2,\ \cdots,\ K) \tag{5-47}$$

式中：K——河道总数；

$S_{i,1}$、$S_{i,n+1}$——分别为第 i 条河道首末断面及末断面含沙量；

f_i——线性函数关系。

据上式，所有节点相邻的河道首末断面处的浓度皆可表示为节点含沙量的线性函数。将方程（5-47）及河网泥沙边界条件等代入方程（5-46），并考虑方程（5-45），即可得到整个河网各节点含沙量的代数方程组：

$$F_j(S_1, S_2, \cdots, S_M) = 0 \quad (j=1, 2, \cdots, M) \tag{5-48}$$

式中：M——河网节点总数。

方程组（5-48）还可用矩阵表示为：

$$\boldsymbol{A}_N \boldsymbol{S}_N = \boldsymbol{B}_N \tag{5-49}$$

式中：$\boldsymbol{A}_N$——系数矩阵；

$\boldsymbol{S}_N$——节点含沙量列向量；

$\boldsymbol{B}_N$——已知列向量。

求解上述线性代数方程组可得各节点含沙量。再由单一河道方程求得该河道各断面的含沙量。

（4）悬沙级配调整

按照窦国仁、赵士清的计算模型来调整。

（5）床沙质级配

$$P_{bi} = \frac{\left[\Delta Z_i + \left(E_{\mathrm{m}} - \Delta Z\right) P_{0bi}\right]}{E_{\mathrm{m}}} \tag{5-50}$$

式中：P_{bi}、P_{0bi}——分别为泥沙时段末和时段初期的床沙级配；

E_{m}——床沙可动层厚度，其大小和河床冲淤状态、冲淤强度有关，长江下游 E_{m} 一般在 2～3m。

5.1.2.3 河床变形方程的离散求解

（1）河床冲淤计算

悬沙和推移质泥沙引起的河床变形由式（5-5）、式（5-6）计算，总的冲淤面积如下：

$$A = \sum_{i=1}^{n} A_{dsi} + \sum_{i=1}^{m} A_{bsi} \tag{5-51}$$

式中：A_{dsi}、A_{bsi}——第 i 个分割子断面悬沙和推移质泥沙引起的河床变形面积。

（2）断面的修正

①横断面上的流速分布。

横断面中每一个参考点上的流速可由下式确定：

$$k_{\mathrm{c}} = \left(\frac{B}{A}\right)^{\frac{2}{3}} \left(\frac{Q}{A}\right) \tag{5-52}$$

$$u_i = k_{\mathrm{c}} h_i^{\frac{2}{3}} \tag{5-53}$$

式中：h_i——第 i 个参考点水深。

②悬移质冲淤变化引起的横断面修正。

令

$$\delta_{1i}=\begin{cases}1, & S>S_*(\omega_{*\mathrm{S}i})\\ 0, & S\leqslant S_*(\omega_{*\mathrm{S}i})\end{cases}\quad (A_{\mathrm{ds}}<0)$$
$$\delta_{1i}=\begin{cases}1, & S<S_*(\omega_{*\mathrm{S}i})\\ 0, & S\geqslant S_*(\omega_{*\mathrm{S}i})\end{cases}\quad (A_{\mathrm{ds}}>0) \tag{5-54}$$

这里，i=1、2、…、i_0，i_0为横断面参考点总数；S为断面含沙量，$S_*(\omega_{*\mathrm{S}i})$为第$i$个参考点挟沙力，计算$S_*(\omega_{*\mathrm{S}i})$时水深及流速分别为$h_i$、$u_i$。

当$A_{\mathrm{ds}}>0$淤积时

$$DZ_i=\frac{\left[S-S_*(\omega_{*\mathrm{S}i})\right]\delta 1_i A_{\mathrm{ds}}}{\sum_{i=1}^{i_0}P_i\left[S-S_*(\omega_{*\mathrm{S}i})\right]\delta 1_i} \tag{5-55}$$

当$A_{\mathrm{ds}}<0$淤积时

$$DZ_i=\frac{\left[S-S_*(\omega_{*\mathrm{S}i})\right]\delta 1_i A_{\mathrm{ds}}}{\sum_{i=1}^{i_0}P_i\left[S-S_*(\omega_{*\mathrm{S}i})\right]\delta 1_i} \tag{5-56}$$

式中：P_i——第i个参考点带宽；

DZ_i——第i点引起的河床高程改变量。

③推移质冲淤变化引起的横断面修正。

令

$$\delta_i=\begin{cases}1, & \tau_i>\tau_{\mathrm{c}}\\ 0, & \tau_i<\tau_{\mathrm{c}}\end{cases} \tag{5-57}$$

这里，τ_i为第i点床面切应力，τ_{c}为床面临界切应力。这样，推移质冲淤变化引起的河床高程改变量为：

$$DZ_i=\frac{(\tau_i-\tau_{\mathrm{c}})\delta_i A_{\mathrm{bs}}}{\sum_{i=1}^{i_0}(\tau_i-\tau_{\mathrm{c}})\delta_i} \tag{5-58}$$

5.1.3 边界条件及相关参数的处理

5.1.3.1 边界控制条件

(1) 水流运动边界条件

①水位边界条件。即在边界河道上给定水位随时间的变化过程：

$$Z=Z(t) \tag{5-59}$$

②流量边界条件。即在边界河道上给定流量随时间的变化过程：

$$Q=Q(t) \tag{5-60}$$

③当边界河道上有水工建筑物时，通常给定水位流量关系：

$$Q=Q(Z) \tag{5-61}$$

（2）泥沙输移边界条件

①含沙量边界条件。即在边界河道上给定含沙量和级配随时间的变化过程：

$$S=S(t) \tag{5-62}$$

$$P_i=P_i(t) \tag{5-63}$$

②给定含沙量和流量关系：

$$S=S(Q) \tag{5-64}$$

5.1.3.2 相关参数的处理

（1）糙率

利用上下游的水位、流量资料，推求得到最小和最大流量两种情况下的糙率以及各个河段对应情况下的水深，以此作为初始条件；然后在实际计算中，$n_{计算}=n_{小流量}+(h_{大流量}-h_{小流量})/(h_{大流量}-h_{小流量})\times(n_{大流量}-n_{小流量})$，以水深作为糙率的控制条件。

（2）恢复饱和系数

① 悬沙恢复饱和系数。在数模计算中，恢复饱和系数为0.25～1.0；淤积状态时取α=0.25，冲刷时取α=1.0。

②床沙恢复饱和系数。

$$\beta=k\frac{H}{L_s}\frac{u}{\omega_s}$$

式中，L_s为床面泥沙平均跳跃步长，一般在0.2～0.3之间。

（3）水流挟沙率

根据对有关文献中关于长江下游河道干流断面大量水文泥沙资料的分析验算，以及对洪、枯两季实测资料的初步分析可知，张瑞瑾公式的模式适用于长江下游各河段，考虑韩其为分析长江和黄河有关资料，认为含沙量很小的情况下（S<50kg/m^3），下列公式适用于全沙挟沙能力计算。

$$S_*=K\left(\frac{u^3}{gH\omega_s}\right)^m \tag{5-65}$$

式中：K、m——系数，本次计算中K、m分别取0.067、0.92；

u、H——分别为平均流速和平均水深。

（4）推移质输沙率

推移质输沙率公式较多，目前常用的有Meyer-peter公式、Einstein公式、Van Rijn公式、窦国仁公式等。对于非均匀沙第i组粒径泥沙输沙率，根据卡里姆·肯尼迪(1981)建议考虑隐蔽系数η_i：

$$\eta_i=\left(\frac{d_i}{d_{50}}\right)^{0.85} \tag{5-66}$$

总的输沙能力：

$$q_b=\sum_{i=1}^{m}P_{bi}\eta_i q_{*bi}$$

式中：P_{bi}——第 i 组粒径泥沙所占的百分比；

q_{*bi}——第 i 组粒径泥沙推移质输沙率。

窦国仁单宽推移质输沙率公式为：

$$q_{*bi}=\frac{k}{C^2}\frac{\gamma\gamma_s}{\gamma_s-\gamma}m_i\frac{u^3}{\omega_{si}} \tag{5-67}$$

式中：C——谢才系数，$C=2.5\ln\left(11\frac{H}{\Delta}\right)$；

k——系数，对于沙质推移质 k 取 0.01。

其中

$$m_i=u-V_{ki}\quad (V_{ki}\leqslant u)$$

$$m_i=0\quad (V_{ki}>u)$$

V_{ki} 为第 i 组粒径泥沙临界起动流速，计算式为：

$$V_{ki}=0.265\ln\left(11\frac{H}{\Delta}\right)\sqrt{\frac{\gamma_s-\gamma}{\gamma}gd_i+0.19\left(\frac{\gamma_0}{\gamma_0'}\right)^{2.5}\frac{\varepsilon_k+gh\sigma}{d_i}} \tag{5-68}$$

式中：d_i——第 i 组泥沙粒径；

γ_0——稳定干密度，γ_0=1 650kg/m^3；

ε_k——黏结力参数（天然沙 ε_k=2.56cm^3/s^2）；

σ——薄膜水厚度，$\sigma=0.21\times10^{-4}$cm；

γ_0'——床面泥沙干密度，对于细沙 $\gamma_0'=\gamma_0$；

Δ——床面糙度，当 $d_{50}\leqslant0.5$mm 时，Δ=0.5mm，当 $d_{50}>0.5$mm 时，$\Delta=d_{50}$。

5.1.4 模型建立及其验证

数学模型计算范围上起安徽大通，下迄长江口，上游控制边界为大通站，下游控制边界长江北支为连兴港站，南支取在南北港的六滧站附近，模型范围示意图见图 5-4。数学模型计算河道总长约 591km，共取 931 个断面，断面间距一般在 800m 左右，数学模型概化图见图 5-5。

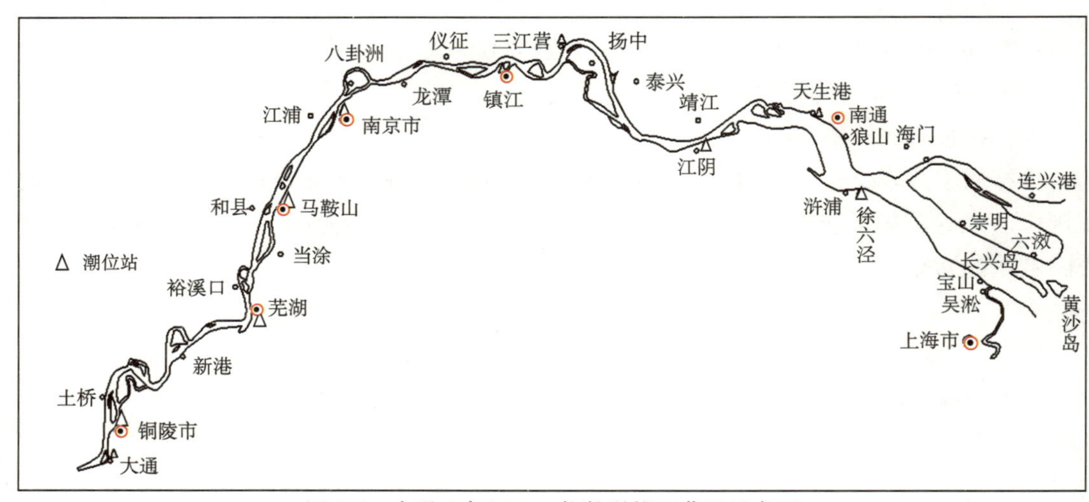

图 5-4 大通～长江口一维数学模型范围示意图

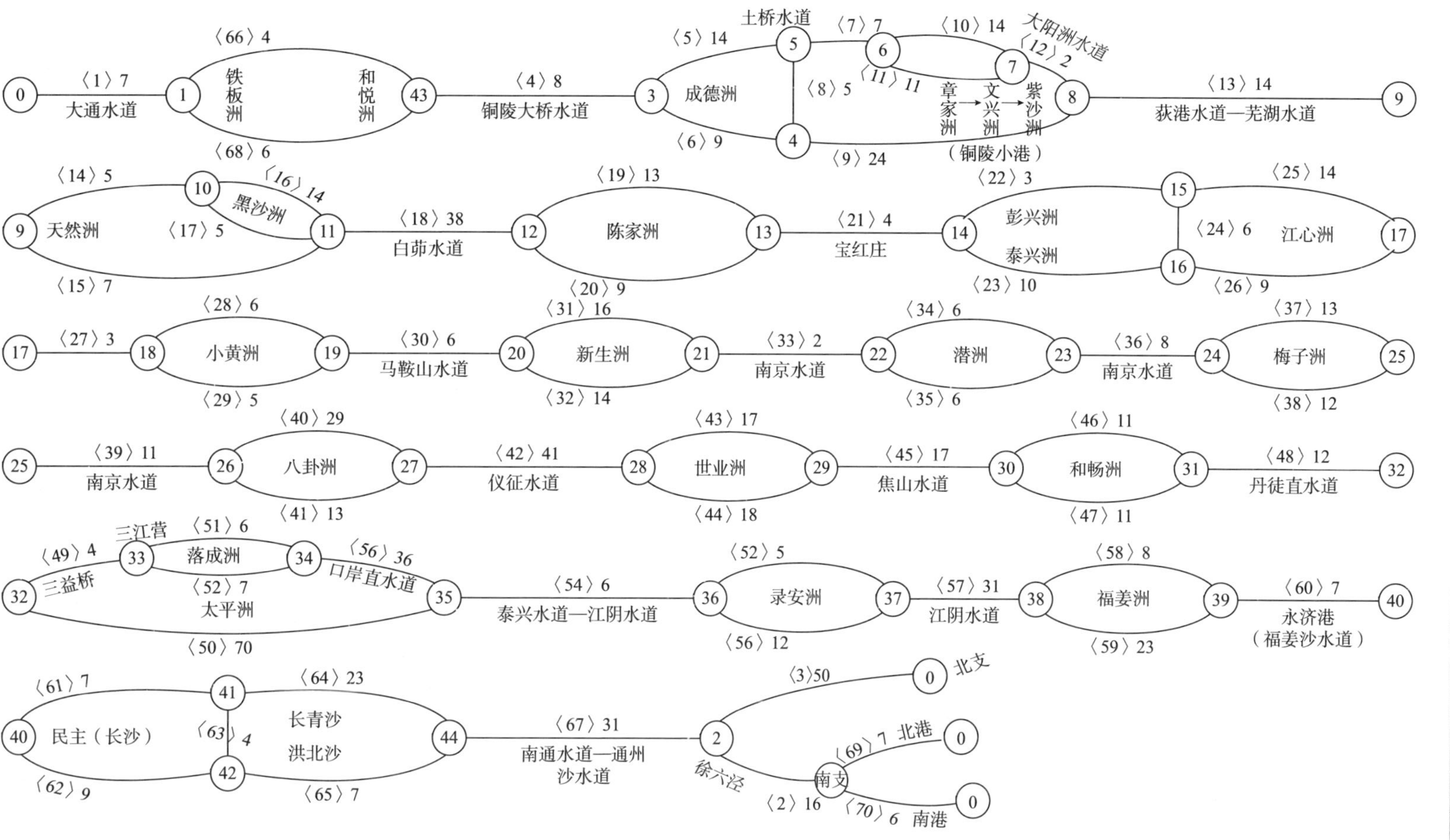

图 5-5 大通～长江口一维数学模型概化图

模型计算起始地形采用1998年大水过后实测的1∶10 000水下地形图资料。上游采用大通站实测流量，含沙量为数学模型进口水位控制条件，泥沙级配采用多年平均级配，下游采用连兴港站、六滧站实测潮位过程为出口水位控制条件，泥沙条件采用洪、枯季长江口附近实测资料概化确定，下游泥沙级配采用收集到的历年来长江口附近实测泥沙资料平均结果。计算河段的河道糙率经计算一般在0.017～0.026之间，水流、泥沙计算时间步长均为600s。

5.1.5 一维水沙数学模型的验证

针对一维水流泥沙数学模型的特点，本次研究主要对大通—长江口沿程主要水位站典型年份潮位过程进行验证；同时结合2004年8月以及2005年1月福姜沙、通州沙和白茆沙河段实测水沙资料对模型进行验证；河床分段冲淤量的验证则采用1998—2000年实测的1∶10 000的地形进行。

5.1.5.1 典型年份沿程水位的验证

1998年长江发生大洪水，沿程各主要站点水位均达到较高水位。本模型上游大通站以1998年的流量控制，下游南北两支分别以连兴港站和六滧站相应时间逐时水位控制，马鞍山站、镇江站实测潮位值与计算值比较见图5-6。

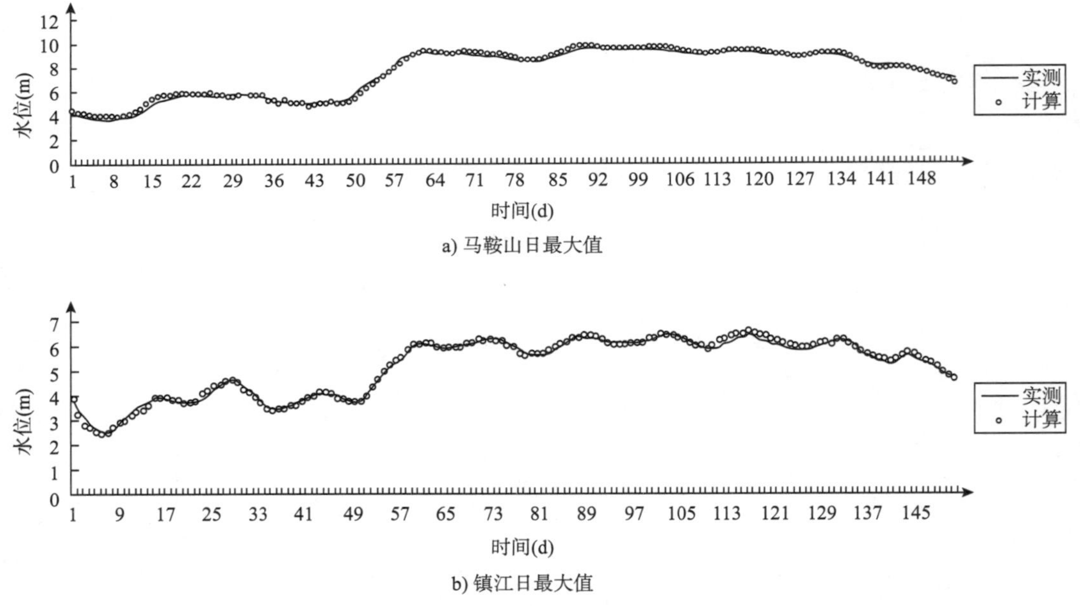

图5-6 1998年马鞍山和镇江站日最大实测与计算值比较

5.1.5.2 2004年8月以及2005年1月实测资料验证

在典型年潮位验证的基础上，本次研究主要采用福姜沙、通州沙和白茆沙大范围实测水沙资料（2004年8月，2005年1月）对模型进行验证，主要包含主要站点的潮位、主要断面流量比较（图5-7）以及主要汊道分流比验证（表5-1）。

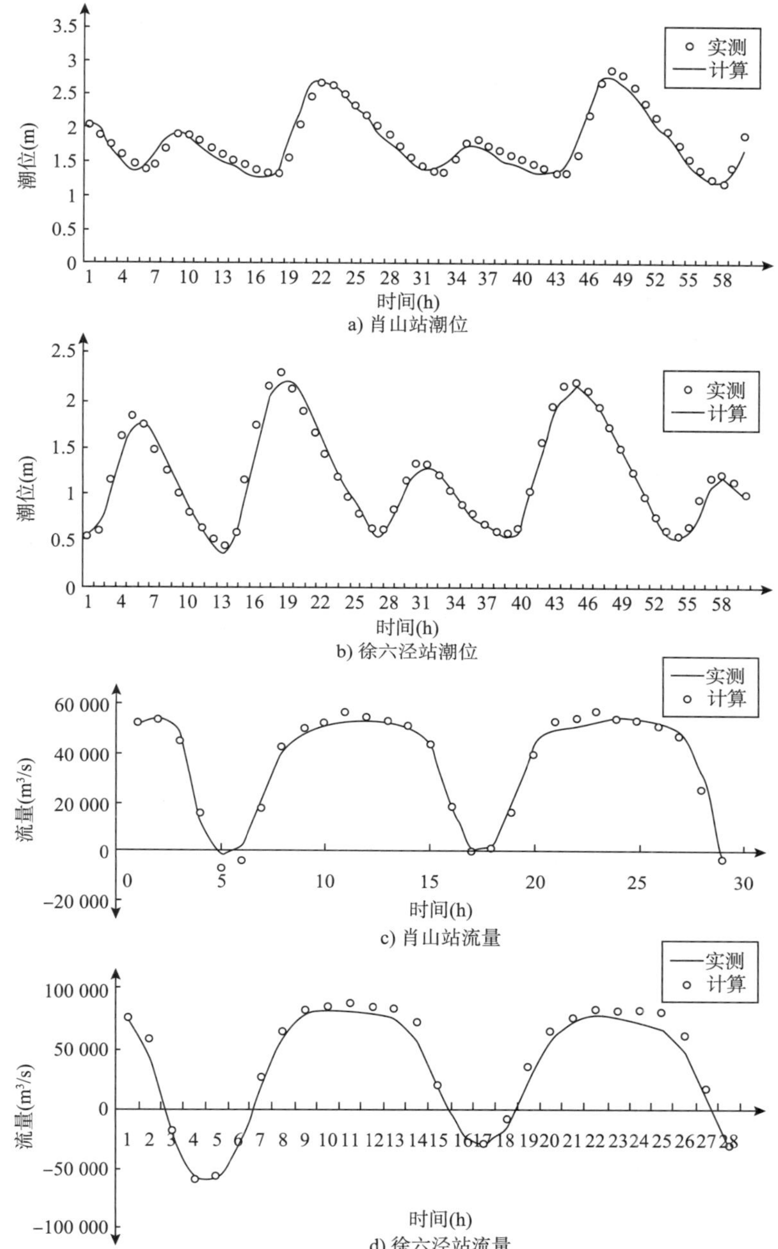

a) 肖山站潮位

b) 徐六泾站潮位

c) 肖山站流量

d) 徐六泾站流量

图 5-7 主要站点的潮位及断面流量实测值与计算值比较

洪季分流比验证 表 5-1

潮型	福姜沙左汊		如皋左汊	
	实测（%）	计算（%）	实测（%）	计算（%）
大潮	80.0	81.0	31.2	30.5
中潮	79.2	79.5	31.6	31.1
小潮	80.3	80.5	30.8	31.0

从潮位的验证可以看出，各潮位站实测潮位变化过程与计算成果基本吻合，流量的实测值和计算值也吻合得较好，分流比计算值与实测值误差较小，这些均表明模型较好地反映了沿程潮波的传播过程和潮流运动。

5.1.5.3　1998—2000 年分段冲淤量验证

本次模型以 1998 年地形为初始地形，以 2000 年的地形为终止地形，利用 1998 年和 2000 年航道地形的断面数据和断面间距计算得出河道的冲淤量作为天然的冲淤量；然后根据数学模型计算得出的 2000 年的断面数据和 1998 年的断面数据重新计算河道的冲淤量，并以此来和天然冲淤量进行比较。在冲淤量的验证比较过程中，将大通到徐六泾分成四个河段，大通～芜湖为第一河段、芜湖～南京为第二河段、南京～江阴为第三河段、江阴～徐六泾为第四河段。

实测地形分析表明，1998—2000 年天然状态下大通到河口整个河段共冲刷了 1.156 亿 m^3，其中大通～芜湖段总共淤积了 0.01 亿 m^3，芜湖～南京段总共冲刷了 0.43 亿 m^3，南京～江阴段总共冲刷了 0.71 亿 m^3，江阴～徐六泾段总共冲刷了 0.051 亿 m^3；数学模型计算得出，大通到河口整个河段共冲刷了 1.24 亿 m^3，其中大通～芜湖段总共淤积了 0.049 亿 m^3，芜湖～南京段总共冲刷了 0.501 亿 m^3，南京～江阴段总共冲刷了 0.762 亿 m^3，江阴～徐六泾段总共冲刷了 0.042 亿 m^3，结果见表 5-2。

计算河段冲淤变化（单位：亿 m^3）　表 5-2

计算区段	起止时间	实测	计算	差值
大通～芜湖	1998 年 9 月—2000 年 12 月	0.01	0.049	0.039
芜湖～南京	1998 年 9 月—2000 年 12 月	−0.43	−0.501	−0.071
南京～江阴	1998 年 9 月—2000 年 12 月	−0.71	−0.762	−0.052
江阴～徐六泾	1998 年 9 月—2000 年 12 月	−0.051	−0.042	0.009

注：+ 为淤积，− 为冲刷。

验证结果表明，数学模型计算冲淤量与河床断面调整和天然河床冲淤基本吻合，反映了工程河段各区段的河床冲淤变化特性。

5.1.6　潮汐特性初步分析及典型代表性潮型选择

针对下游典型边界控制条件的选取，考虑不同频率潮差、平均潮位以及涨落潮历时等相关因素，从以下几个方面进行分析研究。

（1）不同频率潮差分析

长江南京以下河床冲淤受上游径流、下游潮汐的共同作用，沿程受径流、潮汐作用的程度也存在差异。一个潮周期过程中，潮差的大小主要与外海的潮汐相关，且自下游往上游潮差逐渐减小。江阴站、六滧站潮差累积频率见图 5-8。

为了区分径、潮流作用对沿程各河段河床冲淤的影响程度，本次研究过程中选择了潮差累积频率为 50%、85%、95% 的三种潮差作为控制条件，其中六滧站潮差累积频率为 50%、85%、95% 时对应的潮差分别为 2.35m、3.15m、3.4m。

（2）平均潮位分析

本次研究对镇江、江阴、六滧以及外海四站的平均潮位与上游径流量的关系进行了研究，各站平均潮位与上游径流量的关系见图 5-9。

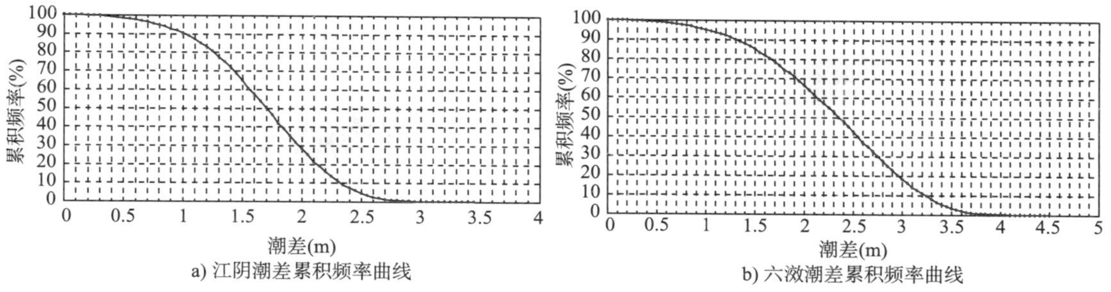

图 5-8 江阴站、六滧站潮差累积频率曲线图

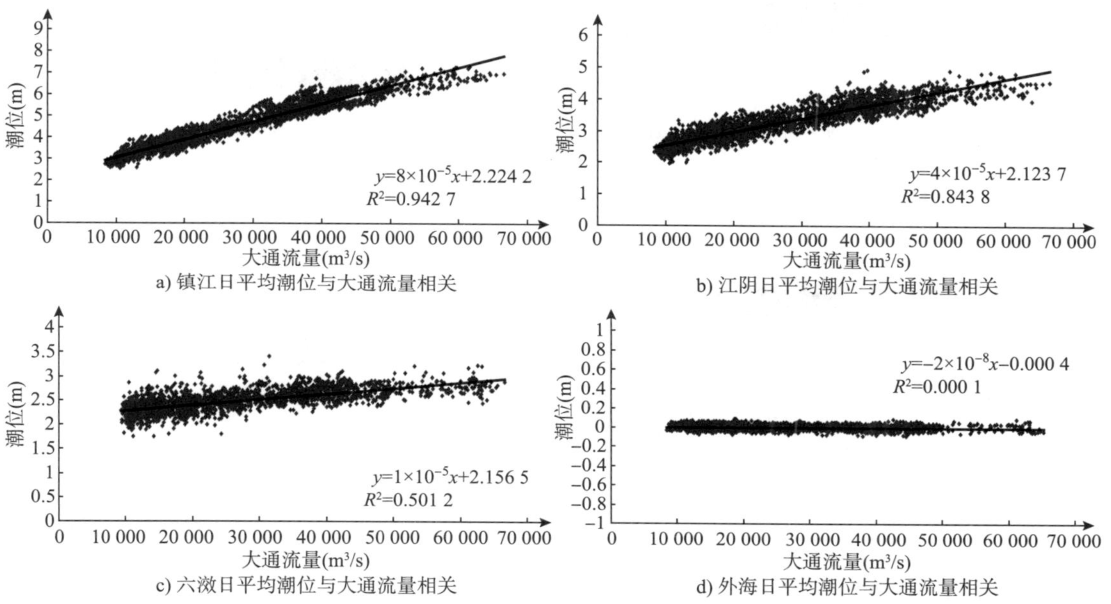

图 5-9 沿程各站平均潮位与上游径流量的关系（吴淞高程）

从图 5-9 可以看出，自外海向上游的过程中，上游径流与平均潮位的关系逐渐减弱，在外海主要是受外海潮汐影响，上游径流与平均潮位之间无关系；越往上游，径流与平均潮位的关系越密切。从各站的关系可以看出，下游潮位在控制边界的选取中，长江口外基本可以不用考虑上游径流对平均潮位的影响；长江口内，沿程潮位在控制边界的选取中应考虑上游径流对平均潮位的影响。

（3）涨落潮历时分析

本次研究主要对镇江、江阴以及六滧三站的涨落潮历时进行了统计，分析了其涨落潮历时与上游径流的关系。

从图 5-10 可以看出，从下游往上游落潮历时沿程增加，涨潮历时沿程减少。对某个站点而言，涨落潮历时与上游径流量的相关性很差，某一站点涨落潮历时一般都在某一范围内。典型潮型选取过程中，涨落潮历时一般选取其多年平均值。

其次，对模型出口段实测潮汐过程进行分析，结合上游概化径流量所对应时间，耦合选取满足出口断面不同频率潮差、平均潮位以及涨落潮历时的边界控制代表潮型。

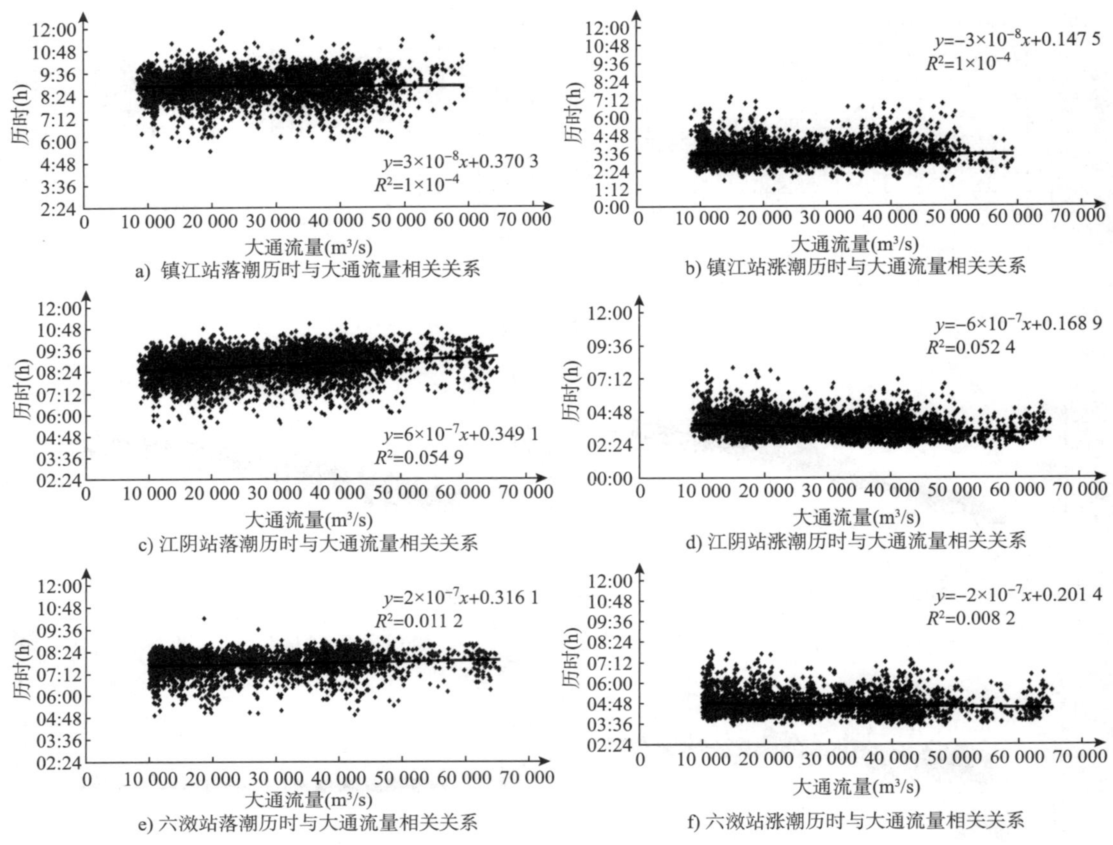

图 5-10 沿程各站涨落潮历时与上游径流的关系（吴淞高程）

本次研究利用六滧站 2003—2012 年的实测资料进行研究分析，表明六滧站实测潮差累积频率 50%、85% 和 95% 对应的潮差分别为 2.35m、3.15mm 和 3.4m；六滧站平均潮位约 2.45m；六滧站涨落潮历时分别为 7.6h、4.5h。在上述分析的基础上，按照大通站概化径流量所对应时间耦合选取典型控制边界条件。

（4）不同径潮组合条件下河床冲淤计算

利用一维潮流泥沙数学模型对选取的不同径潮组合的边界条件进行计算，分析其不同径潮组合边界的代表性。由于长江南京以下河床冲淤受上游径流、下游潮汐的共同作用，沿程受径流、潮汐作用的程度也存在差异。为了区分径、潮流作用对各沿程河段河床冲淤的影响程度，选取了 1998 年 9 月—2000 年 12 月六滧、连兴港站潮差累积频率分别为 50%、85%、95% 的典型边界控制潮型，同时利用一维潮流泥沙数学模型对上述方案（分别表示为 A、B、C 三个计算方案）进行计算，得出不同控制边界条件下河床冲淤量，并将其与实测冲淤量进行对比分析。各代表性潮型方案计算各区段河床冲淤变化见表 5-3。

在下游边界断面潮差累积频率分析、上游径流与涨落潮历时相关分析以及上游径流与平均潮位相关分析的基础上，耦合选取了不同频率潮差的典型控制边界条件。通过对模型径流与不同频率潮差组合的典型控制边界条件的计算分析，认识到南京～镇江段河床冲淤变化受潮汐影响甚微；镇江～江阴段，以径流造床为主，冲淤量受潮汐影响较小；江阴以下冲淤量受潮汐影响较大。长江下游潮流变动段动床模型控制边界条件按“上游径流量＋下游中等偏大潮组合”模式进行选取。

各代表性潮型方案计算各区段河床冲淤变化（单位：亿 m^3）　　表 5-3

计算区段	实测控制潮型	A 方案	B 方案	C 方案
大通～芜湖	0.049	0.047	0.046	0.047
芜湖～南京	−0.501	−0.502	−0.504	−0.505
南京～镇江	−0.744	−0.751	−0.762	−0.78
镇江～江阴	−0.018	−0.004	−0.021	−0.024
江阴～徐六泾	−0.042	0.301	−0.056	−0.067

注：＋为淤积，－为冲刷。

5.1.7　结论

（1）针对大通～长江口径潮共同作用、潮汐多分汊的河道特性，本书建立了长江下游大通～长江口一维非恒定非平衡非均匀水流泥沙数学模型，采用节点控制法进行离散求解。

（2）利用 1998 年大洪水资料和工程河段实测洪枯季水文、泥沙资料进行水动力条件和泥沙条件验证，结果表明，一维水沙数学模型反映了长江河口感潮段和河口段的潮波沿程传播和潮流运动特性；利用 1998 年汛后实测水下地形和 2000 年左右航道地形进行计算河段河床冲淤变化验证，冲淤计算结果反映了工程河段河床冲淤特性，说明本模型建立及离散求解和有关参数选取是可行的，可以利用本模型来进行相关水沙控制条件的比选计算，并为物理模型提供相应的边界控制条件。

（3）通过对下游相关各潮位站径流流量和潮位相关分析，表明上游径流对工程河段潮位影响较明显，相关系数较大；随着向长江河口趋近，相关系数越来越小，潮位受径流影响进一步减弱。说明工程河段水流运动及潮波传播受上游径流和长江口潮波共同作用，也反映了工程河段水动力条件的复杂性。

（4）不同代表性潮型方案计算结果表明，镇江以上造床作用主要受上游径流控制；镇江～江阴段造床作用以径流为主，受潮汐影响较小；工程河段河床冲淤变化受径流和潮汐共同作用。下游中等偏大潮差的典型代表性潮型和上游径流组合基本反映工程河段河床冲淤变化，这将为下一阶段物理模型试验研究提供相适应的边界控制条件。

5.2　长江下游福姜沙水道 12.5m 深水航道整治二维水沙数学模型研究

福姜沙水道是南京以下河段航道治理的难点，也是长江口深水航道进一步向上延伸的关键控制河段之一。在长江南京以下 12.5m 深水航道建设一期工程交工验收、双涧沙护滩工程施工完成的条件下，为实现 12.5m 深水航道上延至南京的目标，需在双涧沙护滩工程的基础上对其进行治理，从而实现长江口 12.5m 深水航道初通至南京。为此，本次研究建立工程河段非平衡、非均匀二维潮流泥沙数学模型，在模型验证的基础上对福姜沙水道 12.5m 深水航道整治方案进行比选优化，为福姜沙水道 12.5m 深水航道初步设计提供技术支撑。

5.2.1 河段概况

工程河段福姜沙河段位于长江口潮流界变动区江阴以下澄通河段，见图 5-11，属长江河口河流段。澄通河段自江阴至徐六泾河段内有福姜沙、双涧沙、民主沙、长青沙、洪北沙、横港沙、通州沙、狼山沙等沙洲。进口鹅鼻嘴处江面宽 1.4km，河床窄深，至长山江面放宽至 4.1km。其后福姜沙分左右两汊，右汊为鹅头形弯道，长约 22.2km，江面宽约 950m，分流比约为 20%；左汊顺直，为主汊，江面宽约 3km，长约 19km，分流比约为 80%。长江主流由鹅鼻嘴导流岸壁导入福姜沙左汊，福姜沙左汊下段又为双涧沙，分福北水道和福中水道，水流走福中水道至福姜沙尾和福南水道汇合，进入浏海沙水道，部分水流由双涧沙北水道进入如皋中汊。如皋中汊为左汊，长约 10km，江面宽 850～1 000m，分流比约为 30%；右汊浏海沙水道江面宽约 2 500，分流比约为 70%。至老海坝下侧九龙港一带和浏海沙水道汇合，此处江面宽约 1.6km。其后长江主流紧贴南岸，经九龙港至十二圩港，脱离南岸过渡到南通姚港至任港一带，主流紧贴左岸顺通州沙东水道下泄。

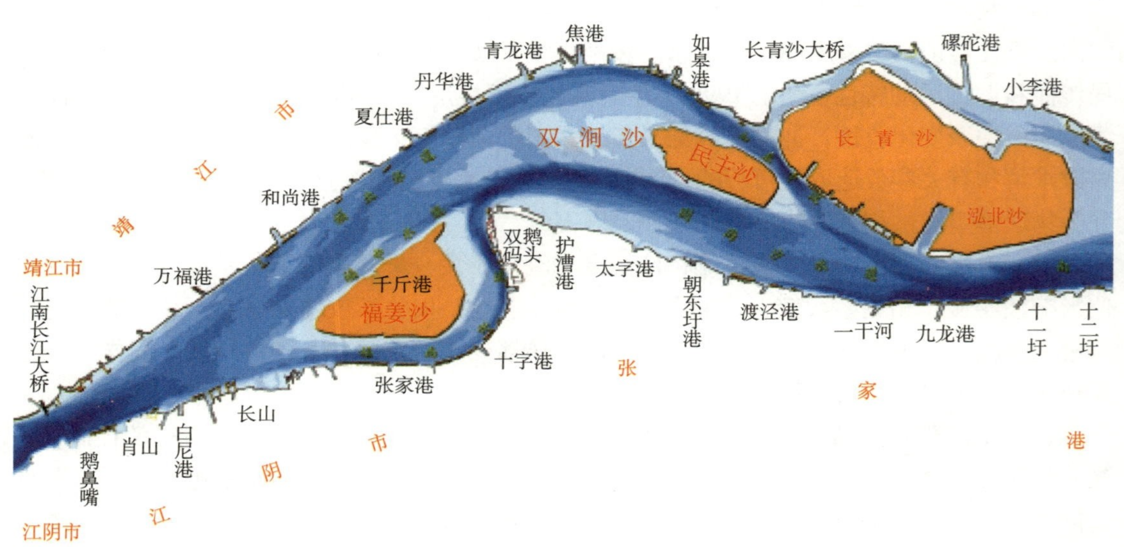

图 5-11 福姜沙河段河势图

5.2.2 二维潮流数学模型建立及其验证

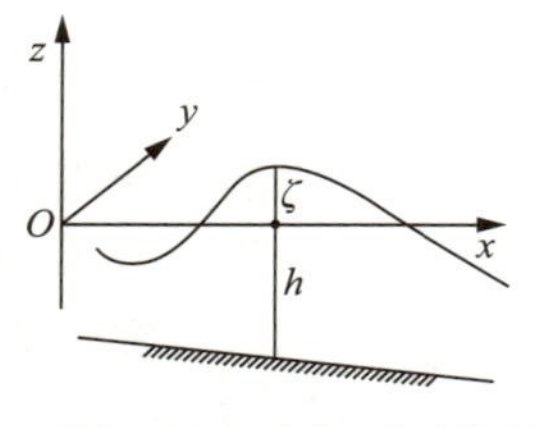

图 5-12 坐标系示意图

5.2.2.1 笛卡尔坐标系（图 5-12）二维水深积分水流运动基本方程

连续方程：

$$\frac{\partial\zeta}{\partial t}+\frac{\partial[(h+\zeta)u]}{\partial x}+\frac{\partial[(h+\zeta)v]}{\partial y}=0 \tag{5-69}$$

动量方程：

$$\frac{\partial u}{\partial t}+u\frac{\partial u}{\partial x}+v\frac{\partial u}{\partial y}=\frac{\partial}{\partial x}\left(\nu_{\mathrm{e}}\frac{\partial u}{\partial x}\right)+\frac{\partial}{\partial y}\left(\nu_{\mathrm{e}}\frac{\partial u}{\partial y}\right)-g\frac{\partial \zeta}{\partial x}+\frac{\tau_{\mathrm{sx}}}{\rho H}-\frac{\tau_{\mathrm{bx}}}{\rho H}+fv \tag{5-70}$$

$$\frac{\partial v}{\partial t}+u\frac{\partial v}{\partial x}+v\frac{\partial v}{\partial y}=\frac{\partial}{\partial y}\left(\nu_{\mathrm{e}}\frac{\partial v}{\partial y}\right)+\frac{\partial}{\partial x}\left(\nu_{\mathrm{e}}\frac{\partial v}{\partial x}\right)-g\frac{\partial \zeta}{\partial y}+\frac{\tau_{\mathrm{sy}}}{\rho H}-\frac{\tau_{\mathrm{by}}}{\rho H}-fu \tag{5-71}$$

上述式中：u、v——分别为水深平均流速在 x、y 方向分量，$u=\frac{1}{H}\int_{-h}^{\zeta}u_1\mathrm{d}z, v=\frac{1}{H}\int_{-h}^{\zeta}u_2\mathrm{d}z$，$u_1$、$u_2$ 为三维空间水平面上 x、y 方向流速分量；

H——水深，$H=h+\zeta$；

f——科氏力系数，$f=2\omega\sin\varphi$，ω 为地球地转角速度，φ 为纬度；

ν_{e}——有效黏性系数，$\nu_{\mathrm{e}}=\nu_{\mathrm{t}}+\nu$，$\nu_{\mathrm{t}}$ 为紊动黏性系数；

τ_{bx}、τ_{by}——分别为底部切应力在 x、y 方向分量：

$$\tau_{\mathrm{bx}}=\rho c_{\mathrm{f}}u\sqrt{u^2+v^2}\;;\;\tau_{\mathrm{by}}=\rho c_{\mathrm{f}}v\sqrt{u^2+v^2} \tag{5-72}$$

c_{f}——底部摩擦系数，$c_{\mathrm{f}}=n^2g/H^{\frac{1}{3}}$，$n$ 为河底糙率系数；

τ_{sx}、τ_{sy}——分别为表面风应力在 x、y 方向分量：

$$\tau_{\mathrm{sx}}=\rho k_{\mathrm{s}}w_{\mathrm{x}}|w|,\quad \tau_{\mathrm{sy}}=\rho k_{\mathrm{s}}w_{\mathrm{y}}|w|,\quad |w|=\sqrt{w_{\mathrm{x}}^2+w_{\mathrm{y}}^2} \tag{5-73}$$

其中，k_{s} 为系数，本书计算中暂不考虑风应力的影响，令 τ_{sx}、τ_{by} 为零，可以将上述控制方程写成统一的对流—扩散微分方程：

$$\frac{\partial H\Phi}{\partial t}+\frac{\partial Hu\Phi}{\partial x}+\frac{\partial Hv\Phi}{\partial y}=\frac{\partial}{\partial x}\left[H\Gamma_{\Phi}\frac{\partial \Phi}{\partial x}\right]+\frac{\partial}{\partial y}\left[H\Gamma_{\Phi}\frac{\partial \Phi}{\partial y}\right]+S_{\Phi} \tag{5-74}$$

式中，计算变量 $\Phi=u$，v，K，ε；S_{Φ} 为源项，通过对源项线性负坡化处理：$S_{\Phi}=S_{\Phi\mathrm{c}}+S_{\Phi\mathrm{P}}\Phi_{\mathrm{P}}$，$S_{\Phi\mathrm{P}}$ 必须满足 $S_{\Phi\mathrm{P}}\leqslant 0$；$\Gamma_{\Phi}=\frac{\nu_t}{\sigma_{\Phi}}+\nu$，$\sigma_{\Phi}$ 为经验常数。

可见，本模型为一椭圆形偏微分方程的初边值问题，要求解该数学物理方程必须给出适当的初始条件和边界条件，由数值离散求解。

5.2.2.2　笛卡尔坐标系下悬沙不平衡输运方程

由 $\frac{\partial c}{\partial t}+\frac{\partial(cu_{\mathrm{m},i})}{\partial x_i}=\frac{\partial}{\partial x_i}(c\omega_{\mathrm{s}}\delta_{i3})+\frac{\partial}{\partial x_i}\left(\frac{\nu_{\mathrm{mt}}}{\sigma_{\mathrm{c}}}\frac{\partial c}{\partial x_i}\right)$ 沿水深积分，并假定由流速和含沙量沿垂线分布不均匀在积分时产生的修正系数：$\frac{1}{HuS}\int_{-h}^{\varsigma}u_1s\mathrm{d}z\approx 1.0, \frac{1}{HvS}\int_{-h}^{\varsigma}u_2s\mathrm{d}z\approx 1.0$，引入冲淤平衡时的挟沙能力 S_*，得：

$$\frac{\partial HS_i}{\partial t}+\frac{\partial HuS_i}{\partial x}+\frac{\partial HvS_i}{\partial y}=\frac{\partial}{\partial x}\left(H\frac{\nu_{\mathrm{t}}}{\sigma_{\mathrm{s}}}\frac{\partial S_i}{\partial x}\right)+\frac{\partial}{\partial y}\left(H\frac{\nu_{\mathrm{t}}}{\sigma_{\mathrm{s}}}\frac{\partial S_i}{\partial y}\right)+\Phi_{\mathrm{s}} \tag{5-75}$$

式中：S_i——第 i 级单位水体垂线平均含沙量；

σ_s——Schmidt 数，$\sigma_s=\sigma_c$；

下标 i——非均匀泥沙分组情况；

$\nu_t=\nu_{mt}$。

（1）源汇项的处理

上式源汇项是由：

$$\Phi_s=\int_{-h}^{\zeta}\left[\frac{\partial(\omega_s s)}{\partial z}+\frac{\partial}{\partial z}\left(\frac{\nu_t}{\sigma_s}\frac{\partial s}{\partial z}\right)\right]dz=\left(\omega_s s+\frac{\nu_t}{\sigma_s}\frac{\partial s}{\partial z}\right)_{z=-h}^{z=\zeta} \tag{5-76}$$

对于水面 $z=\zeta$ 泥沙扩散通量为零边界条件：

$$\omega_s s+\frac{\nu_t}{\sigma_s}\frac{\partial s}{\partial z}=0 \tag{5-77}$$

对于底部 $z=-h$ 泥沙扩散通量：

$$\Phi_s=\omega_s s_b+\frac{\nu_t}{\sigma_s}\frac{\partial s_b}{\partial z} \tag{5-78}$$

一般认为悬沙粒径很细时，不论泥沙沿水深分布是否处于平衡状态，含沙量沿水深变化不大，上式表示为：

$$\Phi_s=\alpha\omega_s(-S+S_*) \tag{5-79}$$

式中，$\alpha=\alpha_* P_r$ 为系数，此表达式在泥沙输移数模计算中得到广泛运用。关于表达式中的系数 α，韩其为在研究悬沙二维扩散方程的边界条件时，定义为恢复饱和系数，并有如下关系：

$$\alpha=(1-\varepsilon_0)(1-\varepsilon_4)\left[1+\frac{1}{\sqrt{2\pi}(1-\varepsilon_4)}\frac{u_*}{\omega_s}e^{-\frac{1}{2}\left(\frac{\omega_s}{u_*}\right)^2}\right] \tag{5-80}$$

其数值大多在范围 0.023～4.51 之间，在数模计算中，垂线恢复饱和系数 α 取值范围为 0.25～1.0，淤积状态取 $\alpha=0.25$，冲刷状态取 $\alpha=1.0$。

（2）参数处理

悬沙级配按照窦国仁、赵士清的计算模型来调整。挟沙能力采用下列公式计算：

$$S_*=K\left(\frac{u^3}{gH\omega_s}\right)^m \tag{5-81}$$

式中：K、m——系数，本次计算中 K、m 分别取 0.067、0.92；

u、H——分别为平均流速和平均水深。

5.2.2.3　笛卡尔坐标系下推移质不平衡输移方程

根据推移质不平衡非均匀输沙原理，通过推移质水深折算推导出底沙不平衡输移方程：

$$\frac{\partial(HN_b)}{\partial t}+\frac{\partial(uHN_b)}{\partial x}+\frac{\partial(vHN_b)}{\partial y}=\beta\omega_s(N_{b*}-N_b) \tag{5-82}$$

式中：N_{b}、$N_{\mathrm{b}*}$——分别为推移质输沙量和推移质输沙能力折算成相应水深的泥沙浓度；

β——推移质泥沙恢复饱和系数和无因次量 $\left(\dfrac{H}{d_{50}}\right)$、$\dfrac{U}{\omega_{\mathrm{s}}}$、$D_*$、$T$ 等因数有关，可写成 $\beta=\dfrac{H}{L_{\mathrm{s}}}\dfrac{U}{\omega_{\mathrm{s}}}$。

对于非均匀沙，推移质不平衡输移方程采用如下形式：

$$\frac{\partial HN_i}{\partial t}+\frac{\partial HuN_i}{\partial x}+\frac{\partial HvN_i}{\partial y}=\beta_i\omega_{\mathrm{s}i}(N_{*i}-N_i) \tag{5-83}$$

式中，下标 i 表示第 i 组粒径泥沙对应的变量，其中推移质输沙率采用窦国仁推移质输沙率公式。

5.2.2.4 河床变形方程

由悬移质冲淤引起的河床变形方程为：

$$\gamma_0\frac{\partial\eta_{\mathrm{s}i}}{\partial t}=\alpha_i\omega_{\mathrm{s}i}(s_i-s_{*i}) \tag{5-84}$$

式中：$\eta_{\mathrm{s}i}$——第 i 组粒径悬移质泥沙引起的冲淤厚度；

γ_0——床面泥沙干重度。

由推移质冲淤引起的河床变形方程为：

$$\gamma_0\frac{\partial\eta_{\mathrm{b}i}}{\partial t}=\beta_i\omega_{\mathrm{s}i}(N_i-N_{*i}) \tag{5-85}$$

式中：$\eta_{\mathrm{b}i}$——第 i 组粒径推移质泥沙引起的冲淤厚度。

这样，河床总的冲淤厚度为：

$$\eta=\sum_{i=1}^{n}\eta_{\mathrm{s}i}+\sum_{i=1}^{m}\eta_{\mathrm{b}i} \tag{5-86}$$

对于非均匀沙，冲淤将导致河床床面泥沙的分选，床沙的级配将不断调整，河床冲刷会形成床面粗化层，悬沙落淤使床面层细化。这种由床面冲淤造成的床沙级配调整，可采用吴伟民、李义天模式：

$$P_{\mathrm{b}i}=\frac{\Delta Z_i+(E_{\mathrm{m}}-\Delta Z)P_{\mathrm{ob}i}}{E_{\mathrm{m}}} \tag{5-87}$$

式中：$P_{\mathrm{ob}i}$、$P_{\mathrm{b}i}$——分别为第 i 组泥沙时段初和时段末的床沙级配；

E_{m}——床沙可动层厚度，其大小与河床冲淤状态、冲淤强度及历时有关，当单向淤积时，$E_{\mathrm{m}}=\Delta Z$，当单向冲刷时，E_{m} 的限制条件是保证床面有足够的泥沙补偿。

5.2.2.5 二维水流泥沙计算流程

由压力校正法进行压力（水位）～流速耦合求解，得出正确的流速场和水位值。对于紊动能和紊动能耗散以及悬沙与底沙输移方程可由统一的离散方程求解，河床变形方程也可直接差分离散求解。二维水流泥沙数值模型计算流程见图 5-13。

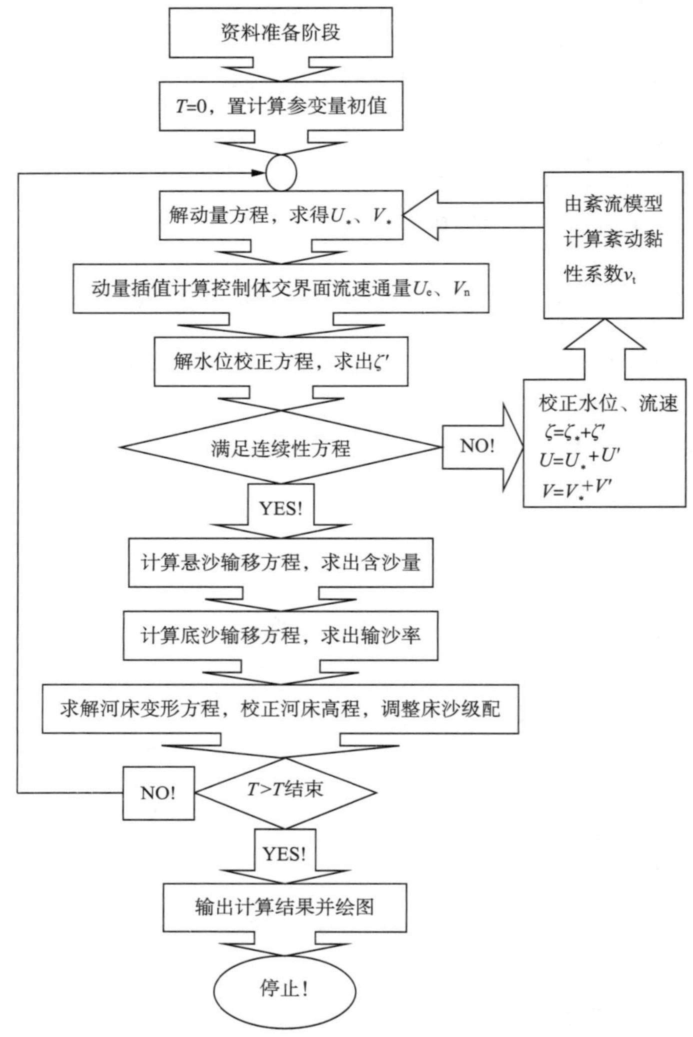

图 5-13　二维水流泥沙数值模型计算流程图

5.2.2.6　数学模型的率定及其验证

本模型一直用于“三沙”河段航道整治的计算研究，2004—2010 年间，先后采用 2004 年 8 月、2005 年 1 月、2009 年 3 月、2010 年 4 月以及 2012 年 6 月实测水沙地形资料对模型进行参数的率定和验证，并进行了多次地形冲淤的验证，验证结果满足规程规范的要求。本次研究主要采用 2012 年 10 月以及 2014 年 7 月的实测水沙地形资料对模型进行重新验证。

（1）模型的计算范围及其网格划分

考虑到计算范围进出口条件、水文资料和工程影响范围等因素，计算河段上游以利港作为进口边界，下游徐六泾作为出口边界，全长约 90km。模型计算空间步长 Δs=10～260m，共有网格结点 89 877 个，单元 88 623 个，并对工程区域进行网格加密，最小间距为 10m，以便在进行工程方案计算时，充分反映工程的影响。数学模型采用

2014 年 7 月、2012 年 10 月实测水下地形进行概化，模型网格图见图 5-14，地形离散概化图见图 5-15。

图 5-14 模型网格图

图 5-15 地形离散概化图

（2）模型水动力条件验证

本次研究在原先模型验证的基础上，采用 2012 年 11～12 月以及 2014 年 7 月的实测水文资料对模型进行验证，水位、流速等实测值与计算值比较见图 5-16 和图 5-17。

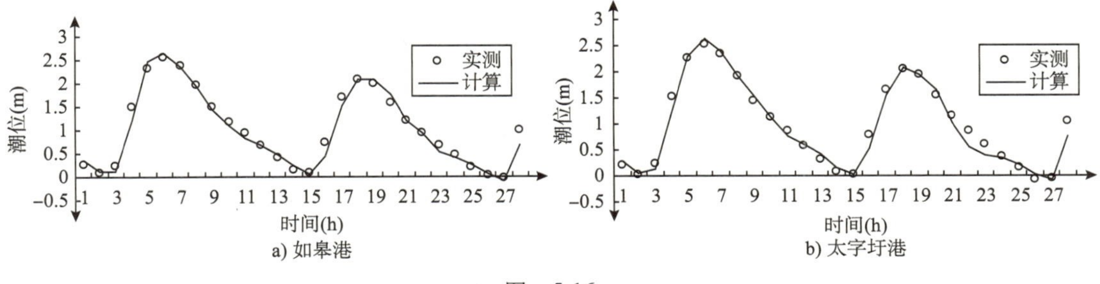

图 5-16

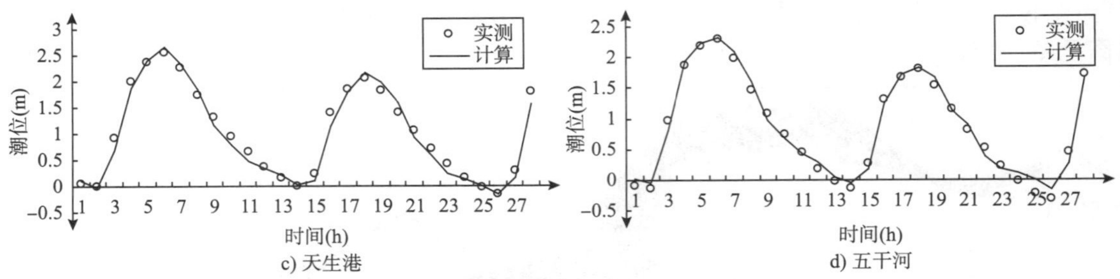

c) 天生港 d) 五干河

图 5-16 沿程各测点水位实测值与计算值比较图

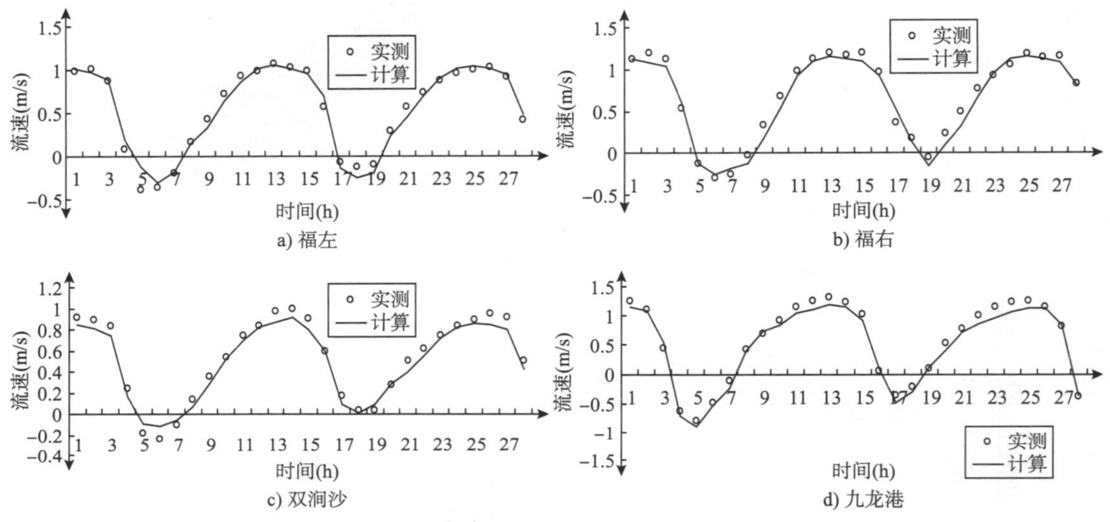

a) 福左 b) 福右

c) 双涧沙 d) 九龙港

图 5-17 沿程各测点流速实测值与计算值比较图

从潮位、流速以及各汊道大潮分流比变化（表 5-4）可以看出，数学模型计算较好地模拟潮波传播及潮流运动，验证结果满足相关规程、规范要求。

各汊道大潮分流比变化（单位：%） 表 5-4

断面名称	汊道名称	实测落潮	计算落潮	差值	实测涨潮	计算涨潮	差值	实测净泄量	计算净泄量	差值
福姜沙进口	福左 (FZ)	78.7	79.4	0.7	79.2	79.6	0.4	78.7	79.5	0.8
	福右 (FY1)	21.3	20.6	−0.7	20.8	20.4	−0.4	21.3	20.5	−0.8
民主沙	如皋中汊 (RZ)	31.0	29.2	−0.8	31.6	30.5	−1.1	30.8	30.1	−0.7
	浏海沙水道 (RY)	69.0	69.8	0.8	68.4	69.5	1.1	69.2	69.9	0.7

（3）泥沙数值模拟河床冲淤计算的验证

①含沙量的验证。本次研究采用长江下游三沙河段水文测验技术报告 2010 年 4 月以及 2012 年 11～12 月同步现场水文测验资料。验证计算过程中，采用实测徐六泾站含沙量过程作为计算下边界控制潮位过程线，由一维数学模型计算得到的利港断面的含沙量作为进口控制含沙量过程线。各测点含沙量过程计算值和实测值比较图见图 5-18，由图可见，计算值和实测含沙量过程较为吻合，可见数学模型计算大致模拟了泥沙的输移过程。

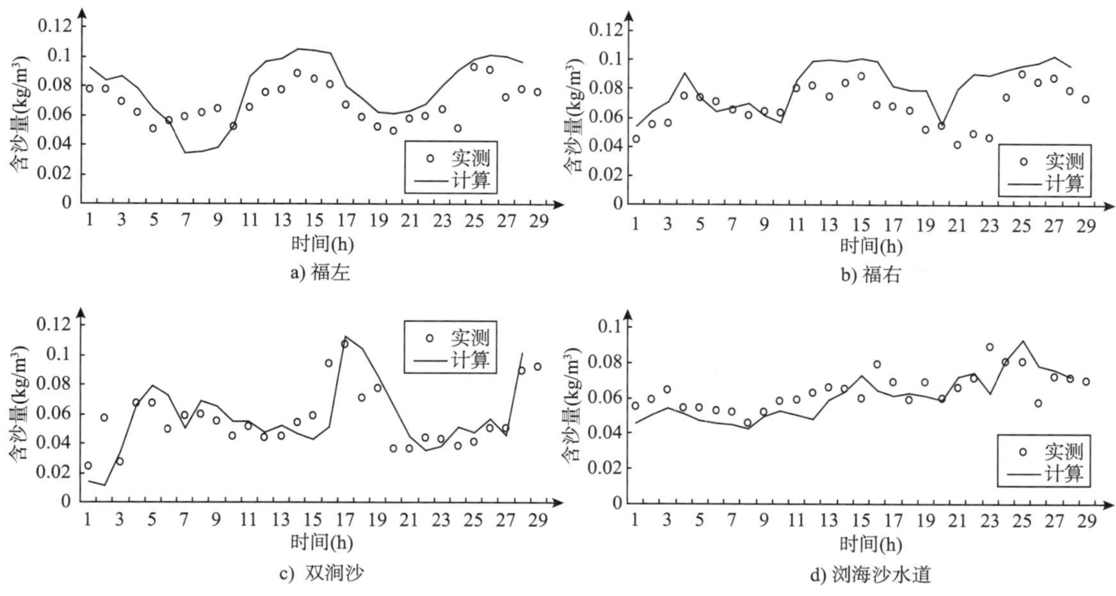

a) 福左　b) 福右　c) 双涧沙　d) 浏海沙水道

图 5-18　沿程各测点含沙量实测值与计算值比较图

②工程水域河床冲淤验证。在以往验证的基础上，本次研究采用 2013 年 7 月—2014 年 7 月的实测地形资料，对模型进行河床冲淤的验证。福姜沙河段冲淤量分布见图 5-19，工程河段冲淤量分块统计值见表 5-5。从图表可以看出，计算冲淤分布和实测冲淤分布的趋势大致吻合，冲淤量大致相当。

工程河段冲淤量分块统计值　表 5-5

位　置	淤积量（m^3）		差值（%）	冲刷量（m^3）		差值（%）
	实测	计算		实测	计算	
福姜沙过渡段(1号)	4 608 526.8	3 841 720.1	−16.6	11 940 605.2	12 783 123	7.1
福北水道（2 号）	3 971 943.9	4 701 667.8	18.4	10 996 947.3	8 834 356.6	−19.7
福南水道（3 号）	3 176 337.5	3 226 713.7	1.6	2 056 301.64	2 211 124.5	7.5
双涧沙水道（4 号）	21 182 344	17 168 332	−18.9	15 918 940.5	13 692 644	−14.0
浏海沙水道＋如皋中汊（5 号）	11 433 629	9 232 034.7	−19.3	13 267 253.8	14 091 121	6.2

5.2.3　福姜沙水道 12.5m 深水航道优化方案研究成果分析

福姜沙河段 12.5m 深水航道方案的优化先后经历了早期研究、前期研究、双涧沙护滩工程以及长江南京以下二期福姜沙河段航道整治工可、初步设计等阶段的研究，其研究过程具体见《长江福姜沙、通州沙和白茆沙河段深水航道整治关键技术》一书。经过优化，在工可方案的基础上提出了初步设计优化方案，其方案布置及双涧沙潜堤沿程高程变化见图 5-20 和图 5-21。

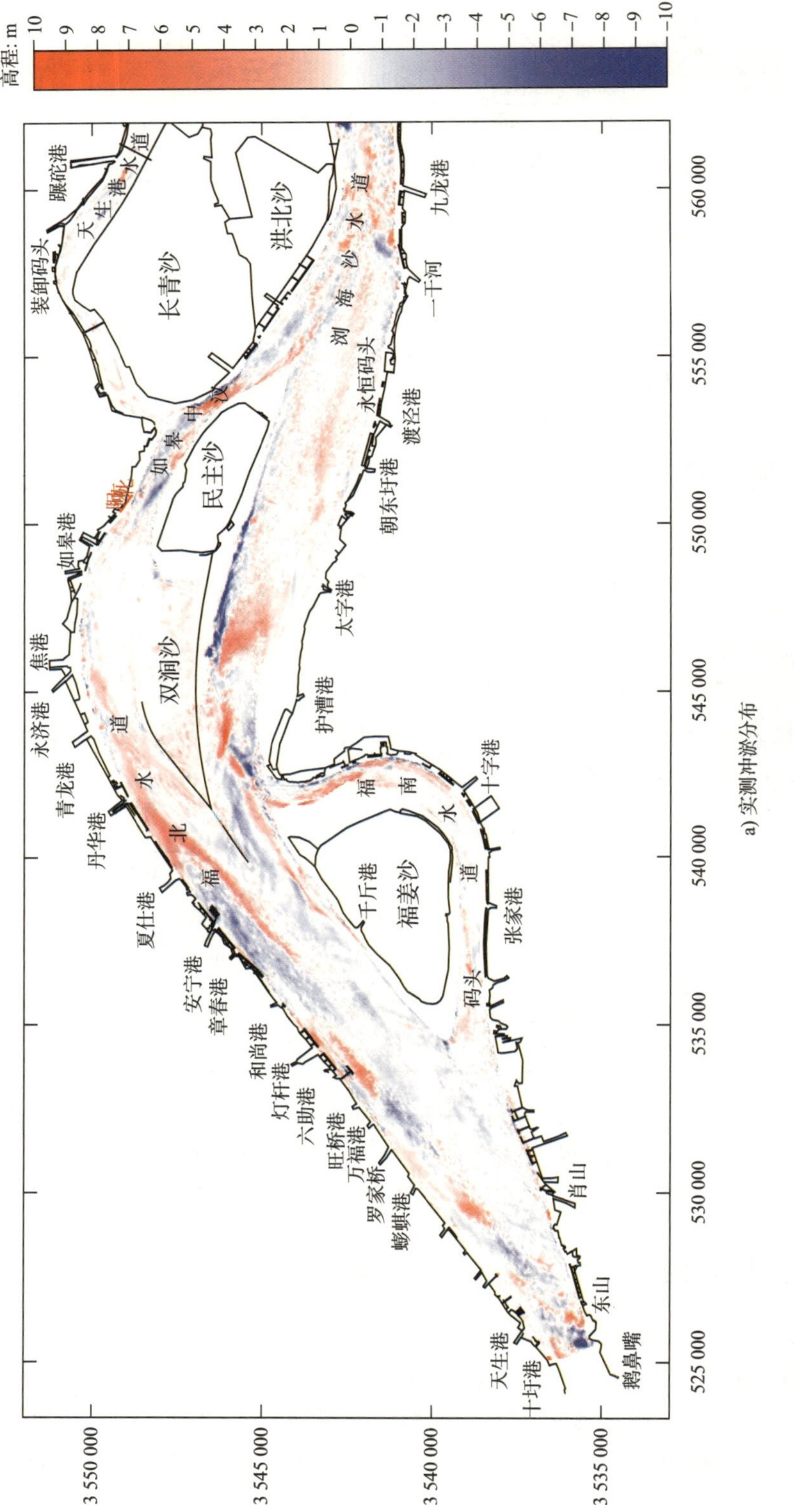

a) 实测冲淤分布

图 5-19

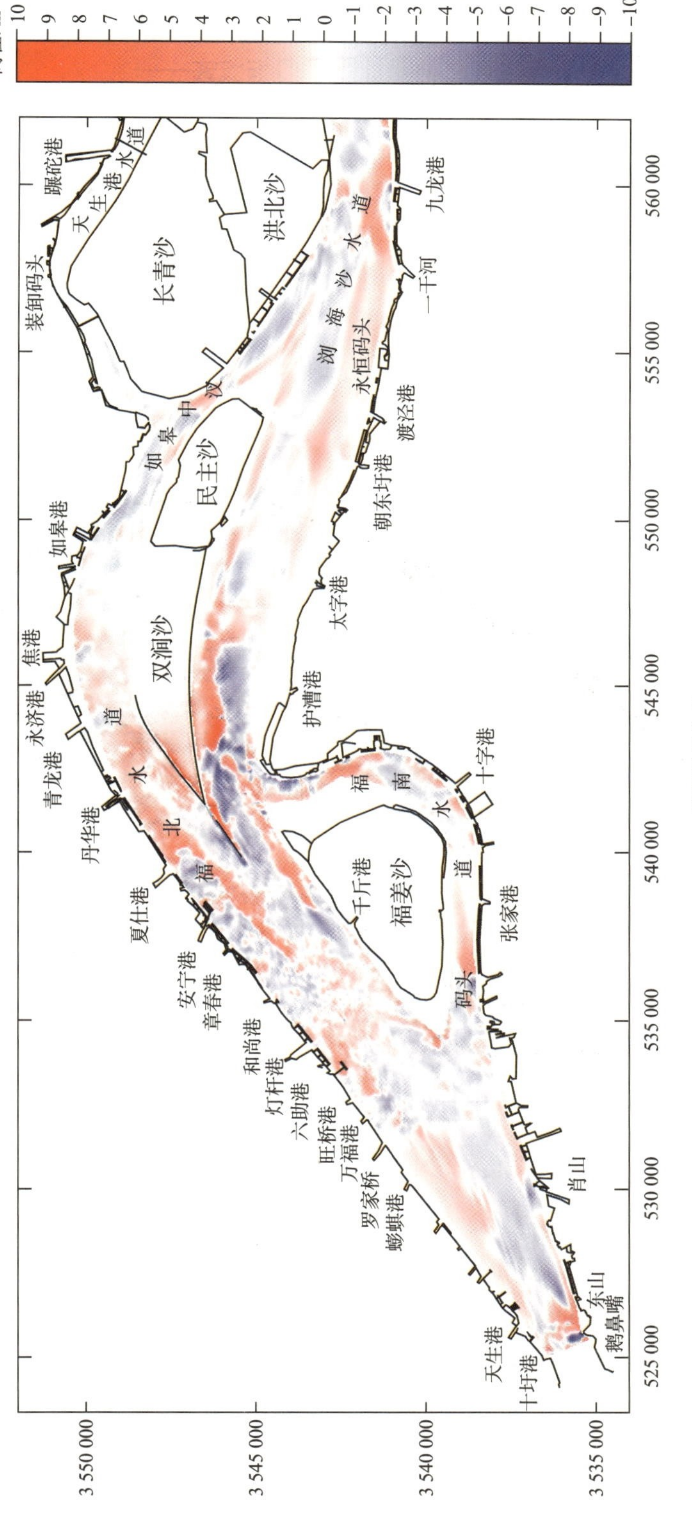

b) 计算冲淤分布

图 5-19 福姜沙河段实测、计算冲淤变化图（2013 年 7 月—2014 年 7 月）

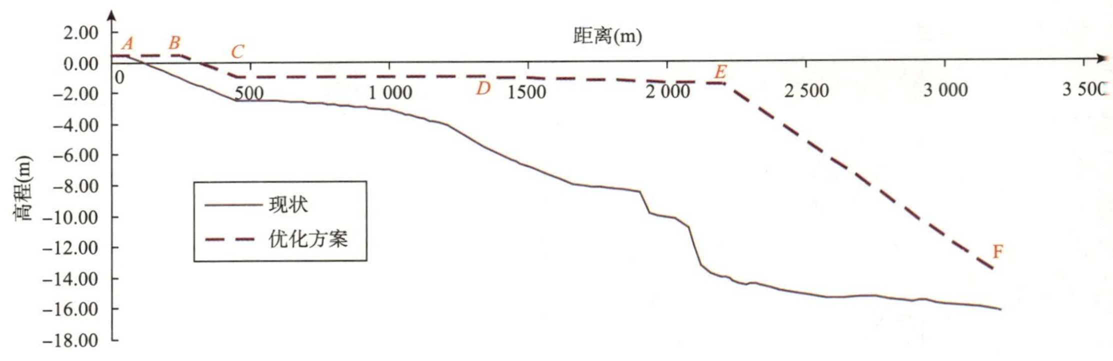

图 5-20　初步设计优化方案双涧沙潜堤高程沿程变化

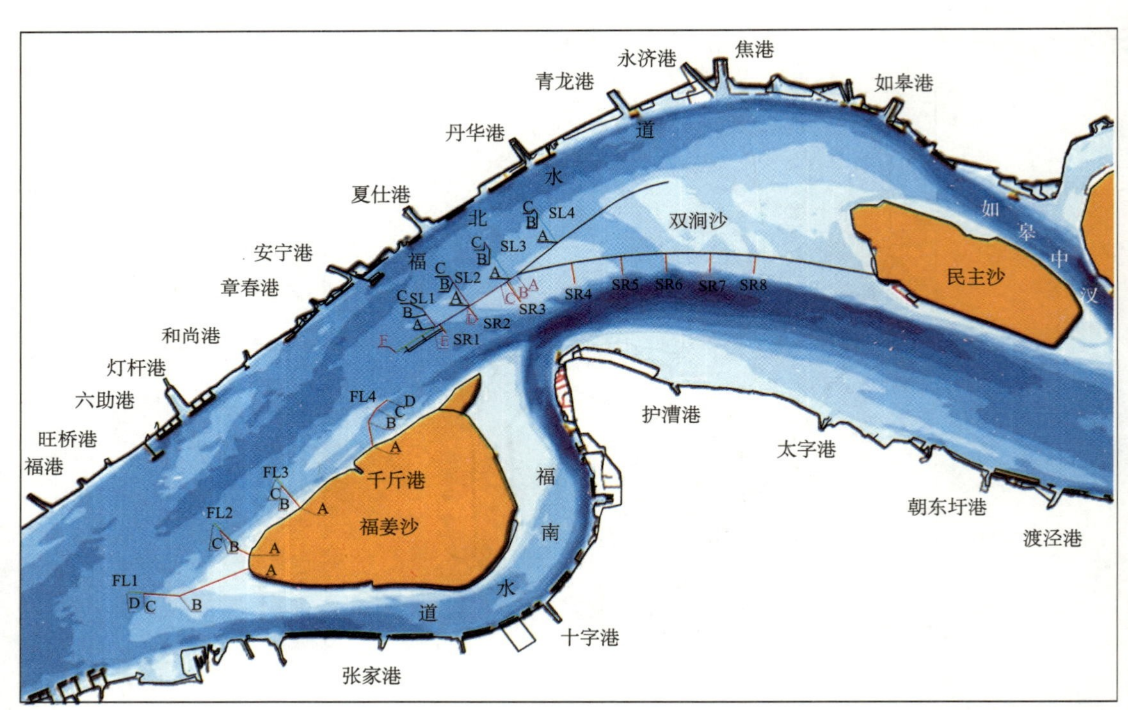

图 5-21　初步设计优化方案布置图

5.2.3.1　水动力研究成果分析

从水位变化来看，由于高潮位时刻，拟建工程均位于水下，为此拟建工程对潮位的影响较小。1998 年大洪水条件下，由于本河段涨潮流较弱，主要受上游径流控制，左岸、右岸一线表现为高潮的抬高且抬高幅度较小，一般在 0.01～0.02m；枯季大潮水文条件下，本河段存在涨潮流，高潮位的变化主要表现为沿程的降低，但其降低幅度一般在 0.01～0.02m。低潮位主要表现为澎蜞港～安宁港及其上游一带的壅水，壅水高度一般在 0.01～0.04m，焦港以下低潮位略有降低；南岸表现为福南水道进口及其上游侧低潮位有所壅高，肖山附近壅水高度一般在 0.02m 左右，张家港弯道及其出口水位有所降低，且降低的幅度一般在 0.01～0.05m。研究表明，各方案实施后对低潮位的影响较小，局部区域低潮位有所壅高。总体而言，工程实施对长江防洪排涝的影响较小。

从方案实施后航槽流速变化可以看出，优化方案实施后碍航浅区水动力改善效果相对工可方案有所改善，安宁港～夏仕港之间流速有所增加，增加幅度一般在 0.07～0.22m/s；优化方案实施后，福南水道航槽内流速有所增加，增加幅度一般在 0.1m/s，如皋中汊变化较小。枯季条件下水位较低，整治工程局部区域的影响较洪季大，各方案实施后流速变化的趋势基本是一致的，仅在局部区域有所调整。

洪季大潮水文条件下，优化方案实施后（航槽开挖）福南水道分流比增加约 1.0%，如皋中汊分流比增加约 0.6%；枯季大潮条件下，各方案实施后（航槽开挖）福南水道分流比增加约 1.5%，如皋中汊分流比增加约 1.1%。

方案一实施后洪季大潮落潮流速变化见图 5-22。各调整方案实施后航槽洪季落潮最大流速变化见图 5-23。

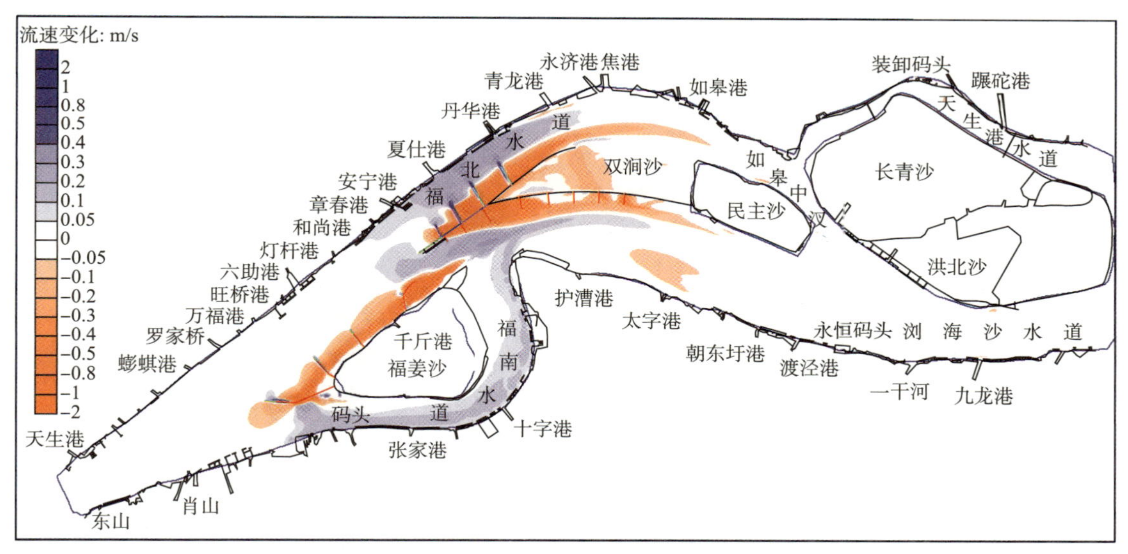

图 5-22 初步设计优化方案洪季大潮落潮流速变化图

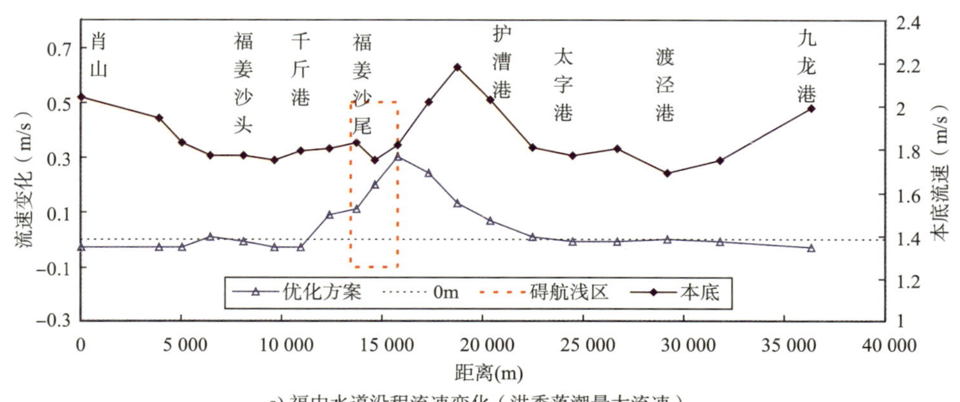

a) 福中水道沿程流速变化（洪季落潮最大流速）

图 5-23

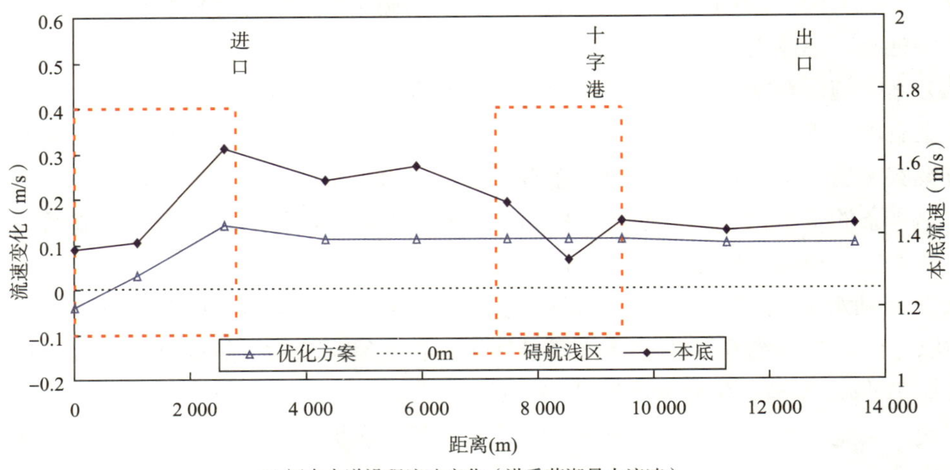

b) 福南水道沿程流速变化（洪季落潮最大流速）

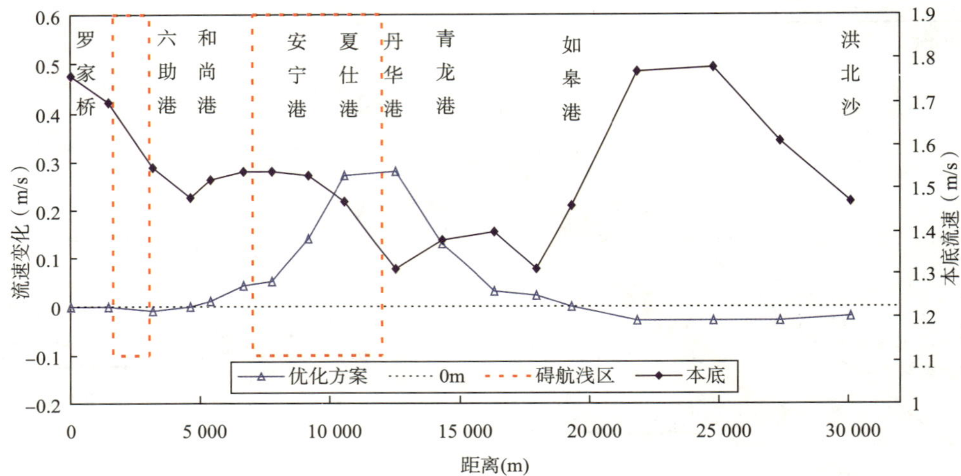

c) 福北水道（北侧）沿程流速变化（洪季落潮最大流速）

图 5-23　初步设计优化方案洪季落潮最大流速变化图

5.2.3.2　泥沙研究成果分析

（1）初步设计优化方案实施后河床冲淤变化

平常水沙年条件下，优化方案实施后澎蜞港～六助港对开一线航槽略有冲刷，冲刷幅度一般在 1.0m 以内；福中水道进口及其中下段航槽内有所冲刷，冲刷幅度一般在 0.5～2.0m；福南水道出口与福中水道连接处则有所淤积，淤积的幅度一般在 0.5～2.0m；浏海沙水道太字港以下段主槽呈现淤积状态，且淤积幅度约为 0.5m；福北航槽（章春港～夏仕港段与丹华港中段）有所淤积，幅度一般在 0.25～1.2m；丹华港～如皋港一带则有所淤积且淤积幅度一般在 1.0m 以内，如皋中汊略有冲刷。相比方案 B 实施后，福北水道安宁港对开附近航槽内淤积幅度有所减小，碍航段整治效果有所改善。其他水文条件下，各方案实施后的河床的冲淤变化与平常水沙年条件下的变化趋势基本一致，只是在数值上有所差异，见图 5-24。

冲淤: m
10
9
8
7
6
5
4
3
2
1
0
-1
-2
-3
-4
-5
-6
-7
-8
-9
-10
2014年7月-5m
2014年7月-10m
2014年7月-15m
天生港
东山
肖山
蟛蜞港
罗家桥
万福港
旺桥港
六助港
灯杆港
和尚港
章春港
安宁港
夏仕港
丹华港
青龙港
永济港
焦港
如皋港
装卸码头
天生港水道
长青沙
洪北沙
浏海沙水道
九龙港
一干河
永恒码头
渡泾港
朝东圩港
太字港
护漕港
民主沙
双涧沙
千斤港
福姜沙
福南水道
十字港
张家港
码头

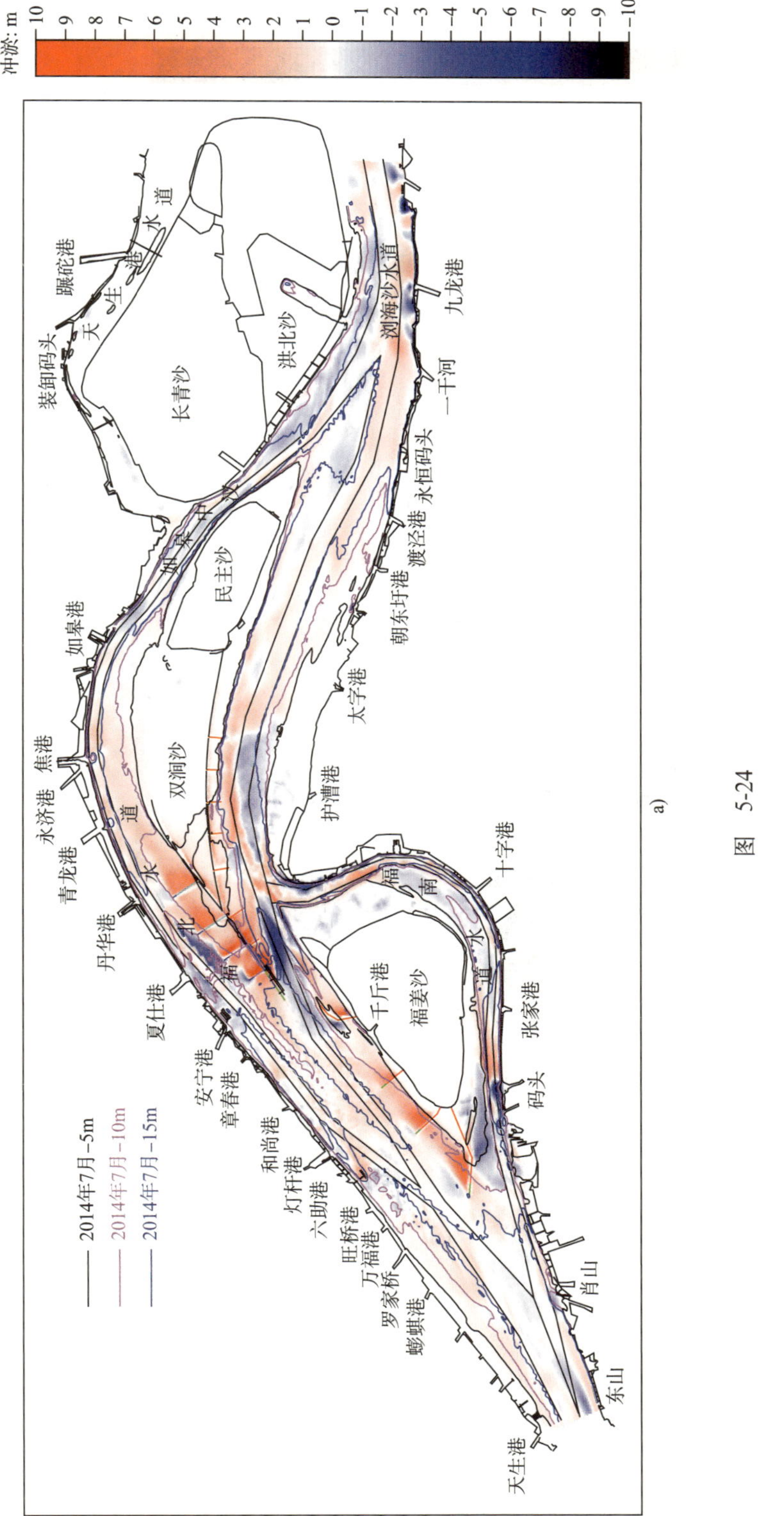

a)

图 5-24

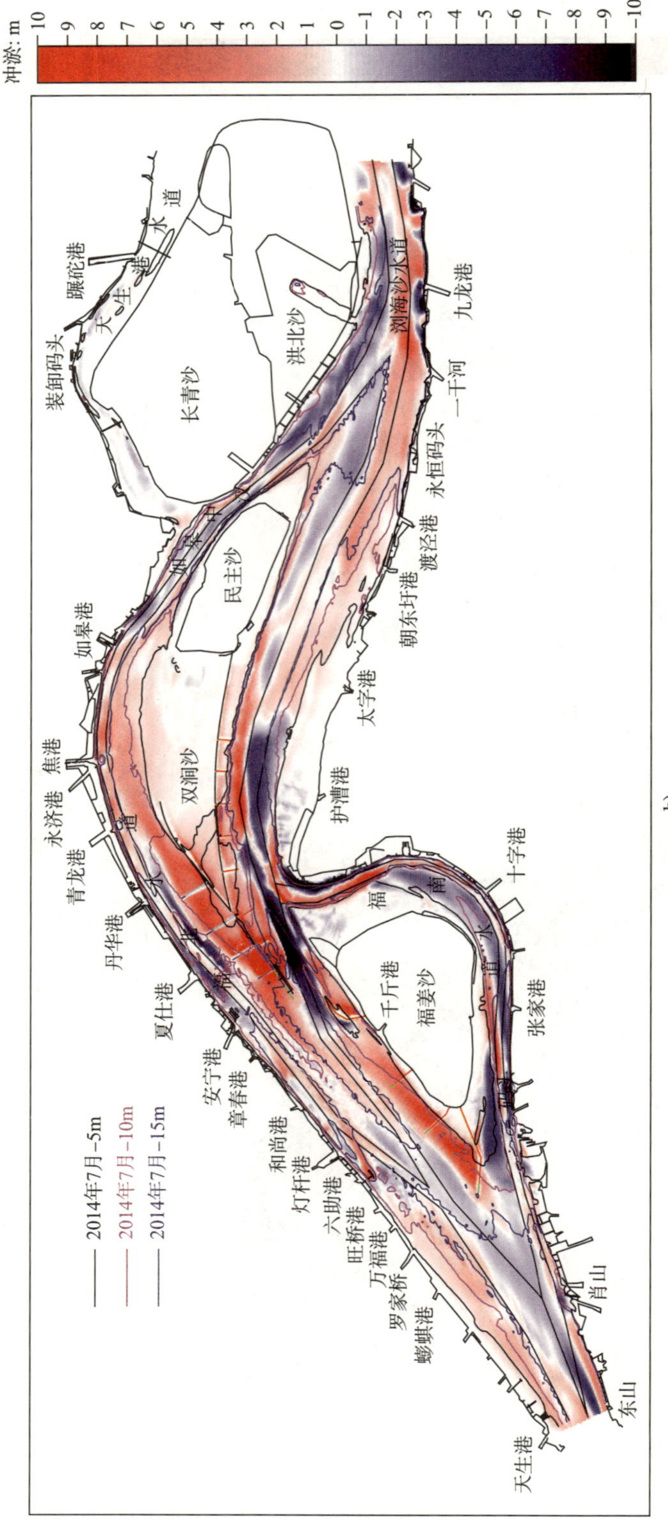

图 5-24 平常、系列水沙年优化方案实施后河床冲淤变化

（2）初步设计优化方案实施后引起的河床冲淤变化

平常水沙年条件下，优化方案实施后福姜沙河段整体冲淤趋势与方案B基本一致。福姜沙水道进口过渡段冲淤变化较小；福南水道进口有所冲刷，冲刷幅度一般在0.2～0.85m；福姜沙头部第一个丁坝右侧有所冲刷，冲刷幅度一般在2.0m以内；福南水道上段及弯道进口段总体有所冲刷，冲刷幅度一般在0.5m以内；弯道中下段航槽内略有淤积且淤积幅度一般在0.5m以内；福姜沙左缘丁坝掩护区内均有所淤积，淤积幅度一般在0.5～2.0m。福中进口及中下段航槽内均有所冲刷且冲刷幅度一般在0.4～2.0m；浏海沙水道有所淤积且淤积幅度一般在0.25～0.75m；双涧沙北侧丁坝头部均呈现冲刷状态；福北水道章春港～夏仕港一线航槽内有所淤积，淤积幅度一般在0.5～1.25m；丹华港附近有所冲刷，且冲刷幅度一般在0.35～0.85m；青龙港～如皋港一带则略有淤积且淤积幅度一般在0.5m以内；双涧沙潜堤工程两侧丁坝掩护区范围均呈现淤积状态。其他水文条件下，各方案实施后工程引起的冲淤变化与平常水沙年条件下的变化趋势基本一致，只是在数值上有所差异，见图5-25。

（3）方案实施后河床地形变化

平常水沙年条件下，优化方案实施后，福姜沙左汊万福港～灯杆港对开航槽内12.5m中心线中断，中断距离约0.95km；福北水道北航槽安宁港～夏仕港与丹华港中段一线依旧中断，夏仕港对开局部航槽12.5m线贯通，两端中断距离分别为0.25km、1.15km；福中水道碍航浅区12.5m槽成贯通趋势，浏海沙水道内12.5m航槽变化相对较小；福南水道进口12.5m线有所萎缩，弯道段依旧不贯通，见图5-26。

系列水沙年条件下，方案一实施后，福姜沙左汊万福港～灯杆港对开航槽内12.5m中心线中断，中断距离约1.15km；福北水道北航槽安宁港～夏仕港与丹华港中段一线12.5m线较平常水沙年有所发展，但航槽内依旧中断，夏仕港对开两端中断距离分别为1.05km、0.25km；福中水道碍航浅区12.5m槽成贯通趋势，浏海沙水道内12.5m航槽变化相对较小；福南水道进口12.5m线有所萎缩，弯道段依旧不贯通，见图5-26。

5.2.4 小结

（1）研究表明，初步设计方案实施后高潮位总体有所抬高，枯季水文条件下高潮位总体有所降低，其总体变化幅度一般在0.02m以内。低潮位的变化主要表现为北岸澎蜞港～安宁港一带壅高，幅度一般在0.02～0.04m；福南水道下段及其出口和浏海沙水道一带水位降低，幅度一般在0.02～0.06m。总体而言，整治工程的实施对沿程防洪排涝的影响较小。

（2）潮流泥沙数模研究表明，初步设计优化方案实施后双涧沙潜堤越滩流分布趋于均匀，碍航浅区流速有所改善。方案实施后，工程河段分汊格局基本稳定，福姜沙左汊进口主槽（万福港对开）时有淤积，左汊心滩随水情不同有所冲刷下移；双涧沙沙体、丁坝掩护区内总体成淤积趋势，有利于双涧沙沙体滩型的塑造。福南水道内冲淤交替，总体冲淤变化相对较小，浏海沙水道中下段成淤积状态。福北水道拟开通12.5m航槽（章春港～夏仕港对开）有所淤积，丁坝头部有所冲刷。福中水道总体有所发展，满足12.5m单向航槽通航尺度。

冲淤: m
10
9
8
7
6
5
4
3
2
1
0
-1
-2
-3
-4
-5
-6
-7
-8
-9
-10
2014年7月-5m
2014年7月-10m
2014年7月-15m
长青沙
洪北沙
浏海沙水道
九龙港
天生港水道
靖安码头
一干河
永恒码头
渡泾港
朝东圩港
民主沙
如皋中汊
如皋港
双涧沙
太字港
护漕港
焦港
永济港
青龙港
丹华港
北水道
夏仕港
千斤港
福姜沙
福南水道
十字港
张家港
码头
安宁港
章春港
和尚港
灯杆港
六助港
旺桥港
万福港
罗家桥
蟛蜞港
肖山
东山
天生港
a)

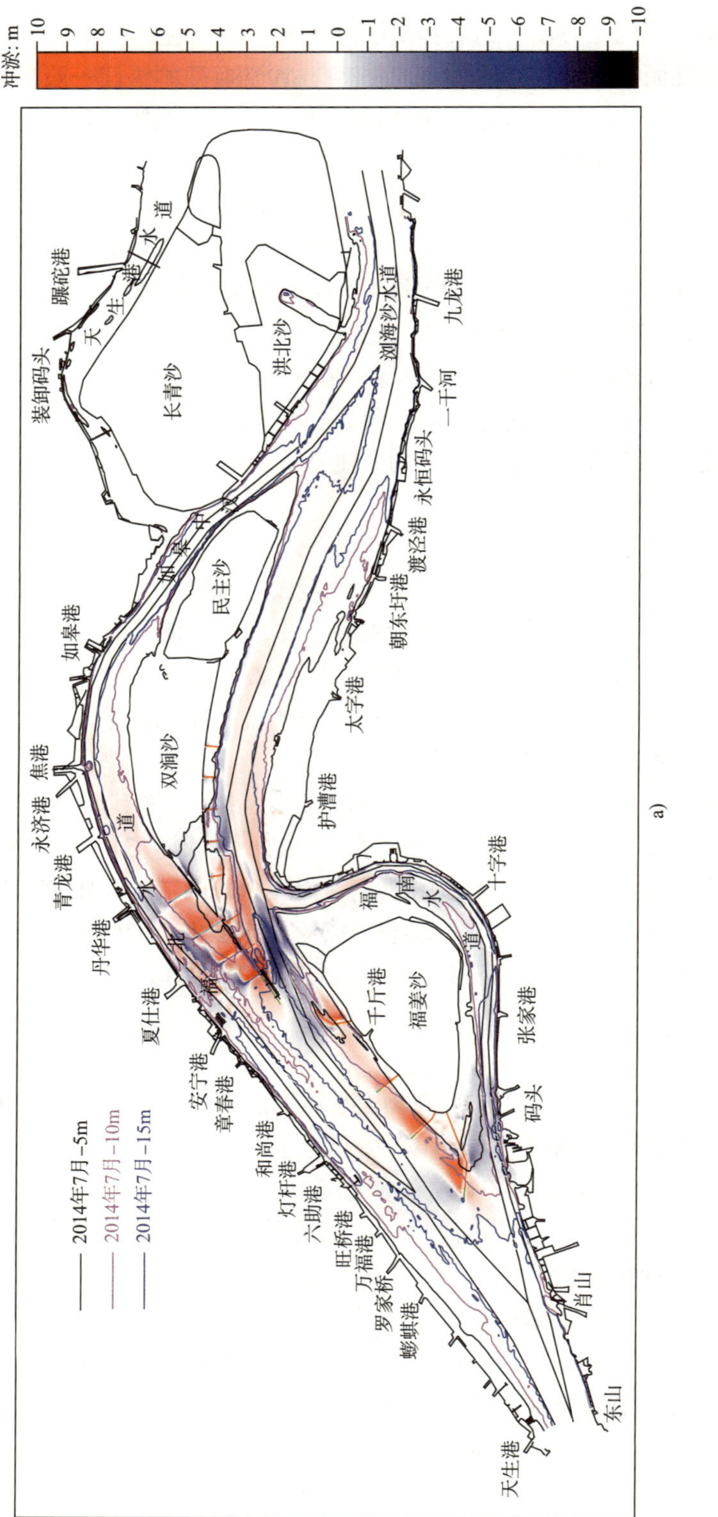

图 5-25

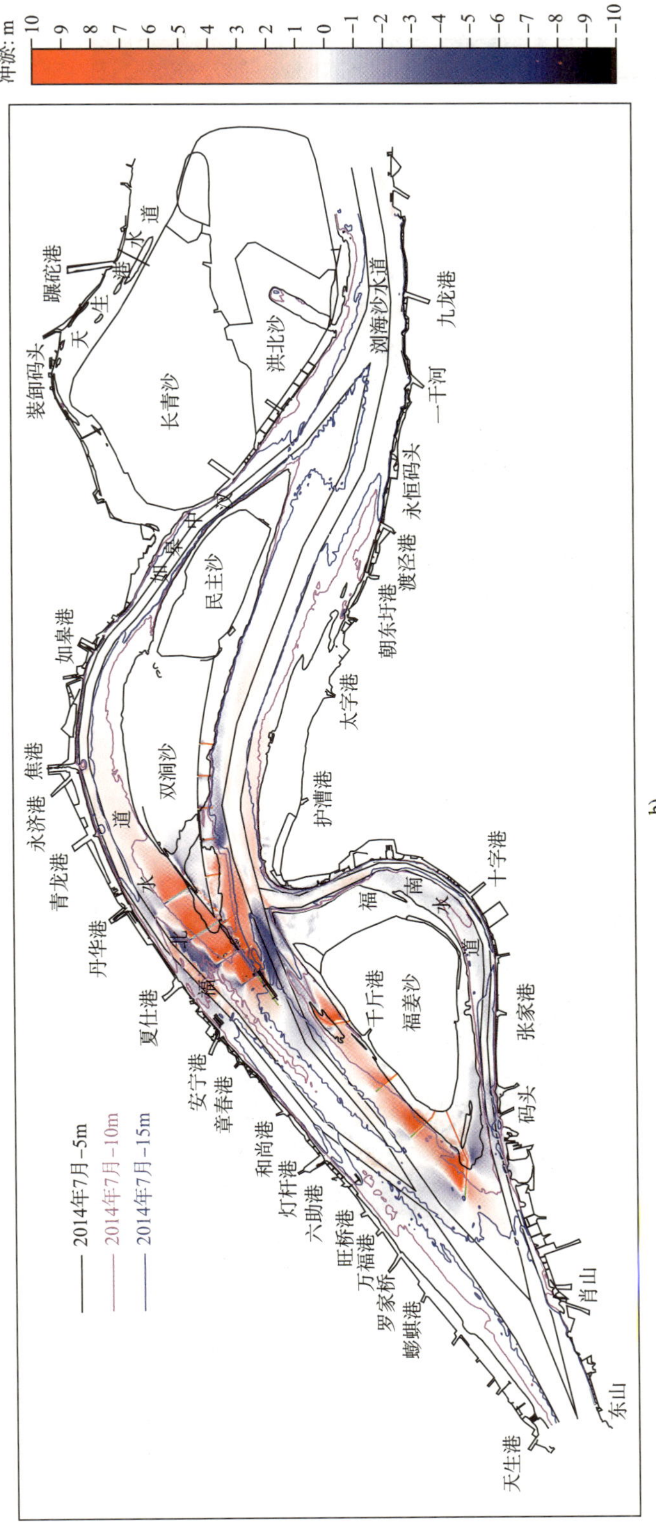

图 5-25 平常、系列水沙年优化方案实施后引起的河床冲淤变化

冲淤: m
10
5
0
-5
-10
-15
-20
-25
-30
-35
-40
-45
-50
-55
-60
天生港水道
长青沙
洪北沙
浏海沙水道
九龙港
一干河
永恒码头
装卸码头
渡泾港
朝东圩港
如皋中汊
民主沙
如皋港
太字港
双涧沙
焦港
护漕港
永济港
北水道
青龙港
十字港
福南水道
福北
丹华港
千斤港
福姜沙
夏仕港
张家港
安宁港
章春港
码头
和尚港
灯杆港
六助港
旺桥港
万福港
肖山
罗家桥
蟛蜞港
东山
天生港

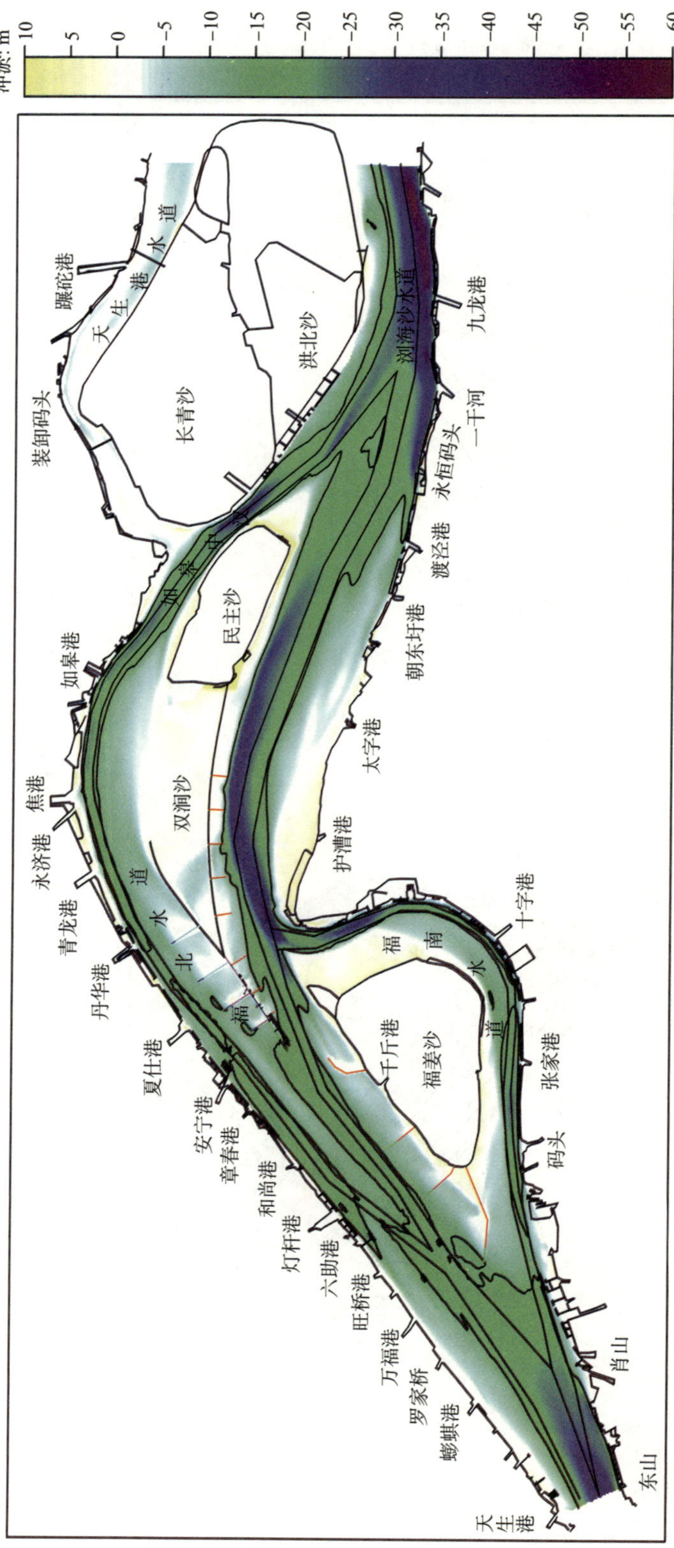

图 5-26

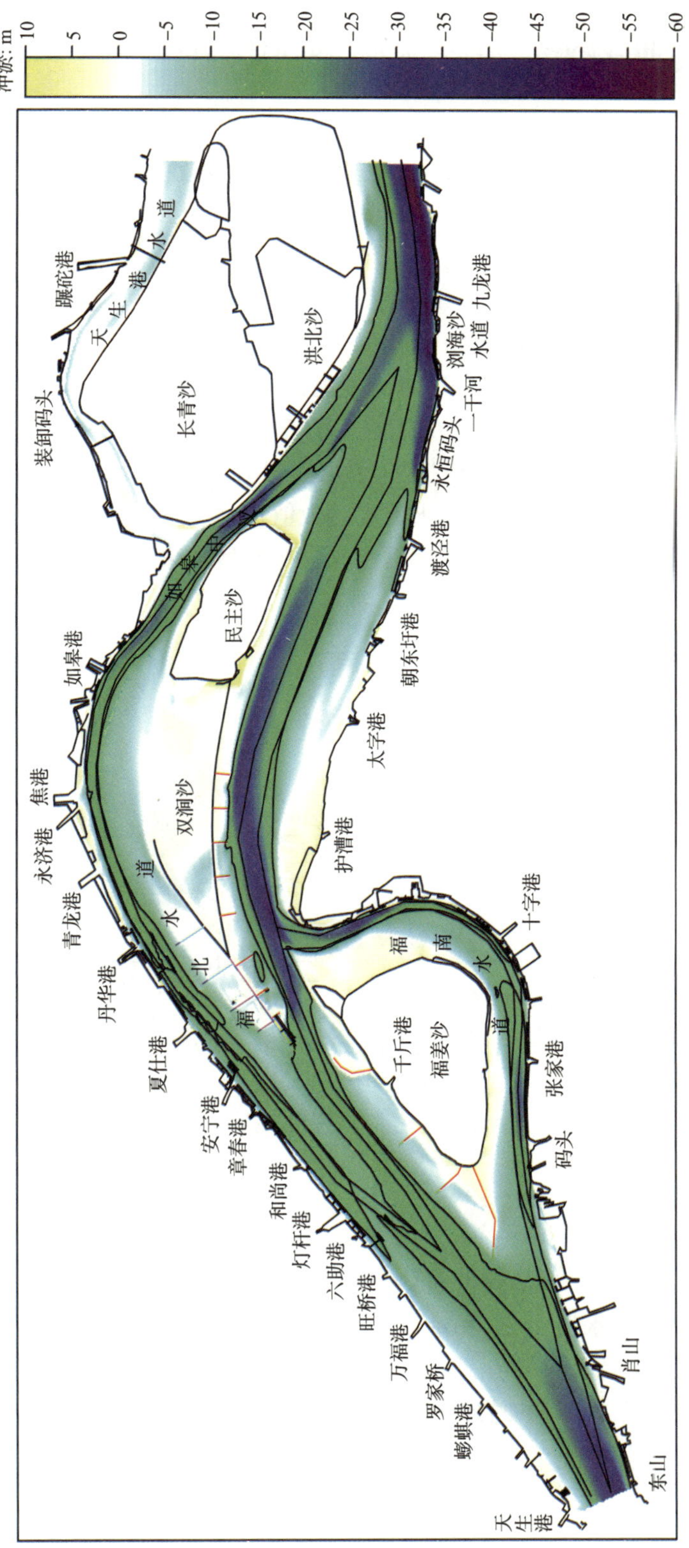

图 5-26 平常、系列水沙年优化方案实施后地形变化

5.3 非正交非交错曲线网格三维水流泥沙数值模型在长江南京河段的应用

随着计算机技术的飞速发展，为天然复杂水流采用三维模拟提供了便利。日本的 Yasuyuki shimizu（1992 年）等人利用简化的三维水流泥沙数值模型计算了天然弯曲河道水流运动和河床冲淤变化。Demurenv Rodi (1986 年) 采用 $K-\varepsilon$ 紊流模型封闭雷诺方程求解三维弯道水流运动，近年来 Lin 和 Falconer(1996 年) 采用分层三维模型模拟河口海岸水流运动和泥沙输移。Wang S. Y. 发展了自由表面三维水流泥沙数值模型。Edward S.Gross(1999 年) 等发展了 TRIM3D 模型，计算了海湾三维潮流运动和盐度场，吴卫明，Wolfgang Rodi（2000 年）等人在 FAST3D 水流模型基础上，采用 $K-\varepsilon$ 紊流模型由二维泊松方程确定自由表面，计算悬沙和推移质输移。方红卫等（2001 年）利用拟合曲线方程计算三峡工程库区三维水沙运动，重点模拟了大坝建成后库区悬沙回淤。

本节将在二维非正交非交错曲线网格水流泥沙数值模型的基础上，发展三维水流泥沙数值模型，水平方向采用曲线拟合坐标系，垂向 σ 坐标变换，采用非正交同位曲线网格分离，由压力校正法求解。

5.3.1 笛卡尔坐标系三维水流泥沙运动方程

5.3.1.1 水流运动基本方程

连续方程：

$$\frac{\partial \rho}{\partial t}+\frac{\partial \rho u}{\partial x}+\frac{\partial \rho v}{\partial y}+\frac{\partial \rho w}{\partial z}=0 \tag{5-88}$$

动量方程：

$$\frac{\partial \rho u}{\partial t}+\frac{\partial \rho uu}{\partial x}+\frac{\partial \rho uv}{\partial y}+\frac{\partial \rho uw}{\partial z}=\frac{\partial P}{\partial x}+\frac{\partial}{\partial x}\left(\mu_e\frac{\partial u}{\partial x}\right)+\frac{\partial}{\partial y}\left(\mu_e\frac{\partial u}{\partial y}\right)+\frac{\partial}{\partial z}\left(\mu_e\frac{\partial u}{\partial z}\right) \tag{5-89}$$

$$\frac{\partial \rho u}{\partial t}+\frac{\partial \rho vu}{\partial x}+\frac{\partial \rho vv}{\partial y}+\frac{\partial \rho vw}{\partial z}=\frac{\partial P}{\partial y}+\frac{\partial}{\partial x}\left(\mu_e\frac{\partial v}{\partial x}\right)+\frac{\partial}{\partial y}\left(\mu_e\frac{\partial v}{\partial y}\right)+\frac{\partial}{\partial z}\left(\mu_e\frac{\partial v}{\partial z}\right) \tag{5-90}$$

$$\frac{\partial \rho w}{\partial t}+\frac{\partial \rho wu}{\partial x}+\frac{\partial \rho wv}{\partial y}+\frac{\partial \rho ww}{\partial z}=\frac{\partial P}{\partial z}-\rho g+\frac{\partial}{\partial x}\left(\mu_e\frac{\partial w}{\partial x}\right)+\frac{\partial}{\partial y}\left(\mu_e\frac{\partial w}{\partial y}\right)+\frac{\partial}{\partial z}\left(\mu_e\frac{\partial w}{\partial z}\right) \tag{5-91}$$

式中：ρ——流体密度；

g——重力加速度；

u、v、w——分别为 x、y、z 方向流速分量；

P——总压力，由静水压力 P_m 和动水压力 p 组成，设自由表面压强为 p_a 近似为很小的常数。

这样，空间任一点 (x, y, z) 的总压力 P 为：

$$P=P_a+p+gH\int_z^{\zeta}\rho(x,y,z,t)\mathrm{d}z \tag{5-92}$$

式中：H——水深；

ζ——基面上水位值；

x、y、z——空间的三维坐标；

t——时间坐标。

一般条件下，忽略水表面大气压 p_a，对于含沙量较小的水体，忽略密度变化，式（5-92）简化为：

$$P=p+\rho g(\zeta-z) \tag{5-93}$$

有效黏性系数 $\mu_e=\rho(V_t+V)$，V_t 是紊动黏性系数，采用标准二阶 $K-\varepsilon$ 紊流模型求解。

5.3.1.2 泥沙输运方程

（1）悬沙输运方程

$$\frac{\partial s}{\partial t}+\frac{\partial Su}{\partial x}+\frac{\partial Sv}{\partial y}+\frac{\partial Sw}{\partial z}=\frac{\partial}{\partial x}\left[\left(v+\frac{v_t}{\sigma_s}\right)\frac{\partial S}{\partial x}\right]+\frac{\partial}{\partial y}\left[\left(v+\frac{v_t}{\sigma_s}\right)\frac{\partial S}{\partial x}\right]+\frac{\partial}{\partial z}\left[\left(v+\frac{v_t}{\sigma_s}\right)\frac{\partial S}{\partial z}\right]+\frac{\partial \omega_s S}{\partial za} \tag{5-94}$$

$$S=\frac{1}{H}\int_{-h}^{\zeta} s\mathrm{d}z \tag{5-95}$$

上两式中：ω_s——泥沙颗粒沉速；

σ_s——Schmidt 数，σ_c 为模型参数，其取值范围一般为 0.5～1.0，取 $\sigma_s=\sigma_c$；

S——单位水体垂线平均含沙量；

s——单位水体含沙量，$s=\rho_s c$，c 为单位水体体积浓度；

其余符号意义同前。

（2）底沙输移方程

从输沙平衡观点出发，对于床面泥沙交换单层模式 (见图 5-27)。

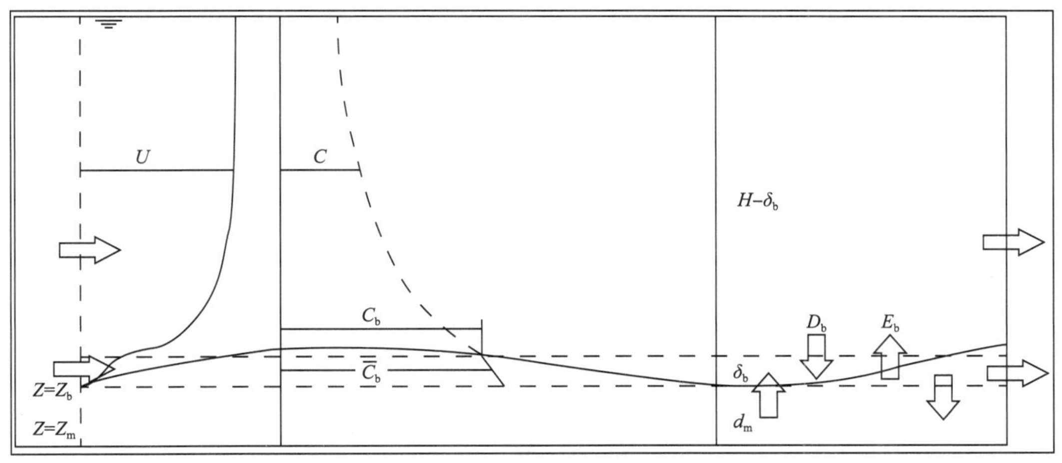

图 5-27 泥沙输移交换单层模式

Van Rijn 于 1987 年给出了底沙输移方程：

$$(1-P')\frac{\partial z_b}{\partial t}+\frac{\partial(\delta_b\overline{C}_b)}{\partial t}+D_b-E_b+\frac{\partial q_{bx}}{\partial x}+\frac{\partial q_{by}}{\partial y}=0 \tag{5-96}$$

式中：P'——床沙空隙率；

z_b——理论床面高程；

δ_b——底沙输移层厚度；

$\bar{C}_b$——底沙输移层泥沙平均浓度；

D_b、E_b——分别为悬沙及底沙交换的淤积率和上扬率；

q_{bx}、q_{by}——分别为底沙输移率在 x、y 方向分量；

其余符号意义同前。

Wellington 等人曾假定：

$$(1-P')\frac{\partial z_b}{\partial t}=\frac{1}{L_s}(q_{b*}-q_b) \tag{5-97}$$

式中：q_{b*}——平衡条件下底沙输沙率；

L_s——底沙不平衡输沙恢复平衡距离；

其余符号意义同前。

在悬移量很小可忽略时，即 $E_b=D_b$ 时，底沙输移公式 (5-96) 就简化为：

$$\frac{\partial\left(\delta_b\bar{C}_b\right)}{\partial t}+\frac{\partial q_{bx}}{\partial x}+\frac{\partial q_{by}}{\partial y}=\frac{1}{L_s}(q_b-q_{b*}) \tag{5-98}$$

取输沙率：

$$q_b=\bar{C}_b\cdot U_b\cdot\delta_b \tag{5-99}$$

式中：U_b——底沙输移层有效输移速；

其余符号意义同前。

考虑到底部输沙率方向和底部切应力方向一致，则有：

$$q_{bx}=\frac{u_b}{U_b}q_b, q_{by}=\frac{v_b}{U_b}q_b, U_b=\sqrt{{u_b}^2+{v_b}^2} \tag{5-100}$$

代入方程 (5-98) 得底沙输移方程：

$$\frac{\partial N_b}{\partial t}+\frac{\partial u_b N_b}{\partial x}+\frac{\partial v_b N_b}{\partial y}=\frac{U_b}{L_s}(N_b-N_{b*}) \tag{5-101}$$

在进行数模计算中，u_b、V_b 取近底层网格计算点流速 u_2、V_2。这样二维条件下不平衡推移质输沙模型就改造成三维数学模型计算中推移质非恒定不平衡输沙模式。

如令 $\beta_s=\dfrac{U_b}{L_s\omega_s}$，上述底沙输移方程则为：

$$\frac{\partial N_b}{\partial t}+\frac{\partial u_b N_b}{\partial x}+\frac{\partial v_b N_b}{\partial y}=\beta_s\omega_s(N_b-N_{b*}) \tag{5-102}$$

（3）河床变形方程

三维悬沙扩散方程中床面泥沙交换边界条件体积含沙量表示一般式为：

$$\omega_s S+\frac{v_t}{\sigma_c}\frac{\partial S}{\partial z}=D_b-E_b=\pi\omega_s(S_b-\pi_c S_{b*}) \tag{5-103}$$

式中 π_c 为：

$$\pi_c=\begin{cases}1 & (S_b>S_{b*})\\ S_b/S_{b*} & (S_b\leqslant S_{b*}\text{且}\tau_b\leqslant\tau_{bc})\\ 1 & (S_b\leqslant S_{b*}\text{且}\tau_b>\tau_{bc})\end{cases}\tag{5-104}$$

式中：S_b——悬沙近底含沙量；

S_{b*}——悬沙近底挟沙能力；

τ_b——底部切应力；

τ_{bc}——临界切应力；

D_b、E_b——分别为悬沙及底沙交换的淤积率和上扬率。

这样悬沙引起河床变形方程为：

$$\gamma_0\frac{\partial\eta_s}{\partial t}=\pi\omega_s(S_b-\pi_c S_{b*})\tag{5-105}$$

底沙引起河床变形方程为：

$$\gamma_0\frac{\partial\eta_b}{\partial t}=\beta_s\omega_b(N_b-N_{b*})\tag{5-106}$$

总的河床变形：

$$(1-P')\frac{\partial z_b}{\partial t}=\gamma_0(\frac{\partial\eta_s}{\partial t}+\frac{\partial\eta_b}{\partial t})\tag{5-107}$$

式中：P'——床沙空隙率；

γ_0——床面泥沙干重度。

河床冲淤幅度：

$$\eta=\eta_b+\eta_s\tag{5-108}$$

5.3.2 新坐标系三维水流泥沙数值模型基本方程

平面上新坐标系采用坐标$(\xi，\eta)$，$\xi(x，y)$，$\eta=\eta(x，y)$，如图5-28垂直方向采用σ坐标变换，$\sigma=\dfrac{z-\zeta}{h+\zeta}$，$\zeta$为基准面上的水位，$h$为基准面下河床深度，实际水深为：$H=h+\zeta$，$-h\leqslant z\leqslant\zeta$，相应地$-1\leqslant\sigma\leqslant0$，在河床面$Z=-h$处，$\sigma=-1$，水表面$z=\zeta$处，$\sigma=0$。$\sigma$坐标变换是Phiclips提出的，对于模拟单一自由表面水体运动具有明显优点。

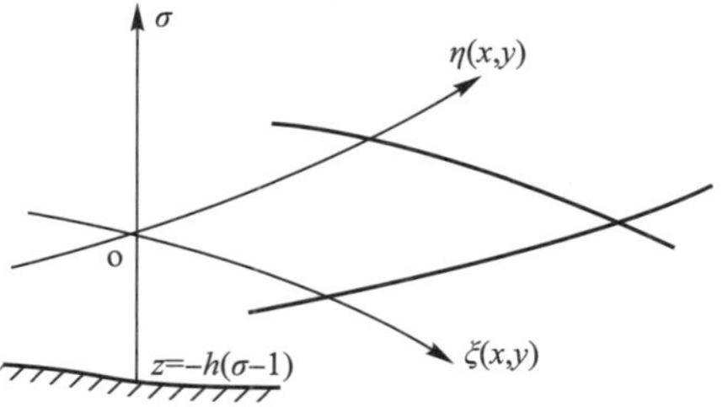

图5-28 曲线坐标系$(\zeta，\eta，\sigma)$

$$\frac{\partial\rho HJ\Phi}{\partial t}+\frac{\partial\rho HU\Phi}{\partial\xi}+\frac{\partial\rho HV\Phi}{\partial\eta}+\frac{\partial\rho HWJ\Phi}{\partial\sigma}=\frac{\partial}{\partial\xi}\left[\frac{H\Gamma_{\Phi h}}{J}\left(\alpha\Phi_\xi-\beta\Phi_\eta+\frac{q_{13}}{H}\Phi_\sigma\right)\right]+\frac{\partial}{\partial\eta}\left[\frac{H\Gamma_{\Phi h}}{J}\left(\gamma\Phi_\eta-\beta\Phi_\xi+\frac{q_{23}}{H}\Phi_\sigma\right)\right]+\frac{\partial}{\partial\sigma}\left[\frac{\Gamma_{\Phi v}}{J}\left(q_{31}\Phi_\xi+q_{32}\Phi_\eta+\frac{q_{33}}{H}\Phi_\sigma\right)\right]+S_\Phi\tag{5-109}$$

U，V 为边界拟合曲线坐标系 $(\zeta,\ \eta)$ 逆变速度：$U=uy_\eta-vx_\eta$，$V=vx_\xi-uy_\xi$。

$$W=\frac{D\sigma}{Dt}=\frac{\partial\sigma}{\partial t}+u\frac{\partial\sigma}{\partial x}+v\frac{\partial\sigma}{\partial y}+w\frac{\partial\sigma}{\partial z}=\frac{1}{H}\left[w-(1+\sigma)\frac{\partial\zeta}{\partial t}-\frac{1}{J}(Uz_\xi+Vz_\eta)\right] \tag{5-110}$$

其中，$\alpha=x_\eta^2+y_\eta^2$；

$\beta=x_\xi x_\eta+y_\xi y_\eta$；

$\gamma=x_\xi^2+y_\xi^2$；

$J=x_\xi y_\eta-x_\eta y_\xi$；

$q_{31}=q_{13}=-\alpha z_\xi+\beta z_\eta$；

$q_{32}=q_{23}=-\gamma z_\eta+\beta z_\xi$；

$q_{33}=\lambda(y_\xi z_\eta-y_\eta z_\xi)^2+\lambda(x_\eta z_\xi-x_\xi z_\eta)^2+J^2$；

$\lambda=\Gamma_{\Phi h}/\Gamma_{\Phi v}$；

$\Gamma_{\Phi h}$——水平方向扩散系数；

$\Gamma_{\Phi v}$——垂直方向扩散系数。

连续方程：$\Phi=1$，$S_\Phi=0$。即：

$$\frac{\partial\rho HJ}{\partial t}+\frac{\partial\rho HU}{\partial\xi}+\frac{\partial\rho HV}{\partial\eta}+\frac{\partial\rho HJW}{\partial\sigma}=0 \tag{5-111}$$

动量方程：

①当 $\Phi=u$ 时，$\Gamma_\Phi=\rho(v_t+v)$；

源项：

$$S_\Phi=-H(p_\xi y_\eta-p_\eta y_\xi)-p_\sigma(z_\eta y_\xi-z_\xi y_\eta)-\rho gH(\zeta_\xi y_\eta-\zeta_\eta y_\xi) \tag{5-112}$$

②当 $\Phi=v$ 时，$\Gamma=\rho(v_t+v)$；

源项：

$$S_\Phi=-H(p_\eta x_\xi-p_\xi x_\eta)-p_\sigma(z_\xi x_\eta-z_\eta x_\xi)-\rho gH(\zeta_\eta x_\xi-\zeta_\xi x_\eta) \tag{5-113}$$

③当 $\Phi=w$ 时，$\Gamma_\Phi=\rho(v_t+v)$；

源项：

$$S_\Phi=-JP\sigma \tag{5-114}$$

$J=\dfrac{\alpha(x,y)}{\alpha(\xi,\eta)}=X_\varepsilon Y_n-Y_\varepsilon X_n$，$K$、$\varepsilon$ 紊动输运方程：

①当 $\Phi=k$ 时，$\Gamma_\Phi=\rho\left(\dfrac{v_t}{\sigma_k}+v\right)$；

该项：

$$S_\kappa=\rho JHG-\rho JH\varepsilon \tag{5-115}$$

其中：

$$\begin{aligned}G=\frac{1}{J^2}\Bigg\{&\left[-u_\xi x_\eta+u_\eta x_\xi+\frac{u_\sigma}{H}(x_\eta z_\xi-x_\xi z_\eta)+y_\eta v_\xi-y_\xi v_\eta+\frac{v_\sigma}{H}(z_\eta y_\xi-z_\xi y_\eta)\right]^2+\\&\left[\frac{v_\sigma}{H}-w_\xi x_\eta+w_\eta x_\xi+\frac{w_\sigma}{H}(x_\eta z_\xi-x_\xi z_\eta)\right]^2+\left[\frac{v_\sigma}{H}+w_\xi y_\eta-w_\eta y_\xi+\frac{v_\sigma}{H}(x_\eta z_\xi-x_\xi z_\eta)\right]^2+\\&2\left[u_\xi y_\eta-u_\eta y_\xi+\frac{u_\sigma}{H}(y_\xi z_\eta-y_\eta z_\xi)\right]^2+2\left[-v_\xi x_\eta-v_\eta x_\xi+\frac{v_\sigma}{H}(x_\eta z_\xi-x_\xi z_\eta)\right]^2\Bigg\}\end{aligned} \tag{5-116}$$

②当 $\Phi=\varepsilon$ 时，$\Gamma_\Phi=\rho(\frac{v_t}{\sigma_\varepsilon}+v)$；

源项：

$$S_\Phi=\rho JH\frac{\varepsilon}{k}(C_{1\varepsilon}G-C_{2\varepsilon}\varepsilon) \tag{5-117}$$

悬移输运方程：

$$\Phi=s_i,\ \Gamma_\Phi=\rho(\frac{v_t}{\sigma_s}+v)$$

源项：

$$S_\Phi=J\frac{\partial(s_i\omega_{si})}{\partial\sigma} \tag{5-118}$$

推移输移方程：$\Phi=N_{bi}$，$\Gamma_\Phi=0$：

$$S_\Phi=JH\beta_i\omega_{si}(N_{bi}-N_{bi*}) \tag{5-119}$$

河床变形方程：

$$\gamma_0\frac{\partial\eta}{\partial t}=\sum_i\alpha_i\omega_{si}(s_{bi}-\pi s_{bi*})+\sum_i\beta_i\omega_{si}(N_{bi}-N_{bi*}) \tag{5-120}$$

5.3.3　方程的离散求解

图 5-29 为计算空间（ξ，η，σ）中控制体积，所有计算变量布置在同一网格上，控制方程统一形式微分方程的离散如下：

$$a_P\Phi_P=\sum_{E,W,N,S,T,B}a_{nb}\Phi_{nb}+b_\Phi+a_{*P}\Phi_P^n+B \tag{5-121}$$

其中，$a_E=D_eA(|P_e|)+\max[-F_e,0],F_e=(\rho HU)_e^n\Delta\eta\Delta\sigma,D_e=(\alpha\Gamma_{\Phi h}H/J)_e\Delta\eta\Delta\sigma/\delta\xi_e$。

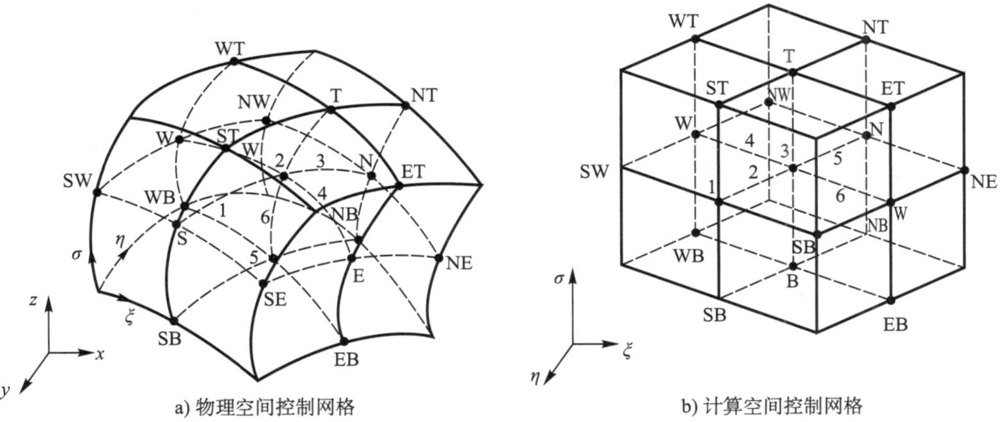

a) 物理空间控制网格　　b) 计算空间控制网格

图 5-29　控制体积

同理，α_W、D_W、a_S、a_T、D_T、a_B、D_B，能给出相应的表达式。

$$P_i=F_i/D_i\,(i=e,w,n,s,t,b),A(|P_i|)=\max\left[0,\left(1-0.1|P_i|^5\right)\right] \tag{5-122}$$

$$a_P=\sum a_{nb}+a_{*P}-S_{\Phi P}\Delta\xi\Delta\eta\Delta\sigma\ ,\ a_{*P}=\rho JH_P^n\Delta\xi\Delta\eta\Delta\sigma/\Delta t \tag{5-123}$$

如 $\Phi=U$，$U=uy\eta-vx\eta$ 时：

$$a_P U_P = \sum a_{nb} U_{nb} + b_U + a_{*P} U_P^n + S_U + b_{Curv} \tag{5-124}$$

其中，$b_U = b_u y_\eta - b_v x_\eta$，$b_{Curv} = \sum a_{nb}(U_{nb}^0 - U_{nb})$，$S_U = [-\alpha H p_\xi + \beta H p_\eta + (\alpha z_\xi - \beta z_\eta) p_\sigma - \alpha\rho g H \zeta_\xi + \beta\rho g H \zeta_\eta]\Delta\xi\Delta\eta\Delta\sigma$。

压力—速度耦合问题由SIMPLEC或SIMPLER求解，$P = P_* + P$，$U = U_* + U$，$V = V_* + V$，$W = W_* + W$，$U_P' \approx -\dfrac{\alpha H\Delta\xi\Delta\eta\Delta\sigma}{a_P} P_\xi'$，$V_P' \approx -\dfrac{\gamma H\Delta\xi\Delta\eta\Delta\sigma}{a_P} P_\eta'$，$W_P' = -\dfrac{\Delta\xi\Delta\eta\Delta\sigma}{JHa_P}(J^2 + \alpha z_\xi^2 - 2\beta z_\xi z_\eta + \gamma z_\eta^2) p_\sigma'$ 流速的校正也归结为压力校正 P' 求解问题。由连续性方程可得：

$$a_P P_P' = \sum a_{nb} P_{nb}' + b_{P'} \tag{5-125}$$

$$b_{P'} = J_P \frac{H^n - H}{\Delta t}\Delta\xi\Delta\eta\Delta\sigma + [(HU_*)_w - (HU_*)_e]\Delta\eta\Delta\sigma + [(HV_*)_s - (HV_*)_n]\Delta\xi\Delta\sigma + [(HJW_*)_b - (HJW_*)_t]\Delta\xi\Delta\eta \tag{5-126}$$

这样，由SIMPLEC或SIMPLER法计算压力和流速分布。通过悬沙输运方程，求解含沙量场，由源项算出悬沙输运引起的河床冲淤变形幅度，由不平衡的输移方程算出床面输沙率，并计算出推移质不平衡输移引起的河床冲淤变化。

由于采用非交错网格，为避免波动压力场，交界面流速采用动量插值计算公式，这样对 ξ 向 P、E 节点之间交界面 e 处流速 $U_e = \overline{\overline{U}} + C_e(P_\xi)_e + A_e U_e^n - \overline{CP_\xi} - \overline{AU}$。

其中，$\overline{\overline{U}} = (1-f^+)U_P + f^+ U_E$，$f^+$ 为线性插值计算因子，$f^+ = d_{Pe}/d_{PE}$，d_{PE} 为 P、E 两节点之间距离，d_{Pe} 为 P 节点到交界面 e 处的距离，$\overline{CP_\xi} = (1-f^+)C_P(P_\xi)_P + f^+ C_E(P_\xi)_E$，$C_P = -(\alpha H\Delta\xi\Delta\eta\Delta\sigma/a_P)_P$，$C_E = -(\alpha H\Delta\xi\Delta\eta\Delta\sigma/a_P)_E$，$(P_\xi)_P = (p_\xi + \rho g\zeta_\xi)_P$，$A_P = (a_{*P}/a_P)_P$。

5.3.4 定解条件及动量插值

5.3.4.1 初始条件

给定计算域各点初始速度场，K、ε 分布和含沙量空间分布，输沙率沿程变化，给定水位初值，令动水压力 $p=0$。

5.3.4.2 进口条件

水位控制条件下，给定 $\zeta_{in}(t)$ 和 $S_{in}(t)$，如没有含沙量垂向分布资料，由进口平均含沙量资料依据张瑞瑾、丁均松等人的研究成果，可得含沙量垂向分布：

$$S_i = \frac{Z' S_{in}(1+Z')}{(1+Z'+\sigma)^2} \tag{5-127}$$

式中：$Z' = \dfrac{0.4\kappa u_*}{\omega_S}$，$\kappa$ 是卡门常数；

S_{in}——进口控制点垂线平均含沙量。

进口各点流速 $\dfrac{\partial U_j}{\partial \xi} = 0$，$V_j = 0$，$W_j = 0$，$P = 0$；紊动能分布 $K = a_k U^2$，$\varepsilon = \dfrac{\kappa^{\frac{3}{2}}}{0.413 z_p}$，$z_p$ 为河底网格点距床面高度。

一般情况下，推移质：$q_b = q_{b*}$。

流量控制条件时，先由公式算出垂线平均流速沿河宽分布，进一步按对数律计算流速沿水深分布：

$$U=\bar{U}\left\{1+\frac{\sqrt{g}}{C\kappa}\left[1+\ln(1+\sigma)\right]\right\} \tag{5-128}$$

其中，$C=\frac{1}{n}H^{\frac{1}{6}}$。

5.3.4.3　下游控制条件

给定控制水位 $\zeta(t)$，$\frac{\partial U}{\partial \xi}=0$，$V=w=0$，$\frac{\partial K}{\partial \xi}=\frac{\partial \varepsilon}{\partial \xi}=\frac{\partial s}{\partial \xi}=\frac{\partial P}{\partial \xi}=\frac{\partial N_b}{\partial \xi}=0$。

5.3.4.4　固壁条件

床面条件：

底部应力 (τ_{bx}，τ_{by}) 由式（5-129）计算：

$$\begin{cases}\tau_{bx}=\rho C_d u_b\sqrt{u_b^2+v_b^2}\\ \tau_{by}=\rho C_d v_b\sqrt{u_b^2+v_b^2}\end{cases} \tag{5-129}$$

由对数壁面律定理，(u_b，V_b) 满足：

$$\frac{u}{u_*}=\frac{1}{\kappa}\ln\frac{z}{z_0} \tag{5-130}$$

其中，$u_*=\sqrt{\tau_b/\rho}$，由此可得：

$$C_d=\left[\frac{1}{\kappa}\ln\left(\frac{z_b}{z_0}\right)\right]^{-2} \tag{5-131}$$

其中，$z_0=\frac{v}{Eu_*}$，E 为床面粗度参数。Cebeci 和 Braclshan (1997) 给出 E 的计算式：

$$E=e^{[\kappa(B-\Delta B)]} \tag{5-132}$$

$$\Delta B=\begin{cases}0 & k_{*s}<2.25\\ \left[B-8.5+\frac{1}{\kappa}\ln k_s^+\right]\sin\left[0.428+\ln k_s^+-0.811\right] & 2.25\leqslant k_{*s}<90\\ B-8.5+\frac{1}{\kappa}\ln k_s^+ & k_{*s}>90\end{cases} \tag{5-133}$$

其中，B=5.2；$k_s^+=u_*k_s/v$,k_s 为河底或河岸粗糙高度。k_s 和床面有关，没有沙波的平整床面 k_s 一般可取 d_{50}，有沙波的床面，k_s 与沙波的形态即沙波高度、沙波长有关。

方红卫和王光谦 (2000) 根据 Schlichting 公式，对于壁函数对数分布公式中 z_0，取 $z_0=k_s/30$，k_s 为粗糙高度，根据李昌华、刘建民的研究，$k_s=(An)^6$，A=19～26，n 为曼宁系数。

E. S. Gross 和 J.R Koseff 等在研究海湾三维盐度场斜压流模型时，根据不同床面条件给出了 z_0 的计算公式，如表 5-6 所示。

对于 z_0 取值，在 S 形弯道水槽三维水流流场计算中，采用$z_0=\frac{v}{Eu_*}$；其中 E=9.0，v 是运动黏性系数。

在天然河道三维水流、泥沙数学模型计算中，采用天然河道动床阻力计算方法，运用李昌华、刘建民的研究成果，计算中 $z_0=k_s/30$，其中 $k_s=\alpha d_{50}$，参数 α 与床面形态有关，图 5-30 为参数 α 与 U/U_c 的关系，U_c 为床面泥沙的起动速度。

壁函数对数分布公式中 z_0 取值 表 5-6

床面条件	判断条件	z_0 取值
光滑床面	$z_0\leqslant\frac{1}{6}\frac{\nu}{u_*}$	$z_0^s\leqslant\frac{\nu}{8.8u_*}$
粗糙床面	$z_0\geqslant\frac{7}{3}\frac{\nu}{u_*}$	$z_0^\nu\leqslant\frac{7}{3}\frac{\nu}{u_*}$
过渡性床面	$\frac{1}{6}\frac{\nu}{u_*}\leqslant z_0\leqslant\frac{7}{3}\frac{\nu}{u_*}$	$z_0'=\frac{1}{13}\left[z_0^\nu\left(\frac{6z_0'u_*}{\nu}-1\right)+z_0^s\left(14-\frac{6z_0'u_*}{\nu}\right)\right]$

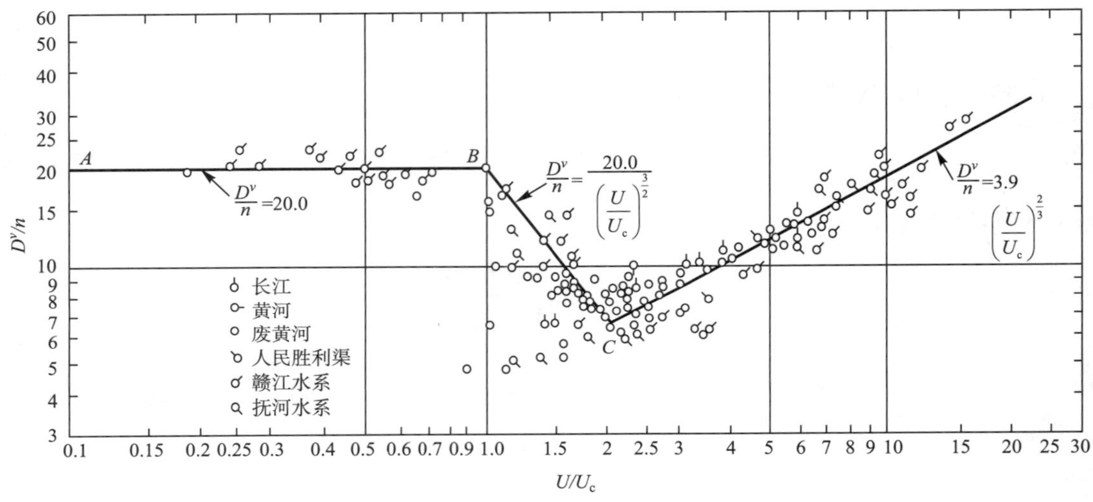

图 5-30 河流阻力关系

根据近壁面紊动 K 和耗散率 ε 平衡假定可得：

$$K=\frac{u_*^2}{C_u^{\frac{1}{2}}}$$
$$\varepsilon=\frac{u_*^3}{kz_p} \tag{5-134}$$

式中：K——紊动动分布；

z_p——近壁距离（m）；

C_u——模型经验参数。

悬沙输运方程床面边界条件：

$$\omega_s S+\varepsilon_s\frac{\partial S}{\partial z}=D_b-E_b \tag{5-135}$$

计算中考虑不平衡输沙，取：

$$D_b-E_b=\pi\omega_s(S_b-\pi_c S_{b*}) \tag{5-136}$$

式中：S_b——近底含沙量（kg/m³）；

S_{b*}——近底挟沙能力（kg/m³）。

数值计算中，近底层床面泥沙交换边界条件处理如图 5-31 所示。

在已知近底层第二点含沙量s_2时，可得：

$$\omega_s S_b+\omega_s\frac{\partial S_b}{\partial z}=\pi\omega_s\left(S_b-\pi_c S_{b*}\right) \tag{5-137}$$

$$\varepsilon_s\frac{\partial S_b}{\partial z}=(\pi-1)\omega_s S_b-\pi\pi_c\omega_s S_{b*} \tag{5-138}$$

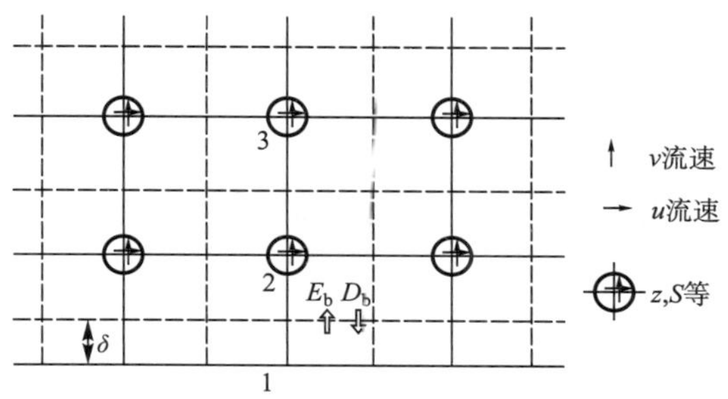

图 5-31　近底网格布置

积分可得：

$$\frac{s_b+\dfrac{\pi\pi_c}{1-\pi}s_{b*}}{s_2+\dfrac{\pi\pi_c}{1-\pi}s_{b*}}=e^{\frac{1-\pi}{\varepsilon_s}\omega_s(z_2-\delta_b)} \tag{5-139}$$

$$s_b=s_2e^{\frac{1-\pi}{\varepsilon_s}\omega_s(z_2-\delta_b)}+\frac{\pi\pi_c}{1-\pi}s_{b*}\left[e^{\frac{1-\pi}{\varepsilon_s}\omega_s(z_2-\delta_b)}-1\right] \tag{5-140}$$

$\pi\to1$时，$\dfrac{\pi\pi_c}{1-\pi}s_{b*}\left[e^{\frac{1-\pi}{\varepsilon_s}\omega_s(z_2-\delta_b)}-1\right]$为$\dfrac{0}{0}$型，由洛必达法则可求出：

$$s_b=s_2+\pi_c\frac{\omega_s}{\varepsilon_s}(z_2-\delta_b)s_{b*} \tag{5-141}$$

由式(5-141)将底部含沙量和近计算网格底层点含沙量联系起来，在求解悬沙输移方程中，底部泥沙通量边界条件可扩展为：

$$\omega_s s_b+\omega_s\frac{\partial s}{\partial z}=\pi\omega_s\left(s_b-\pi_c s_{b*}\right)=\pi\omega_s\left\{s_2e^{\frac{1-\pi}{\varepsilon_s}\omega_s(z_2-\delta_b)}+\frac{\pi\pi_c}{1-\pi}\left[e^{\frac{1-\pi}{\varepsilon_s}\omega_s(z_2-\delta_b)}-\frac{1}{\pi}\right]s_{b*}\right\} \tag{5-142}$$

$$\pi\to1\text{时，}\ \omega_s s_b+\omega_s\frac{\partial s}{\partial z}=\omega_s\left(s_b-\pi_c s_{b*}\right)=\omega_s\left[s_2+\pi_c\frac{\omega_s}{\varepsilon_s}\left(z_s-\delta_b-\frac{\varepsilon_s}{\omega_s}\right)s_{b*}\right] \tag{5-143}$$

关于近底层水体挟沙能力s_{b*}的研究，1950 年，Einstein 在研究推移质输沙率时给出床面层阶面上的浓度含沙量C_b的计算：

$$C_b=\frac{1}{11.6}\frac{q_b}{au'_*} \tag{5-144}$$

其中，$a=2d$，u'_*为床面沙粒摩阻流速，$u'_*=\sqrt{g\bar{U}}/C'$，$\bar{U}$为水深平均流速，

$$C'=18\log\left(\frac{12R_b}{3d_{90}}\right) \tag{5-145}$$

Engelund 和 Freds(1976) 依据 Einstein 的思路，研究了近底层含沙量：

$$C_{\mathrm{b}}=\frac{C_0}{\left(\frac{H_1}{\lambda}\right)^3} \tag{5-146}$$

Smith 和 Mclean 于 1977 年定义沉降层顶面上泥沙浓度：

$$C_{\mathrm{b}}=\frac{0.65\gamma_0 T}{1+\gamma_0 T} \tag{5-147}$$

其中，γ_0 为常数，$\gamma_0=2.4\times10^{-3}$。

$$T=\frac{\theta'-\theta_{\mathrm{c}}}{\theta_{\mathrm{c}}} \tag{5-148}$$

其中，$\theta'=\dfrac{u_*'^2}{\left(\dfrac{\rho_{\mathrm{s}}-\rho}{\rho}\right)gd}$，$\theta'$ 为沙粒起动托力，θ_{c} 为泥沙起动 Shields 参数。

目前，三维水流泥沙数学模型最常见的近底层含沙量浓度 C_{b} 是由 Van Rijn 于 1984 年提出的：

$$C_{\mathrm{b}}=0.015\frac{d_{50}T^{1.5}}{aD_*^{0.3}} \tag{5-149}$$

其中，$D_*=d_{50}\left[\dfrac{g(\rho_{\mathrm{s}}-\rho)}{\rho v^2}\right]^{\frac{1}{3}}$。

J.A Zyserman 和 Freds 从 Garcis，Parker 近底含沙量公式出发，分析大量资料给出了近底含沙量计算公式：

$$C_{\mathrm{b}}=\frac{0.331(\theta'-0.45)^{1.75}}{1+\dfrac{0.331}{0.46}(\theta'-0.45)^{1.75}} \tag{5-150}$$

三维方程求解过程中底沙的输沙能力计算，应尽可能和底部切应力相联系，能真实地反映底部水流运动对输沙的影响，平均流速往往不能反映近底层泥沙运动方向，采用 Van Rijn（1987 年）提出的推移质输沙能力公式：

$$q_{\mathrm{b}*}=0.053\left(\frac{\rho_{\mathrm{s}}-\rho}{\rho}g\right)^{0.5}\frac{d_{50}^{1.5}T^{2.1}}{D_*^{0.3}} \tag{5-151}$$

对于岸边界，采用计算变量法向梯度为零，

$$\frac{\partial P}{\partial n}=\frac{\partial \xi}{\partial n}=\frac{\partial s}{\partial n}=\frac{\partial N_{\mathrm{b}}}{\partial n}=\frac{\partial K}{\partial n}=\frac{\partial \varepsilon}{\partial n}=0 \tag{5-152}$$

5.3.4.5　自由表面条件

在 $(\xi,\ \eta,\ \sigma)$ 坐标系，自由面：$W_\sigma=0$

即：

$$w-\frac{\partial \zeta}{\partial t}-\frac{1}{J}(U\zeta_\xi+V\zeta_\zeta)=0 \tag{5-153}$$

运动边界条件：

$$w=\frac{\partial\zeta}{\partial t}+\frac{1}{J}(U\zeta_{\xi}+V\zeta_{\zeta}) \tag{5-154}$$

自由表面动水压力：$P=0$

$$\frac{\partial U}{\partial\sigma}=\frac{\partial V}{\partial\sigma}=\frac{\partial k}{\partial\sigma}=\frac{\partial s}{\partial\sigma}=0 \tag{5-155}$$

对于耗散率：

$$\varepsilon=\frac{a\kappa^{1.5}}{H} \tag{5-156}$$

其中，根据 Celik 建议，κ 为卡门常数，H 为水深，a 为经验常数，a=5.45。

5.3.4.6　动量插值

由于采用非交错网格，为避免波动压力场，交界面流速采用动量插值计算公式，这样对 ξ 向 P、E 节点之间交界面 e 处流速 U_e：

$$U_e=\overline{\overline{U}}+C_e(P_\xi)_e+A_eU_e^n-\overline{CP_\xi}-\overline{AU^n} \tag{5-157}$$

式中：$\overline{\overline{U}}=(1-f^+)U_P+f^+U_E$，$f^+$ 为线性插值计算因子 $f^+=d_{Pe}/d_{PE}$，d_{PE} 为 P、E 两节点之间距离，d_{Pe} 为 P 节点到交界面 e 处的距离，$\overline{CP_\xi}=(1-f^+)C_P(P_\xi)_P+f^+C_E(P_\xi)_E$，$C_P=-(\alpha H\Delta\xi\Delta\eta\Delta\sigma/a_P)_P$，$C_E=-(\alpha H\Delta\xi\Delta\eta\Delta\sigma/a_P)_E$，$(P_\xi)_P=(P_\xi+\rho g\zeta_\xi)_P$，$A_P=(a_{*P}/a_P)_P$。

5.3.5　数值模型的验证

5.3.5.1　S 形弯道三维水流数值模拟

此处用非交错曲线网格三维水流数值模型计算同一条件下 S 形弯道三维水流运动，计算网格节点为 113×24×11，垂向水体共分 10 层平面，计算网格如图 5-32 所示，计算时步长 Δt=0.15。

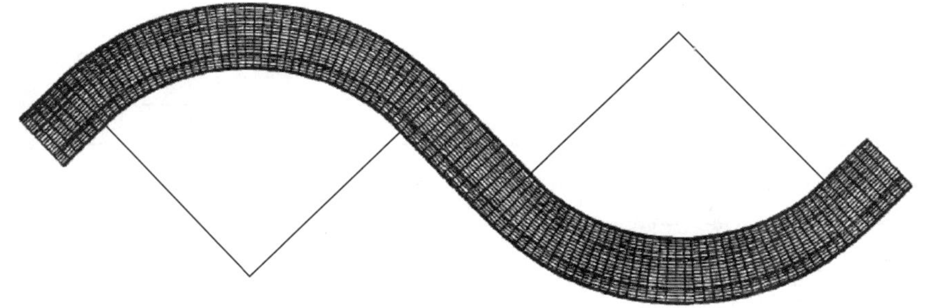

图 5-32　S 形弯道计算网格

图 5-33 反映了 S 形弯道表、中、近底 3 层流场，表层水流主流流向指向弯道，凸岸近岸流速减小；中间层流场和二维数值模型基本一致；近底层流场表现为水流主流流向指向弯道凸岸，水流对床面泥沙作用力的方向和水流方向一致。图 5-34 反映了弯道横断面环流特征，表层水流由凸岸指向凹岸，底层水流由凹岸指向凸岸，反映了弯道泥沙由凹岸向凸岸输移的动力条件。图 5-35 表明断面各点纵、横向流速沿水深分布的计算值和水槽试验的实测值基本吻合，说明了本计算模式是合理的，非正交非交错曲线网格布置的计算方法有效。

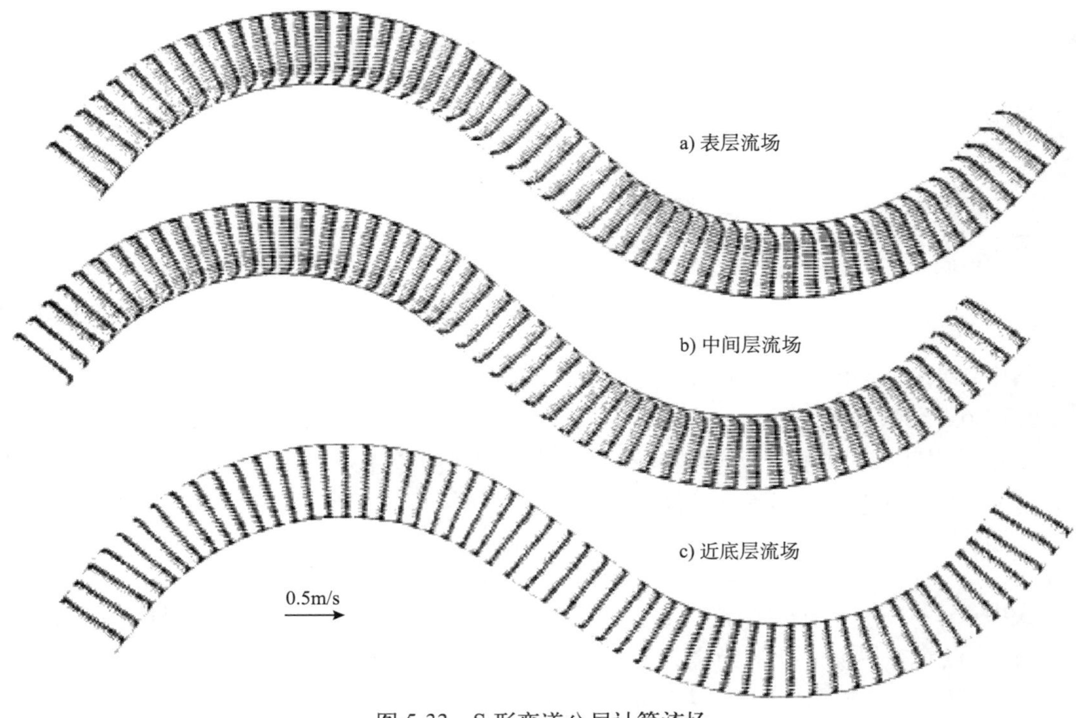

图 5-33　S 形弯道分层计算流场

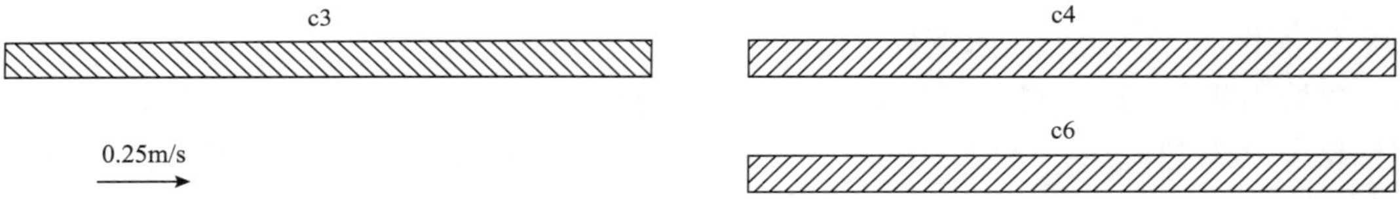

c3

c4

0.25m/s

c6

图 5-34　断面横向环流流态

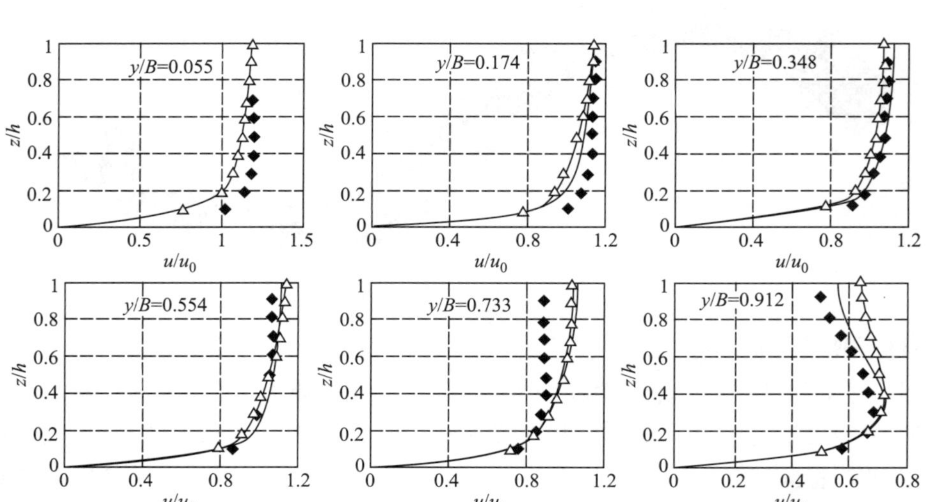

图　5-35

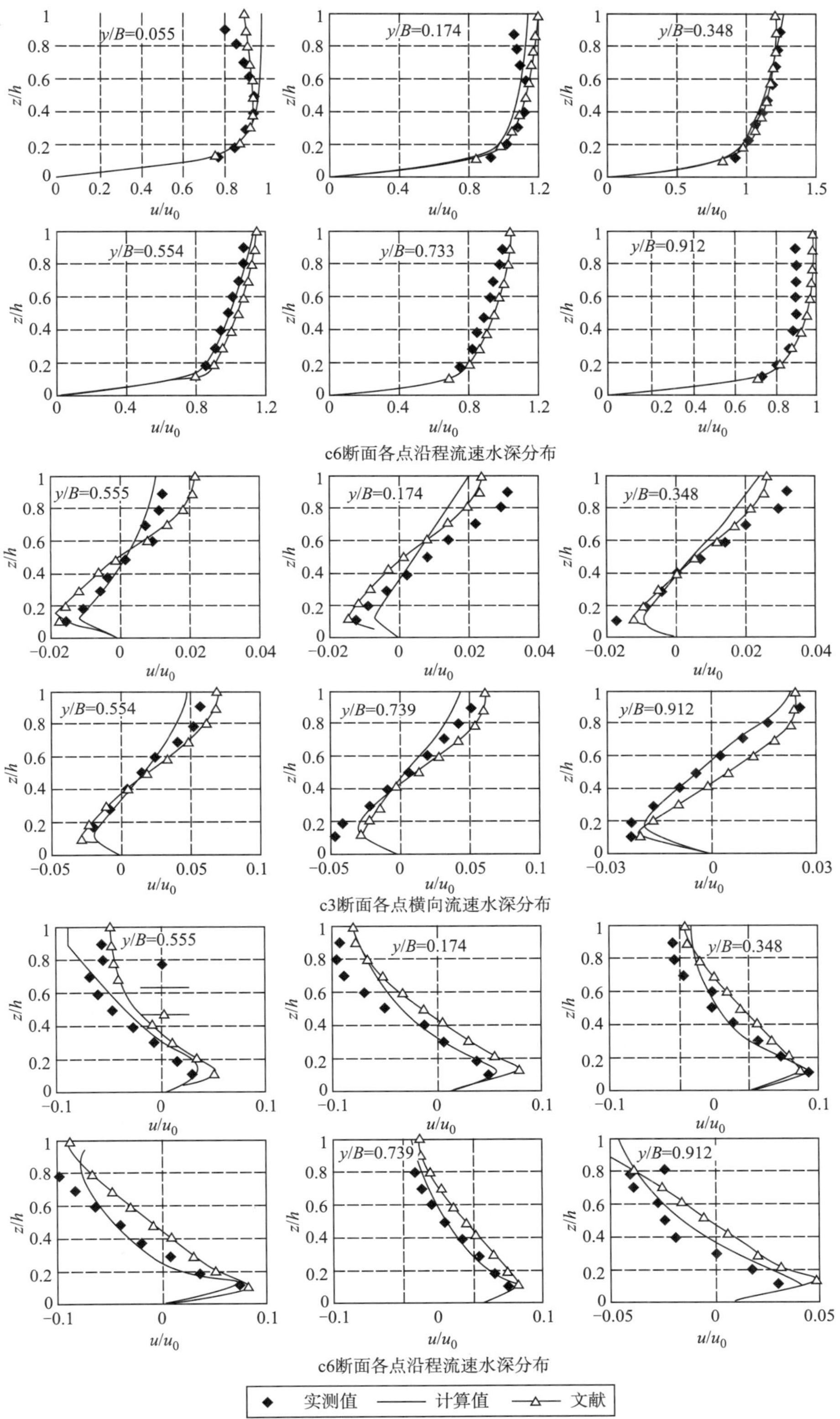

图 5-35 断面各点纵、横向流速沿水深分布的计算值和实测值对比

由图可知，三维计算结果基本反映出三维弯道水流的运动特性，揭示出弯道水流的底部流向和表层流向交错的重要特征，这是二维模型不能反映的，也是弯道产生泥沙横向输移的重要动力。三维水流泥沙数值模型在模拟弯道水流时明显地优于二维模型。

5.3.5.2 单纯冲刷水槽试验的数值计算

Van Rijn 1981 年关于清水来流引起泥沙床面冲刷上扬，直至形成稳定含沙浓度分布的水槽试验研究，如图 5-36 所示。

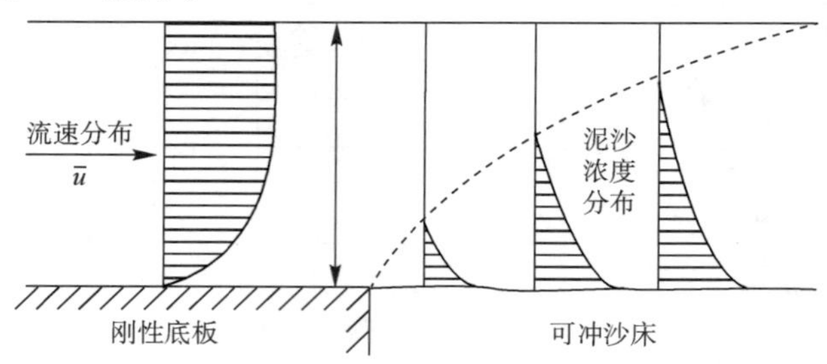

图 5-36 清水床面冲刷试验

试验水槽长 30m，宽 0.5m，高 0.7m，试验水深 h=0.25m，平均流速 u=0.67m/s，床面泥沙组成 d_{30}=0.23mm，d_{90}=0.32mm。Van Rijn 等分别利用该组试验资料验证和率定了各自的数值模型，验证计算中选用代表泥沙粒径 d=0.2mm，其相应沉速 ω_S=0.022m/s，有效床面切力 τ'= 1.2N/m^2，床面粗糙高度 K_s=0.01m。本书利用已建立的水流泥沙模型，给定进口对数流速分布，含沙量为零。计算结果和水槽试验资料对比如图 5-37 所示。

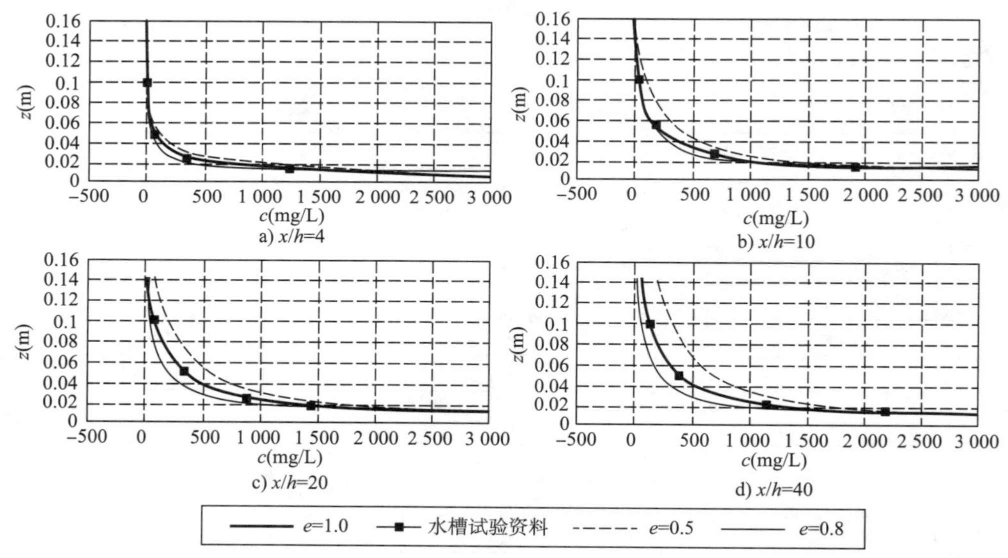

图 5-37 计算结果和水槽试验资料对比

上述数值计算反映了清水冲刷条件下床面泥沙冲刷上扬直到形成平衡状态时，沿程含沙量沿水深分布的情况，$e=\sigma_c$ 为 Schmidt 数。图 5-37 表明当 e=0.5 时，泥沙扩散系数 ε_s 为水流紊动黏性系数 v_t 的 2 倍，计算含沙量沿水深分布大于实测值；e=1 时，泥沙扩散系数 $\varepsilon_s=v_t$，计算含沙量沿水深分布较实测值小；当 e=0.8 时，计算值和水槽试验资料吻合较好。

其中 Schmidt 数 σ_c 取 0.8。

5.3.5.3 纯淤积水槽试验数值计算

选择 Wing 和 Ribberink (1986) 的水槽试验资料验证纯淤积条件下数学模型计算结果。图 5-38 为水槽试验。在试验水槽上游进口断面加沙，多孔床面捕捉沉降泥沙，近底泥沙沉降通量为 $\omega_s C_b$，上扬通量几乎为零。本次验证计算选用其中一组试验资料为：试验水深 h=0.215m，平均流速 u=0.56m/s，泥沙特性粒径为 d_{10}=0.075mm，d_{50}=0.95mm，d_{90}=0.010 5mm，在数模计算中 Van Rijn、Lin 和 Falcoroer (1996) 建议按均匀沙考虑，其泥沙粒径沉降速度 ω_S=0.006 5m/s，床面粗糙高度 K_s=0.002 5m，摩阻流速 U^*=0.006 5m/s，计算进口含沙量条件由水槽实测资料给出，图 5-39 为计算值和水槽试验资料的对比。

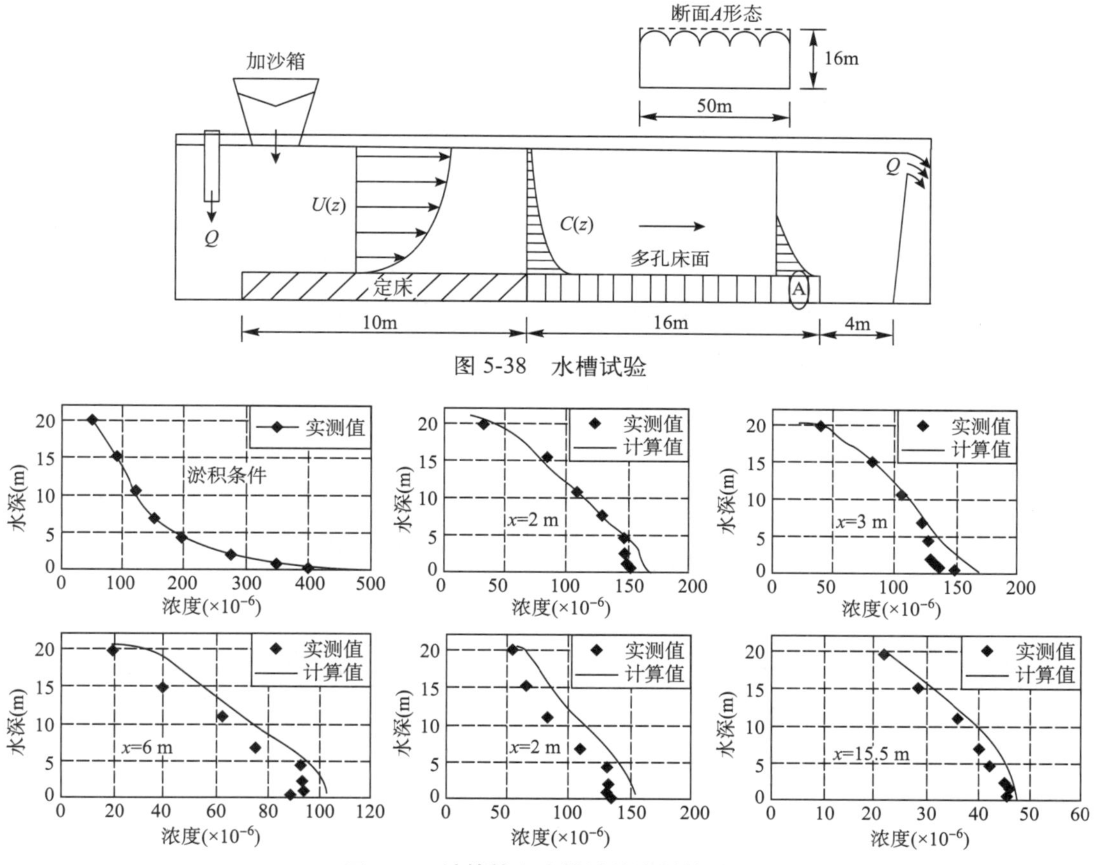

图 5-38 水槽试验

图 5-39 计算值和水槽试验资料的对比

计算表明，单纯淤积条件下，进口下游 x=6～12m 断面，沿水深含沙量计算值较实测值偏大，这和 Lin 和 Falcoroer 于 1996 年以及吴卫明计算结果相当，进口附近和远区计算结果与水槽资料基本吻合。

5.3.5.4 长江南京大胜关—西坝分汊河段三维水流泥沙数值模型计算实例

（1）河段概况

南京河段上起梅子洲分汊前大胜关，下至八卦洲尾西坝，全长约 34km。由 2 个江心洲和 3 个束窄段组成，进口主流傍右岸进入梅子洲分汊河段，梅子洲左汊为主汊，顺直、宽浅，平均河宽为1.3km，主流由梅子洲洲头逐渐向大江北岸过渡，梅子洲为附近江中出现潜洲，潜洲洲头在梅子洲尾上游3km左右，而潜洲尾则在梅子洲尾下游1.5km附近，潜洲和梅子洲尾交错并列。梅子洲左汊流量约占长江总流量的95%，其中潜洲左汊占梅子洲左汊流量约85%，潜洲右汊为夹江，长期稳定，平均河宽350m左右。水流出梅子洲和潜洲后，沿左岸进入本河段第二束窄段，该束窄段左岸为浦口，右岸是下关，为人工控制河段，河宽平均约1.2km。该处有南京长江大桥跨越，经南京长江大桥后，主流居中偏左进入八卦洲分汊前的展宽过渡段，该处深槽偏左岸，右岸有上元门边滩依附。主流绕八卦洲洲头鱼嘴后，进入右汊草鞋峡捷水道，该水道为主汊，宽浅顺直，两岸依附有交错边滩，分流量占长江总过水流量的81%左右；左汊宝塔水道为鹅头形弯道，阻力大，流量小，分流比为19%。至天河口汇流，长江主流流向由原来的NE走向转为EW走向。

（2）计算基本资料

选用1998年比例尺1：10 000的河道地形图。计算验证资料选用与地形基本一致的1998年7月实测水文、泥沙资料，观测水位站和测流测沙断面布置如图5-40所示。计算两级进口流量分别为Q_{in}=78 000m^3/s（下游控制水位z_{out}=7.15m）和Q_{in}=44 000m^3/s（下游控制水位z_{out}=4.85m）。糙率系数n参考物理模型试验成果，$n=n_1+n_2/H$，n_2=0.003，鉴于八卦洲左汊和梅子洲右汊河床床沙质较细，两者主汊稍粗，通过数值模型验证调试，采用八卦洲左汊和梅子洲右汊n_1=0.015，而大江主流n_2=0.023。露滩采取控制单元冻结法处理，对于露滩控制体积计算单元，令计算过程中因变量保持不变，即流速分量为零。该方法简单方便，有效地反映出露滩边界的变动情况。按非恒定流计算方法逼近，取Δt=2.0s。

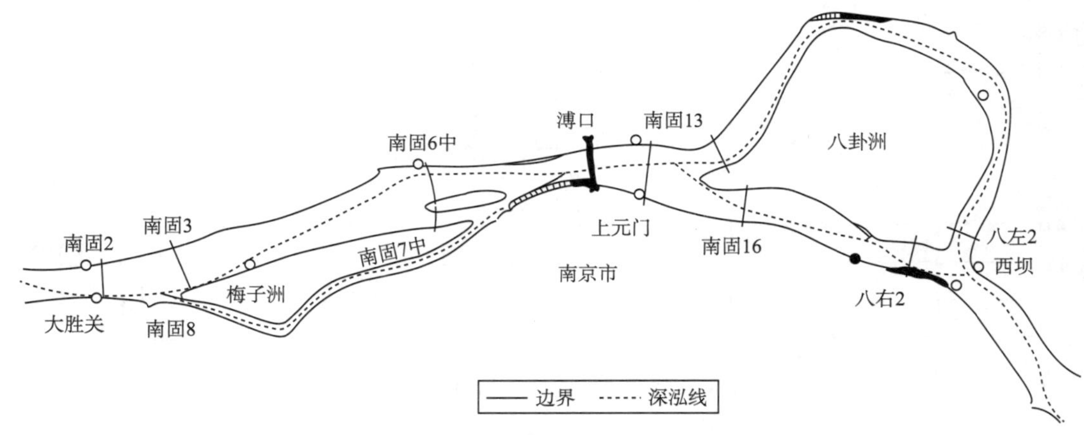

图5-40　长江南京河段及测量断面示意图

计算过程中，S_{in}取S_*或采用：$S_{b*}=\dfrac{6Z'}{1-e^{-6Z'}}\cdot S_*$，$Z'$为悬浮指数。泥沙输移计算中，取系数$\alpha$=1.0，$\sigma_S$=0.7。

（3）水位、流速和含沙量验证

两级流量情况下，左、右岸沿程测点水位计算值和实测值比较见图5-41，数值模型计算的水位值和实测水位值基本吻合。图5-42给出各断面（流速沿水深分布）验证图。数值模型计算结果较准确地反映出天然水流运动。

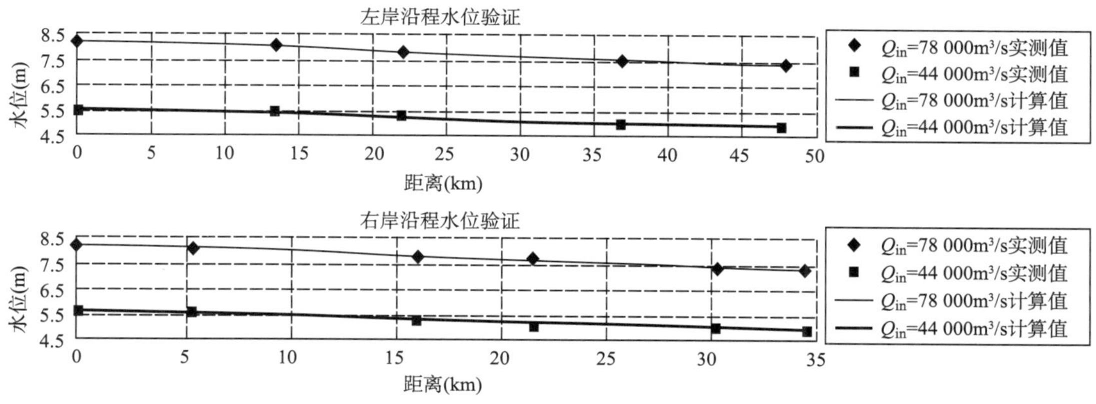

图 5-41　沿程水位验证

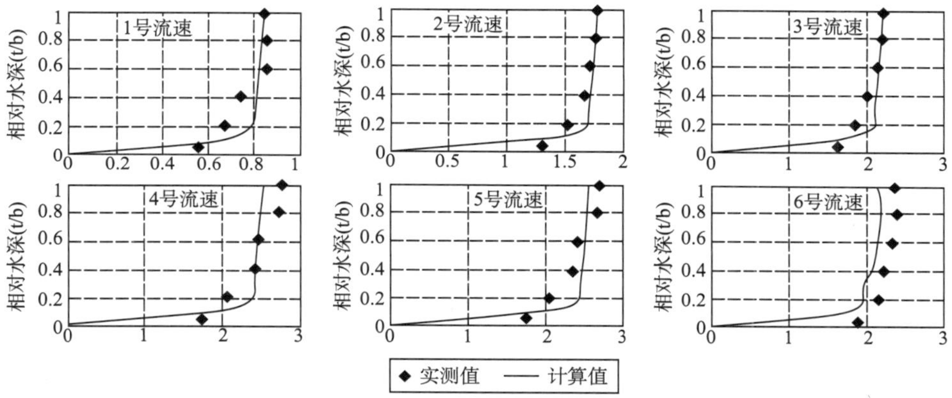

图 5-42　Q=78 000m^3/s 条件下南固 2 断面各垂线流速分布计算与实测比较

图 5-43 为 Q=78 000m^3/s 断面各垂线含沙量沿水深分布验证图。计算结果表明，计算含沙量、各汊分沙比和天然实测值基本一致。可见，本书建立的三维水流泥沙数学模型较好地模拟了天然三维水流运动和泥沙输移。全河段表层与近底部含沙量场等值线见图 5-44。

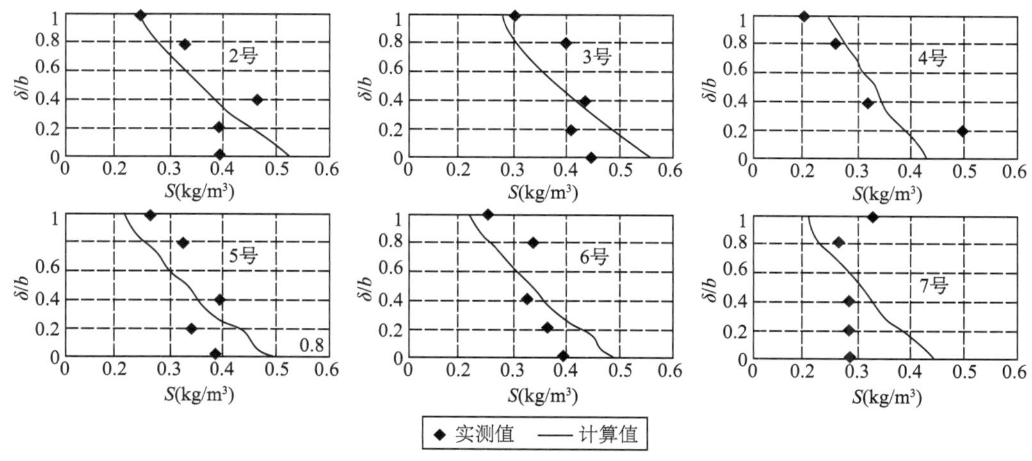

图 5-43　Q=78 000m^3/s 条件下南固 2 断面测点含沙量分布计算与实测比较

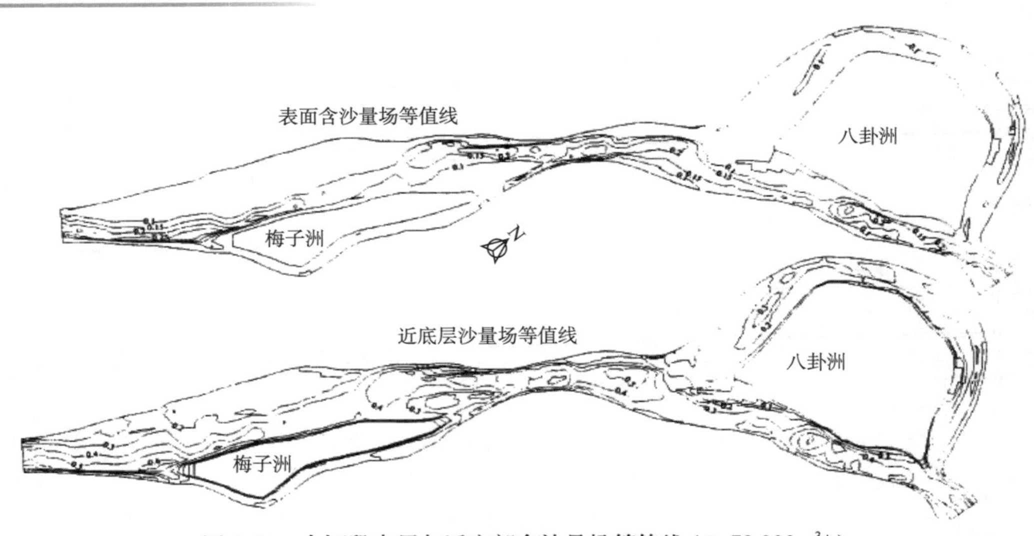

图 5-44 全河段表层与近底部含沙量场等值线 (Q=78 000m^3/s)

5.3.6 小结

（1）利用平面曲线拟合坐标和垂向坐标转换关系导出新坐标系三维水流泥沙运动基本方程。给出相应定解条件，采用非交错网格将所有计算变量和相关参数布置于同一控制体的中心节点，使得离散求解和插值运算量简化。采用动量插值计算控制体积交界面流速，成功地避免了压力波动问题。自由面水位按 SIMPLER 水位方程结合水深积分动量方程求解。这样，用压力校正法求解出动水压力和三维流场。紊动黏性系数由 $K-\varepsilon$ 紊流模型计算确定。三维悬沙输运方程和推移质不平衡输移方程经控制体积离散后由 TDMA 迭代求解。河床变形方程可直接离散求解。建立综合的非交错曲线网格三维水流泥沙数值模型。

（2）在验证的基础上，对天然宽阔水域水体运动的数值模拟，在静水压力假定的基础上给出三维水流简化模型。通过对天然河道三维水流运动的模拟计算和实测资料对比验证，较好地反映出该模型的有效性。运用三维水流泥沙数值模型计算南京分汉河段三维水流运动和泥沙输运，结果与 1998 年该河段实测水文、泥沙资料基本吻合。运用该模型成功地模拟了感潮河道水流运动和泥沙输移。

5.4 基于 FVCOM 的三维水沙数学模型

本模型采用三维、自由表面、非结构有限体积流场—波浪—泥沙耦合模型，垂向采用 sigma 坐标系。模型中使用改进后的 Mellor–Yamada 2.5 阶紊流闭合模型和 Smagorinsky 公式分别计算垂向与水平涡黏性系数，采用模分离技术求解动量方程。与有限差分和有限元模型不同，它通过对控制方程在每个非结构的控制体积上进行积分求解，从而得到一组离散方程，通过求解方程得到网格点上的变量。这种方法不仅结合了有限元的网格易曲性与有限差分的计算效率，而且能够保证动量、体积、温盐在整个计算区域的积分守恒。该模型基于 Fortran 90/95 标准，且在 MPI (Message Passing Interface) 的框架下实现计算并行化，可以在共享内存及分布式内存多计算节点的高性能计算机上实现并行快速模拟。

5.4.1 三维水动力数值模型描述

水动力模型包含波浪模块和水流模块。波浪模块通过波能守恒方程求解不规则地形上的波浪要素。水流模块基于于 FVCOM 数值模型并进行一些修改。

5.4.1.1 水流模块

在采用 Boussinesq 近似和静压假定的三维原始方程基础上，通过扩展包含了波浪效应。该模块基于现有 FVCOM 模型，模型中包含表面风应力、表面热通量、淡水通量以及底部应力的计算，采用双方程紊流闭合模型求解涡黏系数。

在垂向上采用 sigma 坐标，在水平上采用无重合的非结构网格。动量方程如下：

$$\frac{\partial UD}{\partial t}+\frac{\partial U^2D}{\partial x}+\frac{\partial UVD}{\partial y}+\frac{\partial U\omega}{\partial \varsigma}-fVD+gD\frac{\partial \eta}{\partial x}+\frac{D}{\rho_0}\frac{\partial P}{\partial x}$$
$$=\frac{\partial}{\partial \varsigma}\left(\tau_{\mathrm{px}}+\tau_{\mathrm{tx}}\right)+\frac{\partial}{\partial x}\left(2A_{\mathrm{m}}H\frac{\partial U}{\partial x}\right)+\frac{\partial}{\partial y}\left[A_{\mathrm{m}}H\left(\frac{\partial U}{\partial y}+\frac{\partial V}{\partial x}\right)\right]+R_{\mathrm{x}} \tag{5-158}$$

$$\frac{\partial VD}{\partial t}+\frac{\partial UVD}{\partial x}+\frac{\partial V^2D}{\partial y}+\frac{\partial V\omega}{\partial \varsigma}+fUD+gD\frac{\partial \eta}{\partial y}+\frac{D}{\rho_0}\frac{\partial P}{\partial y}$$
$$=\frac{\partial}{\partial \varsigma}\left(\tau_{\mathrm{py}}+\tau_{\mathrm{ty}}\right)+\frac{\partial}{\partial y}\left(2A_{\mathrm{m}}H\frac{\partial V}{\partial y}\right)+\frac{\partial}{\partial x}\left[A_{\mathrm{m}}H\left(\frac{\partial U}{\partial y}+\frac{\partial V}{\partial x}\right)\right]+R_{\mathrm{y}} \tag{5-159}$$

$$\frac{\partial P}{\partial \varsigma}+\rho Dg=0 \tag{5-160}$$

连续方程为：

$$\frac{\partial DU}{\partial x}+\frac{\partial DV}{\partial y}+\frac{\partial \omega}{\partial \varsigma}+\frac{\partial \eta}{\partial t}=0 \tag{5-161}$$

物质输运方程为：

$$\frac{\partial UC}{\partial t}+\frac{\partial UDC}{\partial x}+\frac{\partial VDC}{\partial y}+\frac{\partial \omega DC}{\partial \varsigma}=\frac{1}{D}\frac{\partial}{\partial \varsigma}\left(K_{\mathrm{h}}\frac{\partial C}{\partial \varsigma}\right)+\frac{\partial}{\partial x}\left[A_{\mathrm{h}}H\frac{\partial C}{\partial x}\right]-\frac{\partial}{\partial y}\left[A_{\mathrm{h}}H\frac{\partial C}{\partial y}\right]+C_{\mathrm{source}} \tag{5-162}$$

上述式中：U、V——x 和 y 方向的速度；

f——科氏常数；

ω——垂直于 sigma 面的垂向速度，垂向 sigma 坐标 $(z-\eta)/D$ 从底层 $\varsigma=-1$ 变化到表层 $\varsigma=0$，z 为垂直向上的坐标，$z=0$ 为平均水面所在位置；

η——波周期平均的自由水面；

D——总水深，$D=H+\eta$；

H——平均水面到底床的距离；

P——压力；

ρ、ρ_0——海水总密度和参照密度；

g——重力加速度；

τ_{tx}、τ_{ty}、τ_{px}、τ_{py}——紊动和风压力在 x、y 方向上产生的应力项；

K_h——垂向涡黏系数；

A_m、A_h——水平涡黏系数及扩散系数，它们由 Smagorinsky 涡黏模型求解；

C——传输物质，如温度、盐度等；

C_{source}——源汇项；

R_x、R_y——由表面波浪导致的波浪辐射应力。

$$\begin{cases} R_x = -D\left(\dfrac{\partial S_{xx}(\varsigma)}{\partial x}+\dfrac{\partial S_{xy}(\varsigma)}{\partial y}\right)+\varsigma\left(\dfrac{\partial D}{\partial x}\dfrac{\partial S_{xx}}{\partial \varsigma}+\dfrac{\partial D}{\partial y}\dfrac{\partial S_{xy}}{\partial \varsigma}\right) \\ R_y = -D\left(\dfrac{\partial S_{yx}(\varsigma)}{\partial x}+\dfrac{\partial S_{yy}(\varsigma)}{\partial y}\right)+\varsigma\left(\dfrac{\partial D}{\partial x}\dfrac{\partial S_{yx}}{\partial \varsigma}+\dfrac{\partial D}{\partial y}\dfrac{\partial S_{yy}}{\partial \varsigma}\right) \end{cases} \tag{5-163}$$

其中，

$$\begin{cases} S_{xx}(\varsigma) = E_T\dfrac{k[\cosh 2k(1+\varsigma)D+1]}{\sinh 2kD}\cos^2\bar{\theta} - E_T\dfrac{k[\cosh 2k(1+\varsigma)D-1]}{\sinh 2kD}+E_D \\ S_{yy}(\varsigma) = E_T\dfrac{k[\cosh 2k(1+\varsigma)D+1]}{\sinh 2kD}\sin^2\bar{\theta} - E_T\dfrac{k[\cosh 2k(1+\varsigma)D-1]}{\sinh 2kD}+E_D \\ S_{xy}(\varsigma) = S_{yx}(\varsigma) = E_T\dfrac{k[\cosh 2k(1+\varsigma)D+1]}{\sinh 2kD}\sin\bar{\theta}\cos\bar{\theta} \end{cases} \tag{5-164}$$

式中：$\bar{\theta}$——波浪相对于正东方向的传播主方向，$\bar{\theta} = \tan^{-1}\int_{-\pi}^{\pi} E_\theta \sin\theta \mathrm{d}\theta / \int_{-\pi}^{\pi} E_\theta \cos\theta \mathrm{d}\theta$；

E_θ——θ 方向上波能；

E_T——单位水面下的波浪能量；

E_D——修改后的 δ 函数，它在 $\zeta \neq 0$ 时等于 0 且$\int_{-1}^{0} E_D D \mathrm{d}\varsigma = E/2$。

$k_\alpha = k(\cos\bar{\theta}, \sin\bar{\theta})$ 为波数向量且 $k=|k_\alpha|$。

这些方程通过求解紊动动能和紊动混合长度的方程进行闭合。

$$\begin{aligned} &\frac{\partial q^2 D}{\partial t}+\frac{\partial U q^2 D}{\partial x}+\frac{\partial V q^2 D}{\partial y}+\frac{\partial \omega q^2}{\partial \varsigma} = \frac{\partial}{\partial \varsigma}\left[\frac{K_q}{D}\frac{\partial q^2}{\partial \varsigma}\right]+\frac{2K_m}{D}\left[\left(\frac{\partial U}{\partial \varsigma}\right)^2+\left(\frac{\partial V}{\partial \varsigma}\right)^2\right]+ \\ &2\left(\tau_{px}\frac{\partial U}{\partial \varsigma}+\tau_{py}\frac{\partial V}{\partial \varsigma}\right)-\frac{2Dq^3}{B_1 l}+\frac{2g}{\rho_0}K_h\frac{\partial \tilde{\rho}}{\partial \varsigma}+\frac{\partial}{\partial x}\left(DA_h\frac{\partial q^2}{\partial x}\right)+\frac{\partial}{\partial y}\left(DA_h\frac{\partial q^2}{\partial y}\right) \end{aligned} \tag{5-165}$$

$$\begin{aligned} &\frac{\partial q^2 l D}{\partial t}+\frac{\partial U q^2 l D}{\partial x}+\frac{\partial V q^2 l D}{\partial y}+\frac{\partial \omega q^2 l}{\partial \varsigma} = \frac{\partial}{\partial \varsigma}\left[\frac{K_q}{D}\frac{\partial q^2 l}{\partial \varsigma}\right]+E_1 l\left(\frac{K_m}{D}\left[\left(\frac{\partial U}{\partial \varsigma}\right)^2+\left(\frac{\partial V}{\partial \varsigma}\right)^2\right]+\right. \\ &\left.\left(\tau_{px}\frac{\partial U}{\partial \varsigma}+\tau_{py}\frac{\partial V}{\partial \varsigma}\right)+E_3\frac{g}{\rho_0}K_h\frac{\partial \tilde{\rho}}{\partial \varsigma}\right)-\frac{Dq^3}{B_1}\tilde{W}+\frac{\partial}{\partial x}\left(DA_h\frac{\partial q^2 l}{\partial x}\right)+\frac{\partial}{\partial y}\left(DA_h\frac{\partial q^2 l}{\partial y}\right) \end{aligned} \tag{5-166}$$

式中：$\tilde{W} = 1+E_2 l^2/(\kappa L)^2$——墙近似函数，$\kappa$=0.4 为卡门常数，$L^{-1}=(\eta-z)^{-1}+(H+z)^{-1}$；

E_1、E_3、B_1——模型闭合常数；

K_m——垂向涡黏系数；

K_q——紊动动能的垂向涡扩散系数；

q^2——紊动能量；

$\frac{\partial\tilde{\rho}}{\partial\varsigma}=\frac{\partial\rho}{\partial\varsigma}-c_s^{-2}\frac{\partial P}{\partial\varsigma}$，$c_s$ 为声速；

l——紊动混合长度；

τ_p——波浪压应力项。

5.4.1.2 波浪模块

通过修改动量方程来考虑波浪的作用时，需要用到一些波浪要素，如波能、波传播方向及波长等。此外，底部边界条件及紊流模型也需要一些波浪要素，如波周期、底部速度、波能耗散等。这里对建立的非结构网格风浪模型进行简要描述，基本控制方程如下：

$$\frac{\partial E_\theta}{\partial t}+\frac{\partial}{\partial x_\alpha}\left[(\overline{c}_{g\alpha}+\overline{u}_{A\alpha})E_\theta\right]+\frac{\partial}{\partial\theta}\left[\overline{c}_\theta E_\theta\right]+\int_{-1}^{0}\overline{S}_{\alpha\beta}\frac{\partial U_\alpha}{\partial x_\beta}D\mathrm{d}\varsigma=S_{\theta\mathrm{in}}-S_{\theta\mathrm{Sdis}}-S_{\theta\mathrm{Bdis}} \tag{5-167}$$

水平坐标用 $x_\alpha=(x,y)$ 表示。变量上面的一横代表谱平均。方程（5-167）的前两项决定波能在时间和空间上传播，第三项为折射项，第四项包含了波浪辐射应力项$\overline{S}_{\alpha\beta}$，可表示为：

$$\int_{-1}^{0}\overline{S}_{\alpha\beta}\frac{\partial U_\alpha}{\partial x_\beta}D\mathrm{d}\varsigma=E_\theta D\left[\cos^2\theta\int_{-1}^{0}\frac{\partial U}{\partial x}F_1\mathrm{d}\varsigma-\int_{-1}^{0}\frac{\partial U}{\partial x}F_2\mathrm{d}\varsigma+\cos\theta\sin\theta\int_{-1}^{0}\left(\frac{\partial U}{\partial y}+\frac{\partial V}{\partial x}\right)F_1\mathrm{d}\varsigma+\sin^2\theta\int_{-1}^{0}\frac{\partial V}{\partial y}F_1\mathrm{d}\varsigma-\int_{-1}^{0}\frac{\partial V}{\partial y}F_2\mathrm{d}\varsigma\right] \tag{5-168}$$

其中，$F_1=E_T^{-1}\int_0^\infty E_\sigma(k/k_p)F_{CS}F_{CC}\mathrm{d}\sigma$，$F_2=E_T^{-1}\int_0^\infty E_\sigma(k/k_p)F_{SC}F_{SS}\mathrm{d}\sigma$，$\sigma$ 为固有频率，k_p 为谱峰高频率时的波数；$E_\theta=\int_0^\infty E_{\sigma,\theta}(x,y,t,\sigma,\theta)\mathrm{d}\sigma$ 为某一方向上的波能（除以水体密度），θ 为波浪相对于正东方向上的传播方向；$E_\sigma=\int_{-\pi}^{\pi}E_{\sigma,\theta}\mathrm{d}\theta$，$E_T=\int_{-\pi}^{\pi}E_\theta\mathrm{d}\theta$，$F_{CS}=\cosh kD(1+\varsigma)/\sin kD$，$F_{CC}=\cosh kD(1+\varsigma)/\cosh kD$，$F_{SC}=\sinh kD(1+\varsigma)/\cosh kD$，$F_{SS}=\sinh kD(1+\varsigma)/\sinh kD$；$S_{\theta\mathrm{in}}$ 为与风有关的波能源项，空气对水体的作用为 $\rho_w S_{\theta\mathrm{in}}$，其中 ρ_w 为海水密度。$S_{\theta\mathrm{Sdis}}$ 和 $S_{\theta\mathrm{Bdis}}$ 为波浪表层及底层的耗散。符号$\overline{c}_{g\alpha}$，$\overline{c}_\theta$，$\overline{u}_{A\alpha}$和$\overline{S}_{\alpha\beta}$代表进行谱平均。

谱平均后的群速度为频率的函数，频率通过式 (5-169) 求解：

$$\frac{\partial\sigma_\theta}{\partial t}+(\overline{c}_{g\alpha}+\overline{u}_{A\alpha})\frac{\partial\sigma_\theta}{\partial x_\alpha}=-\frac{\partial\sigma_\theta}{\partial k}\left(\frac{k_\alpha k_\beta}{k^2}\frac{\overline{u}_{A\alpha}}{\partial x_\beta}\right)+\frac{\partial\sigma_\theta}{\partial D}\left(\frac{\partial D}{\partial t}+\overline{u}_{A\alpha}\frac{\partial D}{\partial x_\alpha}\right)+\sigma_P(\sigma_P-\sigma_\theta)f_{\mathrm{spr}}^{\frac{1}{2}} \tag{5-169}$$

其中，$\partial\sigma_\theta/\partial D=(\sigma_\theta/D)(n-1/2)$，$n=1/2+kD/\sinh 2kD$，$f_{\mathrm{spr}}=S_{\theta\mathrm{in}}/\int_{-\frac{\pi}{2}}^{\frac{\pi}{2}}S_{\theta\mathrm{in}}\mathrm{d}\theta$，$\partial\sigma_\theta/\partial\kappa=\overline{c}_g$。当 θ 方向为风驱动时，σ_θ 将由谱峰频率 σ_P 替代：

$$\frac{E_{\theta\max}g}{U_{10}^4}=0.002\,2(U_{10}\sigma_P g)^{-3.3} \tag{5-170}$$

对于由风驱动部分的 E_θ，σ_p 是 $E_{\theta\max}$ 和 U_{10} 的函数；对于 E_θ 的其他部分或者对于微风

或无风情况，频率由式 (5-169) 求得。

5.4.1.3 网格布置及方程离散

耦合模型通过式 (5-158)～式(5-162)，式 (5-165)～式(5-167) 和式 (5-169) 在非结构三角形网格上的积分通量进行求解。三角形网格由 3 个节点、1 个中心点和 3 条边组成，如图 5-45a) 所示。其中，变量 U、V、E_θ、c_θ 和 σ_θ 放置在三角形中心点，另一些变量如 η、H、D、ρ、w、C、K_m、K_h、A_m 和 A_h 放置在三角形节点上。三角形节点处的变量由三角形中心点和边中点连成的多边形上的净通量求解确定，如图 5-45a) 中虚线表示的多边形。三角形中心点处的变量通过求解三角形三条边上的净通量求解，如图 5-45a) 中粗实线表示的三角形。在角度空间上变化范围为从 $-\pi$ 到 π，在角度空间上分成 $mseg$ 份，每份的增量为 $\delta=2\pi mseg$，在 $-\pi$ 和 π 边界处设置循环边界条件。利用集群系统的多 cpu 特性，模型采用分布式内存、并行信息传递方法 (MPI) 进行并行化处理，通过 MPI 向相邻的进程传递分区边界处的信息。非结构网格采用 METIS 库进行分区划分，分区间数据传递过程如图 5-45c）所示。

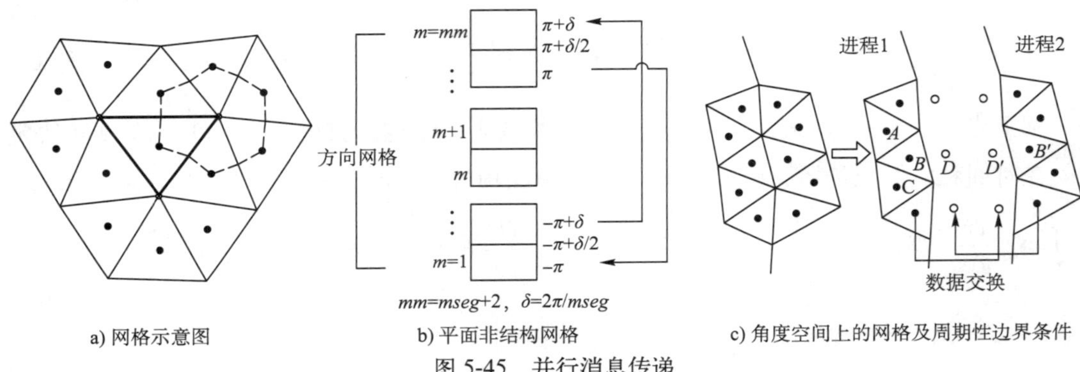

a) 网格示意图　　b) 平面非结构网格　　c) 角度空间上的网格及周期性边界条件

图 5-45　并行消息传递

水动力模块采用二阶迎风格式求解对流项，垂向扩散采用隐式求解，积分采用四阶龙格库塔法求解。

5.4.1.4 边界条件及耦合过程

（1）侧边界条件

固边界处的水动力和温盐条件给定如下：$v_n=0$，$\dfrac{\partial C}{\partial n}=0$。

其中，v_n 为垂直于边界方向的速度，n 为代表垂直于边界的坐标。

在开边界处，模型有 3 种边界条件可供选择：一为在边界处给定潮位条件，二为辐射边界条件，三为给定潮位和流量边界条件。在波浪模块里，开边界采用给定的入射波浪或者采用辐射边界条件。

（2）表面边界条件

与波浪有关的表层拖曳系数对模拟波浪引起的涌水很重要。Mastenbroek 等人描述了表层拖曳系数对涌水位的影响。尽管拖曳系数可由优化的 Charnock 参数进行描述，但是对于准确模拟涌水位而言，采用与波浪相关的 Charnock 数免去了寻找合适参数的麻烦。

模型中采用了两种风应力参数化方法。第一种方法是采用 Oey 等建立的公式，它拟合了低风速至中等风速和一些高风速情形下的数据，形式如下：

$$C_d = \begin{cases} 1.2, & |W| \leqslant 11 \text{ m/s} \\ 0.49 + 0.065|W|, & 11 \text{ m/s} < |W| \leqslant 19 \text{ m/s} \\ 1.364 + 0.0234|W| - 0.00023158|W|^2, & 19 \text{ m/s} < |W| \leqslant 100 \text{ m/s} \end{cases} \tag{5-171}$$

式中：C_d——拖曳系数；

W——10m 高风速。

第二种方法采用 Donelan 的方法，即与波浪相关的拖曳系数，其中表面粗糙度和拖曳系数均为波龄的函数。相对于波浪充分成长时的情形，波浪未充分成长时增大的表面粗糙度使得风应力较大。

$$z_0 = 3.7 \times 10^{-5} \left(\frac{W^2}{g}\right)\left(\frac{W}{C_p}\right)^{0.9} \tag{5-172}$$

由 z_0 和 C_d 之间的关系为$z_0 = z \times \exp\left(-\kappa / \sqrt{C_d}\right)$，得出因波浪增强的拖曳系数为：

$$C_d = \left[\frac{\kappa}{\ln \dfrac{z}{3.7 \times 10^{-5}\left(\dfrac{W^2}{g}\right)\left(\dfrac{W}{C_p}\right)^{0.9}}}\right]^2 \tag{5-173}$$

式中：C_p——波浪相速度；

$\dfrac{W}{C_p}$——波数的倒数。

（3）底部边界条件

在近岸数值模型中，底部边界层处的波浪与流之间的相互作用可以影响水动力结果，在接近破波带处尤为明显。这里采用 Grant 和 Madsen 波浪相互作用模型来参数化由波浪摩擦系数变化引起的紊动增加过程。三维数值模拟中，由波浪导致的紊动增加将通过增加流体的底部摩阻也即增加底部应力的方式影响水流。这里只给出简要的模型描述。

Grant 和 Madsen 模型采用典型的二次拖曳法则，特别之处在于这里的 C_d 为包含了波浪效应的拖曳系数。

$$\tau_{bx} = \rho C_d u_b \sqrt{u_b^2 + v_b^2} \tag{5-174}$$

$$\tau_{by} = \rho C_d v_b \sqrt{u_b^2 + v_b^2} \tag{5-175}$$

式中：τ_{bx}、τ_{by}——τ_{tx}，τ_{ty} 的底部边界条件。

这里采用一个主要假设为，对于线性流体，最大底部切应力定义为：

$$\tau_{b,max} = \tau_c + \tau_w \tag{5-176}$$

式中：τ_c——由流导致的波浪应力；

τ_w——由波浪导致的最大应力，可由式 (5-177) 求解：

$$\tau_w = \frac{1}{2}\rho f_w u_w^2 \tag{5-177}$$

其中，u_w 为近底处的波浪轨迹速度；f_w 为波浪摩擦因子，它由底部粗糙程度 k_s 决定。

最终包含波浪效应的拖曳系数在参照高度 z_r 处的表达形式为：

$$C_d = \left[\frac{\kappa}{\ln\left(\frac{30 z_r}{k_{bc}}\right)} \right]^2 \tag{5-178}$$

其中，k_{bc} 为包含波浪效应的底部粗糙程度。这里选择参照高度 z_r 为 20cm，在有波浪作用情况下，k_s= 0.1cm 对应底床上部 1m 处的拖曳系数值为 1.5×10^3。

此外，还将 FVCOM 模型中原有的拖曳公式作为参照，比较波流边界层对模型结果的影响。

（4）耦合过程

模型中采用了双向动态耦合形式。波浪模块计算表面风应力、底部应力和三维辐射应力提供给水动力模块，与之同时由水动力模块计算的流场和水面高度提供给波浪模块。此外，模型也考虑了由于波浪的存在对紊动方程表面边界条件的影响。波浪模块的计算时间步长通常可与水动力模块的内模时间步长一致。在某些特殊情况下，波浪模块的时间步长可为内模时间步长的一半。在实际计算中，波浪模块的计算耗时与水动力模块的计算耗时相当，具体的耦合过程如图 5-46 所示。

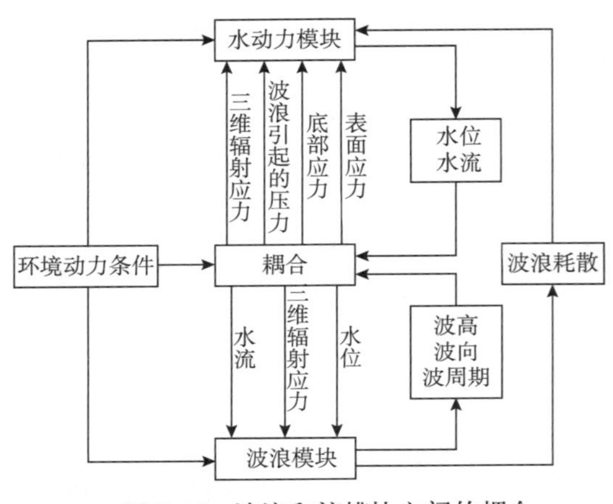

图 5-46　波浪和流模块之间的耦合

5.4.2　三维泥沙数学模型描述

FVCOM-SED 泥沙模型基于泥沙输运模型 (CSTM)，是由科研团体共同开发的，具有许多先进的特性，如考虑波浪、活动表层和底部沙纹对粗糙度等的影响。用户可以指定各种泥沙的粒径、密度、沉降速度、临界启动应力、侵蚀常数等。

5.4.2.1　控制方程

泥沙的控制方程与保守质控制方程相似，只不过是源汇项有所差异，泥沙方程中的源汇项如式（5-179）表示：

$$C_{source} = -\frac{\partial \omega_{s,m} C_m}{\partial s} + E_{s,m} \tag{5-179}$$

式中：$\omega_{s,m}$——垂向沉降速度，向上为正；

$E_{s,m}$——侵蚀项，m 代表每种泥沙。模型独立的解每个对流扩散方程，依次是垂向沉降、源汇、水平对流、垂向对流、垂向扩散，最后是水平扩散。

5.4.2.2　泥沙底床

沉积底床位于水流计算区域之下，具有三维结构如图 5-47 所示，用户可指定层数。一旦指定，计算的层数便不会发生变化。床层每层的每个单元的初始化包括厚度、沉积物类型分布、空隙率、年龄等。每个单元格中的每种沉积物的质量可以通过这些值和颗粒密度来确定。年龄代表最后一次沉积到现在的时间。床层计算体系包括描述海底演化特征的二维矩阵、表层的整体特征（活动层厚度、颗粒平均直径、平均密度、平均沉降速度、平均临界启动应力）和亚网格尺度的底床形态结构的刻画（沙丘波高、波长）。这些特征被用来估计底应力计算中的水底粗糙度。计算出的底应力用来确定泥沙的再悬浮和输运，这是沉积物动力学到水动力学的一个反馈机制。底床层每个时间步长都会被更新一次，以此来确定侵蚀、沉降和地形变化。在每步计算开始时，活动层厚度根据式（5-180）来确定：

$$z_a = \max[k_1(\tau_{sf} - \overline{\tau}_{ce})\rho_0, 0] + k_2 D_{50} \tag{5-180}$$

式中：z_a——活动层厚度；

τ_{sf}——波流相互作用产生的最大表摩擦应力；

τ_{ce}——临界启动应力；

$\overline{\tau}_{ce}$——所有沉降物种类的平均临界启动应力；

D_{50}——表层沉积物的中值粒径；

k_1、k_2——经验常数（分别为 0.007 和 6.0）。

当 $\tau_{sf} < \tau_{ce}$ 时，

$$E_{flux}=E_s(1-poro)Frac\left(\frac{\tau_{sf}}{\tau_{ce}}-1\right)dt \tag{5-181}$$

用户输入的泥沙沉积物参数：N_{bed}——分层数；INF_{bed}——沉积物是否可以无限供给；POR_{bed}——初始泥沙空隙率；D_{bed}——初始床层总厚度。

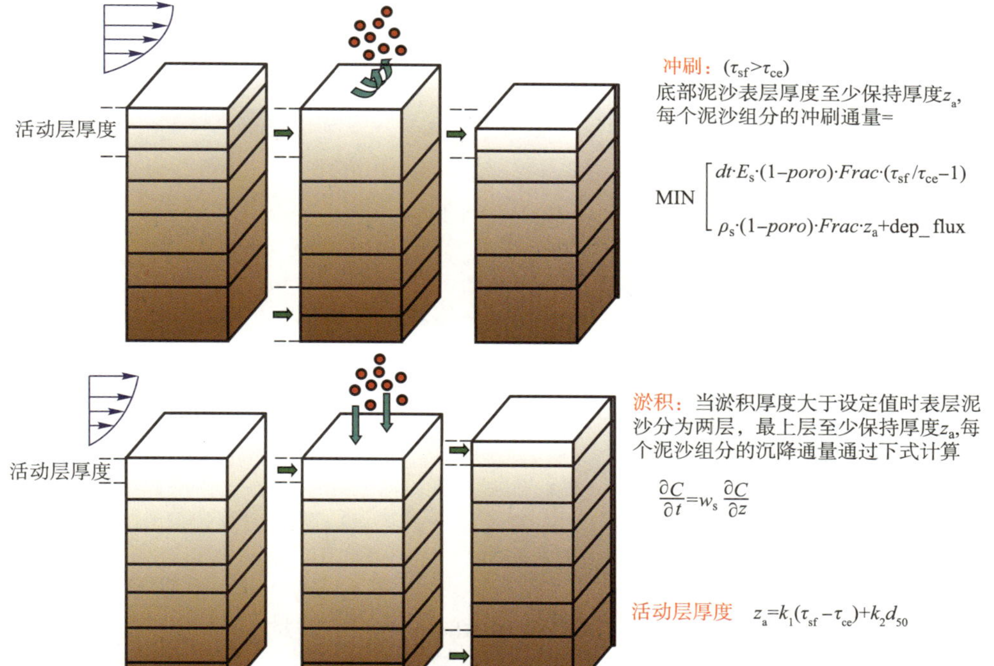

图 5-47　底床模型的垂向分层（引自 Warner，2008）

侵蚀时上层厚度增加以便不小于活动层厚度。如果时间和厚度标准满足一定条件，沉降作用会产生一个新的计算层。由于层数不变，常常会导致底层一分为二或者合二为一。

每种沉积物可以通过悬移或推移输运。悬移质质量垂直方向上在水体和底床上层进行交换且只有活动层的泥沙才参与输运。推移质质量在低床上层之间水平交换，此交换仅在最上层进行。

底床厚度的增加有两种途径：悬移质的沉降和推移质的水平输送。如果持续增加使底床上层厚度超过一个用户定义的值，便会建立一个新层，而底部两层合成一层来保持层数不变。计算侵蚀和沉积之后，活动层厚度重新计算、床层各层也相应地重新调整。这一步调整可以避免薄层（小于活动层的厚度）的出现。最后，表层的沉积物特征，如 d_{50}、沙纹波高波长信息等得到更新，从而可以用来计算底应力。

5.4.2.3　悬移质输沙模式

根据悬移质的床面条件，又可将悬移质输沙模式分成切应力模式和挟沙力模式。切应力模式具有真实的物理机制，在国外应用比较普遍，挟沙力模式在国内应用则相对较多。

（1）切应力模式

对流方程中的源汇项代表侵蚀物向下的沉积或者向上的净通量，只在最底层进行计算。侵蚀通量的参数化为：

当 $\tau_{sf} > \tau_{ce,m}$ 时，

$$E_{s,m} = E_{0,m}(1-\phi)\frac{\tau_{sf} - \tau_{ce,m}}{\tau_{ce,m}} \tag{5-182}$$

式中：E_s——代表侵蚀源项 (kg/m²s)；

E_0——各类泥沙侵蚀速率 (kg/m²s)；

ϕ(空隙体积 / 总体积)——床层上层的空隙率；

m——不同沉积物种类的角标。

用户需要输入的悬移质参数：

sed_name——各种泥沙名称；

sed_type——“非黏性”和“黏性”；

d_{50}——悬移质中值粒径；

ρ_{sed}——沉积物密度；

ω_s——沉降速度；

τ_{cd}——沉积临界应力；

τ_{ce}——临界启动应力；

E_s——侵蚀速率；

ϕ——孔隙率；

(2) 挟沙力模式

根据床面上上一层的含沙量 C_k，需要推求床面附近的含沙量 C_b：

$$C_b = C_k + C_{b*}\left[1 - e^{-(\omega_1\sigma_s/\nu_t)(Z_k-\delta_b)}\right] \tag{5-183}$$

其中，δ_b 表示泥沙交换层的厚度。

床面附近的挟沙力采用张瑞瑾确定的床面挟沙能力办法，即：

$$C_{b*} = C_{L*}\Big/\int_{\eta_b}^{\eta_h}\exp\left\{\frac{\omega_L}{ku_*}[f(\eta)-f(\eta_b)]\right\}d\eta \tag{5-184}$$

式中：$f(\eta)$——含沙量沿垂线分布函数；

η_b、η_h——分别为距离床面和水面的相对位置。

5.4.2.4 推移质输沙模式

推移质输沙采用 Meyer-Peter Mueller 的公式，推移质输沙率通过式 (5-185) 进行计算：

$$q_{bl}=\phi\sqrt{\left(\frac{\rho_s}{\rho}-1\right)gd_{50}^3\rho_s} \tag{5-185}$$

其中，ϕ 为无量纲的输移系数，模型中采用式（5-186）进行计算。

$$\phi=\max[8(\theta_{sf}-\theta_c)^{1.5},0] \tag{5-186}$$

其中，ϕ 为各泥沙级配的输沙率，θ_{sf} 为无因子的希尔兹参数，由式（5-187）进行计算。

$$\theta_{sf}=\frac{\tau_{sf}}{(s-1)gd_{50}} \tag{5-187}$$

θ_c=0.047 为临界希尔兹参数，τ_{sf} 为底部应力，由 $\tau_{sf}=(\tau_{bx}^2+\tau_{by}^2)^{0.5}$ 计算得出。

其中，τ_{bx}、τ_{by} 为 x、y 方向的底部应力，x、y 方向的推移质输沙率由式 (5-188)、式（5-189）得出：

$$q_{blx}=q_{bl}\frac{\tau_{bx}}{\tau_{sf}} \tag{5-188}$$

$$q_{bly}=q_{bl}\frac{\tau_{by}}{\tau_{sf}} \tag{5-189}$$

5.4.2.5 床面变形计算

床面变形 z_b 采用式 (5-190) 计算：

$$(1-p')\frac{\partial z_b}{\partial t}+\frac{\partial q_{Tx}}{\partial x}+\frac{\partial q_{Ty}}{\partial y}=0 \tag{5-190}$$

式中：p'——底沙孔隙率；

q_T——推移质和悬移质总输沙通量。

模型中考虑了由于底部泥沙冲淤引起的水下地形改变，当底部地形的变化幅度占原始水深一定比例时，会对水流以及泥沙输移过程有较大的影响，模型中引入了加速因子用于改善冲淤形态的时间模拟尺度，加速因子为 1 代表无加速，大于 1 则表示加速地形的变化。通过对悬沙的冲刷、沉降以及推移质输沙通量乘以一个加速因子，而真实条件下床沙和悬沙的输送通量受泥沙总量的限制（泥沙总量不乘以加速因子），因此模型能够较好地模拟无限供沙条件下的冲淤演变，而在模拟有限供沙条件下的冲淤演变时，采用加速因子需要谨慎对待。

5.4.3 三维水沙数学模型在福姜沙、通州沙河段中的应用

5.4.3.1 三维水沙模型的建立与验证

模型范围选取从上游的江阴至下游的徐六泾，总长约 90km，上下游开边界采用水位和流量进行控制，模型水深数据采用最新的水深测量数据。采用三角形网格能够较好地拟

合不规则地岸线边界，对边界及重点研究区域进行网格加密，计算网格尺度为 50～300m。根据水深及边界对网格分辨率进行调整，网格单元数为 60 591 个，节点数为 31 112 个，垂向分为 8 个 sigma 层，其网络及离散地形见图 5-48、图5-49。

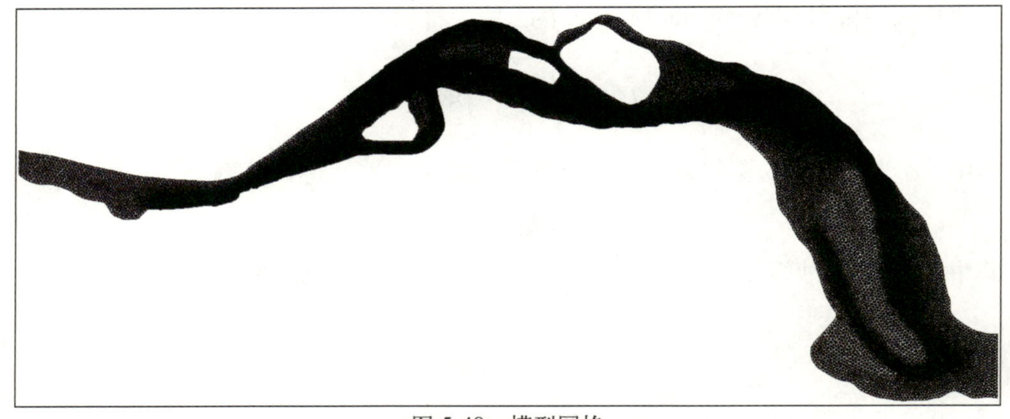

图 5-48　模型网格

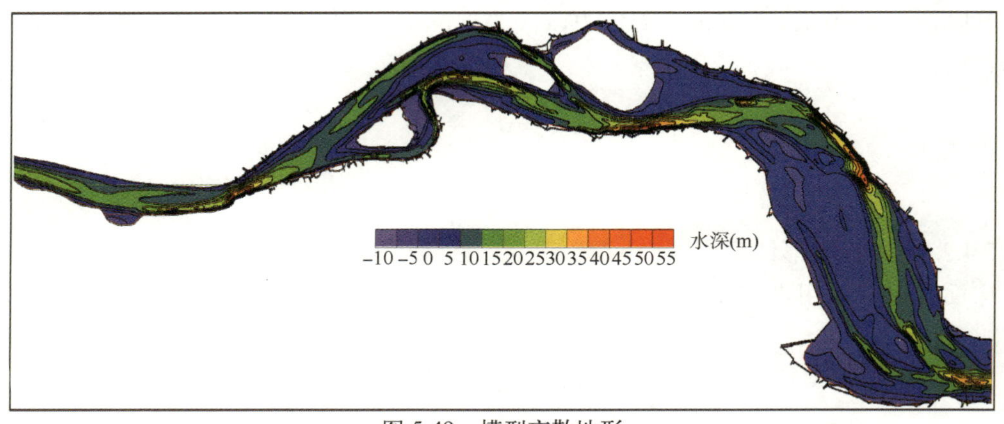

图 5-49　模型离散地形

（1）水动力的验证

本次数模验证主要是对水位、水流进行验证（测点布置见图 5-50），选择 2010 年 7 月洪季以及 2012 年 12 月枯季期间实测水文条件进行验证。

从实测以及计算的水位对比可以看出（图 5-51），模型较好地模拟了河段的水位变化过程，潮汐振幅及高低潮发生时刻均与实测值吻合良好，精度满足相关规范要求。从流速计算与实测对比可以看出，模型计算的表、中、底层水流流速、流向及水流变化过程与实测结果吻合良好，复演了工程河段的潮流运动，精度满足相关规范要求。

（2）含沙量的验证

图 5-52 为洪季、枯季大潮表、中、底层含沙量过程实测与计算结果的对比。研究表明，水体表层含沙量较低，越往底部含沙量越高，底层含沙量峰值约 0.5kg/m^3，模型较好地再现了模拟区域的含沙量随着时间的变化过程。随着涨落潮动力的变化，含沙浓度也存在相应的变化。从洪季、枯季的含沙量验证结果来看，三维泥沙数学模型较好地模拟了各个站位的泥沙浓度，包括分层的含沙量大小以及含沙量的变化过程线。

ADCP断面
ADCP悬沙及底沙采样点
潮位测站
和尚港站
天生港站
营船港站
五干河站
望虞河站
太字圩港站
FZ#
FY#
RZ#
RY#
TZSD#
LSSD#
LSSX#
FS#
BMXS#
TZSXA
TZSXB
XKS
XTHS
BMXSTM
BMXSFC
T1
T2
L1
L2
L3
L4
L5
B11
长青沙
双涧沙
民主沙
三号港
双山沙（福姜沙）
狼山沙
铁黄沙
新通海沙
白茆小沙
江阴长江大桥
中江泰钢构
苏通大桥
如皋港
九圩港
小李港
任港
姚港
营船港
新开港
农水闸
水山码头
常通汽渡
徐六泾
海洋泾
望虞河
七干河
农场河闸
六干河
五干河
西界港
老海坝
九龙港
一干河
朝东圩港
护槽港
十字港
巫山港
白屈港
肖山
鹅鼻嘴
夏仕港
六助港
德桥仓储
青龙港
精细化工
福北水道
如皋中汊
浏海沙水道
通州沙
新开沙

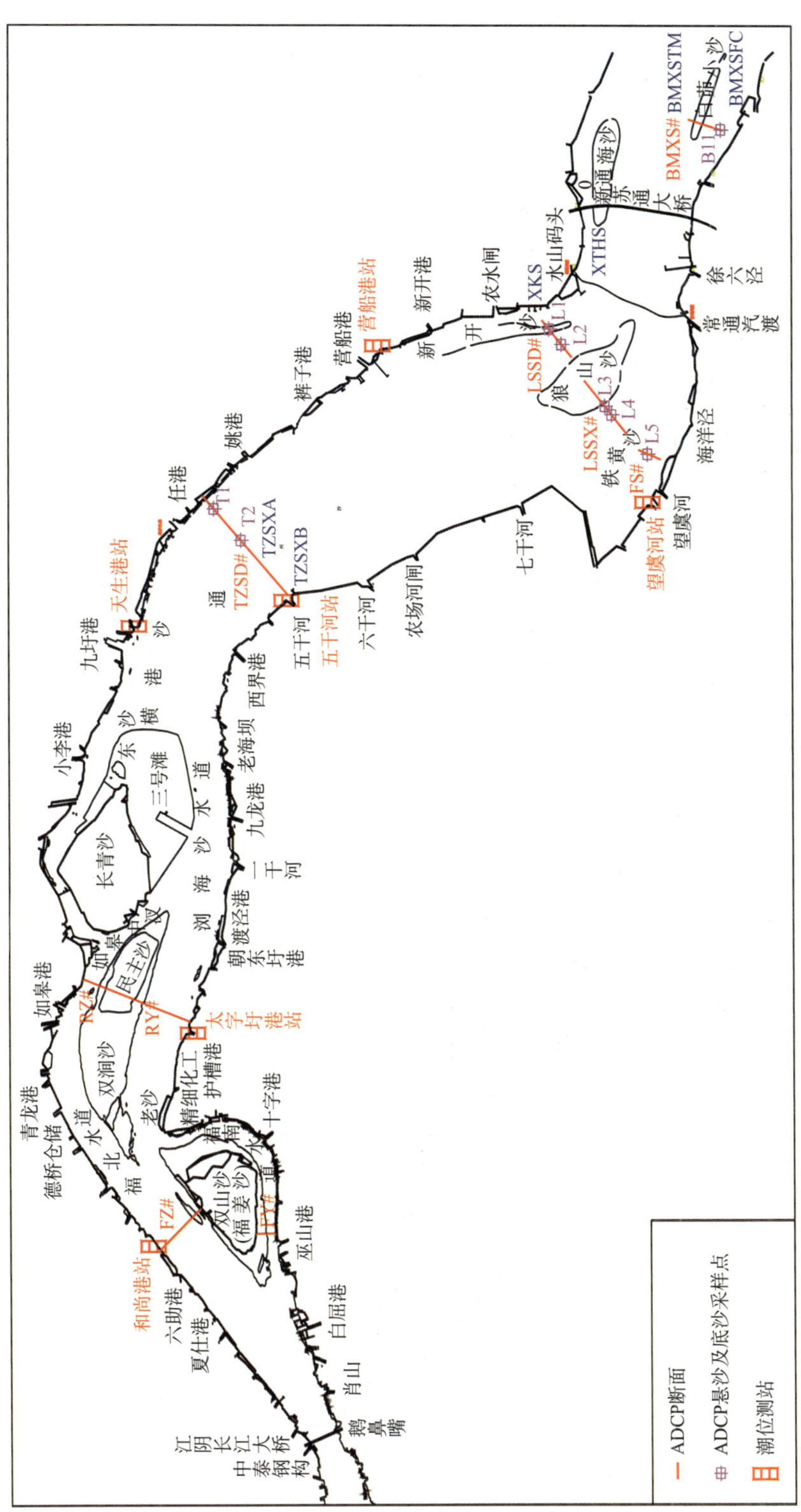

图 5-50

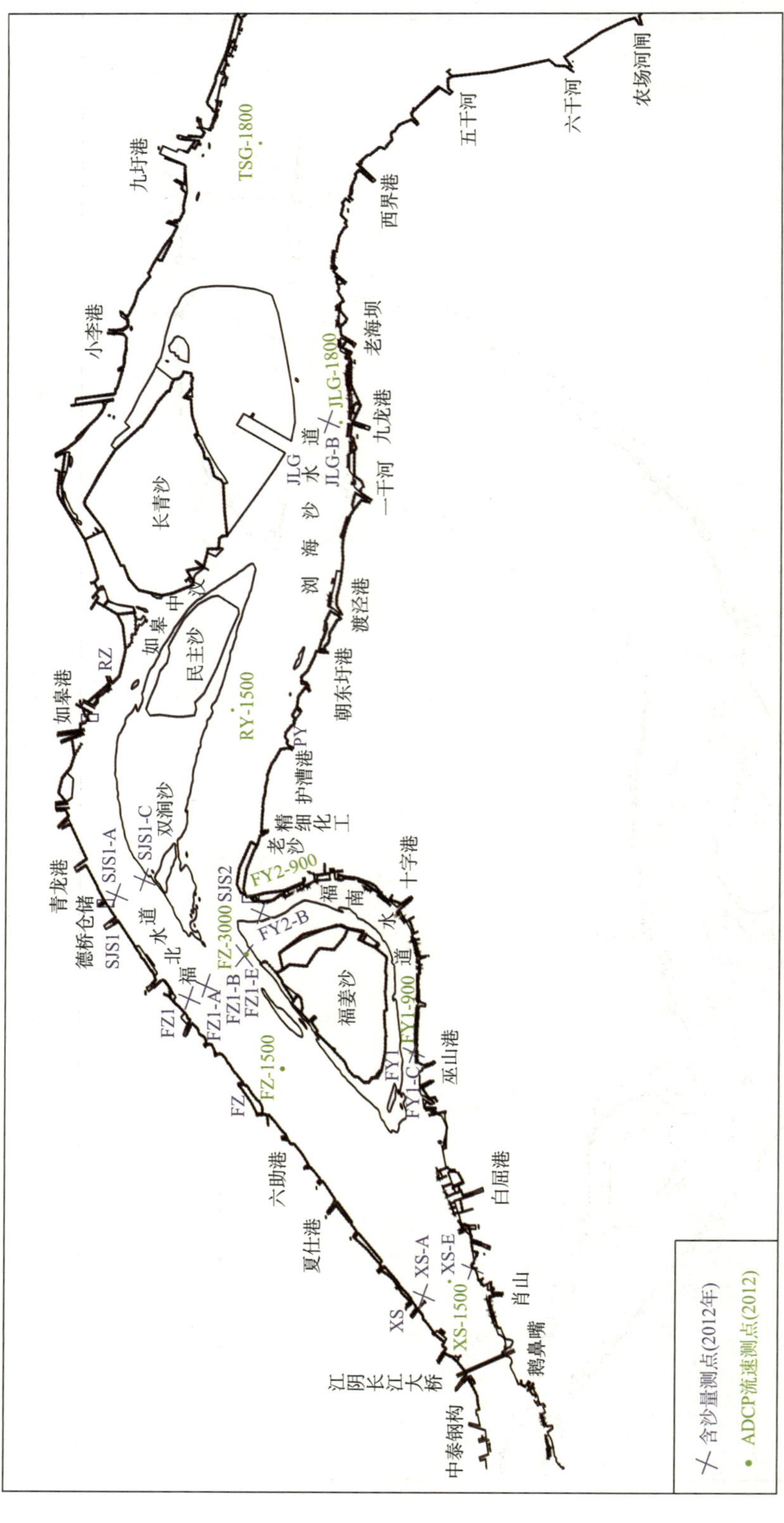

图 5-50 洪季、枯季水位、流速验证点位

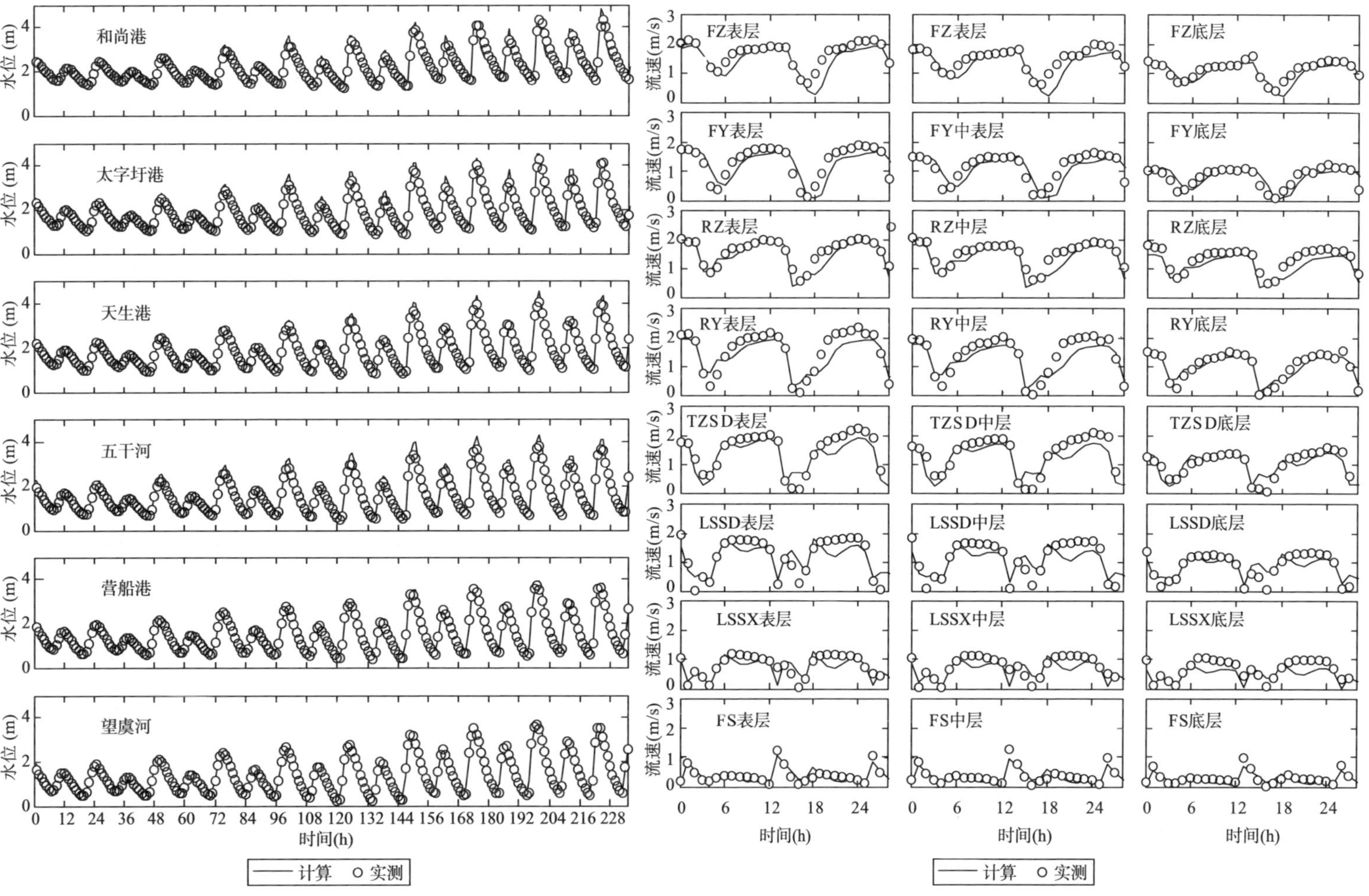

图 5-51 洪季大潮水位、流速计算值与实测值对比

T1表层
T1中层
T1底层
T2表层
T2中层
T2底层
L1表层
L1中层
L1底层
L2表层
L2中层
L2底层
L3表层
L3中层
L3底层
L4表层
L4中层
L4底层
L5表层
L5中层
L5底层
含沙量(kg/m³)
时间(h)
0
6
12
18
24
0
0.5
1
计算
实测

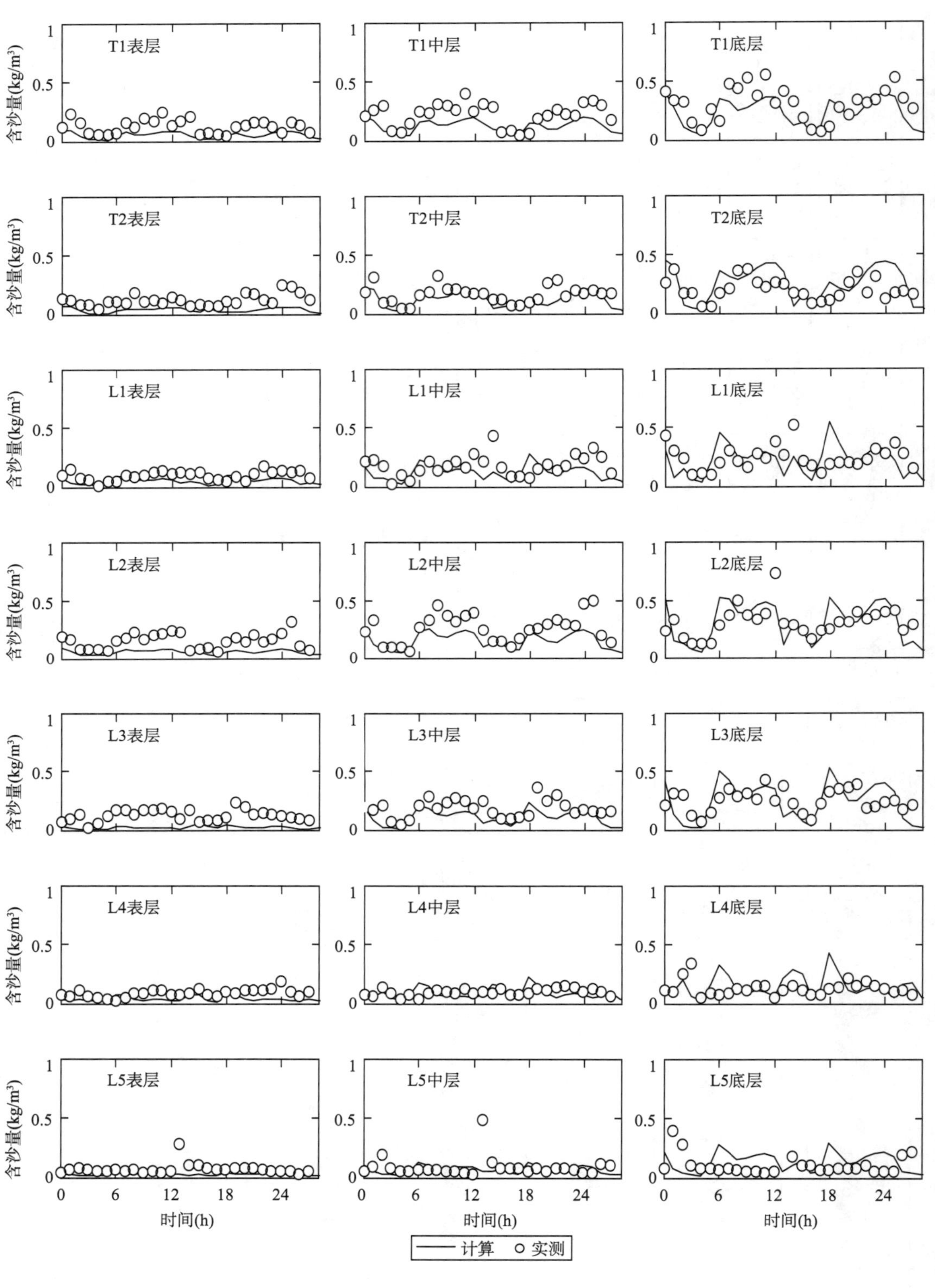

图 5-52

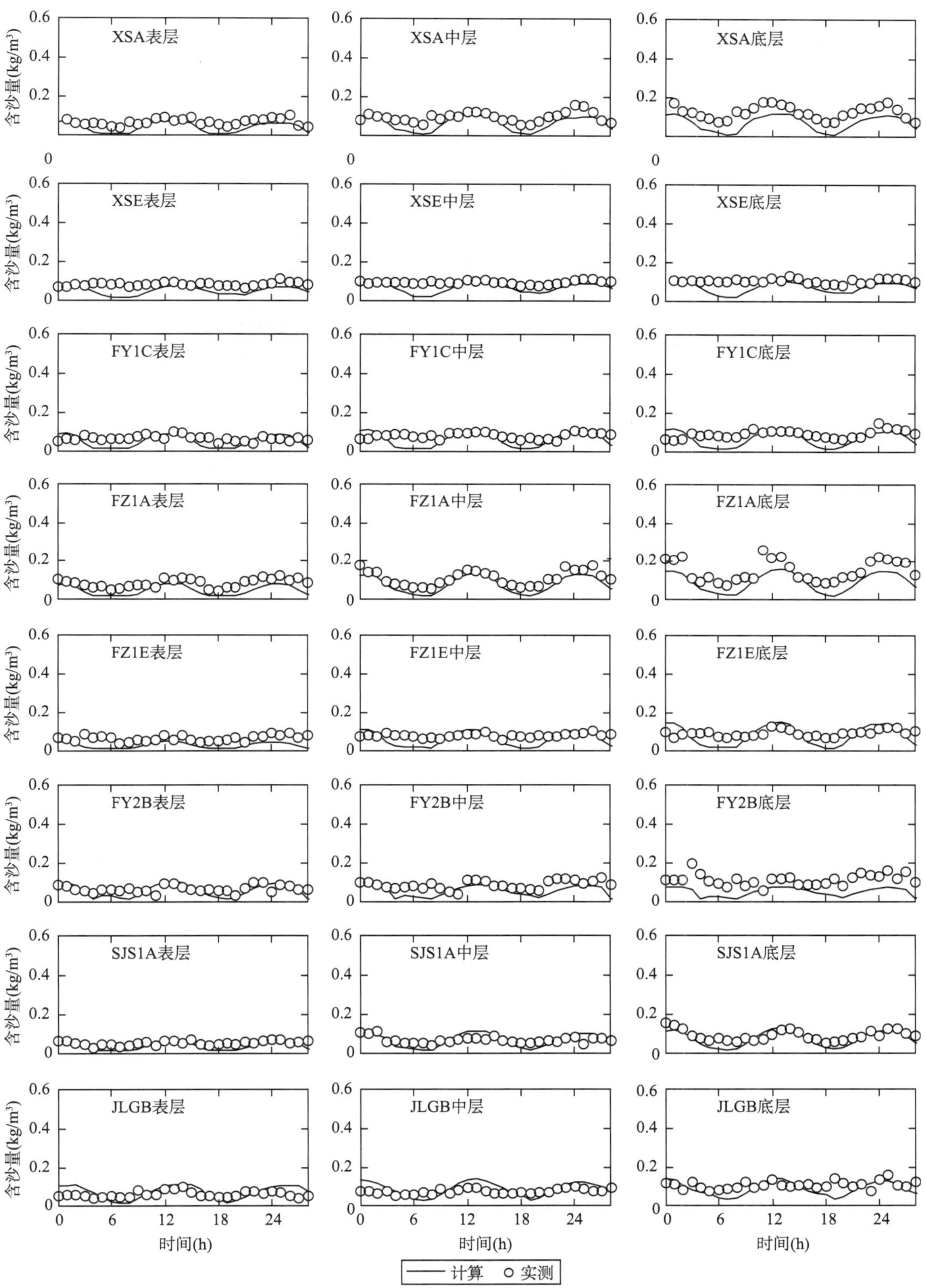

图 5-52　洪季、枯季大潮含沙量实测与计算值对比

5.4.3.2　三维水沙模型的应用

为了更好地分析通州沙、狼山沙沙体水沙交换，选取通州沙及狼山沙周围的两个断面 AA'、BB' 进行研究，其位置如图 5-53 所示。

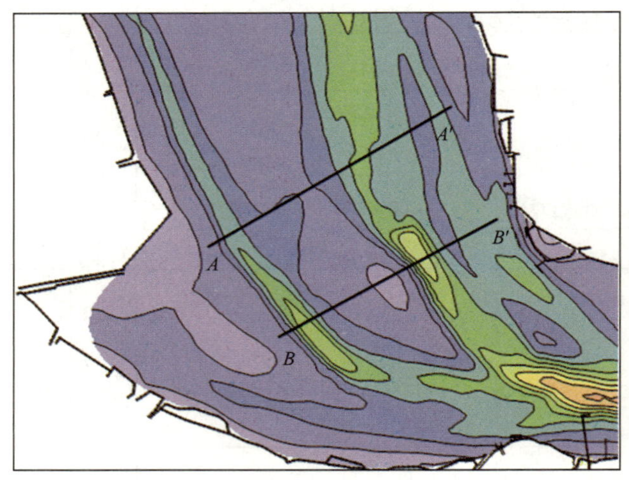

图 5-53　滩槽交界附近断面位置

洪季大潮涨潮时，断面 AA' 的垂向含沙量如图 5-54 所示。可以发现，在通州沙沙体上泥沙浓度约 0.20 kg/m^3，在两侧的通州沙西水道以及通州沙东水道内底部含沙量约 0.15 kg/m^3。通州沙西水道内底部含沙量浓度略低于通州沙东水道内底部含沙量浓度，在通州沙与两侧航槽的交界处底部泥沙浓度变化不大，泥沙浓度自水底向水面方向逐渐递减。

落潮时，断面 AA' 的垂向含沙量如图 5-55 所示。通州沙沙体上泥沙浓度约 0.20 kg/m^3，通州沙西水道内底部含沙量浓度为 0.24 kg/m^3，远低于通州沙东水道内底部含沙量浓度 0.49 kg/m^3。在通州沙与东水道之间的滩槽过渡段，坡面上的泥沙浓度相对较高。在坡面中部泥沙浓度约 0.35 kg/m^3。通州沙西水道与通州沙之间的滩槽过渡段泥沙浓度相对较小，其浓度约 0.20 kg/m^3，这与通州沙浅滩上的底部泥沙浓度相近。

洪季大潮涨潮时，断面 BB' 的垂向含沙量如图 5-56 所示。在狼山沙浅滩靠近狼山沙西水道一侧滩面上的泥沙浓度相对较高，局部最大值约 0.35kg/m^3，狼山沙西水道内水体含沙量相对较低，底部含沙量最大值为 0.15kg/m^3，狼山沙东水道内水体含沙量较西水道内含沙量略高，底部含沙量最大值为 0.25kg/m^3。

落潮时，断面 BB' 的垂向含沙量如图 5-57 所示。狼山沙沙体上泥沙浓度相对较低，约 0.15 kg/m^3，狼山沙西水道内底部含沙量浓度为 0.30 kg/m^3，低于狼山沙东水道内底部含沙量浓度（0.50 kg/m^3）。在狼山沙与东水道之间的滩槽过渡段，整个坡面上的泥沙浓度均较高，其泥沙浓度约 0.50 kg/m^3，但其底部高浓度区厚度较薄。狼山沙西水道与狼山沙之间的滩槽过渡段泥沙浓度相对较小，其浓度约 0.18kg/m^3。

枯季大潮时，对比洪季大潮涨潮、落潮时断面 AA'、BB' 的含沙量分布情况可以发现（图 5-58～图5-61），断面的泥沙分布规律较为接近，只是含沙量浓度较洪季时整体偏低，落潮时近底部最大含沙量最大值约 0.2kg/m^3。

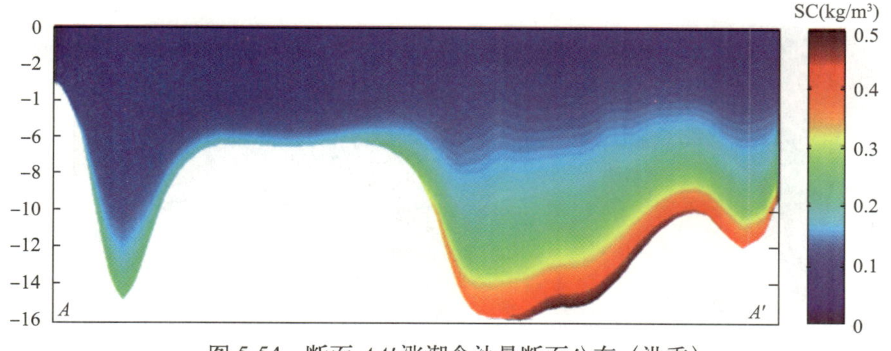

图 5-54　断面 *AA′* 涨潮含沙量断面分布（洪季）

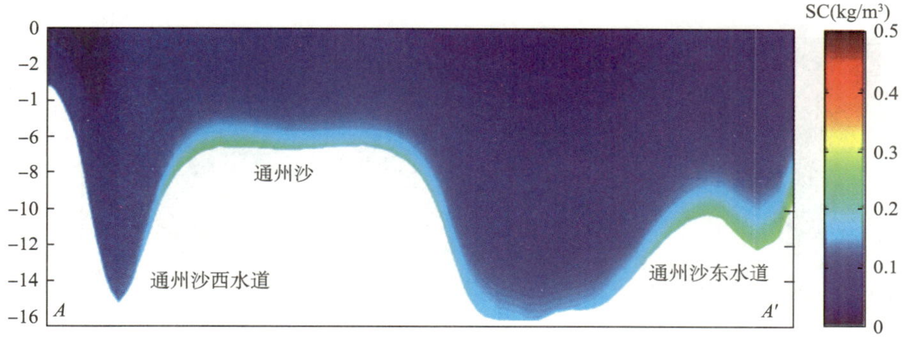

图 5-55　断面 *AA′* 落潮含沙量断面分布（洪季）

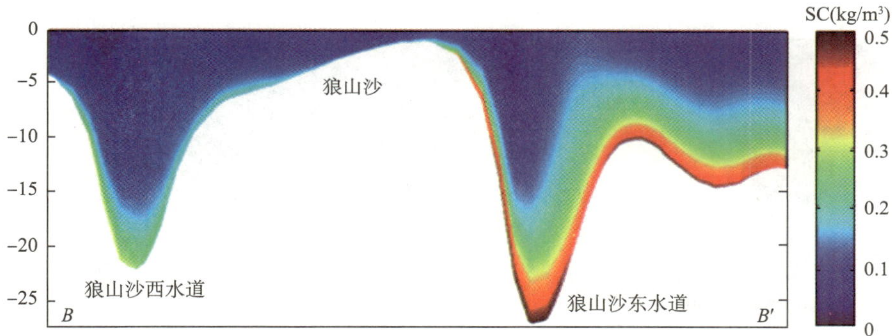

图 5-56　断面 *BB′* 涨潮含沙量断面分布（洪季）

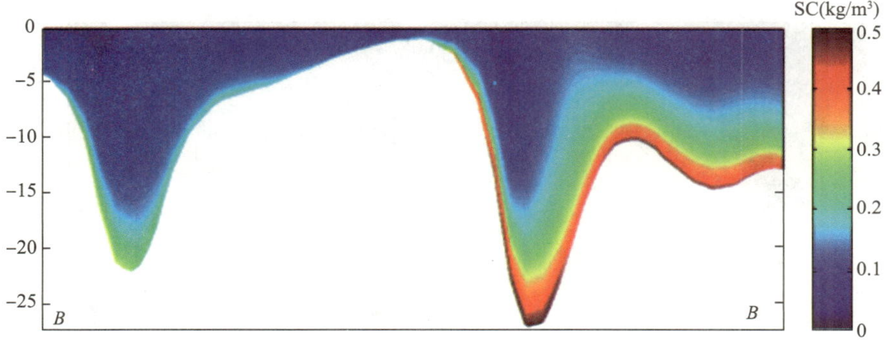

图 5-57　断面 *BB′* 落潮含沙量断面分布（洪季）

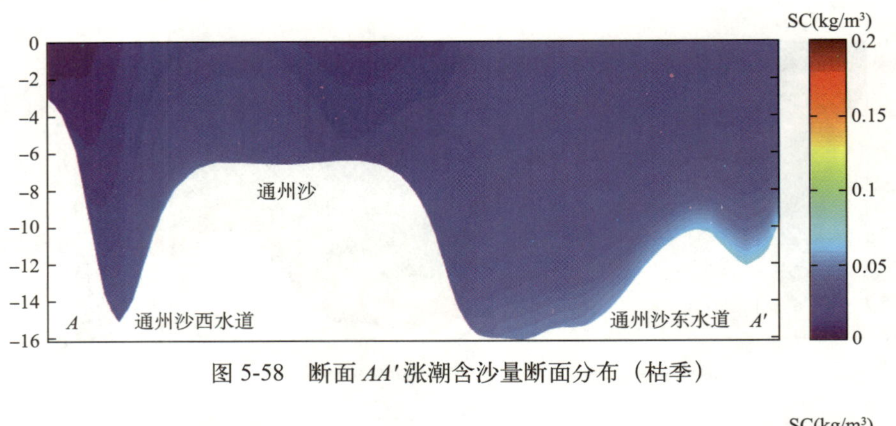

图 5-58 断面 *AA′* 涨潮含沙量断面分布（枯季）

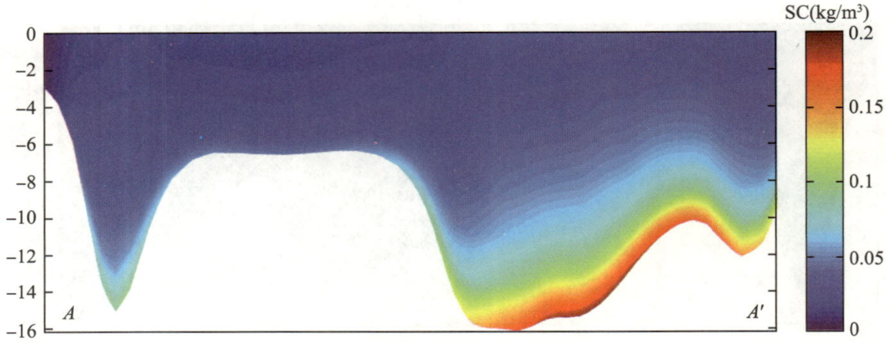

图 5-59 断面 *AA′* 落潮含沙量断面分布（枯季）

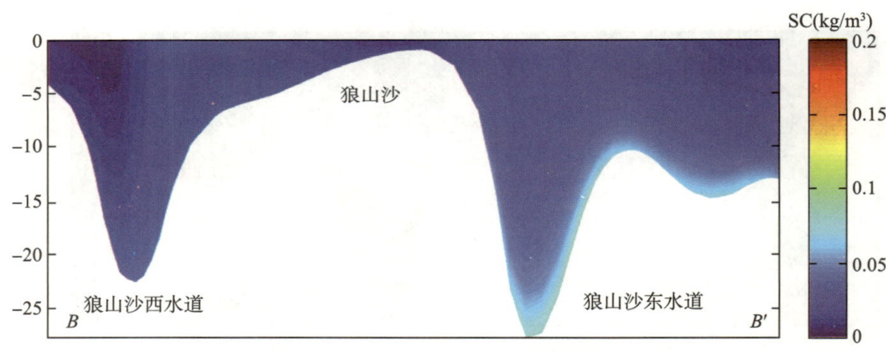

图 5-60 断面 *BB′* 涨潮含沙量断面分布（枯季）

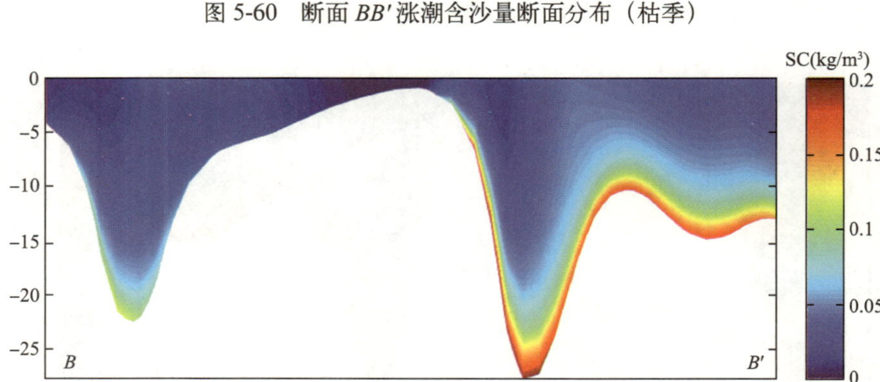

图 5-61 断面 *BB′* 落潮含沙量断面分布（枯季）

为了进一步了解滩槽交界处的水沙交换过程，选取了图 5-62 中 E、W 两个点，分别位于通州沙与留山沙滩槽交界处。洪季、枯季 2 个点位处的水位、单宽流量、单宽泥沙通量如图 5-63 和图 5-64 所示。图中单宽流量、泥沙量的正值代表滩向槽方向的输运，而负值代表槽向滩方向的输运。

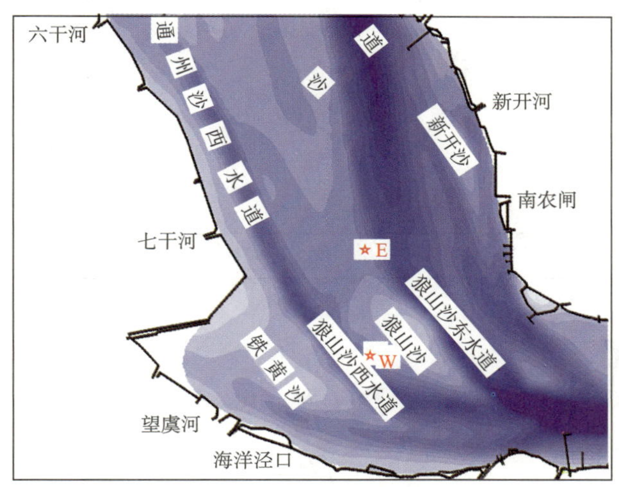

图 5-62 滩槽水沙交换提取点位置

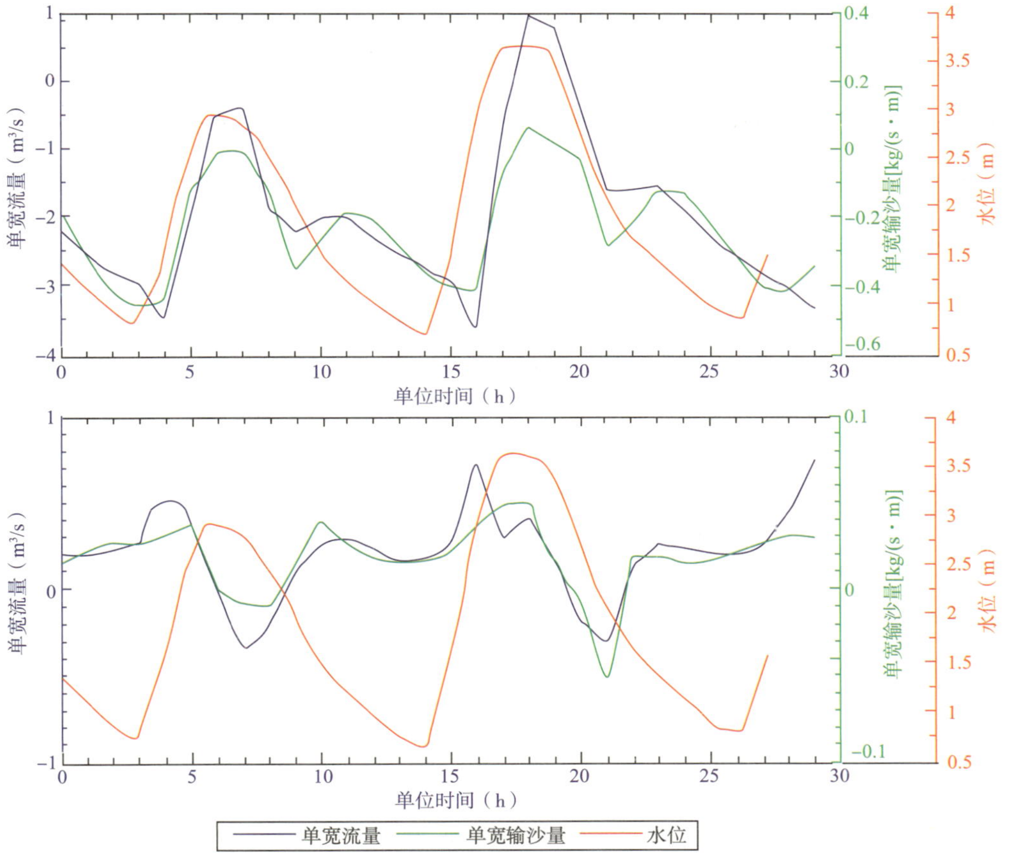

图 5-63 洪季点号 E、W 处水沙交换过程

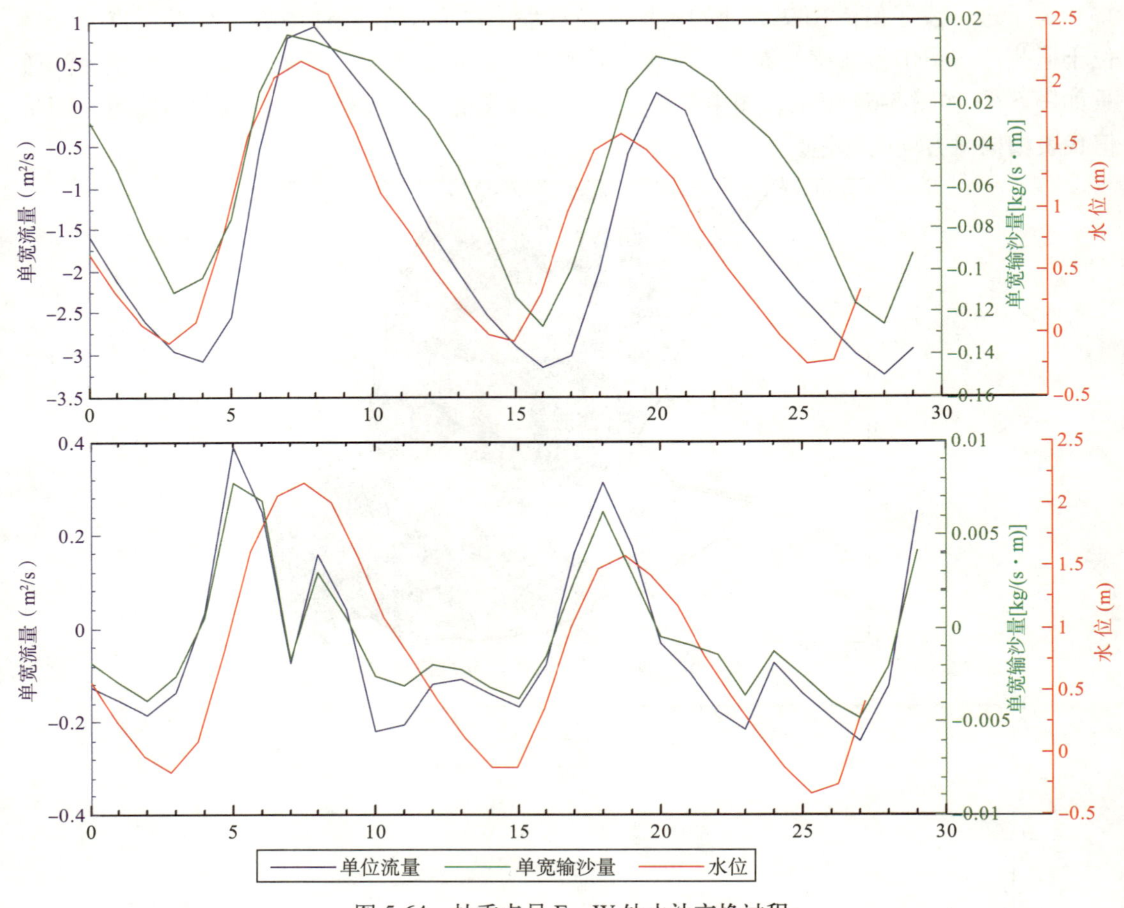

图 5-64　枯季点号 E、W 处水沙交换过程

洪季大潮时，通州沙滩槽交界上（E 点）的单宽流量、输沙过程线与相位基本一致，与水位存在 1～2h 的相位差，向滩方向的输沙占主导，其中向滩方向最大单宽输沙量约 0.4kg/（s·m），发生于低潮位后 1～2h，随着水位升高向滩方向的输沙量渐减。狼山沙滩槽交界上（W 点）的单宽流量、输沙过程线与相位基本一致，滩向槽、槽向滩的单宽泥沙通量均相对较小，最大约 0.05kg/(s·m)，滩向槽最大单宽输沙量发生于高水位前 1～2h，槽向滩最大单宽输沙量发生于高水位后 1～3h。

枯季大潮时，通州沙滩槽交界上（E 点）的单宽流量、输沙过程线变化过程特征与洪季时类似，向滩方向的输沙占主导，其中向滩方向量大单宽输沙量约 0.12kg/（s·m），发生于低潮位后 1～2h，随着水位升高向滩方向的输沙量渐减。狼山沙滩槽交界上（W 点）的单宽流量、输沙过程线与相位基本一致，滩向槽、槽向滩的单宽泥沙通量均相对较小，最大约 0.005kg/（s·m），滩向槽最大单宽输沙量发生于高水位前 1～2h，槽向滩最大单宽输沙量发生于高水位后 1～3h。

5.4.4　小结

①本模型采用三维、自由表面、非结构有限体积流场—波浪—泥沙耦合模型，垂向采

用 sigma 坐标系。模型中使用改进后的 Mellor–Yamada 2.5 阶紊流闭合模型和 Smagorinsky 公式分别计算垂向与水平涡黏性系数，采用模分离技术求解动量方程。

②研究表明，利用该模型较好地模拟了通州沙、狼山沙滩面水沙交换的过程及其交换量，提升了认识，为航道整治工程方案的布设提供了技术支撑。

5.5 波浪数学模型计算实例——渤海湾台风浪场计算

渤海湾在我国北部，向西凹呈弧状半封闭状，水深较浅，一般小于 20m。由于常受到台风和寒潮大风的侵袭，渤海湾是我国遭受风暴潮和风浪影响最严重的地区之一。本节首先介绍了 SWAN 模型，然后以 2003 年 10 月寒潮大风为例，采用大中小三重网格分别计算分析了此次大风引起的渤海、渤海湾和黄骅港海域的波浪场。

5.5.1 风浪模式——SWAN

荷兰代尔夫特理工大学基于动谱平衡方程，总结了历年来波浪能量输入、损耗及转换的研究成果，提出和发展了适用于近岸波浪计算的 SWAN[Simulation for Waves in Nearshore Areas，布伊（Booij）等人，1999；里斯（Ris）等人，1999] 模型。该模型采用全隐式有限差分格式，具有较好的数值稳定性。罗杰斯（Rogers）等人 (2002) 采用 S&L 和 SORDUP 两种新的数值计算方法，减少了在计算较大尺度的海区时所产生的数值耗散，使模型能够应用于各种尺度的海区。

5.5.1.1 基本方程

SWAN 以二维动谱密度表示随机波，动谱密度 $N(\sigma，\theta)$ 与能谱密度 $E(\sigma，\theta)$ 之间的关系为 $N(\sigma，\theta)=E(\sigma，\theta)/\sigma$。

在笛卡尔坐标系下，动谱平衡方程可表示为：

$$\frac{\partial}{\partial t}N+\frac{\partial}{\partial x}C_{\mathrm{x}}N+\frac{\partial}{\partial y}C_{\mathrm{y}}N+\frac{\partial}{\partial \sigma}C_{\sigma}N+\frac{\partial}{\partial \theta}C_{\theta}N=\frac{S}{\sigma} \tag{5-191}$$

方程左边第一项为 N 随时间的变化率；第二和第三项表示动谱密度在地理坐标空间 x、y 方向上的传播；第四项表示由于流场和水深所引起的动谱密度在相对频率 σ 空间的变化；第五项表示动谱密度在方向 θ 空间的传播，亦即水深及流场而引起的折射；方程右边的 S 代表以谱密度表示的源汇项，包括风能输入、白浪、破碎、海底摩擦、非线性波—波相互作用等物理过程。

在球坐标系下，动谱平衡方程可表示为：

$$\frac{\partial}{\partial t}N+\frac{\partial}{\partial \lambda}C_{\lambda}N+\left(\cos\phi\right)^{-1}\frac{\partial}{\partial \phi}C_{\phi}\cos\phi N+\frac{\partial}{\partial \sigma}C_{\sigma}N+\frac{\partial}{\partial \theta}C_{\theta}N=\frac{S}{\sigma} \tag{5-192}$$

式中：λ——经度；

ϕ——纬度。

5.5.1.2 物理过程处理

SWAN 对能量输入、耗散和非线性波—波相互作用等物理过程的处理方法如下。

(1) 风能输入

根据 Philips 的共振机制和 Miles 的切流不稳定机制，将风能输入分为线性增长和指数增长两部分：

$$S_{in}(\sigma,\theta)=A+BE(\sigma,\theta) \tag{5-193}$$

式中：A——线性成长部分；

B——指数成长部分。

A、B 与波浪频率、波向、风速和风向有关。前者适合于波浪的发生和初始阶段，后者适合于风浪的成长阶段，两者之间互相补充。

(2) 海底摩擦

海底摩擦引起的能量消耗与底床构成、糙率尺度、沙纹高度等因素有关，底摩阻耗散可表示为：

$$S_{ds}(\sigma,\theta)=-C_{bottom}\frac{\sigma^2}{g^2\sinh^2(kd)}E(\sigma,\theta) \tag{5-194}$$

式中：C_{bottom}——底摩阻系数。

Hasselmann 等建议对于涌浪情形，$C_{bottom}=0.038m^2s^{-3}$，对于浅水充分发展波，$C_{bottom}=0.067m^2s^{-3}$；Collins 认为 $C_{bottom}=C_f gU_{rms}$，其中 $C_f=0.015$，U_{rms} 表示底部水质点运动速度均方根值；Madsen 基于底摩擦涡黏模型，认为$C_{bottom}=f_w\dfrac{g}{\sqrt{2}}U_{rms}$，其中 f_w 为无量纲因子。

(3) 水深变浅引起的波浪破碎

室内试验和现场观测表明，当初始单峰波谱向浅水处传播时，波谱保持相似性，所以水深变浅引起的破碎总能量可以表示如下：

$$S_{br}(\sigma,\theta)=-\frac{D_{tot}}{E_{tot}}E(\sigma,\theta) \tag{5-195}$$

式中：E_{tot}——总波能；

D_{tot}——总波能耗散率，与破波参数 $\gamma=H_{max}/d$ 密切相关，H_{max} 为在当地水深 d 时随机波中最大可能单个波高。

根据 Battjes 和 Janssen 的研究成果：

$$D_{tot}=-\frac{1}{4}\alpha_{BJ}Q_b\ \frac{\bar{\sigma}}{2\pi}\ H_m^2 \tag{5-196}$$

其中，$\alpha_{BJ}=1$，破波因子 Q_b 由式（5-193）决定：

$$\frac{1-Q_b}{\ln Q_b}=-8\frac{E_{tot}}{H_m^2} \tag{5-197}$$

平均频率定义为：

$$\bar{\sigma}=E_{tot}^{-1}\int_0^{2\pi}\int_0^{\infty}\sigma E(\sigma,\theta)\mathrm{d}\sigma\,\mathrm{d}\theta \tag{5-198}$$

(4) 白浪损耗

关于白浪引起的能量消耗，SWAN 模型采用的是 Hasselmann 于 1974 年建立的脉动模式。

$$S_{\mathrm{W}}(\sigma,\theta)=-\Gamma\bar{\sigma}\frac{k}{\bar{k}}E(\sigma,\theta) \tag{5-199}$$

式中：$\bar{\sigma}$和$\bar{k}$——分别代表平均频率和平均波数。

Γ与波陡有关：

$$\Gamma=C_{\mathrm{ds}}\left[(1-\delta)+\delta\frac{k}{\bar{k}}\right]\left(\frac{\bar{S}}{\bar{S}_{\mathrm{PM}}}\right)^{P} \tag{5-200}$$

其中：$\bar{S}$为总波陡，$\bar{S}=\bar{k}\sqrt{E_{\mathrm{tot}}}$；$\bar{S}_{\mathrm{PM}}$为 Pierson-Moskowitz 谱的$\bar{S}$；$C_{\mathrm{ds}}$、$\delta$、$P$为可调参数。

当风能输入项使用 Komen（1984 年）公式时，C_{ds}=2.36×10^{-5}，δ=0，P=4，当风能输入项使用 Janssen(1992）公式时，C_{ds}=4.10×10^{-5}，δ=0.5，P=4。

（5）非线性波—波相互作用

波浪从风能中获取能量后增长，能量又在不同组成频率波之间分配，因此波—波相互作用是海浪生成和成长的重要机制。在深水情形下，四相波非线性相互作用起主要作用，谱能由谱峰向低频转移（峰频变小）和向高频转移（高频处能量由于白浪而耗散掉）。在浅水中，三相波非线性相互作用是主要影响因素，能量由低频向高频处转移。在 SWAN 模型中，对四相波非线性相互作用的处理采用的是 Hasselmann(1985) 离散迭代近似模型（DIA)；对三相波相互作用的处理，采用的是 Edeberky（1995）集合三相近似模型（LTA)。

（6）波浪的绕射

SWAN 模型基于 Holthuijsen 和 Booij(2003) 提出的相解耦的方法，通过对地理空间和谱空间的波浪传播速度的修订，来考虑波浪绕射的影响。

当不考虑绕射影响时，地理空间和谱空间的传播速度可表示为：

$$\begin{cases} C_{\mathrm{x},0}=\dfrac{\partial\omega}{\partial k}\cos(\theta) \\ C_{\mathrm{y},0}=\dfrac{\partial\omega}{\partial k}\sin(\theta) \\ C_{\theta,0}=-\dfrac{1}{k}\dfrac{\partial\omega}{\partial h}\dfrac{\partial h}{\partial n} \end{cases} \tag{5-201}$$

式中：k——波数；

n——与波向线垂直。

当考虑绕射的影响时，传播速度可修订为：

$$\begin{cases} C_{\mathrm{x}}=C_{\mathrm{x},0}\,\bar{\delta} \\ C_{\mathrm{y}}=C_{\mathrm{y},0}\,\bar{\delta} \\ C_{\theta}=C_{\theta,0}\,\bar{\delta}-\dfrac{\partial\bar{\delta}}{\partial x}C_{\mathrm{y},0}+\dfrac{\partial\bar{\delta}}{\partial y}C_{\mathrm{x},0} \end{cases} \tag{5-202}$$

式中：$\bar{\delta}=\sqrt{1+\delta}$；

$$\delta=\frac{\nabla(cc_{g}\nabla H_{s})}{cc_{g}H_{s}}。$$

5.5.1.3　差分格式

SWAN 模型采用全隐式有限差分格式对控制方程进行离散，有三种离散方案可供选择，分别是 BSBT 格式、SORDUP 格式以及 S & L 格式。BSBT 格式对时间导数和空间导数均采用向后差分，其引起的数值耗散较大，一般适用于较小区域的波浪计算。SORDUP 格式对空间导数的离散使用三点向后差分的方法，其在空间上具有二阶精度。S & L 差分格式在时间上具有二阶精度，空间上具有三阶精度，其引起的数值耗散最小，适用于大范围的波浪计算，但该格式的时间步长受 Courant 数的限制。

（1）BSBT 格式

$$\begin{aligned}&\left[\frac{N^{i_t,n}-N^{i_t-1}}{\Delta t}\right]_{i_x,i_y,i_\sigma,i_\theta}+\left[\frac{[c_xN]_{i_x}-[c_xN]_{i_x-1}}{\Delta x}\right]_{i_y,i_\sigma,i_\theta}^{i_t,n}+\left[\frac{[c_yN]_{i_y}-[c_yN]_{i_y-1}}{\Delta y}\right]_{i_x,i_\sigma,i_\theta}^{i_t,n}+\\&\left[\frac{(1-v)[c_\sigma N]_{i_\sigma+1}+2v[c_\sigma N]_{i_\sigma}-(1+v)[c_\sigma N]_{i_\sigma-1}}{2\Delta\sigma}\right]_{i_x,i_y,i_\theta}^{i_t,n}+\\&\left[\frac{(1-\eta)[c_\theta N]_{i_\theta+1}+2\eta[c_\theta N]_{i_\theta}-(1+\eta)[c_\theta N]_{i_\theta-1}}{2\Delta\theta}\right]_{i_x,i_y,i_\sigma}^{i_t,n}=\left[\frac{S}{\sigma}\right]_{i_x,i_y,i_\sigma,i_\theta}^{i_t,n_*}\end{aligned}\tag{5-203}$$

式中：i_t——时间层编号；

i_x、i_y、i_σ、i_θ——分别是 x、y、σ、θ 空间上相应的网格编号；

Δt、Δx、Δy、$\Delta\sigma$、$\Delta\theta$——分别是时间步长、地理空间 $(x，y)$ 步长、谱空间步长 $(\sigma，0)$；

n——每个时间层的迭代次数。

方程右边源函数项中的 n_* 为 n 或 $n-1$；系数 $(v，\eta)$ 取值在 0～1 之间，其取值决定了谱空间的差分格式，影响模型的数值精度和收敛性。

（2）SORDUP 格式

该格式是将控制方程中地理空间导数的差分格式替换为：

$$\begin{aligned}&\left[\frac{1.5[c_xN]_{i_x}-2[c_xN]_{i_x-1}+0.5[c_xN]_{i_x-2}}{\Delta x}\right]_{i_y,i_\sigma,i_\theta}^{i_t,n}+\\&\left[\frac{1.5[c_yN]_{i_y}-2[c_yN]_{i_y-1}+0.5[c_yN]_{i_y-2}}{\Delta y}\right]_{i_x,i_\sigma,i_\theta}^{i_t,n}\end{aligned}\tag{5-204}$$

（3）S & L 格式

该格式是将控制方程中地理空间导数的差分格式替换为：

$$\left[\frac{\frac{5}{6}[c_x N]_{i_x}-\frac{5}{4}[c_x N]_{i_x-1}+\frac{1}{2}[c_x N]_{i_x-2}+\frac{1}{12}[c_x N]_{i_x-3}}{\Delta x}\right]_{i_y,i_\sigma,i_\theta}^{i_t,n}+$$

$$\left[\frac{\frac{5}{6}[c_y N]_{i_y}-\frac{5}{4}[c_y N]_{i_y-1}+\frac{1}{2}[c_y N]_{i_y-2}+\frac{1}{12}[c_y N]_{i_y-3}}{\Delta y}\right]_{i_x,i_\sigma,i_\theta}^{i_t,n}+$$

$$\left[\frac{\frac{1}{4}[c_x N]_{i_x+1}-\frac{1}{4}[c_x N]_{i_x-1}}{\Delta x}\right]_{i_y,i_\sigma,i_\theta}^{i_t-1}+$$

$$\left[\frac{\frac{1}{4}[c_y N]_{i_y+1}-\frac{1}{4}[c_y N]_{i_y-1}}{\Delta y}\right]_{i_x,i_\sigma,i_\theta}^{i_t-1} \tag{5-205}$$

5.5.2 模型范围

基于 SWAN 模型采用自嵌套的方案，对寒潮引起的黄骅港附近海域的风浪进行数值模拟。计算区域分 I 区、II 区和 III 区大小不同的三个区域，如图 5-65 所示。通过 I 区的运行结果提供嵌套区域 II 区的波谱边界条件，进而以 II 区提供 III 区的波谱边界条件。I 区为渤海模型，计算范围为 117°33′E～122°33′E、37°03′N～41°03′N，空间分辨率为 2′×2′。II 区为渤海湾模型，计算范围为 117°34′E～118°55′E、38°N～39°13′N，空间分辨率为 20″×20″。III 区为黄骅港区及其附近模型，计算范围为 117°50′E～118°10′E、38°15′N～39°30′N，空间分辨率为 5″×5″。I 区、II 区和 III 区在时间的分辨率和二维谱空间的分辨率上相同：时间步长 10min；频率的计算从 0.04到1.0，以对数分布划分为 20 个；方向的分段为 60 个，分辨率为 6°。

模型的物理机制包括风能输入、折射、绕射、海底摩擦、波浪破碎、白浪损耗以及非线性波—波相互作用。风能的输入考虑线性增长和指数增长两部分，其中线性增长采用 Caraler 和 Malanotte-Rizzoli 的表达式，指数成长采用 Komen 等的研究成果。海底摩擦造成的能量损耗采用 Collins 公式，底摩擦系数取 0.006。破碎波高（H）与水深（d）的关系用 $H/\mathrm{d}=\gamma$ 表示，由于黄骅港附近海底坡度变化平缓，所以数值计算时，$\gamma=0.6$。波浪的绕射采用 Holthuijsen 和 Booij 提出的相解耦方法。白浪损耗采用 Komen 公式。三相波和四相波非线性相互作用分别采用 Hasselmann 离散迭代近似模型（DIA）和 Edeberky 集合三相近似模型（LTA）。

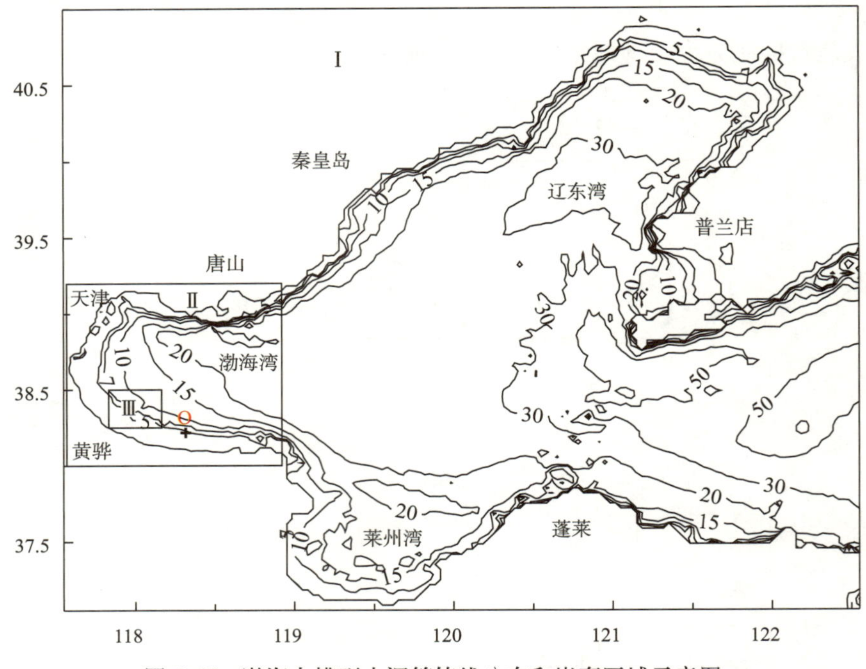

图 5-65　渤海大模型水深等值线分布和嵌套区域示意图

5.5.3　参数检验

我们首先以 1999 年 4 月的一次寒潮大风过程为例，对本研究所建立的 SWAN 嵌套模式对渤海湾风浪预报的适用性进行检验。该模式的计算时间为 1999 年 4 月 1 日 0 时至 4 月 2 日 14 时，共计 38h，同时刻的驱动风场由中尺度气象模式“MM5”嵌套计算得到。为验证该模式对近岸区域风浪的模拟效果，我们将数值模拟的有效波高和与近岸浮标的实测值进行比较。测波浮标位于渤海湾内，地理位置如图 5-65 中 O 点所示。图 5-66 显示了数值模拟的有效波高与近岸浮标实测值的比较。由图 5-66 可知，数值模拟的有效波高与浮标实测值在变化趋势上相一致，且吻合较好，表明本研究所建立的嵌套模式可用于对寒潮大风引起的渤海湾内的风浪进行数值预测。

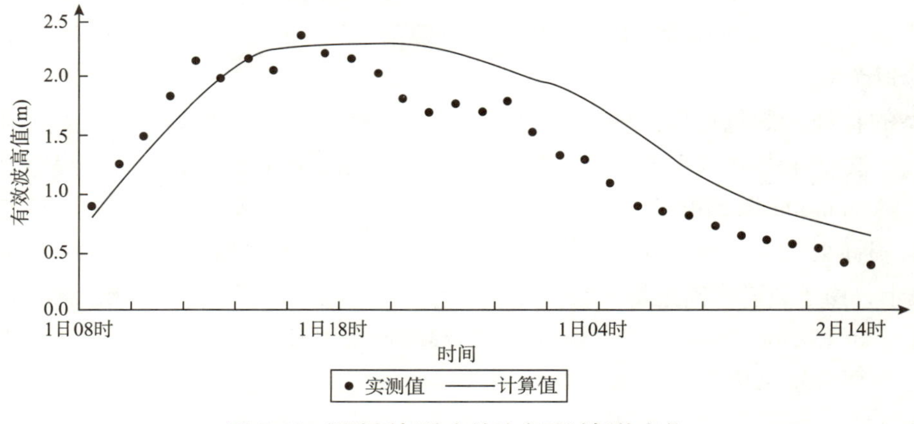

图 5-66　测波浮标处有效波高随时间的变化

5.5.4 寒潮风浪的数值计算

受南下强冷空气的影响，2003 年 10 月 10～12 日，渤海西部中部海面和东部沿海出现了 7～8 级东北风，阵风 10～11 级。《2003 年中国海洋灾害公报》表明，在该次强寒潮大风过程的影响下，渤海海域出现了 4～6m 的巨浪，秦皇岛和唐山沿岸近海出现 3.5m 以上的大浪，沧州、黄骅沿岸近海出现了 4m 以上的巨浪。这对近岸海堤、海上水产养殖造成了巨大的经济损失。本部分将对该次强寒潮大风过程引起的渤海和渤海湾内的风浪进行数值模拟，旨在为其他相关研究工作提供合理的风浪数据。对于渤海模型 I 区，该模式的计算时间为 2003 年 10 月 7 日 0 时至 15 日 0 时，共计 193h；对于嵌套区域渤海湾模型 II 区和黄骅港及附近模型 III 区，模式的计算时间为 2003 年 10 月 9 日 0 时至 14 日 0 时，共计 121h。同时刻的模式驱动风场由中尺度气象模式“MM5”嵌套计算得到；风暴潮流速和水位由风暴潮模式计算得到。

5.5.4.1 渤海风浪的计算结果

图 5-67～图 5-76 分别为 2003 年 10 月 8 日 0 时、8 日 12 时、9 日 0 时、10 日 0 时、11 日 0 时、12 日 0 时、13 日 0 时、13 日 12 时、14 日 0 时和 15 日 0 时渤海海域波浪场分布图和有效波高等值线图。由图可知，在寒潮较均匀一致的东北向风的作用下，渤海海域生成了东北向的风浪，且随着寒潮风控制范围的扩大和强度的加强，渤海海域的大浪区亦逐渐扩大、加强并向南移动。在 12 日 0 时前后，渤海海域的风浪几乎达到了最大。此时，渤海中部大部分海域的有效波高在 4～5m 之间，部分海域的有效波高在 5m 以上；渤海湾和莱州湾的湾口附近出现了 4m 以上的巨浪；河北省的秦皇岛、唐山、黄骅以及山东的莱州湾沿岸水域均被纳入了 3m 以上大浪的影响范围；虽然天津受渤海湾的掩护和遮挡，沿岸有效波高较其他海域小，但最大有效波高仍在 1～2m 之间。此后，随着寒潮风强度的降低，渤海海域风浪逐渐减小，自 13 日 12 时始，由于寒潮风向由北向向西北向渐变，尤以渤海湾和莱州湾海域为甚，所以大浪区逐渐向普兰店附近海域转移，自此之后，渤海湾和莱州湾海域的有效波高均在 2m 以下。

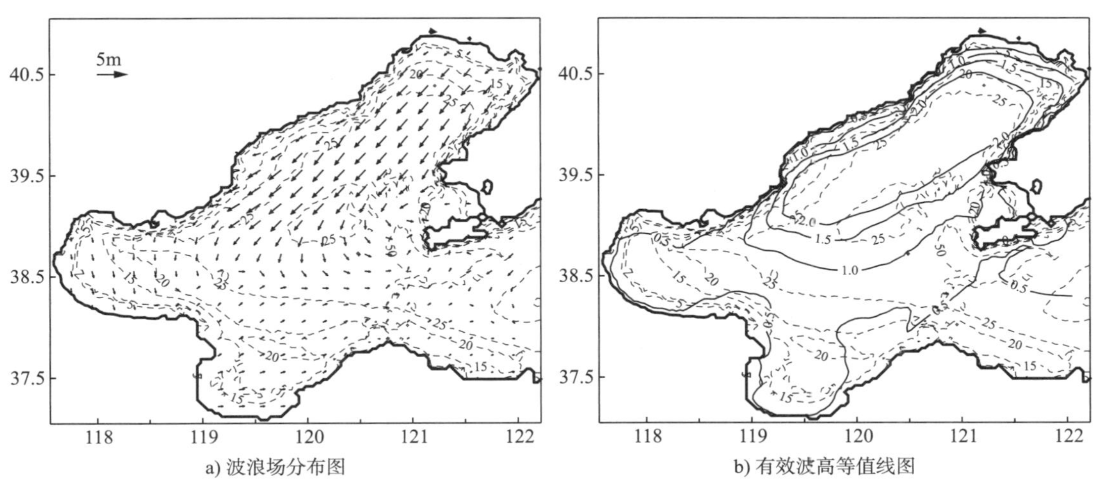

a) 波浪场分布图　　b) 有效波高等值线图

图 5-67　2003 年 10 月 8 日 0 时渤海海域波浪分布图

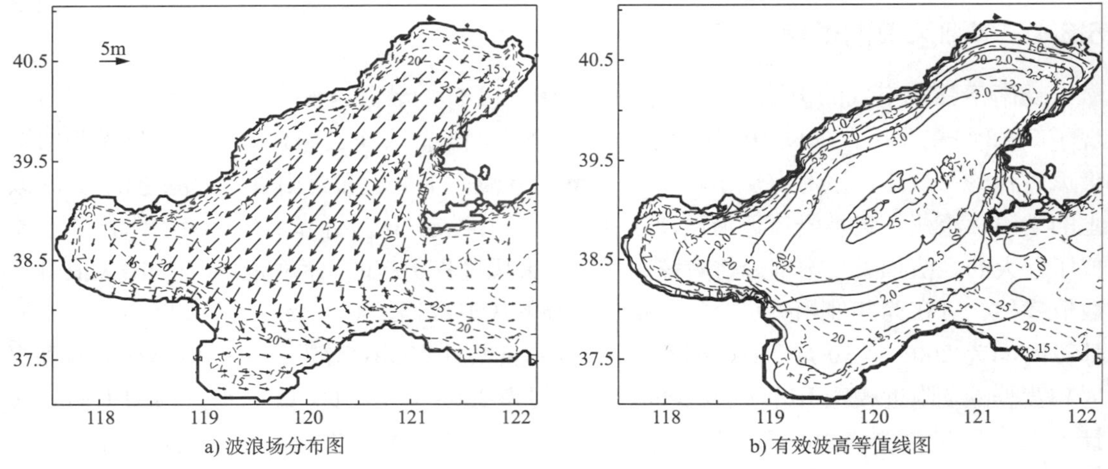

a) 波浪场分布图　　b) 有效波高等值线图

图 5-68　2003 年 10 月 8 日 12 时渤海海域波浪分布图

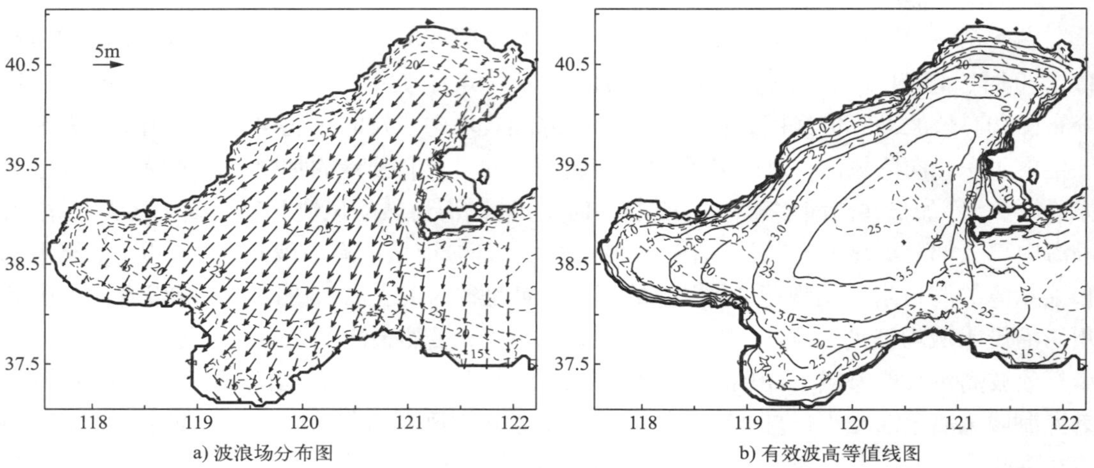

a) 波浪场分布图　　b) 有效波高等值线图

图 5-69　2003 年 10 月 9 日 0 时渤海海域波浪分布图

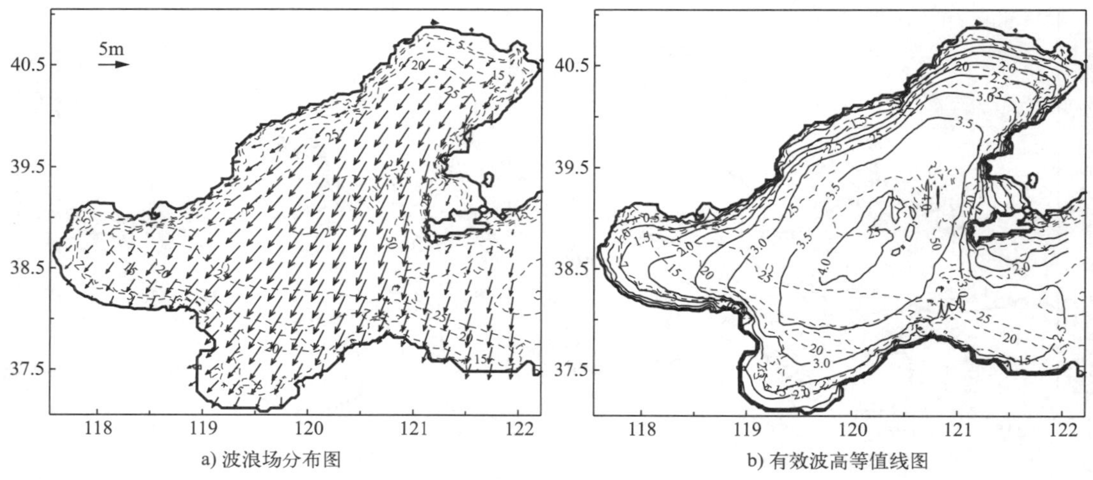

a) 波浪场分布图　　b) 有效波高等值线图

图 5-70　2003 年 10 月 10 日 0 时渤海海域波浪分布图

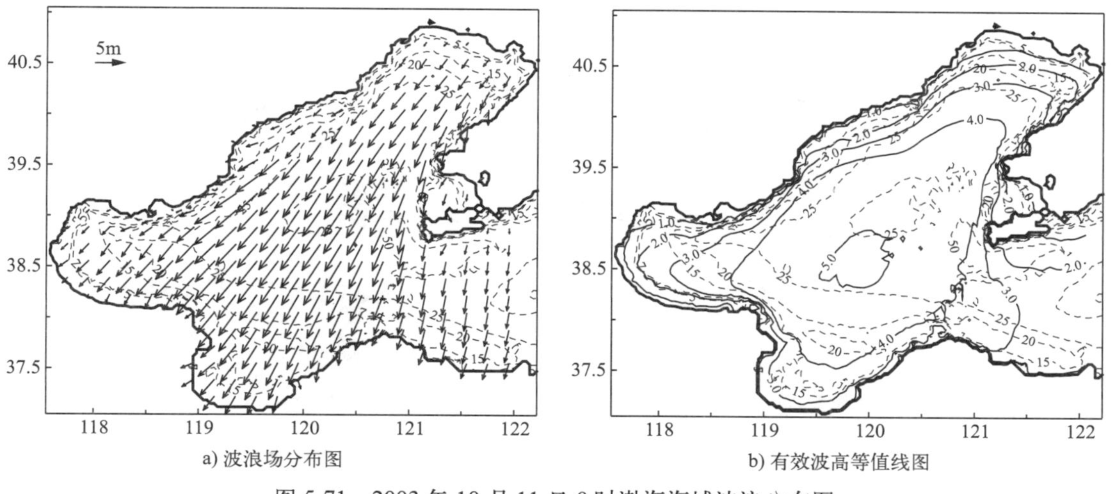

a) 波浪场分布图　　b) 有效波高等值线图

图 5-71　2003 年 10 月 11 日 0 时渤海海域波浪分布图

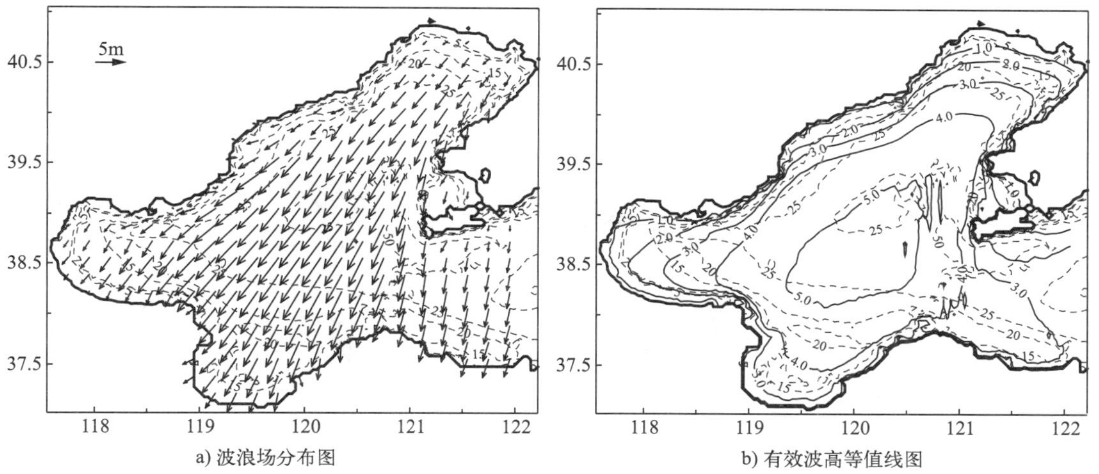

a) 波浪场分布图　　b) 有效波高等值线图

图 5-72　2003 年 10 月 12 日 0 时渤海海域波浪分布图

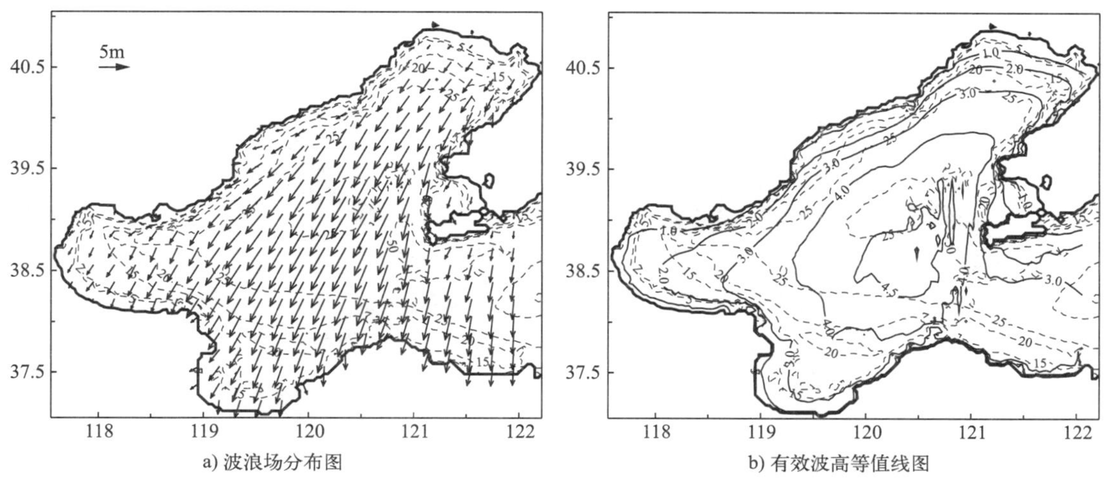

a) 波浪场分布图　　b) 有效波高等值线图

图 5-73　2003 年 10 月 13 日 0 时渤海海域波浪分布图

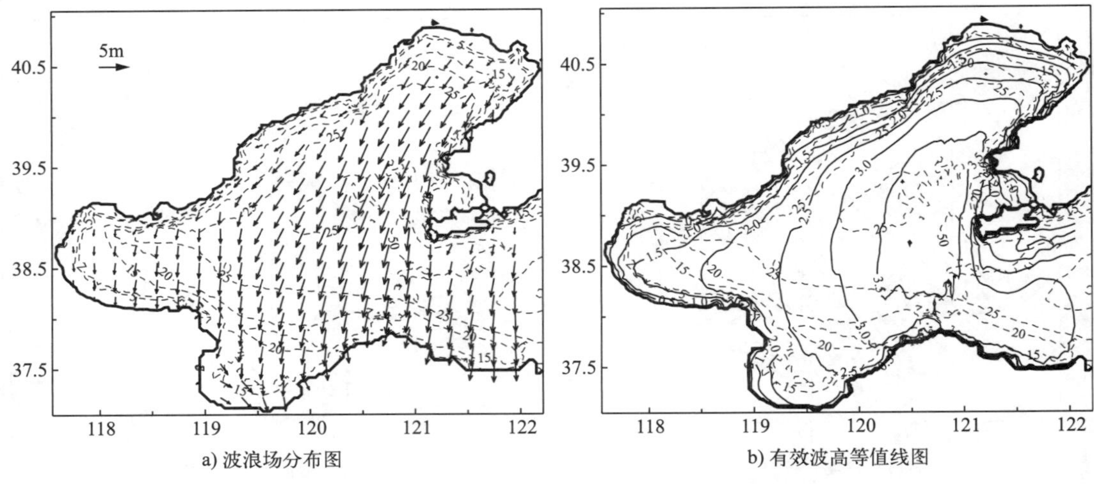

图 5-74　2003 年 10 月 13 日 12 时渤海海域波浪分布图

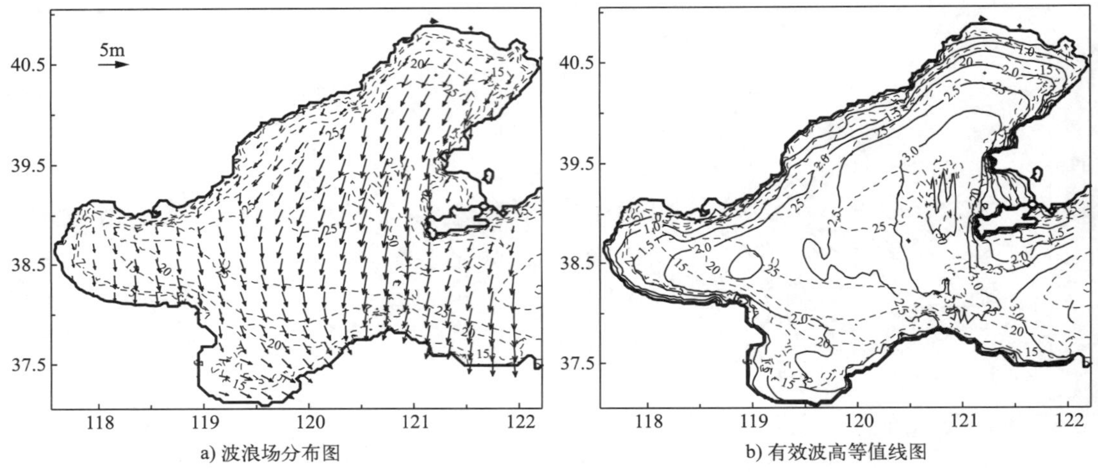

图 5-75　2003 年 10 月 14 日 0 时渤海海域波浪分布图

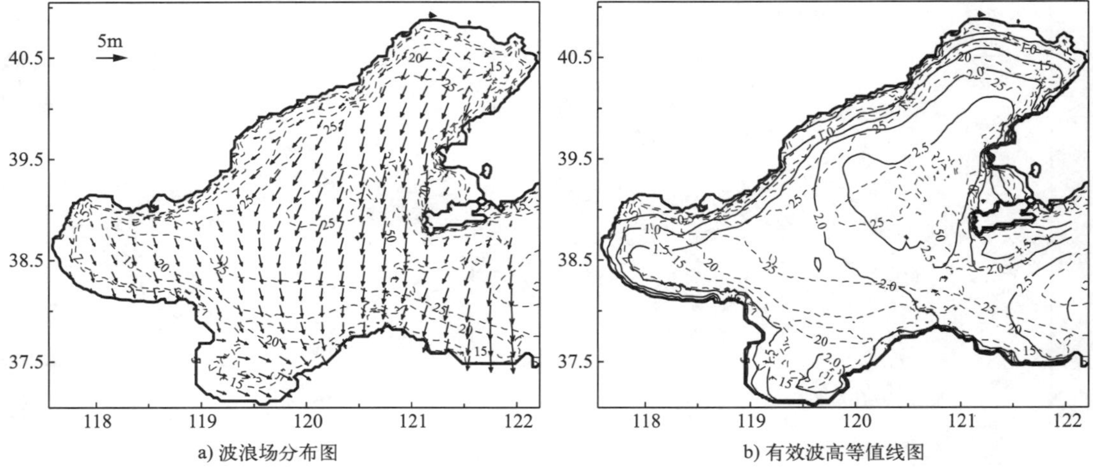

图 5-76　2003 年 10 月 15 日 0 时渤海海域波浪分布图

5.5.4.2 渤海湾风浪的计算结果

图 5-77～图 5-82 分别为 2003 年 10 月 9 日 14 时、10 日 14 时、11 日 14 时、12 日 2 时、12 日 14 时、13 日 14 时渤海湾内波浪场分布图和有效波高等值线图。由图可知，在寒潮东北向大风的作用下，自 10 月 9 日 14 时起，渤海湾湾口便受到 2.5m 以上有效波高的风浪的作用，且自渤海传至渤海湾内的 NE 向涌浪明显。随着寒潮风强度的加强，湾内风浪逐渐增大，到 11 日 14 时，湾口门附近最大风浪达到 4m 以上，此后，随着寒潮风强度的减弱，湾内风浪逐渐减小；到 13 日 14 时，由于渤海湾内及湾外相当范围的寒潮风向由北向西北方向转变，所以，自渤海传至渤海湾湾口的涌浪已不再明显，渤海湾内以北向局部风生浪为主，风浪较小，有效波高在 2m 以下。

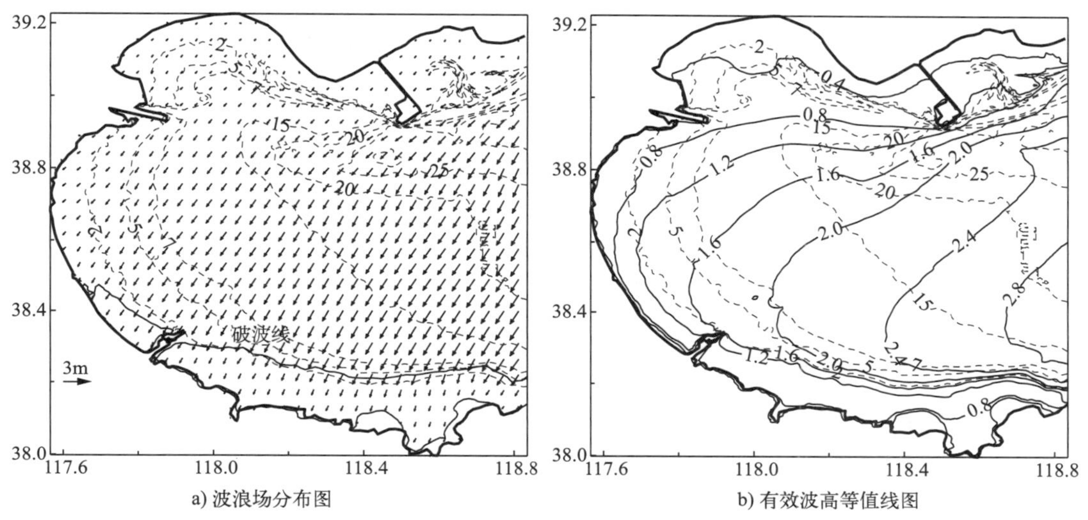

图 5-77　2003 年 10 月 9 日 14 时渤海海域波浪分布图

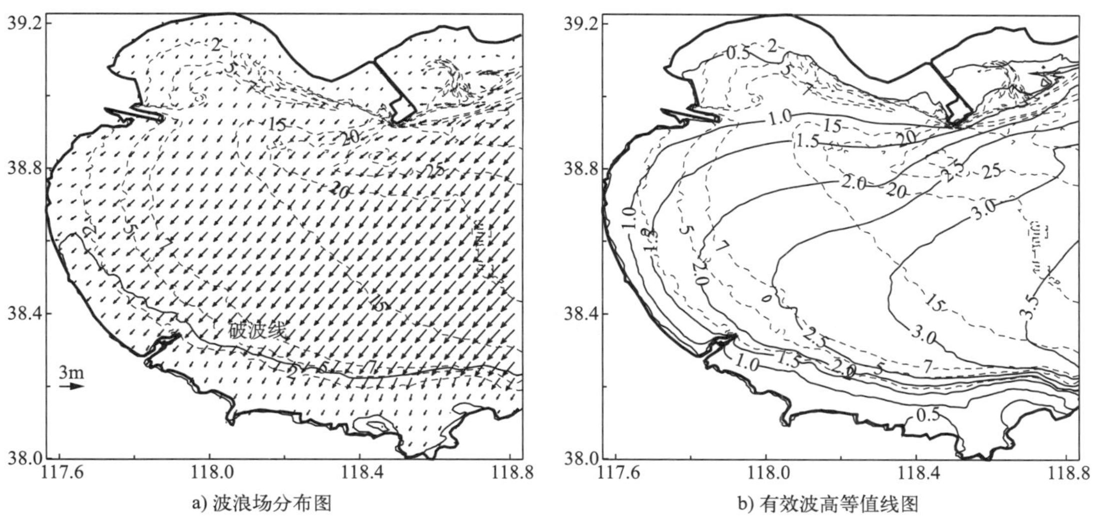

图 5-78　2003 年 10 月 10 日 14 时渤海海域波浪分布图

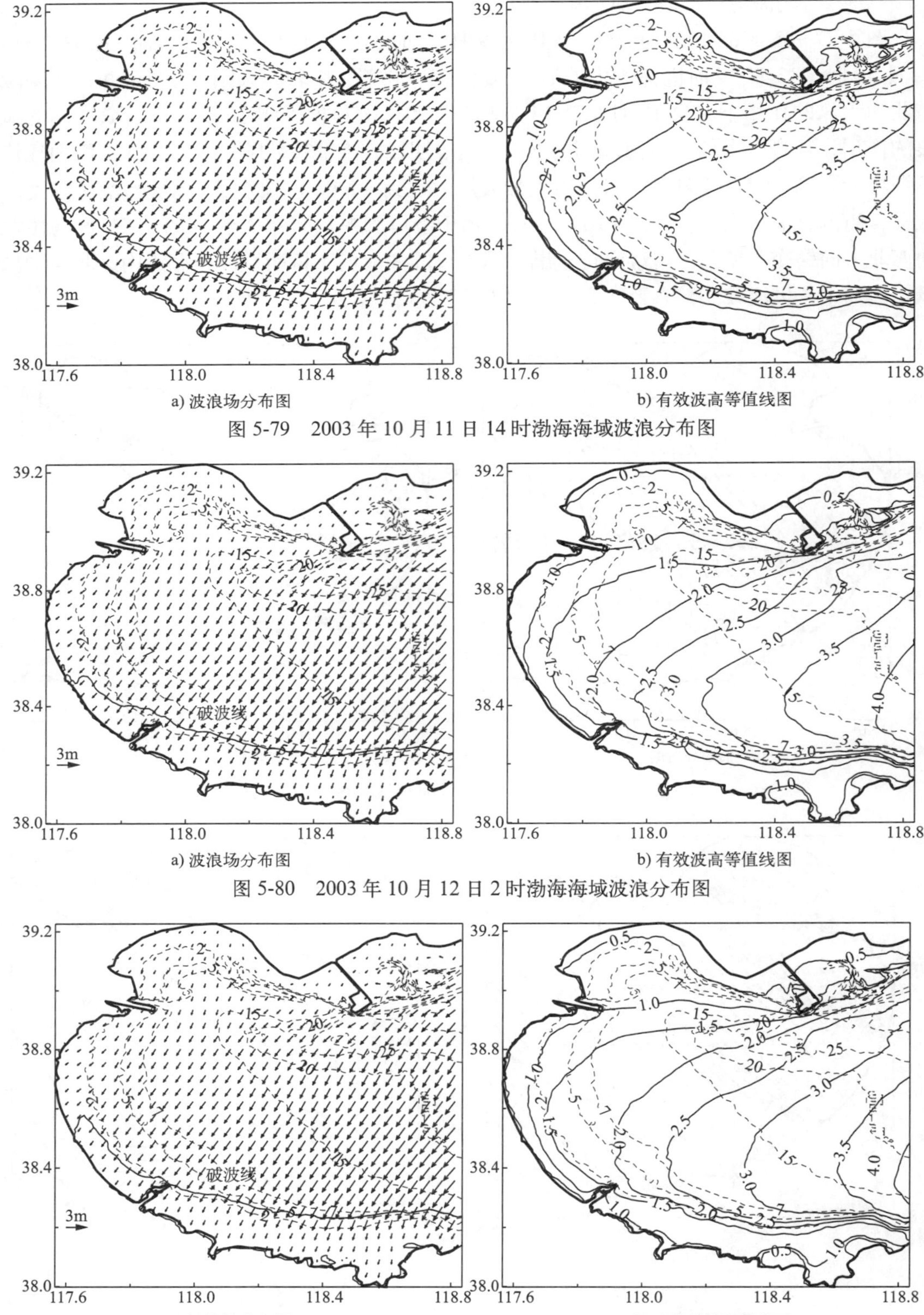

a) 波浪场分布图

b) 有效波高等值线图

图 5-79　2003 年 10 月 11 日 14 时渤海海域波浪分布图

a) 波浪场分布图

b) 有效波高等值线图

图 5-80　2003 年 10 月 12 日 2 时渤海海域波浪分布图

a) 波浪场分布图

b) 有效波高等值线图

图 5-81　2003 年 10 月 12 日 14 时渤海海域波浪分布图

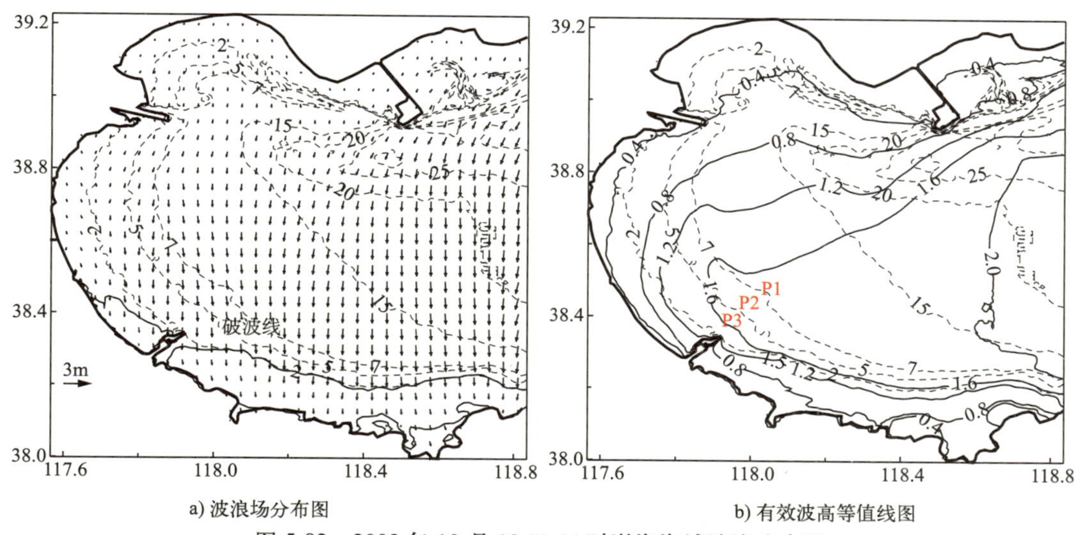

a) 波浪场分布图　b) 有效波高等值线图

图 5-82　2003 年 10 月 13 日 14 时渤海海域波浪分布图

5.5.4.3 风暴潮对波浪的影响分析

图 5-83～图 5-85 所示分别为黄骅港水域 P_1、P_2 和 P_3 三个典型点附近波高和风暴潮位随时间的变化，P_1、P_2 和 P_3 三个点的位置如图 5-82b）所示，分别位于 7m、5m 和 3m 等深线附近。

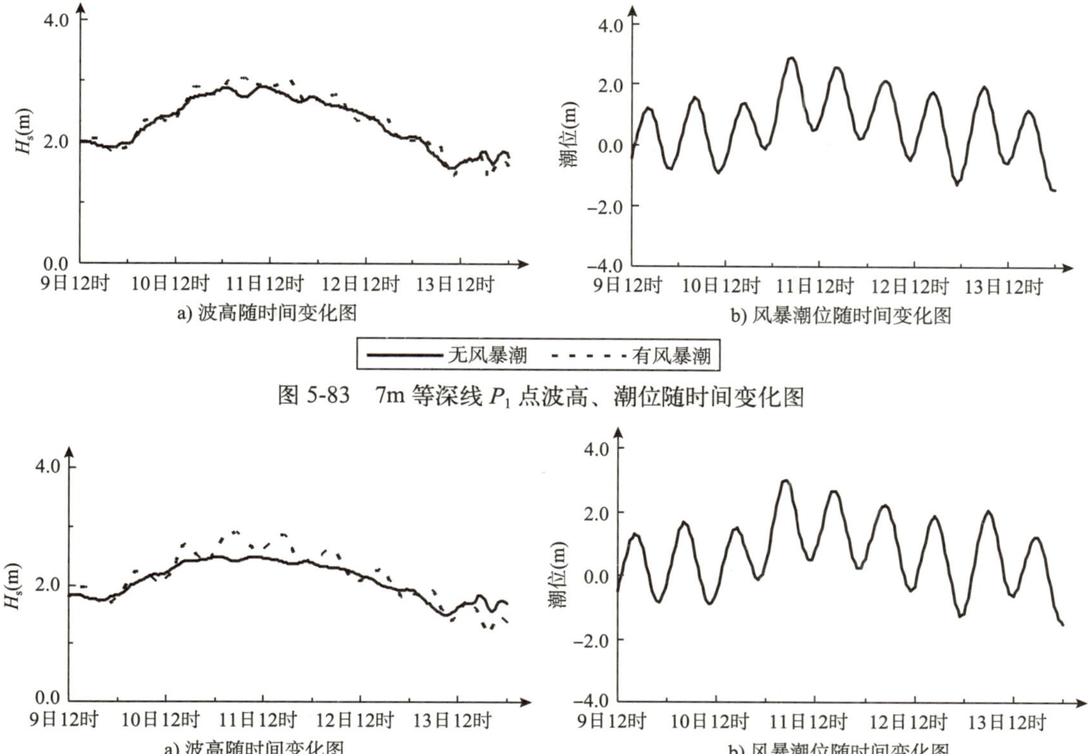

a) 波高随时间变化图　b) 风暴潮位随时间变化图

图 5-83　7m 等深线 P_1 点波高、潮位随时间变化图

a) 波高随时间变化图　b) 风暴潮位随时间变化图

图 5-84　5m 等深线 P_2 点波高、潮位随时间变化图

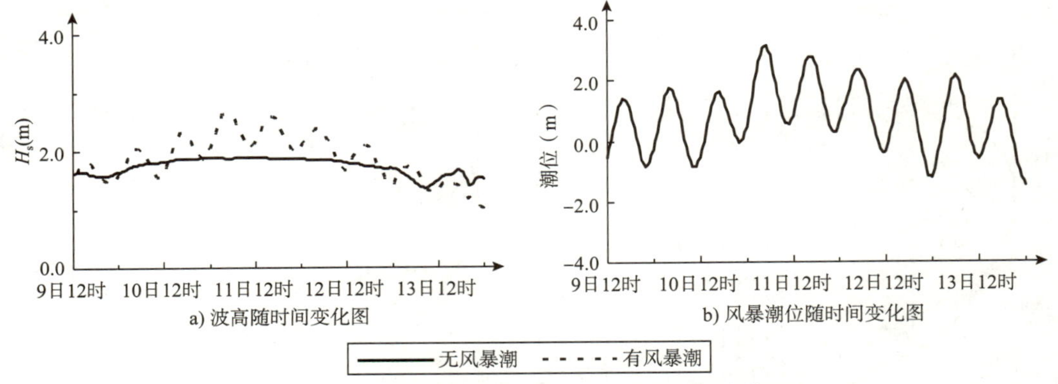

a) 波高随时间变化图

b) 风暴潮位随时间变化图

图 5-85　3m 等深线 P_3 点波高、潮位随时间变化图

图 5-86～图 5-87 分别是 10 月 11 日 7 时、14 时有效波高场和风暴潮流场分布图。由图可知，对于本次风暴潮而言，考虑与不考虑风暴潮的影响，波高和波向在水深较大水域的变化不大，但是在较浅水域，受风暴潮增水和风暴流的影响，波高的变化较为显著。

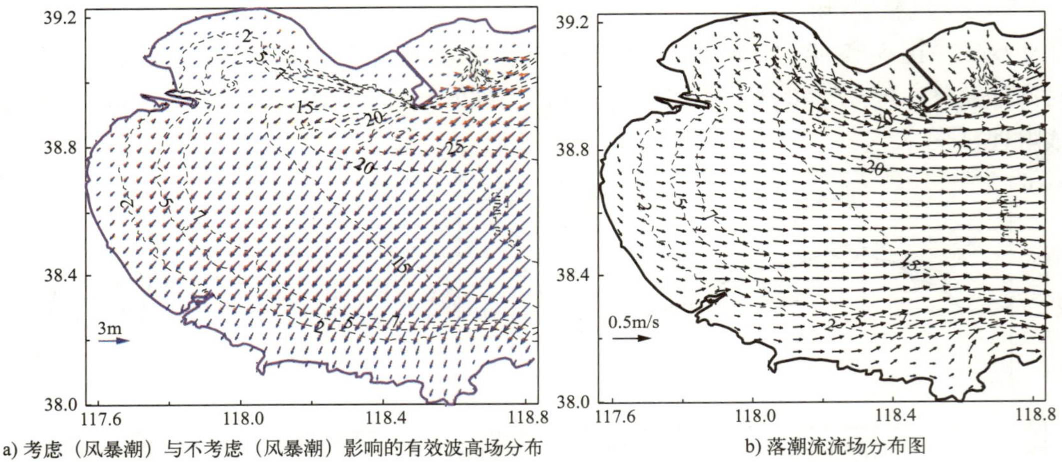

a) 考虑（风暴潮）与不考虑（风暴潮）影响的有效波高场分布

b) 落潮流流场分布图

图 5-86　10 月 11 日 7 时有效波高场和风暴潮流场分布图

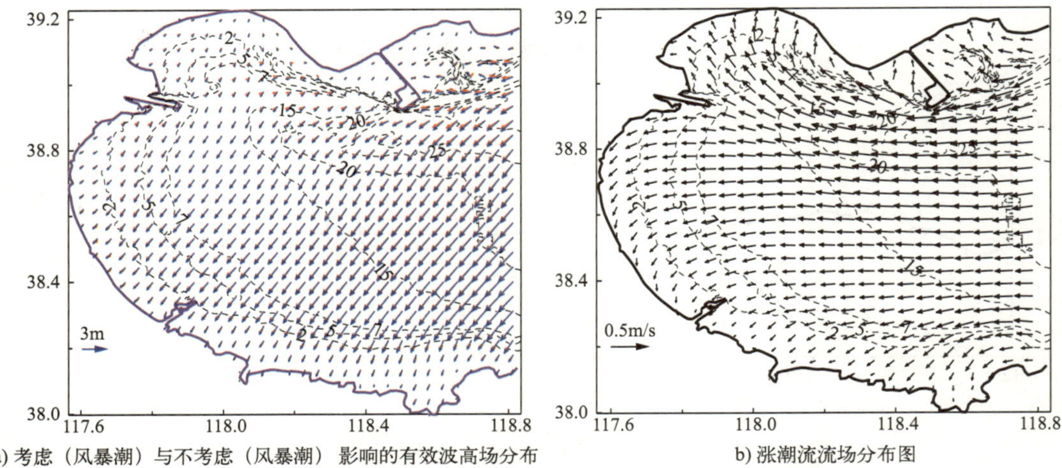

a) 考虑（风暴潮）与不考虑（风暴潮）影响的有效波高场分布

b) 涨潮流流场分布图

图 5-87　10 月 11 日 14 时有效波高场和风暴潮流场分布图

5.6 风暴潮数学模型计算实例——江苏沿海风暴潮数学模型

江苏沿海北起苏鲁交界的绣针河口，南至长江口北岸，南北跨度大，为我国东部风暴潮频发的沿海地区，平均每年发生 1～2 次风暴潮灾害。本节以江苏海岸为例，利用 ADCIRC 海洋模式，在西北太平洋风暴潮模型基础上建立江苏沿海风暴潮模型，模拟几种不同路径台风经过时风暴潮增水过程，并分析典型台风影响下的增减水分布特征。

5.6.1 风暴潮数值模式——ADCIRC 海洋模式

5.6.1.1 基本方程

ADCIRC 模式为美国联邦应急管理机构（FEMA）、美国陆军工程师兵团（USACOE）等单位作为风暴潮预警使用的。ADCIRC（Advanced Circulation）（Blain 等，2010；Valenti，2006； Bunya 等，2008；Luettich 等，1995 ；Westerink 等，1994）是由北卡罗来纳大学、圣母院大学、德克萨斯大学、海马海岸咨询公司、俄克拉荷马大学、美国陆军工程研究与发展中心液压沿海和实验室等单位研究人员联合开发的三维（二维）有限元海洋模式。ADCIRC 可以模拟二维浅水运动、静力假定和 Boussinesq 近似下三维不可压流体运动、二维泥沙运动、二维和三维温、盐扩散输运过程等，并可以考虑引潮力、地球固体潮效应、风和气压效应及波流耦合效应。模式精度在二阶以上，计算稳定性好、效率高。

ADCIRC 模式的方程采用静压假定和 Boussinesq 近似。为了避免数值扰动，连续性方程采用广义波连续性方程（Generalized Wave Continuity Equation）（Luettich 等，1992；Luettich 和 Westerink，2004）：

$$\frac{\partial^2 \zeta}{\partial t^2}+\tau_\theta \frac{\partial \zeta}{\partial t}+\frac{\partial J_x}{\partial x}+\frac{\partial J_y}{\partial y}-uH\frac{\partial \tau_0}{\partial x}-vH\frac{\partial \tau_0}{\partial y}=0 \tag{5-206}$$

其中：

$$\begin{aligned}J_x=&-Q_x\frac{\partial u}{\partial x}-Q_y\frac{\partial u}{\partial y}+fQ_y-\frac{g}{2}\frac{\partial \zeta^2}{\partial x}-gH\frac{\partial}{\partial x}\left(\frac{P_s}{g\rho_0}-\alpha\eta\right)+\\&\frac{\tau_{sx,winds}+\tau_{sx,waves}-\tau_{bx}}{\rho_0}+\left(M_{x0}-D_x\right)+U\frac{\partial \zeta}{\partial t}+\tau Q_x-gH\frac{\partial \zeta}{\partial x}\end{aligned} \tag{5-207}$$

$$\begin{aligned}J_y=&-Q_x\frac{\partial v}{\partial x}-Q_y\frac{\partial v}{\partial y}-fQ_x-\frac{g}{2}\frac{\partial \zeta^2}{\partial y}-gH\frac{\partial}{\partial y}\left(\frac{P_s}{g\rho_0}-\alpha\eta\right)+\\&\frac{\tau_{sy,winds}+\tau_{sy,waves}-\tau_{by}}{\rho_0}+\left(M_{y0}-D_y\right)+v\frac{\partial \zeta}{\partial t}+\tau Q_y-gH\frac{\partial \zeta}{y}\end{aligned} \tag{5-208}$$

其中，u，v 为全水深水流在 x、y 方向分量；$Q_x=uH$，$Q_y=vH$ 是单宽流量。

三维动量方程为：

$$\frac{\partial u}{\partial t}+u\frac{\partial u}{\partial x}+v\frac{\partial u}{\partial y}+w\frac{\partial u}{\partial z}-fv=-g\frac{\partial}{\partial x}\left(\zeta+\frac{P_s}{g\rho_a}-\alpha\eta\right)+\frac{\partial}{\partial z}\left(\frac{\tau_{zx}}{\rho_0}\right)-b_x+m_x \tag{5-209}$$

$$\frac{\partial v}{\partial t}+u\frac{\partial v}{\partial x}+v\frac{\partial v}{\partial y}+w\frac{\partial v}{\partial z}+fu=-g\frac{\partial}{\partial x}\left(\zeta+\frac{P_s}{g\rho_a}-\alpha\eta\right)+\frac{\partial}{\partial z}\left(\frac{\tau_{zy}}{\rho_0}\right)-b_y+m_y \tag{5-210}$$

z 方向速度通过求解三维连续性方程得到：

$$\frac{\partial w}{z}=-\left(\frac{\partial u}{\partial x}+\frac{\partial v}{\partial y}\right) \tag{5-211}$$

方程满足水面和底部运动学边界条件：

$$w_{\mathrm{s}}=\frac{\partial \zeta}{\partial t}+u_{\mathrm{s}}\frac{\partial \zeta}{\partial x}+v_{\mathrm{s}}\frac{\partial \zeta}{\partial y} \qquad z=\zeta \tag{5-212}$$

$$w_{\mathrm{b}}=-u_{\mathrm{b}}\frac{\partial h}{\partial x}-v_{\mathrm{b}}\frac{\partial h}{\partial y} \qquad z=-h \tag{5-213}$$

式中： u、v、w——分别为 x、y、z 方向流速；

$\frac{\tau_{\mathrm{zx}}}{\rho}=E_{\mathrm{Z}}\frac{\partial u}{\partial z},\frac{\tau_{\mathrm{zy}}}{\rho}=E_{\mathrm{Z}}\frac{\partial v}{\partial z}$——垂向应力，$E_{\mathrm{z}}$ 垂向涡黏系数，一般通过紊流模型（ADCIRC 模式中采用 Mellor 和 Yamada（1982））计算得到；

m_{x}、m_{y}——侧向应力梯度，

$$m_{\mathrm{x}}=\frac{\partial}{\partial x}\left(E_{1}\frac{\partial u}{\partial x}\right)+\frac{\partial}{\partial y}\left(E_{1}\frac{\partial u}{\partial y}\right) \tag{5-214}$$

$$m_{\mathrm{y}}=\frac{\partial}{\partial x}\left(E_{1}\frac{\partial v}{\partial x}\right)+\frac{\partial}{\partial y}\left(E_{1}\frac{\partial v}{\partial y}\right)$$

（E_1 为侧向应力系数或侧向涡黏系数） （5-215）

b_{x}、b_{y}——斜压梯度。

$$b_{\mathrm{x}}=g\frac{\partial}{\partial x}\int_{z}^{\zeta}\frac{(\rho-\rho_{0})}{\rho_{0}}\mathrm{d}z \tag{5-216}$$

$$b_{\mathrm{y}}=g\frac{\partial}{\partial y}\int_{z}^{\zeta}\frac{(\rho-\rho_{0})}{\rho_{0}}\mathrm{d}z \tag{5-217}$$

ADCIRC 垂向上采用推广的 σ 坐标，可以采用多种函数分布形式，如均匀、对数、双对数、P 函数、正弦函数等。

对于宽浅海域，忽略垂向加速度并假定水平流速在垂向上为均匀分布，可对上述动量方程沿水深积分，得到平面二维模式（ADCIRC 2DDI）：

$$\frac{\partial u}{\partial t}+U\frac{\partial u}{\partial x}+V\frac{\partial u}{\partial y}-fv=-g\frac{\partial}{\partial x}\left[\zeta+\frac{P_{\mathrm{s}}}{g\rho_{0}}-\alpha\eta\right]+\frac{\tau_{\mathrm{sx,winds}}+\tau_{\mathrm{sx,waves}}-\tau_{\mathrm{bx}}}{\rho_{0}H}+\frac{M_{\mathrm{x}}-D_{\mathrm{x}}}{H} \tag{5-218}$$

$$\frac{\partial v}{\partial t}+u\frac{\partial v}{\partial x}+v\frac{\partial v}{\partial y}+fu=-g\frac{\partial}{\partial y}\left[\zeta+\frac{P_{\mathrm{s}}}{g\rho_{0}}-\alpha\eta\right]+\frac{\tau_{\mathrm{sy,winds}}+\tau_{\mathrm{sy,waves}}-\tau_{\mathrm{by}}}{\rho_{0}H}+\frac{M_{\mathrm{y}}-D_{\mathrm{y}}}{H} \tag{5-219}$$

式中：$H=\zeta+h$ —— 全水深，ζ 为水面到平均水平面的距离，h 为静水深；

u，v —— 全水深水流在 x 和 y 方向的分量；

f——科氏力系数；

g——重力加速度；

P_s——水表面大气压；

ρ_0——水的参考密度；

η——牛顿平衡潮势，

α——有效地球弹性系数；

$\tau_{s,winds}$ 和 $\tau_{s,waves}$——由风和浪引起的表面应力；

τ_b——底部应力；

M——横向应力梯度；

D——动量分散项；

τ_0 为优化相位传播特性的数值常数 (Atkinson 等，2004；Kolar 等，1994)。

$$\tau_{sx,waves} = -\frac{\partial S_{xx}}{\partial x} - \frac{\partial S_{xy}}{\partial y} \tag{5-220}$$

$$\tau_{sy,waves} = -\frac{\partial S_{xy}}{\partial x} - \frac{\partial S_{yy}}{\partial y} \tag{5-221}$$

式中：S_{xx}、S_{xy}、S_{yy}—— 波浪的辐射应力 (Longuet-Higgins 和 Stewart，1964；Battjes，1972)。

$$S_{xx} = \rho_0 g \int\int\left[\left(n\cos^2\theta + n - \frac{1}{2}\right)\sigma N\right]\mathrm{d}\sigma\mathrm{d}\theta \tag{5-222}$$

$$S_{xy} = \rho_0 g \int\int(n\sin\theta\cos\theta\sigma N)\mathrm{d}\sigma\mathrm{d}\theta \tag{5-223}$$

$$S_{yy} = \rho_0 g \int\int\left[\left(n\sin^2\theta + n - \frac{1}{2}\right)\sigma N\right]\mathrm{d}\sigma\mathrm{d}\theta \tag{5-224}$$

5.6.1.2 计算算法

ADCIRC 采用三角形网格，可以满足从外海到近岸不同的网格尺度和拟合岸线边界要求。求解方程时，在时间上采用差分离散格式，空间上采用有限元离散格式，包括传统的连续伽辽金（CG）算法和新的间断有限元（DG，类似于有限体积法）。时间差分采用半隐格式，方程中的非线性项采用显示，因此该模式的时间步长受 Courant 数限制。在非结构三角网格上应用线性差值以及在每个网格顶点以 3 个自由度的求解方式计算水位 ζ 以及流速 U 和 V。

5.6.1.3 底摩擦

ADCIRC 二维模式中的底摩擦采用以下形式计算：

$$\vec{\tau}_{b2d} = C_{db2d}\rho_w\vec{U}\left|\vec{U}\right| \tag{5-225}$$

式中：C_{db2d}——底摩擦系数，可以采用线性、二次非线性和混合非线性格式。

混合非线性格式为：

$$C_{\mathrm{db2d}} = C_{\mathrm{f\,min}} \cdot \left[1 + \left(\frac{H_{\mathrm{BREAK}}}{H} \right)^{\theta_{\mathrm{f}}} \right]^{\frac{\gamma_{\mathrm{f}}}{\theta_{\mathrm{f}}}} \tag{5-226}$$

式中：C_{f}——底摩阻系数；

$C_{\mathrm{f\,min}}$——最小摩阻系数（深水时）；

H_{BREAK}——控制水深；

θ_{f}、γ_{f}——系数。

该公式可以使得摩擦系数取值在浅水时（$H<H_{\mathrm{BREAK}}$）摩阻满足曼宁公式，$H>H_{\mathrm{BREAK}}$时满足谢才公式，在深水时取常数 $C_{\mathrm{f\,min}}$。

底摩擦系数也可以通过曼宁系数给定。

5.6.1.4　漫滩过程

ADCIRC 干—湿法利用节点—单元综合判断标准。当一个单位的所有节点都处于湿状态时，该单元才作为湿网格参与计算。主要通过 2 个参数：H_0，最小控制水深（一般为 0.01～0.10m），用来判断节点是干或湿；Umin，湿节点向干节点传播的最小速度（一般为 0.05m/s），当满足水位和底摩擦平衡公式时，该节点转为湿节点（Joannes J. 等，2008；Medeiros 和 Hagen，2013 ）。

$$U = \frac{g(\zeta_{i-1} - \zeta_i)}{\tau_i \Delta x_i} \geqslant U_{\min} \tag{5-227}$$

式中：U—— 平衡速度；

ζ_{i-1}、ζ_i——分别为相邻的干、湿节点水位；

τ_i——相当于线性的底摩阻系数，$\tau_i = Cftau\left(\frac{|u_i|}{H_i}\right)$，其中 $Cftau$ 为底摩擦系数；

Δx_i——网格点间距。

程序在每一步执行时首先更新干、湿单元信息。如果干单元三角形的至少两个节点的水深超过 $1.2H_0$，通过平衡公式计算每个湿节点沿单元边流向干节点的速度。当 U 超过 $U_{\min}$ 时，该单元的第三个节点转为湿节点，同时该单元转为湿单元。当单元的湿节点不到 2 个或者水深不满足 $1.2H_0$ 时，不进行干湿转换计算。当湿节点水深不满足 $H_{\min}$ 条件时，该节点转为干节点，同时包含该节点的单元转为干单元。由于每次扫描只对干—湿相连接的单元进行计算，因此要求 ADCIRC 计算的时间步长不能取值太大，但由于采用有限元方法整体求解矩阵，计算速度仍然较快。

5.6.2　数学模型范围和参数

图 5-88 为江苏沿海潮流数学模型计算网格。模型北边界位于山东半岛成山头附近，南边界位于浙江瓯江口附近，外海边界与江苏岸线基本平行，距离岸边约 300km。模型采用经纬度球坐标系统，最小网格控制在 1′ 左右。模型网格单元数 95 125 个，节点数 49 023 个。

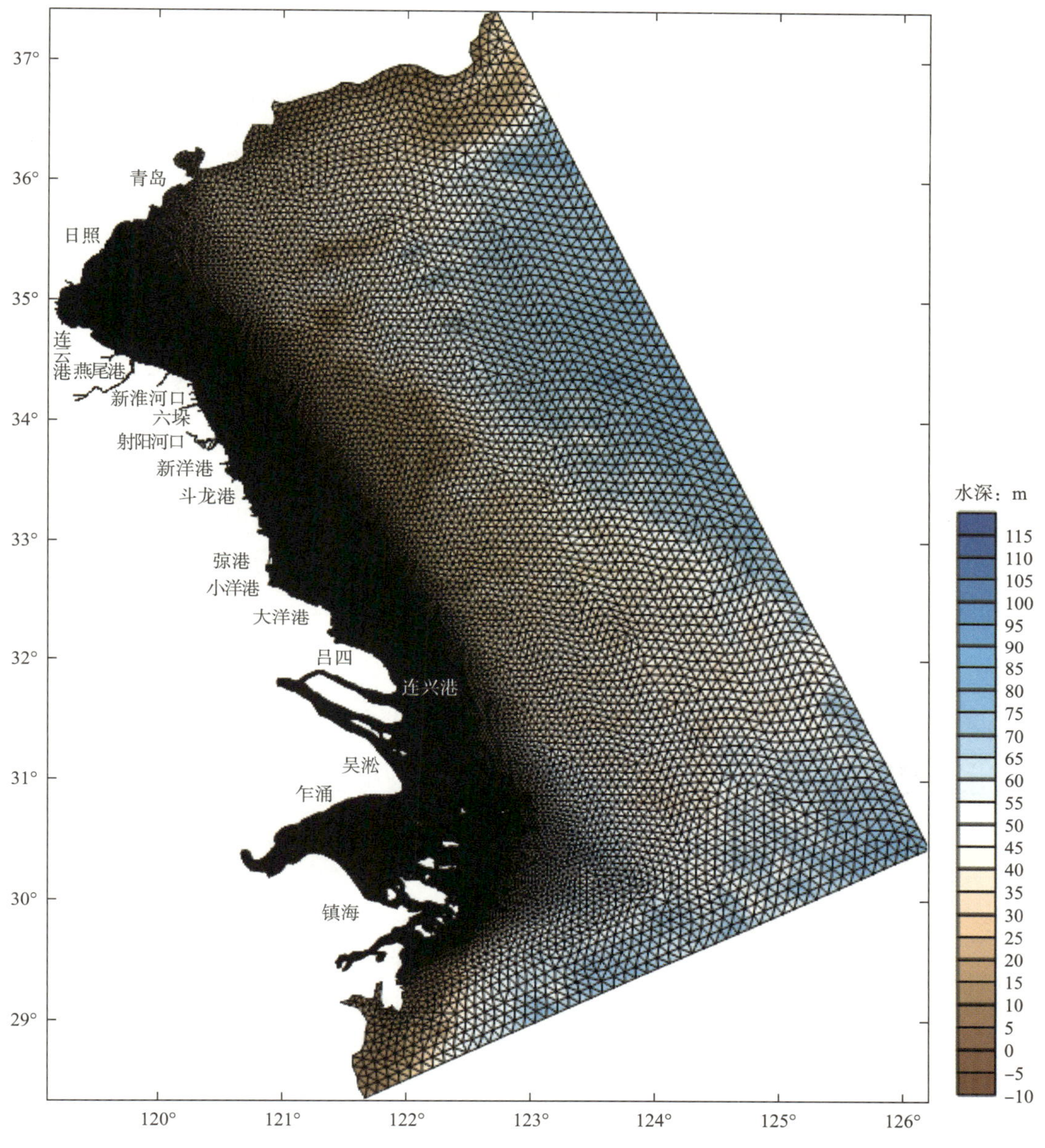

图 5-88　江苏沿海潮流数学模型计算网格

模型时间步长 1s，水平黏性扩散系数取 $10m^2/s$，底部摩擦系数采用混合非线性格式，其中 $C_{f\ min}$ 取 0.003，H_{BREAK} 取 2.0m，θ_f、γ_f 分别取 10 和 4/3。

最小控制水深 H_0 取 0.01m；湿节点向干节点传播的最小速度 U_{min} 取 0.01m/s。

表面风应力系数采用以下形式（Garratt，1977）：

$$C_{ds}=0.001\times(0.75+0.067W_{10}) \tag{5-228}$$

风应力系数的极值取 0.003 5。

模型开边界条件由西北太平洋风暴潮模型计算提供。

5.6.3 风场计算

利用江苏沿海气象站9711台风期间的风速、风向资料对风场模型结果进行验证，如图5-89所示。可以看出，基于背景资料的台风风场模型计算得到的风速和风向均与实测值吻合良好，为下一步风暴潮模拟奠定了基础。

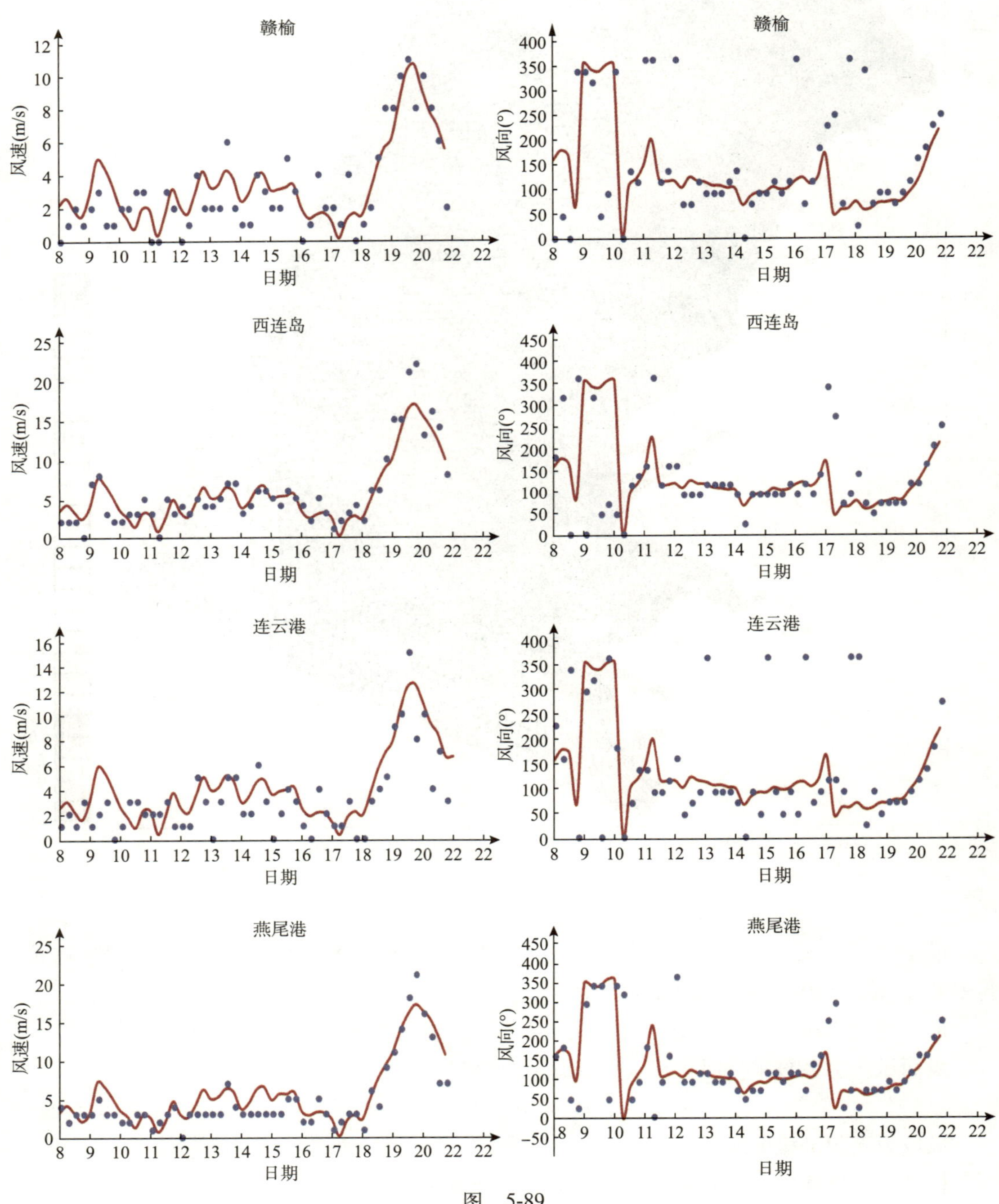

图 5-89

滨海
风速(m/s)
日期
滨海
风向(°)
日期
射阳
风速(m/s)
日期
射阳
风向(°)
日期
大丰
风速(m/s)
日期
大丰
风向(°)
日期
东台
风速(m/s)
日期
东台
风向(°)
日期
海安
风速(m/s)
日期
海安
风向(°)
日期

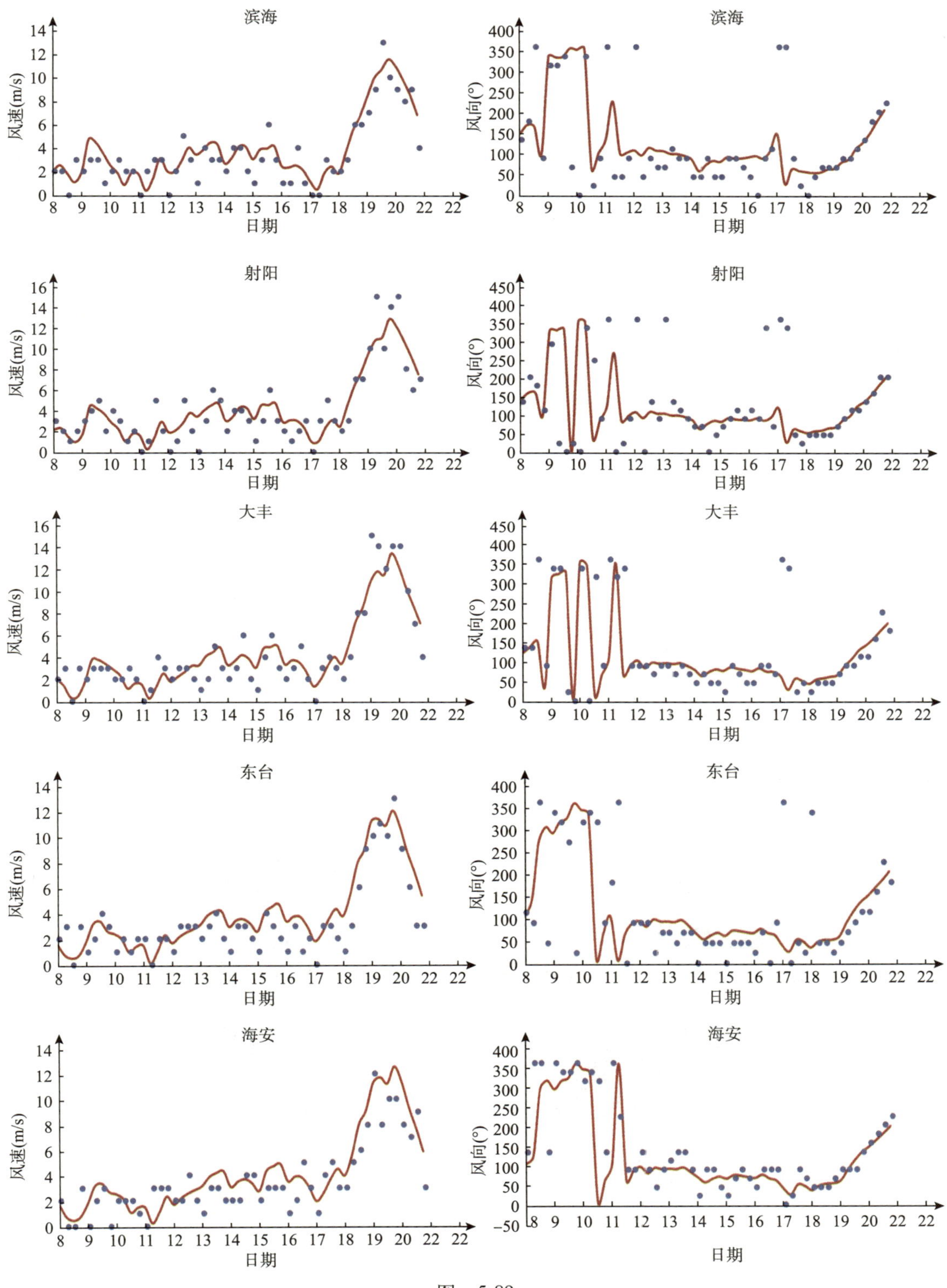

图 5-89

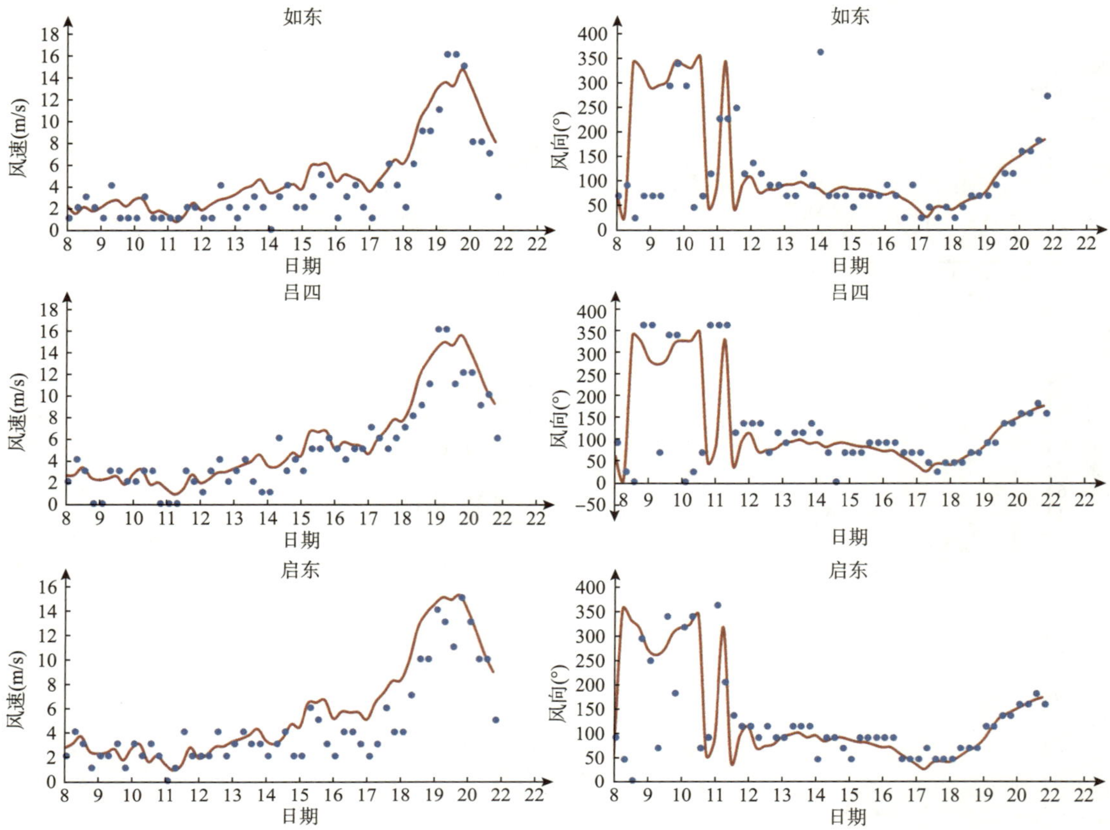

图 5-89　9711 台风期间风速与风向验证

图 5-90～图 5-92 分别为 9711 台风、0012 台风和 1210 台风影响江苏期间的风场结构。

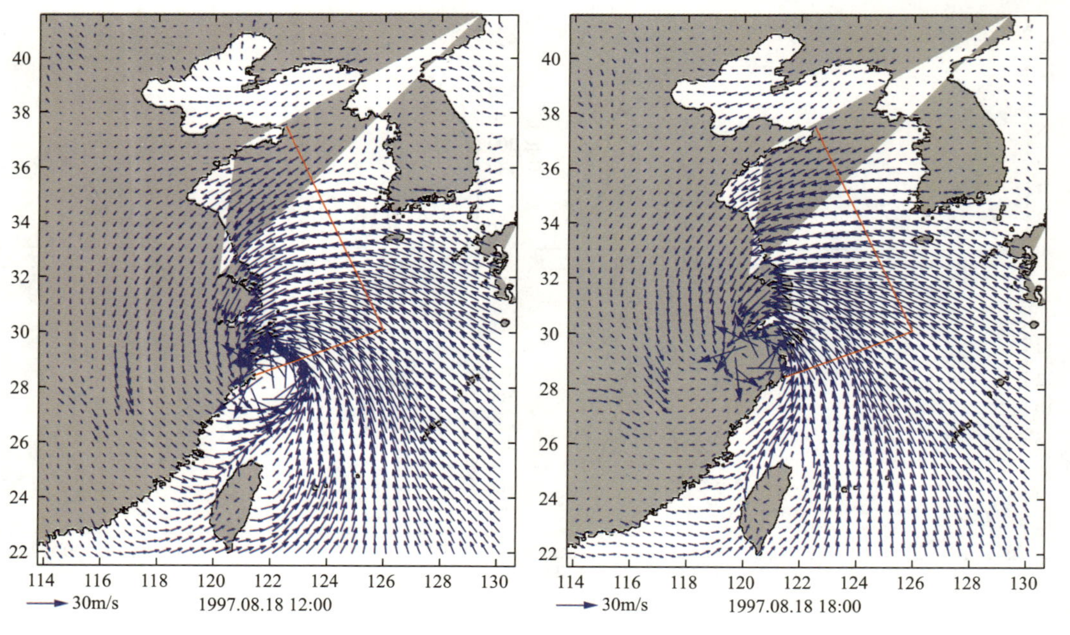

图　5-90

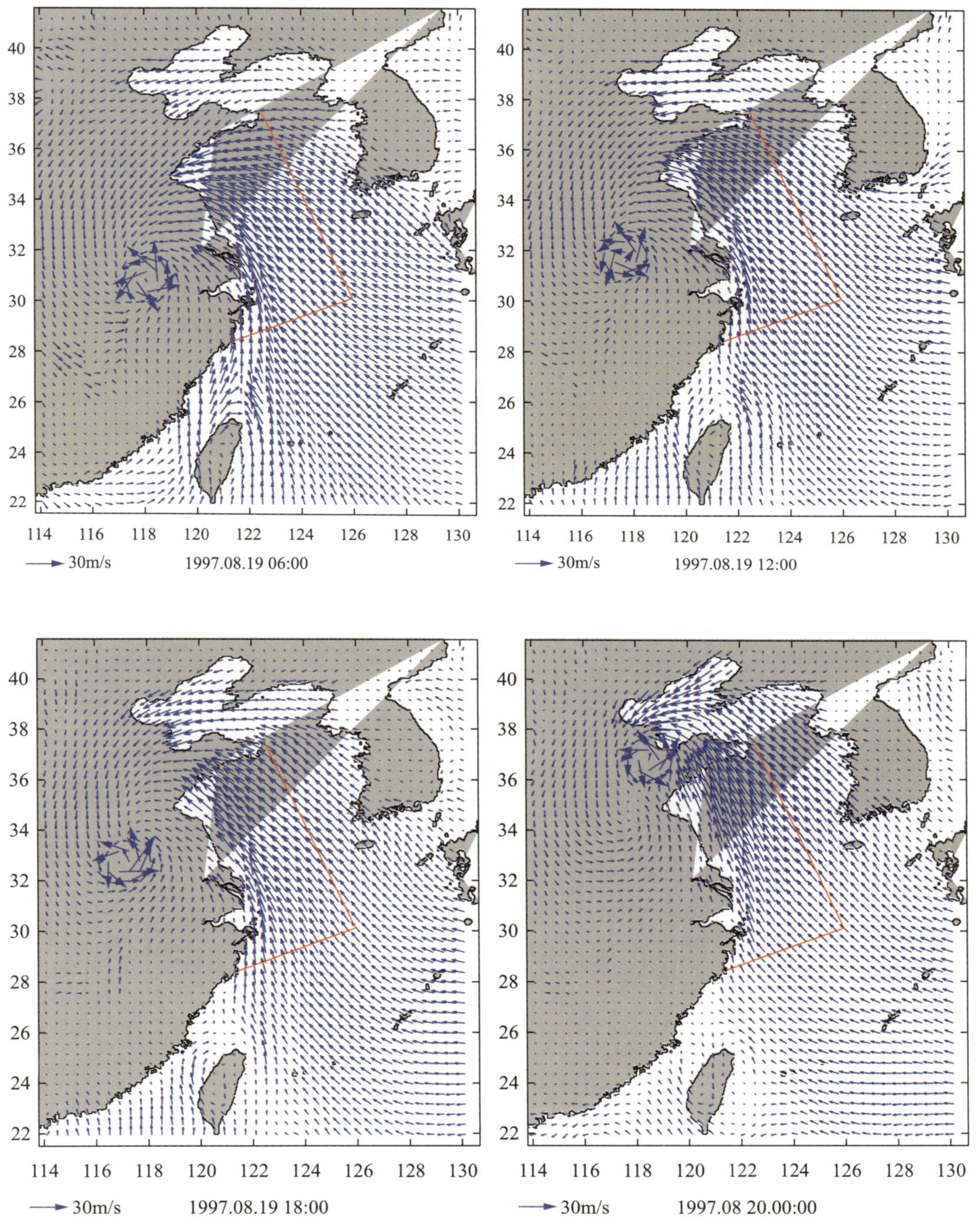

图 5-90 9711 台风期间风场

注：标示时间为世界时间，北京时间需加 8h。

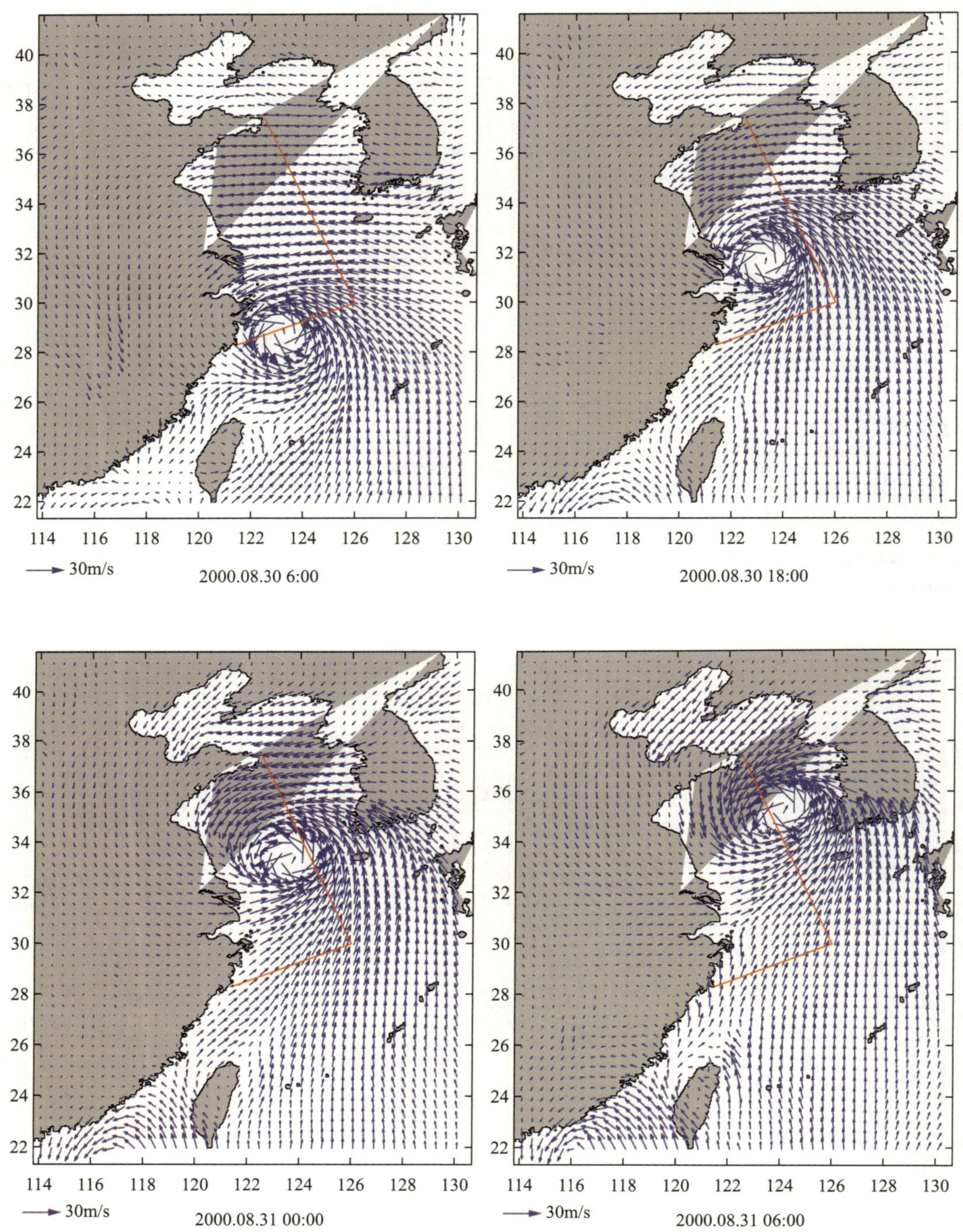

图 5-91　0012 台风期间风场

注：标示时间为世界时间，北京时间需加 8h。

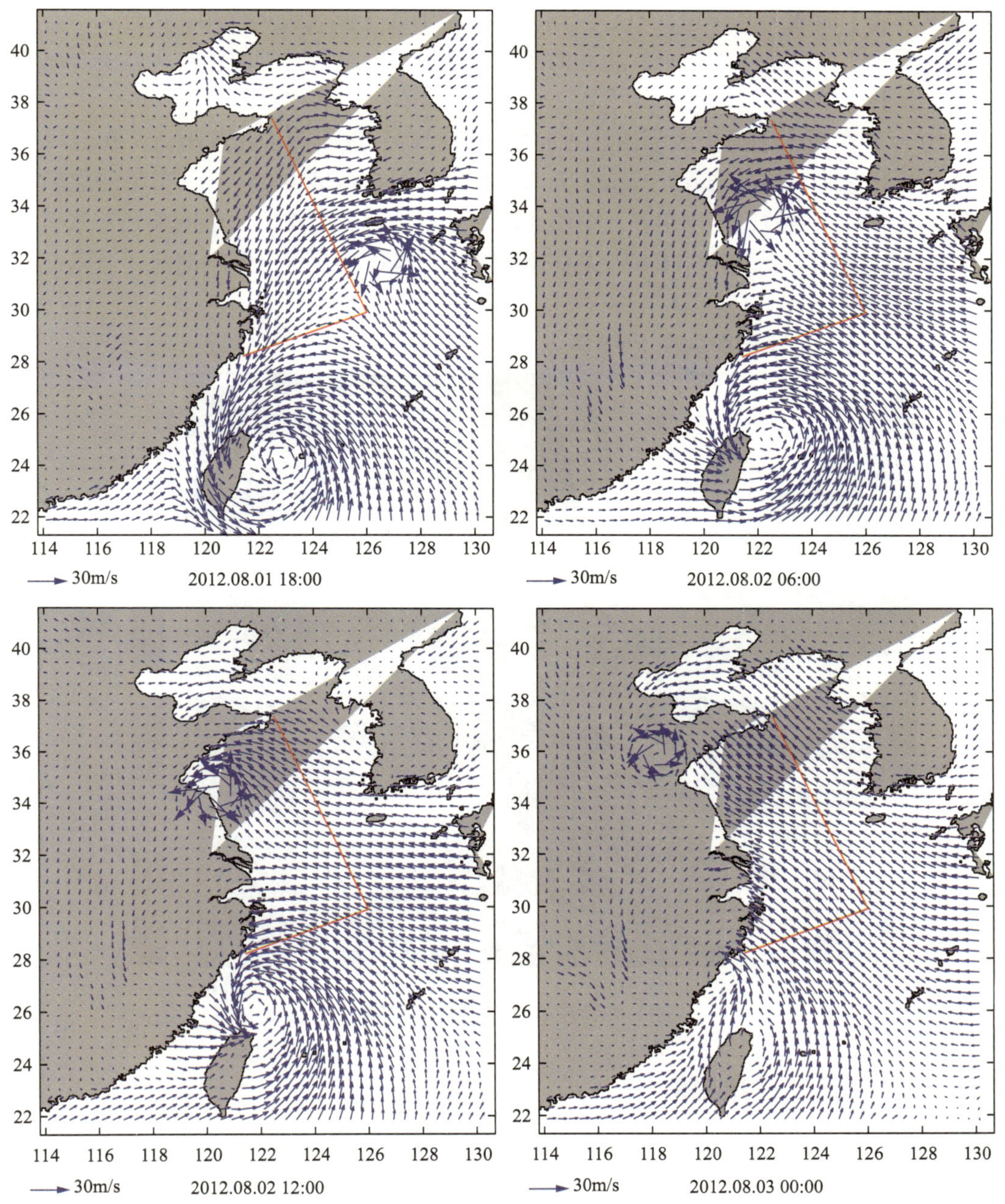

图 5-92 1210 台风期间风场

注：标示时间为世界时间，北京时间需加 8h。

可以看出，9711 台风在浙江温岭登陆，然后沿浙江、安徽、山东一线北上。在台风登陆前，江苏沿海处于偏东大风作用；台风登陆北上以后，江苏沿海一直受东南大风持续作用，风速在 20m/s 左右。

0012 台风在海侧经过江苏沿海北上。可以看出，江苏沿海首先处于偏东大风持续作用；在台风中心到达江苏外海时，由于台风的反气旋作用，在中心北侧仍处于偏东大风作用，中心南侧则处于偏西大风作用，中心西侧近岸海域则处于偏北大风作用；在台风中心到达北黄海以后，江苏沿海基本处于偏北、偏西大风作用。台风影响期间，台风近中心风速均在 35m/s 以上。

1210 台风在西太平洋生成沿西北方向越过琉球群岛正面袭击江苏沿海，在台风中心到达江苏外海之前，江苏沿海处于东北大风持续作用，在台风中心进入江苏沿海之后，除中心附近受逆时针旋转风场作用外，中心北侧仍处于东北大风作用，南侧则处于东南大风作用；在台风登陆以后，江苏沿海则完全处于东南大风作用。台风影响期间，台风近中心最大风速超过 40m/s。

江苏沿海典型台风路径如图 5-93 所示。

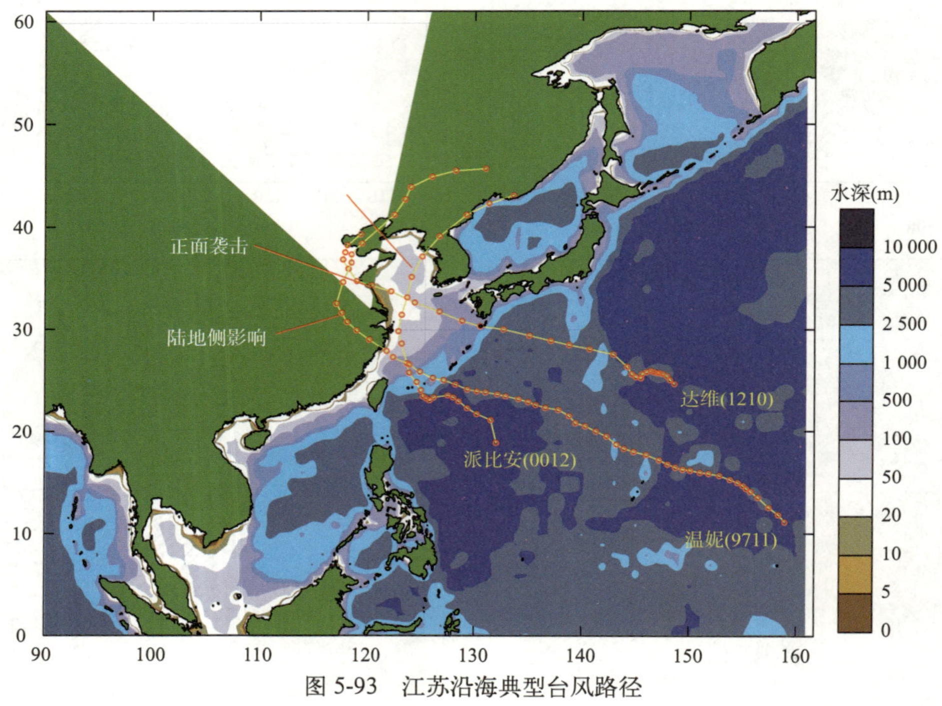

图 5-93　江苏沿海典型台风路径

5.6.4 典型风暴潮过程模拟

图 5-94～图 5-96 分别为 9711、0012 和 1210 三次台风风暴潮期间天文潮、风暴潮水位与风暴潮增减水过程验证。可以看出，模拟的天文潮和风暴潮过程与实测结果吻合良好，表明模型采用的边界条件、风场数据和参数是合适的。

从风暴潮增水过程来看，9711 台风期间连云港和青岛站风暴潮最大增减水在 1.20m 和 0.80m 左右，属于“标准型”增水，即存在前兆、主振和余振；0012 台风期间连云港最大增水 0.80m 左右，吕四最大增水 1.20m 左右，增水过程呈现一定的“波动型”特征，体现风暴潮与潮汐的相互作用，其中吕四站尤其明显；1210 台风期间连云港站最大增水接近 2.00m，吕四站最大增水也在 1.10m 以上，其中连云港站增水过程属于典型的“标准型”，主振十分突出，吕四站同样呈现“波动型”特征。

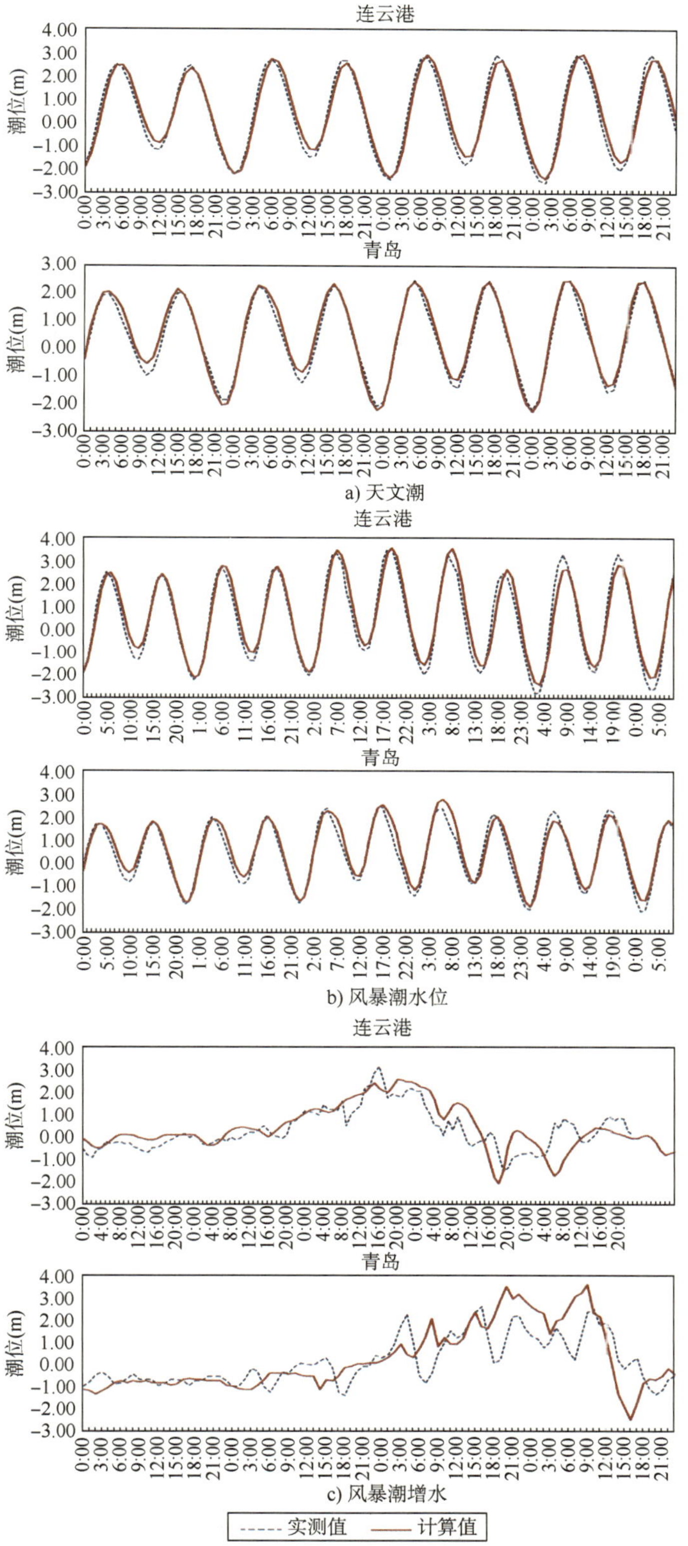

图 5-94 9711 台风期间天文潮、风暴潮水位与增减水验证

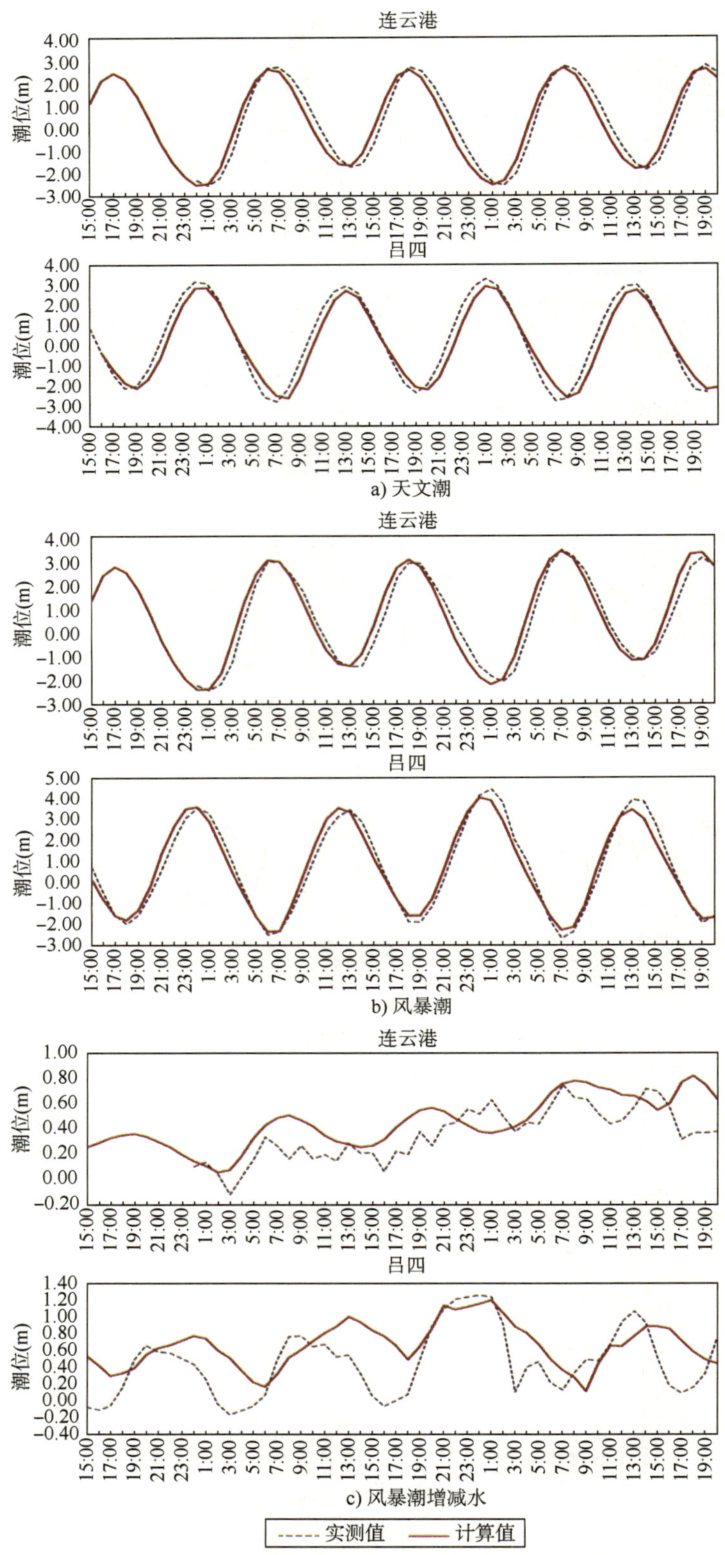

图 5-95　0012 台风期间天文潮、风暴潮水位与增减水验证

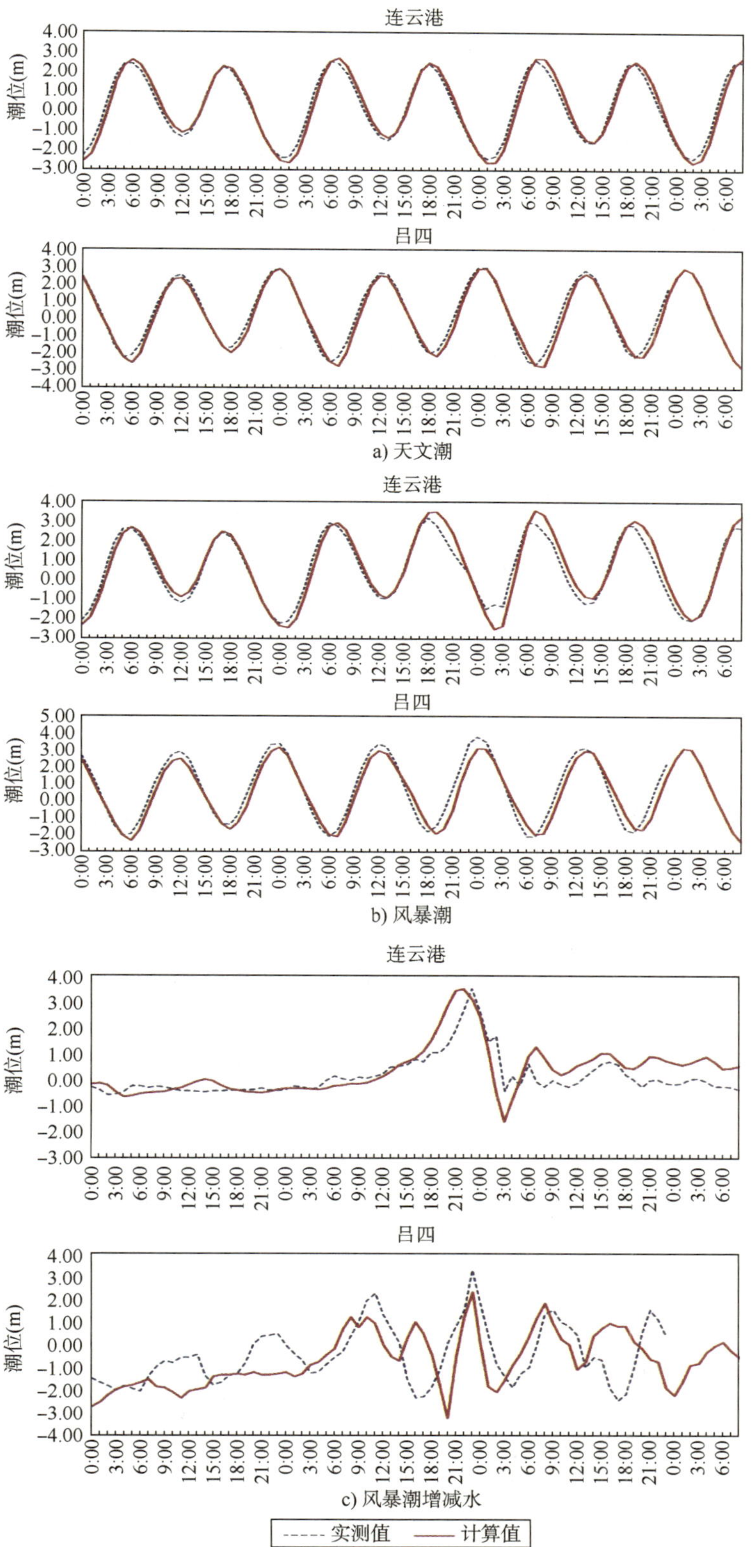

图 5-96 1210 台风期间天文潮、风暴潮水位与增减水验证

5.6.4.1　9711台风风暴潮

图5-97为9711台风靠近江苏沿海期间的涨落潮流场。可以看出，北京时间8月19日08:00，台风中心位于浙江境内，江苏沿海处于偏东大风作用，而该时刻长江口、辐射沙洲海域正处于涨潮时期，海州湾、连云港海域处于落潮期。在同方向大风作用下，弶港以南海域涨潮流明显加强（图中浅蓝色为天文潮流场，红色为风暴潮流场），同时流向往东北向偏转；射阳河口至弶港之间海域，涨潮流向明显向西侧陆地方向偏转。海州湾至废黄河口海域由于落潮流方向与风向相反，潮流受到抑制，大小减弱。废黄河口至射阳河口之间海域，受大风作用产生了顺时针环流结构，环流中心水流较弱。19日14:00，在台风中心北移的同时，江苏沿海大风转为偏东南向。此时，辐射沙洲海域处于落潮状态，海州湾、连云港海域处于涨潮状态。废黄河口、弶港及以南水域落潮流受大风作用均明显向北偏转(左侧偏转)。海州湾涨潮流与大风方向基本一致，流向变化不大，流速有所增强。19日20:00，海域同样处于偏东南大风作用，弶港以南水域涨潮流进一步加强，射阳河口外海顺时针环流更加明显，环流南北侧流向均向北偏转（环流南侧向右偏转，环流北侧向左偏转）。海州湾、连云港海域流向变化不大。8月20日02:00,在偏东南大风作用下,海域流场与之前落潮流场特征一致。

图5-98为模型计算得到的9711台风期间江苏沿海最大增水分布、风暴潮最高水位与天文潮最高水位抬升量值。可以看出，9711台风期间，江苏沿海最大增水分布呈现外海小、近岸大，等值线分布基本与江苏海岸线平行的特征。江苏外海最大增水在0.70m左右，近岸增水均超过1.20m，其中弶港局部最大增水超过2.00m。

最大增水一般不发生在高潮位时刻。从给出的最高水位变化图中可以看出，要小于最大增水。由北向南，风暴潮期间最高水位抬升值在0.90～1.00m之间，弶港附近抬升值稍大。最高水位的变化反映出风暴潮期间防洪水位的变化。

5.6.4.2　0012台风风暴潮

图5-99为0012台风中心经过江苏沿海时的流场分布。可以看出，台风中心接近长江口外海时，江苏沿海处于偏东大风作用。长江口外海落潮流因风场作用呈现明显的逆时针方向环流。辐射沙洲海域落潮流向西（左侧）偏转，海州湾海域水流流向变化不明显。在台风中心到达辐射沙洲以东外海时，弶港以南水域基本处于偏西大风作用，涨潮水流流向东侧（即左侧）；弶港以北则处于偏东北大风作用，水流流向偏向西侧（即右侧）。在台风中心到达黄海中央连云港纬度时，大丰港以南水域处于偏西大风作用，落潮水流偏向东南向（即右侧）；大丰港以北水域则处于偏北大风作用，海州湾涨潮流偏向西南向（即左侧）。在台风中心移向更北位置时，江苏沿海处于偏西风作用，辐射沙洲及以南水域涨潮流向东向偏转（右转），海州湾海域水流方向变化不大。

从0012台风期间江苏沿海最大增水分布（图5-100）可以看出，在外海最大增水0.60～0.70m，增水分布与等深线基本平行；增水在向近岸传播过程中，增水幅度逐渐增大，但同时受潮汐的调制作用。弶港、吕四附近最大增水最为突出，超过1.30m，其次为长江口、连兴港海域，最大增水超过1.00m，连云港、海州湾海域最大增水0.80m左右。

从风暴潮期间最高水位变化情况来看（图5-100），0012台风期间，江苏沿海最高水位变化幅度以弶港、海州湾海域最为明显，幅度在0.80m左右，中间海域幅度为0.50～0.60m。

36.5°
36°
35.5°
35°
34.5°
34°
33.5°
33°
32.5°
32°
31.5°
31°
青岛
日照
岚山头
海头
连云港
埒子口
燕尾港
新淮河口
废黄河口
六垛
射阳河口
新洋港
斗龙港
大丰港
弶港
小洋港
大洋港
吕四
徐六泾
连兴港
吴淞
119.5° 120° 120.5° 121° 121.5° 122° 122.5° 123° 123.5° 124°
风速30m/s
流速1m/s(浅蓝色为天文潮)
1997.08.19 08:00
36.5°
36°
35.5°
35°
34.5°
34°
33.5°
33°
32.5°
32°
31.5°
31°
青岛
日照
岚山头
海头
连云港
埒子口
燕尾港
新淮河口
废黄河口
六垛
射阳河口
新洋港
斗龙港
大丰港
弶港
小洋港
大洋港
吕四
徐六泾
连兴港
吴淞
119.5° 120° 120.5° 121° 121.5° 122° 122.5° 123° 123.5° 124°
风速30m/s
流速1m/s(浅蓝色为天文潮)
1997.08.19 14:00

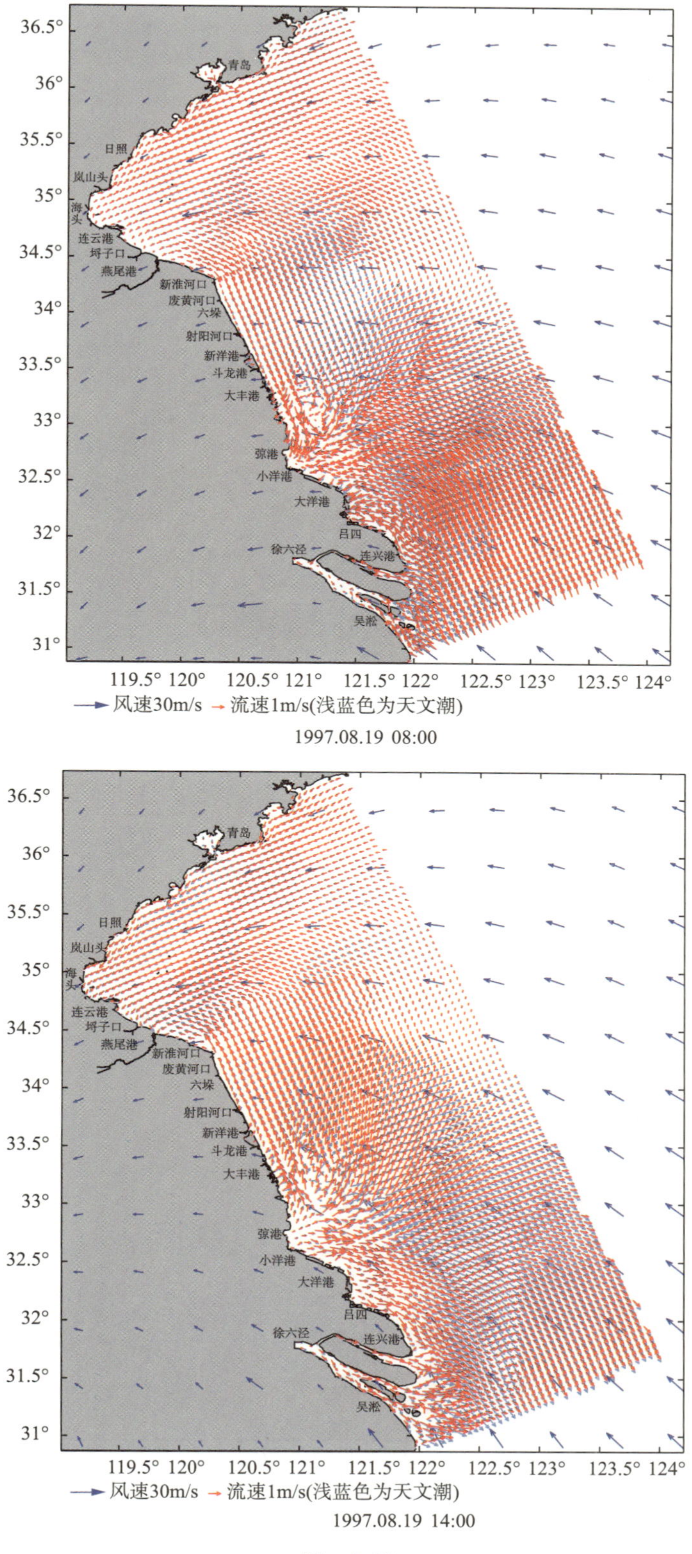

图　5-97

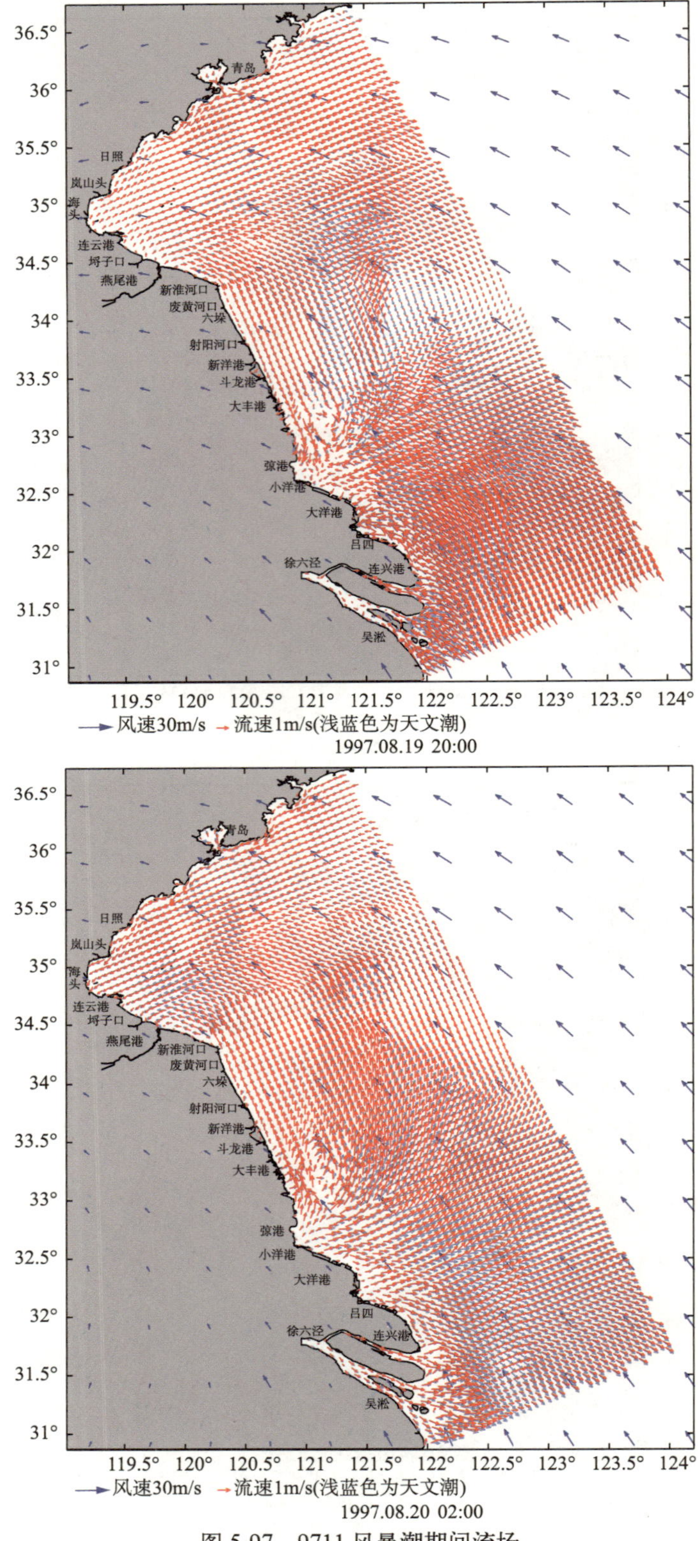

图 5-97 9711 风暴潮期间流场

注：北京时间，1997.08.19 农历七月十七，1997.08.20 农历七月十八。

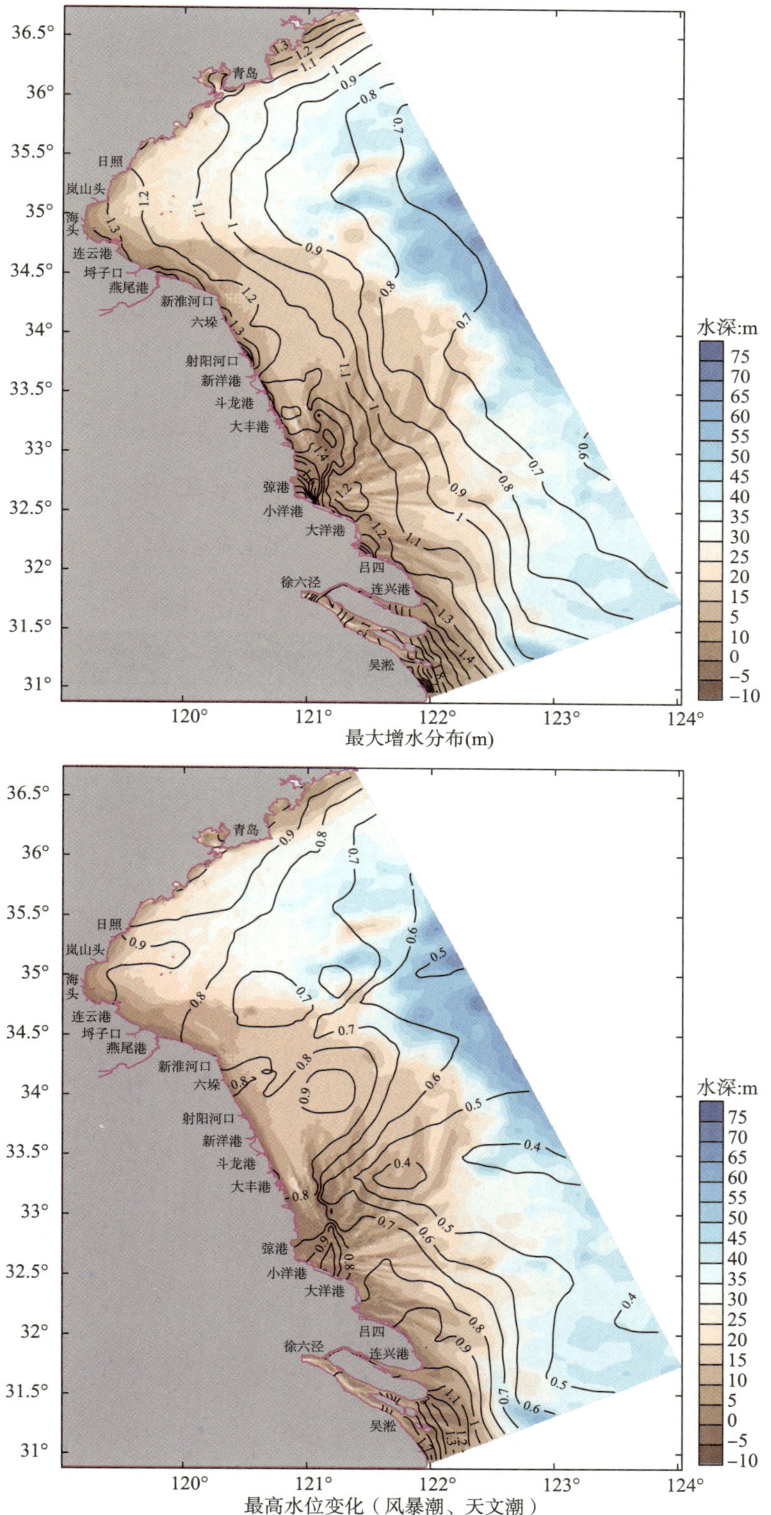

图 5-98　9711 最大增水分布与最高水位变化（风暴潮、天文潮）

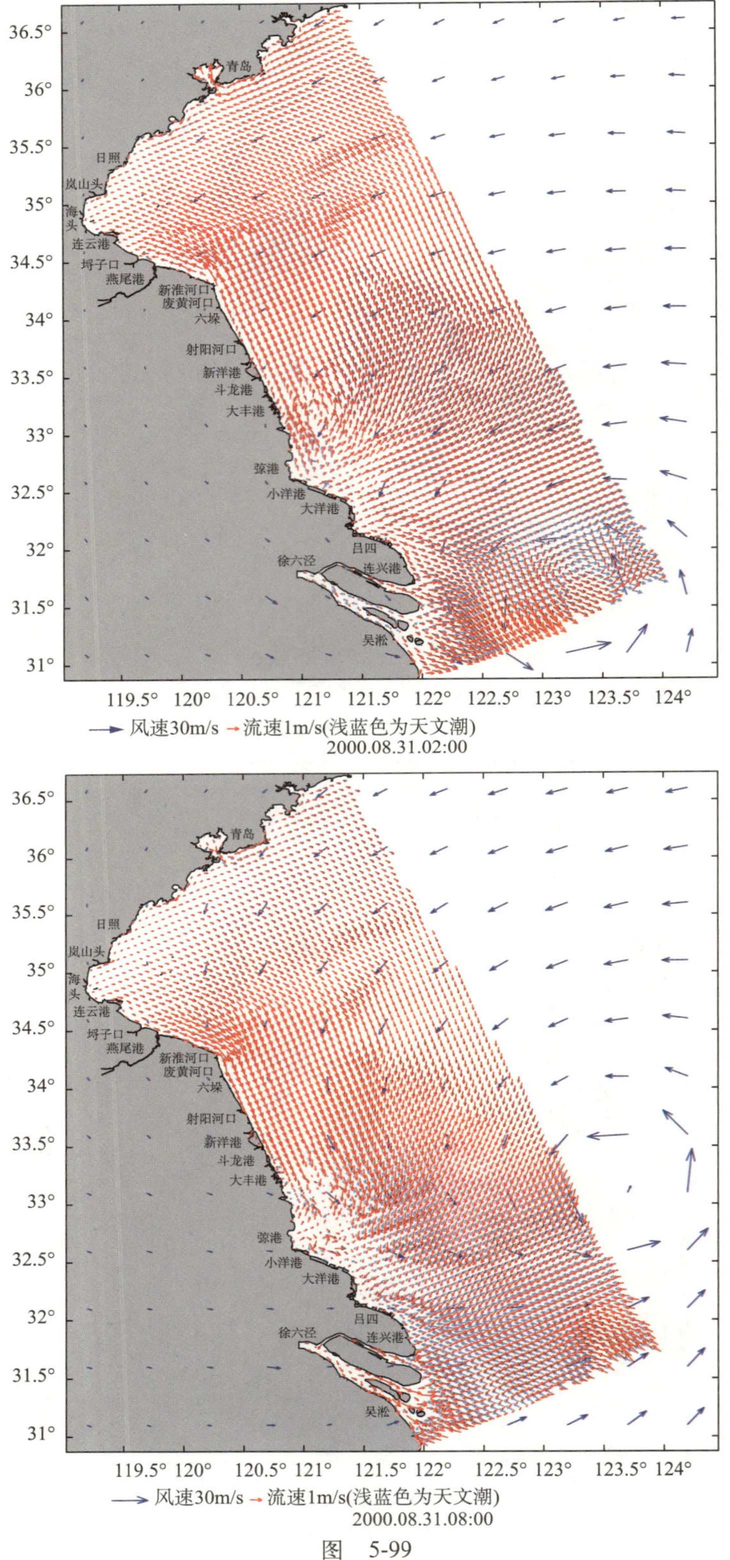

图　5-99

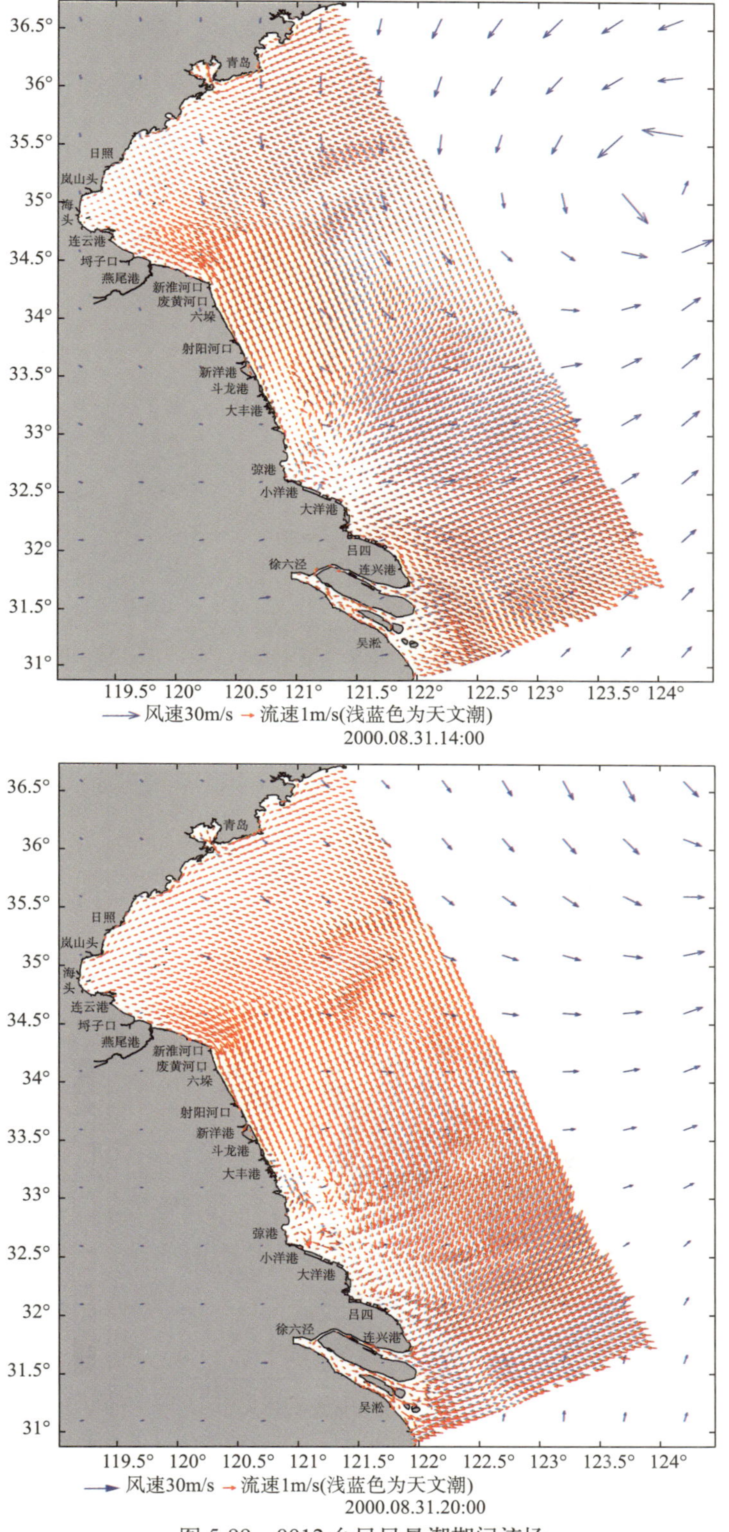

图 5-99 0012 台风风暴潮期间流场

注：北京时间，农历八月初三。

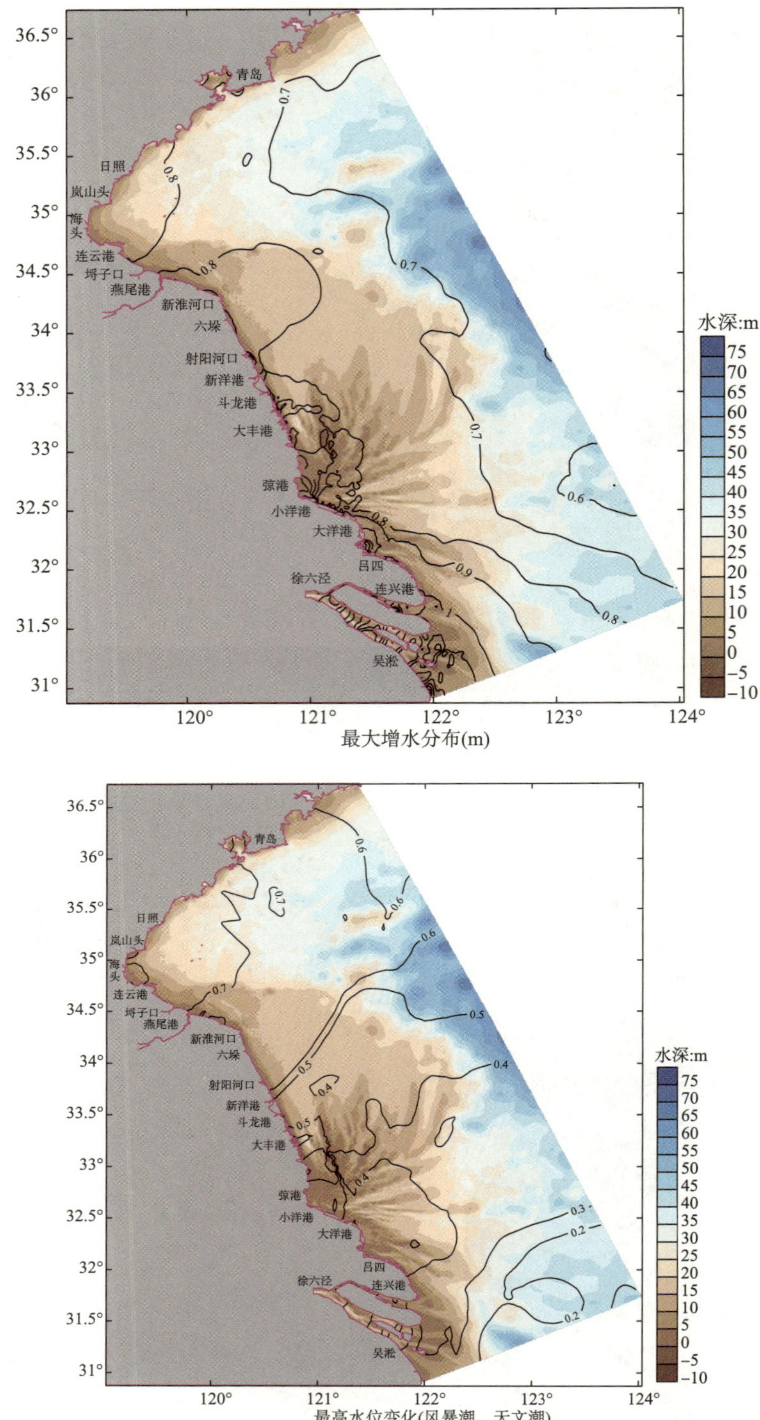

图 5-100　0012 台风风暴潮期间最大增水与最高水位变化（风暴潮、天文潮）

5.6.4.3　1210 台风风暴潮

1210 台风中心到达吕四以东海域时，江苏沿海处于偏东北风场作用，弶港以南海域涨潮流偏向南向（即左转），弶港至废黄河口之间涨潮流则偏向西向（即右转），废黄河口至海州湾落潮流则也偏向南向（即右转），如图 5-101 所示。在台风中心到达射阳河口外海时，受强烈的反气旋风场作用，台风中心水流呈现相应的逆时针环流结构。在台风中心西侧，大丰港外海落潮流明显向西侧偏转（左转），台风中心南侧，辐射沙洲海域落潮流向西北向偏转，台风中心北侧海州湾至废黄河口海域涨潮流略向西南向偏转。在台风中心废黄河口外海时，强烈的台风风场使得该海域产生对应逆时针方向旋转环流结构，台风中心北侧海州湾海域落潮流明显偏向北向，南侧在大丰港东部的海域产生顺时针方向环流结构。在台风登陆以后，江苏沿海基本处于偏东南大风作用，海州湾外海涨潮流朝北向偏转，海州湾内则受台风中心反气旋风场作用出现逆时针方向旋转的环流，废黄河口至弶港海域落潮流则向西侧偏转（左转），弶港南侧水域落潮流向北侧偏转（左转）。

从最大增水分布［图 5-102a）］来看，1210 台风期间最大增水明显以登陆点（灌河口东侧）为中心，逐渐向四周降低。灌河口附近最大增水 2.80m 左右，连云港、海州湾最大增水 1.80m 左右，新淮河口至弶港海域最大增水 0.80～1.00m，连兴港至吕四海域最大增水 0.60～0.80m。

从台风期间最高水位变化来看［图 5-102b）］，其等值线分布与最大增水类似，基本以灌河口东岸登陆点为最高，向四周逐渐降低。登陆点附近最高水位增幅在 1.90m 左右，海州湾、连云港海域为 0.70～0.80m，废黄河口至弶港附近海域为 0.40～0.60m，大洋港以南水域增幅为 0.20～0.30m。

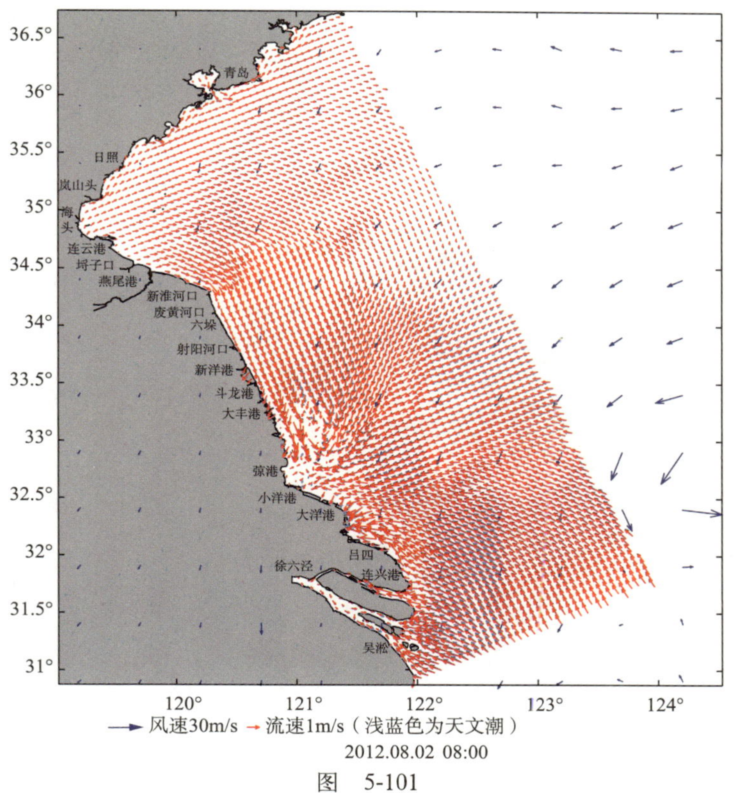

图 5-101

36.5°
36°
35.5°
35°
34.5°
34°
33.5°
33°
32.5°
32°
31.5°
31°
120°
121°
122°
123°
124°
青岛
日照
岚山头
海头
连云港
埒子口
燕尾港
新淮河口
废黄河口
六垛
射阳河口
新洋港
斗龙港
大丰港
弶港
小洋港
大洋港
吕四
徐六泾
连兴港
吴淞
风速30 m/s
流速1m/s(浅蓝色为天文潮)
2012.08.02 14:00
风速30m/s
流速1m/s(浅蓝色为天文潮)
2012.08.02 20:00

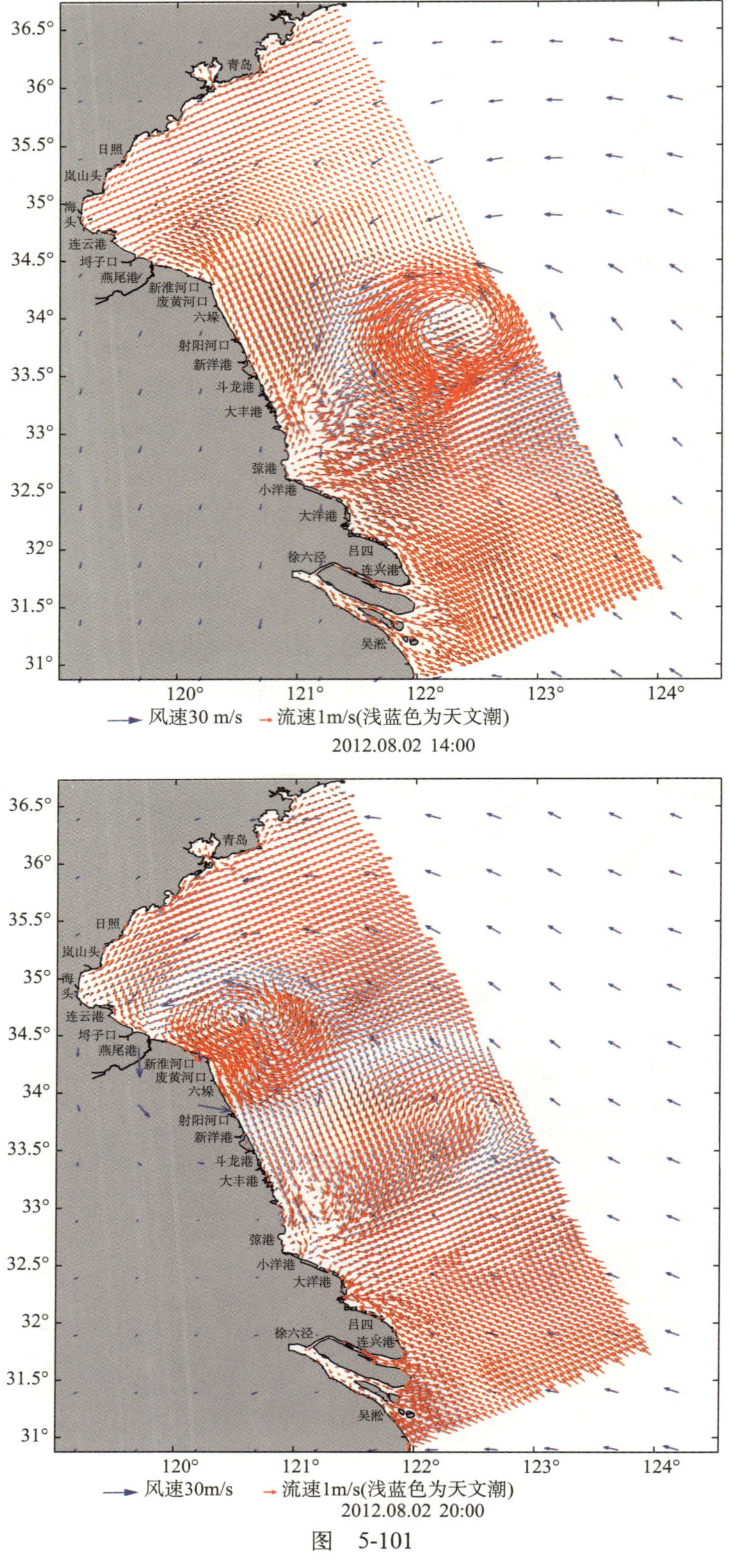

图 5-101

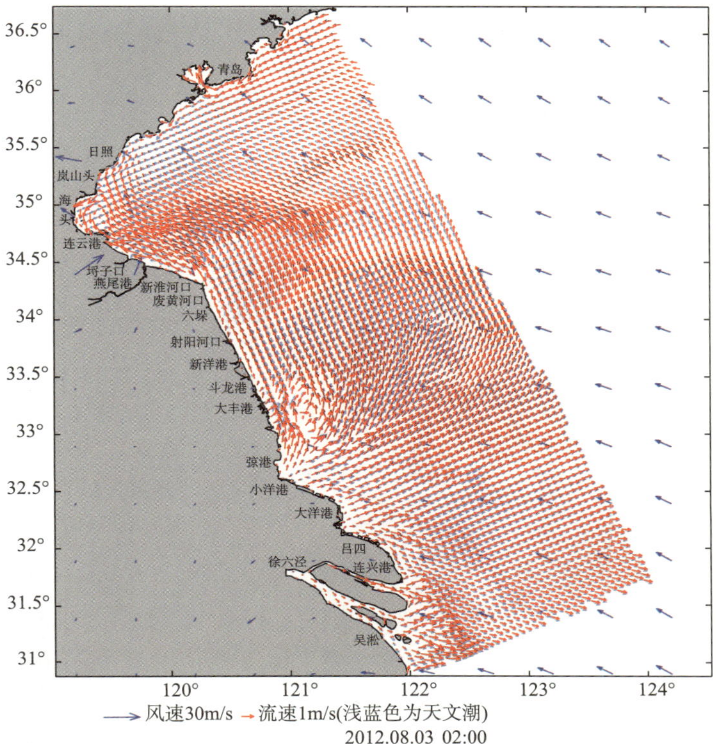

2012.08.03 02:00

图 5-101　1210 台风风暴潮期间流场

注：北京时间，2012.08.02 农历六月十五。

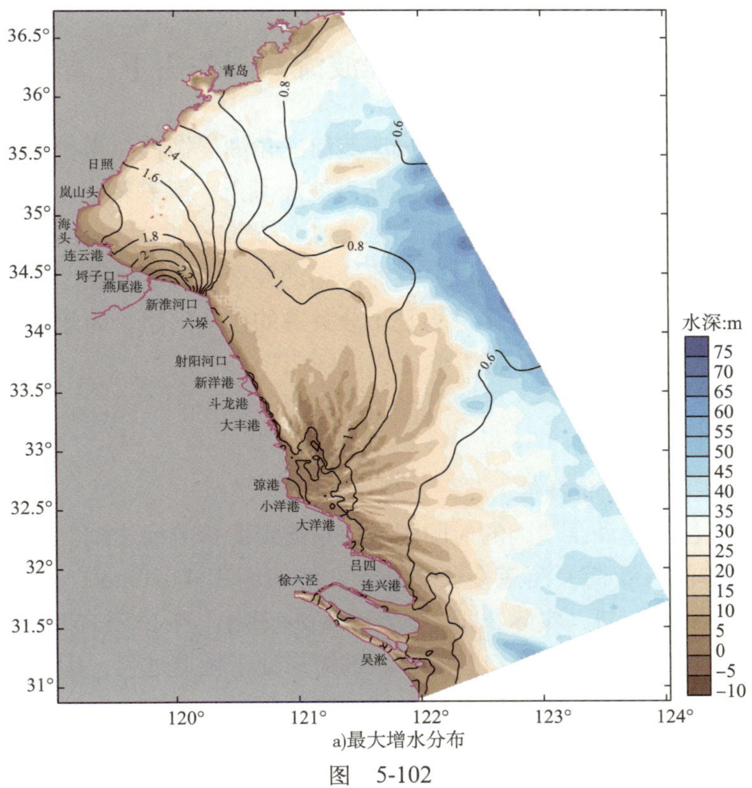

a)最大增水分布

图　5-102

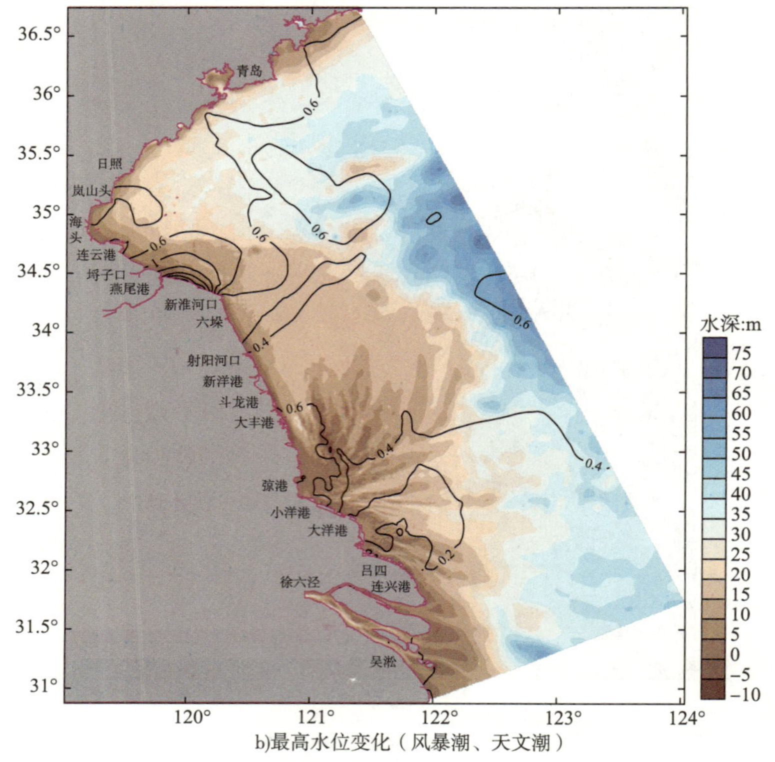

图 5-102 1210 台风风暴潮期间最大增水分布与最高水位变化（风暴潮、天文潮）

5.7 江苏盐城射阳港区航道整治工程波流共同作用下二维水沙数学模型

射阳港地处废黄河三角洲海岸南翼，属废黄河三角洲侵蚀性海岸和辐射沙洲内缘区淤长型海岸的过渡岸段。该岸段靠近南黄海旋转潮波无潮点，潮差较小但潮流相对较强；海域开敞无掩护，波浪作用较强；海岸物质组成主要为黄河夺淮期间输送的粉砂质沉积物，泥沙活动性较强。由于射阳港水流、波浪及泥沙运动复杂，航道建设过程及竣工后的泥沙回淤、挡沙堤内的波浪以及流场变化等均是十分关键的技术问题，为此本书建立波流共同作用下二维水沙数学模型，开展工程方案比选论证。

5.7.1 自然条件

5.7.1.1 地理概况及区位条件

射阳河发源于江苏建湖县境内的射阳湖，向东蜿蜒曲折流经建湖、阜宁、滨海，由射阳县海通镇沙歪港流入黄海。河道全长 210km，流域面积 4 030km^2。射阳河口地处废黄河南侧，为缓混合海相河口，实际属于古黄河三角洲范围，自 1855 年后，黄河尾闾北徙，本区海岸失去泥沙补给，以大喇叭口为界，北部海岸处于蚀退过程，南部海岸则处于淤涨过程，射阳河口海岸则正处于北冲南淤的过渡地段，海岸的动态大致为冲淤基本平衡，略有淤积。

建闸前，射阳河口及上游河段处于自然的冲淤平衡状态，水深河阔，5000吨级海轮可直达距河口150km的阜宁。建闸以后（1956年），闸下河道演变剧烈，河道平面外形更趋弯曲，河口延伸，射阳河闸至河口的距离由建闸初期的25km延长至1980年的30.6km；闸下河道断面面积不断缩小，严重影响射阳闸的排水泄洪能力。为此，水利部门于1980年7月在东小海与河口之间进行人工裁弯取直，裁弯新河长5.4km，裁弯后射阳河闸至河口的距离缩短至16.2km。裁弯以后，由于水流比降加大，裁弯段得到迅速发展，东小海至运棉闸港道出口处的老河道则逐渐淤平，仅剩高潮位时漫水的涨潮沟。射阳河闸与其他3个闸（黄沙港闸、运棉河闸、利民河闸）形成分港排水的新格局。

射阳港正位于射阳河口，处于苏北海岸线中部地区，是江苏沿海的枢纽港之一。港口北距连云港80n mile，南距上海港280n mile，东距日本长崎460n mile，距韩国木浦港300n mile，具有优越的地理位置。射阳港区位见图5-103。

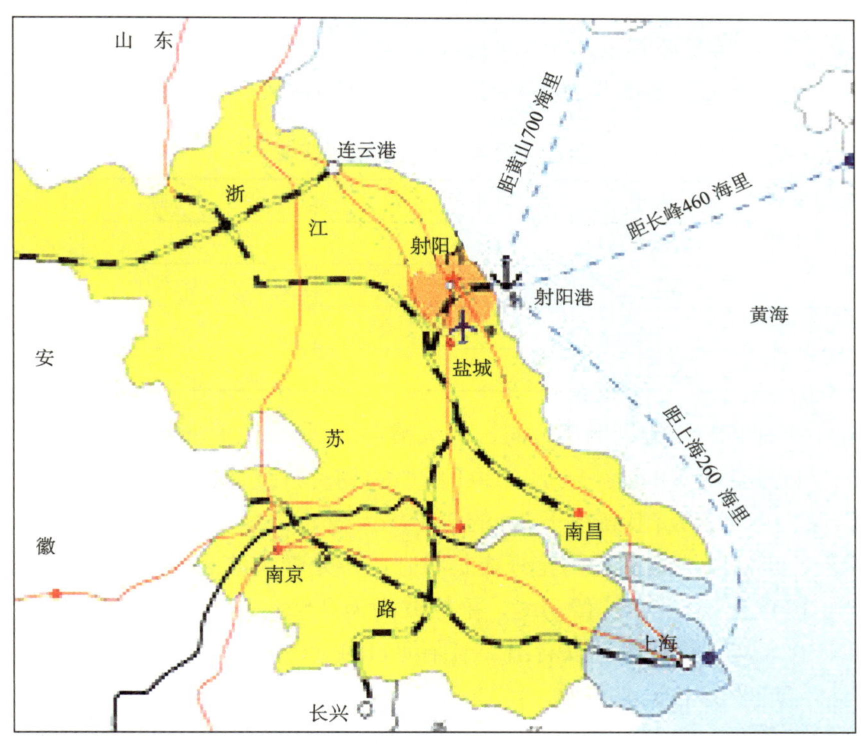

图5-103 射阳港区位

5.7.1.2 水文、气象条件

射阳河是江苏北部主要的自然河道，排水量很大，其集水面积约占整个里下河地区的70%。此地区雨量充沛，年平均降雨量在900mm以上。射阳河上连湖泊，经常有余水下泄，但是由于资料缺失，很难估计射阳河的下泄径流量。建闸后，在枯水年份，射阳河闸全年排水10.9亿m^3（1978年），在丰水年份，射阳河闸口的排水总量可达61.4亿m^3（2003年）。射阳河闸下河段的冲淤变化和射阳闸排水总量的大小息息相关。

射阳河口的海区潮汐属于正规半日潮，而到沿岸则为不规则半日潮。由于受上游挡潮闸的影响，潮流自河口上溯到射阳河闸，潮汐能量沿程衰减，潮差逐渐递减。根据 1986 年 7 月至 1987 年 6 月全年实测资料统计，潮位特征值如下：

①最高潮位 2.71m，最低潮位 −1.47m；

②平均高潮位 1.43m，平均低潮位 −0.72m；

③平均潮位 0.43m，平均潮差 2.15m，最大潮差 4.16m。

射阳河口潮波受上游挡潮闸的反射作用，由原来的前进波形转为现在的驻波波形，具有驻波的特点，中潮位时流速最大，高低潮位时转流。

河口潮流涨潮流历时较短，平均涨潮历时 4h49min，落潮流历时较长，平均落潮历时 7h36min，涨潮平均流速大于落潮平均流速。

射阳河口处潮流往复流动，在口内顺河道方向往复流动，口外低于 −2.0m 等深线的海区为南北向流，涨潮流由北向南，落潮流由南向北。

本地区的波浪频率与风向频率基本一致，射阳河口外海区强风向为 WNW～NNE 向，常风向为 SE 向，海域受季风影响十分明显，主要是受台风影响，一般风速不大，波形多是以风浪为主的混合浪，各季节的波浪特征如表 5-7 所示。

射阳河口不同季节波浪特征表 表 5-7

季　节	常　浪　向	频率（%）	主　浪　向	最大风向频率（%）
夏季	东偏北	80	E	35
冬季	偏北	73	NE	35
春季	东向	77	E	27
秋季	偏北	55	NE	29

射阳河口外海域的强浪向为 NE 向，最大浪高在外海超过 6m。根据射阳盐场气象站 2001—2003 年每日 3 次（8 时、14 时、20 时），实测资料统计，风力小于 6 级的年平均天数为 308 天，风力小于 5 级、浪高小于 2m 的年平均天数为 285 天。由于海区水浅，滩涂辽阔，东北向风区长，东北向浪容易达到充分成长状态，该处最大波高的多年平均值谷值出现在 6 月（1.8m），峰值出现在 9 月（2.9m），平均波高为 0.6m。

根据多年的水文测验资料可以看出，射阳河口附近海域的泥沙主要具有以下特征：

①射阳河流域为苏北滨海平原，流域来水几乎不含泥沙，其主要的泥沙来源是外海，射阳河口实属废黄河三角洲，其所处的海岸大多是由 1194 年黄河夺淮后经现今的废黄河排出的细颗粒泥沙淤积而成，河床泥沙多为粉沙淤泥质，容易起动，尤其是在风浪天气。因此造成大潮时的涨潮含沙量远大于落潮含沙量。

②含沙量随水深的不同而有所变化，在河口拦门沙地区含沙量最高，拦门沙以外的海域随水深的增加逐渐减小，至破波带以外，含沙量很小，拦门沙以内至河口部分随水深的增加而增大。

③潮流可以挟带较大的含沙量，且口外海域来沙的变异量很大，同时含沙量受潮流的影响较大。

④射阳河的悬移质粒径很细，洪季河口悬沙的 d_{50}=0.001～0.007 1mm，而河床质要比

悬移质粗得多，一般 d_{50}=0.029～0.053 3mm。

5.7.2　波流共同作用下二维潮流数学模型建立及验证

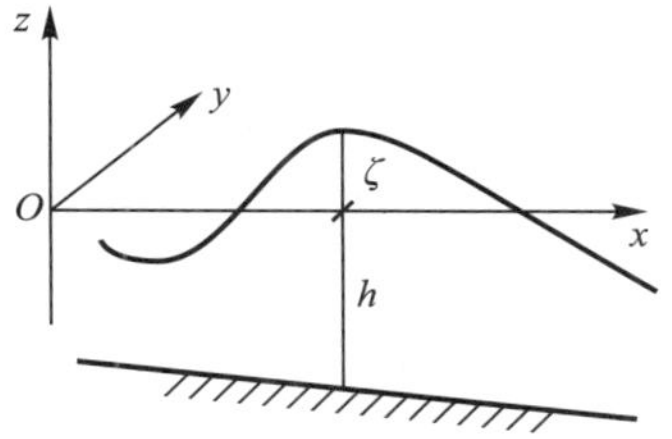

图 5-104　笛卡尔坐标系示意图

5.7.2.1　笛卡尔坐标系（图 5-104）二维水深积分水流运动基本方程

连续方程：

$$\frac{\partial\zeta}{\partial t}+\frac{\partial[(h+\zeta)u]}{\partial x}+\frac{\partial[(h+\zeta)v]}{\partial y}=0 \tag{5-229}$$

动量方程：

$$\frac{\partial u}{\partial t}+u\frac{\partial u}{\partial x}+v\frac{\partial u}{\partial y}=\frac{\partial}{\partial x}\left(v_{\mathrm{e}}\frac{\partial u}{\partial x}\right)+\frac{\partial}{\partial y}\left(v_{\mathrm{e}}\frac{\partial u}{\partial y}\right)-g\frac{\partial\zeta}{\partial x}+\frac{\tau_{\mathrm{sx}}}{\rho H}-\frac{\tau_{\mathrm{bx}}}{\rho H}+fv-\frac{1}{\rho(h+\zeta)}\left(\frac{\partial S_{\mathrm{xx}}}{\partial x}+\frac{\partial S_{\mathrm{xy}}}{\partial y}\right) \tag{5-230}$$

$$\frac{\partial v}{\partial t}+u\frac{\partial v}{\partial x}+v\frac{\partial v}{\partial y}=\frac{\partial}{\partial y}\left(v_{\mathrm{e}}\frac{\partial v}{\partial y}\right)+\frac{\partial}{\partial x}\left(v_{\mathrm{e}}\frac{\partial v}{\partial x}\right)-g\frac{\partial\zeta}{\partial y}+\frac{\tau_{\mathrm{sy}}}{\rho H}-\frac{\tau_{\mathrm{by}}}{\rho H}-fu-\frac{1}{\rho(h+\zeta)}\left(\frac{\partial S_{\mathrm{yx}}}{\partial x}+\frac{\partial S_{\mathrm{yy}}}{\partial y}\right) \tag{5-231}$$

式中：u，v——水深平均流速在 x，y 方向分量，$u=\frac{1}{H}\int_{-h}^{\zeta}u_1dz, v=\frac{1}{H}\int_{-h}^{\zeta}u_2dz$，$u_1$，$u_2$ 为三维空间水平面上 x，y 方向流速分量；

H——水深，$H=h+\zeta$；

f——科氏力系数，$f=2\omega\sin\varphi$，ω 为地球地转角速度，φ 为纬度；

v_{e}——有效黏性系数，$v_{\mathrm{e}}=v_{\mathrm{t}}+v$，$v_{\mathrm{t}}$ 为紊动黏性系数；

ρ——水的密度；

τ_{bx}、τ_{by}——表面风应力在 x，y 方向分量。

$$(\tau_{\mathrm{sx}},\tau_{\mathrm{sy}})=\rho_{\mathrm{a}}r_{\mathrm{a}}|\vec{W}|\vec{W} \tag{5-232}$$

式中：ρ_{a}——空气密度；

r_{a}——风拖曳力系数，$r_{\mathrm{a}}=(0.80+0.065\times|\vec{W}|)\times10^{-3}$；

τ_{bx}、τ_{by} 分别为波浪作用下底部切应力在 x，y 方向分量：

$$\tau_{\mathrm{bx}}=\frac{\rho gu}{C^2}\sqrt{u^2+v^2}+\frac{\rho\pi}{8}f_{\mathrm{w}}u_{\mathrm{w}}\sqrt{u_{\mathrm{w}}^2+v_{\mathrm{w}}^2}+\frac{\rho B}{\pi C}\sqrt{2gf_{\mathrm{w}}}\sqrt{u^2+v^2}u_{\mathrm{w}} \tag{5-233}$$

$$\tau_{\mathrm{by}}=\frac{\rho gn^2v}{C^2}\sqrt{u^2+v^2}+\frac{\rho\pi}{8}f_{\mathrm{w}}v_{\mathrm{w}}\sqrt{u_{\mathrm{w}}^2+v_{\mathrm{w}}^2}+\frac{\rho B}{\pi C}\sqrt{2gf_{\mathrm{w}}}\sqrt{u^2+v^2}v_{\mathrm{w}} \tag{5-234}$$

式中：f_{w}——Jonsson 波浪底摩阻系数，通常取 0.01～0.02；

u_{w}、v_{w}——波浪底部质点轨道最大速度的 x、y 向分量，$u_{\mathrm{w}}=U_{\mathrm{wave}}\cos\theta$，$v_{\mathrm{w}}=U_{\mathrm{wave}}\sin\theta$，$U_{\mathrm{wave}}=\frac{\pi H_{\mathrm{w}}}{T_{\mathrm{w}}\sinh kD}$，其中 H_{w}、k、T_{w} 分别为波高、波数和波周期，D 为水深（$D=h+\zeta$），θ 为波向与 x 向的夹角；

B—— 波浪与潮流相互影响系数，根据 Soulsby 研究成果，当波、流同向时取 0.917，当两者互相垂直时取 −0.198，其他情况时取 0.359；

C——谢才系数，$C=\frac{1}{n}(h+\zeta)^{\frac{1}{6}}$，其中 n 为曼宁系数。

S_{xx}、S_{xy}、S_{yx}、S_{yy} 为波浪辐射应力张量的 4 个分量，表达式为：

$$S_{xx}=E\left(C_n\cos^2\theta+\frac{1}{2}(2C_n-1)\right) \tag{5-235}$$

$$S_{xy}=S_{yx}=\frac{1}{2}EC_n\sin 2\theta \tag{5-236}$$

$$S_{yy}=E\left(C_n\sin^2\theta+\frac{1}{2}(2C_n-1)\right) \tag{5-237}$$

式中：E——单位水柱体在一个波周期内具有的平均波能，$E=\frac{1}{8}\rho gH_w^2$；

C_n——波能传递率，$C_n=\frac{1}{2}\left(1+\frac{2kD}{\sinh(2kD)}\right)$。

5.7.2.2 笛卡尔坐标系二维泥沙输运方程

（1）悬沙不平衡输运方程

由 $\frac{\partial c}{\partial t}+\frac{\partial(cu_{m,i})}{\partial x_i}=\frac{\partial}{\partial x_i}(cW_s\delta_{i3})+\frac{\partial}{\partial x_i}\left(\frac{\nu_{mt}}{\sigma_c}\frac{\partial c}{\partial x_i}\right)$ 沿水深积分，并假定由流速和含沙量沿垂线分布不均匀在积分时产生的修正系数：$\frac{1}{HuS}\int_{-h}^{\zeta}u_1 s\mathrm{d}z\approx 1.0, \frac{1}{HvS}\int_{-h}^{\zeta}u_2 s\mathrm{d}z\approx 1.0$，引入冲淤平衡时的挟沙能力 S_*，得：

$$\frac{\partial HS_i}{\partial t}+\frac{\partial HuS_i}{\partial x}+\frac{\partial HvS_i}{\partial y}=\frac{\partial}{\partial x}(H\frac{\nu_t}{\sigma_s}\frac{\partial S_i}{\partial x})+\frac{\partial}{\partial y}(H\frac{\nu_t}{\sigma_s}\frac{\partial S_i}{\partial y})+\Phi_s \tag{5-238}$$

式中：S—— 单位水体垂线平均含沙量，$S=\frac{1}{H}\int_{-h}^{\zeta}s\mathrm{d}z$，$s$ 为单位水体含沙量，$s=\rho_s c$；

c——单位水体体积浓度；

ν_t——水流紊动黏性系数；

ν_{mt}——挟沙水流混合体紊动黏性系数，取 $\nu_t=\nu_{mt}$；

σ_s——Schmidt 数；

σ_c——模型参数，取 $\sigma_s=\sigma_c$，其取值范围一般为 0.5～1.0。

上式源汇项处理与二维潮流泥沙数值模型中参数的处理是一致的，具体见 3.2 节。

（2）河床变形方程

由悬移质冲淤引起的河床变形方程为：

$$\gamma_0\frac{\partial\eta_{si}}{\partial t}=\alpha_i\omega_{si}(s_i-s_{*i}) \tag{5-239}$$

式中：η_{si}——第 i 组粒径悬移质泥沙引起的冲淤厚度；

γ_0——床面泥沙干密度；

s_{*i}—— 波浪作用下的挟沙力。

在海岸水域，水体含沙量主要取决于潮流和波浪共同作用下的掀沙能力，根据已有研究成果，本书提出的波流挟沙力计算公式为：

$$S_{wc}=S_w+S_c=\alpha\times\frac{\gamma\gamma_s}{\gamma_s-\gamma}\times\frac{H^3}{ghwT^3\sinh^3(kh)}+\beta\times\frac{\gamma\gamma_s}{\gamma_s-\gamma}\times\frac{u^3}{hwC^2} \tag{5-240}$$

由式（5-240）结构可见，波流挟沙力由波浪和潮流两部分叠加而成，系数 $\alpha=1.2\times10^{-3}$，系数 β 参照窦国仁潮流挟沙力公式，取 0.023。k 为波数，$k=\frac{2\pi}{L}$，C 为谢才系数，$C=\frac{1}{n}h^{\frac{1}{6}}$，$w$ 为泥沙沉速，T 为波周期，h 为水深，H 为波高，L 为波长，u 为水流流速，$u=\sqrt{u_x^2+u_y^2}$。

（3）水位～流速的耦合求解

求解动量方程的难点在于未知的压力（水位）场，而压力场又是由连续方程间接给定的，也就是要对压力～流速进行耦合求解。目前，流体力学中关于求解压力～流速场的方法很多，大致可分 4 类：①压力～流速联立直接求解法；②解压力泊松方程；③人为压缩法；④压力校正法。本模型采用压力校正法进行求解，具体的求解流程见 5.2 节图 5-13。

5.7.2.3　模型的率定及验证

考虑计算范围边界条件、水文资料和工程影响范围等因素，上游以射阳港闸、运棉河闸、黄沙港闸和利民河闸为边界，外海则是以射阳河口为起点向东约 35km，向北约 28km，向南约 16km，数学模型网格剖分如图 5-105 所示。模型计算空间步长 Δs 为 5～100m，共有网格节点约 45 344 个，单元 44 714 个，并对工程区域进行网格加密，最小间距为 5m，以便在进行工程方案计算时充分反映导堤工程的影响。数学模型采用 2006 年 8 月、2008 年 1 月实测水下地形以及原始海图作为起始地形，离散后水下地形如图 5-106 所示，离散地形基本反映了工程海域地形。

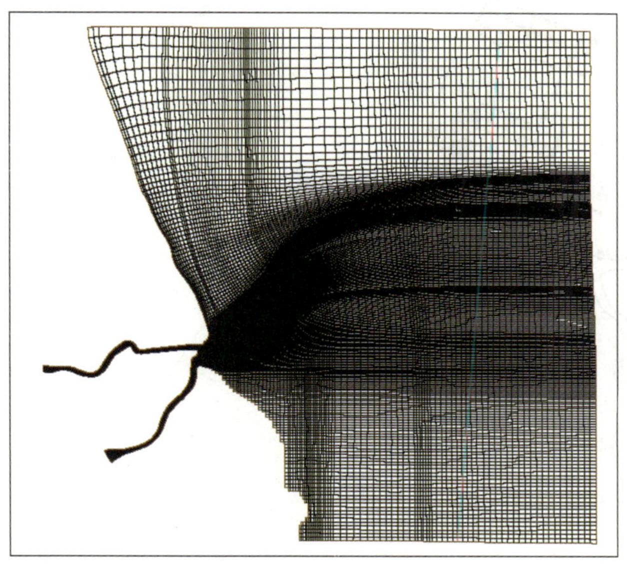

图 5-105　工程区域网格

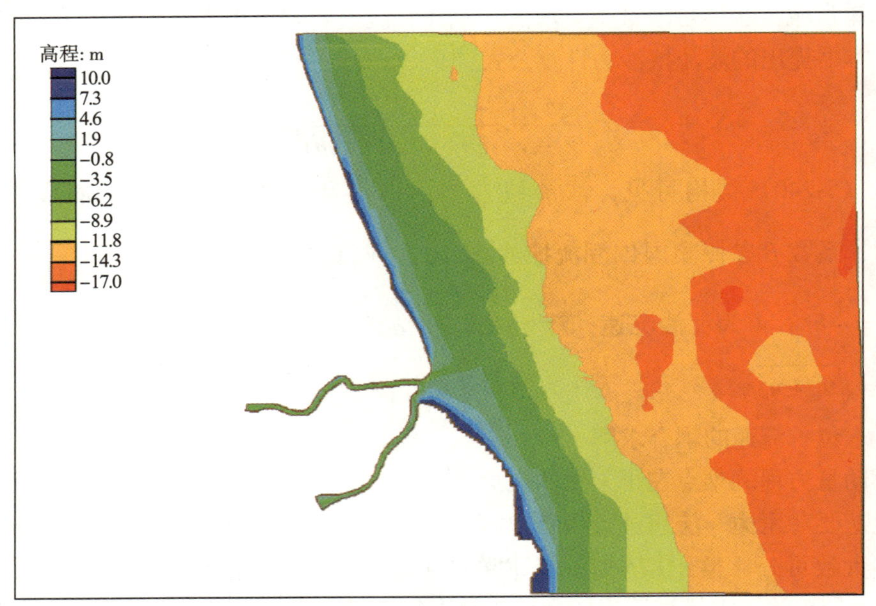

图 5-106　工程区域离散地形

(1) 模型水动力的验证

本数学模型采用 2006 年的实测水文资料进行率定，在模型率定的基础上采用 2008 年 1 月的实测资料进行验证。具体如图 5-107～图 5-109 所示。

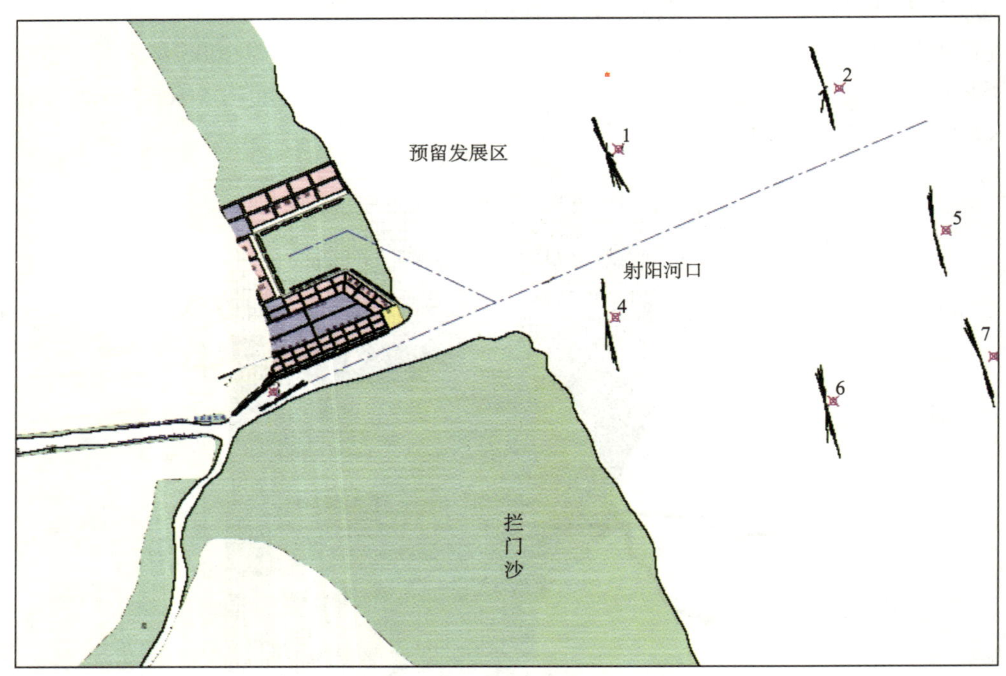

a) 实测潮流

图　5-107

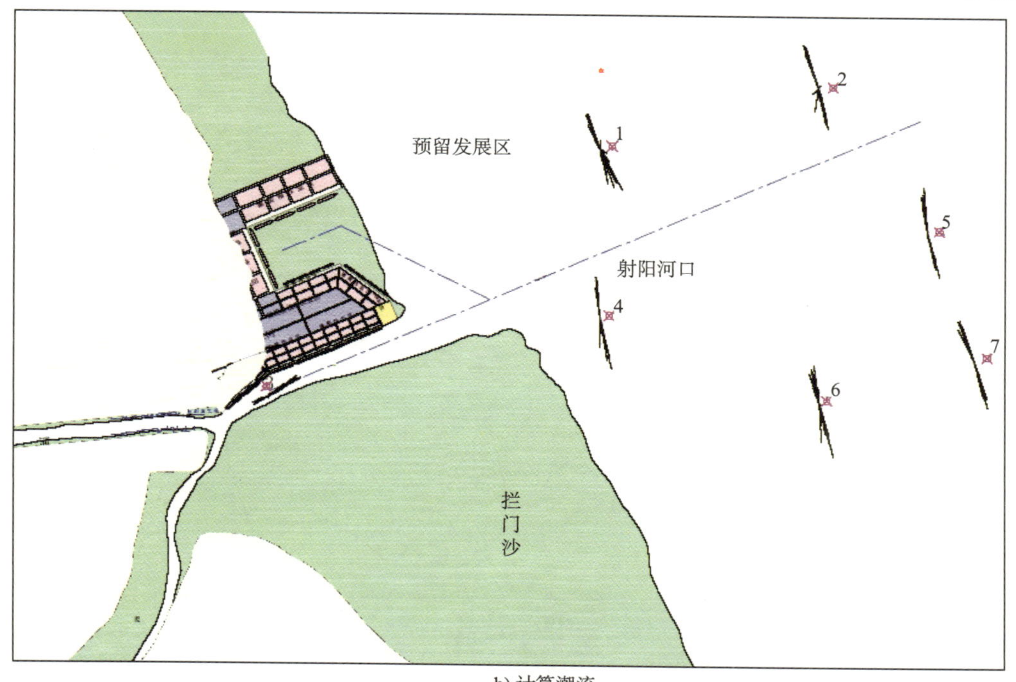

b) 计算潮流

图 5-107　工程海域实测与计算潮流矢量比较

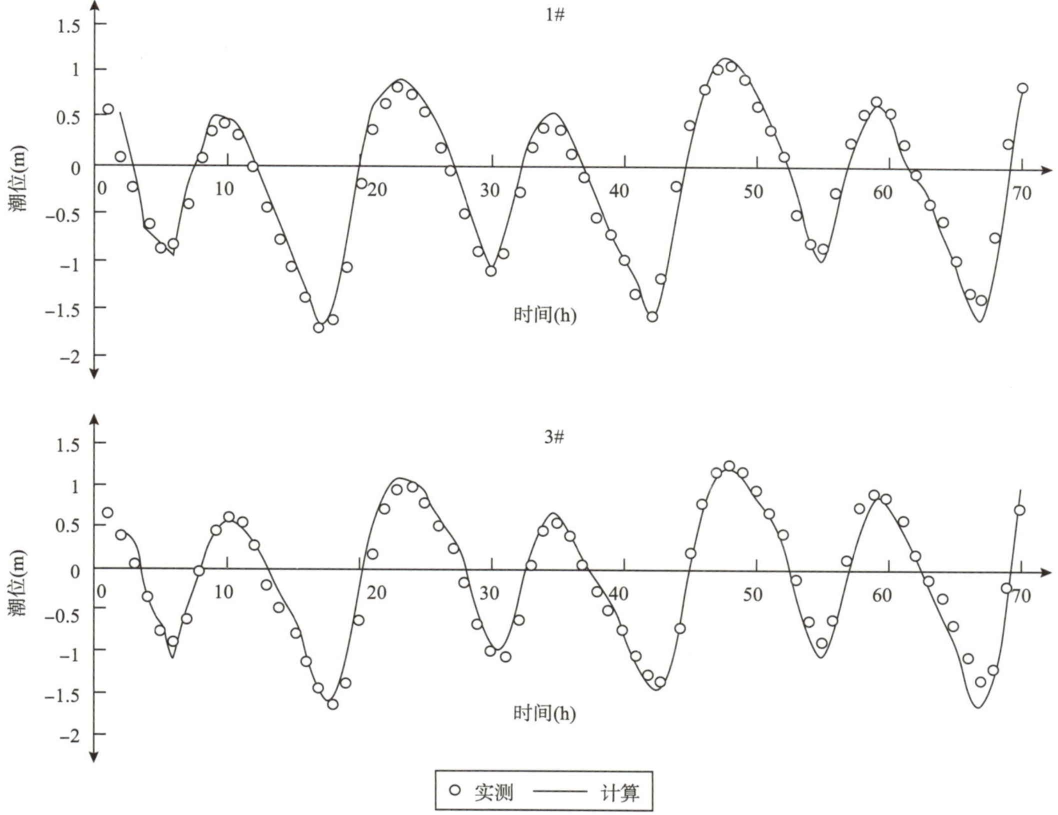

图 5-108　2008 年工程海域实测与计算潮位比较

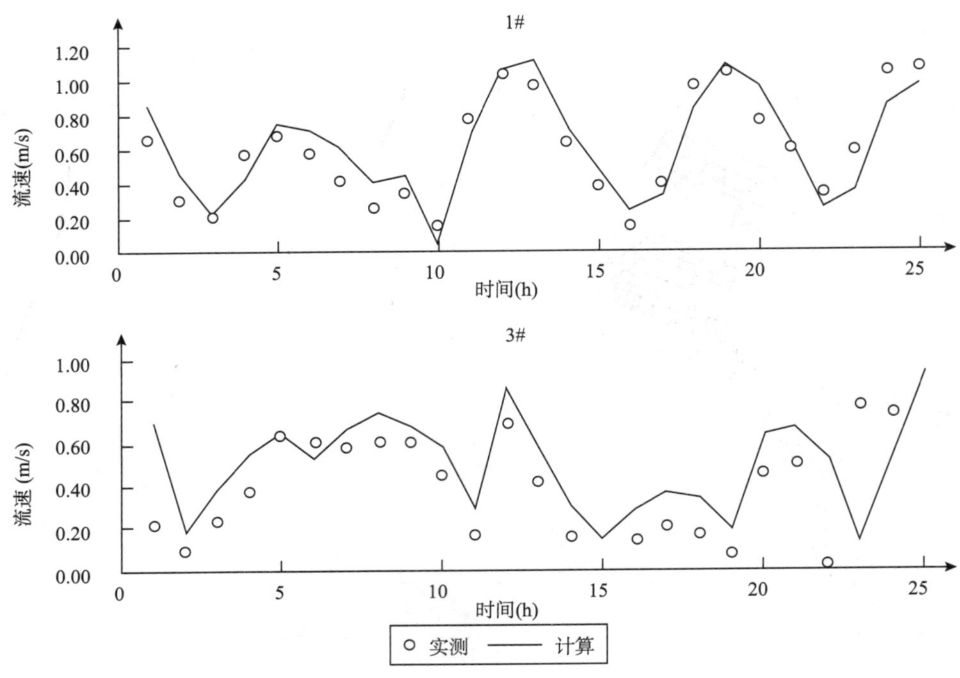

图 5-109　2008 年工程海域实测与计算流速比较

可见计算值和实测潮位过程基本吻合，该数学模型能较好地模拟潮波传播及潮流运动过程，反映了海域的综合阻力作用，误差满足相关规程、规范要求。

（2）模型泥沙的验证

本数学模型利用潮流模型提供实测期间的潮汐动力条件，在不考虑风浪的情况下计算正常天气（实测期间为无风浪或小风）的悬沙过程。本部分采用 2006 年 8 月以及 2008 年 1 月的实测水沙、地形资料对模型进行验证。

由图 5-110 可见，计算值和实测过程基本吻合，该数学模型能较好地模拟泥沙的输运。与此同时，泥沙数学模型除了对悬沙浓度场的验证外，更重要的是对反映泥沙长期运动的地形冲淤的验证。本次地形验证时采用的波浪为平常年份的平均波浪场。本次数学模型采用 2006 年 8 月～2008 年 1 月航槽的局部地形进行验证。为此，本次数学模型计算选取了 50 个航槽的采样点，采样点布置如图 5-111 所示。其航槽轴线上实测淤积厚度与数学模型计算的冲淤厚度比较如图 5-112 所示。从航槽轴线实测冲淤图可以看出（淤积为“+”，冲刷为“−”），航槽轴线上冲淤厚度不均匀，口门附近、栏门沙附近有所淤积且淤积厚度超过 1m。随着航槽向外延伸，航槽内的淤积幅度随之减小、冲刷有所加大。从数学模型计算的航槽冲淤图可以看出，口门附近、栏门沙附近有所淤积且随着航槽向外延伸，航槽内的淤积幅度随之减小、冲刷有所加大，整个航槽的冲淤趋势与实测的冲淤趋势较为相似，在栏门沙附近淤积有所减小，但总体上反映了航槽内的冲淤变化。

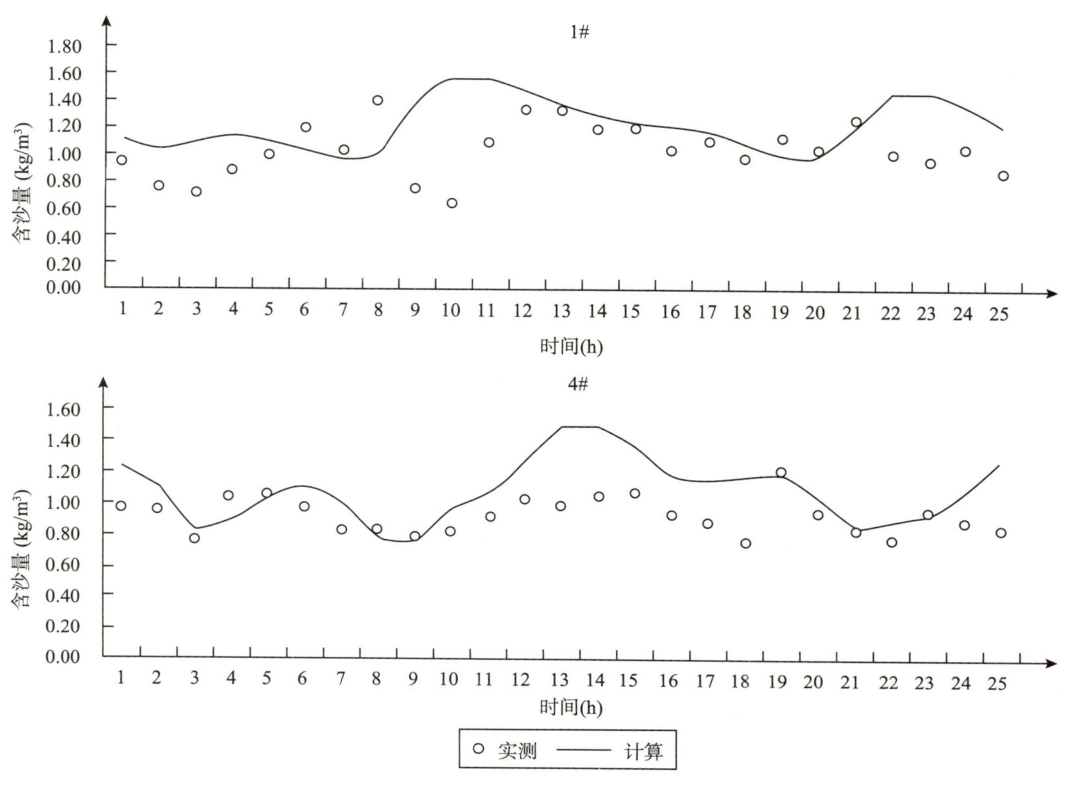

图 5-110 2008 年工程海域实测与计算含沙量比较

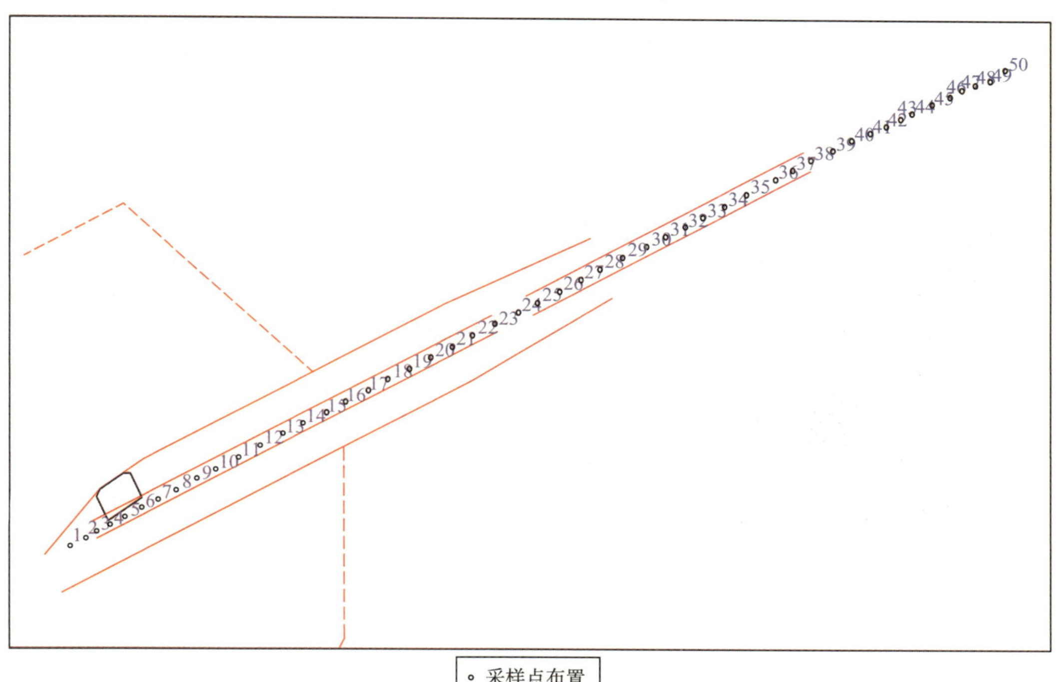

图 5-111 航槽轴线淤积采样点布置

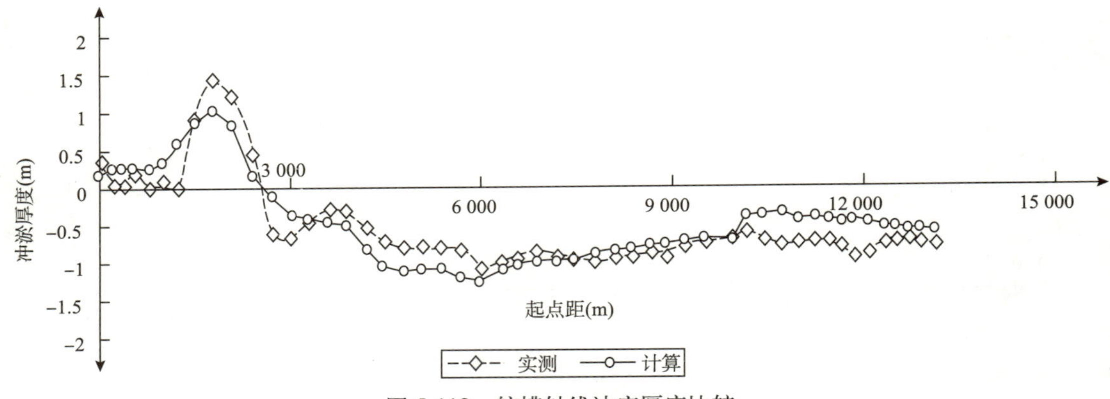

图 5-112　航槽轴线冲瘀厚度比较

5.7.3　整治方案介绍

在大量研究方案比选的基础上，提出了射阳河口整治的优化方案。通过南北 2 座防沙堤形成环抱式，为防止泥沙在波浪、潮流的作用下在港内发生淤积，将防沙堤延伸至波浪破碎带以外，形成漏斗形封闭水域。挡沙堤长约 8.0km，其中段间距为 1 200m，至口门处逐步缩窄至 900m；至 −6m 水深处堤顶高程为 +2.0m，逐步下降至堤头处 −1.0m。其中，北堤的码头及以西段堤顶高程 +6.4m。航道轴线走向 66.5°～246.5°，底宽 192～225m、设计底高程 −10.0～−10.6m，边坡 1∶8。导堤两侧的泥土处理区围堤高程 +2.0m，抛泥区高程 +1.5m，港区陆域顶高程 +5.8m（当地理论最低潮面），方案布置如图 5-113 所示。

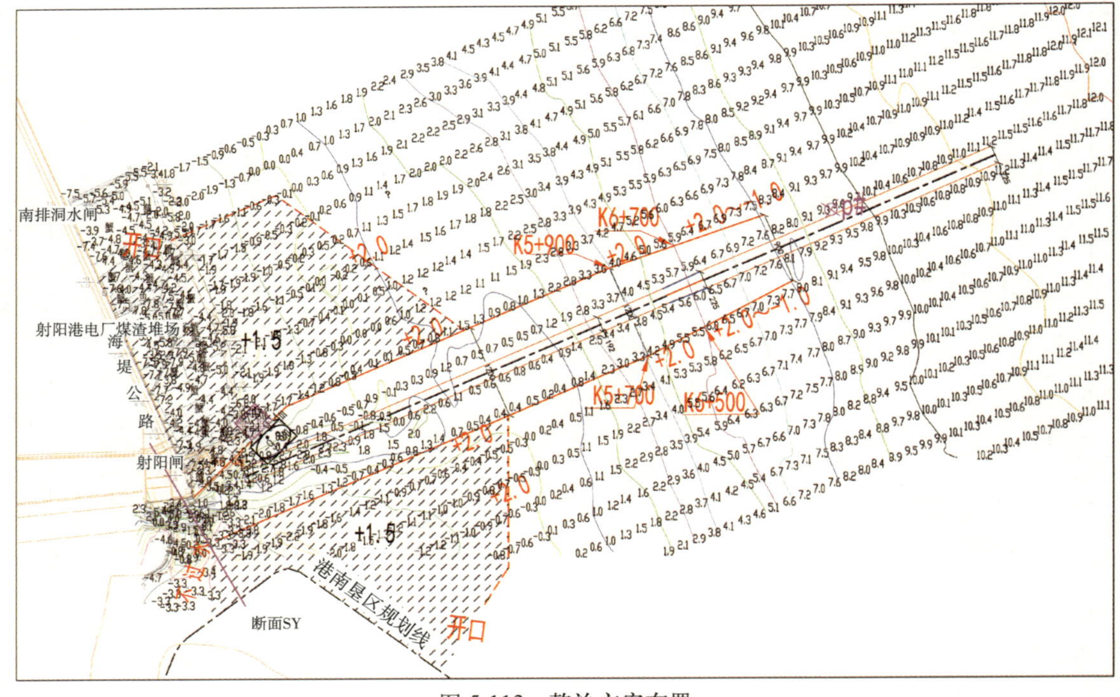

图 5-113　整治方案布置

注：基面均匀为当地理论最低潮面。

5.7.4　优化方案分析

射阳河口外有拦门沙且受到上游各闸排流的影响，落潮主流沿着深槽向外，工程海域水流以往复流为主，潮流椭圆主轴以N～S为主。

（1）潮位的变化

双导堤工程的实施导致口门附近的高潮位变化很小，低潮位明显抬高，且整体潮位基本都呈抬高趋势，低潮位抬高使得口门附近的潮差也有所减小，口门附近点（图5-114 P#）的潮波变形也受到了影响，工程前后的潮波变化曲线产生了一个相位差，潮位发生了潮波变形。工程前、航槽不开挖以及航槽分别开挖5m、12.5m的潮位变化如图5-114所示。由图可以看出，随着航槽挖深的增加，口门附近（*P*点）潮波基本呈减小趋势，且航槽挖得越深，潮位相应降得越低。

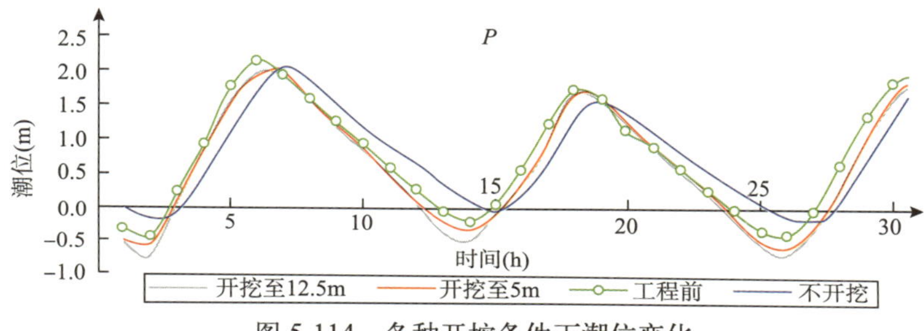

图5-114　各种开挖条件下潮位变化

(2) 工程后流速的变化

随着方沙堤伸至波浪破碎带以外，防沙堤阻隔了原来的流场，使得防沙堤头部产生了较强的回流区，工程区域附近流态发生较大的变化。随着导堤工程的实施，落潮时在防沙堤的左侧形成回流区且流速有所减小，涨潮时在防沙堤的右侧形成回流区且流速有所减小，而在防沙堤的头部，由于防沙堤调流的作用使得流速有所加大且增幅在0.1～0.6m/s之间。在航槽的开挖区，由于航槽的开挖、过流面积的增大，使得航槽落潮流速有所减小且幅度在0.1～1.0m/s之间。工程前后涨落潮流速变化等值线如图5-115。

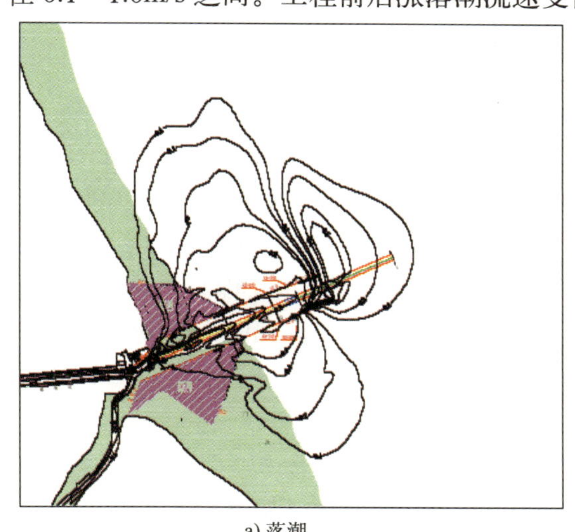

a) 落潮

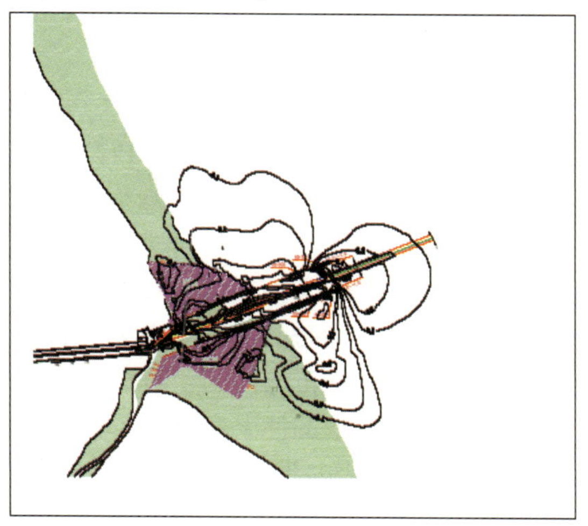

b) 涨潮

图5-115　优化方案大潮落急、涨急流速变化

(3) 流量的变化

射阳河口的拦门沙与上游的来水量息息相关，为了了解工程前后射阳河口流量的变化，在射阳河口附近选取了一个流量断面（断面 SY 布置如图 5-113 所示）。本书选取了断面 SY 的平均涨潮流量进行统计，其变化趋势如图 5-116。从图中可以看出，该断面的平均涨潮流量随着开挖深度变化而变化，开挖深度越深其涨潮量越大，但到了一定开挖深度后，其涨幅趋于缓和。

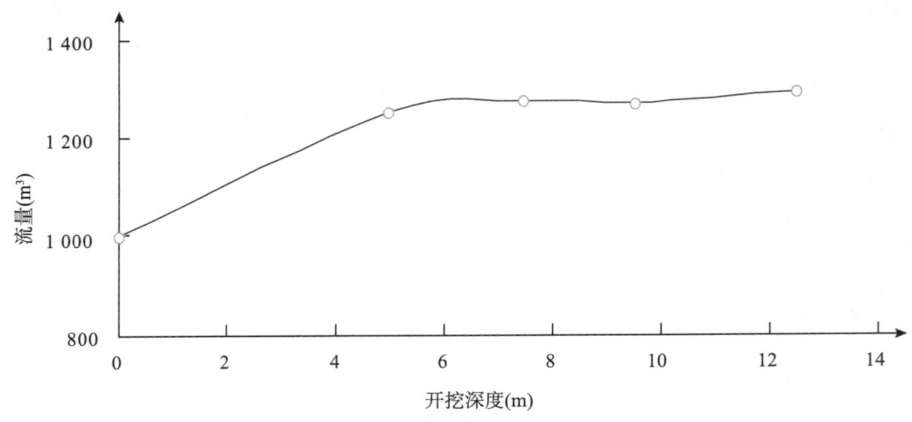

图 5-116 航槽不同开挖深度下平均涨潮流量变化

(4) 悬沙含沙量场的变化

根据以往的资料，本次模型选取了 NNE、ENE 以及 ESE 3 个方向作为代表风向，将每个风向上的平均风速作为代表风速，由此推算出来的风浪分别带入模型进行计算，最后将不同风浪条件下的泥沙模型计算结果按照风浪的统计频率进行合成，得到年平均波浪情况下的泥沙计算结果，具体的风频率统计资料如表 5-8 所示。

射阳盐场代表风向、风速频率统计（%） 表 5-8

代表风向	NNE(NNE、N、NE)	ENE(ENE、E)	ESE(ESE、SE、SSE)	其他（视为无风）
频率（%）	19.5	16.3	25.5	38.7

图 5-117 为工程区域工程后潮流作用以及潮流、波浪共同作用下悬沙平均含沙量场。从图中可以看出，沿岸处和拦门沙处含沙量较大，越靠外海含沙量越小。导堤口门处的含沙量一般为 0.3kg/m^3 左右，考虑风浪后口门附近的含沙量有所增加且一般为 0.6～1.0kg/m^3，双导堤掩护的航槽内含沙量也有所增加。工程实施后，随着流场的改变，含沙量场也发生相应的变化。随着方案的实施，防沙堤环抱范围内的含沙量明显减少，而且防沙堤头部含沙量也有所减少，同时防沙堤的实施阻隔了原来南北向的水流继面也阻隔了原来南北向的含沙量，防沙堤环抱范围内的含沙量明显减少。

(5) 工程后地形的冲淤变化

航槽的开挖使得流速减小，水动力条件的减弱使得航槽有所淤积，其航槽平均淤积基本维持在 0.10～0.45m/ 年之间。由工程区域附近地形冲淤变化（图 5-118）可以看出，工程实施后，由于导堤调流以及横流的作用使得导堤头部出现冲刷，冲刷的幅度一般为

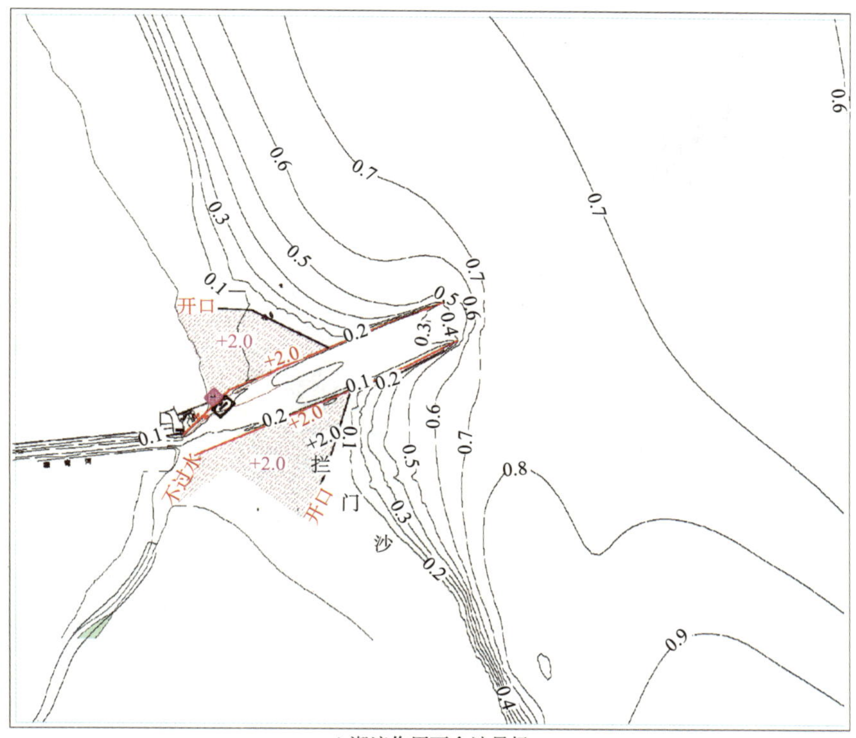

a) 潮流作用下含沙量场

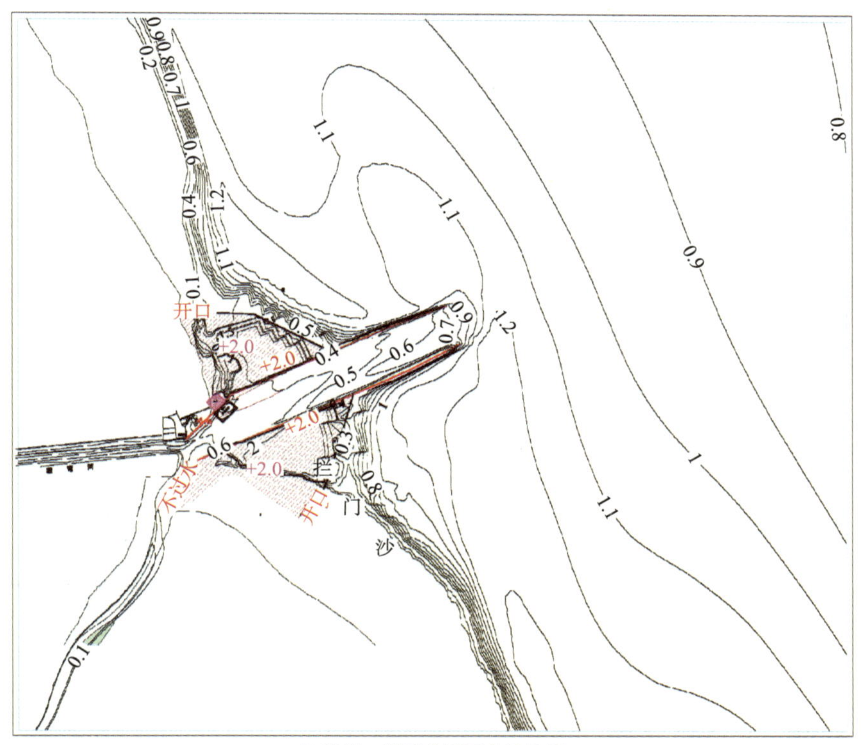

b) 波浪、潮流作用下含沙量场

图 5-117 工程区域工程后悬沙平均含沙量场

0.2～0.5m。由于导堤的阻隔使得导堤的两侧出现明显回淤，且回淤一般为 0.3～2.0m；双导堤掩护的航槽内由于水动力条件的减弱，航槽出现回淤且回淤幅度一般在 0.6m 以内。

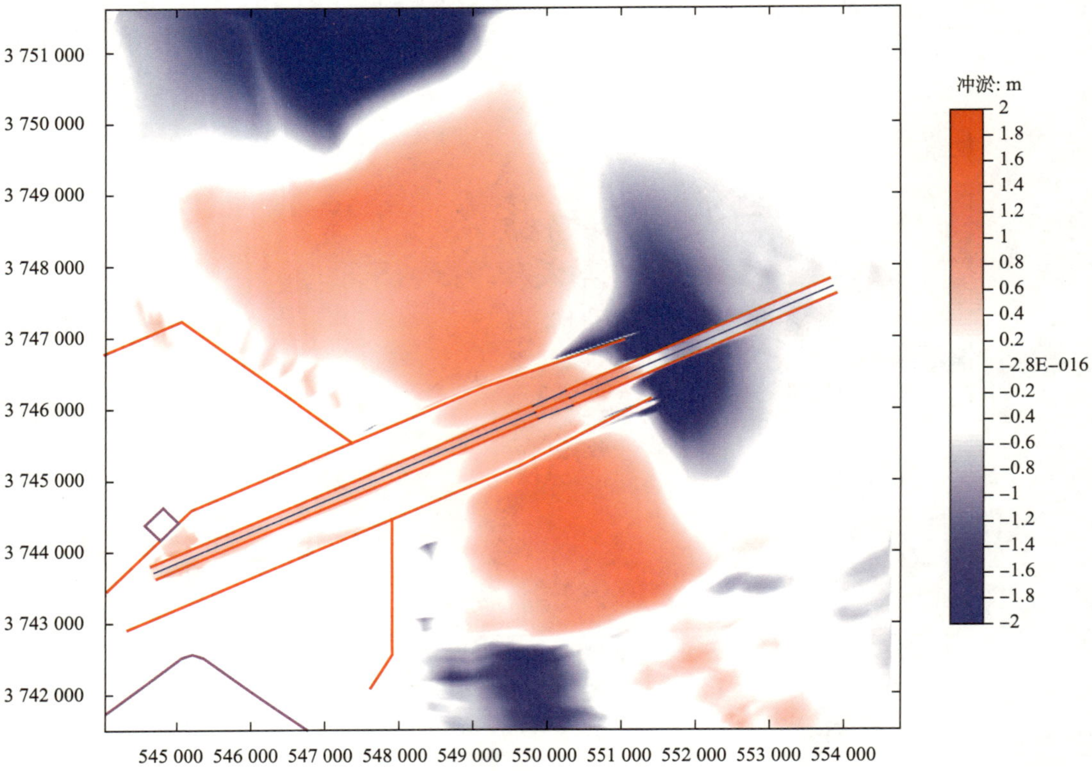

图 5-118　工程区域地形冲淤变化

(6) 平常风浪条件下的航槽年回淤分布

研究表明，平常风浪条件下，优化方案的航槽年淤积总量约为 79.6 万 m^3/年。从平常风浪条件下沿程淤积分布（图 5-119）特性可以看出，最大淤积位于导堤口门内侧，导堤口门处淤积较小，局部区域有所冲刷。

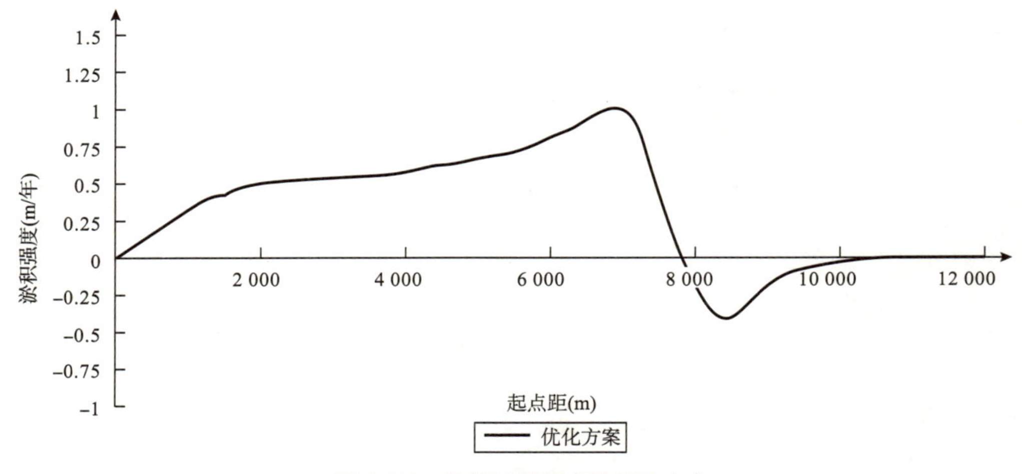

图 5-119　航槽回淤强度沿轴线分布

5.7.5 小结

（1）数学模拟结果表明，防沙堤实施后，航槽中低潮位有所壅高，但随着航槽开挖的实施，使得原壅高的低潮位有所降低，且随着航槽开挖深度的增加，低潮位降低的幅度也有所增加，但是开挖到一定深度后，低潮位的降低不再明显。

（2）数学模拟结果表明，防沙堤实施后，随着流场的改变含沙量场也发生相应的变化，防沙堤的实施阻隔了原来的含沙量场，使得防沙堤环抱范围内的含沙量明显减小，防沙堤头部含沙量也减少。

（3）泥沙数学模型计算表明，在平常风浪条件下航槽的年淤积总量约为 79.6 万 m^3/ 年。

参考文献

[1] 严恺，梁其荀．海岸工程［M］．北京：海洋出版社，2002.

[2] 李昌华，金德春．河工模型试验［M］．北京：人民交通出版社，1981.

[3] 中华人民共和国行业标准．JTS/T 231-2—2010 海岸与河口潮流泥沙模拟技术规程[S]．北京：人民交通出版社，2010.

[4] 钱宁，万兆惠．泥沙运动力学［M］．北京：科学出版社，1983.

[5] 中华人民共和国交通部．港口工程技术规范［M］．北京：人民交通出版社，1988.

[6] 中华人民共和国行业标准．JTS 144-1—2010 港口工程荷载规范［S］．北京：人民交通出版社，2010.

[7] 中国水利学会专业委员会．泥沙手册［M］．北京：中国环境科学出版社，1992.

[8] 周冠伦．航道工程手册［M］．北京：人民交通出版社，2004.

[9] 屈孟浩．黄河动床河道模型的相似原理及设计方法［J］．泥沙研究，1981(3)：29-41.

[10] 窦国仁．平原冲积河流及潮汐河口的河床形态［J］．水利学报，1964(2)：1-13.

[11] 窦国仁．全沙模型相似律及设计实例［J］．水利水运科技情报，1977(3)：4-10.

[12] 窦国仁．河口海岸全沙模型相似理论［J］．水利水运工程学报，2001(1)：1-12.

[13] EINSTEIN HA，NING CHIEN. Similarity of distorted models with movable beds［J］．ASCE1956(121)：440-462.

[14] 沙玉清．泥沙运动学引论［M］．北京：中国工业出版社，1965.

[15] 张瑞瑾，等．河流泥沙动力学［M］．北京：水利电力出版社，1989.

[16] 窦希萍．我国河口泥沙研究进展［C］// 第十四届中国海洋（岸）工程学术讨论会论文集，2009.

[17] 余文畴．长江中下游河道水力和输沙特性的初步分析［J］．长江科学院院报，1994(4)：16-22.

[18] 窦希萍，罗肇森．潮汐河口治理研究［J］．中国水利，2007(2)：39-42.

[19] 窦希萍．模型变率影响的数学模型研究初探［C］．第十三届中国海洋（岸）工程学术讨论会论文集，2007.

[20] 陈吉余，沈焕庭．我国河口基本水文特征分析［J］．水文，1987(3)：4-9.

[21] 夏云峰．长江福姜沙、通州沙、白茆沙河段海轮深水航道整治工程可行性研究报告[R]．南京水利科学研究院，2002.

[22] 夏云峰，曹民雄，陈雄波．长江下游三沙（福姜沙、通州沙、白茆沙）水道演变分析

及深水航道整治设想［J］. 泥沙研究，2001(3)：57-61.

［23］徐敏，陆培东. 波流共同作用下的泥沙运动和海岸演变［M］. 南京：南京师范大学出版社，2005.

［24］徐华，夏云峰. 大连新港 30 万吨级原油码头工程潮流物理模型试验研究报告［R］. 南京水利科学研究院，2009.

［25］闻云呈，夏云峰，王晓俊，等. 福姜沙水道航道整治建筑物总平面方案水流泥沙数学模型研究报告［R］. 南京水利科学研究院，2015.

［26］吴新生. 河工模型量测与控制技术［M］. 北京：中国水利水电出版社，2010.

［27］黄伦超，许光祥. 水工与河工模型试验［M］. 郑州：黄河水利出版社，2008.

［28］马志敏，范北林，许明，等. 河工模型三维地形测量系统的研制 [J]. 长江科学院院报，2006，23(1)：47-49.

［29］中华人民共和国行业标准. JTJ 312—2003　航道整治工程技术规范［S］. 北京：人民交通出版社，2010.

［30］国家海洋环境监测中心，国家海洋局海洋环境保护研究所，大连海洋工程勘察设计和环境保护开发中心. 大连港新 30 万吨级原油码头工程海流观测报告［R］. 国家海洋环境监测中心，2005.

［31］国家海洋环境监测中心，国家海洋局大连海洋工程勘察设计和环境保护开发中心. 大连港新 30 万吨级原油码头工程海流观测报告［R］. 国家海洋环境监测中心，2007.

［32］国家海洋环境监测中心，国家海洋局大连海洋工程勘察设计和环境保护开发中心. 中国石油大连液化天然气项目码头工程海流潮位观测报告［R］. 国家海洋环境监测中心，2008.

［33］张金善，孔俊，章卫胜. 大连港新 30 万吨级原油码头工程平面二维潮流运动数值计算报告［R］. 南京水利科学研究院，2008.

［34］梁在潮. 局部冲刷模型试验综合延伸法［J］. 铁道工程学报，1984(2)：152−154.

［35］陆浩. 系列模型延伸法及其模型沙的选择［J］. 泥沙研究，1987(1)：10−17.

［36］韩玉芳，陈志昌. 长江口深水航道南北港分汊口河段新浏河沙护滩及南沙头通道潜堤工程局部冲刷正态系列模型试验研究报告［R］. 南京水利科学研究院，2007.

［37］夏云峰，杜德军，吴道文. 长江下游福姜沙河段深水航道双涧沙守护工程初步设计方案潮流泥沙河工模型试验研究报告［R］. 南京水利科学研究院，2010.

［38］蔡守允，刘兆衡，张晓红，等. 水利工程模型试验量测技术［M］. 北京：海洋出版社，2008.

［39］南京水利科学研究院. 港珠澳大桥桥墩局部冲刷试验研究报告［R］. 南京水利科学研究院，2009.

［40］徐华，夏云峰，吴道文. 长江下游福姜沙水道航道治理双涧沙守护工程局部冲刷水槽系列模型试验研究报告［R］. 南京水利科学研究院，2010.

［41］长江航道规划设计研究院，中交上海航道勘察设计研究院有限公司，等. 长江南京以下 12.5 米深水航道建设工程一期工程（太仓～南通段）工可报告［R］. 长海航道规

划设计研究院，2012.
[42] 中交上海航道勘察设计研究院有限公司，长江航道规划设计研究院，等．长江南京以下 12.5 米深水航道建设工程一期工程（太仓～南通段）初步设计报告［R］．中交上海航道勘察设计研究院有限公司，2012.
[43] 杜德军，吴道文，等．福姜沙水道航道整治建筑物总平面方案动床物理模型研究报告［R］．南京水利科学研究院，2015.
[44] 吴道文，杜德军，等．长江南京以下 12.5 米深水航道二期工程工程可行性研究福姜沙河段工程总平面布置物理模型研究报告［R］．南京水利科学研究院，2013.
[45] 杜德军，吴道文，等．长江南京以下 12.5 米深水航道一期工程初步设计物模试验研究报告［R］．南京水利科学研究院，2012.
[46] 闻云呈．长江南京以下 12.5m 深水航道建设一期工程数学模型计算分析报告［R］．南京水利科学研究院，2012.
[47] 夏云峰．长江南京以下 12.5m 深水航道建设一期工程物理模型试验研究报告［R］．南京水利科学研究院，2012.
[48] 南京水利科学研究院．长江南京以下 12.5m 深水航道建设一期工程（太仓～南通段）通州沙河段整治工程局部冲刷模型试验研究 [R]. 南京水利科学研究院，2012.
[49] 应强，焦志斌．丁坝水力学［M］．北京：海洋出版社，2004.
[50] 郝思禹，夏云峰，徐华，等．淹没丁坝坝头局部冲刷研究综述［C］// 第十六届中国海洋（岸）工程学术讨论会论文集，2013.
[51] 徐华，夏云峰，吴道文．潮汐河段护底软体排外冲刷局部动床冲刷物模研究［R］．南京水利科学研究院，2014.
[52] 文岑，赵世强．锁坝下游的冲深计算［J］．水利学报，2003(7)：70-73.
[53] 季永兴，何刚强，卢永金．长江口典型丁坝坝头冲深计算模式选择与验证［J］．水利水运科学研究，2000(4)：43-47.
[54] 徐国宾，任晓枫．几种新型护岸工程技术浅析［J］．人民黄河，2004，26（8）：3-7.
[55] 徐锡荣，唐洪武，宗竞，等．长江南京河段护岸新技术探讨［J］．水利水电科技进展，2004(4)：26-28.
[56] 徐国斌，张耀哲．一种新型江河护岸工程技术——混凝土四面六边透水框架群［C］．新世纪水利工程科技前沿（院士）论坛，2005：394-400.
[57] 陈辉，吴杰，李义进．四面六边体在长江八卦洲段护岸固脚中的应用［J］．人民长江，2009，40(5)：71-73.
[58] 唐洪武，李福田，肖洋，等．四面体框架群护岸型式防冲促淤效果试验研究［J］．水运工程，2002，344(9)：25-29.
[59] 吴澎，方爱东，姜俊杰，等．潮汐河段消能护滩结构研究［R］．中交水运规划设计院有限公司，2014.
[60] 尚倩倩，徐华，夏云峰，等．潮汐河段主动式钩连体消能护滩效果试验研究［R］．南京水利科学研究院，2014.

[61] 魏祥,夏云峰,吴道文,等.主动式钩连体结构孔隙率研究[J].水运工程,2014(3):8-12.
[62] 周华兴，孙玉萍．墩柱受水流作用时阻力系数的试验研究［R］．交通部天津水运科学研究所，1985.
[63] 徐双喜，李晓彬，曹正林，等．大型沉井浮运阻力研究［J］．水运工程，2008(12)：29-32.
[64] 忻怡,张慈珩.上海洋山深水港区东侧北围堤试验段工程钢圆筒水流力试验研究［J］.港口科技，2010(2)：14-17.
[65] 王超，冯斌．南京长江三桥南塔钢套箱受水流力作用的试验研究［J］．世界桥梁，2004(1)：38-40.
[66] 陈策，钟建驰．浮运沉井施工期在水流中的受力特性研究［J］．铁道标准设计，2008(9)：30-32.
[67] 杨进先，胡勇．施工期桥梁围堰水流力试验研究［R］．中铁大桥勘测设计院，2010.
[68] 马跃东．桥墩围堰绕流阻力系数试验研究［D］．南京：河海大学，2010.
[69] 潘军宁，王登婷，高正荣．南京长江第三大桥深水基础施工关键技术研究——大型钢套箱水动力模型实验研究［R］．南京水利科学研究院，2005.
[70] 王登婷，潘军宁．泰州长江公路大桥中塔墩沉井基础水流力实验研究［R］．南京水利科学研究院，2007.
[71] 徐华，夏云峰，王登婷．水流对新型混合堤结构作用的物模试验研究［R］．南京水利科学研究院，2015.
[72] 李元音，马燕．水流与混合堤结构的相互作用研究［R］．中交第一航务工程勘察设计院有限公司，2015.
[73] 牛志华．声学波浪测量技术研究［D］．天津：天津大学，2013.
[74] 熊兴．4m×1m 平推式不规则波造波机的优化设计［D］．天津：天津理工大学，2013.
[75] 李昌华．平原细沙河流动床泥沙模型试验的模型相似律及设计方法［J］．水利水运工程学报．2003 (1)：1-8.
[76] 夏云峰，等．长江下游福姜沙河段深水航道双涧沙守护工程动床模型试验研究报告［R］．南京水利科学研究院，2009.
[77] 长江勘测规划设计研究有限责任公司，南京水利科学研究院．长江南京以下 12.5 米深水航道二期工程福姜沙水道整治工程防洪评价报告［R］．长江勘测规划设计研究有限公司，2014.
[78] 上海航道勘测设计研究院，等．长江南京以下 12.5 米深水航道二期工程工程可行性研究报告［R］．上海航道勘测设计研究院，2013.
[79] 徐华，等．长江南京以下 12.5 米深水航道二期工程（南京至南通河段）河床演变分析研究［R］．南京水利科学研究院，2013.
[80] 上海航道勘测设计研究院．长江下游福姜沙水道治理双涧沙守护工程效果分析［R］．上海航道勘测设计研究院，2014.
[81] 长江航道规划设计研究院，等．长江下游通州沙与白茆沙水道航道整治关键控制工

程预可行性研究报告［R］. 长江航道规划设计研究院，2009.
［82］南京水利科学研究院 . 长江福姜沙、通州沙、白茆沙河段河床演变分析报告［R］. 南京水利科学研究院，2002.
［83］南京水利科学研究院 . 长江南京以下 12.5 米深水航道建设一期工程（太仓～南通段）潮流泥沙物理模型试验研究报告［R］. 南京水利科学研究院，2011.
［84］夏云峰，等 . 通州沙、白茆沙水道海轮深水航道整治潮流泥沙物理模型试验研究报告［R］. 南京水利科学研究院，2008.
［85］夏云峰，等 . 通州沙、白茆沙水道洲滩关键性控制工程潮流泥沙物理模型试验研究报告［R］. 南京水利科学研究院，2009.
［86］莫思平，等 . 珠江三角洲网河及河口治理水沙模拟研究［R］. 南京水利科学研究院，2014.
［87］吴维庆 . 潮汐河口模型设计和试验研究报告第 35 号［R］. 南京水利科学研究院，1963.
［88］金德春 . 论动床模型延伸法——研究报告第 27 号［R］. 南京水利科学研究院，1963.
［89］罗肇森，等 . 潮汐河口悬沙淤积和局部动床冲淤模型试验——射阳河闸下裁弯模型实例［R］. 南京水利科学研究院，1976.
［90］陈俊杰，等 . 常用模型沙基本特性研究［M］. 郑州：黄河水利出版社，2009.
［91］虞邦义，武锋，吕列民 . 河工模型量测与控制技术研究进展［J］. 水动力学研究与进展，2001，16(1)：54-91.
［92］李亦工 . 过渡区泥沙沉速公式的比较［J］. 河海大学学报，1986(3)：133-136.
［93］窦希萍 . 河流水沙观测与模拟研究概述［C］// 第十六届中国海洋（岸）工程学术讨论会论文集，2009：1344-1352.
［94］罗肇森，辛文杰，马启南 . 河口整治研究的进展［J］. 水利水运科技情报，1993(1).
［95］罗肇森，马启南 . 珠江崖门口 3. 5 万吨级及 5. 0 万吨级深水航道开发的技术可行性研究［R］. 南京水利科学研究院河港研究所，1997.
［96］赵焕庭 . 珠江三角洲的水文特征［J］. 热带海洋，1983(2)：108-116.
［97］夏云峰，等 . 长江下游福姜沙河段深水航道双涧沙守护工程工可方案潮流泥沙河工模型试验研究报告［R］. 南京水利科学研究院，2009.
［98］夏云峰，等 . 长江下游福姜沙河段深水航道双涧沙守护工程初步设计方案潮流泥沙河工模型试验研究报告［R］. 南京水利科学研究院，2010.
［99］陈志昌，乐嘉钻 . 长江口深水航道整治原理［J］. 水利水运工程学报，2005(1)：1-7.
［100］陈志昌，黄仁元，胡志峰 . 长江口深水航道治理工程对比试验［J］. 水运工程，1999(10)：67-70.
［101］徐华，夏益民，夏云峰，等 . 潮汐河工模型三角块梅花形加糙试验研究及其应用［J］. 水利水运工程学报，2007(4)：67-70.
［102］屈波，杜德军 . 潮河工潮汐模型潮水箱潮位控制策略研究［C］. 第十四届中国海洋（岸）工程学术讨论会论文集，2007(4)：1234-1237.

[103] 唐存本 . 复合糙率的研究［R］. 天津水运工程研究所，1978.
[104] 梁斌,陈先朴,等 . 梅花形十字板加糙的原理与实践［J］. 水动力学研究与进展 A 辑，2005，20(2)：258-262.
[105] 惠遇甲，王桂仙 . 河工模型相似理论［M］. 北京：中国水利水电出版社，1999.
[106] 罗肇森，孙梅秀 . 河工模型中几种人工糙率的计算［J］. 水利水运科学研究，1981(1)：70-82.
[107] 闻云呈，等 . 长江南京以下 12.5 米深水航道建设工程二期工程福姜沙河段潮流数学模型计算研究［R］. 南京水利科学研究院，2013.
[108] 夏云峰，吴道文，等 . 福姜沙水道海轮深水航道整治工程潮汐河工模型试验［R］. 南京水利科学研究院，2006.
[109] 夏云峰，闻云呈，等 . 长江下游福姜沙水道航道治理双涧沙守护工程数学模型计算研究［R］. 南京水利科学研究院，2010.
[110] 黄建成，惠钢桥 . 粒子图像测速技术在河工模型试验中的应用［J］. 人民长江，1998，29(12)：21-23.
[111] Xia Yunfeng，Xu Hua，Wu Daowen，et al. Study on the measurement and controlling system of tide current and sediment physical model test applied on the Yangtze Estuary Reach［C］. Advances in hydraulic physical modeling field investigation technology，Nanjing China，2010.
[112] Xia Y F，Wen Y C. Application of non-uniform and non-equilibrium sediment transport ma the matical model to navigation regulation projects in Yangtze River estuary［C］. Proceedings of the 11th International Symposium on River Sedimentation，South Africa，2010.
[113] Du D J，Xia Y F. Experimental study on 12.5m deepwater channel Regulation scheme of Tongzhou shoal and Baimao shoal［C］. The 34th International Conference on Coastal Engineering（ICCE2014），Seoul，Korea, 2014, 1(34)：1-13.
[114] She J.H.，Xia Y.F.. Study on the 12.5m Deepwater Channel Phase 1 Project of the Yangtze River downstream Nanjing［C］// The 2nd SREE Conference on Hydraulic Engineering(CHE2013)，2014.
[115] 李佳 . 长江河口潮区界和潮流界及其对重大工程的响应［D］. 上海：华东师范大学，2004.
[116] 黄河研究会 . 黄河河口地区治理开发概况［C］// 中国水利学会 2003 年黄河河口问题及治理对策研讨会，2003.
[117] 胡春宏，王延贵，张燕菁 . 河流泥沙模拟技术进展与展望［J］. 水文，2006，26(3)：37-41.
[118] 范期锦，高敏 . 长江口深水航道治理工程［C］// 第 3 届长江论坛文集河口治理与生态保护篇，2009.
[119] 王兴奎，庞东明，王桂仙，等 . 图像处理技术在河工模型试验流场量测中的应用［J］.

泥沙研究，1996(4)：21-26.

［120］王振东．PC−STD 微机系统在九龙江西溪模型试验中的应用［C］// 水利量测技术论文选集．北京：兵器工业出版社，1993：237-241.

［121］黄建成，惠钢桥．计算机技术在河工模型试验控制中的应用［J］．人民长江，1997，28(12)：43-44.

［122］张小鸥．多口门河工模型实时监控软件的设计［C］// 水利量测技术论文集．北京：中国农业科学出版社，2000(8)：225-229.

［123］范逸之，陈立元．VisualBasic 与 RS232 串行通信控制［M］．北京：清华大学出版社，2004.

［124］夏云峰，闻云呈，吴道文，等．长江下游福姜沙水道航道治理双涧沙守护工程防洪评价［R］．南京：南京水利科学研究院，2009.

［125］夏云峰，闻云呈．福姜沙河段深水航道治理工程二维潮流数值模拟研究［R］．南京：南京水利科学研究院，2006.

［126］闻云呈，吴道文，夏云峰，等．配合长江口 12.5m 深水航道上延南京河势控制工程技术方案研究［R］．南京：南京水利科学研究院，2010.

［127］长江口水文水资源勘测局．长江下游三沙河段（洪季）原型观测水文测验技术报告［R］．2004.

［128］长江水利委员会水文局长江口水文水资源勘测局．双涧沙整治专题研究水文测验技术报告［R］．2012.

［129］长江水利委员会水文局长江口水文水资源勘测局．长江南京以下 12.5m 深水航道建设一期工程（太仓～南通段）水文测验［R］．2011.

［130］徐元，张华，等．长江下游福姜沙水道航道治理双涧沙守护工程初步设计［R］．上海：中交上海航道勘察设计研究院有限公司，2010.

［131］闻云呈，夏云峰，吴道文，等．长江南京以下 12.5m 深水航道一期工程总平面方案优化［J］．水运工程，2013(3)：1-10.

［132］杜德军，夏云峰，吴道文，等．长江南京以下 12.5 米深水航道建设一期工程（太仓—南通段）潮流泥沙物理模型试验研究报告［R］．南京：南京水利科学研究院，2011.

［133］杜德军，夏云峰，吴道文，等．通州沙和白茆沙 12.5m 深水航道整治工程方案试验研究［J］．水利水运工程学报，2013(5)：1-9.

［134］夏云峰．苏州港太仓港岸线调整规划及码头布置潮流泥沙河工模型试验研究［R］．南京：南京水利科学研究院，2006.

［135］夏云峰，杜德军．张家港港区总体规划河工模型试验研究报告［R］．南京：南京水利科学研究院，2009.

［136］夏云峰、杜德军．澄通河段（苏州段）河道整治工程潮流泥沙河工模型试验研究报告［R］．南京：南京水利科学研究院，2009.

［137］夏云峰、杜德军．澄通河段（南通段）河道整治工程潮流泥沙河工模型试验研究报告［R］．南京：南京水利科学研究院，2010.

[138] 张世钊，吴道文，夏云峰，等．长江澄通河段通州沙西水道河道整治一期工程潮汐河工模型定床试验研究报告[R]．南京：南京水利科学研究院，2011.

[139] 杜德军．长江澄通河段铁黄沙整治一期工程潮流泥沙河工模型试验研究报告[R]．南京：南京水利科学研究院，2012.

[140] 杜德军，吴道文．新通海沙围垦工程河工模型试验研究报告[R]．南京：南京水利科学研究院，2007.

[141] 杜德军，夏云峰．上海至南通铁路长江大桥潮流泥沙河工模型试验研究报告[R]．南京：南京水利科学研究院，2011.

[142] 中交上海航道勘察设计研究院有限公司．长江下游福姜沙水道航道治理双涧沙守护工程效果分析[R]，2013.

[143] 中华人民共和国行业标准．JTS/T 234—2001 波浪模型试验规程[S]．北京：人民交通出版社，2002.

[144] 周益人，陈国平，黄海龙，等．透空式水平板波浪上托力分布[J]．海洋工程，2003(4)：41-47.

[145] 周益人，陈国平，黄海龙，等．透空式水平板波浪上托力冲击压强试验研究[J]．海洋工程，2004，22(3)：30-40.

[146] 徐基丰，陈玉芬．探测式水位仪的改进以及微机对其的数据采集[R]．南京：南京南京水利科学研究院，1987.

[147] 范建成．振动式水位仪的使用[R]．南京：南京水利科学研究院，1989.

[148] 惠遇甲，王桂仙，河工模型试验[M]．北京：中国水利水电出版社，1999.

[149] 中国水利学会泥沙专业委员会，泥沙手册[M]．北京：中国环境科学出版社，1992.

[150] 谢鉴衡．河流泥沙工程学[M]．北京：水利电力出版社，1983.

[151] 窦国仁．窦国仁论文集[M]．北京：中国水利电力出版社，2003.

[152] 周冠伦．航道工程手册[M]．北京：人民交通出版社，2004.

[153] 熊绍隆．潮汐河口河床演变与治理[M]．北京：中国水利电力出版社，2011.

[154] 李保如．河流研究文选[M]．北京：水利电力出版社，1994.

[155] 刘家驹．海岸泥沙运动研究及运用[M]．北京：海洋出版社，2009.

[156] 孙林云．京唐港泥沙淤积及完善挡沙堤研究物理模型试验报告[R]．南京：南京水利科学研究院，2005.

[157] 陈子霞．毛里塔尼亚友谊港上游岸线淤积试验报告[R]．水利水运科学研究，1979.

[158] 刘家驹，夏益民，孙林云．毛里塔尼亚友谊港下游岸线冲刷及防护措施试验研究[R]．南京水利科学研究院，1988.

[159] 李昌华．平原细沙河流动床试验的模型律及设计方法研究[R]．南京：南京水利科学研究院，2000.

[160] 孙林云，天津北疆电厂潮流泥沙物模试验研究[R]．南京：南京水利科学研究院，2007.

[161] 张馥桂．汕头内港水文测验成果整编报告［R］．南京：南京水利科学研究院河港所，1988.

[162] 黄建维，刘建军，欧阳炘明，等．汕头湾内哈屿围围垦造地对港口淤积影响的试验研究［R］．南京：南京水利科学研究院河港所，1990.

[163] 黄建维，夏云峰，郭颖．汕头港外导流拦沙堤施工阶段水文泥沙地形演变观测报告［R］．南京：南京水利科学研究院河港所，1993.

[164] 王涛，李家春．波流相互作用研究进展［J］．力学进展，1999，29(3)：331-343.

[165] 李孟国．海岸河口泥沙数学模型研究进展［J］．海洋工程，2006，24(1)：139-154.

[166] 董耀华．长江科学院河流水沙数学模型研究进展与展望［J］．长江科学院院报，2011，28(10)：7-16.

[167] 中华人民共和国交通行业标准．JTS/T 231-2—2010　海岸与河口潮流泥沙模拟技术规程［S］．北京：人民交通出版社，2010.

[168] 谢鉴衡．河流模拟［M］．北京：水利电力出版社，1988.

[169] 杨国录．河流数学模型［M］．北京：海洋出版社，1993.

[170] 长江三峡工程泥沙与航运关键技术研究专题研究报告集(上、下册)［M］．武汉：武汉工业大学出版社，1993.

[171] 韩其为，何明民．水库淤积与河床演变的(一维)数学模型［J］．泥沙研究，1987(3)：14-29.

[172] 赵士清，窦国仁．在三峡工程变动回水区中一维全沙数学模型研究［J］．水利水运科学研究，1990(2)：115-124.

[173] 中国水利学会泥沙专业委员会．全国泥沙数学模型研讨会论文集［C］．武汉：武汉水利电力学院，1987.

[174] 李义天,吴伟明．三峡工程变动回水区泥沙数学模型研究及初步应用报告[R]．武汉：武汉水利电力学院，1990.

[175] 李义天．河道平面二维泥沙数学模型研究［J］．水利学报，1986(2)：26-35.

[176] 窦国仁，赵士清，黄亦芬．河道二维全沙数学模型的研究［J］．水利水运科学研究，1987(2)：1-12

[177] 韩国其，汪德燿，许协庆．风生环流的准三维数值模拟［J］．河海大学学报，1989，17(3)：1-8.

[178] Yasuyuki Shimizu，Hajime Yamaguchi, Tadaoki Iiakura.3D Computation of flow and bed deformation［J］. Journal of Hydraulic Engineering，ASCE，1990，116(9)：1090-1108.

[179] Weiming，Wu，W Rodi, Thomas Wenka. 3D Numerical modeling of flow and sediment transport in open channels［J］. J. of Hydraulic Engineering, ASCE ,2000,126(1)：4-15.

[180] 周雪漪．计算水力学［M］．北京：清华大学出版社，1995.

[181] 汪德灌．计算水力学理论与应用［M］．北京：科学出版社，2011.

[182] 中华人民共和国行业标准．JTJ/T232−98　内河航道与港口水流泥沙模拟技术规程[S].

北京：人民交通出版社，1998.
[183] 何明民,韩其为．挟沙能力级配及有效床沙级配的确定[J]. 水利学报,1990(3)：1-12.
[184] 何明民，韩其为．挟沙能力级配及有效床沙级配的概念 [J]. 水利学报，1989(3)：17-26.
[185] 王尚毅，顾元棪，郭传镇．河口工程泥沙数学模型 [M]. 北京：海洋出版社，1990.
[186] 陆永军，陈国祥. 航道工程泥沙数学模型的研究 (I)——模型建立 [J]. 河海大学学报，1997，25(6)：6-14.
[187] 陆永军，陈国祥，刘建民，等. 航道工程泥沙数学模型的研究 (II)——模型验证与应用 [J]. 河海大学学报，1998，26(1)：66-72.
[188] 周建军，林秉南，王连祥．平面二维泥沙数学模型研究及其应用 [J]. 水利学报，1993(11)：10-19.
[189] 李义天，高凯春. 三峡枢纽下游宜昌至沙市河段河床冲刷的数值模拟研究 [J]. 泥沙研究，1996(2)：3-8.
[190] VAN RIJN L C. Sediment transport. Part II：Suspended load transport [J]. J. of Hydraulic Engineering，ASCE，1984，110(11)：1613-1641.
[191] J. F. Thomson. Numerical solution of flow problems using body-fitted coordinate systems[J]. Computational Fluid Dynamics，Hemisphere，Now York，1980，1(105)：19-34.
[192] 金忠青. N-S 方程数值解及紊流模型 [M]. 南京：河海大学出版社，1988.
[193] 夏云峰，等. 天然河道整治建筑物流场数值模拟 [A]．第三届全国计算水力学会论文集 [C]. 成都：成都科技大学出版社，1996.
[194] 李浩麟，易家豪. 河口浅水方程的隐式和显式有限元解法 [J]. 水利水运科学研究，1984(1).
[195] 耿兆铨. 二维非恒定流动的显式迎流有限元模式 [J]. 浙江河口海岸研究所河口与海岸，1984(13).
[196] 李浩麟，项有法. 河口汊道不恒定流有限元数值计算 [J]. 水利学报，1983(4).
[197] WANG SAM S Y.Finite element modeling of 3D hydro-dynamic and sediment transport phenomeno(research report) [R]. The university of mississippi，1987.
[198] 陈景仁. 流体力学及传热学 [M]. 北京：国防工业出版社，1984.
[199] 陈国祥，等. 三维泥沙数学模型的研究进展 [J]. 水利水电科技进展，1998，18(1)：13-19.
[200] 赵士清. 长江口三维潮流的数值模拟 [J]. 水利水运科学研究，1985(1).
[201] 韩国其. 天然水流三维数值模拟的进展 [J]. 河海大学科技情报，1989(1).
[202] VAN RIJN. Field verfication of 2D and 3D suspend sediment model [J]. J. of Hydraulic Engineering，ASCE，1990，116(10).
[203] Fang Hongwei, Wang Guangqian. Three-Dinrensianal Mathemalical model of susoenderl sedimont transport [J]. J. of Hydraulic Engineering，ASCE(126)：No.82000.
[204] EINSTEIN H A. The bed-load fancfion for Sedincent transportation in open channel

feows.united states Departmvnt of Agricultare soil conservation Serrice Wanhington D.C., 1950.

[205] 曹志先. 泥沙数学模型近底边界条件II非平衡输沙[J]. 水利学报，1997(2).

[206] 程年生,朱立俊. 床面附近泥沙交换率在悬移质输沙计算中的应用水科学进展[J]. 水科学进展，1993，(4)：274-280.

[207] Borah D K, Alonso C V. PRASAD SN. Routing Graded Sediment in streams: Formulation[J]. of Hydraulics Divison，ASCE，1987，113(7).

[208] 叶坚，等. 郁江滩二维水沙数学模型[R]. 南京水利科学研究院，1992.

[209] 闻云呈，夏云峰，张世钊. 长江下游通州沙、白茆沙水道通航标准研究[R]. 南京水利科学研究院，2011.

[210] 南京水利科学研究院. 长江福姜沙、通州沙和白茆沙深水航道系统治理关键技术研究可行性研究报告[R]. 南京水利科学研究院，2011.

[211] 张世钊，闻云呈，夏云峰. 长江下游感潮河段乘水、乘潮综合利用分析研究[C]. 第十六届中国海洋（岸）工程学术讨论会论文集，2011.

[212] 徐元，黄志扬，龚鸿锋. 潮汐河口长航道乘潮问题研究[J]. 水运工程，2011(5)：1-6.

[213] 王春江. 鸭绿江下游航道乘潮水位分析[C]. 第四届全国海事技术研讨会文集，1998.

[214] 陈正华. 长江口深水航道整治与管理中的问题和建议[J]. 航海技术，2009(1)：68-70.

[215] 田林，周超，张谨，等. 浙江省半封闭型海湾多浅段航道乘潮通航保证率计算若干问题的探讨[J]. 水运工程，2003(7)：33-35.

[216] 董胜，曹书军，周冲，等. 乘潮潮位的理论分布探讨[J]. 中国海洋大学学报(自然科学版)，2011，41(7)：154-158.

[217] 陈宗镛. 潮汐学[M]. 北京：科学出版社，1980.

[218] 刘轶华. 乘潮水位研究在上海化学工业区专用码头航道的应用[J]. 南通航运职业技术学院学报，2004(2)：11-14.

[219] 张华,黄志扬,肖烈兵,等. 感潮河段深水航道乘潮保证率及疏浚维护[J]. 水运工程，2015(4)：8-12.

[220] 佘俊华. 长江南京以下12.5m深水航道一期工程乘潮水位利用分析[J]. 水运工程，2013(2)：1-4.

[221] 李俊娜，湛江港长距离进港航道乘潮水位分析[J]. 水运工程，2014(10)：126-128.

[222] 赵今声，赵子丹，秦崇仁. 海岸河口动力学[M]. 北京：海洋出版社，1993.

[223] 窦国仁，窦希萍，李提来. 波浪作用下泥沙的起动规律[J]. 中国科学(E辑)，2001，31(6)：566-573.

[224] 罗肇森. 潮汐河口悬沙淤积和局部动床冲淤模型试验研究射阳河闸下淤裁弯实例[R]. 泥沙模型报告汇编，1978：21-48.

[225] 窦希萍. 潮流波浪泥沙模型变率影响研究[D]. 南京：河海大学，2005.

[226] 徐啸．波、流共同作用下浑水动床整体模型的比尺设计及模型沙选择[J]．泥沙研究，1998(2)：17-25.

[227] 罗肇森．风、浪、流共同作用下的泥沙输移[J]．水利水运工程学报，2004(3)：1-6.

[228] 刘家驹．粉沙淤泥质海岸的航道淤积[J]．水利水运工程学报，2004(1)：6-11.

[229] 窦希萍，王向明，赵晓冬．物理模型变率影响研究进展[J]．水科学进展，2007，18(6)：907-914.

[230] 孙林云，吴炳良，郭天润．波流共同作用下细沙粉沙质海岸复合沿岸输沙率计算[J]．水利水运工程学报，2011(4)：131-137.

[231] 王玉海，汤立群，陈金荣．波流共同作用下的导流防沙堤优化布置试验研究[J]．水运工程，2008(7)：16-18.

[232] 杨华，吴明阳．波流泥沙淤积模型相似律及选沙研究[J]．水道港口，1998(4)：31-39.

[233] 徐啸．从泥沙角度分析绥中油港码头海域波浪条件[J]．水运工程，2001(6)：8-11.

[234] 徐啸．淤泥质海岸河口悬沙回淤模型相似律探讨[J]．河海大学学报(自然科学版)，1994(3)：44-49.

[235] 黄建维．粘性泥沙运动规律在淤泥质海岸工程中的应用[J]．海洋工程，2011，29(2)：52-58.

[236] 刘家驹，喻国华．海岸工程泥沙的研究和应用[J]．水利水运科学研究，1995(3)：221-233.

[237] 孙林云，孙波，刘建军，等．京唐港粉沙质海岸风暴潮骤淤及整治工程措施物理模型试验[J]．中国港湾建设，2010(A01)：28-31.

[238] 郭瑞祥．灌河口外岸滩及航道历史演变[R]．南京水利科学研究院，1981.

[239] 谢金赞．灌河口外水动力条件分析[J]．河海大学学报，1987，15(5)：12-20.

[240] 张东生，谢金赞．灌河口沿岸流场的数值模拟[J]．海洋与湖沼，1988，19(4)：380-389.

[241] Xia Yunfeng，Xu Hua，Chen Zhong，et al.Experimental Study on Suspended Sediment Concentration and its Vertical Distribution under Spilling Breaking Wave Actions in Silty Coast[J]. China Ocean Engineering，2011，25(4).

[242] 徐华，夏云峰，陈中．崩破波作用下粉沙悬浮运动特性的试验研究[J]．泥沙研究，2012(5)：58-64.

[243] 夏云峰，徐华，陈中．粉沙质海岸波流作用下水体含沙量及其垂线分布试验研究[J]．海洋工程，2010，28(4)：84-89.

[244] 黄建维，夏云峰，徐华．粉沙质海岸航道骤淤期悬移质挟沙力研究[J]．海洋工程，2010，28(4)：77-83.

[245] Xia Yunfeng，Xu Hua，Cheng Zhong，Huang Jjanwei. Experimental Study on Sediment-laden Water Concentration and Vertical Distribution under Spilling Wave Action in Sand and Silty Coasts[C] // Proceedings of the 11th International Symposium on River

Sedimentation，South Africa，2010.
[246] 张玮，周凯.灌河口双导堤整治工程对岸滩演变的影响分析[J].水运工程，2009(10)：41-46.
[247] 刘玮伟，虞志英，何青.灌河口河势演变及航道自然条件分析[C]// 第九届全国河口海岸学术讨论会论文集.北京：海洋出版社，2006：80.
[248] 张玮，崔冬，李国臣，等.河口导堤工程对入海河流纳潮的影响及敏感性分析[J].中国港湾建，2006(4)：4-8.
[249] 李国臣，徐金环.灌河口外拦门沙航道整治探讨[J].泥沙研究，1993(4)，72-79.
[250] 张世钊，夏云峰，徐华，等.灌河口外航道整治模型试验研究[J].海洋工程，2014，32(5)：40-49.
[251] 张莉莉，李九发，沈焕庭.中国主要河口拦门沙的研究进展[J].海洋科学，2001，25(10)：33-36.
[252] 刘玮伟，楼飞，虞志英.灌河河口河道冲淤演变及航道自然条件分析[J].海岸工程，2006，25(9)：14-21.
[253] 高祥宇，赵晓冬.灌河口航道工程和陈家港电厂码头二维潮流数学模型及泥沙淤积分析[C]// 第十二届中国海岸工程学术讨论会论文集，2005：232-238.
[254] 高祥宇，窦希萍.灌河河床演变及河相关系分析研究[C]// 第十六届中国海洋（岸）工程学术讨论会（下册）.2013：1353-1357.
[255] 张东生，张鹰.灌河河口演变的遥感图像解译[C].灌河河口沉积动力分析文集.南京：河海大学，1991：18-26.
[256] 黄晋鹏，李提来，夏益民.灌河口开发和外航道整治研究[J].海洋工程，2000，18(4)：80-85.
[257] 李谊纯，董德信，陈默.灌河口潮汐潮流不对称研究[J].广西科学，2013，20(3)：244-247.
[258] 张世钊，夏云峰，徐华.灌河口外航道整治方案对防洪水位影响试验研究[C]// 第十四届中国海洋（岸）工程学术讨论会论文集.2009：1115-1119.
[259] 罗肇森.河口治导线放宽率的计算[J].水利水运工程学报，2004(2)：55-58.
[260] Yunfeng Xia，Shizhao Zhang，Daowen Wu，et al.Study on Siltation and Flood Control for Channel Regulation Project of Guanhe Estuary.Advances in River Sediment Research−Fukuoka et al. (eds)© 2013 Taylor & Francis Group，London.
[261] 张世钊.江苏国华陈家港电厂一期工程外航道工程潮流定床物理模型试验研究报告[R].南京水利科学研究院，2008.
[262] 吴道文.江苏国华陈家港电厂外航道一期工程动床模型试验研究报告[R].南京水利科学研究院，2008.
[263] 闻云呈，夏云峰，马启南，等.江苏盐城港射阳港区航道整治工程二维潮流泥沙数学模型计算研究[R].南京水利科学研究院，2009.

索　引

M

N

S

X

Y